气候变化与流域非点源污染

欧阳威 高 翔等 著

科 学 出 版 社
北 京

内 容 简 介

本书针对气候变化与农业活动叠加作用下流域水环境响应特征，将现场观测、田间观测及室内实验、气候模式、模型开发与模型模拟相结合，探讨了流域尺度气候变化对非点源污染的作用规律。从流域农业非点源污染输出驱动因子角度研究了中高纬农区多气候模式应用评估和农区土地利用空间格局对气候变化的响应特征。重点探讨了气候变化与土地利用空间格局协同作用下多路径氮流失响应、气候变化特征下土壤侵蚀与非点源磷流失响应、土壤有机碳对气候变化的响应及对非点源污染输出作用机制、基于沉积物的不同气候条件下非点源污染差异识别，以及流域非点源污染关键源区识别与控制方法。本书系统地介绍了气候变化与农业活动协同作用下流域非点源污染的变化特征及研究手段，并有针对性地提出了相应控制措施。

本书可供生态与环境、农业资源与环境、气候变化与水文水资源等相关专业的科研人员、管理人员、高等院校师生阅读参考。

图书在版编目(CIP)数据

气候变化与流域非点源污染 / 欧阳威等著. —北京：科学出版社，2021.3

ISBN 978-7-03-068042-6

Ⅰ. ①气… Ⅱ. ①欧… Ⅲ. ①气候变化-影响-流域污染-非点源污染-污染控制-研究 Ⅳ. ①X52

中国版本图书馆CIP数据核字(2021)第025288号

责任编辑：朱 丽 郭允允 李嘉佳 / 责任校对：何艳萍
责任印制：吴兆东 / 封面设计：蓝正设计

科学出版社 出版
北京东黄城根北街16号
邮政编码：100717
http://www.sciencep.com

北京建宏印刷有限公司 印刷

科学出版社发行 各地新华书店经销

*

2021年3月第 一 版 开本：720×1000 B5
2022年9月第二次印刷 印张：23
字数：448 000

定价：188.00元

(如有印装质量问题，我社负责调换)

前　　言

气候变化与人类活动引起的非点源污染流失是国内外逐步重视的主要水环境问题。气候变化改变了流域温度和降水在时空尺度上的强度与分布规律，影响土壤理化性质和元素循环，制约主要作物耕种管理，这些变化直接影响区域生态系统的基本特征，并作用于流域农业非点源污染输出。气候变化、农业活动与非点源之间的反馈不是简单的单因子效应叠加，其存在协同效应和共轭作用，具有较高的研究价值。流域水热条件变化影响地表径流过程、土壤侵蚀、碳氮磷含量及非点源污染流失过程，而显著的气候差异亦可导致农业用地的空间分布格局不同，气候变化与作物空间变化均直接或间接地作用于土壤侵蚀、非点源碳氮磷流失过程，协同变化使中高纬冻融流域非点源污染流失具有鲜明的季节性和时空差异性。

三江平原冻融农区是我国主要的商品粮基地，是适应中高纬地区气候变化、充分利用气候资源的具体体现。围绕三江平原气候变化与非点源污染问题，气候变化对作物或植被空间分布影响较为系统，协同变化效应阐述还不够清晰。已有研究多集中在水-土界面的土壤径流碳、氮、磷流失响应，土-气、水-气界面的非点源污染流失机制还不够深入，对于气候与土地利用协同变化下流域多路径-多界面条件下非点源污染物流失影响的系统性评估研究鲜有报道。选择三江平原冻融农区为主要研究区，通过不同气候特征的流域进行对照，开展气候变化下耕作模式与土壤特性对非点源污染输出影响研究。判别气候变化对土壤特性、种植模式和耕作管理等多因子的影响，将气候变化、耕作模式响应、土壤特性响应过程耦合到改进后的流域农业非点源模型系统中，实现气候变化下流域非点源污染响应机理分析，有助于将非点源污染防控纳入农业可持续发展评估体系。

本书针对气候变化、农业活动与非点源污染之间复杂的协同效应，从流域非点源多界面-多过程入手，将现场观测、田间及室内实验、模型优化与模型模拟相结合，探讨了气候变化下流域非点源污染流失负荷响应机制。根据流域非点源污染驱动因子类型，重点研究了多气候模式应用评估及对气候预测、土地利用空间格局对气候变化的响应等内容；从流域/区域多物质、多界面的非点源污染角度，重点探讨了气候与土地利用空间格局协同作用下流域多路径氮流失响应、流域土壤侵蚀与非点源磷流失及对气候变化的响应、流域土壤有机碳对气候变化的响应及对非点源污染的影响、基于沉积物的不同气候条件下非点源污染差异，以及流域非点源污染关键源区识别与控制研究。本书介绍了气候变化与农业活动协同作用下流域非点源污染的变化特征及研究方法，并针对性地提出了相应控制措施。

本书是团队在长期野外工作和模型优化研究基础上综合提炼整合完成的。全书共包括 7 章，第 1 章由欧阳威、高翔撰写；第 2 章由史炎丹、欧阳威撰写；第 3 章由高翔、欧阳威撰写；第 4 章由吴雨阳、欧阳威撰写；第 5 章由杨博文、欧阳威、高翔撰写；第 6 章由徐宜雪、郝新、欧阳威撰写；第 7 章由魏鹏、欧阳威、高翔撰写。全书由欧阳威、高翔统稿。本书成果是研究团队集体智慧的结晶，来源于团队成员团结协作、吃苦耐劳的工作作风及活跃的学术思想，更得益于北京师范大学环境学院求实创新的学术氛围。黑龙江农垦总局建三江分局八五九农场在现场观测、采样分析等各方面给予大力的支持与帮助。同时，本书的出版得到了国家自然科学基金委员会和国家重点研发计划的资助。在此一并表示衷心的感谢！

气候变化带来的土地利用空间格局变化及其对非点源污染的影响较为复杂，本书涉及环境科学、气候学、农业科学和水文学等诸多学科，结合了气候变化与农业资源环境领域研究的科学前沿和热点问题，可作为高等院校环境科学及相关专业的研究生参考书，也可供研究农业环境问题的技术与管理人员参考阅读。希望研究成果能够有助于气候变化下流域非点源污染响应机理解析，将变化环境下非点源污染防控纳入农业可持续发展评估体系，提升农业生态系统及水土环境系统在气候变化下的可持续性，为变化环境下流域科学管理决策提供依据。在三江平原冻融区开展研究难度较大，涉及知识面也更为广泛，并且由于作者水平有限，书中难免有不妥之处，恳请读者批评指正。

作　者

2020 年 11 月

目　录

第1章 绪 论

气候变化引起的非点源污染问题已在世界范围内引起高度重视。气候变化直接或间接地影响土地利用空间格局、地表水文过程，导致变化环境下不同污染物响应机制复杂化，对流域尺度非点源污染评估、关键源区识别及污染物控制带来巨大挑战。本书以三江平原冻融农区为主要研究区，以气候和农业活动为背景，从流域尺度探讨了气候变化条件下流域非点源污染响应机理，主要内容包括多气候模式应用评估及对气候预测、流域多路径氮流失及其对气候变化的响应、流域土壤侵蚀与非点源磷流失及其对气候变化的响应、流域土壤有机碳(soil organic carbon, SOC)对气候变化的响应及对非点源污染的影响、基于沉积物的不同气候条件下非点源污染差异研究，以及流域非点源污染关键源区识别与控制等。

1.1 研究背景及意义

气候变化对农业非点源氮流失的协同影响日益受到人们的关注。已有气候变化对环境影响的研究侧重于温度和二氧化碳浓度的变化，多为水资源、植物、土壤等单个因子在不同情景下的响应研究。气候变化将改变区域温度和降水在时空尺度上的强度范围与分布规律，影响土壤理化性质和元素循环，制约主要作物耕种管理。这些变化不但影响区域生态系统的基本特征，还作用于农业非点源污染输出，而气候变化、农业活动与非点源之间的反馈不是简单的单因子效应叠加，存在协同效应和共轭作用，具有较高的研究价值。一方面，水热条件变化影响地表径流过程、土壤侵蚀、碳氮磷含量及非点源污染流失过程，同时，显著的气候差异亦可导致农业用地的空间分布格局不同；气候变化与作物空间变化均直接或间接地作用于土壤侵蚀、非点源碳氮磷流失过程，协同变化使流域非点源污染流失具有鲜明的复杂性和时空差异性。

近年来，我国非点源污染相关研究获得了重大发展，成为全球范围内的一支重要力量。已有研究主要集中在流失时空分布、因子识别、来源解析、关键源区识别和最佳管理措施等方面，气候变化下非点源污染的响应机理尚待进一步深入研究，而我国近几十年来气候变化剧烈，非点源污染在流域水环境污染中的比例却逐年上升，系统地评估气候变化模式下流域非点源污染响应显得尤为重要。

全球1901～2012年地表观测气温变化表明，在过去100多年里全球不同地区上升了0.2～2.5℃(图1-1)，全球气候变暖已是不争的事实，并有可能在以后的几十年里加快变暖的速度(Myhre et al., 2013)。中低纬区在过去100多年里气温上升了0.4～1.5℃，而中高纬区气候变暖更为突出，气温上升了1.5～2.5℃。中高纬三江平原冻融农区是我国主要的商品粮基地，农业生产本身就是适应气候变化、充分利用气候资源的具体体现。围绕三江平原气候变化与非点源污染问题，近年来我国学者在国家自然科学基金的支持下先后开展了相关研究，在气候变化评估及土壤侵蚀机理、气候变化与农业结构演变下土壤养分流失规律探索等方面积累了丰富的经验。然而，已有的研究主要评价单一气候模式，大多忽视了气候变化对作物或植被空间分布的影响，不能确切地反映协同变化效应；另外，以往的研究多集中在水-土界面的土壤径流碳、氮、磷流失响应，研究对象较为单一，忽略了土-气、水-气界面的非点源污染流失，对于气候与土地利用协同变化下流域多路径、多界面、多污染物流失影响的系统性评估研究鲜有报道。选择三江平原冻融农区为主要研究区、将中低纬亚热带农区作为对照区，开展气候变化下耕作模式与土壤特性对非点源污染输出影响研究，可以判别气候变化对土壤特性、种植模式和耕作管理等多因子的影响，将气候变化、耕作模式响应、土壤特性响应模型耦合到非点源模型系统中，实现气候变化下流域非点源污染响应机理分析，有助于将非点源污染防控纳入农业可持续发展评估体系。

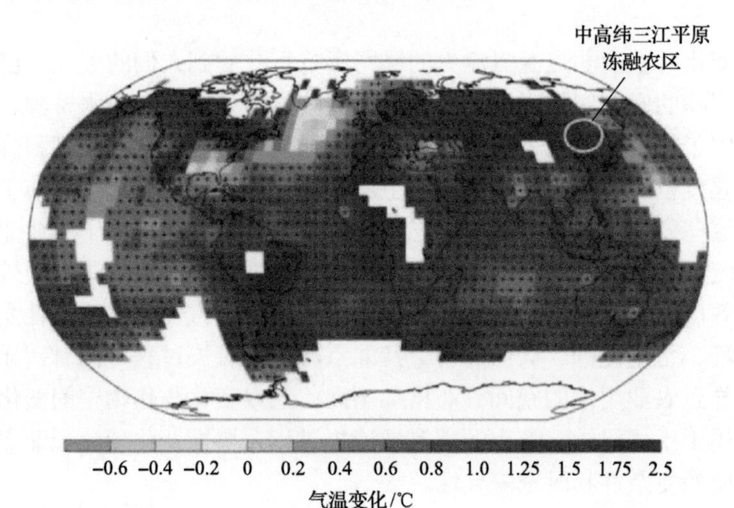

图1-1 全球1901～2012年地表观测气温变化趋势(Myhre et al., 2013)

综上所述，在人口急剧增长及粮食需求日益剧增背景下，气候变化显著的中高纬三江平原冻融农区其土地利用也发生剧烈变化。原本肥沃的黑土在不同水热及农田空间变化影响下，土壤侵蚀、土壤养分流失日趋严重，土壤生产力已不容乐观。该区土壤养分流失的加剧，不仅会导致河流进一步污染，影响水安全；而且会加速土壤和河流中温室气体排放，使气候进一步变暖，影响大气环境安全。多路径的土壤养分流失也将导致土壤耕作质量进一步下降，影响粮食安全。中高纬三江平原冻融农区作为《全国新增 1000 亿斤粮食生产能力规划(2009—2020 年)》的核心区域，其土壤和河流生态环境质量状况将对我国可持续发展战略的推动与粮食安全产生重大影响。为了减控三江平原土壤养分流失、保障水环境及粮食安全，识别该区域土壤的径流侵蚀流失、温室气体排放的时空变异规律，具有非常重要的理论与现实意义。本书旨在揭示气候变化与农业活动下多路径、多界面的非点源污染流失特征，进而探寻减少流域非点源污染流失的可行途径，可为河流水环境污染的治理措施和减缓气候变化措施的制定提供科学依据，对三江平原生态安全具有一定的理论和现实意义。

1.2　国内外研究进展

1.2.1　气候变化模拟与预估研究

耦合模式比较计划(Coupled Model Intercomparison Project, CMIP)是由世界气候研究计划(World Climate Research Programme, WCRP)下的耦合模拟工作组(Working Group on Coupled Modelling, WGCM)为研究海气耦合环流模式(atmosphere-ocean general circulation model, AOGCM)输出结果，而建立的标准实验计划。CMIP5 提供了一系列标准的模型模拟，主要用于评价模型对历史气候的模拟能力，提供未来短期(约到 2035 年)和长期(到 2100 年及以后)两个时间尺度上的气候变化预测。近年来，学者利用全球气候模式针对历史气候的模拟，以及不同温室气体排放情景下的气候预估做了大量有意义的研究工作。大气环流模式(general circulation model, GCM)对在各地区的气候模拟能力不尽相同，各个模式都有其优缺点(Kumar et al., 2013; Palerme et al., 2017)。部分模式虽然能较好地模拟平均气温以及整体分布情况，但对气温极值(如日最高温度)的模拟能力还有待提高(Keellings, 2016)。与 CMIP3 模式相比，CMIP5 模式具有更好的模拟性能，能够更好地模拟温度、降水、气候极端事件和海平面等的年代际变化(Lyu et al., 2016; Chen and Frauenfeld, 2014)。另外，也有研究表明模式集合模拟能力要优于绝大多数的单个模式，集合模式更能够准确地进行未来气候预估(Gulizia and Camilloni, 2015)。自耦合模式比较计划公布以来，针对中国气候变化开展的 CMIP5 模式模拟能力以及对未来气候变化研究更是不胜枚举。总体来看，大多研究发现我国北部地区升温明显，并有显著的降水增加，但同时北部地区模拟的不确定性较南部地区来说也更大(Tian et al., 2015)。目前，基于联合国政府间气候变化专门委员会(Intergovernmental Panel on Climate Change, IPCC)第四次评估报告中 CMIP3 模式在气候预测方面的应用已较为成熟，而基于 CMIP5 全球气候模式相关评估和未来情景预估方法等都还不完善，而针对高纬度冻融农区的研究更是缺乏系统性和完整性。

由于模式直接提供的数据均为大网格尺度的空间数据，缺乏对小尺度区域气候模拟的准确性和长期连续性，不足以直接支持如水文模型等相关模型的数据输入。越来越多的学者开始寻求一种大尺度气候模式和区域小尺度气候之间的联系，采用所谓的“降尺度技术”来提高 GCM 对区域未来气候情景模拟输出的可靠性(Dibike and Coulibaly, 2005)。降尺度技术主要分为两类：动力降尺度和统计降尺度。关于两种降尺度方法效果比较的研究，发现统计降尺度和动力降尺度在对历史气候模拟的结果上基本一致(Hanssen-Bauer et al., 2003)，个别模型统计降尺度效果还略优于动力降尺度方法(Mearns et al., 1999)。许多学者在不同研究中比较了各种统计降尺度方法的优劣并进行了一定的不确定性分析。在针对中国部分流域进行降水量模拟时发现，基于天气发生器的多元回归技术和基于模糊规则的天气模式分类方法的性能要整体好于主成分分析和 Teweles-Wobus 评分法。典型相关分析能较好地识别不同预测因子对模拟地区影响的空间相关关系，从而提高 GCM 在该地区的模拟能力。以往的研究表明，已经表明了 ASD 统计降尺度方法①可以使 GCM 模拟中国地区气候变化更为准确，但是大多数研究都是基于 CMIP3 模式比较计划的结果，而针对 CMIP5 的研究相对较少，且很少有针对降水的动态降尺度模拟和预测。

1.2.2　流域多路径氮流失模型评估研究

土壤中过剩的氮在降雨冲刷下，随着地表径流、土壤侵蚀进入河道，加剧农业非点源污染。气候和土地利用变化对径流侵蚀引起的土壤径流氮流失影响是近几年研究热点之一，受到国内外学者关注(El-Khoury et al., 2015)。其研究方法一般包括两种：一是利用历史气候变化数据及土地利用变化数据，并结合基于过程的生态水文模型，如典型的 SWAT(soil and water assessment tool)模型，研究历史气候及土地利用变化对土壤氮流失负荷的影响(Zuo et al., 2016)；二是利用情境假设或气候预测模型、土地利用变化预测模型的输出数据，作为生态水文模型的输入数据，研究未来气候及土地利用变化对土壤氮流失负荷的影响(Fan and Shibata, 2015 ; Teshager et al., 2016)。然而这些研究中的气候变化因子及土地利用变化因子是相互独立的或者附加的，忽视了气候变化对土地利用影响的重要性(Ye et al., 2015; Gao et al., 2017)。

另外，土壤氧化亚氮(N_2O)大量排放亦可造成土壤氮损失，并对大气环境造成严重的污染。气候因素、土壤理化性质及农业管理措施可以单独或互相作用共同影响土壤 N_2O 排放(Baggs, 2008)。河流作为陆地生态系统向海洋生态系统输送物质的重要通道之一，由于人类活动引起的非点源污染，河流释放 N_2O 已成为大

① ASD(automated statistical downscaling)是一种基于回归分析的统计降尺度方法。

气 N_2O 主要来源之一。土壤径流氮流失的间歇性、随机性和不确定性决定河流水文、水质具有较大的时空变异性(郝芳华等, 2004)。由于气候因子、土壤径流氮流失的时空变异，河流水文和水质具有较大的时空变异，引起河流 N_2O 排放具有较大的时空变异性。构建考虑气候、土壤及土地利用综合影响的 N_2O 排放模型是准确估算田间、流域尺度下 N_2O 排放量的有效途径。从模型建立方法来看，主要有目前常用的统计经验模型和过程机理模型(高春雨等, 2011)。目前，主要运用统计经验回归模型研究大尺度 N_2O 排放，模型的建立方法主要是通过文献调研，获取大量有关气候、施肥、土壤理化性质及相应 N_2O 排放量数据，通过数学建模，得到经验回归模型。例如，Bouwman 等(2002)、Zhou 等(2015)通过文献调研及实测数据，利用数学统计方法建立了 N_2O 排放与氮肥、气候、管理措施等因素的数学模型。受该方法的启发，全球相关领域学者也进行了大量研究(Zhou et al., 2015)。这些统计经验模型机理不强，不能进行过程分析，但因其操作简单、资料容易获得等优点，依然是大尺度 N_2O 排放模型发展的热点之一。目前国外研究者主要致力于研究河流 N_2O 排放的统计模型、半经验模型。和土壤 N_2O 排放统计模型一样，因其易操作、资料易取等优点，目前仍是河流 N_2O 排放模型研究热点。

随着对 N_2O 排放机理认识的深入以及信息技术的发展，20 世纪 90 年代以来，国内外开展了基于机理过程的土壤 N_2O 估算模型研究。以 HIP(hole in the pipe)概念模型为基础，Parton 等(1996)构建了 CENTURY 模型，其 N_2O 模拟分为硝化和反硝化子模块。在 CENTURY 模型基础上，Parton 等(2001)构建了日尺度的 Daycent 模型。CENTURY 和 Daycent 模型机理清晰，因而其发展以来得到了广泛应用。但这些模型在模拟土壤 N_2O 排放时，忽视了生物化学动力学过程。反硝化-分解模型(denitrification-decomposition model, DNDC 模型)是个可用于预测土壤分解和反硝化速率的土壤生物地球化学模型(Li et al., 1992)，是国内外用于估算 N_2O 排放的过程模型的典型代表，随后被国内外学者广泛应用并改进(Kraus et al., 2015)。另外，Ecosys、WNMM、FASSET、Parton 等土壤 N_2O 排放模型，虽然没有像 DNDC 模型广泛被应用与改进，但在各自偏重的方向也取得了较好进展。

SWAT 模型是经典的考虑土壤碳氮循环的过程机理模型，其可以较为准确地模拟估算径流侵蚀引起的土壤氮流失，但目前已发布的最新版本 SWAT 模型还不能模拟估算土壤 N_2O 排放。最新已发表的研究显示，Wagena 等(2017)通过改进 SWAT 模型中的硝化-反硝化过程模块，将碳氮循环与土壤温度、含水量及 pH 耦合来模拟预测农业土壤 N_2O 排放。同年，Yang 等(2017)将 Daycent 模型中的硝化、反硝化及 N_2O 产生模块与 SWAT 模型进行耦合。但是，相对于统计经验模型而言，这些基于过程机理的模型需要收集或实际测定被研究地点或区域的长时间序列的大量参数，因此，其利用的普遍性受到了一定的限制(Leip et al., 2011)。构建土壤 N_2O 排放统计模型，并与成熟的具有机理过程的农业非点源污染模型(SWAT 模型)相结合，将丰富 SWAT 模型土壤 N_2O 排放模拟研究。对于河流系统，目前国内外大部分学者主要是运用水-气通量估算模型等半经验模型来研究河流水 N_2O 排放(Wang et al., 2017)。然而该方法的实现，首先需要实测河流水中的 N_2O 溶存浓度、溶解氧、盐度和大气中的 N_2O 量，仍需要耗费大量的人力、财力及物力。目前，河流 N_2O 排放机理型过程模型研究较少，主要是运用水质分析模拟程序(water quality analysis simulation program, WASP)模型模拟不同河段 N_2O 排放。SWAT 模型可以模拟河流水温、流速、氨氮、硝氮等，并提供河道几何参数，这些参数正是影响 N_2O 溶存浓度的主要因子(蔡林颖等, 2014)。但是，SWAT 模型目前还未考虑河流 N_2O 排放模拟。目前，缺乏一类易推广并考虑河流 N_2O 排放过程的机理模型。通过构建河流 N_2O 排放统计模型，并与成熟的具有机理过程的农业非点源污染模型(SWAT 模型)相结合，以便更快速有效地研究气候变化和农业土地利用变化对河流 N_2O 的排放影响，将有助于探寻河流氮去除和减缓气候变暖措施。

1.2.3　流域土壤侵蚀及非点源磷流失评估研究

流域尺度的土壤侵蚀强度不易直接观测。近几十年来，流域水文模型发展迅速，很多考虑复杂流域水文和输沙过程的模型涌现出来，其中比较著名的有 SWAT 模型(Arnold et al., 1998)、水蚀预报模型(water erosion prediction project，WEPP 模型)(Nearing et al., 1989)和侵蚀-生产力影响计算器(erosion productivity impact calculator，EPIC)(Williams et al., 1984)，这些模型可以对流域产流和土壤侵蚀进行预测。其中，SWAT 模型是一种被广泛应用于流域尺度水文泥沙与污染物迁移过程评估的模型，它综合考虑了气象因子、下垫面和人为管理措施等多项因子，可以有效模拟地表径流、地下水、泥沙输移以及非点源污染状况。SWAT 模型运用修正的土壤流失方程(modified universal soil loss equation, MUSLE)模拟陆面泥沙输移，其中运用 Bagnold 提出的水流功率泥沙输移方法来计算河道泥沙输移(Pandey et al., 2016)。

土壤侵蚀过程是非点源污染过程的关键环节，尤其对磷元素来说，它们更易存在于表土中。对于土壤侵蚀过程方面的研究已经引起了环境科学领域学者的高度关注，这是因为土壤侵蚀过程使污染物由土壤中迁移至水体中，成为地表水质恶化的主要原因(Liu et al., 2014)。Shi 和 Schulin(2018)的人工降雨试验结果表明，土壤侵蚀过程中氮和铜锌等重金属的流失与有机质流失相关；而磷流失与土壤颗粒紧密相关，相关系数可达 0.70 以上。对于农耕土壤来说，为达到灌溉和作物产量提升的效果，通常该种土壤中黏粒和粉粒占比相对更大，这就使得磷污染与土壤流失联系更为密切。经过冻融过程后土壤侵蚀与非点源氮磷污染会更加严重。我国学者主要针对青藏高原地区和东北黑土区进行了冻融作用对水土环境影响的科学研究(Ban et al., 2017)。在我国东北黑土区，农业开发过程中农田类型的转变对土壤环境有很大影响，农田类型的转变多表现在旱田向水田的转化上。中高纬区初春积雪融化时期，大量的融雪水形成地表径流，进而对地表泥沙输移与非点源污染扩散产生很大影响。

对于冻融地区的农田来说，土壤侵蚀及非点源磷流失过程变得更为复杂，因为在积雪融水和降雨驱动的水文过程影响下(Gonzales-Inca et al., 2018)，地表水和土壤水运动将呈现出新的变化规律。目前关于冻融循环作用对土壤性质和土壤侵蚀影响的研究较多，对低温地区融雪影响下的土壤水文过程以及土壤侵蚀过程的定量评价较少；低温地区春季融雪产生的径流和土壤侵蚀量较大，对土壤解冻和产流过程中土壤水动力机制和融雪季流域产流产沙变化特征的理解还有待加深；对于高海拔地区或中高纬度地区，降水和温度在不同时间尺度上的变化更会使流域土壤侵蚀呈现出不同的特征，对非点源磷流失产生影响。因此，对多影响要素在多时间尺度上的影响效应问题还有待进一步研究。土壤入渗性能的定量化研究有助于更好地理解土壤侵蚀过程(Wu et al., 2018)，在流域水土保持和农业非点源磷污染研究中起到重要作用，同时也可以为治理政策的制定提供有力依据。

1.2.4 流域土壤有机碳及其对非点源污染研究

土壤有机碳的含量易受到气候变化和农田耕作机土地利用变化的影响。土壤碳库的动态平衡如果被破坏，可导致土-气界面碳交换方向逆转，加重温室效应。许多学者认为全球气候变化给SOC带来的影响是多重的：一方面植物光合作用能力增强，同化产量提升；另一方面SOC矿化降解速率加快。且SOC的降解与同化量的提升对气候的响应又决定了土壤碳库与大气碳库之间的碳交换方向(Nash et al., 2018; Lychuk et al., 2019)。基于CENTURY模型对草地黑土的模拟结果表明，非极端降水条件下，2℃以内的变温都会降低其 SOC 含量(Bojko and Kabala, 2017)。降水对SOC含量的影响往往是正面的，SOC密度一般会伴随着降水量的增大而增大。此外，大气中CO_2浓度也能影响SOC的动态平衡(Chen et al., 2015a)。土壤有机碳受人类活动的影响更为深刻，耕地质量、作物产量、环境质量均要求流域范围内的SOC在合理水平范围内(梁斌, 2012)。相比较于原始森林，农田系统通过光合作用进入土壤的有机物含量骤减(丛日环, 2012)。变化环境下流域尺度SOC时空响应机制复杂(Zhang et al., 2017)。机理过程模型可模拟反映SOC长期的时空变化规律。当前，已经有很多成熟的模型被应用于大尺度SOC变化预测的研究中，但绝大多数都是将SOC作为输出量，缺乏将其当作可变化的土壤物理属性的中间变量研究(Zhang, 2018)。其中，DNDC模型被认为是最便于操作、模拟结果较为准确的模型之一。DNDC模型目前已经在土壤有机碳的相关研究中得到了广泛的应用与验证。

农业非点源(agricultural non-point source, AGNPS)模型、流域水文模拟程序(hydrological simulation program-fortran, HSPF)、SWAT 模型、ANSWERS 模型等脱颖而出，成为非点源污染研究最为广泛的模拟工具(Sun et al., 2018)。随着模型开发和应用的不断成熟，SWAT 模型越来越多地被用于评估流域尺度的非点源污染，分析其时空分布以确定关键污染区域和关键污染时期(Tran and Yossapol, 2019)。SWAT 模型被美国国家环境保护局等应用到几个全球范围的项目，用以估算气候等因素对非点源污染的影响(Kim et al., 2015; Kim, 2018)。国内对非点源污染模拟研究的深度也逐渐增加，从农业非点源的简单模拟到探究多种因素对非点源污染的影响(李成六, 2011; 崔杰石, 2016)。目前，许多学者在氮流失引发的环境效应的研究过程中越来越多地考虑生态系统碳库的作用。许多学者针对土壤有机碳和非点源污染的关系做了针对性的研究。Hagedorn 等(2016)应用开箱技术模拟两种森林类型土壤氮库在不同碳沉降水平的变化过程，发现土壤中腐殖质的分解速度下降是受到了氮沉降的影响，进而增加了二者的储量。Neff 等(2013)利用同位素技术分析了高山苔原土壤氮流失，发现氮输入和氮流失会被土壤中的轻碳组分抑制。

综上所述，在农业非点源污染的研究中直接利用模型进行模拟的案例较多，但大部分研究未开展土壤有机碳波动对非点源污染的影响。在气候变化背景下预测未来情景的非点源污染情况亦是研究的热点内容，但主要聚焦于气候因子对非点源氮磷污染流失的影响研究，通过统计学办法多元回归建立气候因子和非点源污染之间的回归方程，没有充分考虑气候变化对土壤属性的影响。本研究通过分析气候变化对土壤有机碳的影响，将其动态变化考虑进非点源污染过程研究中，以期来完成更为精准、更为科学的预测，并分析未来气候变化下非点源污染对土壤有机碳变化的响应。

1.2.5 基于沉积物的流域非点源污染研究

河流沉积物作为陆源物质的接收地，在物质循环中占有重要的地位。研究表明，超过 90%的无机污染物可在河流沉积物中累积(Viers et al., 2009)。水体中的氮元素多以溶解态形式存在，磷及重金属多以颗粒态形式存在，少量以溶解态形式存在，这些污染物质溶解在水中或吸附在颗粒物表面，在降雨过程中，随着地表径流进入河道，并在一定条件下沉积下来。国内外皆有大量关于沉积物中氮磷的释放规律与释放通量的相关研究(刘杰等, 2012; Slone et al., 2018)。张林等(2018)通过连续监测氮磷流失负荷及其水体中的氮磷浓度，对三峡库区典型小流域内径流氮、磷输出变化规律及其对降雨的响应过程进行了研究分析，结果表明重金属随地表径流主要以悬浮细颗粒态迁移流失。王继宇(2014)采用室内模拟降雨试验，研究了不同降雨强度、地面坡度、地面处理措施下污染土壤重金属随地表径流的迁移特征，并表现出极强的累积性。由于其环境持久性和潜在生物毒性，沉积物中的重金属一直是研究的热点，在太湖、巢湖、滇池等典型湖泊，长江口、黄河口等典型河口区域及一些典型水库等水体中均有研究(陈春霄等, 2011; 方明等, 2013)。气候条件及土地利用类型的变化会引起土壤性质、植被类型、管理措施等方面的改变，进而导致不同土地利用条件下土壤输出的非点源污染差异巨大。大量研究表明气候与土地利用会对河流中的氮磷含量产生显著影响，受到人为干扰的流域如农业或城镇型流域进入的营养物质高于自然流域，并导致河道沉积物中污染物差异显著(吴纪南, 2015)。

综上所述，目前大量的研究是关于流域气候与土地利用类型对污染物输出和对河流水质的影响，以及基于模型对流域尺度非点源污染进行评估，而基于沉积物的不同气候和土地利用条件下非点源污染流失研究较少。

1.2.6　流域非点源污染关键源区识别及污染控制研究

非点源污染关键源区因其脆弱的生态环境及较高污染物运移风险，一直被视为流域水环境管理的目标单元和研究热点。非点源污染关键源区的识别也是流域水环境管理的基础环节，其分析结果直接决定了后续管理措施的布局，也将对未来的流域非点源污染防控格局产生深远影响。分布式水文模型是水循环模块、作物生长模块、营养盐循环模块、农田管理模块等诸多模块的高度集成化产物(Srinivasan and Arnold, 1994)，也是目前用于识别非点源污染关键源区的主要工具。20 世纪 70 年代初，美国政府通过了《联邦水污染控制法案》，标志着流域非点源污染防治的开端，也标志着以最佳管理措施(best management practices, BMPs)为主体的非点源污染控制技术首次被提上日程(Cristan et al., 2016)。20 世纪 80 年代，美国农业部自然资源保护署(Natural Resource Conservation Service, NRCS)已经开发出数百种最佳管理措施，并形成了一套较为成熟的技术体系(Tan et al., 2015)。其中典型的工程性措施如植被浅沟、植被缓冲带、雨水塘、雨水湿地、退耕还林等，非工程性措施如免耕、等高耕作、减量施肥、秸秆覆盖等(Sharpley et al., 2006) (图 1-2)。

目前最佳管理措施在国内的非点源污染防治方面已经初具规模，也形成了一套丰富的理论。除了单独的措施施用，在“3R”[减少(reduce)、再利用(reuse)、再循环(recycle)]理论的指导下，涌现出了一批“控源—截流—末端”的流域非点源综合防治方法，其中不乏“田—沟—塘”和“桑基鱼塘”等较为成功应用案例(吴永红等, 2011)。受到气候条件、地貌因素、土壤属性、植被盖度度、季节更替、设计参数、管理因子等诸多复杂因素的影响，最佳管理措施的运行效果在短期的运行中往往体现出较大的不确定性特征，这也限制了同类研究的参考价值(Rittenburg

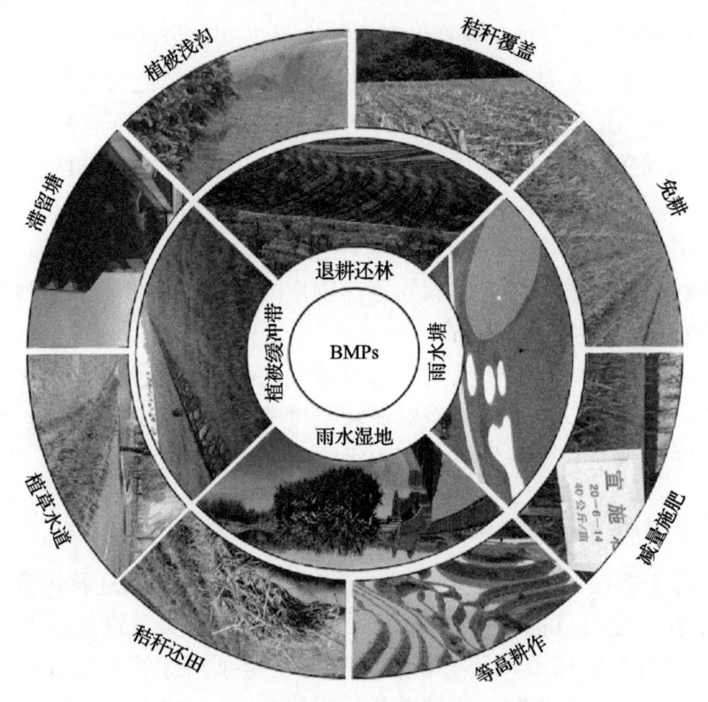

图 1-2　常用最佳管理措施(魏鹏, 2018)

et al., 2015; 汤家喜等, 2016)。为应对上述问题，最佳管理措施的模型技术开始在流域水环境模拟中被广泛应用。机理模型能够对在一定程度上突出最佳管理措施的空间效应，并且能够对降水及人为管理操作对措施效果的影响做出反馈。其中部分非工程性管理措施效果可以通过调整模型参数或变更输入数据实现，如合理施肥、免耕、退耕还林、灌溉管理等(Krysanova, 2015)。此外，部分模型设有部分最佳管理措施的内置模块，并将其视为污染源与河道间的节点。该类方法简单易行，但所模拟的最佳管理措施往往不具备空间概念，同时也不体现措施间的耦合效果，有一定的局限性。

水田是流域非点源污染的重要源头，其在黄熟期和泡田期所产生的集中退水及降水过程中的产生的间歇性退水给周边水环境带来了一定的风险(樊庆锌等, 2014)。与旱田的随机性产流过程相比，水田的排水过程具有更强的可预见性和可控性。目前，涉及稻田“水量—营养—产量”循环的相关模型很多，其中比较常见的模型有：SWAP、MIKE-SHE、CERES-Rice、ORYZA-Rice、DNDC-Rice 等(Ghosh et al., 2015; Gandolfi et al., 2016; Li et al., 2017)。分布式水文模型的输出结果能够较好地模拟水田的非点源污染负荷(Huang et al., 2014)。但模拟过程中，稻田水文过程及非点源负荷输出过程均与旱田一致，这也令部分学者对模拟过程线的潜在不确定性提出了担忧 (Sakaguchi et al., 2014a)。基于上述问题，部分学者在现有的分布式水文模型的基础上对其水田算法进行了优化改良，如 SWAT-APEX 模型、HSPF-PADDY 模型、Hydrus-1D 模型和 CREAMS-PADDY 模型等(Kim et al., 2014; Song et al., 2017)，但仍存在着水田淹没深度设定单一、未考虑水田干湿交替的特征、应用尺度小、划分单元少等问题。鉴于灌区非点源污染的严峻现状，对分布式水文模型进行适度改良，构建合理的水田模块将有助于了解非点源污染输出负荷与水田管理之间的关系，并对灌区水环境治理起到促进作用。

第2章　中高纬农区CMIP5全球气候多模式应用评估及气候预估

我国东北中高纬度地区是全球气候变化最敏感的地区之一，在气候变暖背景下，该地区冻融层土壤将受到更为频繁的冻融交替作用，土壤碳氮磷流失加剧，有必要对该地区进行未来气候变化预估，明确在不同减排措施下的气候变化趋势。以东北三江平原作为研究对象，重点围绕 GCM 在该区域的模拟能力评估，以及在不同未来气候情景下分别利用多模式集合和单模式降尺度两种方式对该区域进行气候变化预估。研究目标包括：①CMIP5 多模式时空模拟能力评估及情景预估；②运用 ASD 统计降尺度技术建立大尺度气候与区域气候的统计联系；③统计降尺度下 GFDL-CM3 模式对中高纬农区的气候预估。本章研究内容可为后续分析未来气候变化对农业耕作生产、土壤侵蚀及养分流失的影响提供有力基础保障。

2.1　材料与方法

2.1.1　研究区概况

本研究选取中国中高纬农区——三江平原作为研究区域，其位于黑龙江省东北部，平均海拔 46.9m，是典型的温带季风气候区，约 80%的降水集中于 6～9 月。根据中国地面气候资料数据集，本研究选取其内部及区外相邻地区共 10 个站点气象资料信息，其中内部 7 个站点(鹤岗、鸡西、富锦、宝清、虎林、佳木斯、依兰)，区外 3 个站点(伊春、绥芬河、通河)，详见图 2-1。

2.1.2　模型时空能力评估及未来情景预估

1. CMIP5 多模式简介

观测资料：主要使用中国气象科学数据共享服务网提供的台站地面气候资料日值数据集气温、降水量、日照时数中 1961～2005 年的逐日平均气温数据，并选用双线性插值法将基础数据插值成为区域分辨率为 1°×1°的格点数据。

模式资料：采用 IPCC 第五次评估报告的 CMIP5 模式比较计划中 9 个参与长期试验且稳定性高的全球耦合模式，分别为 BNU-ESM、Can-CM4、CMCC-CMS、GFDL-CM2.1、GFDL-CM3、INM-CM4、IPSL-CM5A-MR、MIROC-ESM、

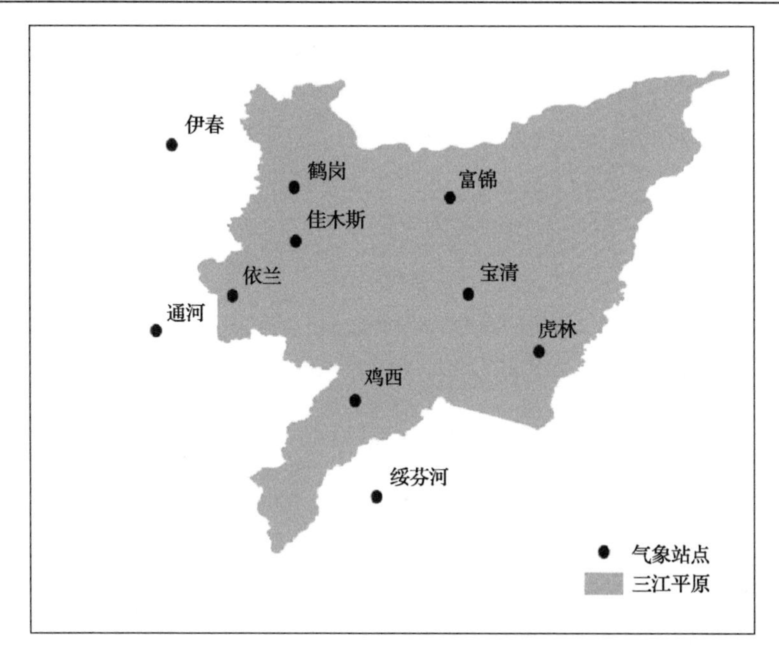

图 2-1　研究区三江平原及气象站点分布图

MPI-ESM-MR。模式的选取主要根据模式采用基础气候数据与研究区气候的相似性、模式数据的完整性以及模式在文献中的模拟能力表现等。其中，模式评估阶段为 9 个全球气候模式模拟的历史逐月温度资料。预估阶段采用上述 9 个全球气候模式在 RCP4.5、RCP8.5 情景下 2006～2100 年的逐月平均气温资料。

针对 21 世纪未来气候情景，IPCC 工作报告中详细解释了 4 种具有代表性的气候政策对气候变化的影响，分别为 RCP2.6、RCP4.5、RCP6.0、RCP8.5①。其中，RCP8.5 情景为未来完全不采取任何减排措施、人口增长最迅速的情况，在此情景下到 21 世纪末二氧化碳浓度将达 936ppm②，而 RCP6.0、RCP4.5 和 RCP2.6 则依次代表采取不同程度的减排措施。考虑到未来经济发展和环境保护等各方面相协调的可持续发展路线，RCP4.5 情景到 2100 年温室气体浓度对应辐射强迫为 4.5W/m^2，被认为是最能反映长期生态、环境、经济等发展的优先选择。

2. 模拟能力评估方法

(1) 泰勒图法

泰勒方法主要用于数组之间联系的评估。通过极坐标图的形式，将两组数据

① RCP (representative concentration pathway) 即代表性浓度路径；2.6、4.5、6.0、8.5 分别代表四种情景下 2100 年相对于 1750 年的辐射强迫为 2.6W/m^2、4.5W/m^2、6.0W/m^2、8.5W/m^2。

② 1ppm=10^{-6}。

之间的均方根误差(root mean square error，RMSE)、相关系数(R^2)和每组数据的均方差同时呈现出来，从而更加直观和综合地比较出各模式模拟结果的优良程度。在 CMIP5 多模式的空间模拟能力评估过程中，将通过计算 GCM 的模拟数据场和实际观测数据场的空间相关系数、空间均方差和空间均方根误差(设定历史实际观测数据场的均方差为 1)，来进行泰勒评估分析。

(2)空间技巧评分

空间技巧评分(spatial skill score, SS 评分)以空间均方误差(mean-square error，MSE)为基础来计算(Pierce et al., 2009)：

$$\mathrm{MSE} = (\overline{m} - \overline{o})^2 + s_m^2 + s_o^2 - 2s_m s_o r_{m,o} \tag{2-1}$$

式中，m 为模式变量；o 为观测值；上划线表示空间平均；$r_{m,o}$ 为模式模拟值和观测值之间的空间相关关系；s_m 和 s_o 分别为模式和观测值的空间标准差。当比较变量的单位不同时，将 MSE 无量纲化，从而得到了 SS 评分：

$$\mathrm{SS} = 1 - \frac{\mathrm{MSE}(m,o)}{\mathrm{MSE}(\overline{o},o)} = r_{m,o}^2 - \left[r_{m,o} - \left(\frac{s_m}{s_o}\right)\right]^2 - \left[\frac{\overline{m} - \overline{o}}{s_o}\right]^2 \tag{2-2}$$

式中，SS 描述了一个模式模拟趋势过度或低于预测的情况，当模式模拟值与观测值完全一致时，SS 为 1。

(3)时间技巧评分

时间技巧评分(M2 指数)主要通过年际标准差进行衡量(Chen et al., 2011)：

$$\mathrm{M2} = \left(\frac{\mathrm{STD}_m}{\mathrm{STD}_o} - \frac{\mathrm{STD}_o}{\mathrm{STD}_m}\right)^2 \tag{2-3}$$

式中，STD_m 为模式模拟变量的年际标准差；STD_o 为观测变量的标准差；和 SS 评分一样，M2 指数也是无量纲的。当模式模拟变量的年际标准差和观测变量完全一致时，M2 指数为 0，说明此时模式的能力最强；同样的，当模式的变量年际变率模拟能力越强，M2 指数的值就越接近 0。

(4)秩加权

秩加权的方法是指按照每个模式在同一度量(空间、时间)下不同指标的综合排序，相加得到每个模式的度量值 S_i，并根据以下公式，得到模型权重计算的可靠因子 R_i：

$$R_i = \left(\sum_{i=1}^{N} S_i\right) \Bigg/ S_i \tag{2-4}$$

式中，R_i 为模型权重计算的可靠因子，R_i 越大则体现出模式对降水和气温的拟合效果好，时空模拟能力强；S_i 为每个模式的秩，可知秩越小则权重越大。

$$W_i = R_i \Bigg/ \left(\sum_{i=1}^{N} R_i\right) \tag{2-5}$$

式中，W_i 为模式权重；N 为模式个数。

3. ASD 模型简介

(1)模型原理

ASD 模型是一种典型的统计降尺度模型，操作环境为 Matlab。它是在统计降尺度模型基础上发展起来的，但相比之下 ASD 模型的操作界面更为简洁方便，模型运行可视化程度高。ASD 模型的预报因子选择阶段，改进了统计降尺度模型需要主观选择的弊端，通过向后逐步回归(stepwise)和偏相关(partial)方法来自动进行最佳预报因子的选择，模型界面如图 2-2 所示。

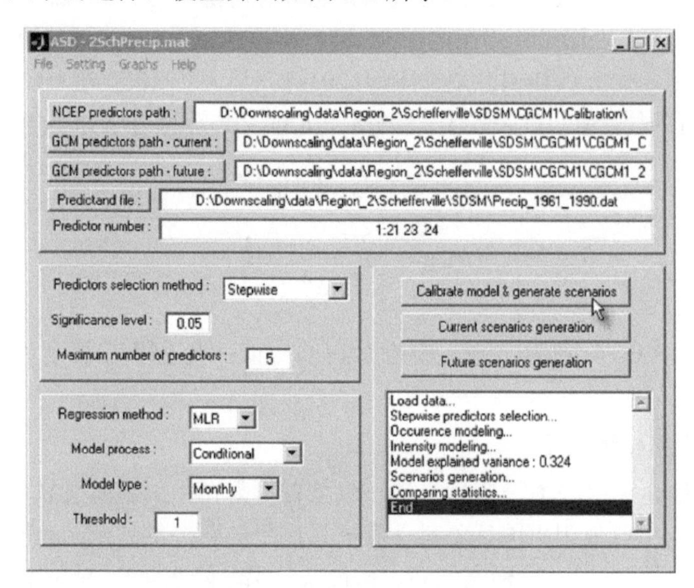

图 2-2　ASD 模型主界面

ASD 模型对水文气象变量可进行条件和无条件模拟，其中降水一般采用有条件模拟，相关计算方法如下所示：

$$O_i = \alpha_0 + \sum_{j=1}^{n} \alpha_j p_{ij} \tag{2-6}$$

$$R_i^{0.25} = \beta_0 + \sum_{j=1}^{n} \beta_j p_{ij} + e_i \tag{2-7}$$

式中，α_0、α_j、β_0、β_j为模型参数；O_i为日降水发生概率；p_{ij}为相关预报因子；R_i为降水量；n为预报因子的数量；e_i为模型误差(刘文丰等, 2014)。

气温一般采用无条件模拟，模型建立需要进行以下步骤：

$$T_i = \gamma_0 + \sum_{j=1}^{n} \gamma_j p_{ij} + e_i \tag{2-8}$$

式中，T_i为气温(平均气温、最高气温、最低气温)；γ_0、γ_j为模型参数。

当式(2-7)和式(2-8)中前两个分量确定之后，剩余项e_i服从高斯分布建模的假设下进行模型率定，即

$$e_i = \sqrt{\mathrm{VIF}/12}\, Z_i S_e + b \tag{2-9}$$

式中，VIF为方差放大因子；Z_i为服从正态分布的随机数；S_e为模式模拟数据的均方差；b为模式模拟误差。在式(2-9)中，利用NCEP再分析数据的预报因子进行模型率定时，b=0，VIF=12(刘文丰等, 2014)。基于气候模式在未来情景下预报因子，将建立好的统计降尺度关系代入计算时，b和VIF计算方法如下所示：

$$b = M_{\mathrm{obs}} + M_d \tag{2-10}$$

$$\mathrm{VIF} = \frac{12(V_{\mathrm{obs}} - V_d)}{S_e^2} \tag{2-11}$$

式中，M_{obs}和M_d分别为实测和模拟系列的均值；V_{obs}和V_d分别为率定期内的方差。

(2)模型输入数据

1)预报量。根据2.1节所述，逐日气象资料来自中国地面气候资料数据集中的10个站点。主要使用中国气象科学数据共享服务网提供的台站地面气候资料日值数据集(日平均气温、日最高气温、日最低气温、降水量)，选取时段为1961～2000年。

2)预报因子。预报因子主要为两方面的大尺度气候数据：一为美国国家环境预报中心(National Centers for Environmental Prediction, NCEP)全球再分析日资

料，空间分辨率为 2.5°×2.5°，选取时段为 1961～2000 年；二为美国普林斯顿大学地球物理流体动力学实验室开发的耦合物理模型(GFDL-CM3)的历史逐日数据以及 2010～2100 年 RCP4.5 情景下的逐日数据(Dunne et al., 2013)，该模型的水平分辨率为 2.0°×2.5°。这一模式广泛地应用于各种历史和未来的气候模拟(Malyshev et al., 2015; Goddard et al., 2015)，在我国当代气候模拟中也具有一定的模拟能力(Song et al., 2013)，可以很好地模拟在外部条件影响下过去和未来的气候系统的响应。

(3)模型率定及验证

1)预报因子的选择。预测变量的预报因子选择很大程度上决定了降尺度的最终效果。和区域预测变量相关的预报因子需要充分再现气候模式的大尺度特性，以响应降尺度条件。在筛选预报潜在因子时，需要提前了解气候模型的局限性，即预报因子的选择必须找到目标预测变量和气候模型的精确模拟之间相关性的平衡点。

众多研究表明，选择预报因子主要考虑四点：一是所选择的预报因子要和所预报的预报量有很强的相关性；二是所选择的预报因子必须能够代表大尺度气候场的重要物理过程；三是所选择的预报因子必须能被较准确地模拟；四是所选择的预报因子之间必须是独立或弱相关(Wilby et al., 1999; 于群伟等, 2013)。本研究选择的预报因子如表 2-1 所示。

表 2-1　预报因子列表

序号	预报因子	序号	预报因子
1	海平面气压	8	500hPa 位势高度
2	地面纬向风速	9	850hPa 位势高度
3	地面经向风速	10	500hPa 相对湿度
4	500hPa 纬向风速	11	850hPa 相对湿度
5	500hPa 经向风速	12	地面相对湿度
6	850hPa 纬向风速	13	地面绝对湿度
7	850hPa 经向风速	14	地面气温

ASD 模型提供了反向逐步回归方法选择预报因子(Hessami et al., 2008)。在模型开始前，将所有候选预报因子输入模型预报因子库中，然后逐步剔除相关性最弱的项，直到剩余所有的项都具有较强的统计学意义，其中常用偏 F 检验添加或去除预报因子(初祁等, 2012)：

$$F=\frac{(R_q^2-R_{q-1}^2)(n-q-1)}{1-R_q^2} \tag{2-12}$$

式中，R_q 和 R_{q-1} 分别为标准变量与含有 q 和 $q-1$ 个变量的预测方程间的相关系数；n 为观测值数量；若计算的 F 值大于临界 F 值，则在方程中应添加该预报因子，临界 F 值由给定的显著性水平和自由度确定。另外，调整单次检验的显著性水平使用 Bonferroni 校正法(初祁等, 2012)：

$$\alpha = 1-\left(1-\frac{\alpha}{2}\right)^{\frac{1}{q}} \tag{2-13}$$

式中，α 为显著性水平；q 为选用的预报因子数量。

2)模拟能力评估方法。本研究选择极值和气候变化指数来记录观测到的气候变化与降水和气温演变的关系，并用于评估降尺度模型在对降水和气温的强度、持续时间和频率的模拟能力。这些指标为本研究所使用的气象站的平均和极端气候情况提供了更多的信息。

本研究选择降水和气温的相关指数作为评估 ASD 模型性能的标准(表 2-2)。关于日降水总量，本研究将使用 5 个指数，包括降水月均值、降水标准差、第 90%的日降水量、湿日发生概率、连续最大干旱日数。关于平均、最低、最高气温，本研究将使用 6 个指数，包括气温月均值、气温标准差、月最高气温、月最低气温、第 90%的日最高气温、第 10%的日最低气温(Amin et al., 2014)。

表 2-2　ASD 模型中评估模拟降水和气温的指数表

变量	指数名称	简称	定义	单位
降水	降水月均值	Mean prec	降水量的月均值	mm/d
	降水标准差	STD prec	降水量的月标准差	mm/d
	第90%的日降水量	Prec 90th	90%分位数的日降水量	mm/d
	湿日发生概率	Wet-day	降水天数百分比(阈值≥0.6mm)	%
	连续最大干旱日数	CDD	连续最大干旱日数	d
气温	气温月均值	Mean T_{mean}	气温的月均值	℃
	气温标准差	STD T_{mean}	气温的月标准差	℃
	月最高气温	Max T_{mean}	月最高气温	℃
	月最低气温	Min T_{mean}	月最低气温	℃
	第90%的日最高气温	T_{max} 90th	90%分位数的日最高气温	℃
	第10%的日最低气温	T_{min} 10th	90%分位数的日最低气温	℃

基于以上指数在观测值和模拟值之间的 RMSE 以及均方根误差的方差系数(coefficient of variance，CV)来评估模型模拟能力。CV 是常见两组数据间差别的归一化方法，定义如下。

$$CV = RMSE/|x| \tag{2-14}$$

式中，x 为观测的平均值。

2.2　CMIP5 多模式对三江平原气温的时空模拟能力评估

2.2.1　CMIP5 多模式气温空间模拟能力评估

各模型模拟值和观测值之间年平均气温的标准差和均方根误差分布结果表明，9 个模式都模拟的气温较实际值都偏低，其中模式 MIROC-ESM 与观测值之间的标准差最小，而模式 BNU-ESM 与观测值之间的标准差最大(图 2-3)。气温的

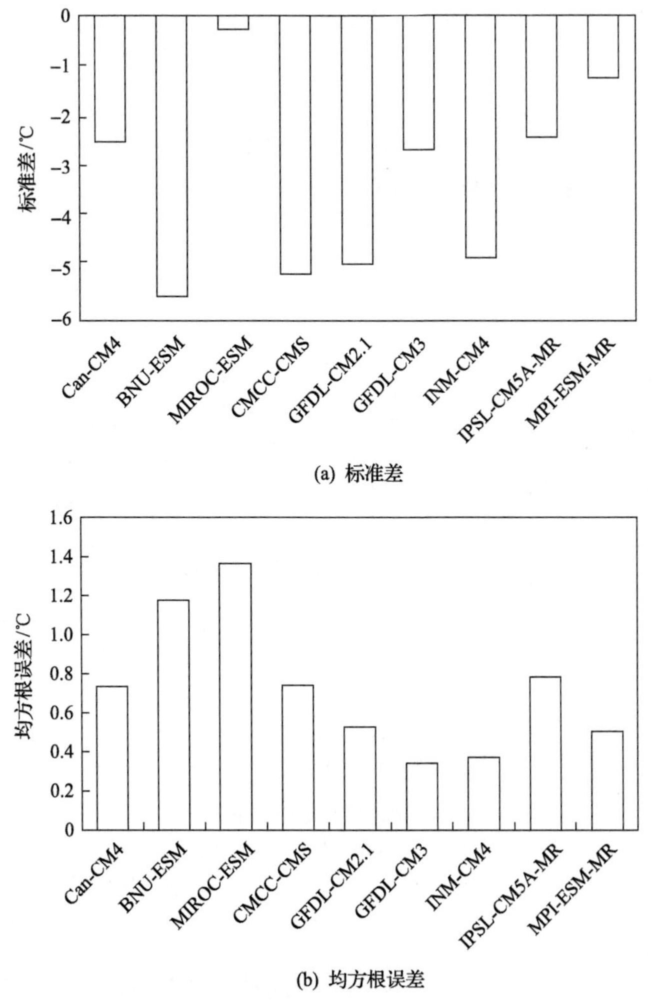

图 2-3　各模型历史模拟值和实际观测值的年平均气温标准差和均方根误差分布图

均方根误差为 0.4～1.4℃，模式 GFDL-CM3 的均方根误差最小，同时模拟值和实际观测值的标准差少，表现出了较好的拟合效果。而 BNU-ESM 模式的标准差(BIAS)是 9 个模式中最大的，并且其均方根误差(RMSE)超过了 1.0℃，在这两个指标方面该模型的模拟能力最低。而 MIROC-ESM 模式标准差最小，但均方根误差最大，说明该模式在整个区域内的空间模拟效果并不好。

1. 基于泰勒方法的模拟评估

三江平原气温的泰勒图分布用于表示模式模拟结果与观测值之间的差异(图 2-4)。对于平均气温，*D* 点所代表的场相关系数约为 0.75，即 CMCC-CMS 在所有模型中的相关系数(R^2)最高；而从均方差的角度看，*F* 点(GFDL-CM3)与 *G* 点(INM-CM4)的均方差与观测值最接近，在 0.15～0.17；同样的，GFDL-CM3 和 INM-CM4 模式的均方根误差(RMSE)也最小(*F* 点为 0.34，*G* 点为 0.38)。根据泰勒图所显示的三个小指标的综合情况(图 2-4)，可得到其模拟能力由强到弱的模式排名依次为：GFDL-CM3、INM-CM4、MPI-ESM-MR、CMCC-CMS、GFDL-CM2.1、Can-CM4、IPSL-CM5A-MR、BNU-ESM、MIROC-ESM。

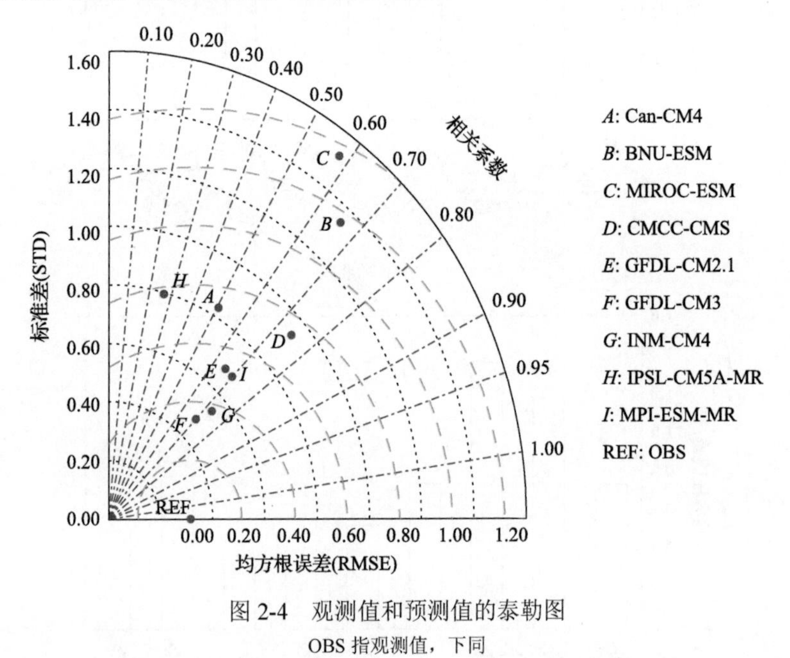

图 2-4 观测值和预测值的泰勒图

OBS 指观测值，下同

2. 空间技巧评分

空间技巧评分中 SS 值越小，模式的空间技巧评分越高，对温度的空间模拟能力越好。1961～2005 年多模式气温模拟与观测场空间技巧评分状况表明，各模式对温度的空间模拟能力较强的是 MPI-ESM-MR、MIROC-ESM，而 BNU-ESM、CMCC-CMS 模式模拟能力较弱(图 2-5)。

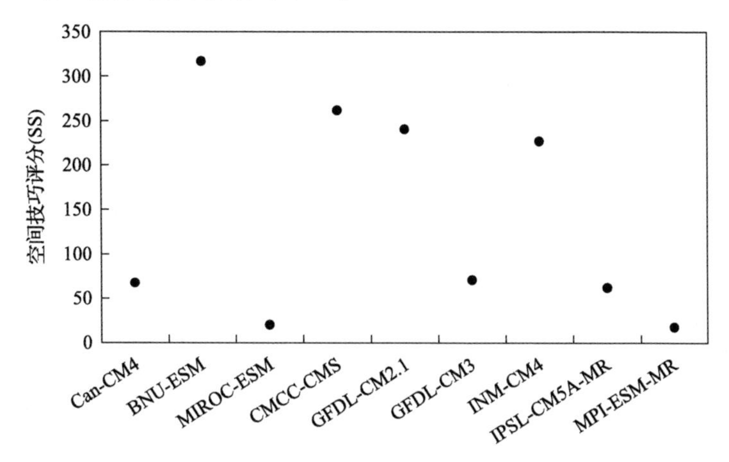

图 2-5　多模式气温模拟与观测场空间技巧评分图

3. 模式空间模拟能力综合评估

对气温在空间分布上的模拟能力综合评估，主要根据以上三个指标——区域误差分析、泰勒图和 SS 评分，通过各指标的得分情况综合得到 9 个模式的温度空间模拟能力排名(图 2-6)。模式在各指标下的排名为 1～9，其中图示颜色越浅，模拟能力越弱，排名 1 的模式代表颜色最深。根据以上指标的综合分析，9 个模式在温度空间模拟效果方面，由好到差排序为：MPI-ESM-MR、GFDL-CM3、MIROC-ESM、INM-CM4、IPSL-CM5A-MR、Can-CM4、GFDL-CM2.1、CMCC-CMS、BNU-ESM。

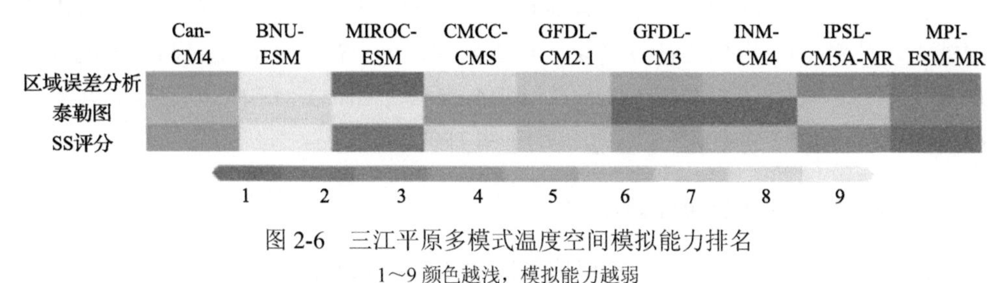

图 2-6　三江平原多模式温度空间模拟能力排名

1～9 颜色越浅，模拟能力越弱

2.2.2　CMIP5 多模式气温时间模拟能力评估

1. 年际变率相关性分析

通过平均气温在三江平原地区模式模拟值与观测值年际变率相关系数分析

(图 2-7)，评估模式在时间尺度上的气温模拟能力。水平线表示置信度为 95%的显著性检验标准，图中 IPSL-CM5A-MR、BNU-ESM、Can-CM4、MPI-ESM-MR 模式均通过了显著性检验，对温度的年际变化率有一定的模拟能力，而 IPSL-CM5A-MR 模式更是通过了 99%的显著性检验，模拟效果很有优异。同时，除 INM-CM4 外，其他模式的模拟相关系数基本小于 0.15，表现出在温度时间序列模拟能力上较弱的结果。

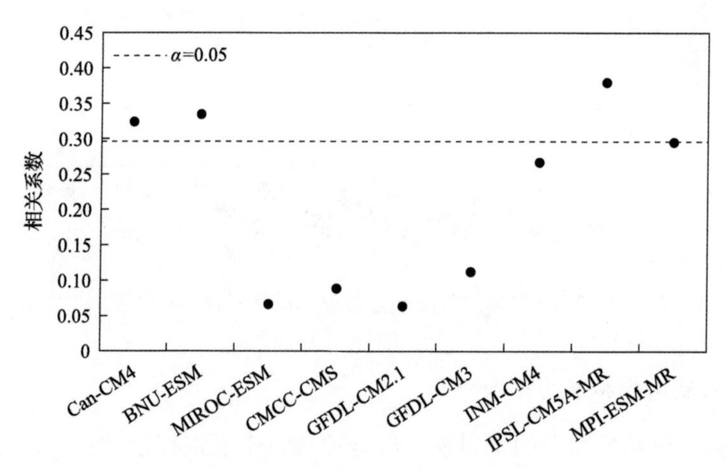

图 2-7　各模式年平均气温的历史模拟值与实际观测值在时间尺度上的相关系数

2. 时间技巧评分

M2 指数主要通过模式的 STD 来评估模式变量的年际变率模拟能力，模式的变量年际变率模拟能力越强，M2 指数的值就越接近 0。9 个模式的均方根误差均集中在 0.7～1.2，其中 IPSL-CM5A-MR 模式的均方根误差最小，体现了较好的模拟能力。针对 M2 指数的计算结果，可以发现，9 个模型对温度时间变率的模拟均有一定的可靠性，其中 Can-CM4、INM-CM4、MIROC-ESM 模拟能力较好，BNU-ESM、MPI-ESM-MR 的模拟能力较差(图 2-8)。

3. 模式时间模拟能力综合评估

根据时间序列上的年际变率相关系数和 M2 指数对温度模拟情况的评估，得到各个模式对地区时间变率模拟能力排名。对时间序列的模拟能力由强到弱依次是：Can-CM4、INM-CM4、IPSL-CM5A-MR、CMCC-CMS、MIROC-ESM、BNU-ESM、GFDL-CM3、MPI-ESM-MR、GFDL-CM2.1(图 2-9)。

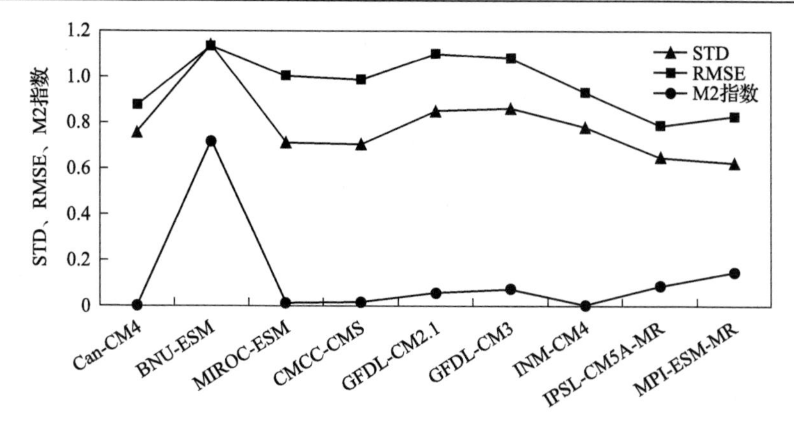

图 2-8　1961～2005 年多模式温度的STD、RMSE 和 M2 指数指标统计图

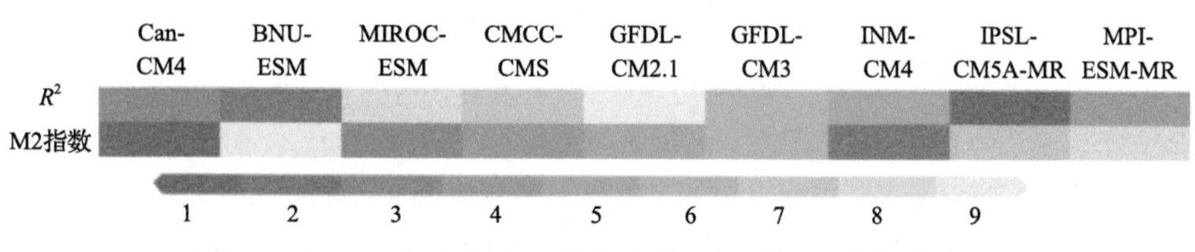

图 2-9　1961～2005 年三江平原多模式温度时间变率模拟能力排名

2.2.3　CMIP5 集合模式对三江平原气温的情景预估

1. 基于秩加权方法的集合模式构建

根据秩加权的方法，通过从时空性能指标排名信息，列出了模式的整体排名和加权结果(表 2-3)。当所有模式平均加权时，每一个模型所占权重(W_i)将为

表 2-3　各个模式在整体预估结果中各自所占的标准权重

模型	空间排序	时间排序	W_i
Can-CM4	6	1	0.1843
INM-CM4	4	2	0.1843
IPSL-CM5A-MR	5	3	0.1317
MPI-ESM-MR	1	7	0.1152
GFDL-CM3	2	7	0.1024
MIROC-ESM	3	5	0.0922
CMCC-CMS	8	4	0.0709
BNU-ESM	9	6	0.0614
GFDL-CM2.1	7	9	0.0576

0.1110。模拟能力最强的三个模式 Can-CM4、INM-CM4 和 IPSL-CM5A-MR，权重分别为 0.1843、0.1843 和 0.1317，而 BNU-ESM 和 GFDL-CM2 模式在该地区对气温的模拟能力相对较弱。但由于 Can-CM4 和 GFDL-CM2 模式在 RCP8.5 情景下的模拟数据暂未对外提供，后续研究将其他 7 个模型重新分配权重并进行模式集合。

2. 2015～2100 年不同未来气候情景下温度的时空变化分析

通过加权集合模式预估两种 RCP 气候情景下 2015～2100 年上三江平原地区权重集合模式模拟的年平均气温变化(图 2-10)。在 RCP4.5 和 RCP8.5 情景下，气温都有一定的上升趋势。其中在 2015～2035 年，两种情景下的气温上升幅度相近，升温在 0.75～0.8℃，而在之后，RCP8.5 情景下的升温幅度开始逐渐高于 RCP4.5 情景，且相差幅度增加显著。在 2015～2100 年，RCP4.5 和 RCP8.5 情景下，三江平原地区年平均气温的上升幅度分别为 2.24℃、5.44℃。表明在未来若采取较强力度的减排措施，使得辐射强迫在 21 世纪上升强度有所明显减弱趋势，比完全不采取减排措施的 RCP8.5 情景(即 21 世纪辐射强迫持续上升)，对气温的升高有显著的控制作用，气温可降低 3.2℃左右。

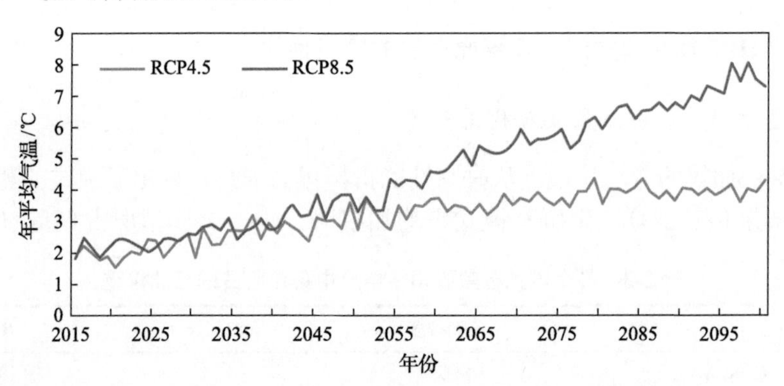

图 2-10　2015～2100 年 RCP4.5 和 RCP8.5 情景下三江平原地区年平均气温变化

为进一步了解未来 21 世纪年平均气温的变化特征，以及整个三江平原区域空间变化特征，而分析了区域内每个格点的年平均气温在 2015～2100 年的线性趋势变化(图 2-11)。两种 RCP 情景下，三江平原整个区域的年平均气温一致升高，且均通过 95%信度检验。同时对比图 2-11(a)和(b)，可以非常显著地发现，在采取较强力度减排措施的 RCP4.5 情景下的升温趋势，远远低于完全不采取减排措施的 RCP8.5 情景的升温趋势，区域平均升温分别为 2.71℃/100a(RCP4.5)、7.06℃/100a(RCP8.5)。

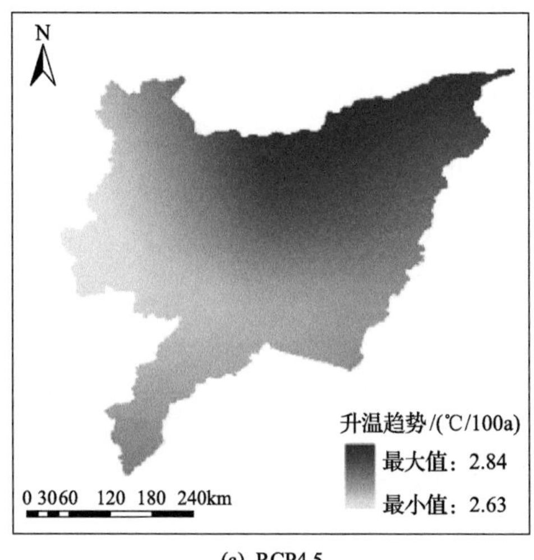

(a) RCP4.5

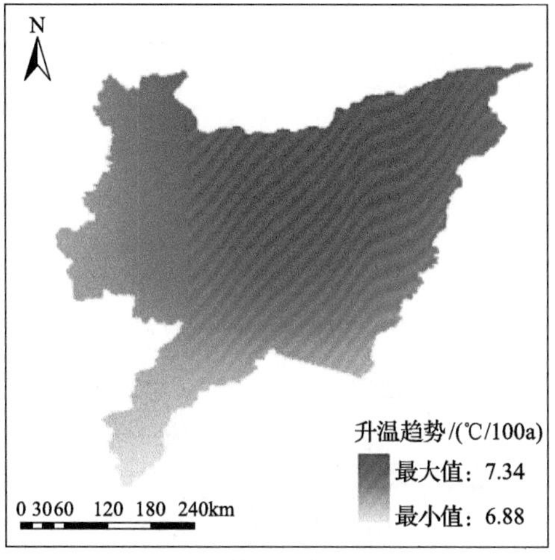

(b) RCP8.5

图 2-11　2015～2100 年的 RCP4.5 和 RCP8.5 下三江平原地区气温线性趋势变化

从空间区域上看，两个情景下的气温变化趋势的空间分布特征很相似，呈西南向东北阶梯递增(图 2-11)。在 RCP4.5 情景下，三江平原的东北地区升温趋势最明显，为 2.80℃/100a，而西部地区则升温较缓，约 2.64℃/100a。在 RCP8.5 情景下，三江平原的中部及偏北地区升温最快，为 7.23℃/100a，升温较缓慢的是南部地区，约 6.89℃/100a。这样的空间分布趋势应该和三江平原由西北向东南倾斜的地势、中部偏东北集中耕作等原因密切相关。另外分析区域在 RCP4.5 及 RCP8.5 升温趋势的差值，发现东北地区两个情景下的差值仍然高于其他地区，即采取较强力度的减排措施时，东北地区的升温控制更灵敏和有效。

3. 2015～2100 年三个气候期气温变化分析

RCP4.5 和 RCP8.5 情景下 21 世纪三个气候期三江平原地区相对于 1961～2005 年历史气候期的气温距平分布结果表明，从 RCP4.5 和 RCP8.5 的三个气候期气温距平的变化可以发现，在两个未来气候情景下，三江平原的气温维持较快的升高趋势(图 2-12)。且除 RCP4.5 情景下的 21 世纪前期外，其他气候期的气温变化均具有非常显著的区域特征，即三江平原中北部地区平均气温升高显著，外围地区变化较弱。21 世纪前期(2016～2035 年)，在两个气候情景下，三江平原区域温度相较于气温参考时段均有 1.5℃左右的升高，但两者表现出了不同的区域特征，RCP4.5 情景下东部温度变化略高于西部，而 RCP8.5 情景下中北部变化较显著。21 世纪中期(2036～2065 年)，RCP8.5 情景较 RCP4.5 情景，整个区域气温变化均高出约 0.7℃，前者升温在 2.92～3.22℃，后者升温在 2.23～2.54℃。21 世纪后期(2066～2095 年)，RCP8.5 情景下气温变化(5.27～5.66℃)呈现出远高于 RCP4.5 情景(2.94～3.23℃)的区域分布特征，其中中北部地区变化显著。

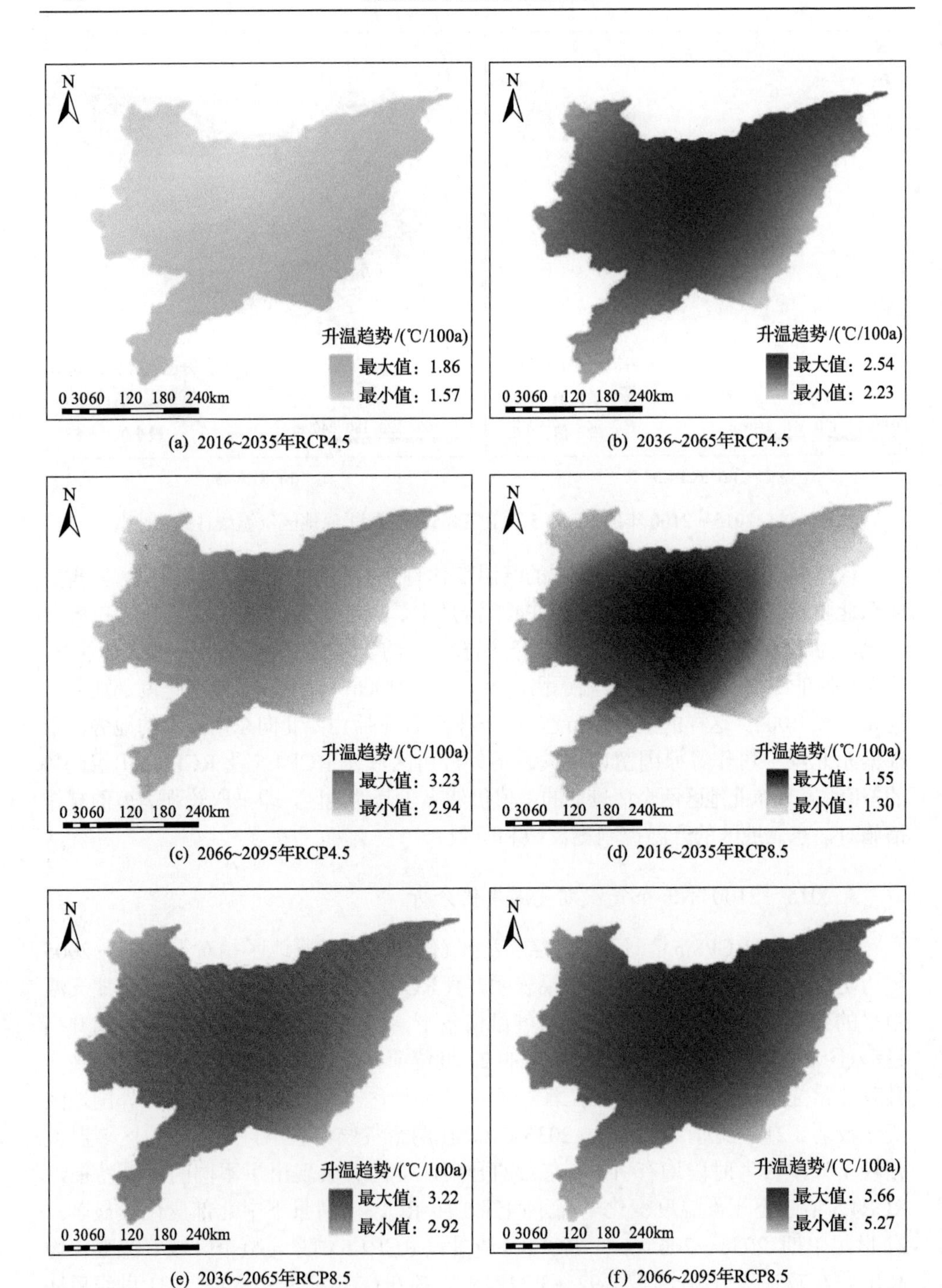

图 2-12　RCP4.5 和 RCP8.5 情景下三江平原地区三个气候期相对于 1961～2005 年的气温距平分布

2.3　ASD 降尺度法建立大尺度气候与区域气候的统计联系

2.3.1　模型数据库

1. 数据组成

地面观测数据使用中国地面气候资料数据集中的 10 个站点的台站地面气候资料日值数据集，选取时段为 1961～2000 年；观测的大尺度气候资料选用 NCEP 再分析日资料；GCM 模式采用 GFDL-EMS2G 模式的 RCP4.5 情景的 1961～2100 年的逐日海平面气压、850hPa 位势高度场、500hPa 位势高度场、850hPa 纬向风场、500hPa 纬向风场、地面纬向风场、850hPa 经向风场、500hPa 经向风场、地面经向风场、850hPa 比湿场、500hPa 比湿场、地面比湿场、地面绝对湿度场、地面温度场资料。

2. 数据预处理

由于 NCEP 再分析资料与 GFDL-EMS2G 模式数据的网格间距不一致，因此重新网格化是统计降尺度过程中不可缺少的预处理步骤。因为本研究最终是要用 GCM 模式数据进行气候变化模拟，需要完整的 GCM 模式中原始的数据信息作为降尺度模型的输入数据。因此本研究选择将 NCEP 再分析资料(空间分辨率为 2.5°×2.5°)内插到 GFDL-EMS2G 模式的网格格点(2°×2.5°网格)，以达到两者数据坐标的一致性。为了去除 GCM 模式的系统偏差，需要利用 1961～2000 年 GFDL-EMS2G 模式数据的平均值和标准差，将其 14 个预报因子变量进行标准化处理。

2.3.2　ASD 模型统计联系的建立

1. 基于 NCEP 再分析数据的模型预报因子选择

对于所有选定气象站，ASD 模型在降水量、平均气温、最高气温和最低气温的率定结果如表 2-4 所示(率定期为 1961～1980 年，数据预处理将 NCEP 预报因子基于 GFDL-CM3 模型网格进行插值)。基于反向逐步回归方法，筛选出每个站点和预报量的五个最佳预测因子(表 2-4)。从表中可以发现，对于所有降尺度过程，利用多元线性回归(multiple linear regression，MLR)方法所得到的解释方差(R^2)的值均高于对应的用岭回归方法得到的 R^2。

表 2-4　各气象站点降水量、平均气温、最高气温、最低气温的预报因子选择及率定期解释方差（基于 NCEP 再分析数据）

站点名称	降水量			平均气温			最高气温			最低气温		
	预报因子	R^2 (MLR)	R^2 (ridge)	预报因子	R^2 (MLR)	R^2 (ridge)	预报因子	R^2 (MLR)	R^2 (ridge)	预报因子	R^2 (MLR)	R^2 (ridge)
伊春	5, 8, 9, 11, 13	0.278	0.273	1, 2, 4, 6, 14	0.977	0.977	1, 2, 6, 9, 11	0.971	0.971	2, 3, 4, 6, 14	0.953	0.953
鹤岗	1, 5, 8, 11, 12	0.279	0.273	1, 2, 6, 9, 11	0.984	0.984	1, 2, 6, 9, 11	0.974	0.974	1, 6, 7, 9, 13	0.978	0.978
富锦	1, 5, 8, 11, 12	0.302	0.295	1, 2, 6, 9, 14	0.986	0.986	1, 2, 9, 11, 14	0.979	0.979	1, 2, 6, 9, 14	0.968	0.968
佳木斯	1, 2, 5, 8, 11	0.282	0.274	1, 2, 6, 9, 14	0.980	0.980	1, 2, 6, 9, 11	0.976	0.976	1, 2, 4, 6, 7	0.927	0.927
依兰	5, 6, 9, 12, 14	0.259	0.254	2, 3, 4, 6, 14	0.980	0.980	1, 2, 6, 9, 11	0.973	0.973	2, 3, 4, 6, 14	0.957	0.957
宝清	1, 2, 3, 5, 8	0.250	0.245	1, 2, 3, 9, 14	0.984	0.983	1, 2, 3, 9, 11	0.976	0.976	1, 3, 4, 9, 14	0.963	0.963
通河	2, 3, 5, 8, 9	0.266	0.257	1, 2, 4, 6, 14	0.979	0.979	1, 2, 6, 9, 11	0.975	0.975	2, 3, 4, 6, 14	0.955	0.955
鸡西	1, 2, 5, 7, 8	0.296	0.289	1, 3, 9, 13, 14	0.982	0.982	1, 3, 7, 9, 11	0.972	0.972	1, 3, 4, 9, 13	0.968	0.968
虎林	5, 6, 7, 8, 9	0.257	0.255	1, 2, 3, 9, 14	0.974	0.974	1, 2, 3, 9, 14	0.961	0.961	1, 2, 3, 4, 14	0.960	0.960
绥芬河	5, 6, 7, 9, 12	0.271	0.270	1, 3, 7, 9, 13	0.973	0.972	1, 3, 6, 7, 9	0.966	0.966	3, 4, 6, 13, 14	0.940	0.940

注：ridge 指岭回归方法。

在基于 NCEP 再分析数据的降尺度模拟中，气温的解释方差值（R^2）都很高（平均气温≥0.973，最高气温≥0.961，最低气温≥0.927），体现出了很强的降尺度模拟能力。预报因子和预报量有很强的相关性，同时十个气象站之间，相同预报量有较高的相似性。

对于降水量来说，其解释方差量（R^2）的变化范围为 0.250（宝清站）到 0.302（富锦站）（表 2-4）。与气温相比，较低的方差解释（R^2）值凸显除了对于降水降尺度模拟的困难性；并且在表中可以发现平均气温、最低气温和最高气温的预报因子明显比降水量的预报因子相关性更强，更为集中，也从侧面反映出了降水的难模拟程度。但是对于日降水量来说，其对应的相关性指数达到了 0.50～0.55，考虑到日降水量的随机性和复杂性，这个相关系数对于日时间序列数值来说是有较高参考价值的(Hessami et al., 2008)。

2. 基于 NCEP 再分析数据的模型率定和验证分析(以富锦站为例)

为了更详细地分析在率定期和验证期，ASD 模型的各项模拟能力以及 NCEP 再分析数据插值到 GFDL-CM3 模型网格对降尺度结果的影响，用富锦站作为代表来分析各评价指标的 RMSE 及 CV(表 2-5)。在率定期和验证期，统计指标的模拟平均值和对应系列的观测值都较为接近，最大相对偏差基本小于 20%，体现了较好的率定效果；两个时期的 RMSE 相比，验证期较率定期有小幅增加。通过统计指标 RMSE 的比较也能发现，第 90%的日降水量、日均气温月最高值和日均气温月最低值，较其他指标来说模拟效果较差，这表明和其他的统计降尺度模型相似，ASD 模型对极端事件的模拟能力相对较弱。从降水指标的率定结果看，率定期均值的 RMSE 为 0.08，验证期为 0.38，远好于很多区域的相关降水降尺度模拟效果。各指标中第 90%的日降水量(Prec90th)的 RMSE 相对其他指标较大，且模拟值小于观测值，结合湿日(wet-day)发生概率模拟值大于观测值和连续最大干旱日数(CDD)模拟值小于观测值，表明模拟的降水过程相对较为均一。从气温指标的率定结果看，基本除验证期的日最低气温月均值指标外，其他指标的模拟与观测误差较小，多个指标在率定期较实际值几乎无偏差；除了日均气温月最高值和日均气温月最低值，其他气温指标的 RMSE 也都很小，体现了模型对研究区气温变化具有非常强的拟合能力。关于 CV 值，气温指标大多低于降水指标，且基本低于 0.3。

表 2-5　基于 NCEP 再分析数据的率定期和验证期气候指标统计表(以富锦站为例)

变量	指标名称	简称	率定期				验证期			
			OBS	SIM	RMSE	CV	OBS	SIM	RMSE	CV
降水	降水月均值/(mm/d)	Mean prec	1.32	1.27	0.08	0.06	1.46	1.19	0.38	0.26
	降水标准差/(mm/d)	STD prec	3.46	3.13	0.52	0.15	3.89	3.02	1.09	0.28
	第 90%的日降水量/(mm/d)	Prec90th	11.86	10.67	1.51	0.13	12.43	10.31	3.07	0.25
	湿日发生概率/%	Wet-day	20.38	21.69	1.33	0.07	21.45	21.52	2.39	0.11
	连续最大干旱日数/d	CDD	12.58	11.97	0.98	0.08	12.49	11.92	1.90	0.15

续表

变量	指标名称	简称	率定期				验证期			
			OBS	SIM	RMSE	CV	OBS	SIM	RMSE	CV
气温	日均气温月均值/℃	Mean T_{mean}	2.52	2.53	0.01	0.00	3.43	3.17	0.37	0.11
	日最高气温月均值/℃	Mean T_{max}	8.24	8.24	0.01	0.00	8.62	8.90	0.41	0.05
	日最低气温月均值/℃	Mean T_{min}	−2.85	−2.85	0.01	0.00	−1.24	−2.36	1.15	0.92
	日均气温标准差/℃	STD T_{mean}	4.18	4.18	0.01	0.00	4.14	4.12	0.14	0.04
	日最高气温标准差/℃	STD T_{max}	4.92	4.93	0.01	0.00	4.84	4.97	0.20	0.04
	日最低气温标准差/℃	STD T_{min}	4.18	4.18	0.01	0.00	3.97	4.11	0.26	0.07
	日均气温月最高值/℃	Max T_{mean}	14.77	14.51	1.12	0.08	15.72	15.18	1.24	0.08
	日均气温月最低值/℃	Min T_{mean}	−8.80	−9.93	1.61	0.18	−8.41	−9.03	1.19	0.14
	第90%的日最高气温/(℃/d)	$T_{max}\,90^{th}$	14.67	14.66	0.20	0.01	14.93	15.40	0.56	0.04
	第10%的日最低气温/(℃/d)	$T_{min}\,10^{th}$	−8.17	−8.28	0.19	0.02	−6.33	−7.69	1.45	0.23

注：SIM指模拟值。

2.3.3　基于GFDL-CM3模式的ASD模型统计联系的建立

以富锦站为例，通过各指标的均方根误差和箱线图，来分析讨论GFDL-CM3模式数据进行ASD模型率定(率定期为1961～1980年，验证期为1981～2000年)。

1. *均方根误差分析*

气温的各项指标情况基本都与利用NCEP再分析资料得到的结果相近，而降水月均值、降水标准差、第90%的日降水量的验证期模拟效果甚至优于其结果(表2-6)。表明了由ASD模型进行降尺度分析得到的未来气候变化情景是可靠的，可以用于后续的分析。

表2-6　基于GFDL-CM3模式的率定期和验证期气候指标的均方根误差统计表(以富锦站为例)

变量	指标名称	简称	率定期	验证期
降水	降水月均值/(mm/d)	Mean prec	0.37	0.40
	降水标准差/(mm/d)	STD prec	0.38	0.62
	第90%的日降水量/(mm/d)	$Prec90^{th}$	1.65	2.11
	湿日发生概率/%	Wet-day	4.84	5.34
	连续最大干旱日数/d	CDD	2.94	2.87

续表

变量	指标名称	简称	率定期	验证期
气温	日均气温月均值/℃	Mean T_{mean}	0.01	0.84
	日最高气温月均值/℃	Mean T_{max}	0.01	0.89
	日最低气温月均值/℃	Mean T_{min}	0.01	1.39
	日均气温标准差/℃	STD T_{mean}	0.04	0.28
	日最高气温标准差/℃	STD T_{max}	0.10	0.29
	日最低气温标准差/℃	STD T_{min}	0.01	0.35
	日均气温月最高值/℃	Max T_{mean}	2.25	2.41
	日均气温月最低值/℃	Min T_{mean}	1.93	1.86
	第 90%的日最高气温/(℃/d)	T_{max} 90th	0.43	1.12
	第 10%的日最低气温/(℃/d)	T_{min} 10th	0.22	1.58

2. 时间序列-箱线图分析

通过各指标逐月的模拟值与观测值的偏差情况来分析该模型的性能(图 2-13～图 2-16)。模拟结果能较好地体现降水的季节变化趋势，但对 7、8 月雨季的模拟值相对较低，雨季前后 6、10 月相对稍高。在验证期的雨季模拟值稍低。湿日发生概率、连续最大干旱日数的模拟结果较为一致，都是在冬季(12 月至次年 2 月)模拟的干旱天数偏高降水发生概率偏低，而夏季(6~8 月)则相反，干旱天数略低降水发生概率略高(图 2-13)。总的来说，降水的这五个指标的模拟情况看，ASD 模型对该区域降水量的总体模拟效果较好，特别是对降水时间序列演变趋势的把握较为准确，不过对大量降水的雨季特征的模拟有待提高。

日均气温、日最高气温和日最低气温的模拟值和观测值的拟合程度较好(图 2-14～图 2-16)，表现出 ASD 模型对该区域很强的气温模拟能力。具体来说，对于日均气温，在验证期日均气温月均值和第 90%的日最高气温除 2 月外其他月份的拟合程度很高；夏季(6~8 月)的模拟值波动和观测值非常接近，而冬春季(11 月至次年 3 月)稍有偏差；日均气温月最高值和月最低值也只是在冬季(12 月至次年 2 月)和观测值略有上下波动情况出现。表明了 ASD 模型对平均气温的模拟能力很强，尤其是夏季平均气温拟合程度非常高(图 2-14)。对于气温极值(日最高气温和日最低气温)，在验证期气温极值的月均值和第 90%的日最高气温除 2 月外其他月份的拟合程度很高(图 2-15、图 2-16)；气温极值的标准差大部分都稍高于观测值，但总体偏差不大；日最高气温最高值在率定期和验证期呈现出冬季(12 月至次年 2 月)偏低、春秋季(3~5 月、10~11 月)稍高、夏季(7~8 月)

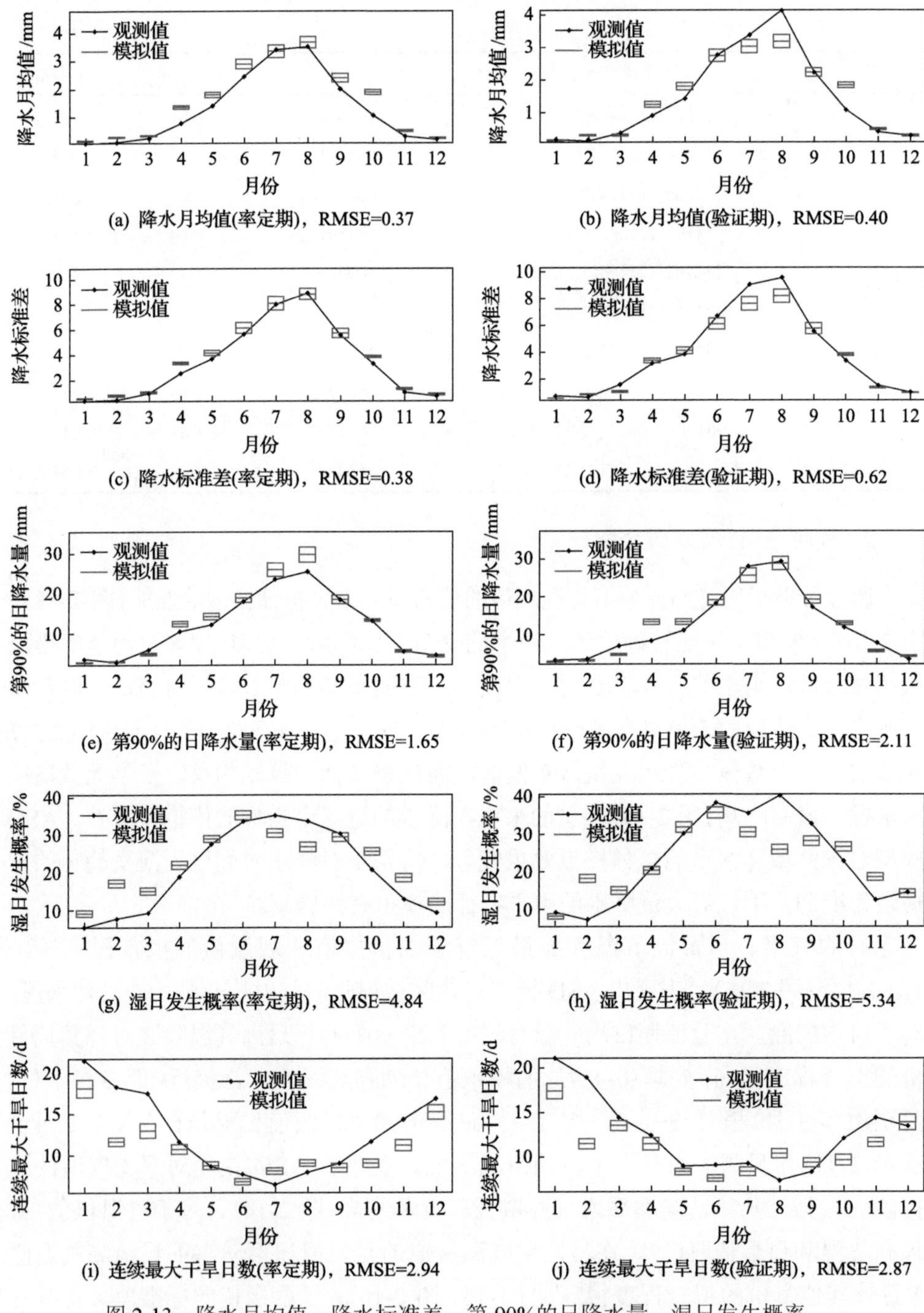

图 2-13　降水月均值、降水标准差、第 90%的日降水量、湿日发生概率、连续最大干旱日数在模型率定期和验证期的观测值与模拟值月际变化图

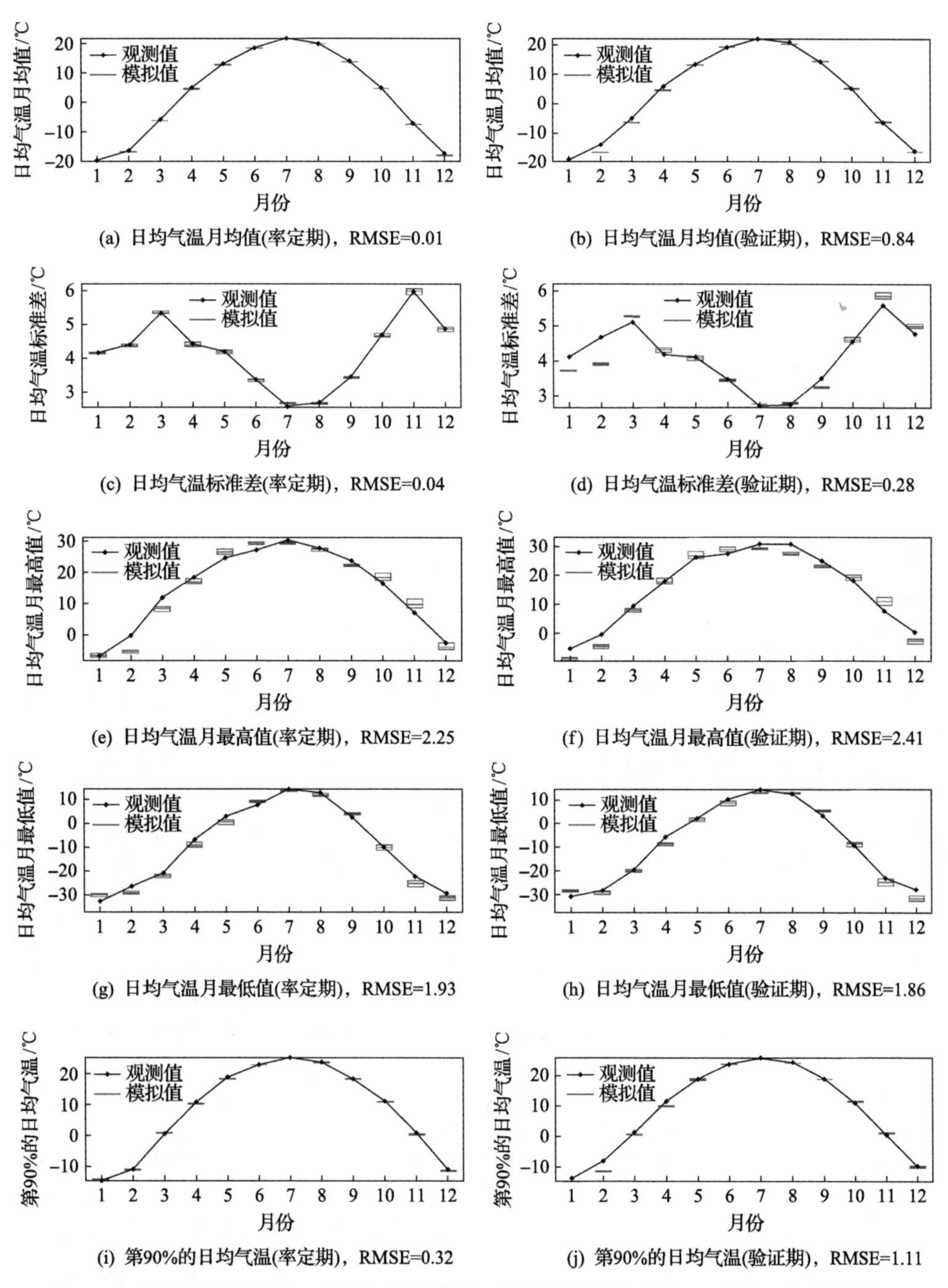

图 2-14　日均气温月均值、日均气温标准差、日均气温月最高值、日均气温月最低值、第 90%的日均气温在模型率定期和验证期的观测值与模拟值月际变化

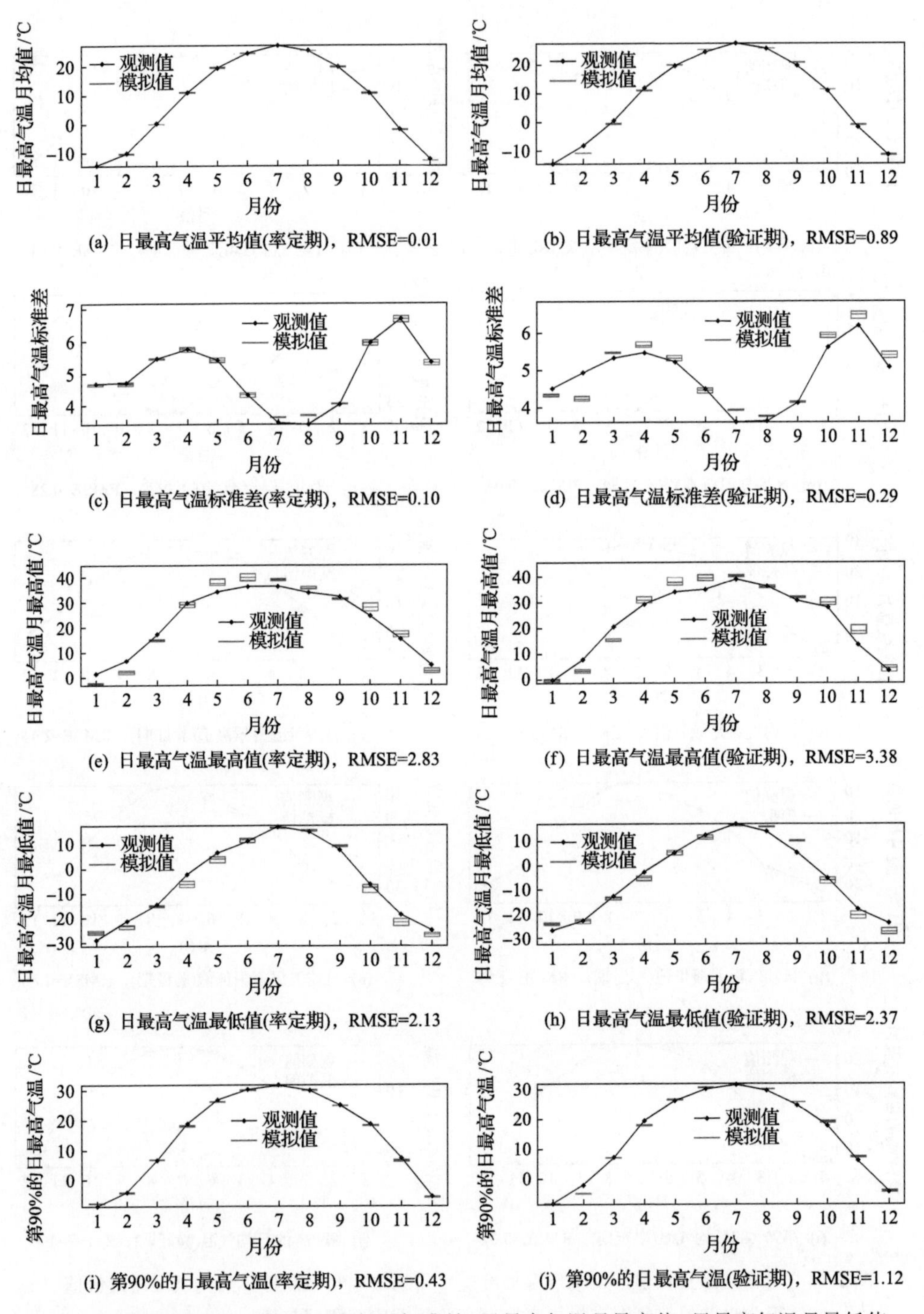

图 2-15 日最高气温月均值、日最高气温标准差、日最高气温月最高值、日最高气温月最低值、第 90%的日最高气温在模型率定期和验证期的观测值与模拟值月际变化

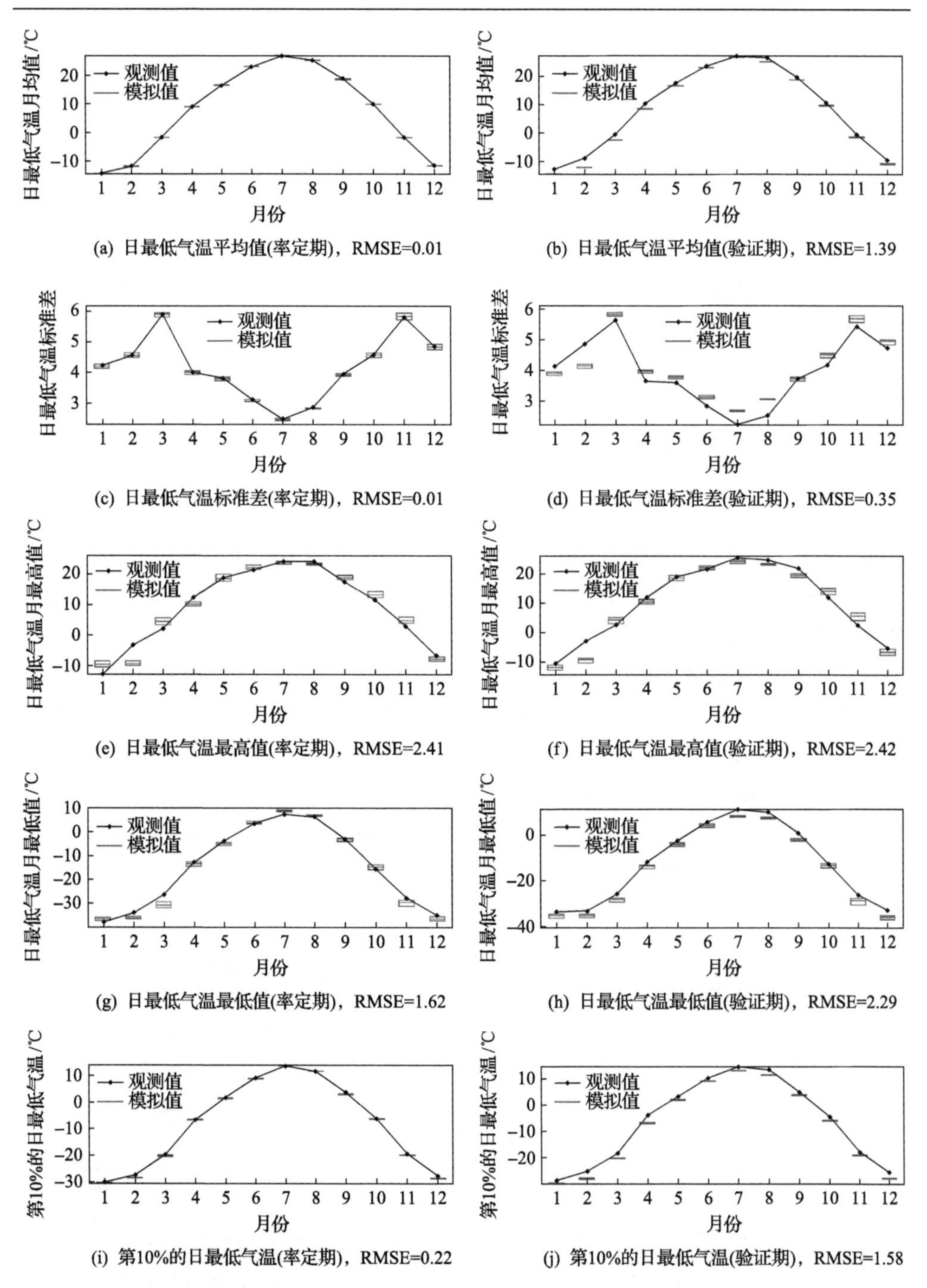

(a) 日最低气温平均值(率定期)，RMSE=0.01　(b) 日最低气温平均值(验证期)，RMSE=1.39

(c) 日最低气温标准差(率定期)，RMSE=0.01　(d) 日最低气温标准差(验证期)，RMSE=0.35

(e) 日最低气温最高值(率定期)，RMSE=2.41　(f) 日最低气温最高值(验证期)，RMSE=2.42

(g) 日最低气温最低值(率定期)，RMSE=1.62　(h) 日最低气温最低值(验证期)，RMSE=2.29

(i) 第10%的日最低气温(率定期)，RMSE=0.22　(j) 第10%的日最低气温(验证期)，RMSE=1.58

图 2-16　日最低气温月均值、日最低气温标准差、日最低气温月最高值、日最低气温月最低值、第 10%的日最低气温在模型率定期和验证期的观测值与模拟值月际变化

拟合程度最好的结果，而月最低值在秋冬季稍有波动；日最低气温最高值、最低值均在冬季(12 月至次年 2 月)稍偏低、其他季节拟合程度较好(图 2-15、图 2-16)。总的来说，ASD 模型对气温极值的模拟能力也很强，但模拟值的标准差略大表明了气温极值模拟值的变化幅度略大于观测值，且在夏季的模拟能力最强。

3. 空间分布模拟效果分析

为更好地分析基于 GFDL-CM3 模式的 ASD 模型降尺度统计关系的效果，将生成的验证期(1981～2000 年)共 20 年平均气温、最高气温和最低气温的平均预估值和实际观测值做差值进行空间分布分析(图 2-17)。三江平原地区平均气温的降尺度预估值与观测值拟合地较好，只有局部地区(中部偏北偏南地区、西部地区)小范围地略微偏低约 0.3℃以内，中部地区及东北部地区的预估值基本无偏差，与时间序列表现出的强模拟能力相吻合。针对气温极值的验证期预估值在空间尺度上与实际观测值稍有偏差，主要体现在三江平原大部分地区最高气温预估值比观测值略大，而最低气温则刚好相反，统计降尺度预估值略小于观测值。具体来看，三江平原中北部地区最高气温的预估值偏低最明显，约 0.2℃，其他周边地区的预估值基本与观测值一致；最低气温的大部分地区偏差不高于 0.4℃，西南部地区有部分区域预估值较观测值偏差最为显著，约 0.7℃。以上分析表明 GFDL-CM3 模式通过 ASD 降尺度方式得到的气温模拟值，基本可以模拟三江平原空间分布特征，但局部地区也有偏差，不超过 0.7℃。这些偏差的地区大多都是三江平原耕作密集区域，可能是由于高密集耕作方式，影响了土壤、作物等的二氧化碳、氮氧化物等温室气体的排放而引起了模拟的偏差，具体原因有待进一步研究讨论。

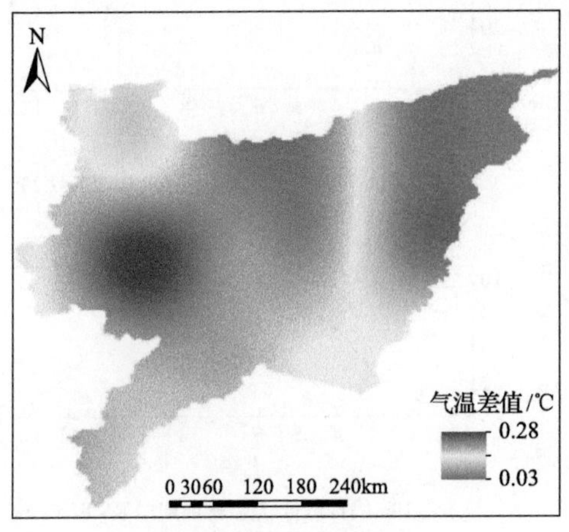

(a) 验证期平均气温差值

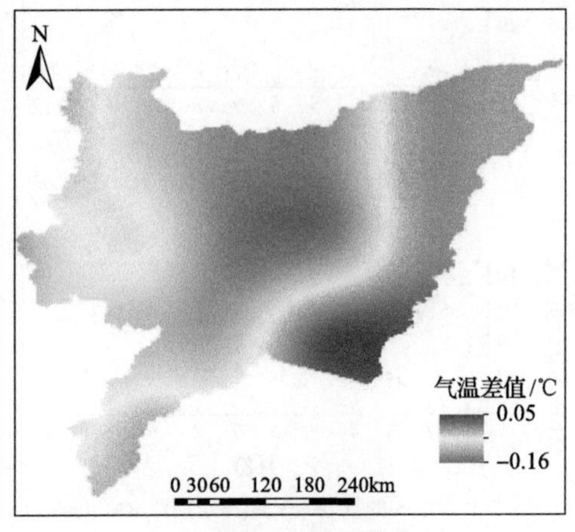

(b) 验证期最高气温差值

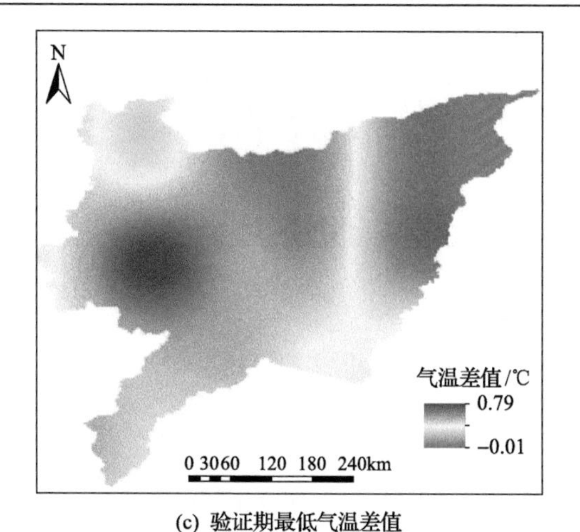

(c) 验证期最低气温差值

图 2-17　GFDL-CM3 模式数据通过 ASD 模型在 1981～2000 年模型验证期的平均气温、最高气温和最低气温与实际观测值差值的空间分布图

2.4　ASD 统计降尺度法预估三江平原气候变化情景

利用 ASD 统计降尺度法对三江平原地区的气温和降水在 RCP4.5 未来气候情景下的变化情况进行预估和分析，并通过对气温和气温极值在 2011～2040 年、2041～2070 年、2071～2100 年三个不同气候期的气温距平空间分布，来分析气温时空变化趋势。

2.4.1　ASD 统计降尺度法对三江平原气温变化情景的预估

1. 21 世纪 RCP4.5 未来气候情景下的气温变化预估

RCP4.5 未来气候情景下 21 世纪三个气候期平均气温、最高气温、最低气温预估值的平均值月际变化情况(图 2-18)。未来三个气候期的增温趋势较为显著，并且在季节尺度上呈现一定规律。具体来看，在 21 世纪前期(2011～2040 年)，平均气温、最高气温、最低气温的增加程度较小，平均气温和最高气温在夏季(7、8 月)甚至有负增温趋势出现，其他月份基本呈现 0.5～1.0℃的增温趋势；2041～2070 年 21 世纪中期，平均气温和最高气温的增长加速明显，尤其是夏季和冬季相较第一个气候期约有 1.5℃的显著上升，而最低气温在前两个气候期每次增长趋势较为一致，约每个气候期升温 1.0℃；在 21 世纪末期(2071～2100 年)，平均气温只有在夏冬季较上一气候期有明显的 1.0℃左右的升温其他月份基本与上一气候期持平，最高气温和最低气温则基本显示每月较上一气候期均有升温趋势，约 0.8℃。

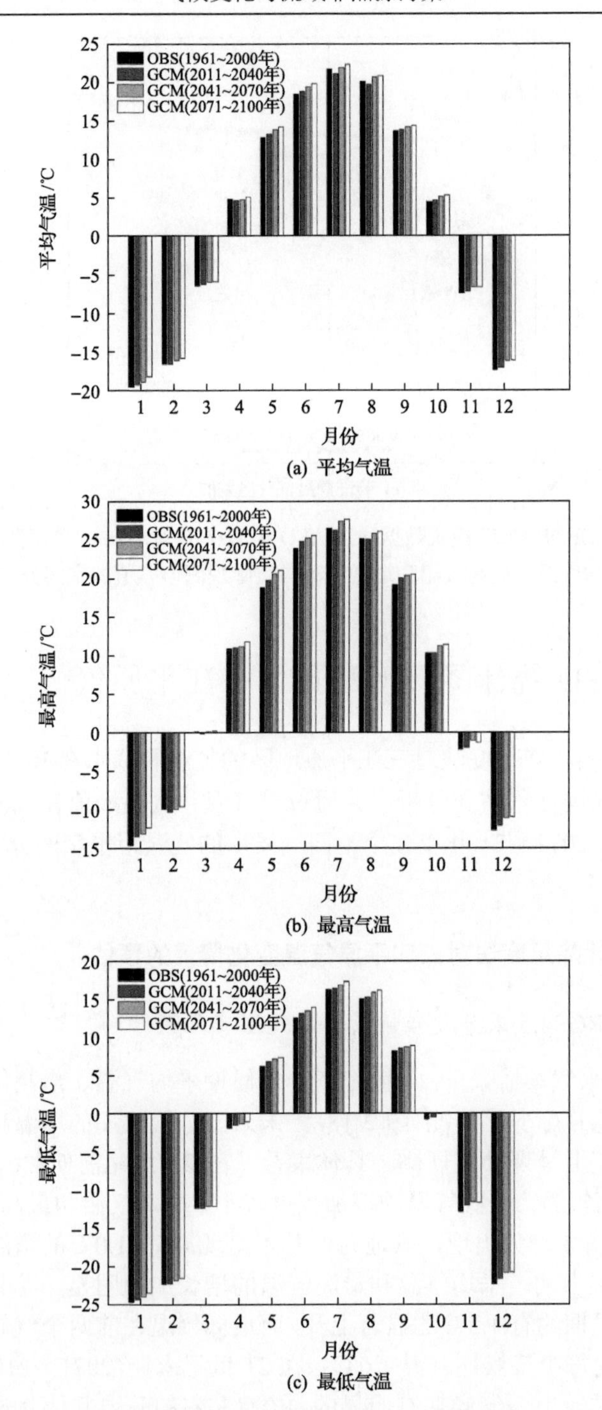

图 2-18　RCP4.5 未来气候情景下 21 世纪三个气候期平均气温、最高气温、最低气温预估值的平均值月际变化

为了进一步分析 RCP4.5 未来气候情景下的气温变化，将平均气温预估值的相关气候指数——气温标准差、第 90%的日最高气温、月最高气温、月最低气温在 21 世纪三个气候期的变化趋势作图(图 2-19)。夏季的标准差值要小于其他三个季节，气温波动程度低，相对来说更容易模拟，这也和上一部分率定验证期结果一致，夏季模拟值和观测值之间有更好的拟合程度。在 21 世纪前期，春季(3～5 月)标准差的值明显大于历史气候期，气温波动较大，而其他季节平均温度的标准差相对稳定或略低于历史气候期；21 世纪中期，12 月到次年 4 月标准差有显著降低趋势，而其他月份则趋于稳定或略高于 21 世纪前期；在 21 世纪后期，除 5 月较前一气候期有明显偏差外，其他月份的标准差均相对稳定。和平均气温的上升趋势类似，其平均气温中的较高值也在各气候期基本呈现逐步升高的趋势，其中至 21 世纪后期夏冬季上升趋势相对显著，达 2.5～3.5℃。总体各月份的最高值增大幅度较高，基本增幅在 21 世纪后期达到了 2.5～4.0℃；21 世纪前期和历史气候期

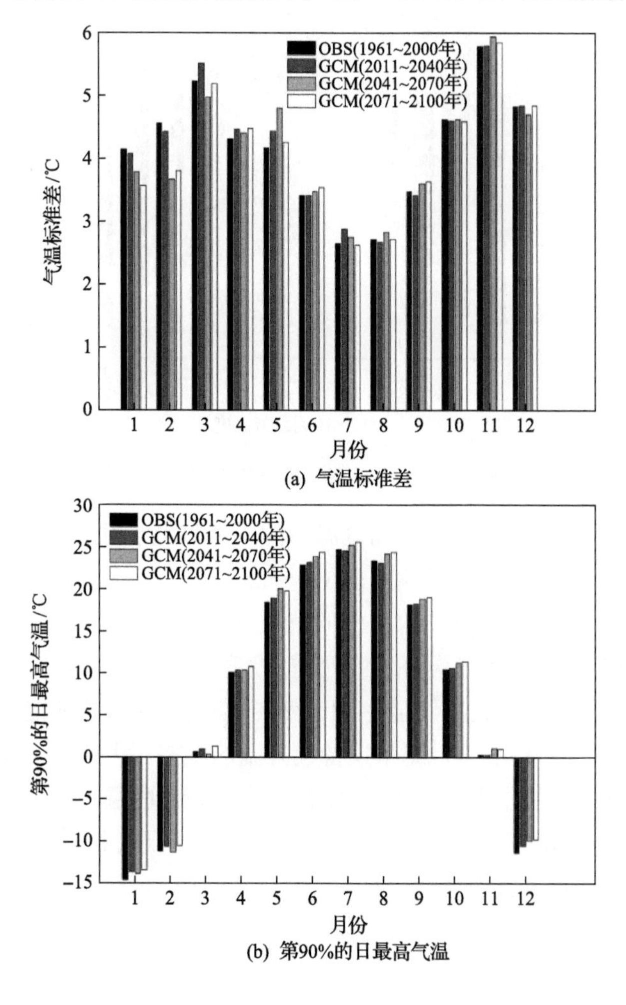

(a) 气温标准差

(b) 第90%的日最高气温

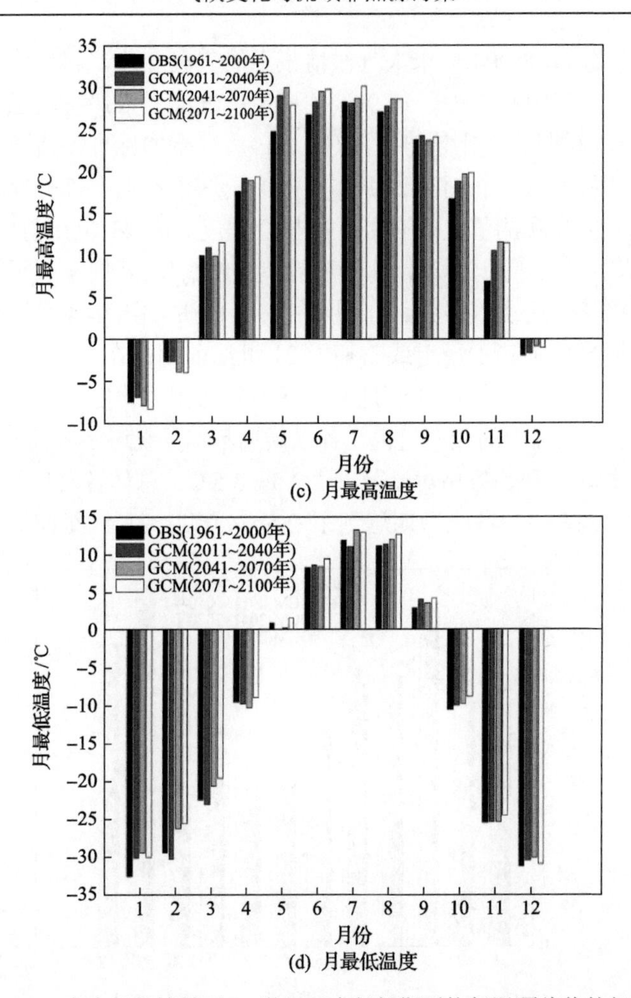

(c) 月最高温度

(d) 月最低温度

图 2-19　RCP4.5 未来气候情景下 21 世纪三个气候期平均气温预估值的相关指数分析

差别不明显，21 世纪中期开始平均气温中的最低气温上升趋势明显，其中 1～3 月增幅最为显著，至 21 世纪后期上升 3.5～4.5℃。

综合以上分析，在 RCP4.5 未来气候情景下，三江平原地区在 21 世纪三个气候期的增温趋势显著，平均气温在 21 世纪前期升温较缓慢，中期有明显升温趋势，在后期又趋于平稳增温，最高气温在 21 世纪中期和后期增温都较大，而最低气温的增幅大于前两者，且在 21 世纪呈现持续升温的状态。从月际尺度看，夏冬季的升温趋势较春秋季更为显著，特别是 21 世纪中后期，增温明显。另外，平均气温的标准差与历史期偏差不大，甚至很多时候都略低于历史期，体现了在升温过程中，气温波动性程度并没有明显差异。

2. 未来气温预估的不同气候期空间分布

平均气温在 RCP4.5 未来气候情景下呈现逐步升温的趋势，且三个气候期平均气温增幅的空间分布基本一致，呈现出西北增温明显，中部增温较弱，其他地区稳步上升的整体趋势(图 2-20)。具体来看，2011～2040 年升温幅度相对较小，大部分地区上升 0.5～1.0℃，而中南部地区基本保持与历史气候期持平状态，局部地区有负增温趋势；2041～2070 年三江平原地区的平均气温相较历史气候期有普遍升高的趋势，增温基本在 1.0～2.0℃，西北部小范围地区增温达到了约 2.5 ℃，总的来说还是中南部地区增温较小；在 2071～2100 年，平均气温的增幅愈加显著，三江平原全部地区增温均超过 1.0℃，除中部等少部分地区外大部分地区气温升高了 2.5℃，西北局部地区还超过了 3.5℃。

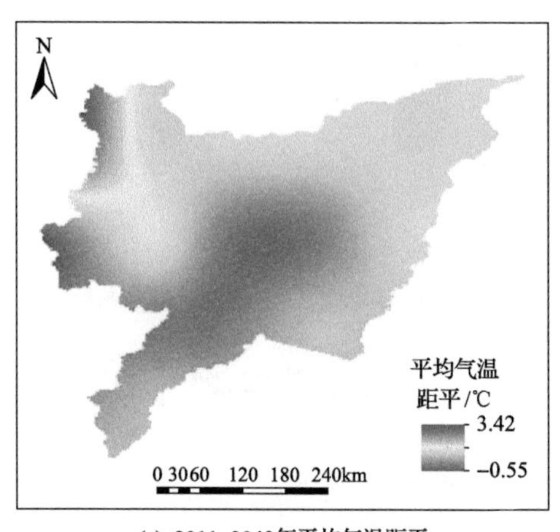

(a) 2011~2040年平均气温距平

(b) 2041~2070年平均气温距平

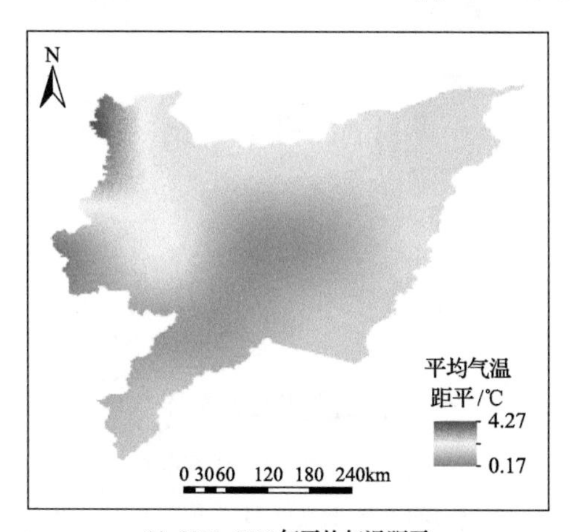

(c) 2071~2100年平均气温距平

图 2-20　GFDL-CM3 模式 RCP4.5 未来气候情景下 2011～2040 年、2041～2070 年、2071～2100 年平均气温预估值与 1961～1990 年气温距平分布图

最高气温距平的空间分布情况，整体区域情况和平均气温空间分布类似，呈现西北部增温显著、中部增长缓慢的预估，但最高气温的总体增长幅度略大于平均气温(图 2-21)。具体来看，最高气温在 2011～2040 年，中部地区较历史气候期降低了约 0.5℃，其他地区增温在 0.5～1.5℃；2041～2070 年最高气温的增温幅度变大，西北和东北地区增温幅度都达到了 1.5～2.5℃，甚至西北局部地区升温了约 3.0℃；2071～2100 年，最高温度的增幅趋势和平均气温类似，基本全地区增温均超过了 1.0℃，除中部等少部分地区外大部分地区气温升高了 2.5℃，西北局部地区还超过了 3.5℃。

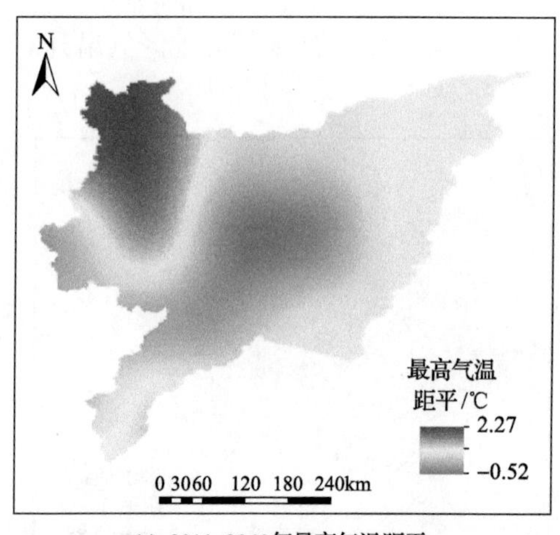

(a) 2011~2040年最高气温距平

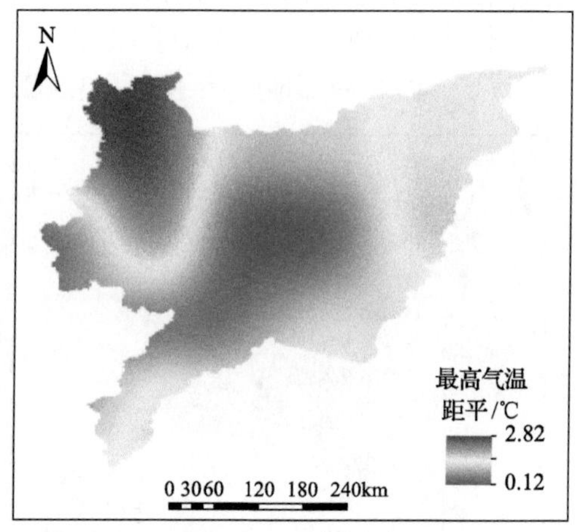

(b) 2041~2070年最高气温距平

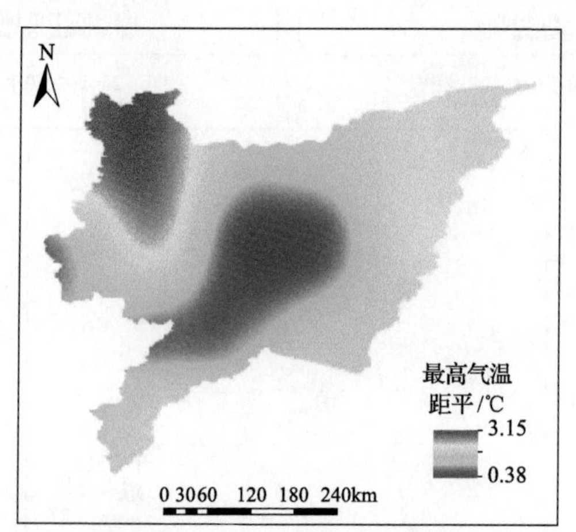

(c) 2071~2100年最高气温距平

图 2-21　GFDL-CM3 模式 RCP4.5 未来气候情景下 2011～2040 年、2041～2070 年、2071～2100 年最高气温预估值与 1961～1990 年气温距平分布图

最低气温的变化情况及空间分布和平均气温、最高气温略有差异。主要体现

在中南地区及西北部分地区的最低气温增速的缓慢程度趋近于中部地区，而增温最明显地区转移到了东北部地区，并且最低气温的总体升温趋势均远大于平均气温和最高气温(图 2-22)。具体来看，从 2011～2040 年第一个气候期开始，东北地区的增温就高达 3.0℃，其他地区基本维持在增长 0.5～1.5℃的水平；2041～2070 年，三江平原全地区的最低气温依然保持稳定增长，东北地区已达到 3.5℃的增温；到了 2100 年，最低气温的增温趋势愈加显著，一半地区增温超过了 3℃，东北地区增温甚至超过了 4℃。

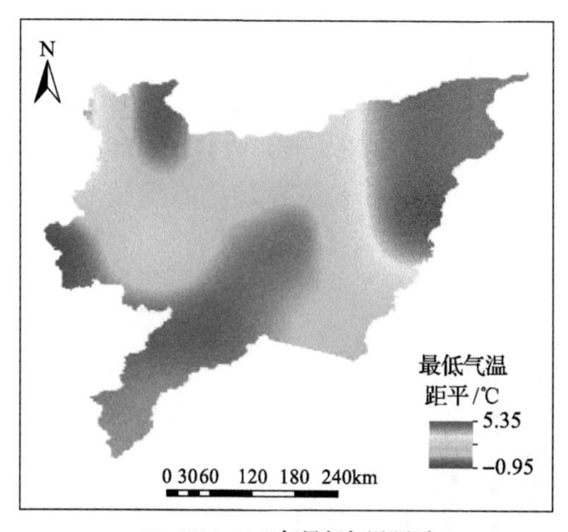

(a) 2011~2040年最低气温距平

(b) 2041~2070年最低气温距平

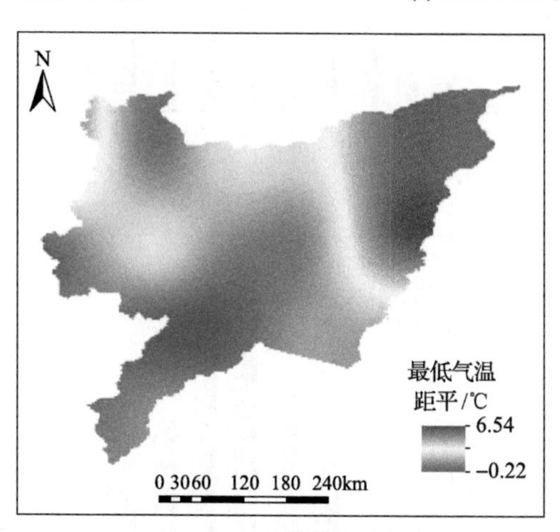

(c) 2071~2100年最低气温距平

图 2-22　GFDL-CM3 模式 RCP4.5 未来气候情景下 2011～2040 年、2041～2070 年、2071～2100 年最低气温预估值与 1961～1990 年气温距平分布图

综合以上分析，三江平原在 RCP4.5 未来气候情景下气温增温趋势是明显的，到 2100 年平均气温增幅在 2.0～2.5℃，最高气温增幅约 2.5℃，最低气温增幅在

2.5～4℃，空间分布基本呈现北部(东北、西北)地区增幅大，中部地区增幅较小的变化趋势。这与文献分析结果一致。在21世纪三个气候期的距平变化趋势也是显著有规律的，可以适用于三江平原农业耕作的重要参考依据。

2.4.2 ASD 统计降尺度法对三江平原降水变化情景的预估

1. 21世纪RCP4.5未来气候情景下的降水量变化预估

相较于历史气候期(1961～2000年)，21世纪的三个气候期降水量都有较为显著的变化(图2-23)。在月尺度上看，降水主要集中在夏季(7～9月)，但7月和8月日降水量有明显的减少，到2100年，降幅约0.4mm/d；而其他月份则呈现一定的增加趋势，尤其是4月、5月、6月、10月，降水量增加显著，达0.5～0.9mm/d。而降水量年际变化并不显著，21世纪前中后三个气候期的差异趋势不明显，只在

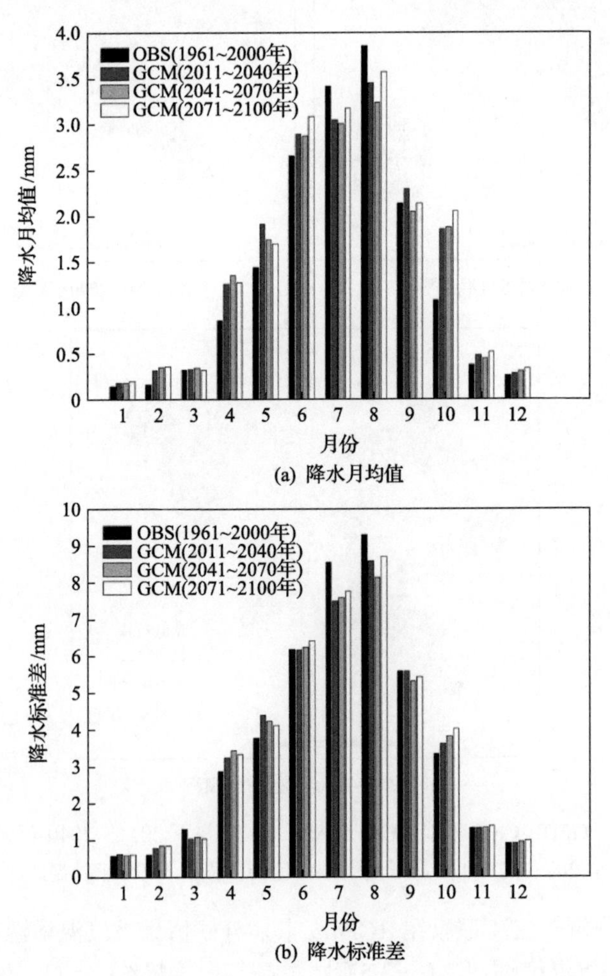

(a) 降水月均值

(b) 降水标准差

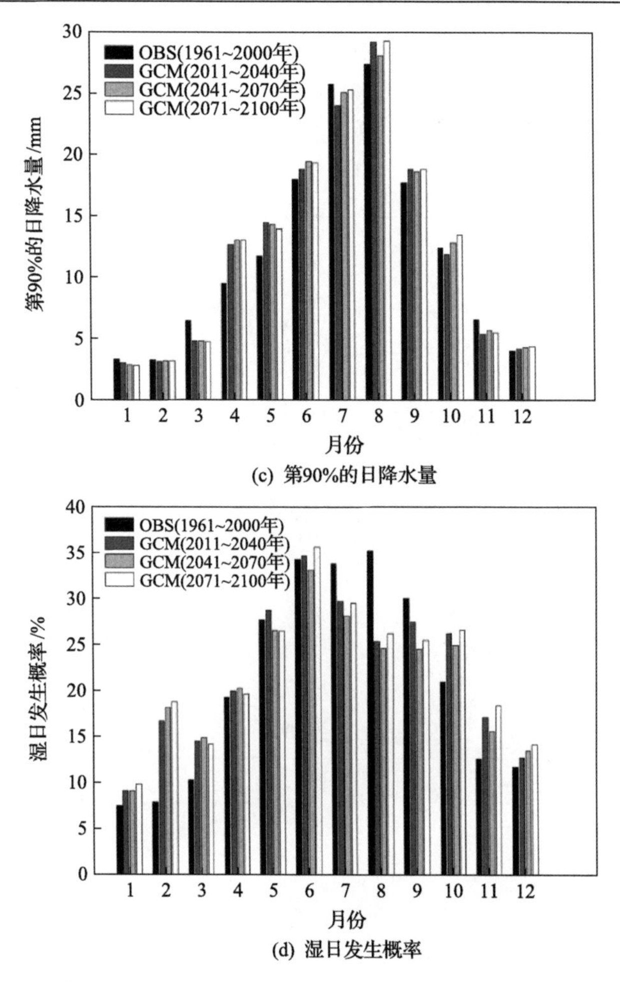

(c) 第90%的日降水量

(d) 湿日发生概率

图 2-23　RCP4.5 未来气候情景下 21 世纪三个气候期降水量预估值的平均值及其相关指数

总体水平上略高于历史气候期。从降水量的标准差看，在冬春季节与历史气候期趋于稳定，比较明显的变化出现在 7 月和 8 月，有约 1.0mm/d 的下降。而第 90%的日降水量的月际变化明显，在冬季基本与历史气候期持平，在春季浮动较大(4 月降低，5 月和 6 月上升)，夏季总体呈小幅度上升趋势。针对月湿日发生概率来看，5～9 月降水量较大的月份，降雨发生概率略有减少，尤其是 7 月和 8 月，而其他月份则有 2%～5%左右的升高。

2. 未来降水量预估的空间变化

2071～2100 年年降水量与 1971～2000 年历史气候期的年降水量距平做空间分布表明，到 2100 年三江平原年降水量，稍有上升约 10mm，但三江平原地区未来降水量存在一定的地区差异(图 2-24)。到 21 世纪后期，在西北地区与中部偏南地区降水有明显的下降趋势，年降水量平均减少约 50mm，个别区域甚至下降了120mm；三江平原的东北地区年降水量相较历史期有略微增加，增幅小于 30mm；中部偏北、偏西地区的降水量有较明显的增加趋势，平均增幅 80mm，个别区域甚至增大了 120mm。

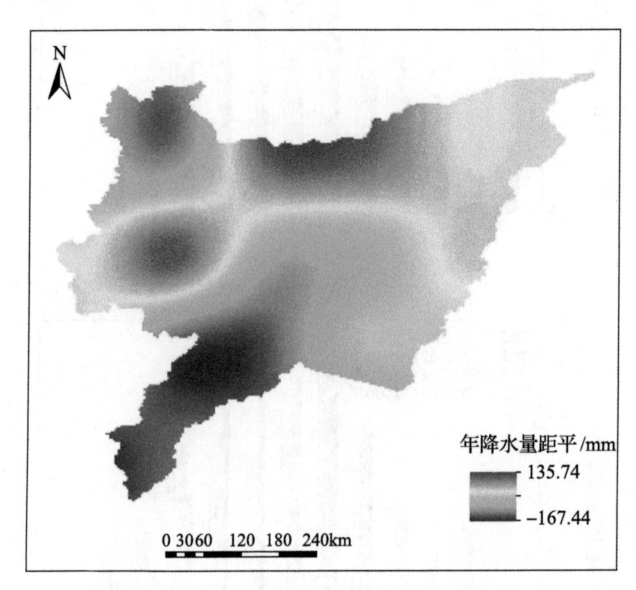

图 2-24　三江平原地区 2071～2100 年与历史气候期的年降水量距平分布图

第 3 章　流域多路径氮流失及其对气候变化的响应

本章以中高纬三江平原农区近几十年持续的气候变暖和日益剧烈农业开发活动为背景，以农业为主的挠力河流域为研究区，开展不同水热条件下中高纬农田分布响应及其对土壤径流氮流失、土壤 N_2O 排放和河流 N_2O 排放影响研究。挠力河流域面积约为三江平原的近 1/4，近几十年来，该区成为全球气候变暖最显著地区之一，同时伴有日益剧烈的农业开发，本研究选择三江平原挠力河流域为研究区，有较强的代表性和典型性。研究中高纬区气候变暖和农田空间变化协同影响下的土壤径流氮流失、土壤 N_2O 排放和河流 N_2O 排放特征，由此提出该区土壤径流氮流失控制及温室气体减排措施，对于三江平原生态安全具有重要的理论和现实意义。

3.1　研究区概况

3.1.1　自然地理概况

1. 地理位置

三江平原挠力河流域位于黑龙江省东部(图 3-1)，地处 131°31′E～134°10′E，

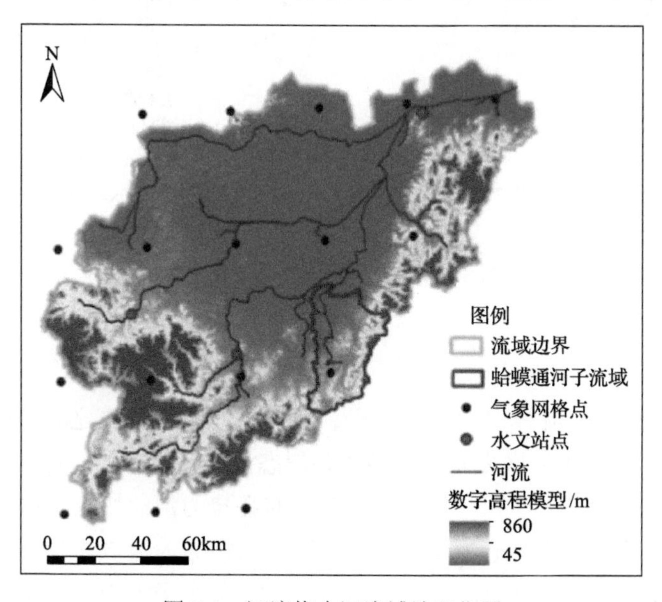

图 3-1　河流挠力河流域地理位置

45°43′N～47°35′N。流域总面积为 24863km^2，其中 1/3 为山区，丘陵面积约占总面积的 4.8%，平原面积最广，占总面积的 60%以上，流域平均坡度为 2.08°，其中 1°以下面积占 71%。挠力河发源于完达山山脉、七台河市与密山市之间，流经七台河市、宝清县、饶河县和富锦市，全长约 950km。挠力河是乌苏里江最大的支流，全流域共有 20 条支流，上游 9 条、中下游 11 条注入主干河道(姚允龙等, 2009)。

2. 气候特征

三江平原挠力河流域属温带湿润大陆性季风气候，年均温 1.6℃，10℃以上活动积温为 2200～2500℃。年均降水量约为 565.0mm，蒸发量 542.4mm，其中 80%以上降水量集中在 6~10 月。冻结期长达 7~8 个月，冻土深度为 1.5~2.1m。近几十年来，该区气候变暖趋势显著(图 3-2)，但降水趋势变化不显著。

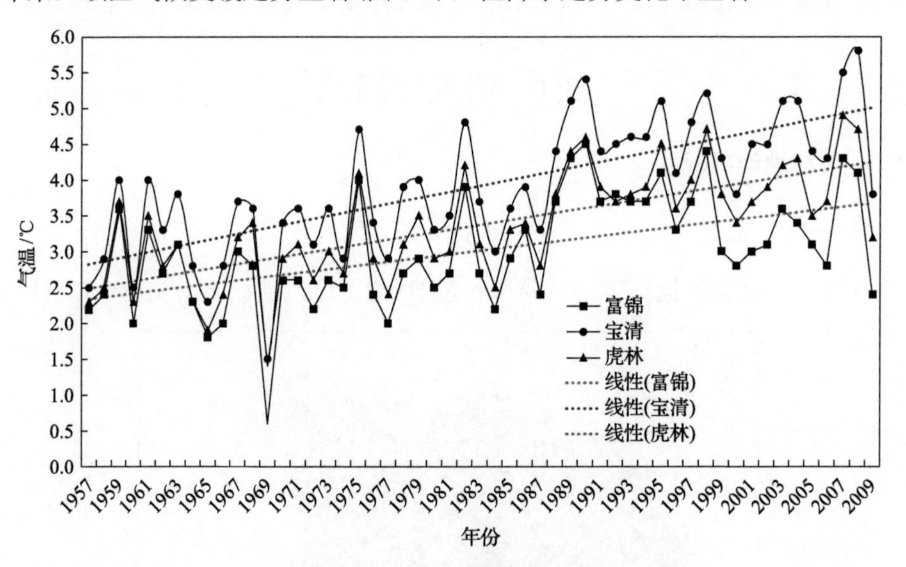

图 3-2　挠力河流域气温变化趋势

3. 地貌及土壤

三江平原挠力河流域地貌类型多样，地势由西南向东北逐渐倾斜，海拔范围为 45～860m，流域平原区发育河漫滩，各形态洼地广泛分布，地表径流缓慢，平原区有利于湿地形成。有 3 个重要的湿地分布在挠力河流域平原区，分别为挠力河湿地、外七星河湿地及七星河湿地。三江平原挠力河流域土壤类型以草甸土和暗棕壤分布最为广泛，分别占 29.3%和 23.4%。其余类型土壤有沼泽土、白浆土和黑土等，分别占 13%、8%和 6.7%(图 3-3)。该区土壤腐殖质、有机碳含量高，土壤肥沃，为作物生长提供良好土壤环境。

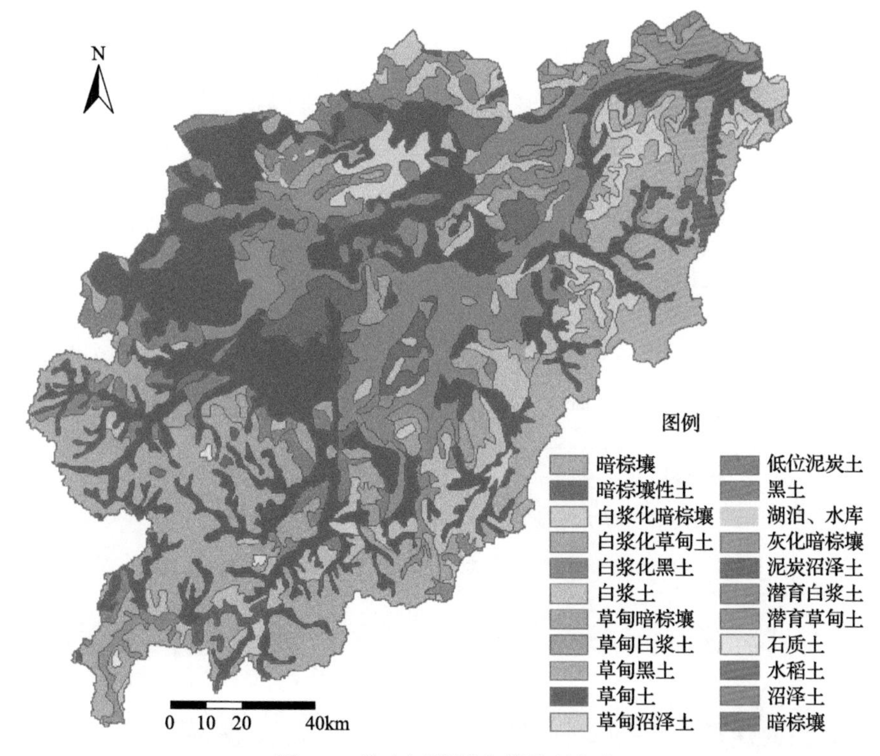

图 3-3　挠力河流域土壤类型分布

3.1.2　农业活动概况

三江平原自 20 世纪 50 年代以来经历了四次农业大开发。挠力河流域和三江平原一样，也经历了规模化农业开发：20 世纪 80 年代以前，农田区域大部分以旱地为主；80 年代以后，水稻种植出现，成为世界上水稻生产纬度最高的地区；90 年代，旱地转换为水田是区域土地利用变化的主要形式(Ouyang et al., 2014)(图 3-4、图 3-5)。由图可知，挠力河流域土地利用方式在近几十年发生了巨大变化，其中以沼泽、林地退化和耕地激增最为显著，尤其是旱田和水田面积的迅速扩大，旱田转水田为主。受粮食需求增加和气候变暖的双重影响，三江平原区旱田和水田空间分布格局发生重大变化。选择其作为研究区，有助于掌握气候变暖对农业的影响机制，对该地区水田和旱田生产的合理布局具有重要现实意义。

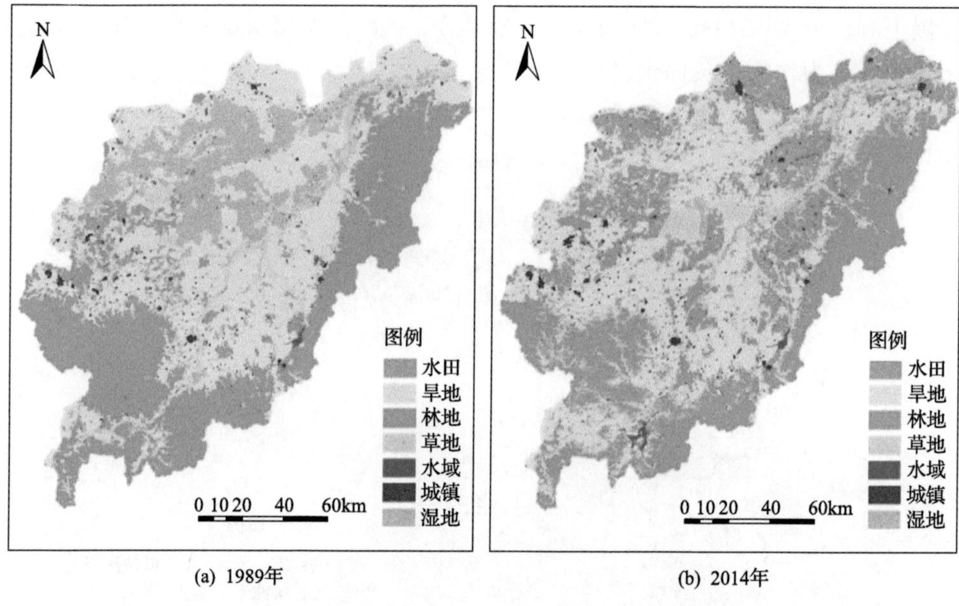

(a) 1989年 (b) 2014年

图 3-4 挠力河流域 1989 年和 2014 年土地利用分布

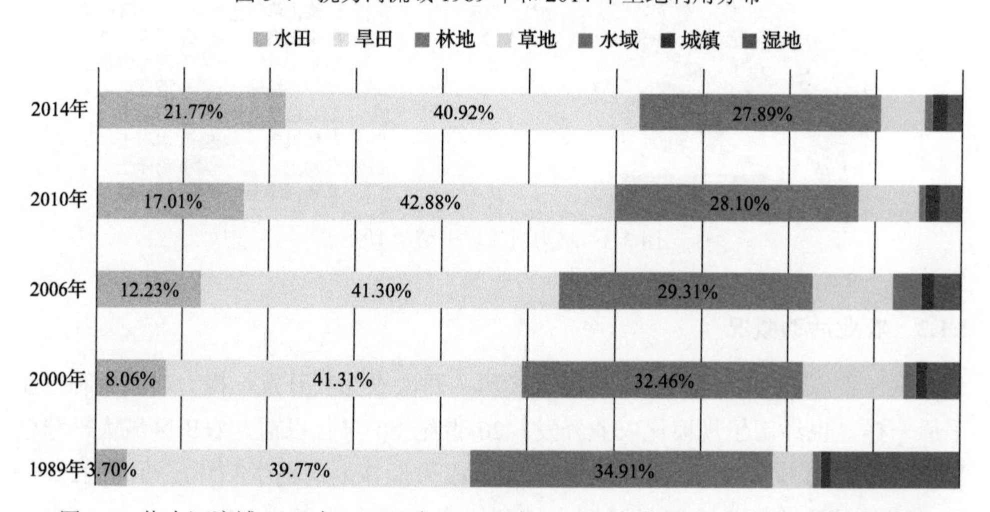

图 3-5 挠力河流域 1989 年、2000 年、2006 年、2010 年和 2014 年土地利用变化趋势

3.2 不同水热条件下流域农田空间演变模拟与分析

植被或农作物空间格局分布决定了其空间单元上地表产流和汇流过程差异性，从而导致地表径流氮和气态氮流失负荷空间差异显著。植被时空格局特征变化同样会导致土壤氮流失负荷时空变化。本研究在分析土壤中不同形态氮(径流氮流失、温室气体 N_2O 排放)变化过程前，需要了解植被空间分布格局变化。植被

空间分布受气候、降水、地形等多种自然因素的驱动影响与共同作用(崔保山和杨志峰, 2006；刘瑞雪等, 2015)。在大尺度上气候对植被，尤其是对敏感性较强的农作物空间分布起着决定性作用，在小尺度上地形、水文情势等因素及其相互作用也影响着植被分布(杨志峰, 2012; 安乐生等, 2017)。不同作物空间分布格局及其动态往往反映出环境对作物生长的影响, 也反映和指示作物的生境适应对策。植被-环境(实测或潜在环境因子)关系的梯度分析法可以定量地确定不同环境梯度下植被空间分布格局规律及其响应机制(杨志峰等, 2012)。随着土地利用空间变化预测模型的不断深入研究，相关理论和计算方法逐渐发展起来，主要是基于逻辑回归、神经网络、元胞自动机等理论，选取地形、距离约束等因子构建预测模型，以水热为主要环境因子影响作物空间分布格局变化方面的研究略显不足。

目前，SWAT 模型是模拟农业流域水文情势的经典代表，已被广泛应用全球各个流域。本节主要采用 SWAT 模型模拟研究区多个水文指标，并将其和期间土地利用空间变化作为基础数据，基于逻辑回归理论构建以水热为主要环境影响因子的植被空间格局分布预测模型，并对该模型评估验证。最后，基于该模型分析了不同水热条件下作物植被空间分布格局响应，为研究土壤氮流失的变化准备基础数据。

3.2.1　材料与方法

1. 数据来源

数字高程模型(digital elevation model，DEM)下载自地理空间数据云(http://www.gscloud.cn)平台，其水平和垂直空间分辨率分别为 30m 和 20m(图 3-1)。从地理空间数据云下载 1989 年、2000 年和 2014 年 3 个时期的遥感影像，通过 ArcGIS 软件对影像进行监督分类解译，将研究区土地利用分为水田、旱田、林地、草地、城镇用地、水域和湿地 7 类，得到 3 个时期研究区土地利用/覆盖数据。利用现场勘察和高分辨率 Google Earth 影像对解译数据进行校正。土壤类型及空间分布数据下载自中国科学院南京土壤研究所 1:100 万中国土壤数据库，通过 ArcGIS 软件对其进行投影、切割, 获得研究区土壤类型分布图，流域内共有 22 种土壤类型。本研究土壤数据主要用于 SWAT 模型计算，已将该土壤数据库转换为适用于 SWAT 模型的土壤数据库。

由于流域内实际气象站点较少，历史数据采用来自中国气象数据共享网(http://data.cma.cn)的 0.5°×0.5°网格点数据集，包括各个格点的名称、经度、纬度、海拔、逐日降水量、最高和最低气温，研究区共包含 18 个格点，时间范围为 1989～2017 年，网格点分布情况见图 3-1。另外，由于研究区风速、相对湿度、太阳辐射数据较少，该数据采用来自 NCEP 再分析数据(Ouyang et al., 2017; Gao et al., 2017)。

2. 数据预处理

采用 CORDEX 项目的 RCP4.5 情景下的气象数据虽然已经降尺度，但还需进一步对其降尺度后的数据进行修正，以保证数据的可靠性。通过将 1989～2014 年的 18 个网格点气象数据与降尺度数据进行对比，运用偏移修正算法对降尺度数据进行修正。运用该算法校正后，使降尺度数据与实测数据(多年月平均值)相吻合(图 3-6)。研究区内 18 个网格点数据校正效果均较好，本研究只列出一个网格

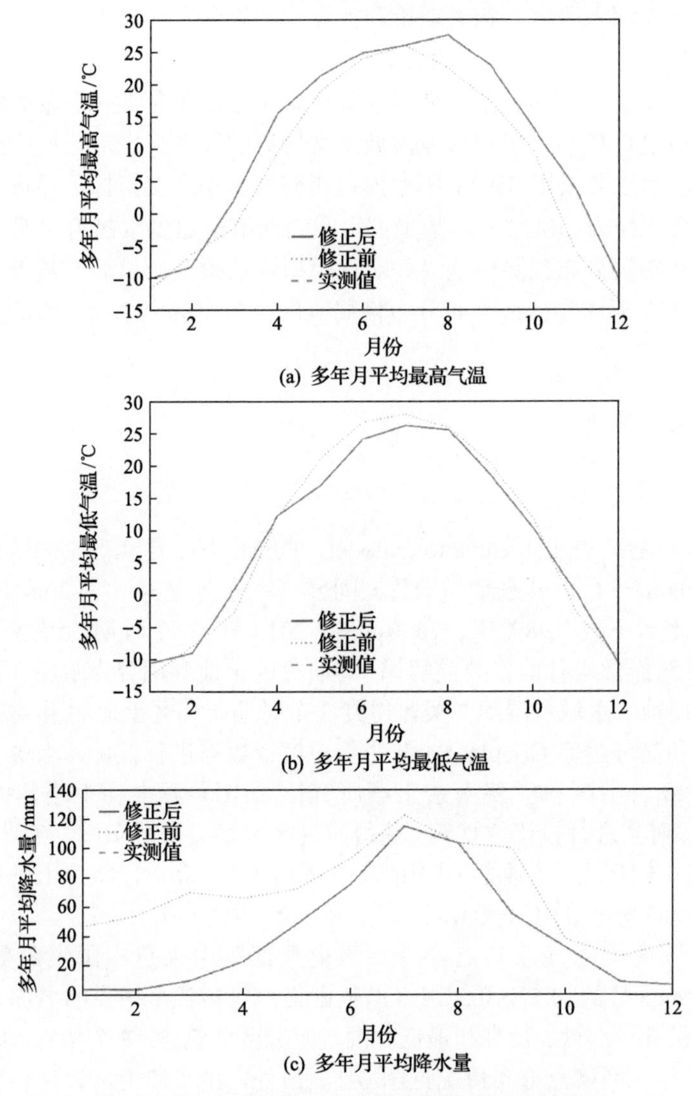

图 3-6　RCP4.5 情景下气象数据偏移修正算法校正

点修正效果图。结果表明，经偏移修正算法校正过的 RCP4.5 情景气象数据可用于研究区气候变化影响评估研究。

基于降尺度并修正的流域格点气象数据，将 2018～2040 年、2041～2070 年、2071～2100 年与 1989～2017 年的多年平均气温和降水量对比，获得不同格点在不同时期气温、降水量变化图(图 3-7)。结果表明，在 RCP4.5 情景下，该流域不同阶段多年平均气温分别增加约 0.9℃、1.4℃和 2.1℃，且研究区内低纬度区气温和降水量增加幅度比高纬度区增加幅度大，这主要跟气温纬向梯度有关(Ouyang et al., 2017; Gao et al., 2017)。

	0.67	0.47	0.61	0.45	0.38
	1.25	1.04	1.17	1.01	0.96
	1.65	1.45	1.58	1.40	1.32
2.27	0.60	0.61	0.57	0.64	0.29
2.84	1.18	1.17	1.13	1.22	0.88
3.24	1.58	1.58	1.54	1.59	1.24
2.18	2.02	1.78	1.69		
2.76	2.60	2.37	2.29		
3.15	2.99	2.75	2.66		
2.10	1.86	1.61			
2.70	2.47	2.21			
3.07	2.83	2.58			

	13.09	14.00	26.36	43.93	52.62
	48.75	55.77	53.26	52.13	41.07
	39.92	33.12	34.61	43.42	43.06
38.92	46.60	10.00	38.22	33.21	32.32
68.43	71.37	38.03	52.64	35.12	25.14
71.53	62.75	32.96	47.93	41.12	38.63
35.63	32.69	45.42	43.22		
66.79	58.72	61.30	57.55		
65.45	51.40	55.77	47.26		
40.50	37.85	39.59			
62.27	63.05	60.33			
52.04	55.92	48.59			

图 3-7　研究区不同时期气温、降水量变化分布图

每个格子为不同时段(2018～2040 年、2041～2070 年、2071～2100 年)与 1989～2017 年多年平均气温/平均降水量相比较，多年平均气温(单位为℃)/降水量(单位为 mm)变化值

3.2.2 流域土地利用空间分布模拟方法框架

1. 基于 Logistic Regression 算法的土地利用空间分布模型框架

模型构建的总体思路(图 3-8)，首先应用验证后的 SWAT 模型模拟 1989 年土地利用条件下的流域水资源分布，构建土地利用空间分布约束条件；其次将 1989 年、2000 年两期土地利用的空间转换数据与水资源分布数据构建数据集，通过相关性分析，筛选主要驱动因子，并基于 Logistic Regression 分类算法构建流域土地利用空间变化预测模型；最后应用 2000～2014 年的水资源分布数据及该阶段的土地利用空间转换数据对模型进行评估与验证。该方法框架可获得不同热量和水资源条件下的土地利用适宜性空间分布，可为流域尺度的土地利用空间合理布局提供科学支持；模型假设在中高纬区农业水热资源是农田空间分布变化的前提条件，当水热条件满足土地利用转换时，在粮食需求驱动下，当地农民随后将其土地利用转变。

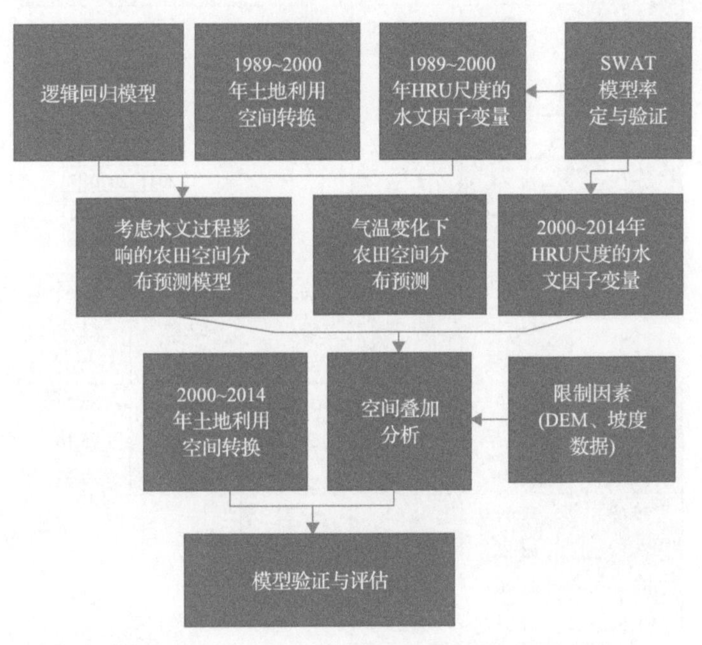

图 3-8 土地利用空间分布约束条件计算

HRU 为水文响应单元

(1) SWAT 模型率定与验证

由于挠力河流域面积较大，空间异质性大，共划分 45 个子流域。本研究获取流域内三个水文站点的月径流量数据(图 3-9)，遵循自上而下原则，分别率定其控制的子流域。模型率定运用 SWAT-CUP(Abbaspour, 2012)工具进行。通过敏感性分析，获得研究区敏感参数。运用确定性系数(R^2)及纳什效率系数(NSE)对率定效果进行评估。结果表明，三个水文站点径流量率定期(NSE≥0.66, R^2≥0.69)和验证期(NSE≥0.63, R^2≥0.70)效果较为满意。径流量相关参数率定及结果如表 3-1 率定与验证参数及图 3-9 流域水文站月径流率定和验证结果。

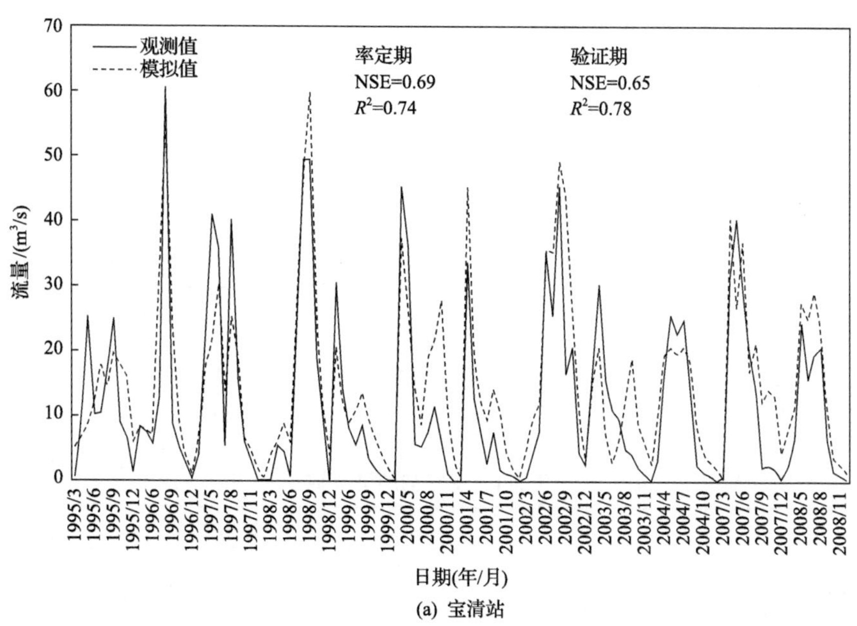

(a) 宝清站

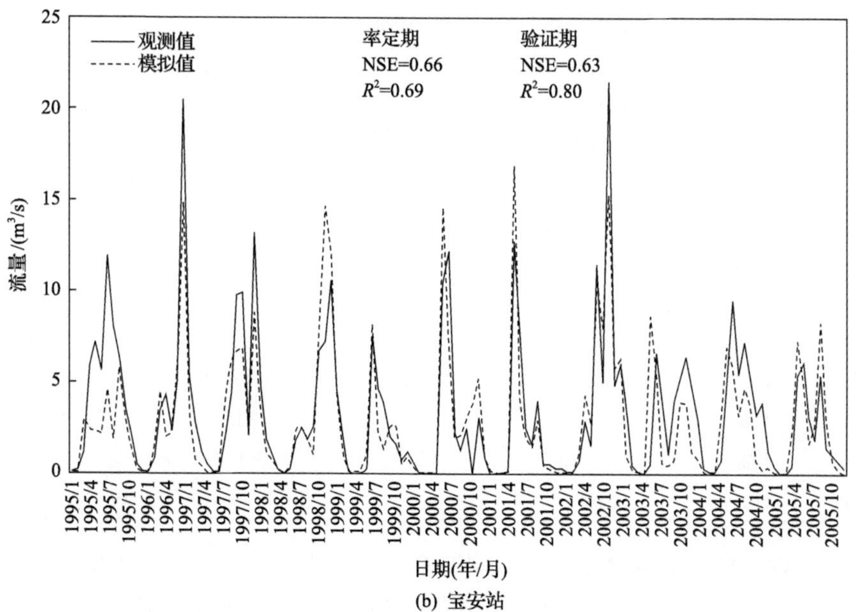

(b) 宝安站

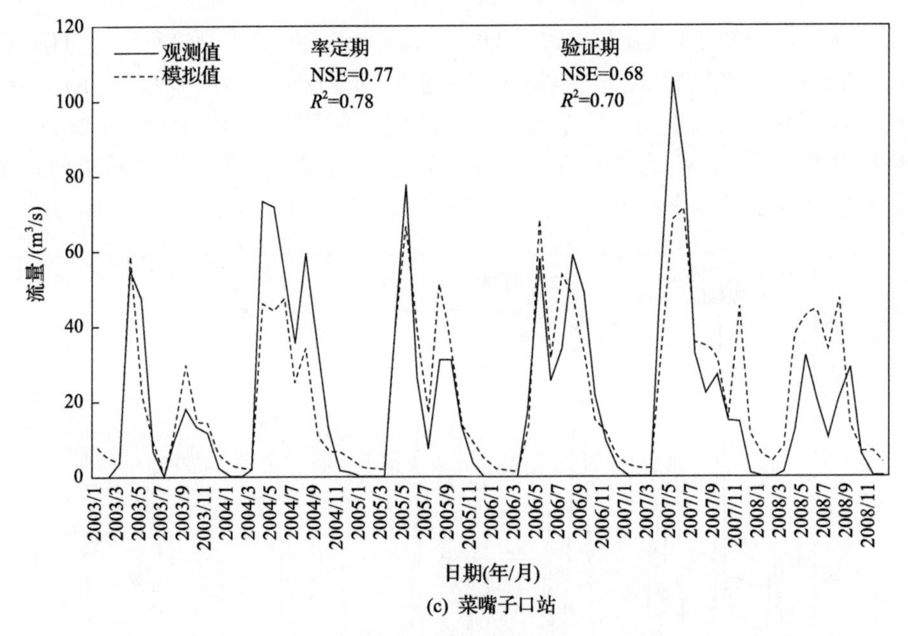

(c) 菜嘴子口站

图 3-9　流域水文站月径流率定和验证结果

表 3-1　率定与验证参数

序号	方法	参数	相对最优值		
			宝清站	宝安站	菜嘴子口站
1	相对	CN2	0.267	0.17	水田：–0.3
2	相加	ALPHA_BF	0.028	0.015	0.55
3	相加	GW_DELAY	28.258	17.7	30
4	相加	GWQMN	766.362	–154.703	3100
5	相加	CH_N2	0.104	0.601	0.01
6	相加	CH_K2	28.432	47.663	80
7	相对	SOL_AWC	–0.022	0.255	0.106
8	相对	SOL_BD	–0.381	0.288	–0.7
9	相对	SOL_K	4.331	8.912	–0.922
10	相加	CANMX	23.672	19.866	31.074
11	相加	ESCO	–0.576	–0.679	–0.779
12	替换	TIMP	0.15	0.15	0.15
13	替换	SMTMP	3	3	3
14	替换	USLE_P	旱田：0.3；水田：0.03		

对 SWAT 模拟土壤含水量和土壤温度进行验证，由于研究区缺少实测的长时间序列陆面数据，故采用美国国家航空航天局(NASA)发布的 SMAP(soil moisture active passive) L4 卫星遥感产品数据来验证研究区 SWAT 模拟的土壤含水量和土壤温度(图 3-10)。有研究表明，卫星反演结果与实际观测值相一致，SMAP 数据可表征地表土壤温度和土壤含水量波动(Colliander et al., 2017)。SMAP 观测值与 SWAT 模拟土壤温度及土壤含水量变化趋势一致，SWAT 陆面参数模拟效果较好(土壤含水量：NSE=0.74, R^2=0.79，土壤温度：NSE=0.89, R^2=0.95)，最冷、最暖月模拟效果有待提高。

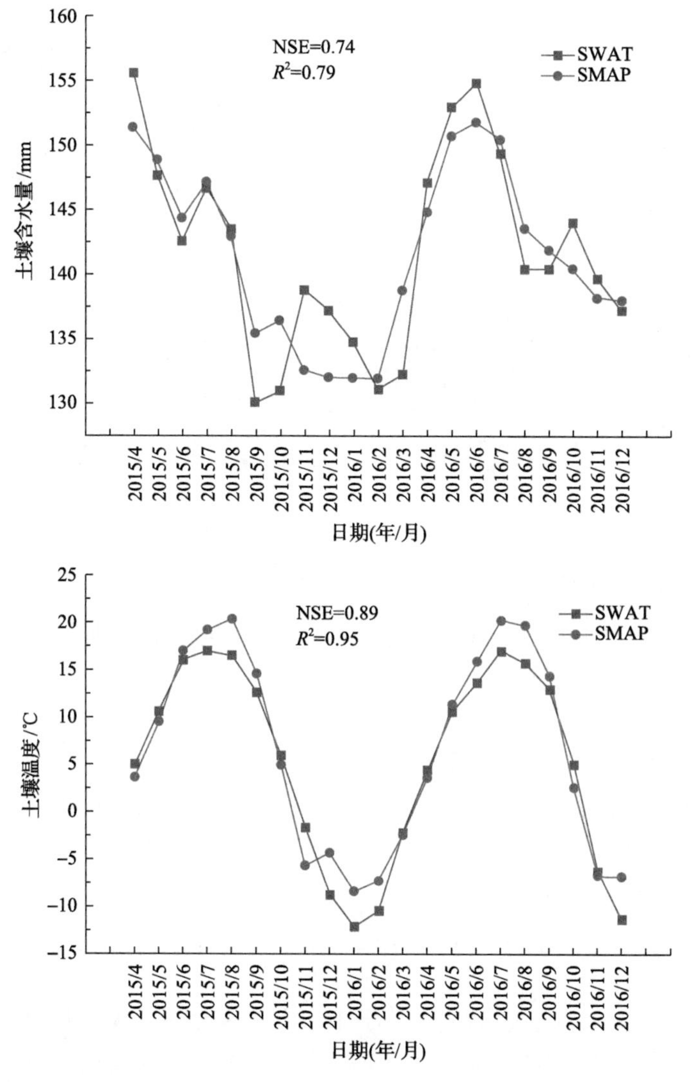

图 3-10　SWAT 模拟土壤含水量和土壤温度验证结果

(2) 约束条件空间分布

土地利用空间分布在一定程度上受陆地表面的水热条件变化影响。对 SWAT

模型河道流量、陆面土壤温度及土壤含水量验证基础之上，利用 SWAT 模拟 HRU 尺度的土壤水(SW)、地表径流(SUR_Q)、侧向流(LATQ)、水胁迫天数(W_STRS)、温度胁迫天数(TMP_STRS)、高程(Elevation)和坡度(Slope)等空间分布数据作为土地利用空间分布的约束条件(图 3-11)，为土地利用变化预测模型构建提供基础数据。

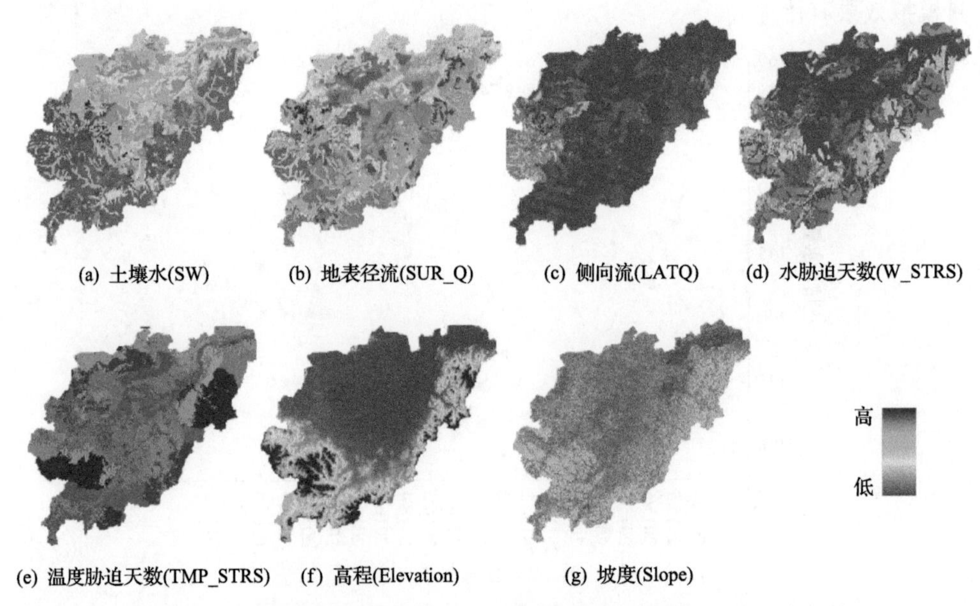

图 3-11　1989～2000 年多年平均水文因子分布及高程、坡度约束条件

除了以上约束条件外，气候变暖是农田向高纬度、高海拔扩张的前提条件，其对旱地和水田作物适宜生长区的空间格局影响也很重要(Meza et al., 2008; Ye et al., 2015)。可使用大于等于 10℃活动积温(AAT10)的空间变异来预测模拟气候变暖引起的潜在的不同作物适宜区(Ye et al., 2015; Gao et al., 2017)。研究表明，基于水田和旱田作物具有不同的活动积温需求，利用积温空间变异算法[式(3-1)]反映不同气温升高条件下旱田转变为水田的空间分布(Zhang et al., 2013; Ouyang et al., 2017; Gao et al., 2017)。

$$\Delta\text{AAT10} = S \times [\Delta T_0 - (L - L_0) \times L_g] - S \times (E - E_0) \times E_g \tag{3-1}$$

式中，ΔAAT10 为增温引起的大于等于 10℃活动积温差；S 为作物生长季天数；E 为数字高程数据(图 3-1，DEM)；E_0 为研究区 2014 年土地利用图中旱田最低海拔处的高程值；L 为研究区纬度空间数据；L_0 为旱田最低海拔处的纬度值；ΔT_0 为点(L_0，E_0)处增加了 T_0℃；L_g 为气温纬向梯度值(0.7℃/1°)(La et al., 2014)；E_g 为气温垂直梯度值(0.6℃/100m)。

结合研究区实际情况，以 2014 年土地利用为基准，以研究区旱田和水田为主要研究对象，基于积温空间变异算法，运用 ArcGIS 空间运算模块计算模拟不同时期增温情景下（ΔT_0=0.9℃，1.4℃，2.1℃）潜在的旱田改为水田的空间分布（Gao et al., 2017；Ouyang et al., 2017），作为农田作物分布变化的气候因素空间约束条件（图 3-12）。该空间约束条件适用于长时间序列变化下的差异分析，不同水热条件下的土地利用变化模拟将使用该约束条件。

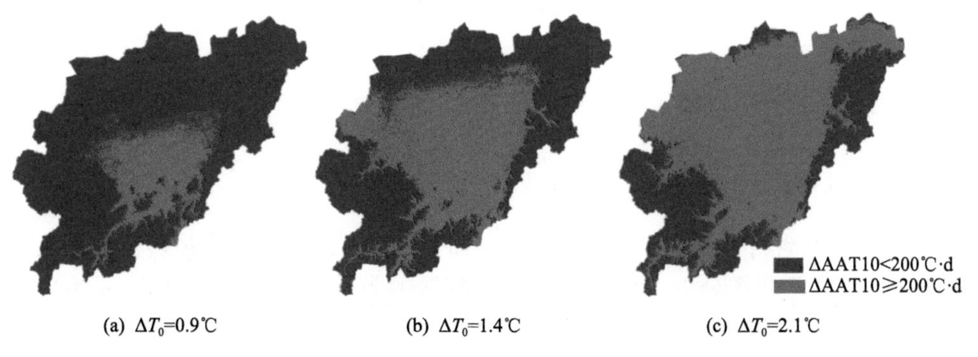

图 3-12　不同气温升高条件下积温变化空间分布

2. 历史土地利用主要转换方式及空间位置识别

基于 ArcGIS 平台的空间叠加工具，通过对 1989 年和 2000 年、2000 年和 2014 年土地利用进行空间叠加分析，获得 1989～2000 年、2000～2014 年的土地利用变化空间分布图。其中，1989～2000 年的土地利用空间变化数据[图 3-13(a)]是构建预测模型的主要基础数据之一，2000～2014 年的空间变化分布数据[图 3-13(b)]主要用于模型验证。

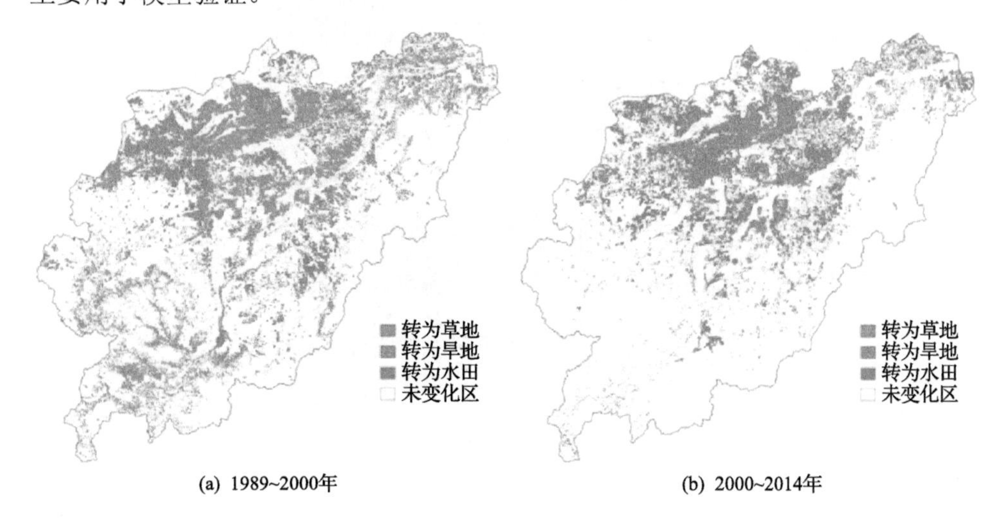

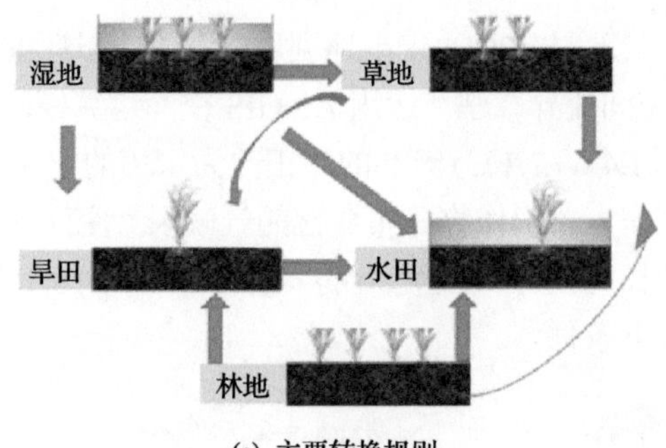

(c) 主要转换规则

图 3-13　1989～2000 年、2000～2014 年土地利用转换空间分布及主要转换规则

3. 土地利用变化驱动因子识别

在建立土地利用变化预测模型之前，需要对不同土地利用类型转变方式的约束条件因子进行相关分析，识别不同土地利用类型转变的主要驱动因子。研究区土地利用转变的主要驱动因子有土壤水(SW)、地表产流(SURQ_GEN)、地表径流(SUR_Q)、侧向流(LATQ)、水胁迫天数(W_STRS)、温度胁迫天数(TMP_STRS)、高程(Elevation)和坡度(Slope)(图 3-14)。

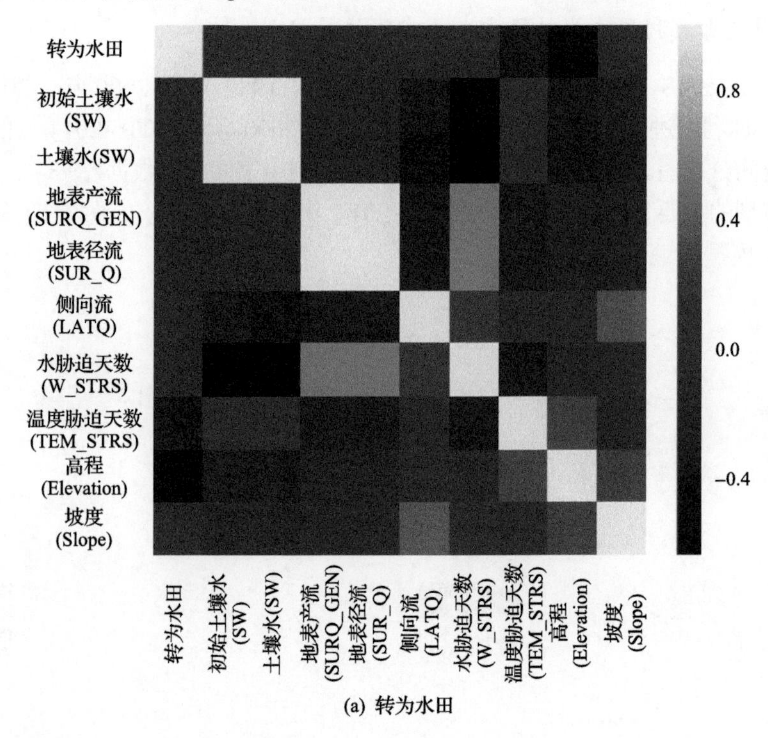

(a) 转为水田

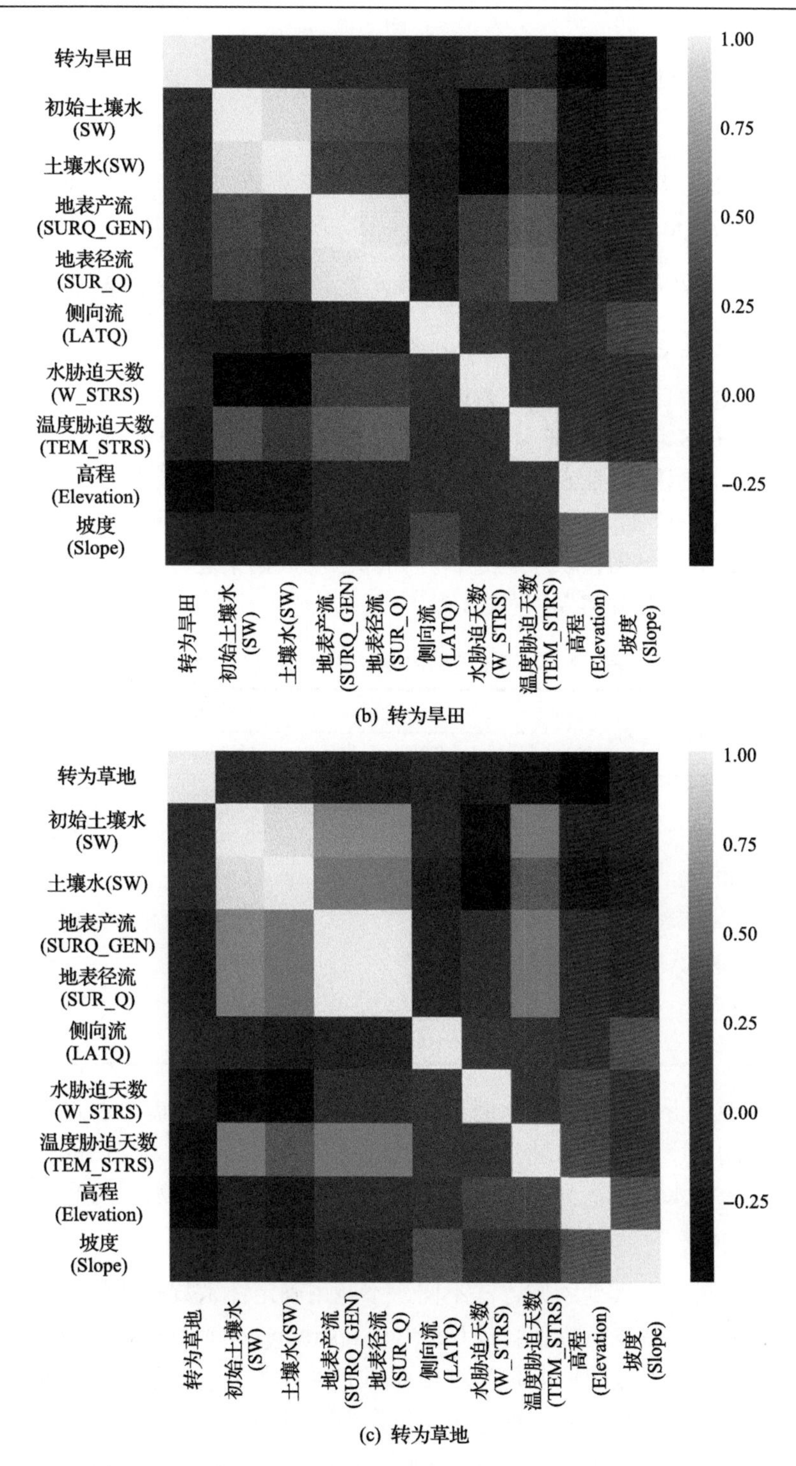

(b) 转为旱田

(c) 转为草地

图 3-14　研究区不同土地利用类型转变的驱动因子相关性分析

4. 逻辑回归模型构建与评估

(1)模型构建

逻辑回归模型[式(3-2)]已经广泛应用于地学领域，诸如土地退化、耕地变化(Aroengbinang and Kaswanto, 2015; Chen et al., 2017)等方面的研究。

$$\lg\left[P_i/(1-P_i)\right]=\beta_0+\beta_1 X_{1,i}+\beta_2 X_{2,i}+\beta_3 X_{3,i}+\cdots+\beta_n X_{n,i} \tag{3-2}$$

式中，P_i 为某栅格单元转为土地利用类型 i 的发生概率；$X_{n,i}$ 为影响转为土地利用类型 i 的预测因子变量 n；β_n 为第 n 个预测变量的系数。

通过 ArcGIS 软件的栅格计算模块分别提取水田、旱田和草地栅格二值图，作为因变量，1 表示转变为该种土地利用，0 表示不转变，与模型的协变量(空间约束条件)进行空间叠加分析，获得进行模型建立的基础数据集。基于 Python 语言编程，运用其机器学习模块中的逻辑回归算法对数据集进行分析，构建不同土地利用转变的逻辑回归分类模型(表 3-2)。

表 3-2 不同土地利用类型逻辑回归模型系数

变量	模型系数		
	水田	旱田	草地
土壤水	0.0098	0.0044	0.0178
地表径流	0.0017	0.0018	–0.0085
侧向流	0.0125	–0.0004	0.0051
水胁迫天数	0.0685	0.0624	0.1086
温度胁迫天数	–0.0042	0.0109	–0.0023
高程	–0.0177	–0.0105	–0.0063
坡度	0.1198	0.0746	0.0727

根据模型分析可以发现，水胁迫天数越大、地表径流和温度胁迫天数越小，转变为草地的概率越大；水胁迫天数越大、高程越小，转变为旱田的概率越大；地表径流和土壤水越大、高程和温度胁迫天数越小，转变为水田的概率越大。

(2)模型评估

逻辑回归模型与其他回归方法不同，不能用确定性系数和纳什系数对其模型的好坏进行评估。接受者操作特征(receiver operating characteristics, ROC)方法、准确度及回收率是对逻辑回归模型进行评估的有效手段。基于 Python 语言编程，对模型进行评估，获得不同土地利用变化模型的 ROC 曲线(图 3-15)、精度及回收率(表 3-3)。

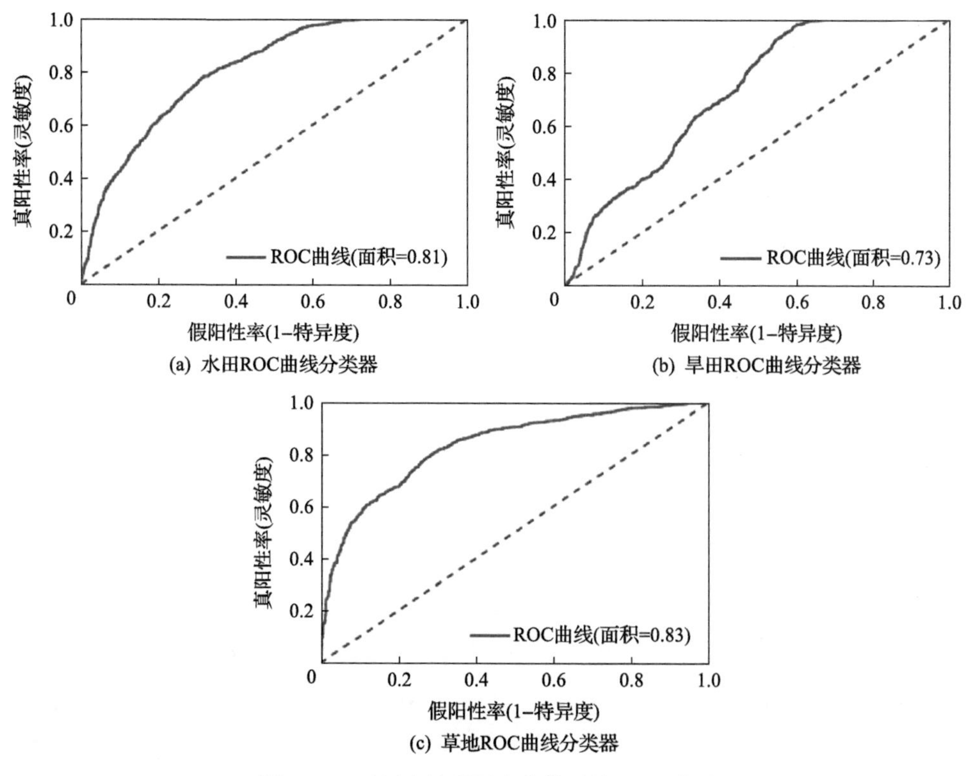

图 3-15　不同土地利用变化模型的 ROC 曲线

模型的 ROC 曲线面积、精度及回收率值越接近于 1，说明模型模拟程度越好。结果表明，三种土地利用变化预测模型模拟程度均较好，其值均大于 0.7(表 3-3)。

表 3-3　不同土地利用变化模型的精度及回收率

土地利用类型	分类代码	精度	回收率
水田	0	0.84	0.41
	1	0.81	0.97
	平均值	0.82	0.81
旱田	0	0.96	0.34
	1	0.85	1.00
	平均值	0.87	0.86
草地	0	0.63	0.33
	1	0.85	0.95
	平均值	0.80	0.83

5. 模型验证

利用 SWAT 模型输出的 2000～2014 年多年平均水文因子分布图、高程及坡度约束因子，并基于构建的逻辑回归土地利用变化预测模型，模拟生成 2000～2014 年旱田、水田和草地空间变化概率分布图。将实际的 2000～2014 年土地利用空间变化分布图与其概率分布图进行空间叠加分析(图 3-16)，进而对模型进行验证。

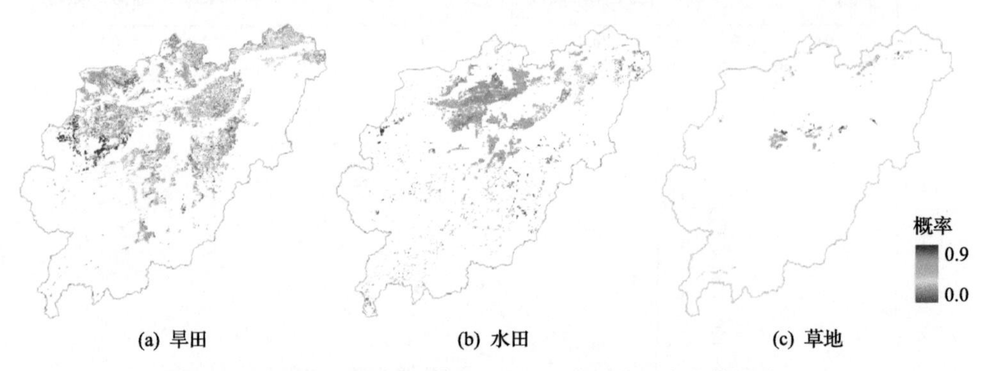

图 3-16　2000～2014 年旱田、水田和草地空间变化模拟验证

当土地利用变化发生概率 P_i＞50%时，转化为水田、旱田和草地的模型准确度分别为：89.7%、96.2%、96.1%。表明，以水因子、水胁迫天数、温度胁迫天数、高程和坡度约束条件为驱动力，构建的农田空间格局演变水热驱动模型能够用来水田、旱田和草地的空间变化模拟。由于长时间序列的气温和降水变化可引起地表水文变化，因此，构建的预测模型可用来研究不同水热条件下的土地利用时空变化特征。

3.2.3　土地利用时空分布特征

1. 土地利用空间分布响应

以 2014 年土地利用为基准情景，运用 2014～2040 年气候数据驱动 SWAT 模型，对该段时间内水文因子进行模拟，代入构建的逻辑回归土地利用变化预测模型，计算该期土地利用变化概率分布图，并与积温差空间分布图叠加，获得 2040 年土地利用空间分布图。以此类推，通过同样方法获得 2070 年和 2100 年土地利用空间分布图。该模型假设当水热条件满足土地利用转换时，当地农民随后将其土地利用转变。不同气候背景下土地利用空间分布都存在显著变化，但其分布走向和趋势大体相同(图 3-17)。

气候约束条件，如热量和水文因子是大多数植物生长适宜性的重要度量因子，对决定某区域植物类型起非常重要作用，其可限制作物的生态过程(如生长速率)

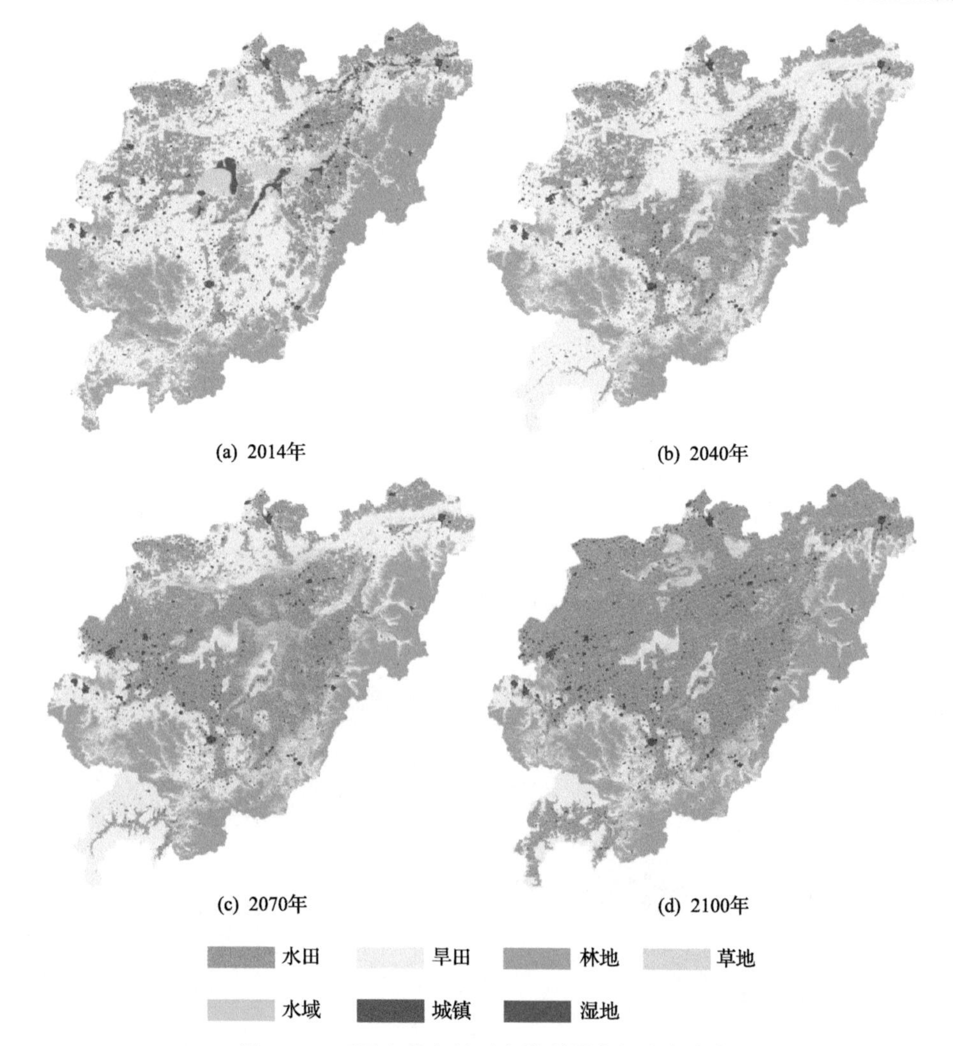

图3-17　不同水热条件下土地利用空间分布响应

或管理活动。气温、降水量变化数据表明，相比历史气候数据，研究区多年平均气温在不同时段将分别增加 0.9℃、1.4℃和 2.1℃，多年平均降水量分别增加 32.1mm、54.9mm 和 50.9mm，该区气候呈暖湿化。在基准情景中，山地丘陵区以林地为主，平原区以旱田和旱田为主。基于构建的预测模型模拟表明，随着气温和降水量增大，平原区草地、湿地和林地面积减少，旱田和水田具有垂向和纬向扩张趋势，且随着地表径流、土壤水含量和积温增加，大部分旱田转变为水田。水田垂直种植边界从高程 100m 左右升高到 224m，其纬向种植边界从 46°41′N 升高到 47°23′N。水田作物种植边界与积温空间边界变化相似，说明在大尺度上气候对农作物空间分布起着决定性作用。然而不同水热条件下小尺度的植被分布边界却各有差异，说明地形和水文情势变化是小尺度植被分布边界以及斑块形成的关键驱动(杨志峰, 2012; 安乐生等, 2017)。在本研究中，气候暖湿化使水田、旱田具有垂向和纬向扩张趋势，该结论与前人研究结果一致(Zhang et al., 2013; Ye et al., 2015)。

2. 不同土地利用变化趋势

随着气温和降水量不断增加，最为显著的变化就是农田面积增加，林地、草地和湿地面积减少(图 3-18)。其中，气温和降水量的增大，为水田扩张提供了丰富的水热资源，水田面积不断增大(从 21.52%增加到 59.72%)。旱田面积呈现先增大(从 41.19%增加到 46.57%)、后减小的变化趋势(从 41.19%减少到 17.70%)。水田面积的不断扩张，主要是由旱田、林地和草地转变而来。旱田面积先增加、后减小，主要是由于起初林地和草地先转化为旱田，随着气温和降水量不断增加，适宜种植水稻的面积越来越大，旱田转变为水田。本章研究不同水热条件下的土地利用空间格局响应及变化趋势，与历史期间土地利用空间及变化趋势相一致。

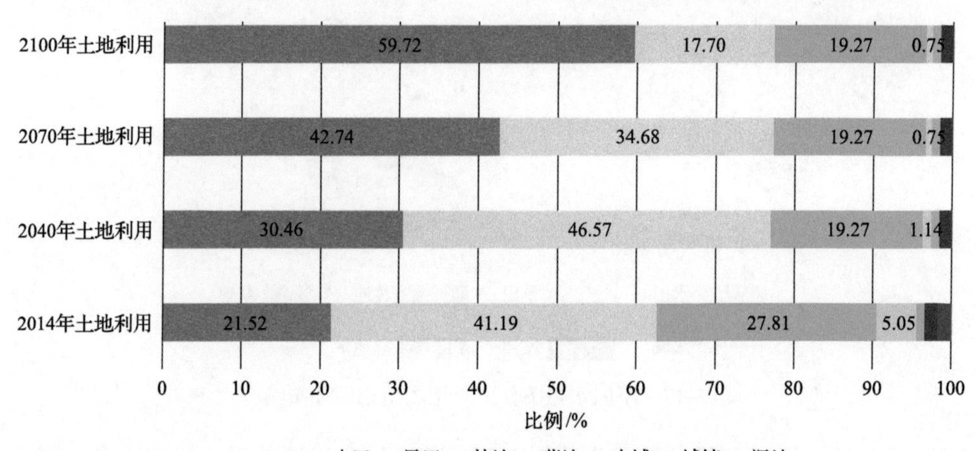

图 3-18　不同水热条件下各土地利用变化趋势

3.3　变化环境下流域土壤径流氮流失特征

气候变化及土地利用是影响土壤氮流失的主要因素(郝芳华等, 2004; Ouyang et al., 2014)。目前学者们主要利用历史气候及土地利用变化数据，结合生态水文模型，如 SWAT 模型，研究历史水热及土地利用变化对土壤氮流失协同影响(Wang et al., 2013)。然而这些研究中水热及土地利用变化因子是相互独立或者简单附加的，忽视了水热条件对土地利用影响的重要性(Gao et al., 2017)。三江平原区是全球气候变暖显著区，同时也是我国重要粮食生产区。研究不同水热条件下农田空间变化对径流氮流失协同影响，是获得气候适应性正确决策的重要前提。农田空间变化对气候变暖引起的径流氮流失起促进还是抑制作用值得深入研究。

以不同水热条件下土地利用分布数据为基础，将不同时期的气候及相应的土地利用数据驱动 SWAT 水文模型，利用情境分析法研究不同水热条件流域土地利用空间格局变化下径流氮流失特征。主要包括单因子变化下径流氮流失时空特征、不同水热及农田空间变化下土壤径流氮流失的协同响应。

3.3.1　材料与方法

1. 数据来源与处理

研究所使用 DEM、土壤、气象及不同水热条件下的土地利用数据等已在 3.1.1 节和 3.2.3 节介绍，下面主要补充农田管理措施、氮流失相关参数信息。与泥沙相关参数采用课题组已率定好的参数(Ouyang et al., 2012)。宝清、宝安和菜嘴子口水文站点水质相关数据缺少，因此将流域内蛤蟆通河子流域已率定好的相关水质参数作为整个流域水质参数设置(Gao et al., 2017)(表 3-4)。通过现场调查，挠力河流域的旱田和水田主要分别种植大豆和水稻。按照大豆和水稻历年的种植管理措施进行模拟设置，具体种植管理措施见表 3-5。

表 3-4　氮流失相关参数

序号	方法	参数	相对最优值
1	替换	CMN.bsn	0.002
2	替换	NPERCO.bsn	0.36
3	替换	PSP.bsn	0.70
4	替换	PPERCO.bsn	15.00
5	替换	PHOSKD.bsn	165.00
6	替换	BC1.swq	0.22
7	替换	BC2.swq	2.00
8	替换	BC3.swq	0.23
9	替换	BC4.swq	0.01
10	替换	AI2.wwq	0.02
11	替换	P_UPDIS.bsn	80.00

表 3-5　农田种植管理措施　　（单位：kg/hm²）

类型	日期	措施	施肥	施肥量	
				氮	磷
水稻	5 月 1 日	翻地	基肥	30.285	15.152
	5 月 10 日	泡田			
	5 月 15 日	插秧			
	5 月 22 日		蘖肥	30.285	15.152
	6 月 20 日		调节肥	10.095	5.051
	7 月 15 日		穗肥	30.285	15.152
	7 月 25 日	灌溉			
	8 月下旬, 9 月	排水			
	10 月 1 日	收获			
	10 月 25 日	翻地			
大豆	5 月 15 日	种植大豆		48.39	73.4
	10 月 15 日	收获			
	10 月 25 日	翻地			

2. 不同水热及农田空间演变下土壤径流氮流失模拟方法框架

农业-气候模型能在一定程度上反映气候变化下农业相关者对土地利用规划的决策过程(Zhang et al., 2013)。这类模型可与水文过程模型进行联合来研究气候和土地利用变化的协同影响(Brodie, 2016)。本研究构建的模型框架主要包括气候预测模块、农田空间格局演变水热驱动模块以及非点源污染模拟模块(图 3-19)。其中，基准情景采用 1989～2014 年气象数据和 1989 年、2014 年土地利用数据。研究表明，大气温度变暖与土壤或者水土体系温度变暖有一个延滞效应，因此

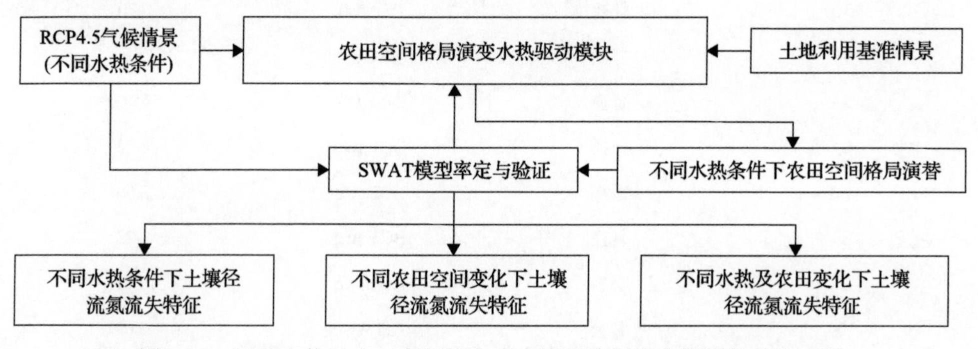

图 3-19　不同水热及农田空间演变下土壤径流氮流失模拟的基本流程

也会延滞农田和流域水体的氮循环和损失对气候变暖响应。以每 30 年步长为研究时段，模型框架假设在 30 年内已考虑大气温度变暖与水土体系温度变暖有延滞效应。

3. 模拟情景设置

以土地利用数据、1986～2014 年逐日气象数据及不同水热情景产品为基础数据，拟设计 10 次模拟(表 3-6)。

表 3-6　模型模拟输入土地利用和气象数据汇总

模拟编号	土地利用	气象	情景	模拟时间
S1	1989 年	1986～2014 年	基准	1986～2014 年
S2	2014 年	1986～2014 年	基准	1986～2014 年
S3	2014 年	2015～2040 年	ΔP=32.1mm ΔT=0.9℃	2015～2040 年
S4	2014 年	2041～2070 年	ΔP=54.9mm ΔT=1.4℃	2041～2070 年
S5	2014 年	2071～2100 年	ΔP=50.9mm ΔT=2.1℃	2071～2100 年
S6	2040 年	2041～2070 年	ΔP=54.9mm ΔT=1.4℃	2041～2070 年
S7	2070 年	2071～2100 年	ΔP=50.9mm ΔT=2.1℃	2071～2100 年
S8	2040 年	1986～2014 年	ΔP=0 ΔT=0	1986～2014 年
S9	2070 年	1986～2014 年	ΔP=0 ΔT=0	1986～2014 年
S10	2100 年	1986～2014 年	ΔP=0 ΔT=0	1986～2014 年

注：P 为降水量，T 为气温。

为了分析不同水热条件下径流氮流失特征，采用历史土地利用数据(2014 年)、历史气象数据(1986～2014 年)和不同水热情景(2015～2040 年、2041～2070 年、2071～2100 年)作为输入数据，分别进行 4 次模型模拟(S2、S3、S4、S5)。4 次模拟的输入数据中土地利用数据为不变量，气象数据为变量，分析不同水热条件下径流氮流失负荷时空特征。

为了分析不同农田空间格局变化下径流氮流失特征，采用历史气象数据(1986～2014 年)和不同土地利用空间格局分布(2014 年、2040 年、2070 年和 2100 年)作为输入数据，分别进行 4 次模型模拟(S2、S8、S9、S10)。4 次模拟的输入数据中土地利用数据为变量，气象数据为不变量，分析不同农田空间格局变化下径流氮流失特征。

为了分析不同水热及农田空间变化下径流氮流失协同响应，采用历史土地利用数据（1989 年）、历史气象数据（1986～2014 年）和不同水热条件土地利用空间分布图作为输入数据，分别进行 4 次模型模拟（S1、S3、S6、S7）。4 次模拟输入数据中气象和土地利用数据均为变量，通过对 4 次模拟结果对比，进行不同水热及农田空间格局变化下径流氮流失时空特征分析。

3.3.2 不同水热条件下土壤径流氮流失特征

1. 不同水热条件下径流时空分布特征

随着气温和降水变化，该流域冻融季径流深减小，夏秋季径流深增加，流域径流深月分布呈“双峰”形态，是降水和蒸发共同作用的结果（图 3-20）。在 RCP 不同时期下，该流域冬季（12 月至次年 3 月）降雨、降雪减少，蒸发量变化不大；4 月、6 月、8 月、10 月降雨增加显著，4～8 月蒸发量增加显著。基准情景 S2 下，流域径流深月分布呈“单峰”形态，该流域冻融季（3 月、4 月）多年月平均径流深（8～18mm）大于夏秋季（2.5～6mm），历史实测数据表明，该流域水量的年内

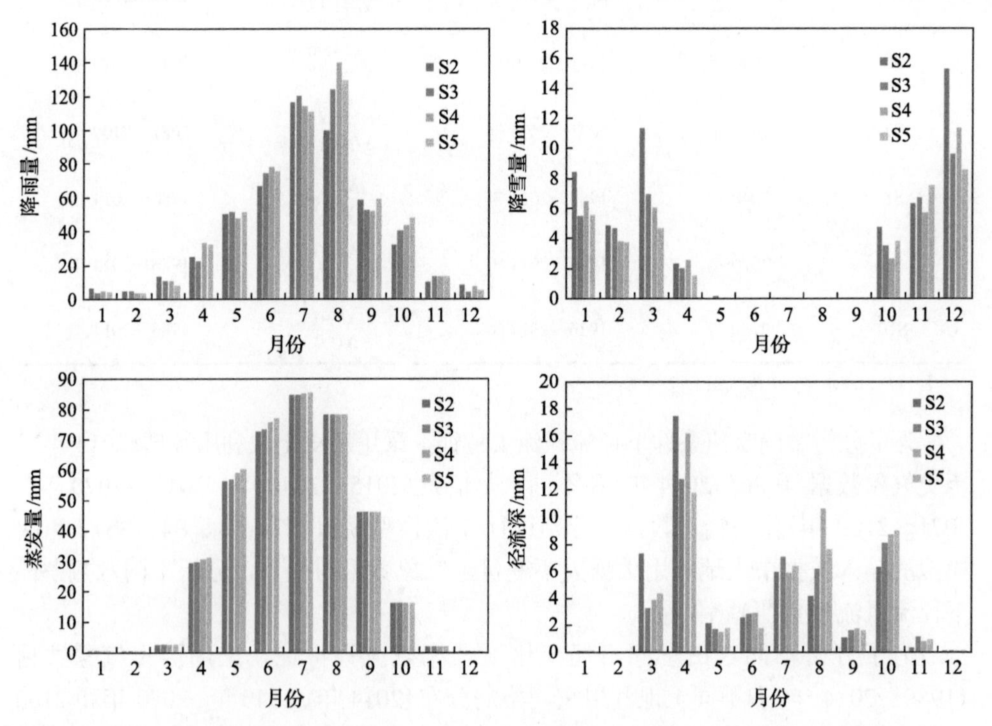

图 3-20 不同水热条件下流域多年平均月尺度降雨量、降雪量、蒸发量及径流深变化

分配主要集中在春、秋两个时段，夏季相对较为干旱。与 S2 情景相比，由于 3 月降雨量和降雪量显著减小，致使 3 月径流深降低，随着温度升高，融雪径流略有增加；4 月 S3 情景降雨量和降雪量减小、蒸发量增大，致使该情景下 4 月径流深减小(12.8mm)；S4 情景降雨量和降雪量增加，径流深增大(16mm)，由于气温升高，融雪径流提前，该情景下径流深没有 S2 情景径流深大；4 月 S5 情景降雨量和蒸发量增大、降雪量减小，致使径流深较小(11.8mm)；8 月 S3、S4、S5 情景下径流深响应与降雨量变化一致，先增大后减小；10 月 S3、S4、S5 情景下径流深响应与降雨量变化一致，径流深越来越大；其他月份径流深变化不大。

随着气温和降水变化，流域多年平均径流深呈非线性变化，主要是由蒸发和降水共同作用的结果(图 3-21)。S2、S3、S4、S5 情景流域多年平均蒸发量不断增加(388mm 增加至 428mm)。与 S2 情景径流深相比(47.4mm)，由于 S3 情景冻融季(3 月、4 月)径流深显著下降，7～9 月径流深增加不多，致使该情景下多年平均径流深较小(44.3mm)；由于 S4 情景冻融季(3 月、4 月)径流深减少较小，8 月、10 月径流深增加显著，径流深增大(52.2mm)；由于 S5 情景 3～6 月径流深显著减小，10 月径流深略有增加，致使该情景下年均径流深较小(45mm)。

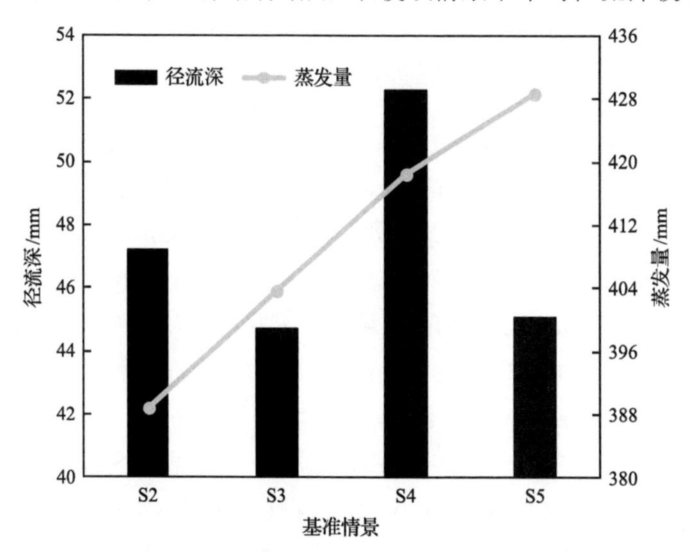

图 3-21　不同水热条件下流域多年平均径流变化

不同情景的径流深空间分布主要由土地利用空间分布决定，旱田径流深＞水田＞草地和林地(图 3-22)。在基准情景 S2 中，径流深较大的区域主要集中于流域西南部的山区旱田地块，其多年平均径流深在 76.35～96.62mm；其次是流域中

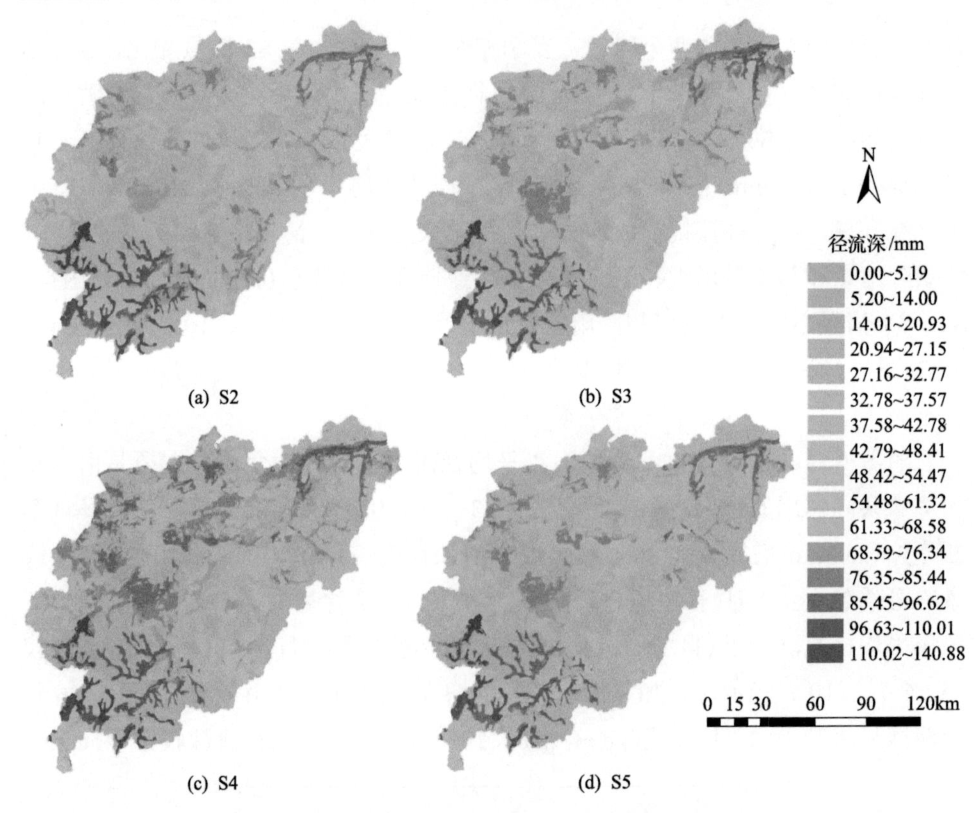

图 3-22　不同水热条件下多年平均径流分布图

下部平原区旱田地块，其径流深在 61.33～85.44mm；平原区水田地块径流深相对比较小，其径流深在 14.01～32.77mm，这主要是因为水田地块比旱田地块垄高，可以收纳一定的降水量，具有湿地或水库的蓄水功能(Kim et al., 2005)。

情景 S3 中，径流深增加较多区域主要集中于流域下游和流域的中西部区，其增加量在 2.28～2.53mm，流域南部区域由于蒸发量变大、降水量变小，径流深显著减小，其减少量在 13.05～19.81mm；情景 S4 中增加的降水量主要集中于流域中高纬区，导致该区域径流深显著增加，其增加量在 6.20～30.00mm，流域南部区域径流深减少量在 2.80～25.79mm；相比情景 S4，情景 S5 流域中高纬区降水量增加减小，径流深增加量有所减小，径流深较大区域主要集中于流域中西部区，其径流深增加量在 0.79～8.76mm，流域南部区域径流深减小更加显著，其减少量在 9.74～34.72mm。总之，与情景 S2 相比，S3、S4 和 S5 情景下流域南部趋向于暖干化显著，流域中北部大部分区域趋向暖湿化(图 3-23)。

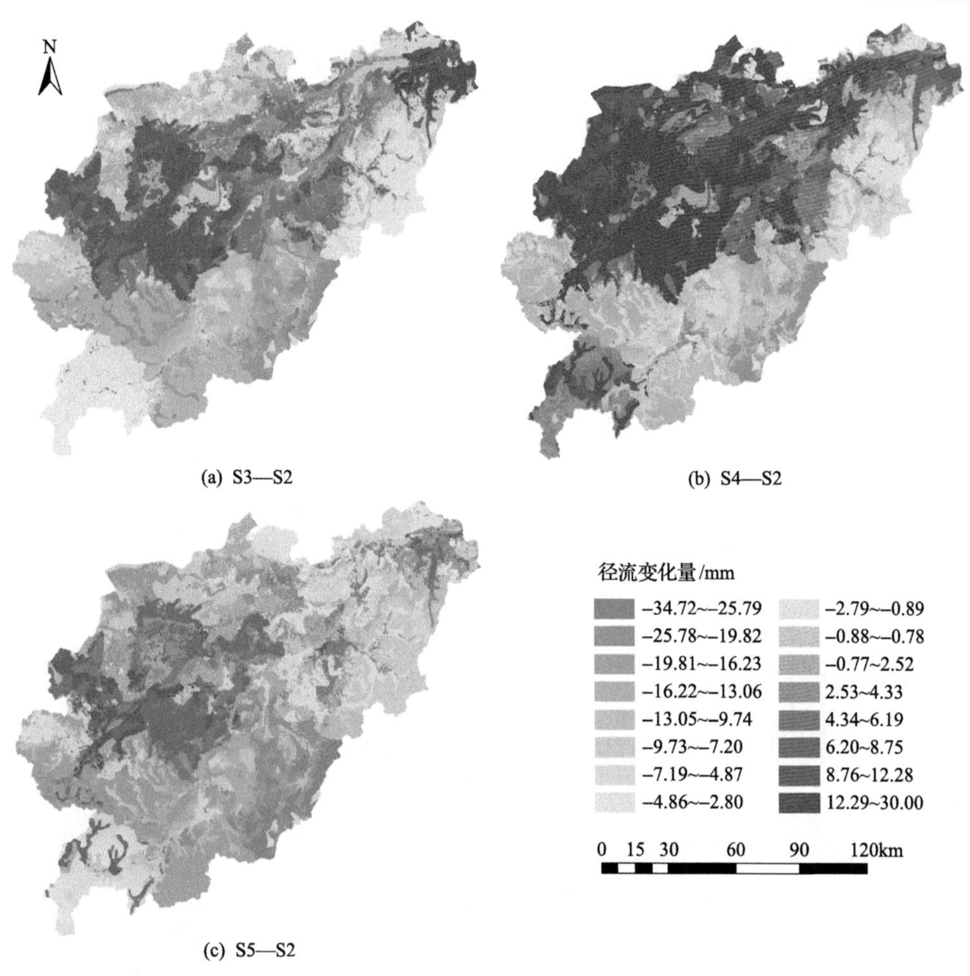

图 3-23　不同水热条件下径流空间变化分布图

2. 不同水热条件下土壤径流氮流失时空分布特征

(1)月尺度土壤径流氮流失特征及响应

在评估不同水热条件下流域径流深时空响应特征基础上，进一步评估不同水热情景下年内月尺度土壤径流氮流失特征及关键时期的识别(图 3-24)。基准情景 S2 下，流域多年月平均硝态氮、有机氮负荷均呈现“双峰”形态，该流域冻融季硝态氮(1.04～1.08kg/hm^2)、有机氮负荷(0.43～1.05kg/hm^2)大于夏秋季，与径流深年内月分布格局相一致。研究表明，冻融区年内土壤径流氮流失风险较大的时期是冻融交替季(Wei et al., 2017)。这可能主要是由于：①该区域融雪季径流量大于秋夏季，冲刷挟带氮素能力比秋夏季强；②冬季在土壤中累积的微生物残体和秸秆会在春季融雪期释放大量的氮素出来，随融雪径流冲刷带走(Liu et al., 2013)。

生长季(5～9 月)硝态氮和有机氮流失负荷小于 10 月(收获后，裸地)，主要由于生长季作物具有冠层截流作用，径流深较小，流失负荷较小，当作物收获后，地表裸露，径流深相对较大，流失负荷较大。与情景 S2 相比，随着冻融季温度的升高及降雪量减少，冻融季硝态氮流失先减小、后增大，但整体呈减小趋势(0.1～0.3kg/hm^2)，有机氮有增加趋势(0.1～0.6kg/hm^2)，致使冻融季土壤中径流氮流失总体呈增加趋势(约 0.25kg/hm^2)，其中 S3、S4、S5 情景的 3 月、4 月、11 月、12 月硝态氮和有机氮流失负荷的增加主要是由温度的升高所致。由于 7 月、8 月、10 月降水量增加、冬季 11 月温度升高，径流深增加，致使 7 月、8 月、10 月、11 月硝态氮和有机氮流域负荷增加，比冻融季增加趋势显著，且有机氮增加量(0.76～1.44kg/hm^2)大于硝态氮流失负荷的增加量(0.28～0.3kg/hm^2)。总之，随着气温和降水量变化，该流域冻融季和夏秋季土壤径流氮流失增加，但冻融季增加更显著，流域土壤径流氮流失月分布“双峰”形态越来越显著，且以有机氮流失为主。

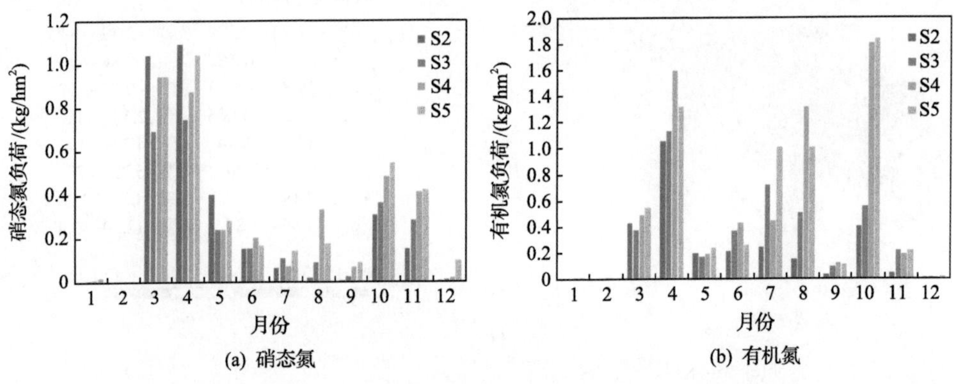

图 3-24　不同水热条件下流域多年平均月尺度硝态氮、有机氮流失特征

(2) 流域多年平均土壤径流氮流失负荷响应

基准情景 S2 流域多年平均土壤径流氮流失负荷为 6.16kg/hm^2，与其他相近气候环境和农业管理措施流域的氮流失负荷相近，如蚂蚁河(松花江支流)1988～2002 年流域氮流失负荷为 1～8.2kg/hm^2(张皓天等，2010)，蛤蟆通河(挠力河支流)1997～2003 年流域氮流失负荷为 3.89～8.17kg/hm^2(朱伟峰等，2009)。总体而言，随着多年平均气温和降水量的增加，流域内不同时期多年平均土壤径流氮流失负荷呈现增加的趋势(图 3-25)。相比基准情景 S2，S3 情景下土壤径流氮流失负荷(硝态氮+有机氮)增加量约为 0.84kg/hm^2；S4、S5 情景下硝态氮流失负荷增加量分别为 0.42kg/hm^2、0.68kg/hm^2，有机氮流失负荷增加量分别为 3.83kg/hm^2、3.79kg/hm^2。因此，在水热变化情景下，应以控制有机氮流失为主，尤其冻融季(4 月)和夏秋季(7 月、8 月、10 月)是土壤径流氮流失的高风险期。

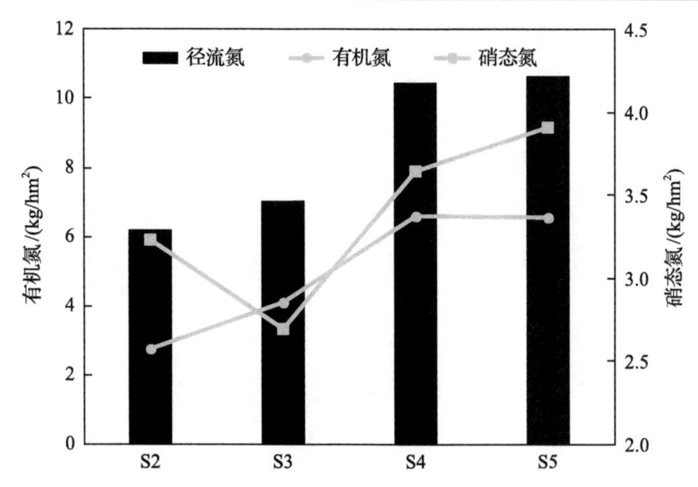

图 3-25　水热变化条件下流域多年平均硝态氮、有机氮及径流总氮流失

(3) 流域多年平均土壤径流氮流失负荷空间分布

在基准情景 S2 中，氮流失负荷较大的区域主要集中于旱田地块，其多年平均流失负荷在 8.94～42.86kg/hm^2，尤其以靠近山区的坡耕旱地流失最为严重(32.99～42.86kg/hm^2)；其次是流域水田地块，其多年平均流失负荷在 0.96～8.93kg/hm^2(图 3-26)。这主要是因为水田地块比旱田地块垄高，具有湿地的蓄水功能，蒸发量相比旱田较大，地表径流相对较小(Kim et al., 2005)，从而水田具有较小的氮流失负荷(Gao et al., 2017)；林地和草地氮流失负荷最小，在 0.26～0.95kg/hm^2。与情景 S2 相比，情景 S3、S4、S5 中流域南部区域多年平均氮流失负荷有减小趋势，流域中北部区氮流失负荷有增大趋势，这与径流深空间响应一致。

根据流域土壤径流氮流失空间变化分布图得知(图 3-27)，不同土地利用方式的土壤径流氮流失差异较大。就基准情景 S2 而言，旱田＞水田＞草地和林地，这与前人研究结果一致(Bu et al., 2014)。区域气候暖干化导致土壤径流氮流失负荷减小，主要是因为气候暖干化引起地表径流深减小，冲刷土壤中氮的能力减弱。流域中北部区气候暖湿化导致土壤径流氮流失负荷增加，主要是因为降水量的增加引起地表径流深增加，冲刷土壤中氮的能力增强。

(4) 流域多年平均土壤径流氮流失负荷空间变化响应

与情景 S2 相比，虽然整个流域多年平均气温和降水量增大，但根据 S3、S4、S5 情景下径流深空间变化分布可得，S3、S4 和 S5 情景下流域南部及部分区(流域西北部)趋向于暖干化显著，流域中北部区趋向暖湿化，在此水热变化空间差异影响下，S3、S4 和 S5 情景下南部区域土壤径流氮流失负荷减小较为显著(分别减小 0.23～9.03kg/hm^2、0.23～15.61kg/hm^2 和 0.23～22.47kg/hm^2)，S3、S4 情景下流域内中北部区径流氮流失负荷有增加趋势(分别增加 0.11～8.31kg/hm^2、2.26～27.09kg/hm^2)，S5 情景下流域中北部区土壤径流氮流失负荷增加 3.18～27.09kg/hm^2

(图 3-27)。其中，旱田和水田增加量(增加 1.50～27.09kg/hm^2)大于草地和林地(增加 0.11～0.36kg/hm^2)。总之，土壤径流氮流失空间响应分布与径流深响应分布一致。

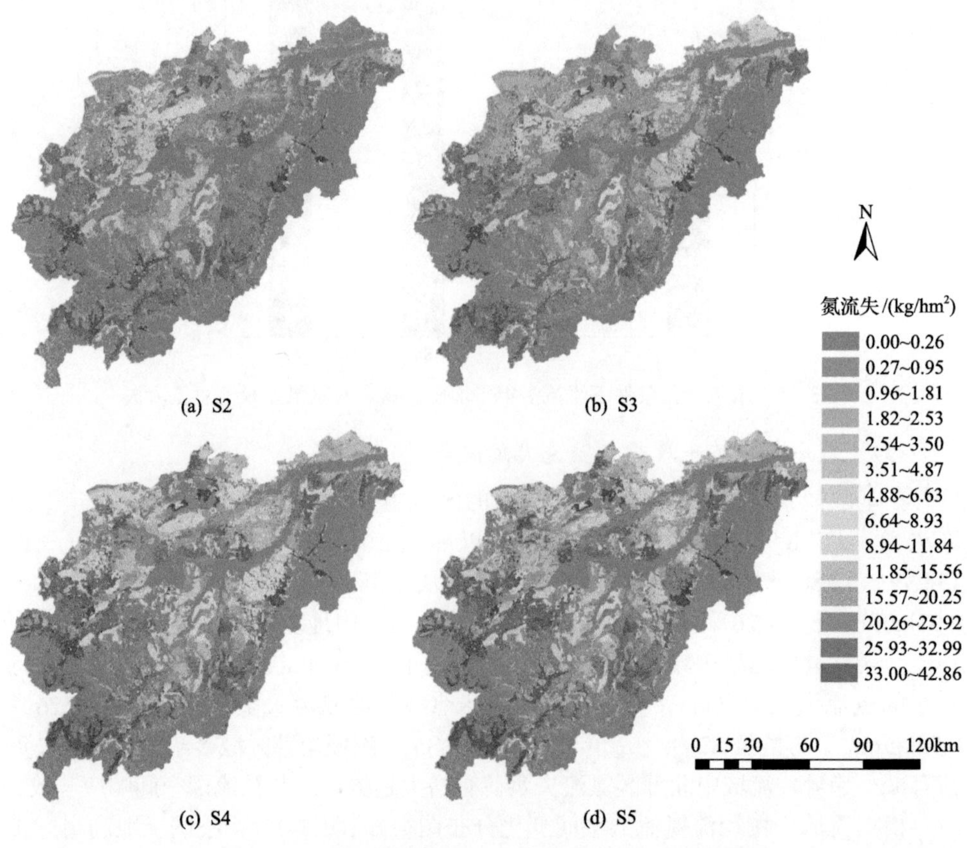

图 3-26　不同水热条件下土壤径流氮流失空间分布图

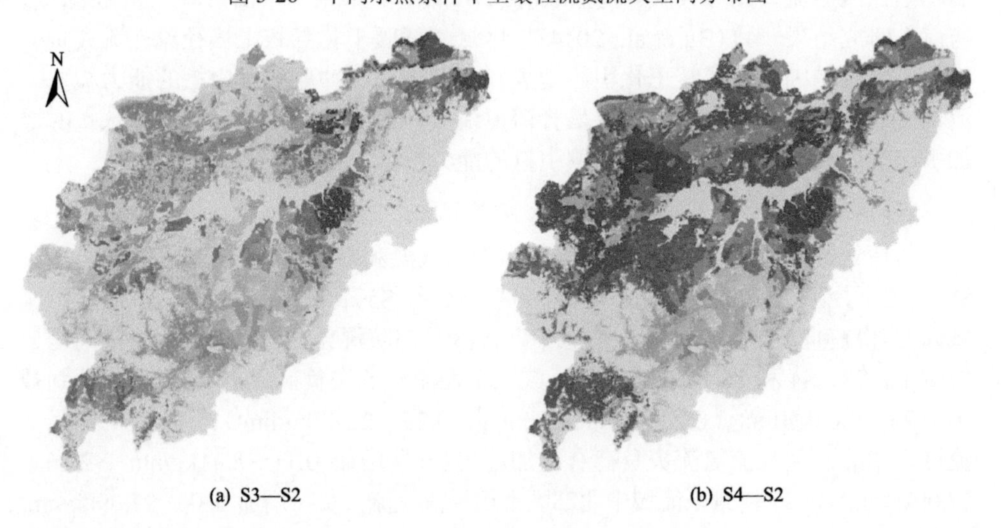

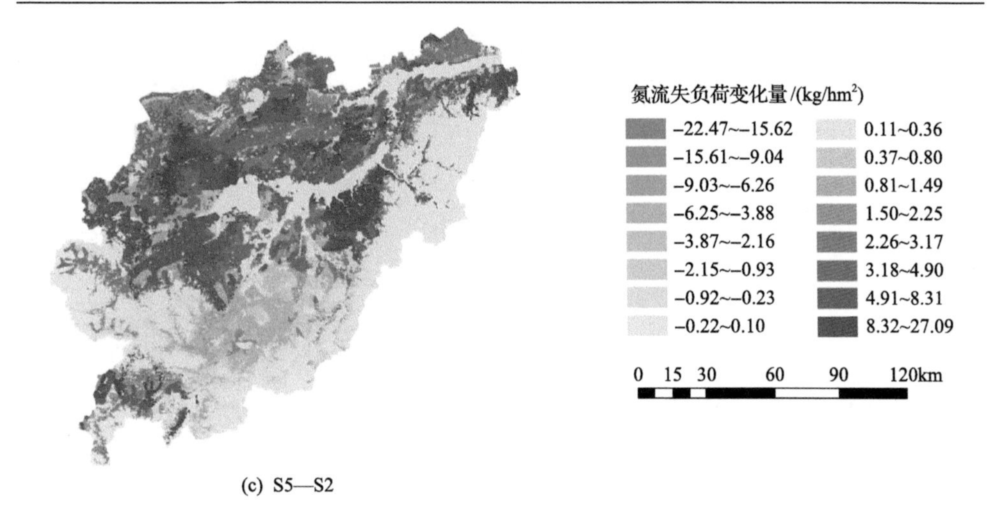

(c) S5—S2

图 3-27　不同水热条件下土壤径流氮流失空间变化分布图

3.3.3　不同农田空间变化下土壤径流氮流失特征

1. 不同农田空间变化下土壤径流氮流失时间分布特征

旱田改水田情景下多年月平均径流深、土壤径流氮流失分布特征一致(图 3-28)，均是冻融季(4 月)(7.34～17.47mm)大于夏秋季(1.68～6.33mm)，其中最大径流深出现在 4 月，最低径流深在 12 月至次年 2 月。随着流域旱田转化为水田面积不断增加，3～6 月、10～11 月径流深均有所减少，这主要是因为水田地块比旱田地块垄高，具有湿地或水库的蓄水功能(Kim et al., 2005)；8～9 月是水田排水期，因此，随着水田面积增大，径流深在 8～9 月径流深有所增加。不同月份敏感性不同，冻融季(3～4 月)和收获季最为敏感。随着流域旱田转化为水田面积不断增加，由于径流深减小，硝态氮和有机氮流失负荷在 3～6 月、10 月均有所减少，8～9 月是水田排水期，随着水田面积增加，8～9 月硝态氮和有机氮流失负荷有所增加，流失负荷响应与径流深负荷响应一致。且冻融季敏感性(减少约 1.52kg/hm^2)比收获季大(减少约 0.42kg/hm^2)。因此，在非生长季增加旱田垄高，可有效减少土壤径流氮流失负荷。以上结果表明，随着流域旱田转化为水田面积不断增加，流域多年月平均土壤径流氮流失减少量最大的是冻融季(3～4 月)，增加量较大的是水田排水期(8～9 月)，增加约 0.22kg/hm^2。

蒸发量及径流深对土地利用变化的响应不同(图 3-29)。随着旱田改水田面积不断增加，流域多年平均径流深分别减小了 0.10mm、5.15mm 和 8.05mm。流域蒸发量不断增加，主要是由于水田具有蓄水功能，提供了较多的可蒸发水。径流深不断减小，流域多年平均土壤径流氮流失负荷分别减小 0.58kg/hm^2、2.08kg/hm^2

和 3.46kg/hm^2，即流域旱田改水田面积每增加 1km^2，流域多年平均土壤径流氮流失负荷减小约 0.46g/hm^2，流域多年平均土壤径流氮流失减少约 1004.71kg。

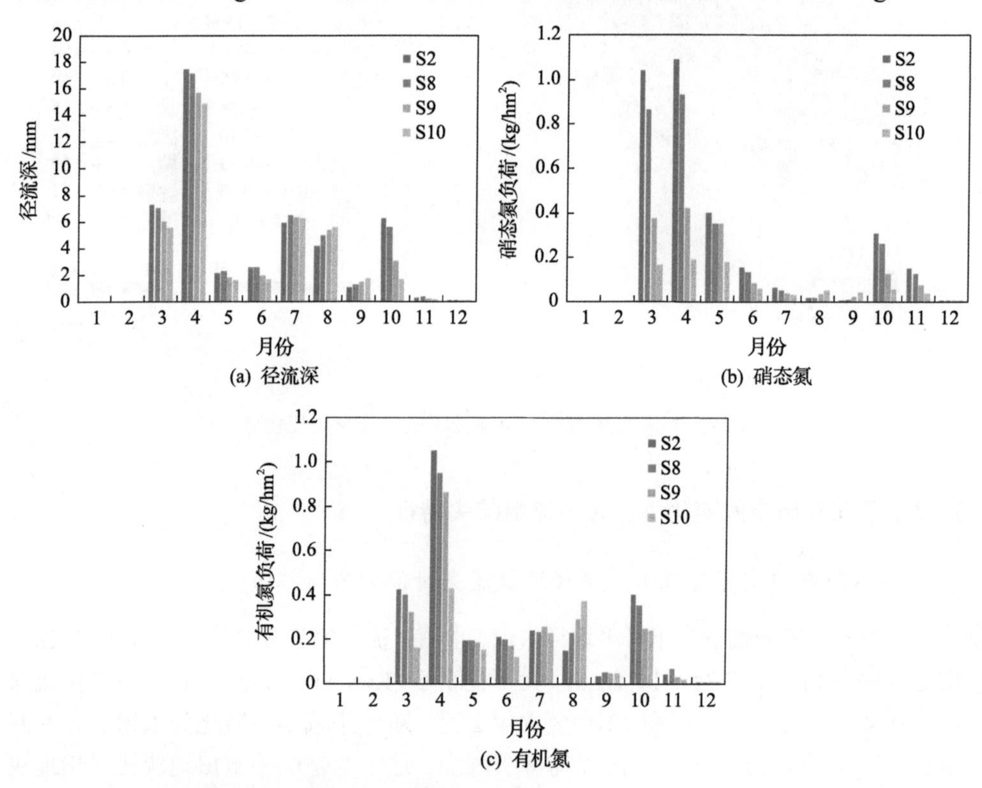

图 3-28　不同农田空间格局变化下流域多年月平均径流深、硝态氮和有机氮流失特征

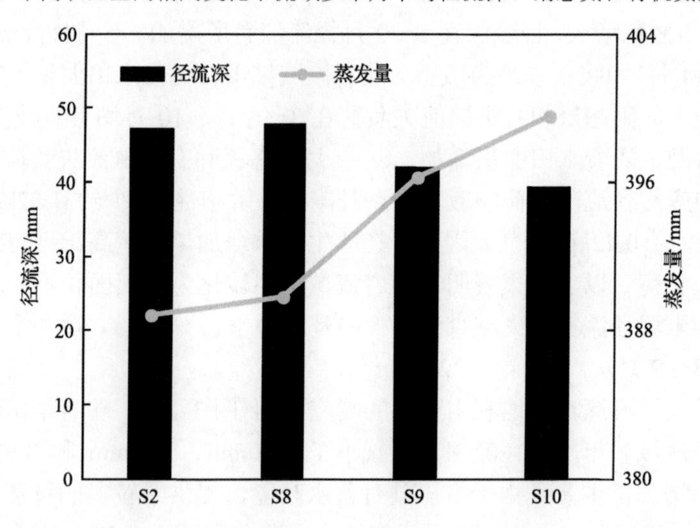

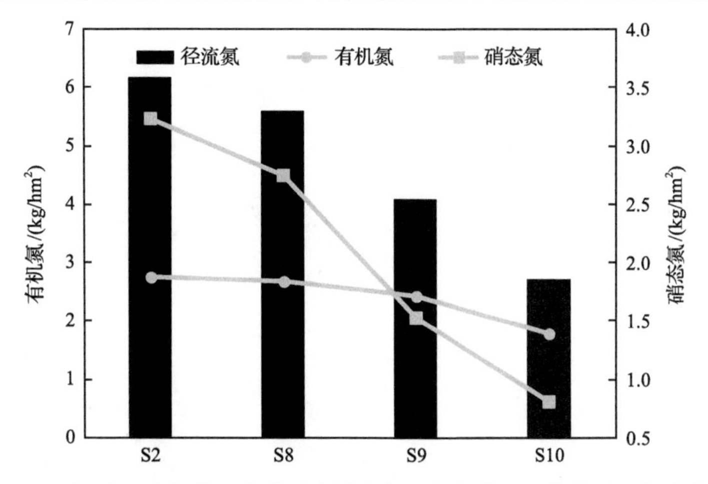

图 3-29　不同农田空间格局变化下流域多年平均径流深、蒸发量和氮流失响应

2. 不同农田空间变化下土壤径流氮流失空间分布特征

不同情景下的农田空间分布与径流深、氮流失负荷间分布一致，土壤径流氮流失空间分布主要取决于土地利用类型(图 3-30，图 3-31)。在基准情景 S2 中，

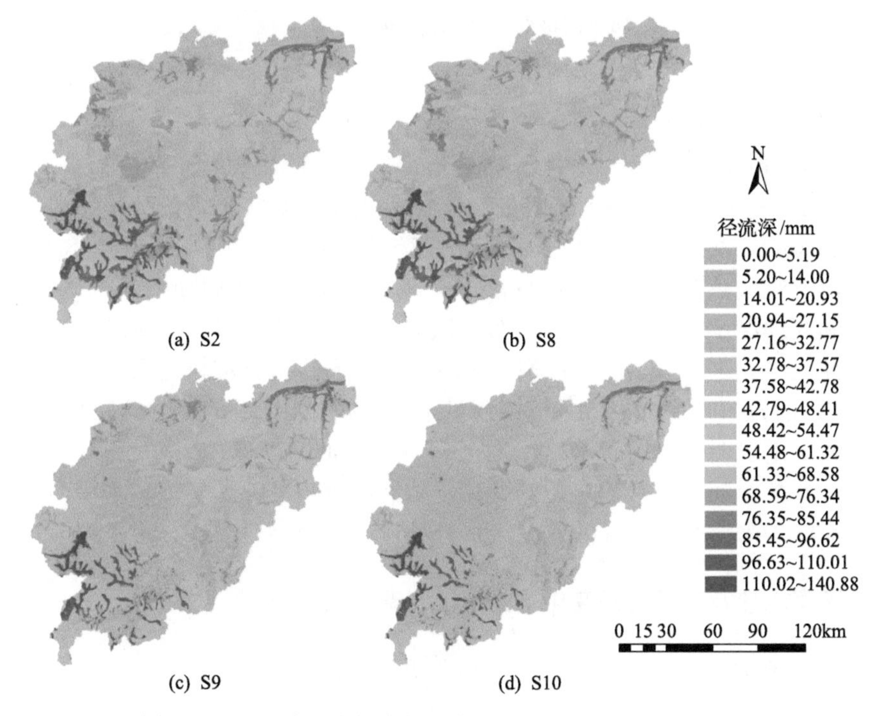

图 3-30　不同农田空间变化下流域多年平均径流空间分布图

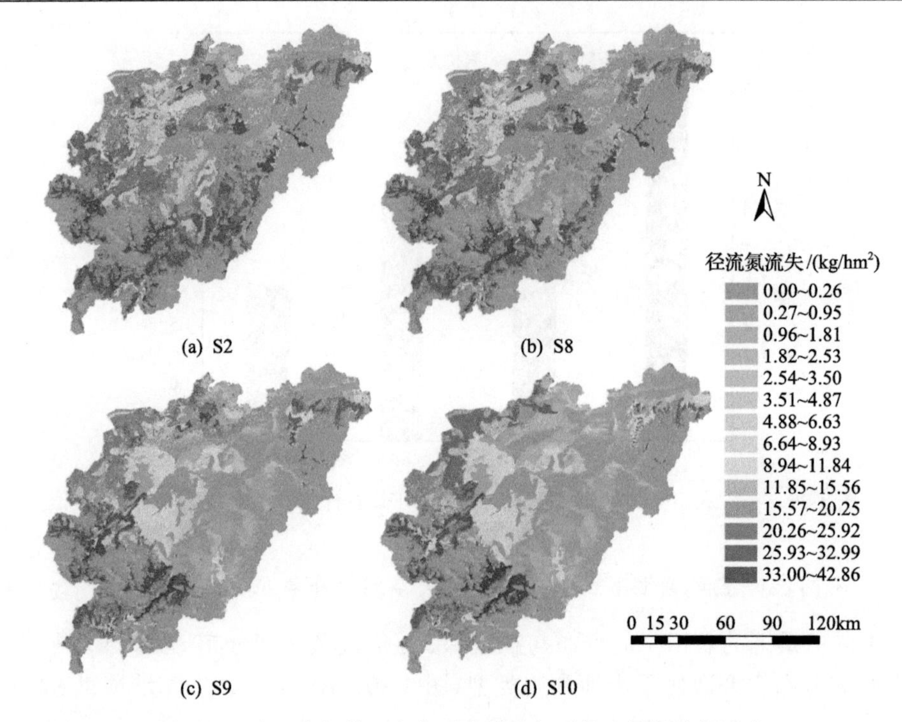

图 3-31　农田空间格局变化下流域多年平均土壤径流氮流失

旱田面积比例较大，整个流域土壤径流氮流失较大(6.16kg/hm^2)；相比基准情景S2，情景S8中，流域中南部旱田转化为水田(1321.4km^2)，相应田块的径流深从54.48～76.34mm 减少至 20.94～48.41mm，土壤径流氮流失负荷从 11.85～32.99kg/hm^{2}减少至0.96～4.87kg/hm^2；情景S9中，流域中部大部分旱田转化为水田(5338.0km^2)，相应田块的径流深从32.78～76.34mm减少至14.01～48.41mm，土壤径流氮流失负荷从8.94～42.86kg/hm^{2}减少至0.96～11.84kg/hm^2，流域山坡较陡田块和高纬度部分田块有旱田分布，该情景下，流域内旱田土壤径流氮流失负荷大于流域平原区的水田区域；情景S10中，只有少部分坡耕地为旱田，平原区其他旱田改为水田(7454.0km^2)，该情景下高海拔旱田坡耕地土壤径流氮流失最大。上述结果表明，与情景S2相比而言，情景S8、S9、S10中径流深和土壤径流氮流失负荷空间分布具有显著的变化，随着流域内平原区旱田转水田面积不断增加，流域内平原区土壤径流氮流失负荷呈现显著减小趋势。

3.3.4　不同水热及农田空间变化下土壤径流氮流失特征

1. 不同水热及农田空间变化下土壤径流氮流失时间分布特征

水热及农田空间变化下流域多年月平均径流深和土壤径流氮流失响应特征较为复杂(图3-32)。在基准情景S1中，冻融季(3月、4月)径流深(9.10～20.88mm)

大于夏秋季(6～10 月)的径流深(2.21～7.11mm)，相应的土壤径流氮流失负荷也是冻融季(1.74～2.84kg/hm^2)大于夏秋季(0.16～0.7kg/hm^2)；生长季(6～9 月)的径流深、硝态氮和有机氮流失负荷小于 10 月(裸地，翻耕)，主要由于生长季作物具有冠层截流作用，径流深较小，流失负荷较小，当作物收获后，地表裸露、翻耕，径流深相对较大，流失负荷增大。与基准情景 S1 相比，随着降水量、气温和农田分布变化，生长季的径流深变化与降水量变化一致，冻融季(3 月、4 月)径流深整体呈减小趋势，主要是由于降雪量减小以及旱田改水田的共同作用，其中 S6 情景径流深略有上升，主要是由于降水量增加；冻融季相应的土壤径流氮流失整体趋势和径流深变化趋势一致，其中 S6 情景氮流失负荷较大主要是由于该情景下降水量和旱田面积最大；5 月径流深和氮流失负荷呈减小趋势，主要是由于降水量减小和蒸发量增大；6 月、7 月径流深整体呈减小趋势，主要是由于 6 月降水量呈先增大后减小的趋势，且随着 S7 情景水田面积的增大，田埂拦截导致了径流深的减小；6 月、7 月氮流失负荷(硝态氮与有机氮之和)呈先增大后减小趋势，主要是 S3、S6 情景旱田面积较大，促进了氮流失负荷的增加，随着 S7 情景中水田面积增大，田埂拦截导致氮流失负荷有所减少；8 月、9 月氮流失负荷呈增加趋势，主要是由于该时期是水田排水期，随着水田和旱田面积的增加，氮流失负荷增大；

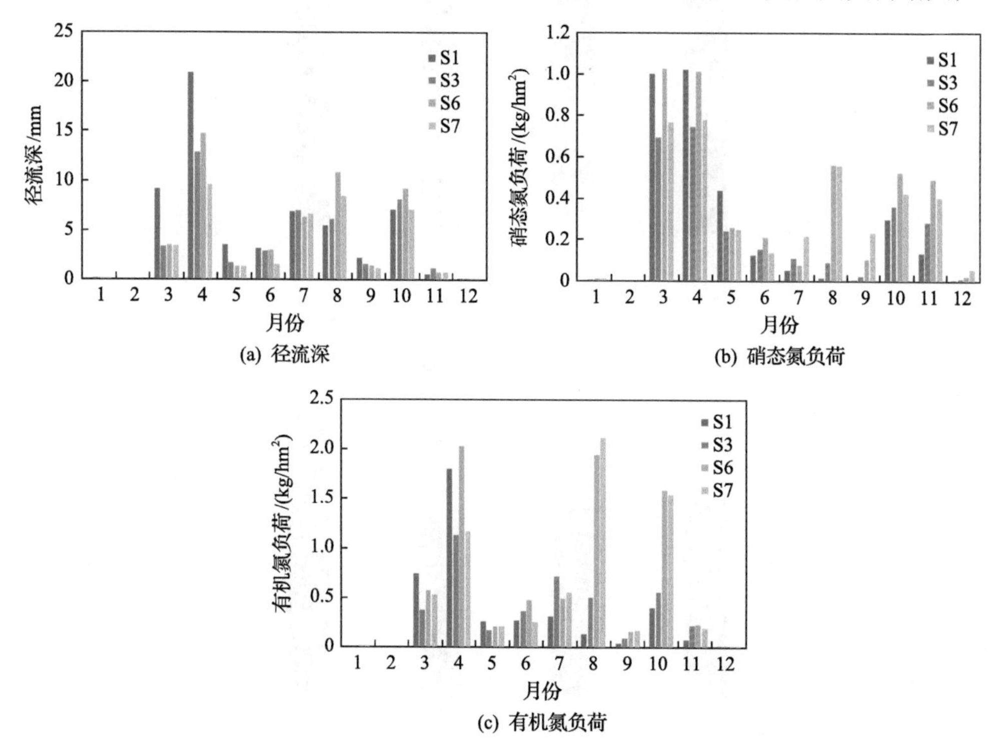

图 3-32 不同水热及农田空间变化下流域多年平均月尺度径流深与硝态氮、有机氮流失特征

10 月、11 月径流深和氮流失负荷呈先增大后减小，虽然该时期降水量增加，但是由于旱田转为水田面积不断增大，致使 10 月、11 月径流深和氮流失负荷呈先增大后减小的趋势。总之，不同水热条件农田扩张背景下，该区域冻融季土壤径流氮流失呈非线性波动，生长季整体呈增加趋势，秋冬季呈先增加、后减小趋势；径流深和土壤径流氮流失年内月分布从“单峰”形态转变为“双峰”形态，且流失风险最高期从冻融季转变为夏秋季，这一转变主要由年内降雪和降雨变化引起。

不同水热条件农田扩张背景下，流域内不同时期多年平均径流深和氮流失负荷呈现先减小、后增加、再减小趋势(图 3-33)。相对于基准情景 S1，当流域多年平均气温增加 0.9℃，降水量增加 32.1mm 和水田面积比例增加 12.4%、旱田比例增加 1%时(部分自然用地转化为旱田，大部分由旱田转化而来)(情景 S3)，流域多年平均径流深减小约 14.1mm，氮流失负荷减小约 0.23kg/hm^2，这主要是由于大

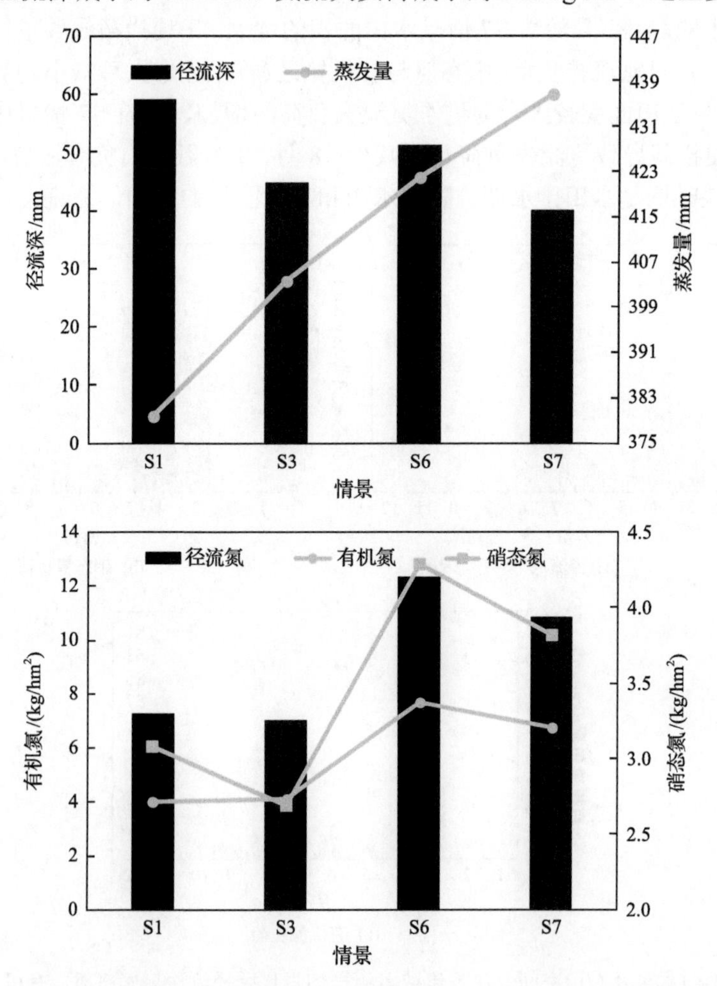

图 3-33　不同水热及农田空间变化下流域多年平均径流、硝态氮和有机氮流失特征

面积旱田转化为水田，水田具有蓄水减排作用(Kim et al., 2005)；当流域多年平均气温增加 1.4℃，降水量增加 54.9mm 和水田面积比例增加 26.8%、旱田比例增加 6%时(部分自然用地转化为旱田，大部分旱田转化为水田)(情景 S6)，径流深相比 S3 情景增加约 6.54mm，氮流失负荷相比 S1 和 S3 分别增加约 5.06kg/hm^2、5.29kg/hm^2；随着流域多年平均气温继续增加 2.1℃，降水量增加 50.9mm 和水田面积比例增加 56.0%、旱田比例减小 5%时(情景 S7)，流域多年平均径流深减小约 18.98mm，氮流失负荷相比 S1 增加约 3.62kg/hm^2，相比 S6 减小约 1.45kg/hm^2；氮流失负荷增加，主要是流域面积比例增大，氮流失负荷减小，主要是由于大量旱田转化为水田。总之，相比 S1 情景，随着水热增加和农田面积扩张，多年平均径流深减小，而氮流失负荷有所增加，以有机氮流失为主。

2. 不同水热及农田空间变化下土壤径流氮流失空间分布特征

不同水热及农田空间变化下流域多年平均径流深和土壤径流氮流失空间分布变化显著(图 3-34，图 3-35)。在基准情景 S1 中，径流深较大值(76.35～140.88mm)

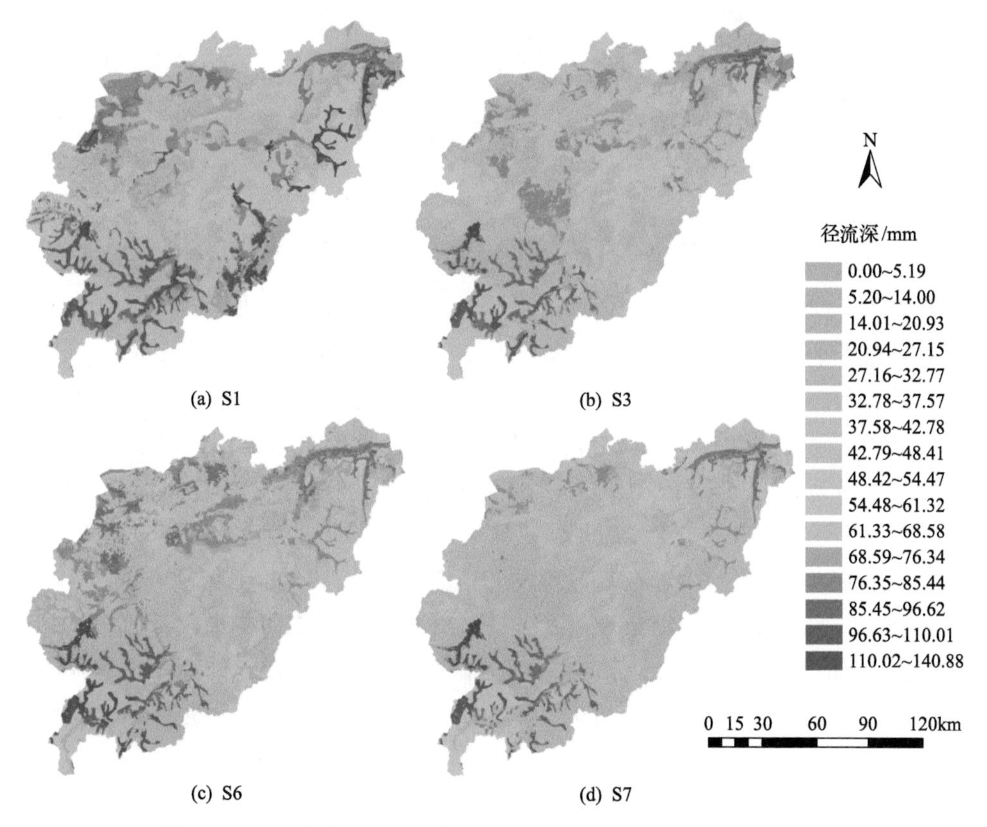

图 3-34　不同水热及农田空间变化下流域多年平均径流深空间分布

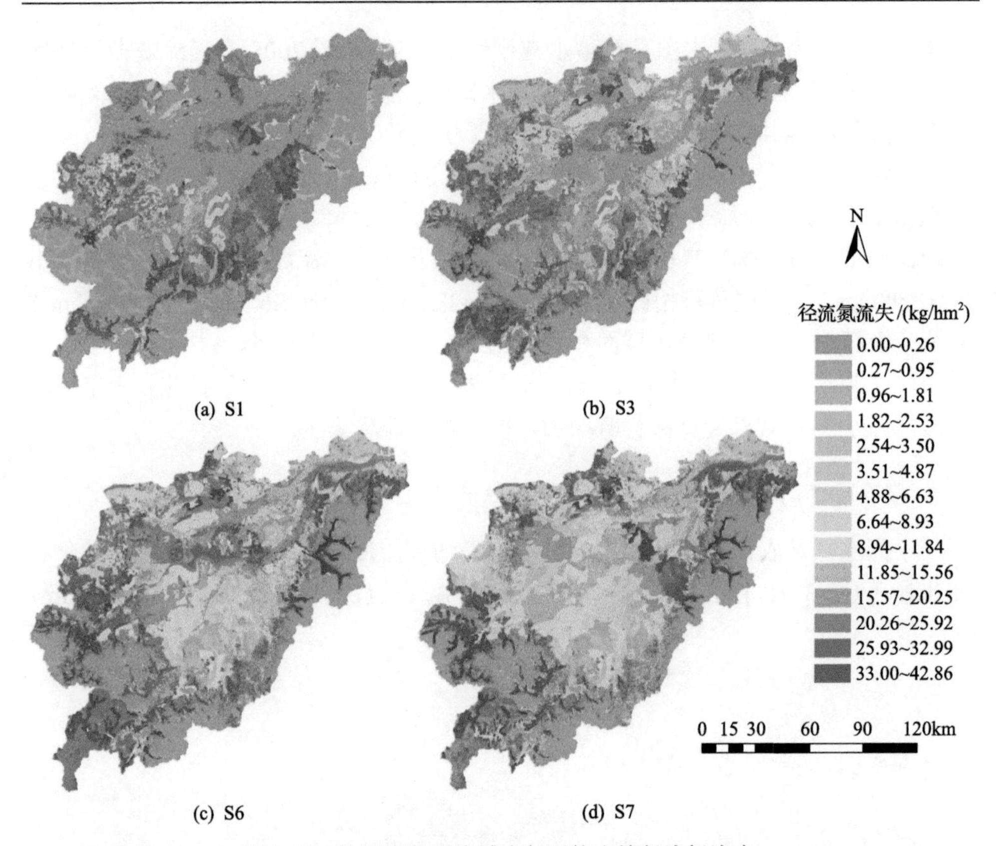

图 3-35　协同变化下流域多年平均土壤径流氮流失

主要集中于山区旱田坡耕地和低纬度平原旱田区，径流深较小值（5.20～14.00mm）主要分布于平原湿地，氮流失负荷较大值（20.26～32.99kg/hm^2）主要集中于山区旱田坡耕地和低纬度平原旱田区，其次是流域内高海拔旱田区，氮流失负荷较小值（0～2.53kg/hm^2）主要集中于流域内的林地和湿地。在情景 S6 中，由于平原区湿地和草地转为旱田与水田、山地丘陵区部分林地转为旱田，流域中部氮流失负荷略有增加，流域西南部由于旱田扩张氮流失负荷显著增加；在情景 S7 中，随着流域中部平原区旱田转化为水田，径流深和氮流失负荷减小，山地丘陵区坡耕地氮流失负荷增加。总之，与情景 S1 相比，随着水热增加及农田扩张，情景 S3、S6、S7 流域中部平原区径流深逐渐减小、流域西南部的山区坡耕地径流深变化不大，而流域中部平原区土壤径流氮流失呈现先增大、后减小趋势，山地丘陵区林地转化为旱地导致氮流失负荷增加。

3.4　变化环境下流域土壤 N_2O 排放特征

相对径流氮流失而言，土壤中气态氮的流失，尤其是流域尺度的土壤 N_2O 排放研究还不够完善。这主要是因为缺乏较为成熟且友好型的流域尺度土壤 N_2O 排放模型(Wagena et al., 2017)。土壤 N_2O 排放的关键风险期和排放热点区的识别已成为最近几年研究热点(Yang et al., 2017; Shcherbak et al., 2014)。相对于大田试验，模型模拟方法已被证明是一种评估不同时空尺度土壤 N_2O 排放估算的有效工具(Zhou et al., 2015; Wagena et al., 2017)。影响土壤 N_2O 排放的主要因素有环境要素和土地利用(农业管理方式)，如土壤本身氮含量、温度、含水量、施肥量、施肥时间等。目前，国内对农田土壤 N_2O 排放研究较多，但主要集中于南方地区，且主要集中于大田实测与国外模型评估，关于水热与土地利用协同变化下的土壤 N_2O 排放研究较少。本节拟通过对文献及在线数据库等数据采集，建立土壤 N_2O 排放数据库，在此基础上构建土壤 N_2O 排放模型，并将该模型与 SWAT 耦合。在对构建模型验证基础上，基于之前的研究结果，评估不同水热条件流域农田空间变化下土壤 N_2O 的排放特征，主要包括单因子变化下土壤 N_2O 的排放及协同变化对土壤 N_2O 排放影响。

3.4.1　材料与方法

1. 不同水热及农田空间演变下流域土壤 N_2O 排放模拟方法框架

通过对文献、在线数据库等数据采集，获取大量有关气候、土壤理化性质及相应 N_2O 排放量数据建立土壤 N_2O 排放数据库，在此基础上运用逐步回归分析方法构建土壤 N_2O 排放评估模型；将基于过程的陆地水文生态模型(SWAT)与具有机理意义的数值统计模型进行耦合(SWAT-N_2O)，即以 SWAT 模型输出的土壤环境模拟参数(土温、土壤含水量、土壤含氮量等)作为经验统计模型的输入数据，来模拟具有较高时空分辨率的土壤 N_2O 排放。在此基础上，将构建一模型框架模拟分析不同水热及农田空间格局演变下土壤 N_2O 排放协同影响。该模型框架主要包括 RCP4.5 气候情景模块、农田空间演变水热驱动模型以及 SWAT-N_2O 耦合工具(图 3-36)。

2. SWAT-N_2O 模型耦合与开发

(1) 土壤 N_2O 排放多元回归模型构建

1) 模型基础与假设。能够描述 N_2O 产生过程的 HIP 概念模型将影响土壤 N_2O 排放的主要因素分为管道中的氮流量、氮流速以及管孔大小。其中，管道中氮流

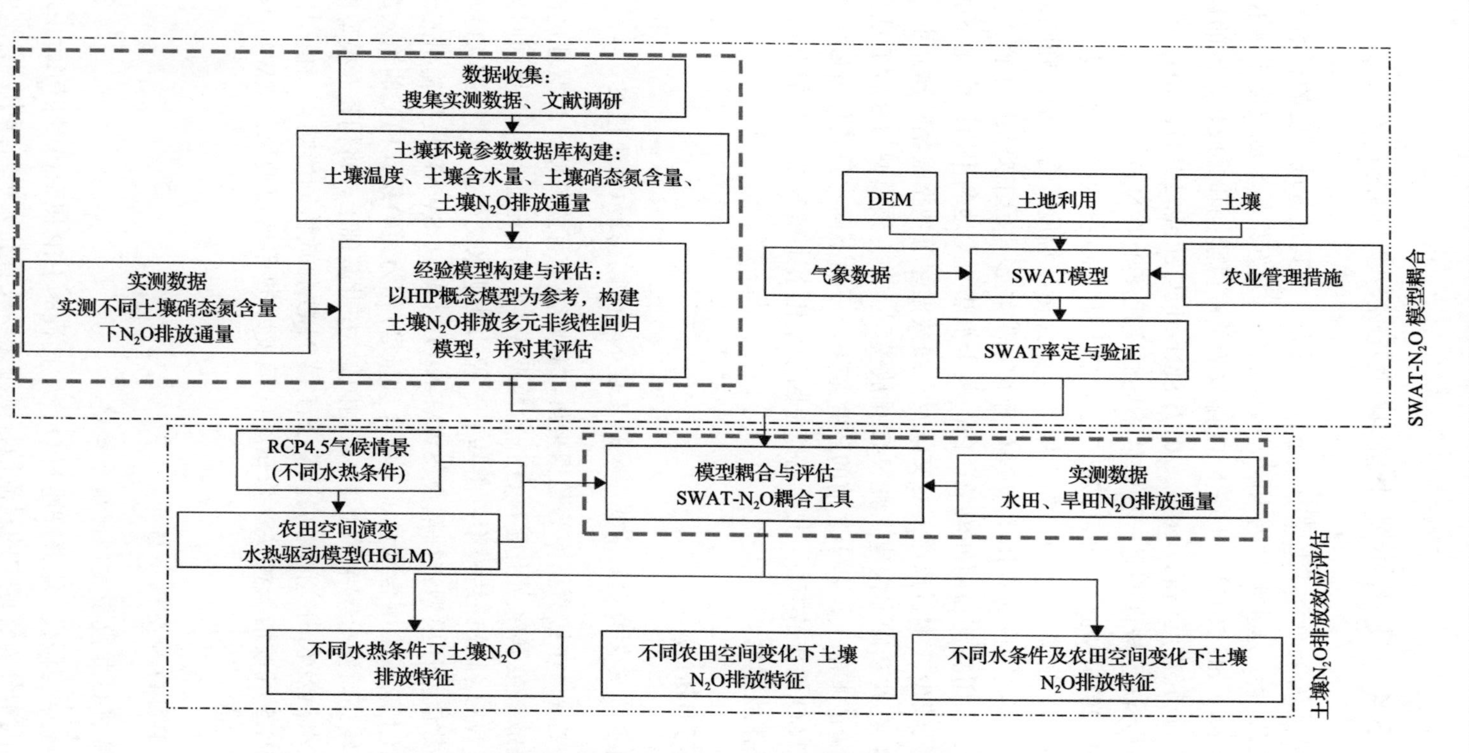

图3-36 不同水热及农田空间演变下土壤N_2O排放模拟的基本流程

量(土壤中的氮含量)是 N_2O 产生的物质基础，温度是 N_2O 产生的驱动力，土壤 pH、有机质含量可以决定孔洞的尺寸，土壤含水量决定了 N_2O 与 NO 的排放比例。以 HIP 概念模型为基础，以 SWAT 模型进行耦合为导向，选取土壤温度、土壤水分状况、土壤含氮量、土壤有机质含量和土壤 pH 等为影响土壤 N_2O 排放的主要环境因素(Bouwman et al., 2002)。已有大量研究表明，水田 N_2O 排放与非水田的差异较大(Shcherbak et al., 2014)，因此，结合各自的特点，本研究针对水田与非水田的土壤 N_2O 排放采取了不同的估算模式。

2) 土壤 N_2O 排放数据库建立。土壤 N_2O 排放数据主要来自公开的 LBA-ECO (https://daac.ornl.gov/cgibin/datasetlister)， DairyCAP_WICST_GHG_flux_data(https://data.nal.usda.gov/dataset)、Nitro Europe(http:// www.nitroeurope.eu/)、GRACEnet (https://catalog.data.gov/dataset/gracenet-greenhouse-gas-reduction-through-agricultural-catbon-enhancement-network)等实测数据网及部分文献。数据库中数据主要包括土壤 N_2O 排放量以及土壤环境参数、农田管理相关因子、测定情况相关因子等。采用 Excel 将数据资料分为以下几类记录，文献基本信息(作者、时间、试验地点)；土壤环境情况(经纬度、土壤温度、土壤 pH、土壤有机碳含量、土壤氨氮土壤、土壤硝态氮含量、土壤含水量、植被类型)；肥料管理(农田土壤施肥时间及施肥量)；试验方式、测定天数和测定频率及相应的 N_2O 排放通量。

3) 非水田和水田土壤 N_2O 排放模型构建。基于上述构建的土壤 N_2O 排放数据库，以土壤 N_2O 排放通量为因变量，以土壤温度、含水量、土壤硝态氮、氨氮、pH 和土壤有机碳为自变量，通过多元逐步回归分析，筛选出土壤温度、含水量、土壤硝态氮为主要影响因子，获得非水田土壤 N_2O 排放模型[式(3-3)]。

$$N_2O_{soil} = -6.519 + 1.075 \times S_N + 0.246 \times S_T + 0.12 \times S_W \tag{3-3}$$

式中，N_2O_{soil} 为非水田土壤 N_2O 排放通量[g/(hm^2·d)]；S_N 为土壤硝态氮含量(mg/kg)；S_T 为土壤温度(℃)；S_W 为土壤体积含水量(%，体积分数)。

由于水田 N_2O 排放数据样本较少，本研究采用王孟雪等(2016)构建的不同灌溉模式下的水田 N_2O 排放模型。

控制灌溉模式：

$$N_2O_{paddy} = -0.249 \times S_N^2 + 14.448 \times \ln S_T - 31.909 \tag{3-4}$$

间歇灌溉模式：

$$N_2O_{paddy} = -0.228 \times S_N^2 + 6.561 \times \ln S_T - 9.463 \tag{3-5}$$

淹灌模式：

$$N_2O_{paddy} = -0.616 \times \ln S_N + 0.011 \times S_T^2 + 5.191 \quad (3\text{-}6)$$

式中，N_2O_{paddy} 为水田 N_2O 排放通量[g/(hm^2·d)]；S_N 为土壤硝态氮含量(mg/kg)；S_T 为土壤温度(℃)。

(2) SWAT-N_2O 模型耦合与工具开发

将 SWAT 模型作为基本模型框架，以非水田 N_2O_{soil} 模型和水田 N_2O_{paddy} 模型驱动由 SWAT 模型划分的所有水文响应单元，从而实现将 N_2O 排放模型与 SWAT 模型进行耦合。形成这一构架主要是由以下几点支撑。

第一，SWAT 模型的离散化和参数化程序可使流域划分为子流域及水文响应单元。每一个水文响应单元都具有特定的坡度、土壤属性、土地利用及农业管理措施。

第二，SWAT 模型包含植物生长及营养物循环程序、相对灵活的水文模型基础。并且大多数用来模拟 N_2O 排放的参数(土壤温度、氮含量、土壤水含量等)都可以由 SWAT 模型模拟输出(Wagena et al., 2017)。

第三，构建的 N_2O 排放模型可看作一个点位模拟模型，由 SWAT 模型离散化的具有特定地表特征的水文响应单元可看作不同的点位，可用 N_2O 排放模型模拟不同水文响应单元的土壤 N_2O 排放。

为了达到以上设想，通过分析 SWAT 模型和 N_2O_{soil} 模型操作程序，本研究未改变 SWAT 模型的流域离散化为子流域和 HRU 尺度操作，以及 SWAT 模拟 HRU 尺度的土壤环境参数程序，运用 Python 语言编程，增加 SWAT 模型输出文件的自动读取程序、HRU 尺度的 N_2O 排放模型模拟程序、时空分析程序以及情境分析程序。即运用原 SWAT 模型模拟输出 HRU 尺度的土壤环境参数，运用 Python 语言编程自动读取 SWAT 输出参数作为 N_2O_{soil} 和 N_2O_{paddy} 排放模型的输入参数，来实现不同作物系统 HRU 尺度上的 N_2O 排放模拟分析。运用语言 Python 编程将 SWAT-N_2O 耦合模型工具以插件的形式加载于 ArcGIS 平台。SWAT-N_2O 耦合模型框架及界面如图 3-37 和图 3-38 所示。

(3) SWAT-N_2O 模型评估与验证

A. 非水田土壤 N_2O_{soil} 模型评估

选取数据库中 75%的数据(3366 个样本)来构建模型，以 15%的数据(1122 个样本)测试模型。运用 R^2 和 NSE 对非水田土壤 N_2O 排放模型进行评估。模型训练期的 R^2 及 NSE 均为 0.59，模型测试期的 R^2 及 NSE 分别为 0.52 和 0.54。训练期和测试期的 R^2、NSE 均大于 0.5，表明构建的非水田 N_2O_{soil} 模型是可接受且稳定的(图 3-39)。

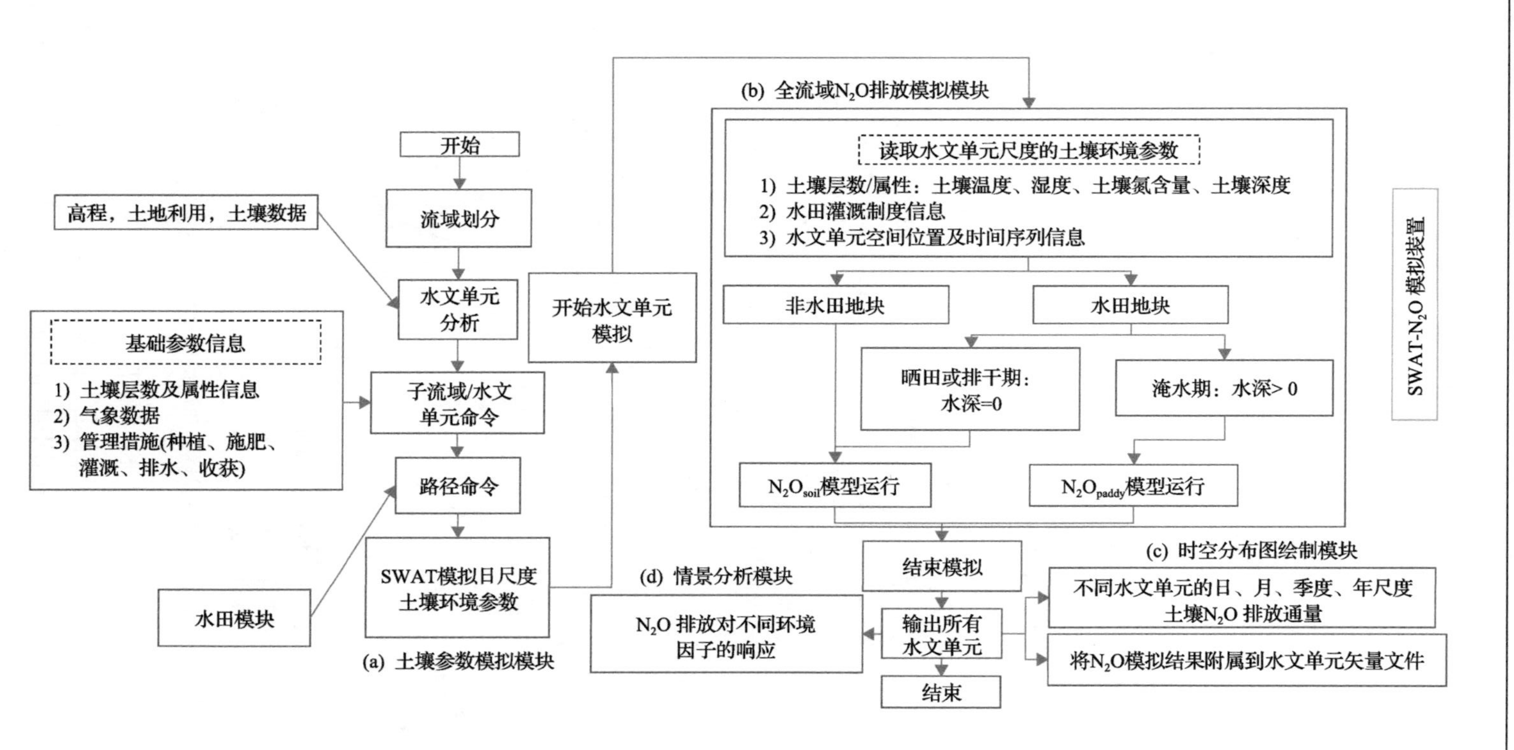

图3-37　SWAT-N_2O耦合模型模拟框架

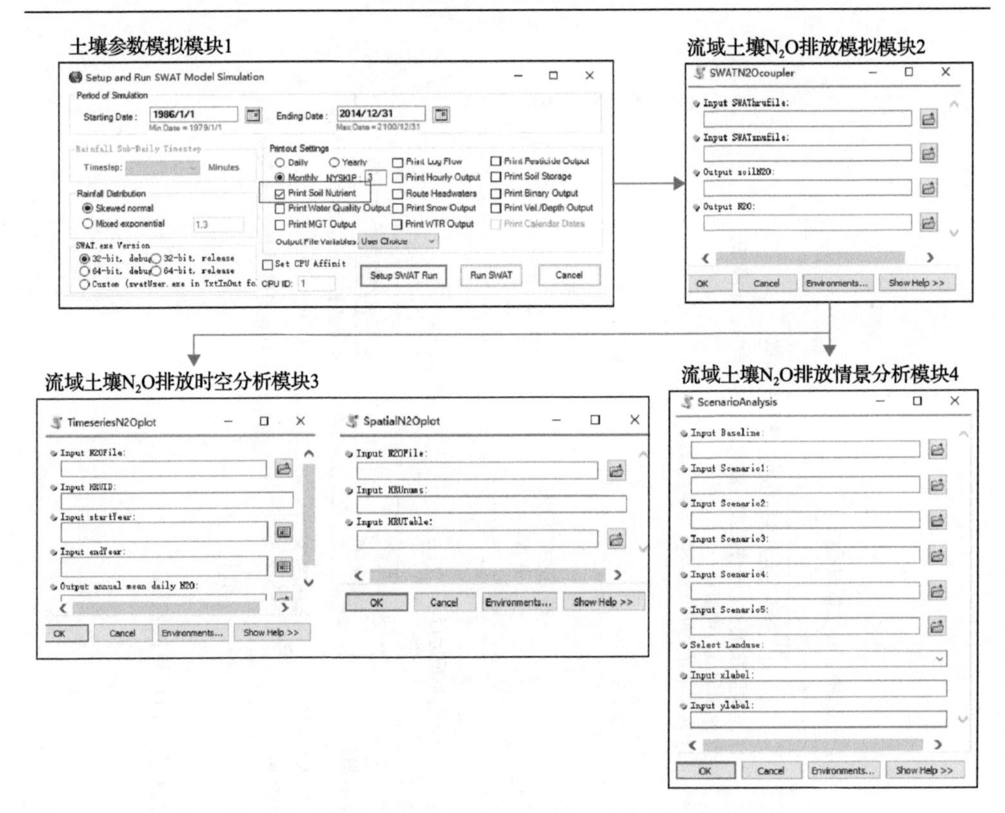

图 3-38　基于 ArcGIS 平台的 SWAT-N_2O 耦合模型工具

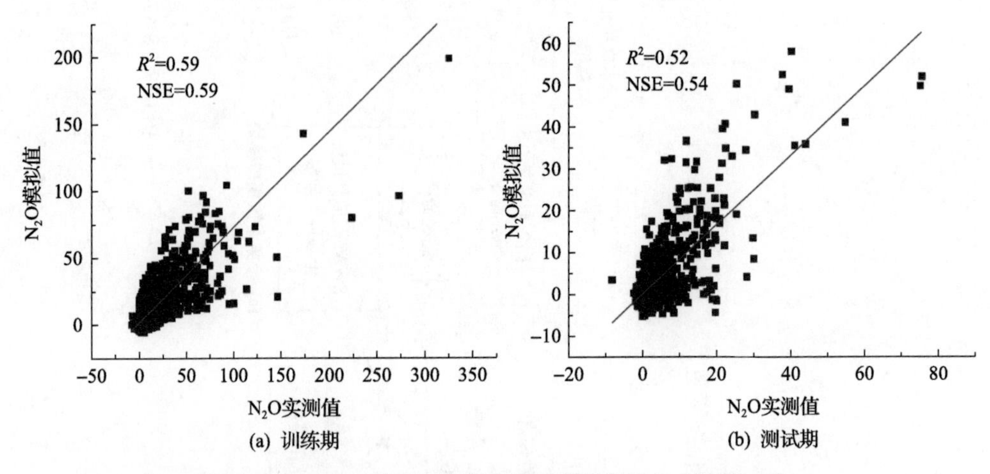

图 3-39　N_2O_{soil} 模型训练期和测试期模拟值与实测值对比

B. 非水田土壤 N_2O 排放测定与模型验证

1) 研究区土壤 N_2O 排放测定。为了进一步验证非水田土壤 N_2O_{soil} 排放模型可靠性，于 2016 年 9 月采集研究区旱田中土壤样品，在室内测定不同土壤硝态氮含

量下的土壤 N_2O 排放通量(土壤温度：18℃，含水量：30%)，并用该实测数据验证非水田土壤 N_2O_{soil} 排放模型可靠性。实验方法采用气压过程分离法(Baps 土壤氮循环监测系统)结合气相色谱仪测定土壤 N_2O 排放，具体过程如下。

第一步，用环刀采集原状土样，刮去土壤表面的植物掉落物。采集的土壤样品立即送回实验室置于 0～4℃冰箱保存。

第二步，对采集的土壤样品进行预处理，获得不同硝态氮含量下的土壤样品(20.98mg/kg、24.57mg/kg、38.39mg/kg、54.82mg/kg、71.17mg/kg、100.30mg/kg、115.90mg/kg、209.23mg/kg、281.23mg/kg、294.10mg/kg)。

第三步，将土壤样品放置于 Baps 土壤氮循环监测系统中，测定时间一般为 12～18h，测定开始时，用 60mL 注射器抽取 20mL 气体，测定结束后，再用 60mL 注射器抽取 20mL 气体。

第四步，对测定之前和测定结束之后的气体，在气相色谱 Agilent7890B 上用电子俘获检测器(ECD)检测器测定 N_2O 气体的浓度变化。根据密闭空间的体积、土壤重量、密闭培养时间和密闭期间的温度来计算测定期间 N_2O 排放速率，并将其单位转化为 g/(hm²·d)。将这些实测数据用于验证 N_2O_{soil} 模型验证。

2) 非水田土壤 N_2O_{soil} 模型验证。为了验证该模型是否可用于研究区土壤 N_2O 排放模拟，将不同土壤硝态氮含量下的土壤 N_2O 排放通量实测数据与模拟数据对比，运用 R^2 及 NSE 对模型进行验证评估。N_2O_{soil} 模型模拟结果较好，其 R^2 和 NSE 分别为 0.78 和 0.77，可以较为准确地反映不同土壤环境下的 N_2O 排放通量(图 3-40)。

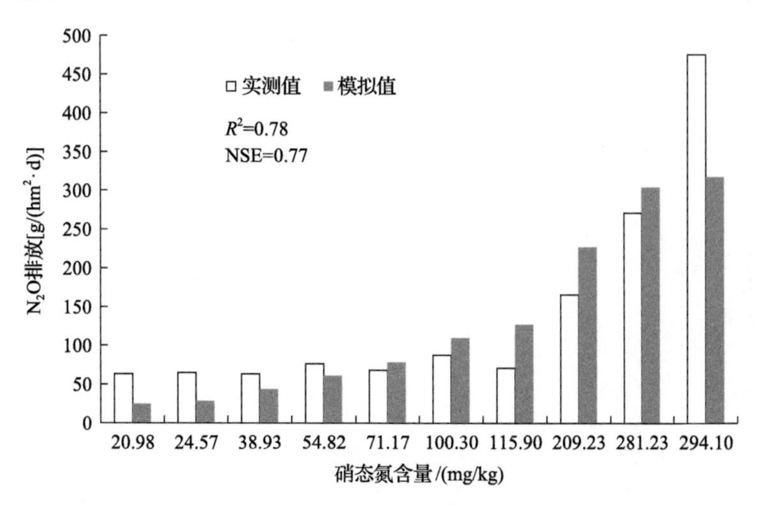

图 3-40　研究区不同硝态氮含量土壤的 N_2O 排放实测值与 N_2O_{soil} 模型模拟值对比

C. SWAT-N_2O 模型验证

由于研究区缺乏长时间序列旱田和水田 N_2O 排放实测数据，选取与研究区自然环境和农业管理措施相近的试验站点的实测数据与模拟数据进行对比，运用 R^2 对 SWAT-N_2O 耦合模型进行评估。旱田实测数据来自三江平原沼泽湿地生态试验站和沈阳生态试验站(Chen et al., 2002)，水田实测数据来自黑龙江水稻灌溉试验中心站和三江平原沼泽湿地生态试验站。

旱田和水田中 N_2O 排放模拟值和实测值 R^2 分别为 0.57 和 0.64(图 3-41，图 3-42)。有研究表明，农田土壤 N_2O 排放年内变化格局主要取决于管理措施(翻耕、施肥和收获时间)和年内气候(如冻结期和融雪期)(Chen et al., 2015b)。模型一定程度上能反

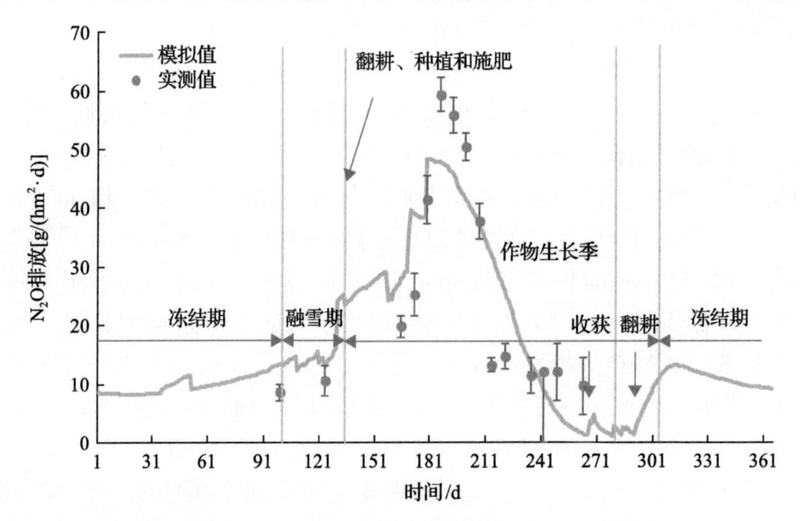

图 3-41　SWAT-N_2O 模型旱田 N_2O 排放模拟值与实测值对比

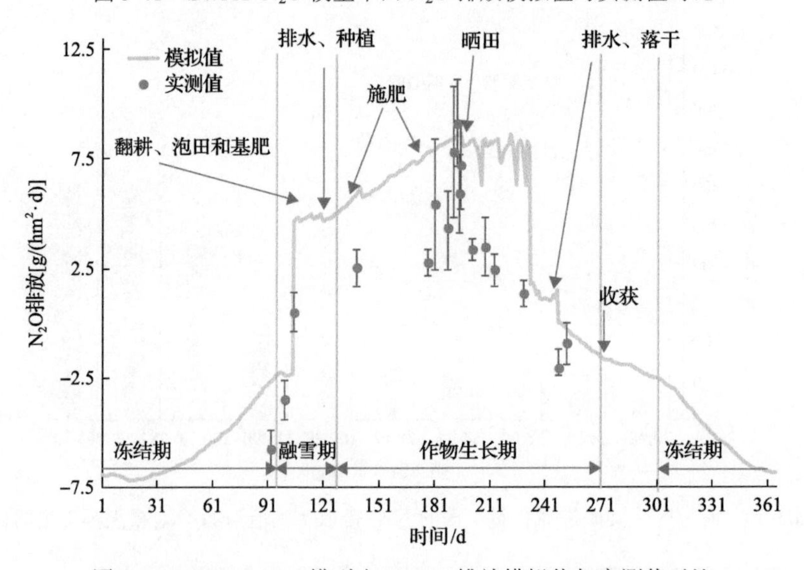

图 3-42　SWAT-N_2O 模型水田 N_2O 排放模拟值与实测值对比

映 N_2O 排放对管理措施及气候变化的响应，同时也能揭示流域内水田、旱田土壤 N_2O 排放季节变化和排放量。上述分析表明，SWAT-N_2O 模型能够模拟研究区不同作物系统土壤 N_2O 排放。旱田和水稻田均在作物生长季(5～7 月)排放量比较大，但旱田 N_2O 排放速率[40～50g/(hm^2·d)]要比水田排放速率[5～10g/(hm^2·d)]大，非生长季(包括冻融季)旱田和水田 N_2O 排放速率较低，旱田为(0～9)g/(hm^2·d)，水田土壤含氮量较少，非生长季处于微弱的吸收状态，通量在(–7.5～–2.5)g/(hm^2·d)。这一结果与王孟雪(2016)研究的东北寒地水稻田土壤 N_2O 排放结果相近，都在非生长季土壤 N_2O 处于微弱的吸收状态。

3.4.2　土壤 N_2O 排放对环境因子的敏感性分析

运用开发的 N_2O 排放情景分析模块评估不同作物系统 N_2O 排放对环境因子的敏感性。本研究选择三个和土壤 N_2O 排放相关的环境因子进行敏感性评估，即气温、降水量、施肥量分别减少 20%、10%及增加 10%、20%和 30%的旱田和水田 N_2O 排放变化(图 3-43)。水田和旱田 N_2O 排放与施肥量呈正相关，与降水量呈负

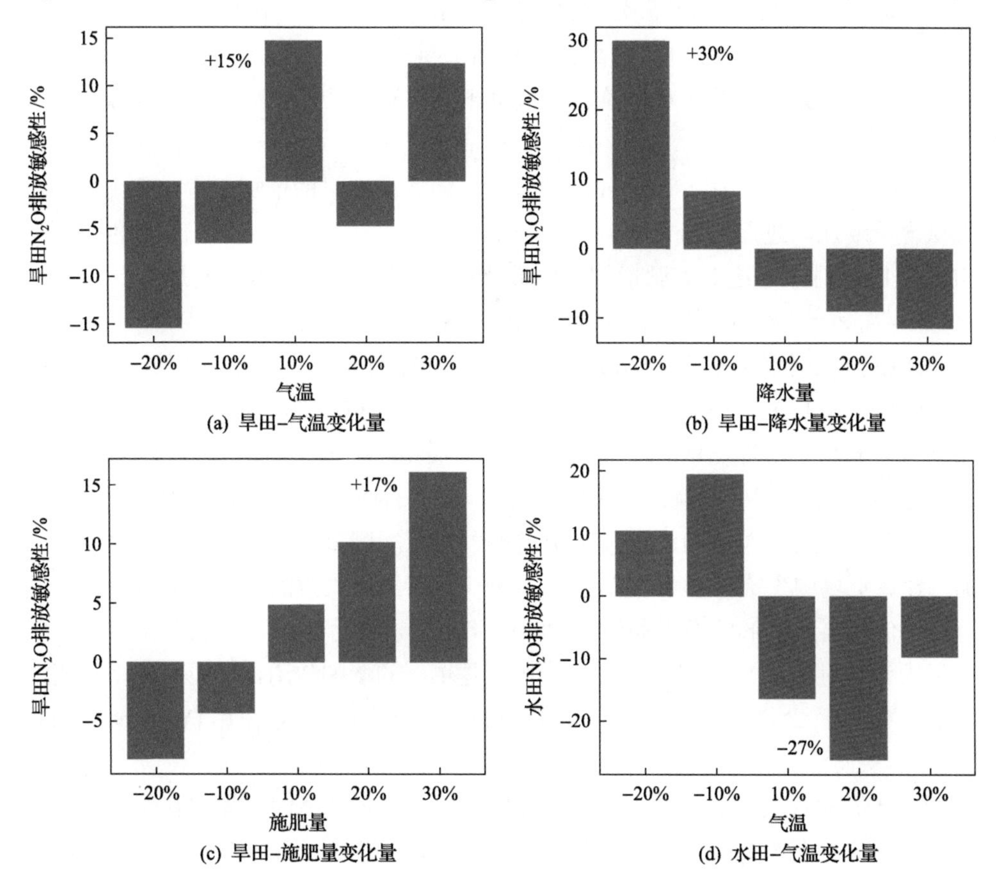

(a) 旱田–气温变化量　(b) 旱田–降水量变化量

(c) 旱田–施肥量变化量　(d) 水田–气温变化量

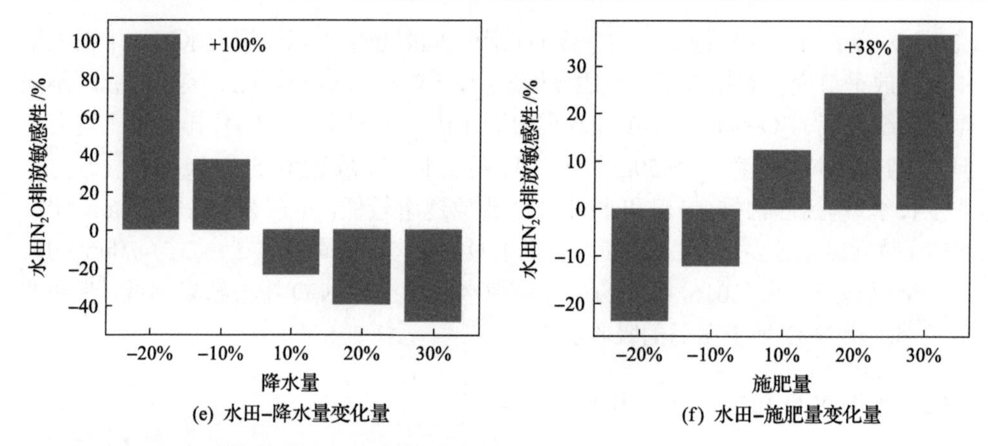

图 3-43 旱田与水田 N_2O 排放对气温、降水量及施肥量敏感性分析

相关；旱田及水田中 N_2O 排放均与气温呈非线性关系。模型模拟水田 N_2O 排放对降水量（最高为 100%）和施肥量最高为（38%）较为敏感，水田和旱田 N_2O 排放分别对气温（最高为 27%）和降水量（最高为 30%）一般敏感，旱田 N_2O 排放对施肥量和气温相对来说敏感性较低（最高为 17%和 15%）。

N_2O 排放对施肥量变化响应。模拟对比分析显示，水田和旱田 N_2O 排放强度与施肥量（–10%、–20%、10%、20%、30%）呈正相关，这一结果与前人研究结果一致（Wagena et al., 2017; Yang et al., 2017）。随着施肥量的增加，将导致土壤中硝态氮含量增加，进而增加 N_2O 排放强度（Wagena et al., 2017）。模拟结果也表明旱田中的 N_2O 排放强度对施肥量的变化敏感性比水田中要低，这可能是由于 N_2O 在水-气界面和土-气界面的气体交换率对硝态氮响应不同所致。

N_2O 排放对降雨量变化响应。与施肥量的响应相反，旱田和水田 N_2O 排放强度与降雨呈负相关。该结论与 West Lafayette 站点模拟结果一致，但与宾夕法尼亚州立大学帕克分校棉花田块中模拟的响应（Wagena et al., 2017）和 Yang 等（2017）的结论不一致。旱田和水田 N_2O 排放强度与降水量呈负相关，这一现象可能由以下两个观点支持：①降雨的增加将引起地表径流冲刷量增加，径流中的氮含量增加，导致土壤中生成 N_2O 的基础物质量减少；②降雨次数的增加将导致土壤温度有所偏低，引起较低的微生物活性和反硝化作用，进而导致 N_2O 排放减弱。不像施肥量变化对土壤 N_2O 排放强度的影响，是单一的影响作用，降雨变化将改变土壤中的硝态氮含量和土壤温度，具有复杂的环境因子交互作用（Wagena et al., 2017），从而综合影响 N_2O 排放强度。

N_2O 排放对气温变化响应。气温变化也将引起各环境因子间相互作用，如气温升高将减小土壤湿度，促进作物快生长等，从而影响土壤 N_2O 排放强度。模拟结果表明，水田 N_2O 排放随着气温的升高而降低，随着气温的降低其 N_2O 排放强度增高。这一结果与 Wagena 等(2017)研究结果相一致然而，温度的升高也可增加微生物活性，导致 N_2O 排放强度增大。在旱地中，N_2O 排放对气温的变化呈现出较为复杂的响应，当气温减小 10%和 20%时，N_2O 排放强度减小 6%和 15%；当气温增加 10%和 30%时，N_2O 排放强度增加 14.9%和 12.5%，但当气温增加 20%时，排放强度减小 4.5%。旱田 N_2O 排放对气温变化的复杂响应与之前报道一致(Wagena et al., 2017)。

3.4.3　不同水热条件下土壤 N_2O 排放特征

1. 不同水热条件下土壤 N_2O 排放时间分布特征

不同水热条件下流域单位面积多年月平均土壤 N_2O 排放特征一致(图 3-44)，均是生长季(0.58～1.10kg/hm^2)大于非生长季(0.18～0.58kg/hm^2)，其中最高排放出现在 6 月和 7 月，最低排放在 9 月和 10 月，年内月分布与 Chen 等(2015)的结果相近。大量实测数据表明，中高纬寒区土壤排放强度较小，土壤硝化和反硝化速率存在明显的季节性变化，夏季 N_2O 的排放通量最高，春季次之，秋冬两季较低且趋于平稳(Xiao et al., 2004)。在基准情景 S2 下，年内最高土壤 N_2O 排放量最大的月份为 6 月(1kg/hm^2)，是最小的月份(10 月)的 10 倍；3 月、4 月和 11 月是该流域冻融交替时期，研究表明冻融交替可促进土壤 N_2O 排放，这主要是由以下几点导致：①表层冻结土壤融化解冻时可为反硝化过程创造饱和水条件，进行较为充分的反硝化作用；②土壤融化解冻时使营养物质从死亡微生物中释放出来，增加土壤氮含量，为 N_2O 生成提供更多的反应物；③冻融交替转换也可能加强土壤微生物活性，加速硝化和反硝化反应速率(Nyborg et al., 1997)。与基准情景 S2 相比，随着降水量和气温的增加(生长季增幅大于非生长季)，除 9 月、10 月外，不同月份 N_2O 排放均有增加趋势。将情景 S5 与基准情景 S2 相比，流域土壤 N_2O 排放在 5 月、6 月、7 月增加量相对较大，增加 0.1kg/hm^2，冬季 N_2O 排放通量增大是由冻融交替频次增加所致。但是 5 月、6 月、7 月气温增加趋势一样，降水量 5 月变化不大，6 月增加约 8mm，7 月减小约 7mm。表明水热变化与土壤 N_2O 排放呈非线性关系，主要由于不同环境因子共同相互作用的结果(Wagena et al., 2017)。与其他三个情景相比，情景 S4 中 8～10 月降水量增加最大，地表产流冲刷带走了土壤中相对较多的硝态氮，土壤中 N_2O 反应基础物质减少，从而导致 N_2O 排放强度比其他情景的小，进而导致 S4 情景下流域多年平均 N_2O 排放强度增加较小。

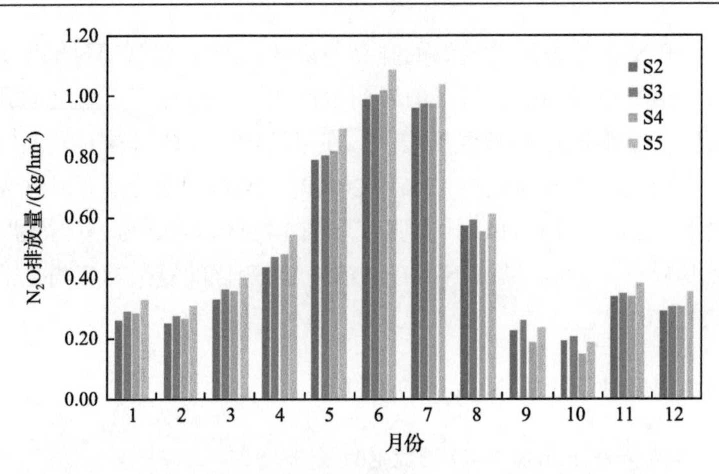

图 3-44　不同水热条件下流域多年月平均土壤 N_2O 排放特征

随着气温和降水量的增加，流域内不同时期多年平均土壤 N_2O 排放强度呈现增加的趋势(图 3-45)。相对于基准情景 S2，当流域多年平均气温增加 0.9℃，降水量增加 32.1mm 时(情景 S3)，流域多年平均土壤 N_2O 排放强度增加约 0.25kg/hm^2；当流域多年平均气温增加 1.4℃，降水量增加 54.9mm 时(情景 S4)，流域多年平均土壤 N_2O 排放强度增加约 0.09kg/hm^2；随着流域多年平均气温继续增加 2.1℃，降水量增加 50.9mm 时(情景 S5)，流域多年平均土壤 N_2O 排放强度增加约 0.73kg/hm^2。流域土壤 N_2O 排放对气温和降水量的增加呈现非线性正响应关系，主要是由于情景 S4 的 8 月、10 月、11 月硝态氮流失较多，这三个月土壤硝态氮含量减少，导致温度升高引起的 N_2O 排放强度增加减弱，是水热变化共同作用的结果(Wagena et al., 2017)。情景 5 中流域多年平均 N_2O 排放强度增加较大，主要是由于 3～6 月径流冲刷带走的硝态氮含量相对其他情景较小，导致这四个月土壤

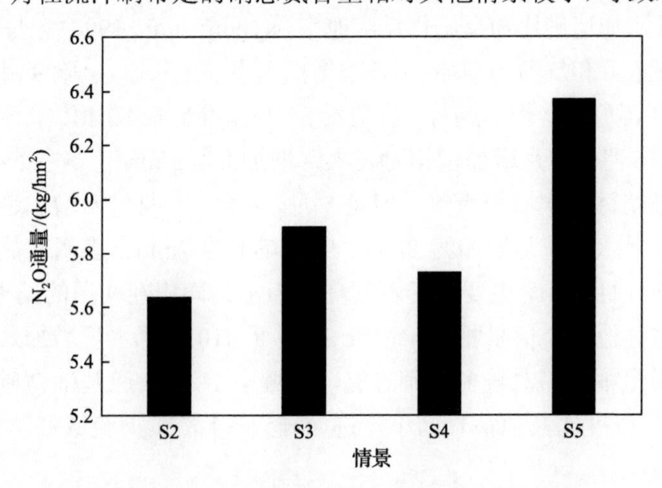

图 3-45　不同水热条件下流域多年平均 N_2O 排放

硝态氮含量相对其他情景较高，从而导致 N_2O 排放强度增大。另外，S5 情景气温升高最大，可能引起较大的土壤微生物活性，导致较高的 N_2O 排放强度。

2. 不同水热条件下土壤 N_2O 排放空间分布特征

(1) 空间分布

不同水热条件的土壤 N_2O 排放空间分布基本一致，四种情景的 N_2O 排放强度最大的区域均主要集中于流域中游和中上游的旱田地块，其次是水田地块，林地和草地处于微弱的吸收状态(图 3-46)。在基准情景 S2 中，N_2O 排放强度最大的区域主要集中于流域中游和中上游的旱田地块，其排放强度为 5.67～17.16kg/hm^2；其次是水田地块，其排放强度为 0.02～3.95kg/hm^2；有微弱 N_2O 吸收的区域主要是林地和草地，其通量在–2.05～0.01kg/hm^2。与基准情景 S2 相比而言，情景 S3、S4、S5 中土壤 N_2O 排放空间分布格局并无显著的变化，但流域中游和中上游旱田的 N_2O 排放通量呈现较为显著的加剧趋势(尤其是情景 S5)。不同情境下同一种土地利用类型但不同地块的 N_2O 排放强度差异均较小，说明 N_2O 排放空间分布主

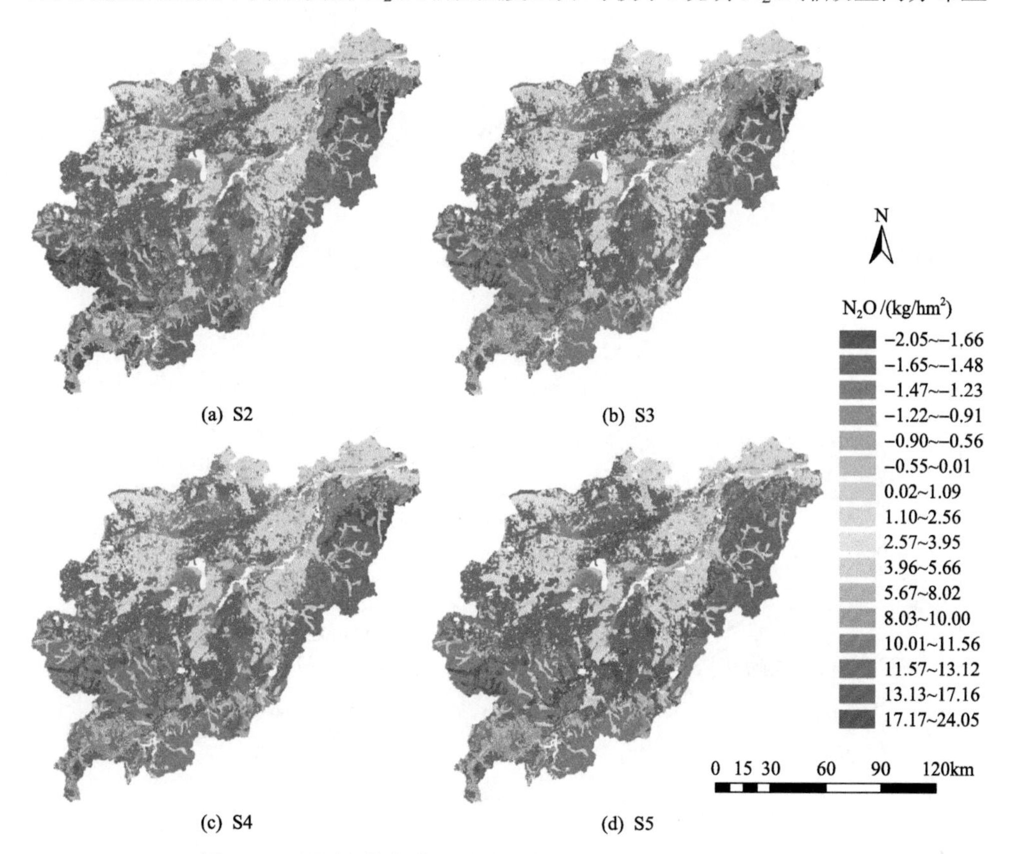

图 3-46　不同水热条件下流域多年平均 N_2O 排放空间分布图

要由土地利用空间分布决定。总之，随着多年平均气温和降水量的增加，流域 N_2O 排放强度增大，不同水热条件下 N_2O 排放通量空间分布格局变化不大，不同土地利用方式的土壤 N_2O 排放强度差异较大：旱田＞水田＞草地和林地，农用地是 N_2O 排放源，草地和林地是 N_2O 的汇，具有一定的固氮功能。

(2) 空间变化分布

为进一步揭示不同气温和降水情景下流域内土壤 N_2O 排放通量空间变化分布特征，对情景 S3、S4、S5 分别与基准情景 S2 做差值并进行空间分析(图 3-47)。与基准情景 S2 相比，虽然整个流域多年平均气温和降水量增大，但根据 S3、S4、S5 情景下径流深空间变化分布可得，S3、S4 和 S5 情景下流域南部及西北部于暖干化显著，流域中北部大部分区域趋向暖湿化，在此水热变化空间差异影响下，

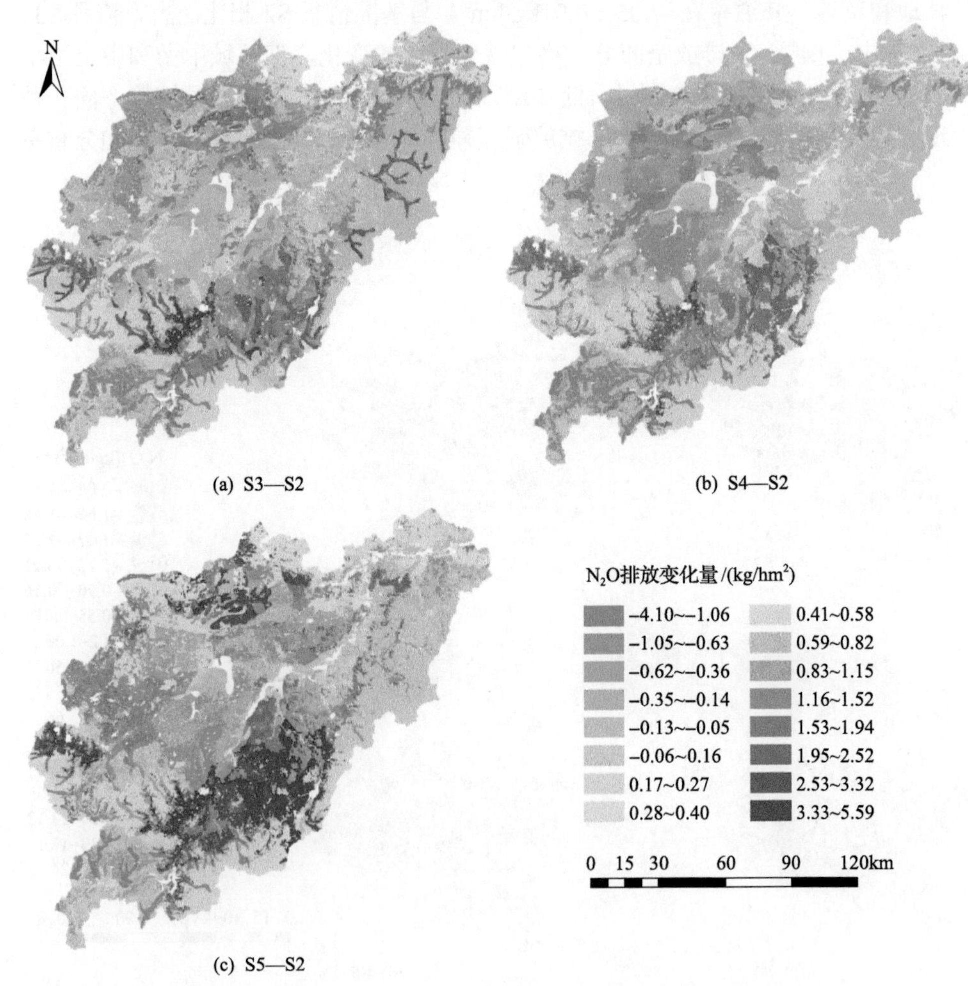

图 3-47 不同水热条件下流域多年平均 N_2O 排放空间变化分布图

S3、S4 和 S5 情景下流域南部旱田地块 N_2O 排放强度增大较为显著(分别增加 0.83～3.32kg/hm^2、0.59～2.52kg/hm^2 和 1.53～5.59kg/hm^2)，S3、S4 情景下流域中部区域 N_2O 排放强度有减少趋势(分别减少 0.13～0.63kg/hm^2、0.62～4.1kg/hm^2)，S5 情景下流域中北部旱田区 N_2O 排放强度增加 0.41～3.32kg/hm^2，而水田排放强度减小 0.13～0.62kg/hm^2。

不同土地利用方式的土壤 N_2O 排放强度差异较大。就基准情景 S2 而言，旱田＞水田＞草地和林地，这与中高纬寒区其他研究结果一致(Yang et al., 2015; Chen et al., 2015b)。大量实测数据表明，中高纬寒区草地和林地土壤年排放强度较小，冬季是 N_2O 微弱的汇，夏季是 N_2O 的弱排放源(马秀枝等, 2012)。区域气候暖干化导致旱田土壤 N_2O 排放强度增大，这可能主要由两方面因素决定：第一，气候暖干化引起地表径流深减小，冲刷土壤中氮的能力减弱，土壤氮含量相对较高。实验数据表明，随着土壤氮含量升高，土壤 N_2O 排放强度随之增加。因此，在暖干化趋势下旱田土壤 N_2O 排放强度增大。第二，区域气候暖干化，使土壤温度升高，增加微生物活性和硝化和反硝化速率，进而导致 N_2O 排放增强。流域中北部气候暖湿化导致土壤 N_2O 排放强度减小，这主要是因为降水的增加将引起地表径流深增加，冲刷土壤氮的能力增强，导致生成 N_2O 的基础物质量减少，进而减弱土壤 N_2O 排放强度。

3.4.4　不同农田空间变化下土壤 N_2O 排放特征

1. 不同农田空间分布下土壤 N_2O 排放时间分布特征

流域不同农田空间分布情景下单位面积多年月平均土壤 N_2O 排放特征分布一致(图 3-48)，均是生长季(0.2～1.0kg/hm^2)大于非生长季(0.07～0.30kg/hm^2)，其中最高排放出现在 6 月和 7 月，最低排放在 1 月和 2 月。随着流域旱田改水田，水田面积不断增加，旱田面积不断减少，各月份流域 N_2O 排放强度均有所减少。不同月份敏感性不同，9 月和 10 月 N_2O 排放强度变化不大，敏感性最低；除 9 月和 10 月外，排放强度减小最少的是 1 月和 2 月(0.17kg/hm^2、0.15kg/hm^2)，排放强度减小最多的是 6 月和 7 月(0.72kg/hm^2、0.68kg/hm^2)。以上结果表明，随着流域旱田转化为水田面积不断增加，流域多年月平均 N_2O 排放敏感性最强的是 6 月和 7 月，最弱的是 9 月和 10 月。

随着旱田改水田面积不断增加，流域土壤多年平均 N_2O 排放强度分别减小了 0.05kg/hm^2、2.56kg/hm^2 和 3.42kg/hm^2，即流域旱田改水田面积每增加 1km^2，流域土壤多年平均 N_2O 排放强度减小约 0.45kg/hm^2，整个流域土壤多年平均 N_2O 排放量减少约 982.9kg(图 3-49)。旱田 N_2O 排放是通过土-气界面，水田 N_2O 排放是通过水-气界面，两种界面 N_2O 排放机理差异较大。研究表明，旱田土壤 N_2O

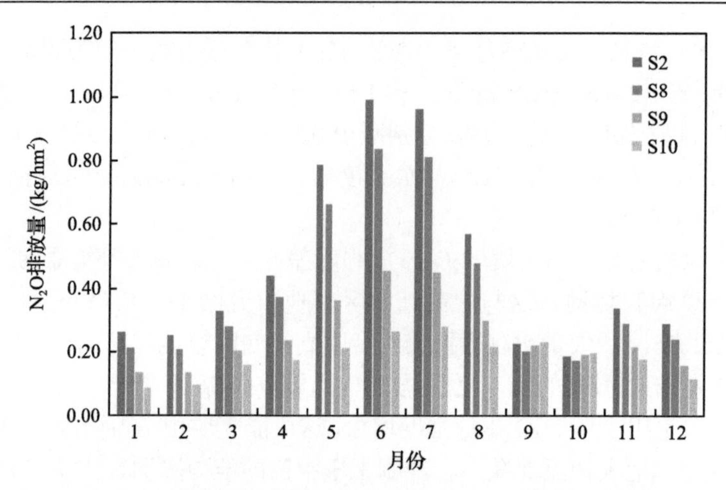

图 3-48　不同农田空间格局下流域多年月平均 N_2O 排放

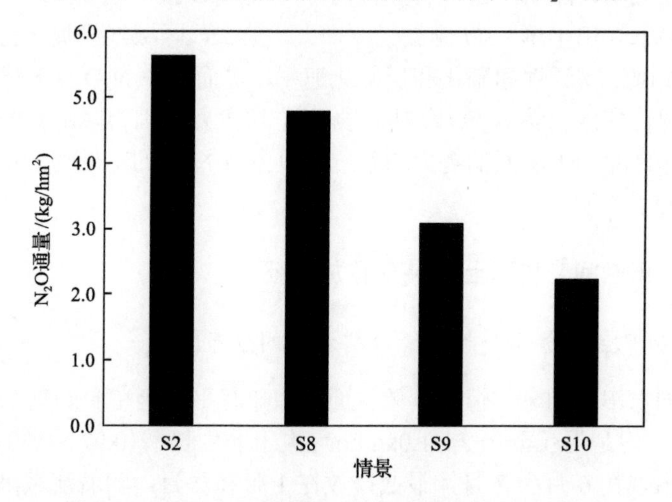

图 3-49　不同农田空间格局下流域多年平均 N_2O 排放

排放通量比水田大(Yang et al., 2015; Chen et al., 2015b)，因此，随着旱田改水田面积不断增加，流域土壤多年平均 N_2O 排放强度不断减小。

2. 不同农田空间分布下土壤 N_2O 排放空间分布特征

不同情景下的农田空间分布与土壤 N_2O 排放强度空间分布一致，土壤 N_2O 排放强度主要取决于土地利用类型(图 3-50)。在基准情景 S2 中，旱田面积比例较大，整个流域土壤 N_2O 排放强度较大($5.73kg/hm^2$)；相比基准情景 S2，情景 S8 中，流域中南部旱田转化为水田($1321.4km^2$)，相应田块的土壤 N_2O 排放强度从 $8.03\sim24.05kg/hm^2$ 减少至 $0.02\sim8.02kg/hm^2$；情景 S9 中，流域中部大部分已旱田改为水田($5338.0km^2$)，相应田块的土壤 N_2O 排放强度从 $10.01\sim24.05kg/hm^2$ 减少至 0.02～3.95kg/hm^2，流域山坡较陡田块和北部部分田块有旱田分布，该情景下，流域背部及山地丘陵区的旱田土壤 N_2O 排放强度大于流域中部平原区的水田区域；情景 S10 中，只有少部分坡耕地为旱田，平原区其他旱田改为水田(7454km^2)，该情景下山地丘陵区坡耕地 N_2O 排放强度最大。上述结果表明，与情景 S2 相比而言，情景 S8、S9、S10 中土壤 N_2O 排放空间分布格局具有显著的变化，随着流域内平原区旱田转水田面积不断增大，平原区土壤 N_2O 排放强度呈现显著减小趋势。

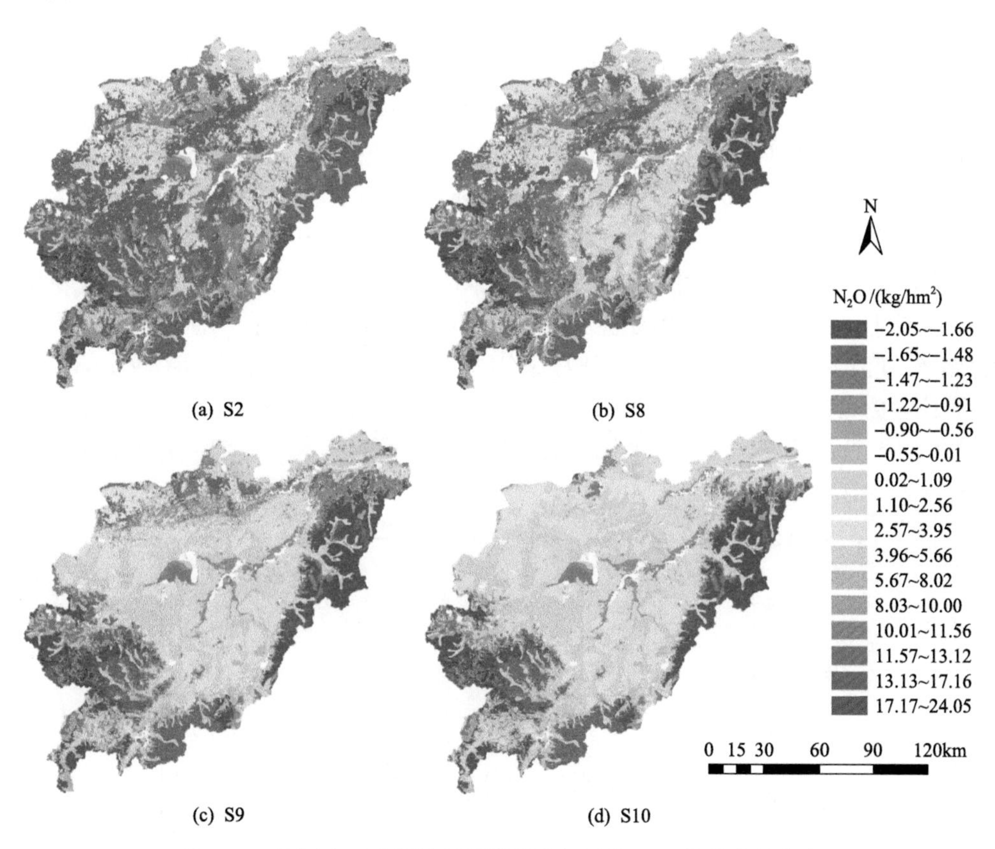

图 3-50　不同农田空间格局下流域多年平均 N_2O 排放空间分布

3.4.5　不同水热及农田空间变化下土壤 N_2O 排放特征

1. 不同水热及农田空间变化下土壤 N_2O 排放时间分布特征

不同水热条件农田分布变化下土壤 N_2O 排放年内月分布一致(图 3-51)，均是生长季(0.54～1.09kg/hm^2)大于非生长季(0.18～0.58kg/hm^2)，其中最高排放出现在 6 月和 7 月，最低排放出现在 9 月和 10 月，年内月分布格局与不同水热条件下

土壤 N_2O 排放时间分布特征相近。在基准情景 S1 中(其中未包含湿地和水域面积)，年内最高土壤 N_2O 排放量最大的月份为 6 月(1.1kg/hm^2)，是最小月份(10 月)的 6 倍；3 月、4 月和 11 月是该流域冻融交替时期，N_2O 排放量较 9 月、10 月偏大。与基准情景 S1 相比，随着降雨、气温的增加(生长季增幅大于非生长季)和农田分布变化，生长季土壤 N_2O 排放强度整体呈现减小趋势(先减小、后增大和再次减小)。生长季 S3 情景土壤 N_2O 排放强度减小的主要原因可能是土壤径流氮流失比 S1 情景大，土壤中氮含量减小所致；生长季 S6 情景土壤 N_2O 排放强度比 S1、S3 情景大的主要原因可能是流域自然用地转化为旱田的面积增大，旱田 N_2O 排放强度大于自然用地(廖千家骅等, 2012; Yang et al., 2015)；生长季 S7 情景土壤 N_2O 排放强度比 S1、S3 和 S6 情景小的主要原因可能是大部分旱田转化为水田，水田 N_2O 排放强度小于旱田(廖千家骅等, 2012; Yang et al., 2015; Chen et al., 2015b)。在非生长季，随着冬季气温升高、降雪减少以及农田面积增大，流域 N_2O 排放强度增大，但增幅不大，这主要原因如下：①气温升高导致土壤微生物活性增强，使得 N_2O 排放强度增大；②气温升高导致冻融交替频率增大，加强土壤微生物活性，加速硝化和反硝化反应速率(Nyborg et al., 1997)；③流域农田面积增大，致使流域土壤 N_2O 排放强度增大；④非生长季 N_2O 排放强度增幅较小的主要原因是 9～12 月径流氮流失增大导致土壤中土壤氮含量减小。总之，不同水热条件农田扩张背景下，该区域生长季土壤 N_2O 排放强度有减小趋势，非生长季有增加趋势，但增幅较小。

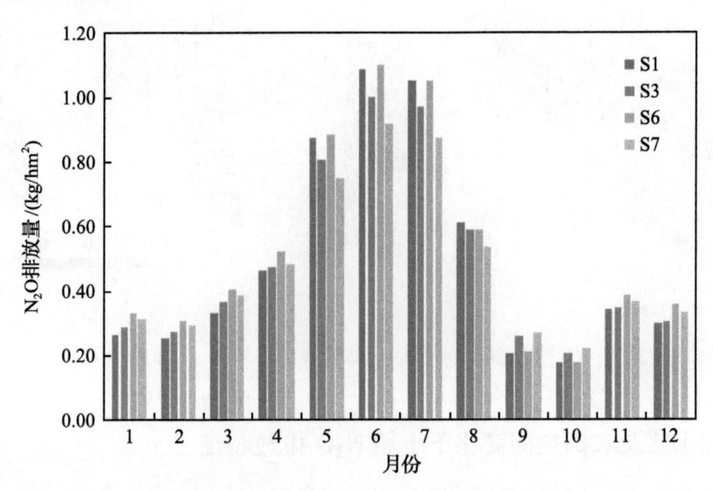

图 3-51 不同水热及农田空间变化下流域多年月平均 N_2O 排放

不同水热条件农田扩张背景下，流域内多年平均土壤 N_2O 排放强度呈现先减小、后增加、再减小趋势(图 3-52)。相对于基准情景 S1，当流域多年平均气温增加 0.9℃，降水量增加 32.1mm 和水田面积比例增加 12.4%、旱田比例增加 1%时(部分自然用地转化为旱田)(情景 S3)，流域多年平均土壤 N_2O 排放强度减小约 0.08kg/hm^2；当流域多年平均气温增加 1.4℃，降雨增加 54.9mm 和水田面积比例增加 26.8%、旱田比例增加 6%时(部分自然用地转化为旱田，大部分旱田转化为水田)(情景 S6)，流域多年平均土壤 N_2O 排放强度增加约 0.37kg/hm^2；随着流域多年平均气温继续增加 2.1℃，降雨增加 50.9mm 和水田面积比例增加 56.0%、旱田比例减小 5%时(大部分旱田转化为水田)(情景 S7)，流域多年平均土壤 N_2O 排放强度减小约 0.21kg/hm^2。上述 N_2O 排放特征是水热条件和农田分布变化共同作用结果。

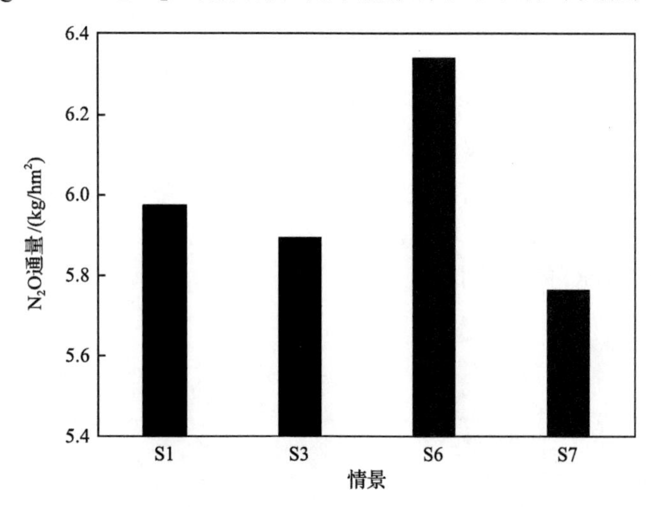

图 3-52 不同水热及农田空间变化下流域多年平均 N_2O 排放

另外，通过对比相同水热变化条件不同土地利用分布情景，即将情景 S6 与 S2 对比、情景 S4 与 S2 对比可得，当流域多年平均气温增加 1.4℃，降雨增加 54.9mm 时(情景 S4 与 S2 对比)，流域多年平均土壤 N_2O 排放强度从 5.64kg/hm^2 增加到 5.73kg/hm^2(增加约 0.09kg/hm^2)，当旱田面积比例增加 5.38%、水田增加 8.94%时(情景 S6 与 S2)，流域土壤 N_2O 排放强度从 5.64kg/hm^2 增加到 6.34kg/hm^2(增加约 0.70kg/hm^2)。上述对比分析得知，水热变化引起的土地利用变化对 N_2O 排放强度的影响要大于水热变化本身带来的影响，且水热变化引起的旱田扩张较大时，对流域 N_2O 排放强度增加起促进作用。将情景 S7 与 S2 对比、情景 S5 与 S2 对比可得，当流域多年平均气温增加 2.1℃，降雨增加 50.9mm 时(情景 S5 与 S2 对比)，流域多年平均土壤 N_2O 排放强度从 5.64kg/hm^2 增加到 6.37kg/hm^2(增加约 0.73kg/hm^2)；当旱田面积比例减小 5.0%、水田增加 21.22%时(情景 S7 与 S2)，流域土壤 N_2O 排放强度从 5.64kg/hm^2 增加到 5.76kg/hm^2(增加约 0.12kg/hm^2)。可得水热变化引起的水田面积的增加和旱田的减少，使水热变化引起的流域土壤 N_2O 排放强度的增加量变小，可抑制水热变化引起的流域土壤 N_2O 排放强度的增加。

2. 不同水热及农田空间变化下土壤 N_2O 排放空间分布特征

在基准情景 S1 中(湿地和水域未计算)，土壤 N_2O 排放量最大的区域主要集中于流域内水田和旱田区域，其值为 3.96～24.05kg/hm^2；有微弱 N_2O 吸收的区域主要是林地和草地，其通量为–2.05～0.01kg/hm^2。与情景 S1 相比，随着水热增加及农田扩张(自然用地转为旱田，大部分旱田转为水田)，情景 S3、S6、S7 中流域土壤 N_2O 排放强度呈现先增大、后减小趋势(图 3-53)。具体而言，情景 S3 流域上部和中下部旱田转化为水田，其排放强度从 11.57～17.16kg/hm^2 减少至 1.10～3.95kg/hm^2；流域中上部有大面积湿地转化为旱田，其排放强度增加到 11.57～17.16kg/hm^2；山地丘陵区的林地转化为旱田，原本为 N_2O 弱汇的区域转变为源。在情景 S6 中，由于流域中部自然用地转为旱田和水田，流域中部土壤 N_2O 排放量增加，流域西南部由于旱田扩张土壤 N_2O 排放量显著增加，该区由 N_2O 弱汇转为源；在情景 S7 中，随着流域中部平原区旱田转化为水田，土壤 N_2O 排放量减小，林地区吸收 N_2O 能力减弱。

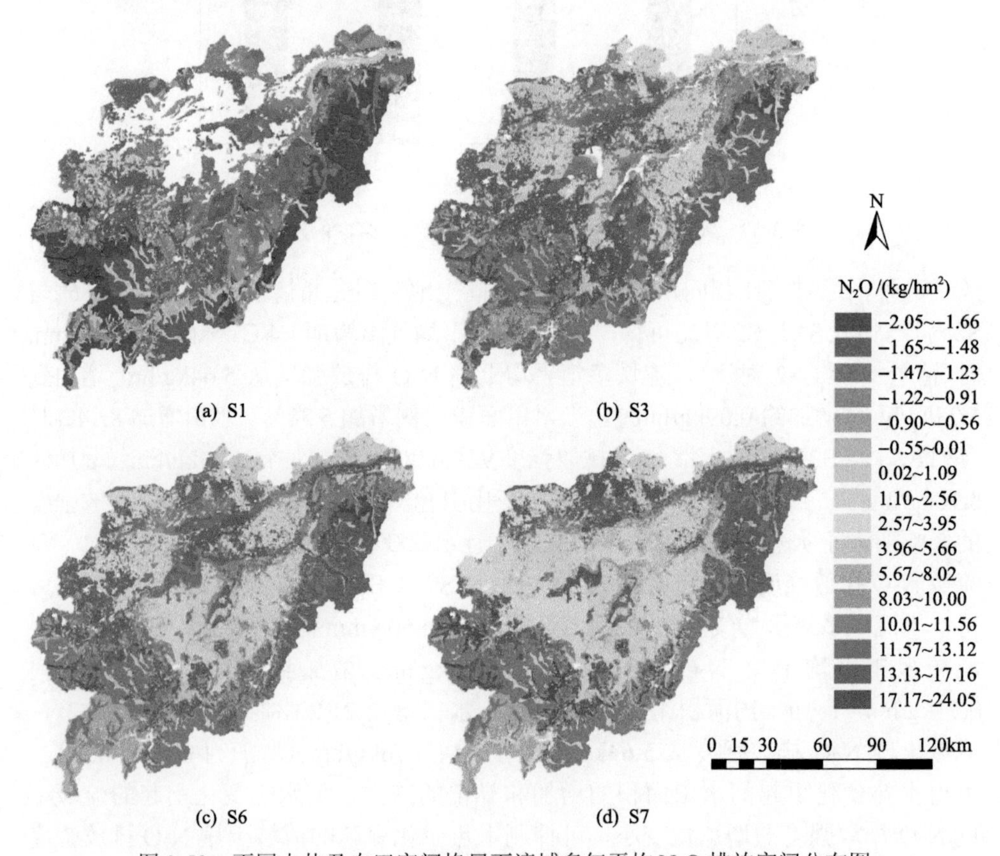

图 3-53　不同水热及农田空间格局下流域多年平均 N_2O 排放空间分布图

3.5　变化环境下流域河流 N_2O 排放特征

目前，关于河流 N_2O 排放研究主要集中于现场实测、模型开发与评估，关于水热与土地利用协同变化下的河流 N_2O 排放研究较少。通过对文献及在线数据库等数据采集，建立河流 N_2O 排放数据库，在此基础上构建河流 N_2O 排放模型，并将该模型与 SWAT 模型耦合。在对构建模型验证基础上，评估不同水热条件流域农田空间变化下河流 N_2O 排放，主要包括单因子变化下河流 N_2O 排放及不同水热条件下农田空间格局变化对河流 N_2O 排放影响。

3.5.1　材料与方法

1. 不同水热及农田空间演变下河流 N_2O 排放模拟方法框架

以水-气通量估算模型为基础，通过获取大量有关气候、河流水文水质及相应 N_2O 排放量数据，构建河流 N_2O 溶存浓度数据库，在此基础上运用多元非线性回归方法构建农业流域河流 N_2O 溶存浓度评估模型；同时，基于水-气界面过程模型，构建具有机理意义的河流 N_2O 排放半经验模型；通过将基于过程的陆地水文生态模型(SWAT)与河流 N_2O 排放半经验模型进行松散耦合(SWAT-F_{N_2O})，即以河道参数(河宽、深、长等)及 SWAT 模型输出的河流水参数(水温、流速、氨态氮、硝态氮等)作为河流 N_2O 排放半经验模型的输入数据，实现省时、省力地评估具有较高时空分辨率的河流 N_2O 排放。在此基础上，构建不同水热及农田空间格局演变下河流 N_2O 排放影响的模型框架。该模型框架主要包括 RCP4.5 气候情景模块、农田空间演变水热驱动模型以及 SWAT-F_{N_2O} 耦合工具(图 3-54)。

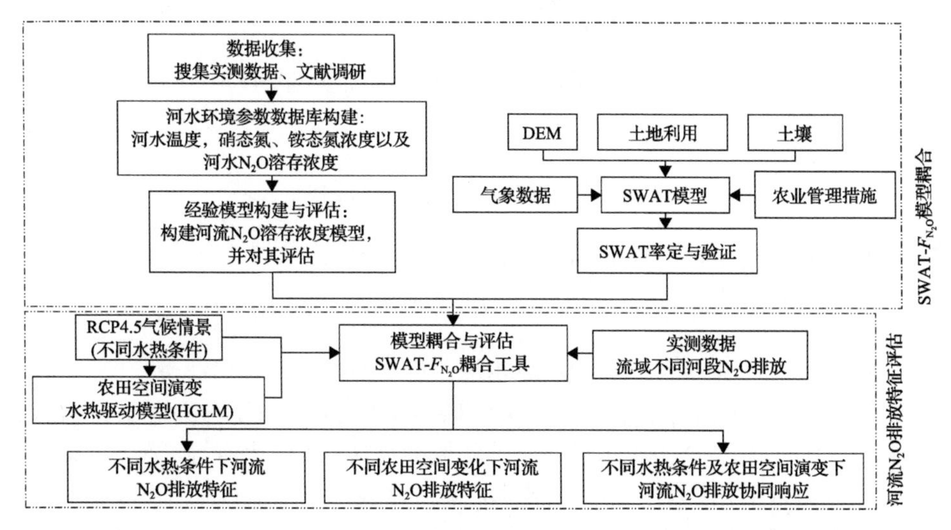

图 3-54　不同水热及农田空间格局演变下河流 N_2O 排放模拟的基本流程

2. SWAT-F_{N_2O}模型耦合与开发

(1)河流 N_2O 排放半经验模型构建与分析

1)模型基础与假设。在已知河流水中的 N_2O 溶存浓度后，常用 Liss 和 Slater(1974)提出的双层模型来计算水-气界面气体交换通量。双层模型假设：在水-气界面两侧分别存在一个气体薄层和一个液体薄层，且薄层是分子在界面之间迁移的主要阻力；气体在界面上的迁移只局限于分子扩散；界面两侧附近处流体混合均匀；气体在界面处遵守亨利定律(高洁, 2013)。水-气界面气体交换通量方程如式(3-7)：

$$F_{N_2O} = K_{N_2O} \times \left(N_2O_{river} - N_2O_{eq}\right) \times 240 \tag{3-7}$$

式中，F_{N_2O} 为水-气界面 N_2O 排放通量[μg/(m^2·d)]；N_2O_{river} 为表层水 N_2O 溶存浓度(μg/L)，由本研究构建的半经验模型计算获得；N_2O_{eq} 为现场水温下气体在表层水体与大气达平衡时的 N_2O 浓度(μg/L)；K_{N_2O} 为气体交换速度(cm/h)，由 Wanninkhof(1992)提出的方程计算(式 3-8)：

$$K_{N_2O} = K_{600} \times (S_{cN_2O} / 600)^{-n} \tag{3-8}$$

式中，S_{cN_2O} 为水的动力黏度与 N_2O 气体分子扩散速率之比，由 Wanninkhof(1992)提出淡水中 S_{cN_2O} 与水温方程计算[式(3-9)]；式中 600 用于淡水；当风速小于 3.6m/s 时，n 为 2/3，当风速大于 3.6m/s 时，n 为 1/2；K_{600} 受河流水流速和风速变化而变化，应该有区别计算(Wang et al., 2015)。对于河流流速小于 0.5m/s 时，K_{600} 计算采用由 Rasera 等(2013)提出的式(3-10)，对于流速大于 0.5m/s 时，K_{600} 计算采用由 Borges 等(2004)提出的式(3-11)。

$$S_{cN_2O} = 2055.6 - 137.11 \times T + 4.3173 \times T^2 - 0.054350 \times T^3 \tag{3-9}$$

式中，T 为 0～30℃。

$$K_{600} = 3.3(\pm 1.6) + 4.2(\pm 0.6) \times W_{10} \tag{3-10}$$

式中，W_{10} 为距河流高空 10m 出的风速，可由气象站点数据计算获得。

$$K_{600} = 1.0 + 1.719 \times (V / H)^{0.5} + 2.58 \times W_{10} \tag{3-11}$$

式中，V 为河流流速(m/s)；H 为河流水深，由 SWAT 模拟输出获得。

2)河流 N_2O 溶存浓度及大气 N_2O 浓度数据库建立。河流 N_2O 溶存浓度数据库中主要包括河流 N_2O 溶存浓度、河流环境参数以及文献来源等。采用 Excel 将数据资料分为以下几类记录：文献基本信息、水温、河流硝态氮浓度、铵态氮浓度及相应的 N_2O 溶存浓度。

3）河流 N_2O 溶存浓度模型构建。在不同的河流氮水平下，河流 N_2O 溶存浓度与无机氮 DIN（$[NO_3^-]+[NH_4^+]$）浓度有很强的相关性，与 DIN 浓度的相关性高于单一的$[NO_3^-]$或$[NH_4^+]$浓度。根据 638 个测量数据建立的经验方程，得到 N_2O_{eqc} 作为河流$[NO_3^-]$或$[NH_4^+]$浓度的函数。该数据集从不同的地理区域收集，包括欧洲 522 个观测点，北美 24 个观测点，亚洲 62 个观测点（Gao et al., 2020）。根据 Fu 等（2018）报道的结果和 638 个测量结果，建立了不同河流氮水平下的河流 N_2O 溶存浓度模型；在不同氮浓度下，DIN 和河流 N_2O 溶存浓度的相关系数（R^2）值分别为 0.78（DIN≤7.5mg/L）和 0.61（DIN＞7.5mg/L）［式（3-12）］（图 3-55）。

$$\begin{aligned} &N_2O_{disc} = 0.42 \times (DIN)^{0.61} \qquad C_N \leqslant 7.5 \\ &N_2O_{disc} = 0.044 \times (DIN)^2 - 0.026 \times DIN - 0.439 \qquad C_N > 7.5 \end{aligned} \tag{3-12}$$

式中，N_2O_{disc} 指河流水中的 N_2O 溶存浓度（μg/L），将其乘以 1000 并除以物质的量（44），转换为 nmol N/L；DIN 代表河流中硝态氮浓度与铵态氮浓度之和（mg/L）。

现场水温下气体在表层水体与大气达平衡时的 N_2O 浓度，即 N_2O 理论平衡浓度计算［式（3-13）］可依据河流水温度、盐度数据、大气 N_2O 浓度和 Weiss 方程（Weiss and Price, 1980）计算［式（3-14）］：

$$N_2O_{eq} = 44 \times F \times N_2O_{air} \tag{3-13}$$

$$\begin{aligned} \ln F = &-165.8806 + 222.8743 \times (100/T) + 92.0792 \times \ln(T/100) \\ &-1.48425 \times (T/100)^2 + S \times [-0.056235 + 0.031619 \times (T/100) \\ &-0.0048472 \times (T/100)^2] \end{aligned} \tag{3-14}$$

式中，N_2O_{eq} 为 N_2O 理论平衡浓度（μg/L）；F 为水-气界面平衡时的 N_2O 溶解系数；T 为水温数据，专指热力学温度，由 SWAT 模拟输出；S 为河流水盐度（‰），可由硝态氮浓度与盐度关系式获得（由研究区实测数据获得）；N_2O_{air} 为不同时期的大气 N_2O 浓度值（ppm），可由基于全球 1978～2015 年 13 个大气 N_2O 监测网点元数据建立 1～12 月的回归方程估算［式（3-16）］。

$$S = 0.1467 \times C_{NO_3} + 0.1452 \tag{3-15}$$

$$1000 \times N_2O_{air}n = a \times t + b \tag{3-16}$$

式中，n 为 1～12 月；t 为年份；a，b 为回归系数，本研究采取较近的实测点数据，对不同月份进行回归估算，构建 2016～2100 年研究区大气 N_2O 浓度数据集。研究具体每月系数如图 3-55 所示。

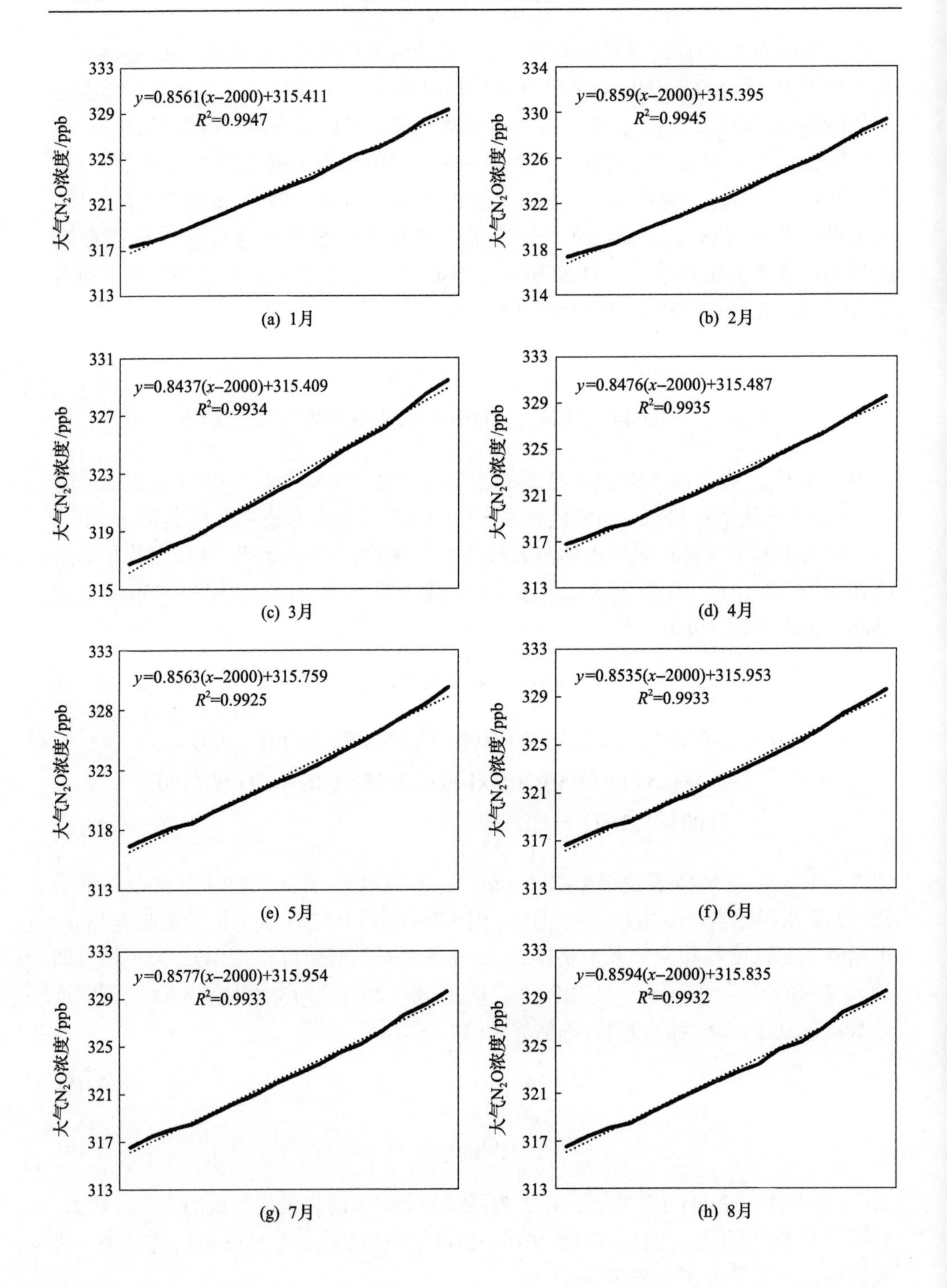

(a) 1月　(b) 2月　(c) 3月　(d) 4月　(e) 5月　(f) 6月　(g) 7月　(h) 8月

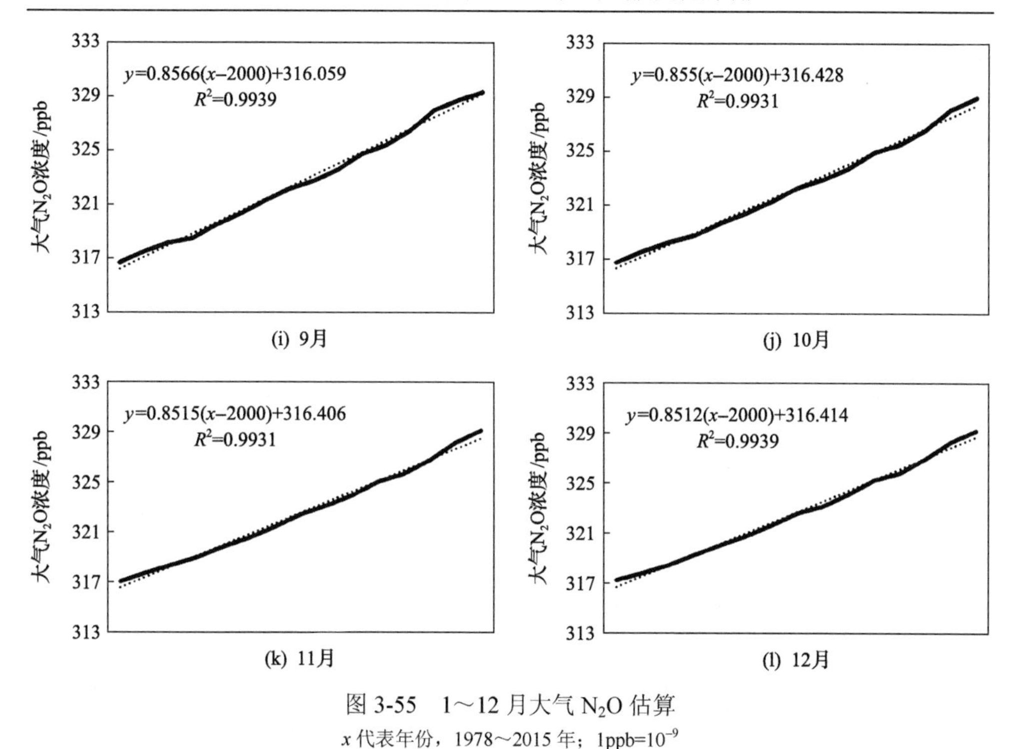

图 3-55　1～12 月大气 N_2O 估算

x 代表年份，1978～2015 年；1ppb=10^{-9}

(2) SWAT-F_{N_2O}模型耦合与工具开发

与土壤 N_2O 排放估算模式构建相似，将 SWAT 模型作为基本模型框架，以 SWAT 模型输出的河道几何参数及河流水文参数，作为河流 N_2O 溶解浓度回归模型(N_2O_{river})、N_2O 水气理论平衡估算模型(N_2O_{eq})及水–气界面过程模型(F_{N_2O})的输入参数，并最终驱动由 SWAT 模型划分的所有河段，从而实现 F_{N_2O} 与 SWAT 模型耦合。形成这一构架主要是由以下几点支撑。

1) SWAT 模型划分子流域及相应河段，其可为河流 N_2O 排放模拟提供空间边界。

2) 经验证的 SWAT 模型可以模拟输出具有空间分布和时间序列河道(河宽、河深等)及河流水文水质参数(水温、流速、氨态氮、硝态氮、流量等)。

3) 构建的河流水 N_2O 溶存浓度模型(N_2O_{river})可看作一个河段模拟模型，可用 N_2O_{river} 模型驱动由 SWAT 模型划分的不同河段，来模拟不同河段 N_2O 溶存浓度。

通过分析 SWAT 模型和 F_{N_2O} 模型操作程序，运用原 SWAT 模型模拟输出不同河段的河道及河流水文水质环境参数，运用增加的程序自动读取 SWAT 输出参数作为水–气界面过程模型 F_{N_2O} 的输入参数，来实现不同河段的河流水 N_2O 排放模拟分析。SWAT-F_{N_2O} 耦合模型模拟框架如图 3-56 所示。

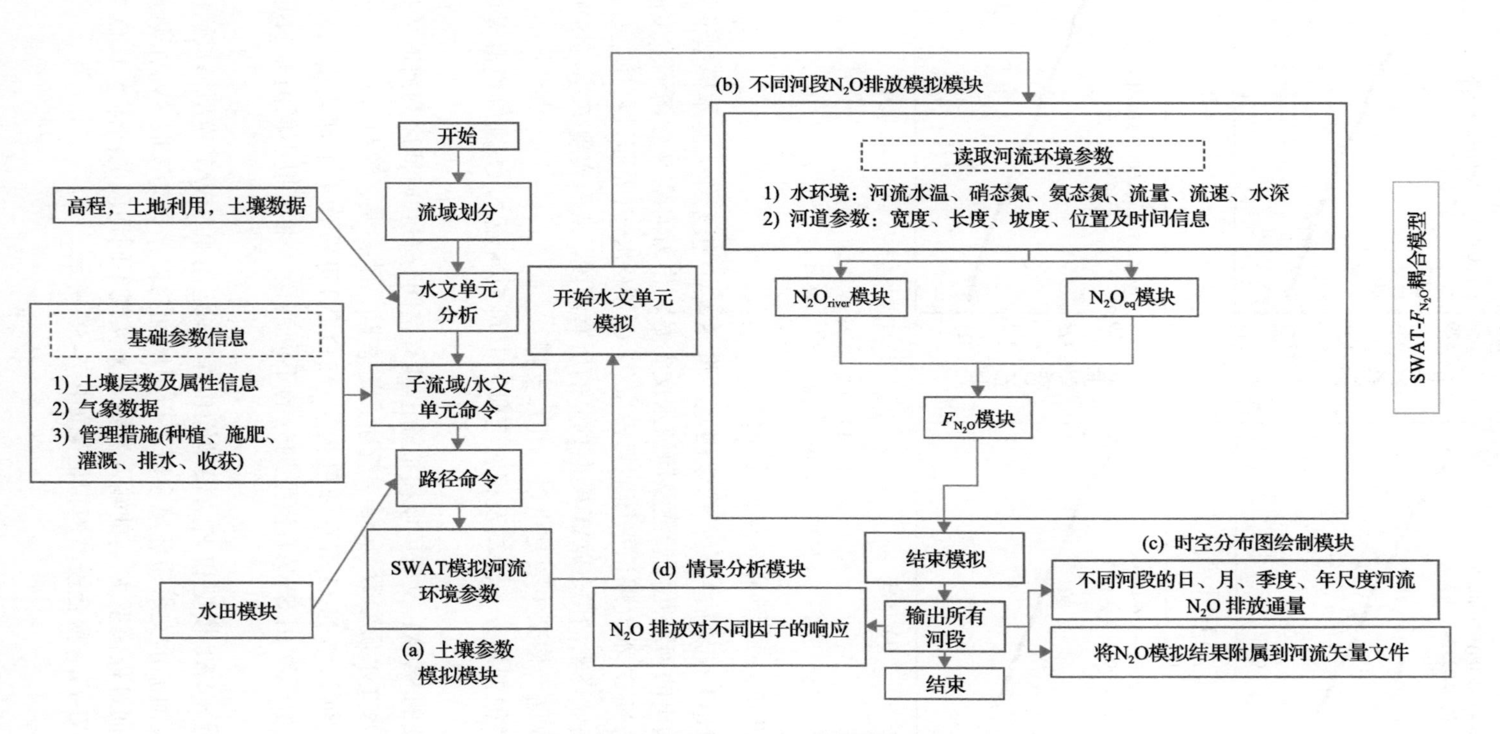

图3-56　SWAT-F_{N_2O}耦合模型模拟框架

3. SWAT-F_{N_2O} 模型评估与验证

(1) 河流 N_2O_{river} 模型筛选与评估验证

通过将 N_2O 溶存浓度值分别与水温、硝态氮以及无机氮(硝态氮+铵态氮)进行相关分析。N_2O 溶存浓度值与无机氮(硝态氮+铵态氮)浓度值有较好关系，与硝态氮浓度值相关性一般，与水温相关性最弱(图 3-57)。

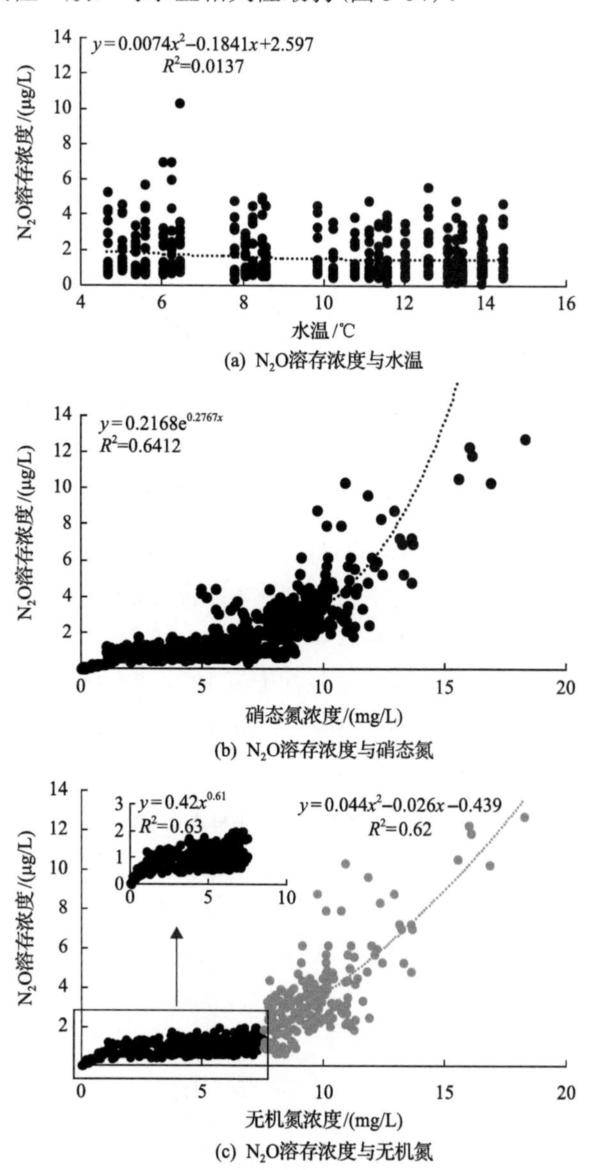

图 3-57　N_2O 溶存浓度与水温、硝态氮、无机氮(硝态氮+铵态氮)相关性

选取数据库中 75%的数据(487 个样本)来构建模型，以 15%的数据(98 个样本)验证模型。运用相关系数(R^2)和纳什效率系数(NSE)对河流 N_2O_{river} 模型进行评估与验证(图 3-58)。模型训练期的 R^2 和 NSE 分别为 0.74 和 0.65，模型测试期的 R^2 和 NSE 分别为 0.89 和 0.73。表明构建的河流 N_2O_{river} 模型是可接受且稳定的。故本研究采用 N_2O 溶存浓度值与无机氮浓度值关系模型作为河流 N_2O_{river} 模型。

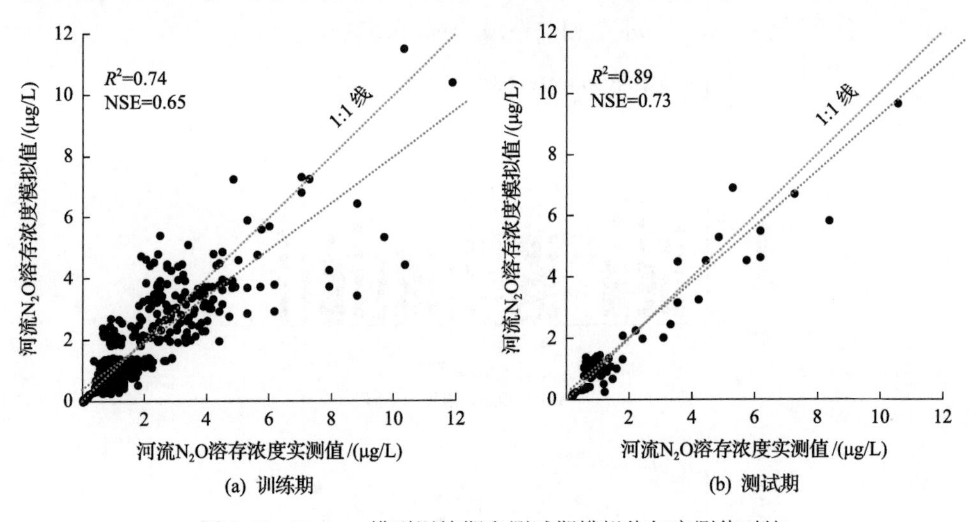

图 3-58　N_2O_{river} 模型训练期和测试期模拟值与实测值对比

(2) 河流 N_2O 排放测定与 SWAT-F_{N_2O} 模型验证

1) 研究区河流 N_2O 排放测定。为了进一步验证 SWAT-F_{N_2O} 模型是否可用于研究区河流 N_2O 排放评估，于 2016 年 9 月对研究区不同河段进行水样采集。在挠力河流域共设置 20 个河流水采样点，包括干流 10 个点(G1～G10)和支流 10 个点(Z1～N10)(表 3-7)，每个点三个重复，共 60 个河水样品，同时现场测定水温、盐度等参数，带水样室内测定硝态氮、铵态氮浓度。

表 3-7　挠力河流域采样点信息

编号	纬度	经度	河流类型
G1	47.25019°N	133.75828°E	干流
G2	47.21467°N	133.33677°E	干流
G3	47.05767°N	133.23243°E	干流
G4	46.78478°N	132.89045°E	干流
G5	46.49035°N	132.54325°E	干流
G6	46.44767°N	132.30834°E	干流
G7	46.33507°N	132.25358°E	干流
G8	46.11846°N	132.0996°E	干流

续表

编号	纬度	经度	河流类型
G9	46.03636°N	132.00776°E	干流
G10	45.98217°N	131.5882°E	干流
Z1	47.20677°N	133.72833°E	支流
Z2	47.17173°N	133.55045°E	支流
Z3	46.73585°N	132.89697°E	支流
Z4	46.50831°N	132.79603°E	支流
Z5	46.30252°N	132.1968°E	支流
Z6	45.88929°N	131.99489°E	支流
Z7	47.03807°N	132.75278°E	支流
Z8	46.91586°N	132.37439°E	支流
Z9	46.6449°N	131.92937°E	支流
Z10	46.44134°N	131.58539°E	支流

河水溶解 N_2O 浓度测定采用温室气体测定仪 Agilent（7890B）。将测得的溶解 N_2O 浓度减去由 Weiss 方程（Weiss and Price, 1980）计算得到的 N_2O 理论平衡浓度，最终得到溶解 N_2O 净增量，样品采集及处理具体过程如图 3-59 所示。

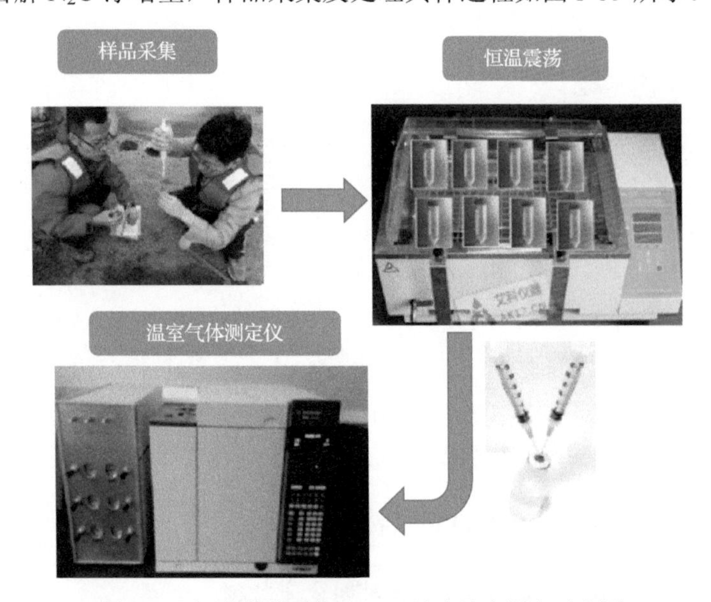

图 3-59　河水样品采集及 N_2O 溶存浓度测定示意图

第一步，水样（测定 ΔN_2O）由表至 0.5m 处采集样品：利用有机玻璃采水器（2500mL）在每个样点采集 3 个平行样品；样品瓶选用气密性好的 12mL 顶空进样瓶；滴加 0.2mL $ZnCl_2$ 溶液灭活。采集的河水样品立即送回实验室置于 0～4℃冰箱保存，保存时间不得超过一周。

第二步，对采集的河水样品进行预处理，向顶空样瓶中充入约 3mL 氮气，并在摇床振动 1h。

第三步，随后将样瓶中释放出的 N_2O 气体送至温室气体测定仪 Agilent (7890B) 进行测定。

2) SWAT-F_{N_2O} 模型验证。运用 SWAT-F_{N_2O} 模拟流域内 1989～2016 年不同河段河流 N_2O 排放，将研究区不同河段 N_2O 排放实测值与 2016 年模拟模拟值进行对比，运用 R^2 对模型进行评估验证。研究区不同河段 N_2O 排放模拟值和实测值 R^2 为 0.79，NSE 为 0.65（图 3-60）。表明，SWAT-F_{N_2O} 模型能够模拟研究区不同河段 N_2O 排放。

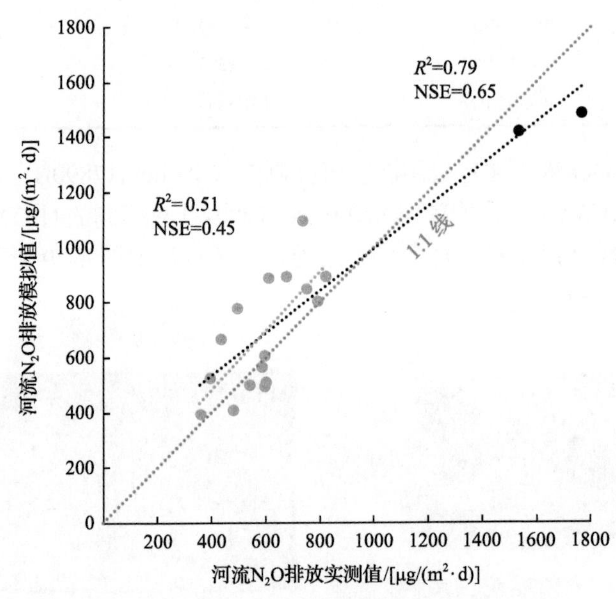

图 3-60　河流 N_2O 排放速率的实测值与模拟值对比

通过分析研究区不同河段盐度与相应硝态氮相关性，硝态氮浓度与盐度 R^2 为 0.73（图 3-61）。基于硝态氮与盐度相关关系进行河流盐度计算。

3.5.2　不同水热条件下河流 N_2O 排放特征

1. 不同水热条件下河流 N_2O 排放时间分布特征

不同水热条件下河流多年月平均氮浓度（硝态氮+氨态氮浓度）、N_2O_{river}（溶存浓度）、N_2O_{eq}（理论平衡浓度）、ΔN_2O（净增量）、N_2O 日排放速率响应特征差异显著（图 3-62）。与基准情景 S2 相比，S3、S4、S5 情景下河流氮浓度与 N_2O_{river}（溶

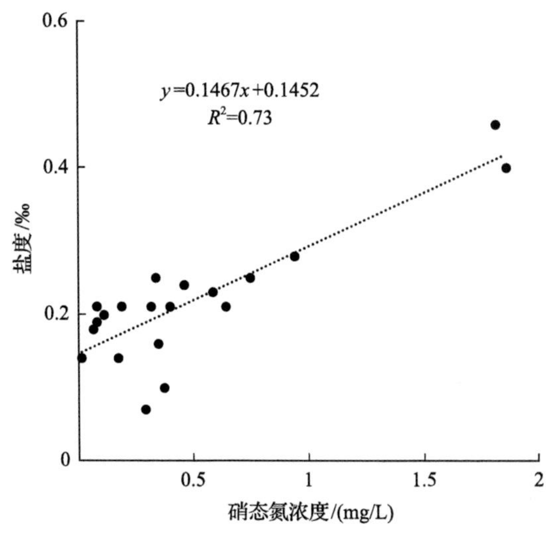

图 3-61　硝态氮浓度与盐度相关性

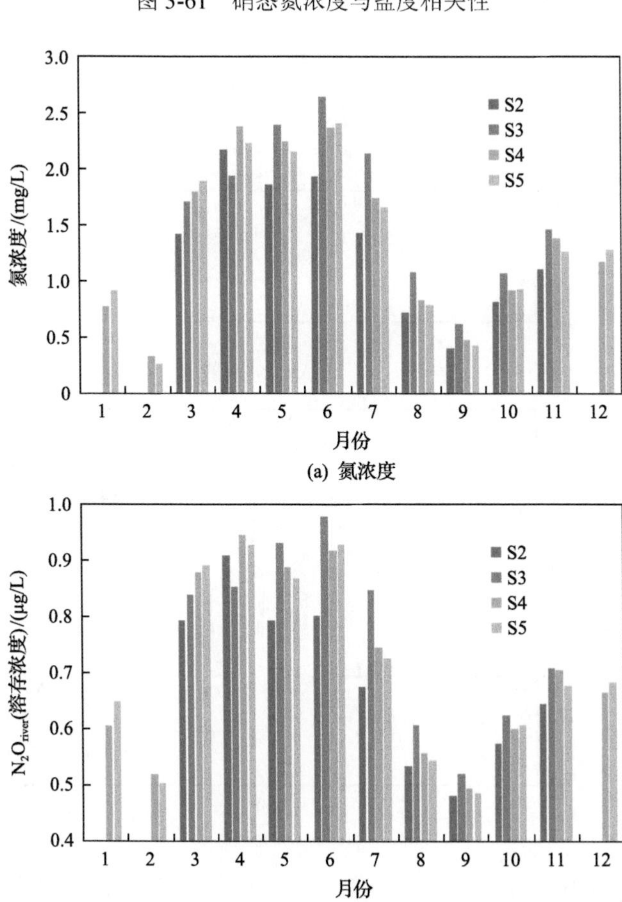

(a) 氮浓度

(b) N_2O_{river}(溶存浓度)

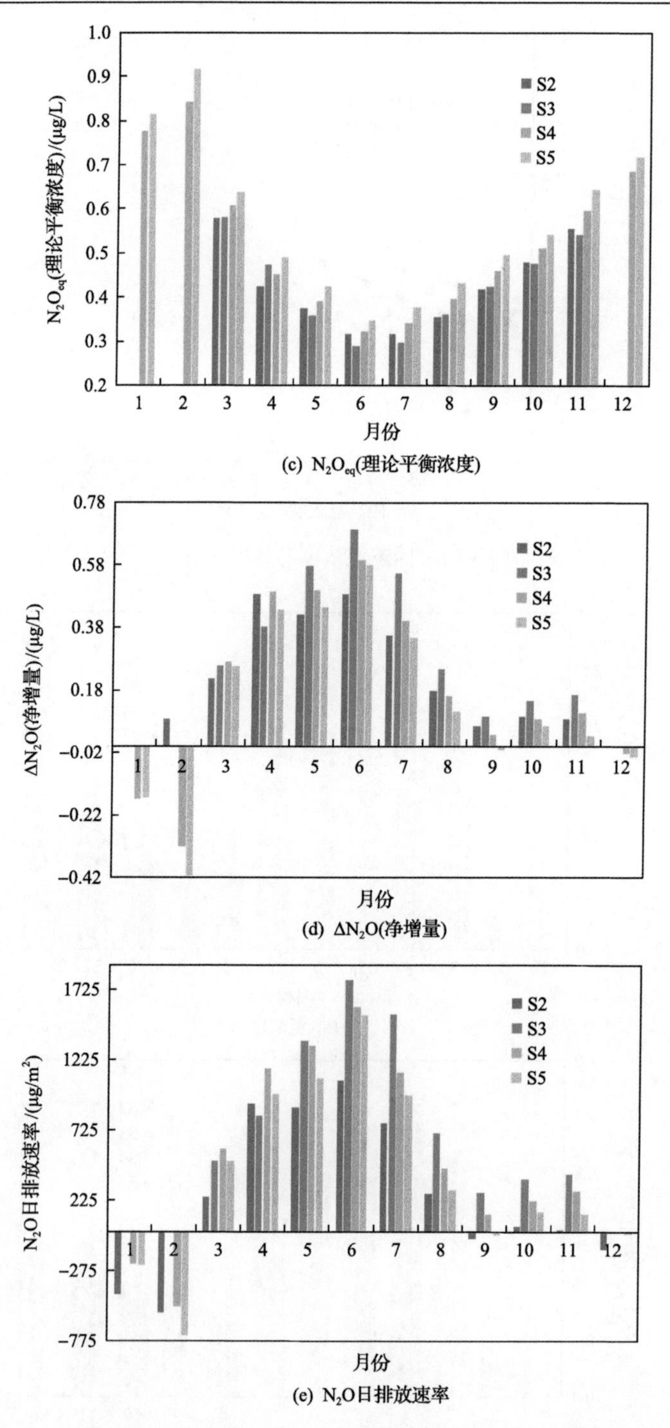

(c) N_2O_{eq}(理论平衡浓度)

(d) ΔN_2O(净增量)

(e) N_2O日排放速率

图 3-62　不同水热条件下多年月平均河流氮浓度、N_2O_{river}(溶存浓度)、N_2O_{eq}(理论平衡浓度)、ΔN_2O(净增量)、N_2O 日排放速率

存浓度）年内月分布（春夏季大于秋冬季）及响应一致，4～11 月氮浓度（0.4～2.64mg/L）与 N_2O_{river}（溶存浓度）（0.48～0.98μg/L）均呈现先增大后减小，但随着气温和降水量变化，整体处于增加趋势，12 月至次年 2 月氮浓度和 N_2O_{river}（溶存浓度）增大，这主要是由于气温升高引起河流解冻。N_2O_{eq}（理论平衡浓度）年内月分布与氮浓度和 N_2O_{river}（溶存浓度）相反，夏季（0.29～0.49μg/L）小于冬季（0.54～0.92μg/L），随着气温和大气 N_2O 增大，N_2O_{eq}（理论平衡浓度）年内各月呈增加趋势。其中，不同情景下 N_2O_{river}（溶存浓度）范围为 0.48～0.98μg/L，该结果与长江流域河流 N_2O_{river}（溶存浓度）范围接近（0.34～0.72μg/L）（Yan et al., 2012），与其他研究区结果也在同一水平范围内（0.25～0.93μg/L）（赵静等, 2009; Zhang et al., 2010）。另外，多年月平均土壤径流氮流失负荷对不同水热条件的响应在某些月份与河流氮浓度的响应不同，即流失负荷增大时，河流氮浓度不一定增大，这可能是由于进入河道水量的增加量大于氮的增加量。

不同水热条件的河流 N_2O 日排放速率年内月分布一致，均是 4～7 月（827.45～1787.99μg/m^2）大于其余月份（–737.04～705.81μg/m^2）。在基准情景 S2 下，6～8 月（500.88～1125.64μg/m^2）大于 9～11 月（–45～30μg/m^2），该结果与长江河水日排放速率月分布格局一致：6～8 月（240～1008μg/m^2）大于 9～11 月（48～864μg/m^2）（Yan et al., 2012）。河流 ΔN_2O（净增量）、N_2O 日排放速率与氮浓度（硝态氮+氨态氮浓度）、N_2O_{river}（溶存浓度）的最高峰未重合，这主要是由于 4～9 月河流 N_2O_{eq}（理论平衡浓度）小于 10～12 月和 1～3 月。随着气温和降水量变化，S2、S3 情景下 1～2 月河流处于冻结状态，排放速率为 0，S4、S5 情景下 1～2 月河流有时处于流动态，该时期河流氮浓度（硝态氮和氨态氮）过低，且该情景下 1～2 月大气 N_2O 浓度较大，N_2O_{eq}（理论平衡浓度）较大，导致河流处于 N_2O 吸收状态，河流成为 N_2O 汇；与基准情景 S2 相比，S3、S4、S5 情景下河流 N_2O 日排放速率年内月分布及响应与 ΔN_2O（净增量）一致，均呈现先增大后减小，整体呈减少趋势[与 N_2O_{river}（溶存浓度）整体响应相反]，这主要是河流氮浓度和大气 N_2O 浓度变化共同作用结果。

不同水热条件下多年平均河流无机氮浓度和 N_2O 排放响应特征一致（图 3-63）。基准情景 S2 河流多年无机氮浓度和 N_2O 排放量分别为 1.37mg/L 和 10.8t/a。研究区河流 N_2O 溶存浓度（0.48～0.91mg/L）与长江河水 N_2O 溶存浓度接近（0.34～0.72μg/L）（Yan et al., 2012），但其年排放量远小于长江河流（330～3650t/a），这主要是长江河水面积远大于挠力河水面面积。随着气温、降水量变化及大气 N_2O 浓度的增加，多年平均河流 N_2O 排放量呈先增加（15.06t/a 增加至 19.44t/a），后减小（19.44t/a 减少至 11.63t/a），这一变化主要是由河流无机氮浓度变化引起，大气 N_2O 浓度的增加促进了河流 N_2O 排放量的减小。

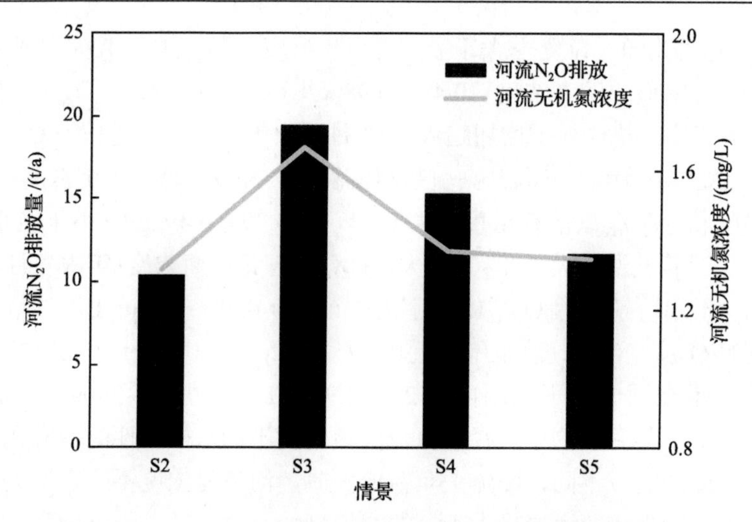

图 3-63 不同水热条件下多年平均河流无机氮浓度和 N_2O 排放

2. 不同水热条件下河流 N_2O 排放空间分布特征

基准情景 S2 河流干流的 N_2O_{river}（溶存浓度）相对较高（0.72～0.91μg/L），而支流 N_2O_{river}（溶存浓度）较低（0.51～0.71μg/L）。相应地，干流 N_2O 日排放速率（723.98～1488.40g/m^2）也相较支流高（134.37～696.43μg/m^2），其中 N_2O 排放速率最大河流段位于流域中西部，排放速率最小的河段位于山地丘陵区的林地区域（图 3-64）。干流 N_2O 排放速率大于支流原因可能是：干流陆面以农田、居民地为主要用地，土壤径流氮流失负荷比林地流失负荷较大，相应的河流中 N_2O_{river}（溶存浓度）较大。随着气温、降水量变化以及大气 N_2O 浓度升高，流域内不同河段 N_2O 日排放速率均呈现先增大，后减小的趋势。情景 S4、S5 的河流 N_2O 排放速率减小的原因主要是河流中氮浓度减小以及大气 N_2O 浓度增大，引起河流 N_2O_{river}（溶存浓度）减小、N_2O_{eq}（理论平衡浓度）增大，导致河流 ΔN_2O（净增量）减小。

3.5.3 不同农田空间格局下河流 N_2O 排放特征

1. 不同农田空间变化下河流 N_2O 排放时间分布特征

与基准情景 S2 相比，S3、S4、S5 情景下，即随着旱田转为水田的面积增大，河流氮浓度与 N_2O_{river}（溶存浓度）年内月分布呈现减小趋势（图 3-65），且春夏季敏感性大于秋冬季[春夏季河流氮浓度减少 0.79～1.40mg/L、N_2O_{river}（溶存浓度）减少 0.17～0.33μg/L，秋冬季氮浓度减少 0.15～0.75mg/L、N_2O_{river}（溶存浓度）减少 0.01～0.14μg/L]，这与土壤径流氮流失负荷响应一致，即随着土壤径流氮流失负荷减少，河流氮浓度及 N_2O_{river}（溶存浓度）相应地减少。河流 N_2O_{eq}（理论平衡浓度）

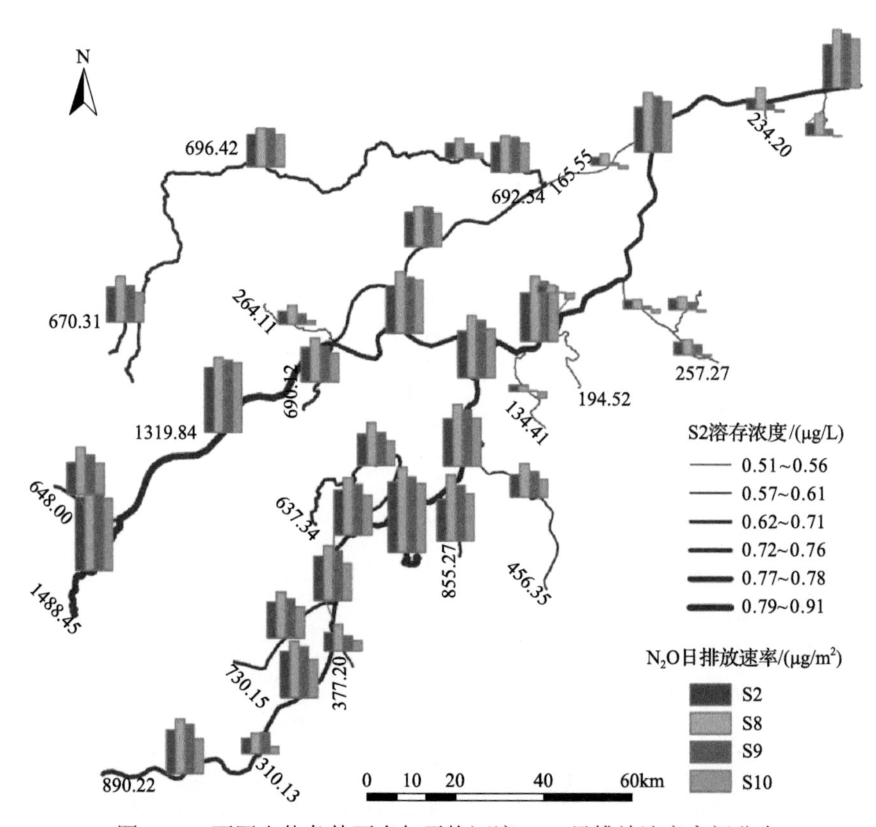

图 3-64　不同水热条件下多年平均河流 N_2O 日排放速率空间分布

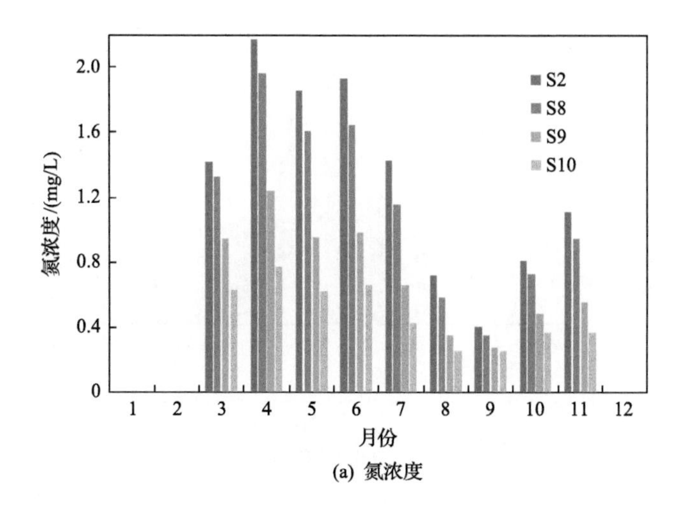

(a) 氮浓度

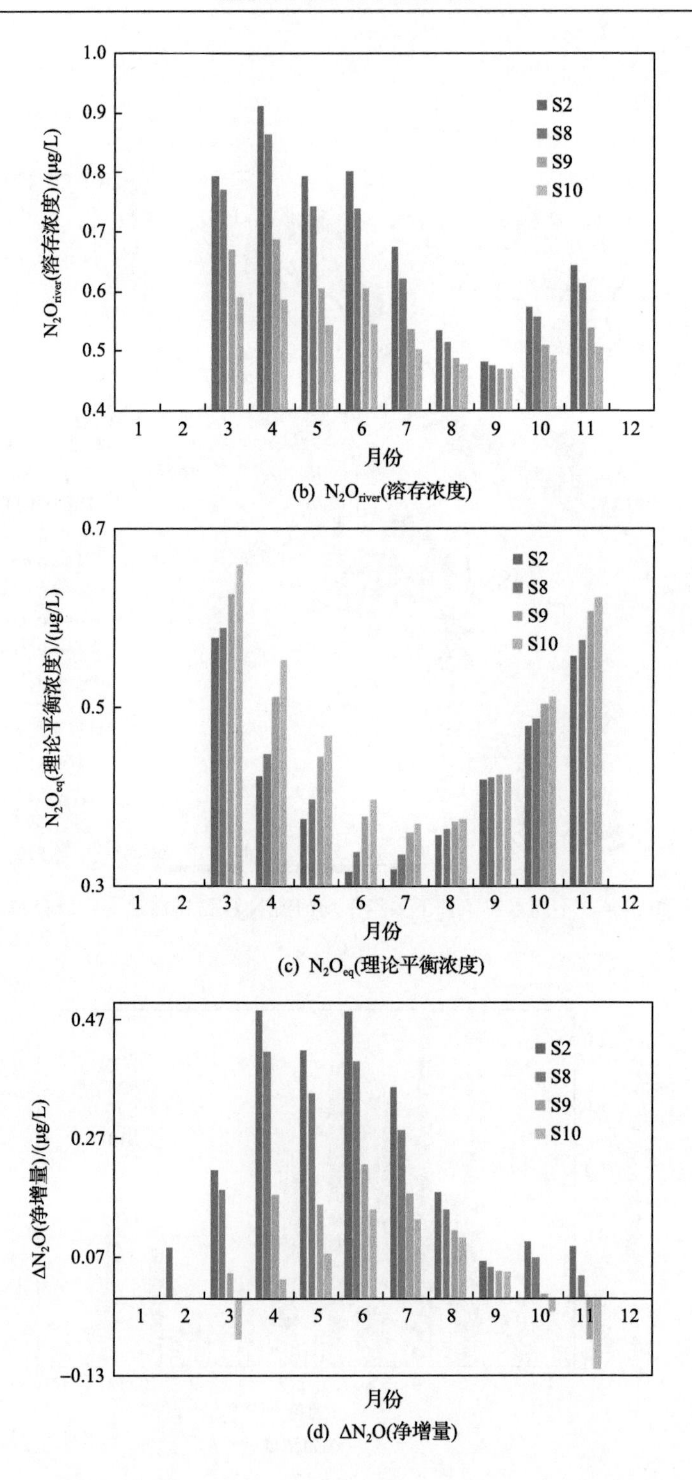

(b) N_2O_{river}(溶存浓度)

(c) N_2O_{eq}(理论平衡浓度)

(d) ΔN_2O(净增量)

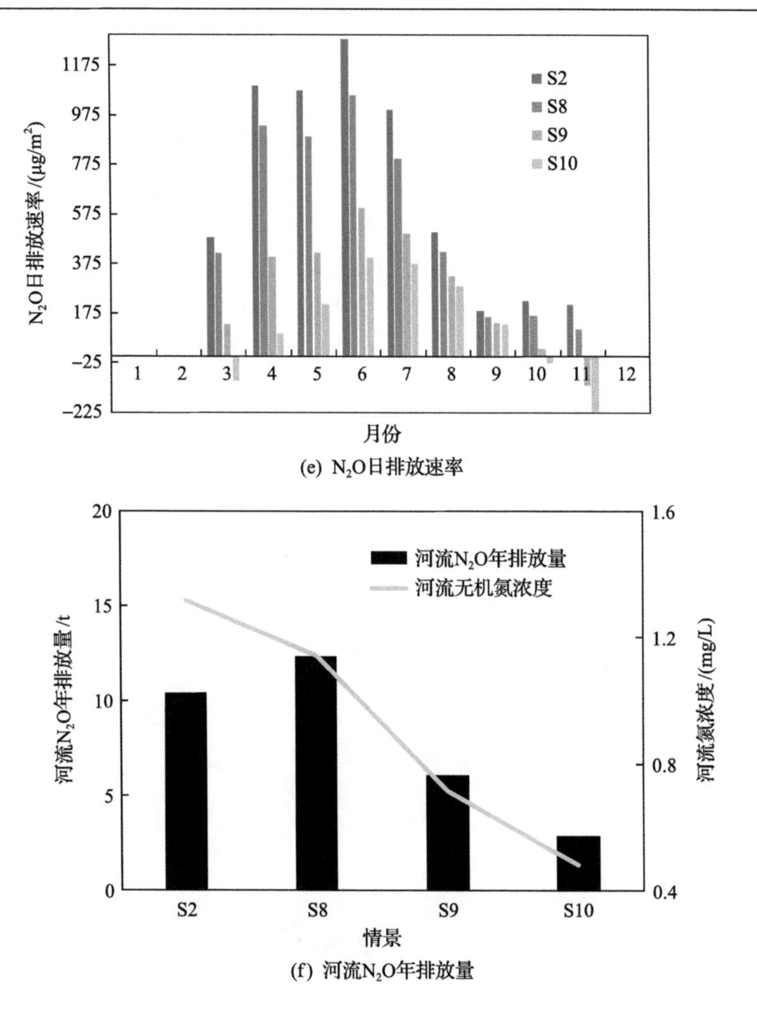

(e) N_2O日排放速率

(f) 河流N_2O年排放量

图3-65　不同农田空间变化下多年月平均河流氮浓度、N_2O_{river}(溶存浓度)、N_2O_{eq}(理论平衡浓度)、ΔN_2O(净增量)、N_2O日排放速率和N_2O年排放量

年内月分布与氮浓度和 N_2O_{river}(溶存浓度)相反，夏季(0.32～0.40μg/L)小于冬季(0.47～0.66μg/L)，随着旱田面积减少、水田面积增大，N_2O_{eq}(理论平衡浓度)年内各月呈增加趋势。

不同农田格局下河流N_2O日排放速率年内月分布一致，均是春夏季(4～7月)大于秋冬季(8～12月，1～3月)：不同情景下春夏季河流N_2O日排放速率为93.25～1279.64μg/m²、秋冬季河流N_2O日排放速率为−217.72～500.88μg/m²(图3-65)。随着流域旱田改水田，水田面积不断增加，旱田面积不断减少，各月份河流N_2O排放强度均有所减少；与基准情景S2相比，S9、S10情景下秋冬季河流溶存浓度较小、理论平衡浓度较大，致使N_2O净增量出现负值(−0.12～−0.02μg/L)，河流N_2O

处于弱吸收状态(–217.72～–28.85μg/m^2)，河流成为 N_2O 的汇。不同月份敏感性不同，8～11 月、3 月 N_2O 日排放强度减少量较小(53.41～195.28μg/m^2)，敏感性较低；4～7 月份 N_2O 排放强度减少量较大(214.48～999.23μg/m^2)，敏感性较高，减小量最大的为融雪季的 4 月。以上结果表明，随着流域旱田转化为水田面积不断增加，各月份河流 N_2O 排放强度均有所减少，春夏季减少量大于秋冬季，且秋冬季逐渐成为河流 N_2O 的汇，这主要是河流氮浓度减小和 N_2O 理论平衡浓度增大共同作用结果。平均旱田转水田面积每增加 1km^2，河流 N_2O 排放量减少约 1.63kg/a(图 3-65)，这一变化主要是因为水田具有截流减排作用，水田面积增大引起土壤径流氮流失负荷减小，河流氮浓度减小，N_2O 溶存浓度减小、理论平衡浓度增加，最终导致河流 N_2O 净增量减小、N_2O 排放强度减弱。

2. 不同农田空间变化下河流 N_2O 排放空间分布特征

不同情景下的农田空间分布与河流 N_2O 日排放速率空间分布一致(图 3-66)，河流 N_2O 排放速率主要取决于河流所在流域内的主要土地利用类型。在基准情景

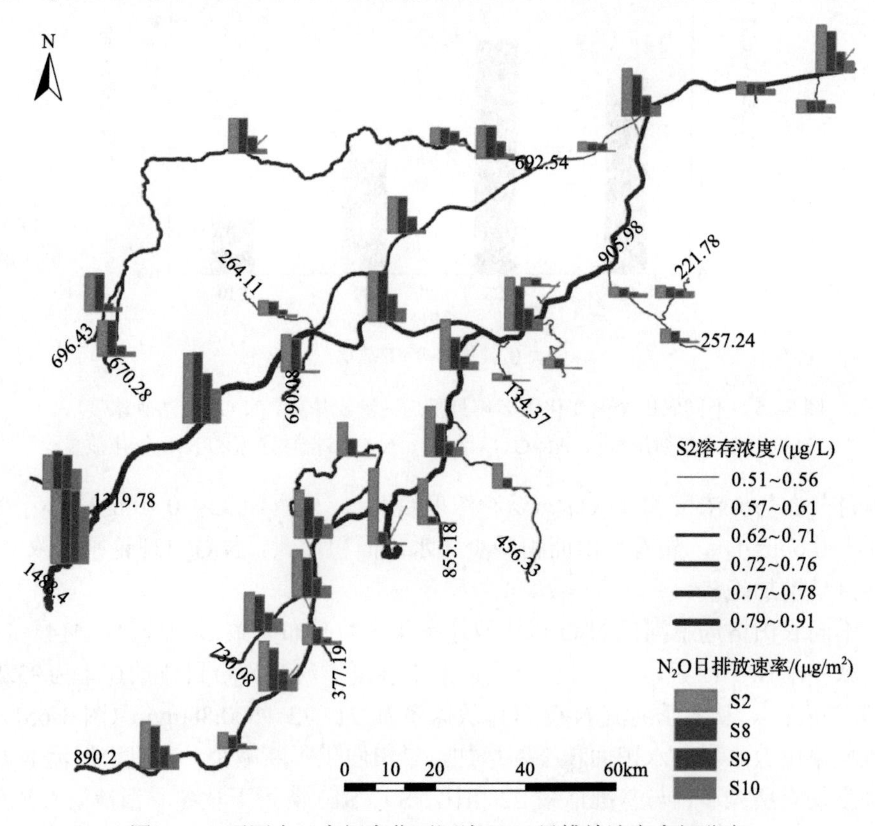

图 3-66 不同农田空间变化下河流 N_2O 日排放速率空间分布

S2 中，旱田面积比例较大，河流 N_2O 日排放平均速率为 688.75μg/m^2；情景 S8 中，流域中南部旱田转化为水田，流入相应河流的氮浓度减少，流域河流 N_2O 日排放平均速率 560.20μg/m^2，与基准情景 S2 相比，其中以中南部河流 N_2O 日排放速率减少较大，其下游河流 N_2O 日排放速率减少较小，流域北部及部分山地丘陵区的河流 N_2O 排放速率几乎未变；情景 S9 中，流域中部大部分旱田改为水田，流域河流 N_2O 日排放平均速率 281.60μg/m^2，与基准情景 S2 相比，随着平原区旱田转水田面积不断增加，平原区河流 N_2O 日排放速率减少，其敏感性大于北部及部分山地丘陵区的河流 N_2O 排放减少量；与基准情景 S2 相比，S9 情景下较低氮浓度的河流从 N_2O 源转为 N_2O 汇；情景 S10 中，只有少部分坡耕地为旱田，该情景下北部及部分山地丘陵区的河流 N_2O 日排放速率比流域中南部平原区的河流大。上述结果表明，与情景 S2 相比而言，情景 S8、S9、S10 中河流 N_2O 排放速率空间分布格局具有显著的变化，随着平原区旱田转水田面积不断增加，流域平原区河流 N_2O 排放强度呈现显著减小趋势。

3.5.4　水热及农田格局协同变化下河流 N_2O 排放特征

1. 不同水热及农田空间变化下河流 N_2O 排放时间分布特征

水热及农田格局协同变化下下多年月平均氮浓度（硝态氮+氨态氮浓度）、N_2O_{river}（溶存浓度）、N_2O_{eq}（理论平衡浓度）、ΔN_2O（净增量）、N_2O 日排放速率响应特征各有差异（图 3-67）。与基准情景 S1 相比，S3、S6、S7 情景下河流氮浓度与 N_2O_{river}（溶存浓度）年内月分布（春夏季大于秋冬季）及响应一致，全年各月氮浓度（0.18～2.64mg/L）与 N_2O_{river}（溶存浓度）（0.41～1.00μg/L）均呈现先增大后减小趋势，12 月至次年 2 月氮浓度和 N_2O_{river}（溶存浓度）增大，主要是冬季气温升高引起河流解冻，河流氮浓度及 N_2O_{river}（溶存浓度）相应地增加。河流氮浓度与 N_2O_{river}（溶存浓度）对协同变化的响应与对单一的水热变化的响应一致，但就整体趋势而言，协同变化下河流氮浓度与 N_2O_{river}（溶存浓度）呈减小趋势，水热变化下其呈增加趋势，这主要是由于旱田转化为水田的面积越来越大，导致河流中无机氮浓度减小。与对其他情景变化响应一样，N_2O_{eq}（理论平衡浓度）年内月分布与氮浓度和 N_2O_{river}（溶存浓度）相反，夏季（0.29～0.44μg/L）小于冬季（0.43～0.92μg/L），随着气温和大气 N_2O 增大，N_2O_{eq}（理论平衡浓度）年内各月呈增加趋势（图 3-67）。

不同水热及农田空间变化下河流 N_2O 日排放速率年内月分布一致，均是春夏季（4～7 月）大于秋冬季（8～12 月，1～3 月）（图 3-67）。随着气温、大气 N_2O 浓度增加、降水量变化及流域旱田改水田面积不断增加，各月份河流 N_2O 排放强度均呈现先增大、后减小趋势；与基准情景 S1 相比，S6、S7 情景下秋冬季（11 月至次年 2 月）河流溶存浓度增大，但该时期理论平衡浓度较大，致使 N_2O 净增量出现负值

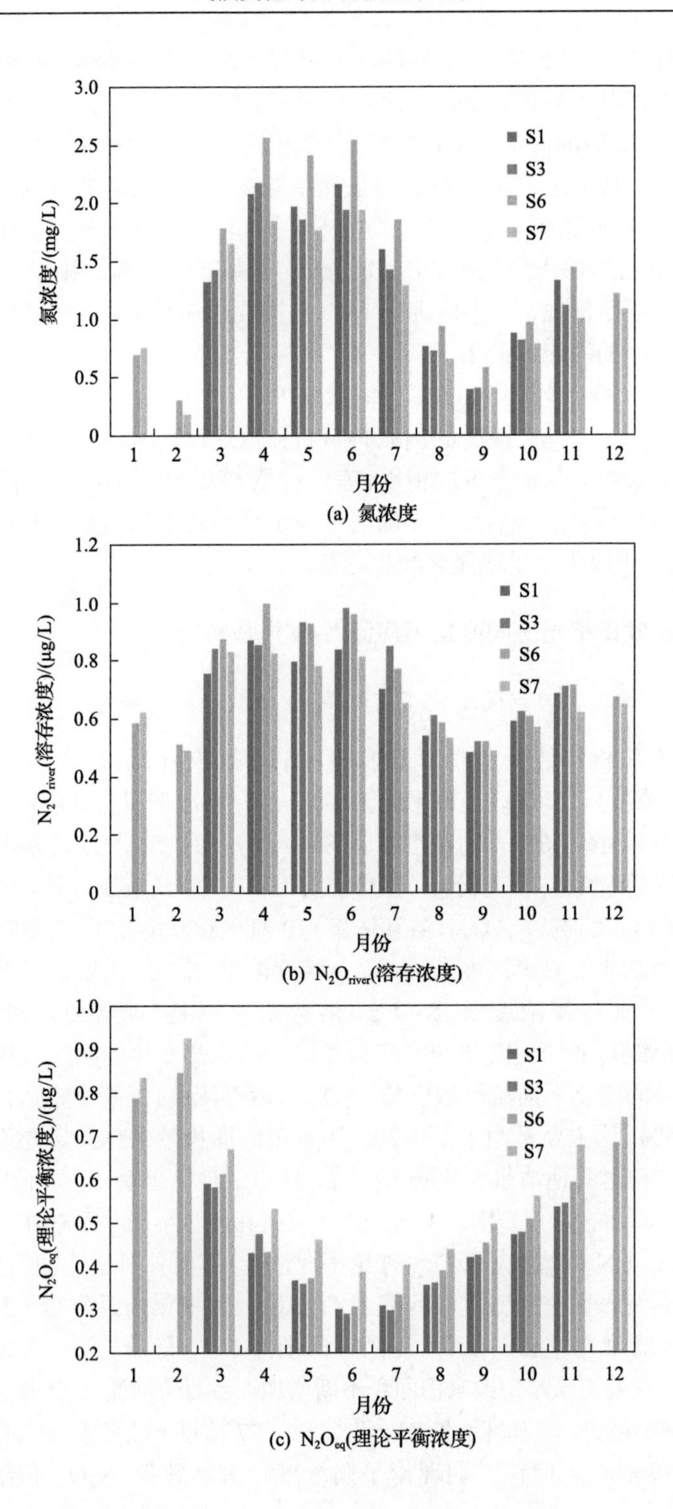

(a) 氮浓度

(b) N_2O_{river}(溶存浓度)

(c) N_2O_{eq}(理论平衡浓度)

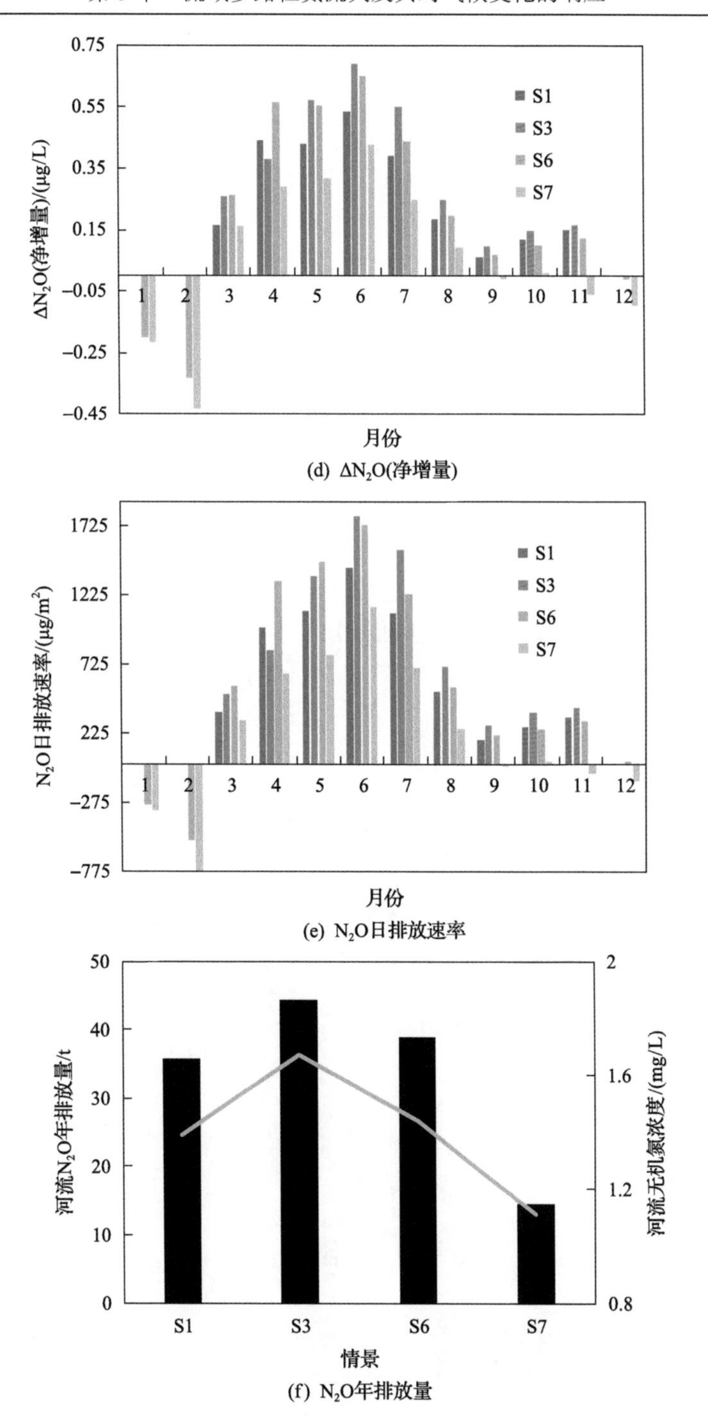

(d) ΔN_2O(净增量)

(e) N_2O日排放速率

(f) N_2O年排放量

图 3-67　水热及农田格局变化下多年月平均河流氮浓度、N_2O_{river}(溶存浓度)、N_2O_{eq}(理论平衡浓度)、ΔN_2O(净增量)、N_2O 日排放速率及 N_2O 年排放量

(–0.43～–0.01μg/L)，河流 N_2O 处于弱吸收状态[–773.67～–65.96μg/(m^2·d)]，河流成为 N_2O 的汇；S1、S3、S6 情景逐渐变化下年内各月河流 N_2O 日排放速率增加量逐渐变小，这主要是水田减排作用及大气 N_2O 浓度增加导致；将基准情景 S7 与 S1 情景相比，即随着气温、降水量、大气 N_2O 浓度以及农田面积增大，年内各月河流 N_2O 排放速率呈减小趋势：生长季(5～9 月)河流 N_2O 日排放速率减少 196.31～398.99μg/m^2。以上结果表明，随着气温、降水量、大气 N_2O 浓度以及农田面积增大，各月份河流 N_2O 排放强度呈现先增大、后减小趋势，但整体呈现减小趋势；整体而言，协同变化下河流 N_2O 排放速率减少量大于水热变化下减少趋势，说明水热变化引起的农田扩张以及旱改水面积增加，促进了水热变化引起的河流 N_2O 排放的减少量。

2. 不同水热及农田空间变化下河流 N_2O 排放空间分布特征

基准情景 S1 旱田用地附近的河流 N_2O_{river}(溶存浓度)相对较高(0.67～0.89μg/L)，其 N_2O 日排放速率为 592.04～1428.53μg/m^2，而以林地、湿地为主要用地附近河流的 N_2O_{river} 溶存浓度较低(0.51～0.66μg/L)，其 N_2O 日排放速率为 142.79～453.84μg/m^2(图 3-68)。情景 S3 中，流域河流 N_2O 日排放速率 887.85μg/m^2；

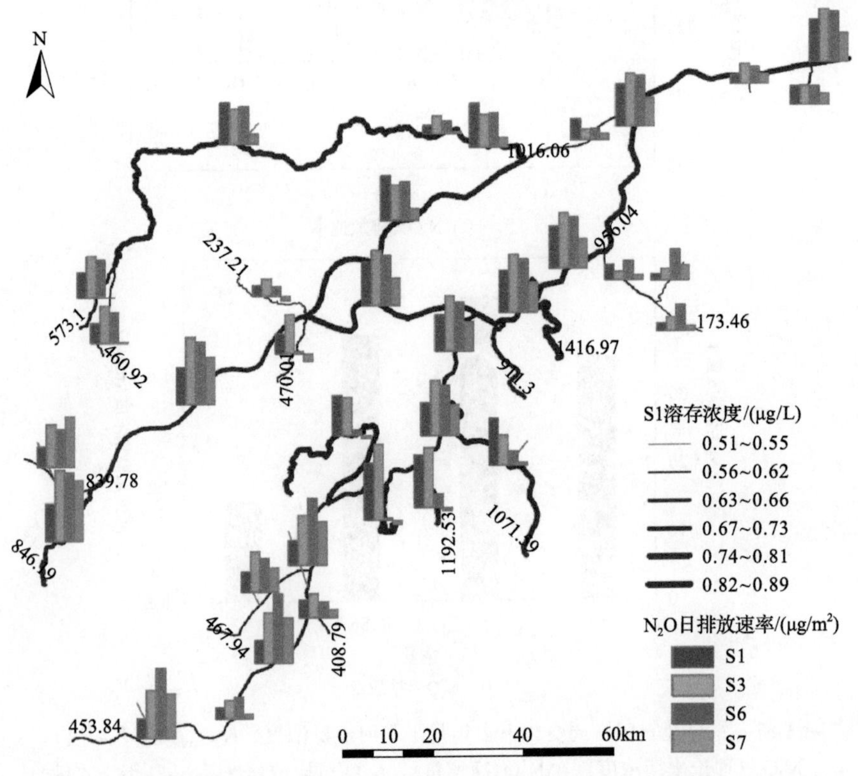

图 3-68　不同水热及农田空间变化下河流 N_2O 日排放速率与 S1 溶存浓度空间分布

与基准情景 S1 相比，S3 情景下农田面积增大(大部分湿地及平原区部分林地转化为旱地、部分旱地转为水田)以及气温、降水量和大气 N_2O 浓度增大，河流的氮浓度有所增加，流域内大部分河段 N_2O 日排放速率增大约 157.83μg/m^2；与基准情景 S1 相比，S6 情景下农田面积进一步增大(少部分山地丘陵区林地转化为旱地、部分旱地继续转为水田)以及气温、降水量和大气 N_2O 浓度增大，流域内大部分河段 N_2O 日排放速率增大约 65.08μg/m^2；与基准情景 S1 相比而言，S3、S6、S7 情景下河流 N_2O 排放速率空间分布格局具有显著的变化，随着流域内农田面积增大以及气温、降水量和大气 N_2O 浓度增大，河流 N_2O 日排放速率呈现先增大、后减小趋势，山地丘陵区河流 N_2O 排放速率整体变化呈增加趋势，热点从平原区转向山地丘陵区。

3.6　流域多路径氮流失特征及减排建议

土壤径流氮流失及由硝化反硝化引起的温室气体(N_2O)排放是土壤氮流失的两个主要途径(Parton et al., 2001)。土壤径流氮流失的增加可加剧河流水环境污染，河流中的氮含量上升，土壤和河流 N_2O 排放强度的增加可加剧温室效应，致使全球气候变暖。水热条件及土地利用是影响土壤氮流失的主要因素(郝芳华等, 2004; Gassman et al., 2014)，如气温、降水量、土壤本身氮含量、土壤温度、含水量、施肥等。基于之前研究结果可知，相同环境下土壤径流氮流失和 N_2O 排放年内分布格局所有不同，相同变化环境下径流氮流失和 N_2O 排放响应亦有所不同。基于不同变化环境下土壤径流氮流失、土壤 N_2O 及河流 N_2O 排放特征对比分析，识别不同环境下两种途径氮流失中的关键流失途径、关键时间段及空间位置，为变化环境下流域尺度氮流失减排提供科学依据。

3.6.1　不同水热条件下流域多路径氮流失特征及减排建议

1. 不同水热条件下流域多路径氮流失量变化

对不同途径氮流失(径流、土壤和河流)累积量柱状图分析表明，径流氮流失、土壤 N_2O 和河流 N_2O 排放量差异较大(图 3-69)。基准情景 S2 下，流域不同路径氮流失量差异较大，整个流域土壤径流氮流失入河量为 13519.02t/a(无机氮 7085.17t)，土壤中 12365.86t/a 的 N_2O 温室气体进入大气，对于进入河流的无机氮(硝态氮+氨态氮)，其中有 15.06 t/a 转化为 N_2O 温室气体进入大气，即河流 N_2O 排放系数为 0.0021，小于 IPCC 在 2006 年公布的河流 N_2O 排放系数(0.0025)。随着气温、降水量和大气 N_2O 浓度增加，土壤氮流失(土壤径流氮流失+土壤 N_2O)逐渐增加，且径流氮流失量增加较多；河流 N_2O 排放量先增大、后减小，S3、S4、S5 情景下河流排放系数分别为 0.0033、0.0019 和 0.0014，这主要是由河流氮浓度

和大气 N_2O 浓度共同变化作用的结果。

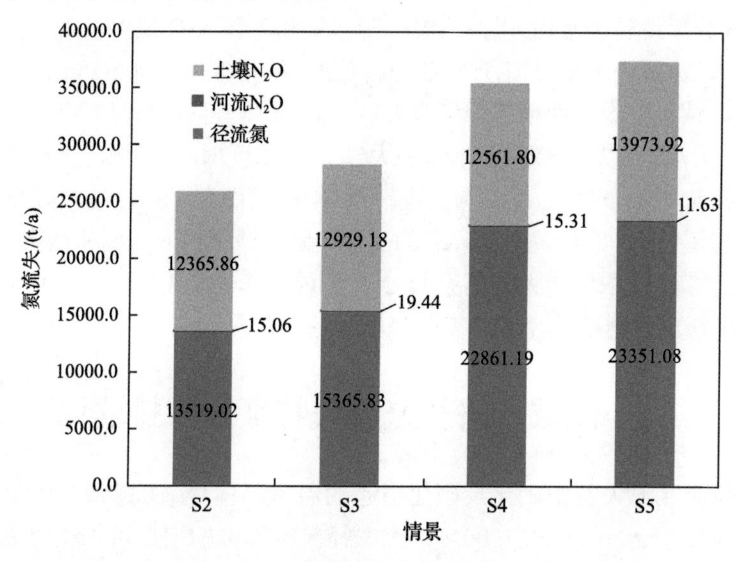

图 3-69　不同水热条件下流域多年平均多路径氮流失量

2. 土壤多路径氮流失年内高峰期识别及减排建议

不同水热条件下流域单位面积多年月平均土壤径流氮流失及 N_2O 排放响应特征差异显著(图 3-70)。基准情景 S2 下，冻融季(春汛)(3～4 月)流域氮流失负荷最大(2.60kg/hm^2)，其次是夏季(5～8 月)(0.75～1.42kg/hm^2)；其中融雪季(春汛)、秋汛期土壤径流氮流失负荷大于 N_2O 排放。随着气温和降水量增加，夏秋季(7～10 月)土壤氮流失增加量较大，S4、S5 情景下夏季主要氮流失途径从 N_2O 排放转变为以径流氮流失为主，10 月初进行作物收获后，在旱田径流口设置缓冲带。

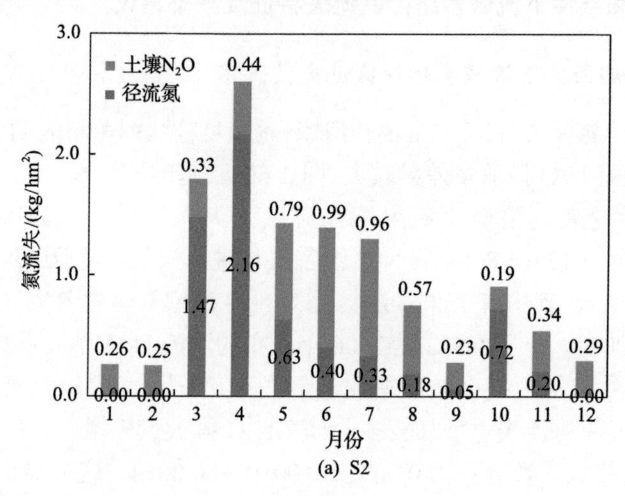

(a) S2

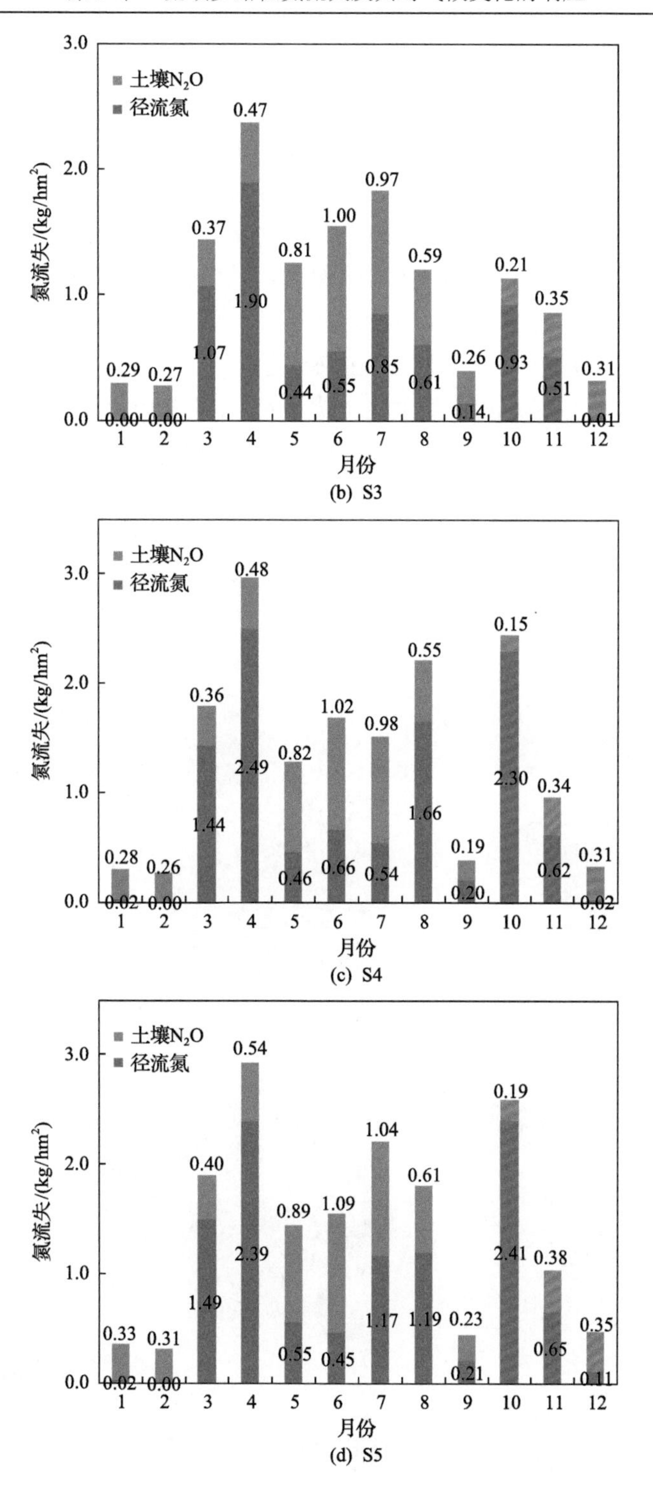

图 3-70　不同水热条件下流域多年月平均土壤多路径氮流失特征

3. 土壤多路径氮流失空间热点识别及减排建议

不同水热条件下流域多年平均土壤径流氮流失及 N_2O 排放，均是旱田＞水田＞草地和林地，随着气温和降水量增加，旱田和水田氮流失增加(图 3-71；图 3-72)。基准情景 S2 下，林地和草地多年平均氮流失负荷为负值，具有一定的固氮作用；山区坡度较大的旱地氮流失负荷大于平原区，且以径流氮流失为主，由于坡耕地转为水田较为困难，建议坡耕地区应退耕还林，可使其从氮排放源转为氮汇；对于平原区旱田径流氮流失较大田块，建议转为水田，可同时减少两种途径氮流失；基准情景下 N_2O 排放是水田主要的氮流失途径，在不影响产量情况下减少施肥量；随着气温和降水量增加，旱田和水田氮流失均有所增加，且旱田增加量大于水田；水田氮流失从原来以 N_2O 排放为主要流失路径转为以径流氮流失为主要路径。因此，在水热增加情景下，对于山地丘陵区的坡耕地建议以退耕还林为主要减排措施，平原区两种路径氮流失均较高的旱田地块建议转为水田，且水田应在夏季减小灌溉量、提高垄高(浅灌深蓄措施)。

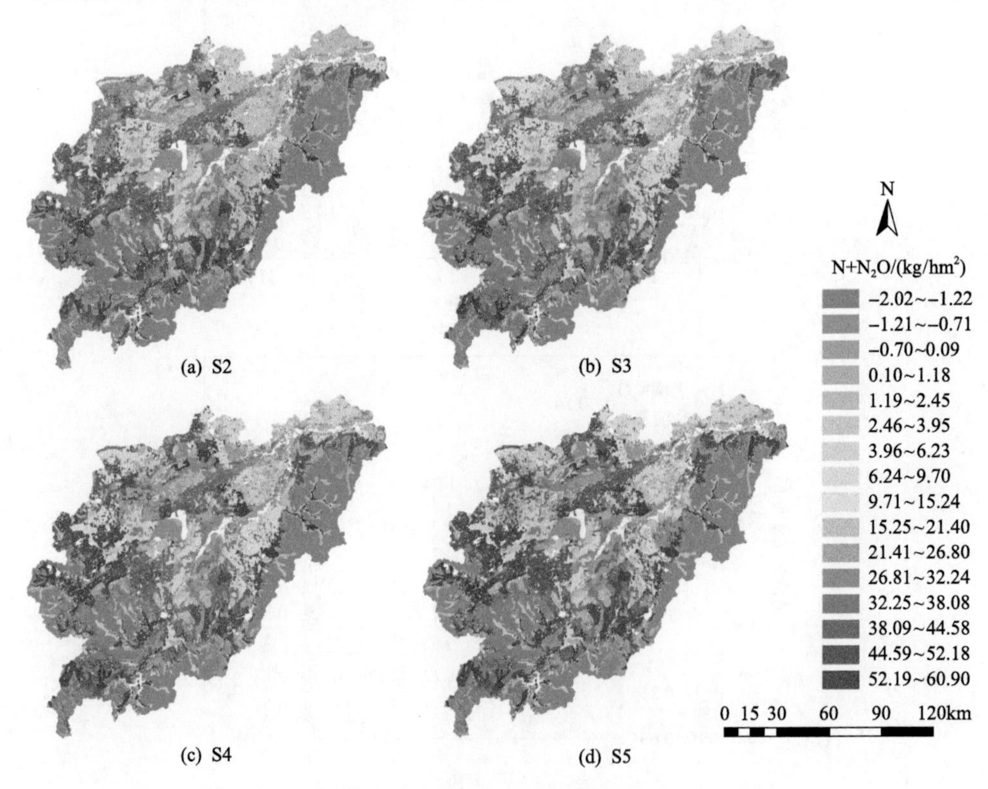

图 3-71　不同水热条件下流域土壤氮流失空间分布特征

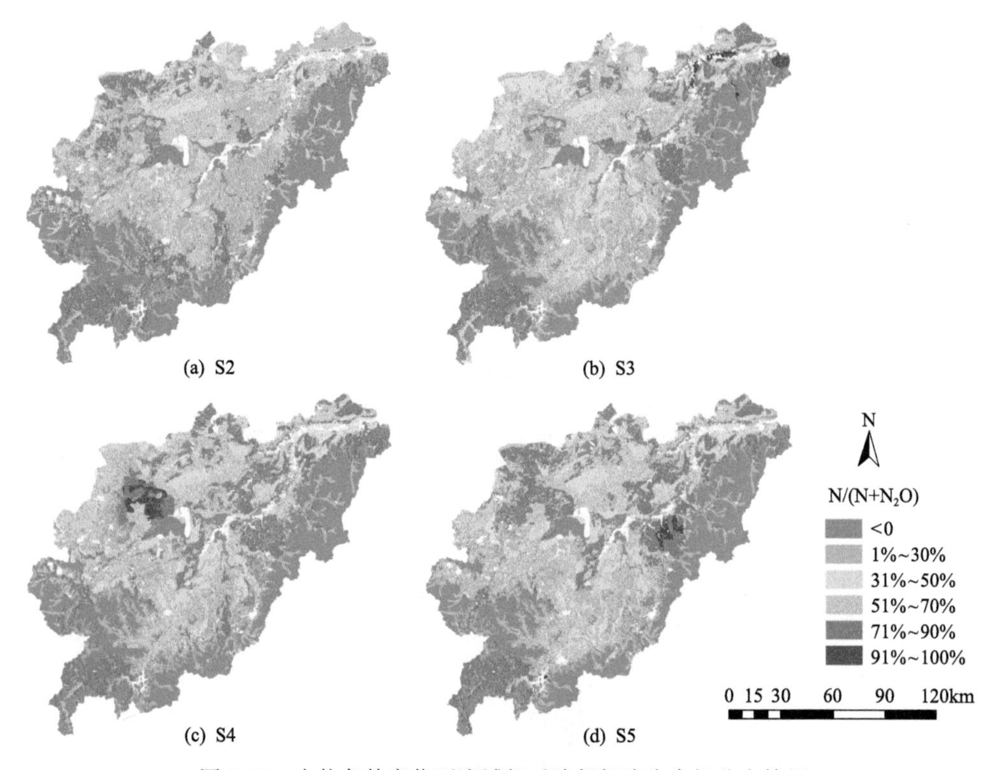

图 3-72　水热条件变化下流域相对路径氮流失空间分布特征

3.6.2　不同农田空间变化下流域多路径氮流失特征及减排建议

1. 不同农田空间变化下流域多路径氮流失量变化

不同情景下土壤径流氮流失量＞土壤 N_2O 排放量＞河流 N_2O 排放量(图 3-73)。随着旱田转水田面积不断增大，土壤氮流失(土壤径流氮流失+土壤 N_2O 排放)量和河流 N_2O 排放量均减小；旱田改水田面积每增加 $1km^2$，多年平均土壤径流氮流失量减小 1.02t，土壤 N_2O 排放量减小 1.00t，河流 N_2O 排放量减小 1.63kg。

2. 土壤多路径氮流失年内高峰期识别及减排建议

随着旱田转水田面积不断增加，除 8～9 月土壤径流氮流失逐渐增大、N_2O 排放逐渐减小外，其他月份径流氮流失和 N_2O 排放均有所减小，且夏季 N_2O 排放减小量大于径流氮流失减小量、冻融季 N_2O 排放减小量小于径流氮流失减小量(图 3-74)。因此，随着旱田转水田面积不断增加，可有效减少冻融季径流氮流失，而在夏季

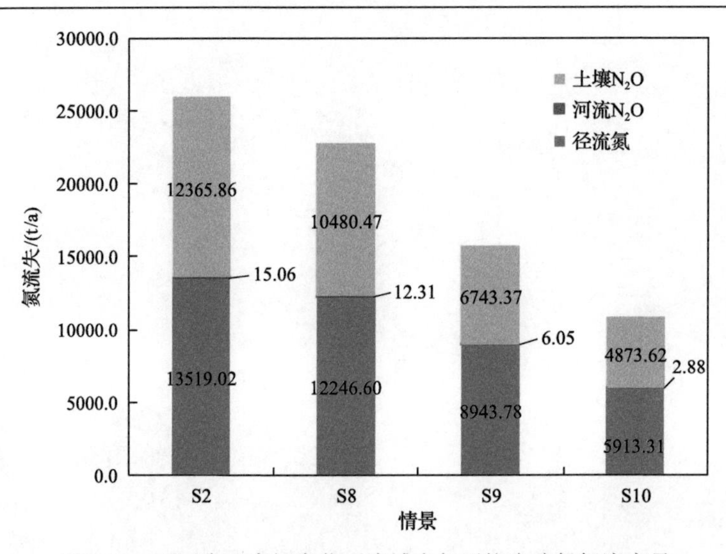

图 3-73　不同农田空间变化下流域多年平均多路径氮流失量

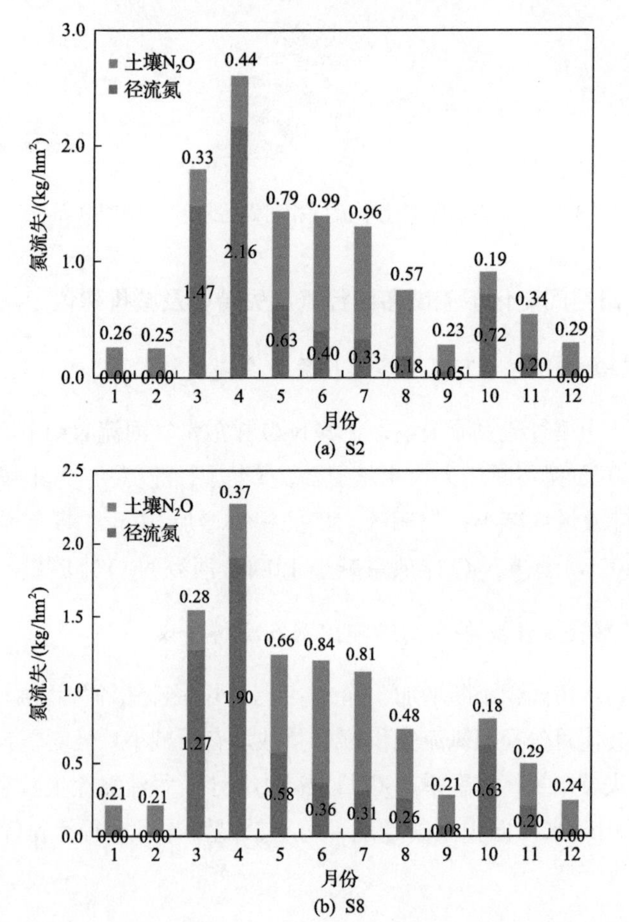

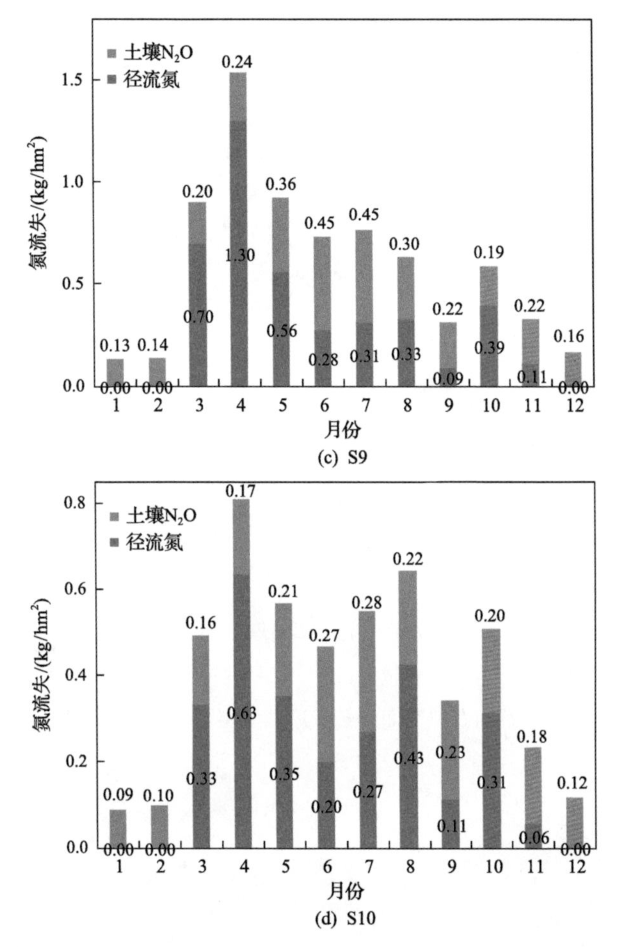

(c) S9

(d) S10

图 3-74　不同农田空间分布下流域多年月平均土壤氮流失特征

可有效减少 N_2O 排放。该部分进一步证明了旱田改水田是减少农田径流氮流失和 N_2O 排放的有效途径。

3. 土壤多路径氮流失空间热点识别及减排建议

旱田转水田逐渐从低海拔、低纬度区扩张到高海拔、高纬度区，流域内旱田转水田地块氮流失减小；随着旱田转为水田面积不断增大，流域内以 N_2O 排放为相对主要途径的面积不断增大，山地丘陵区的坡耕地及流域北部部分旱田以径流氮流失为主要途径(图 3-75；图 3-76)。建议坡耕地区应退耕还林，可使其从氮排放源转为氮汇；对于流域北部部分旱田区，建议在融雪季设置缓冲带，减少径流氮流失。

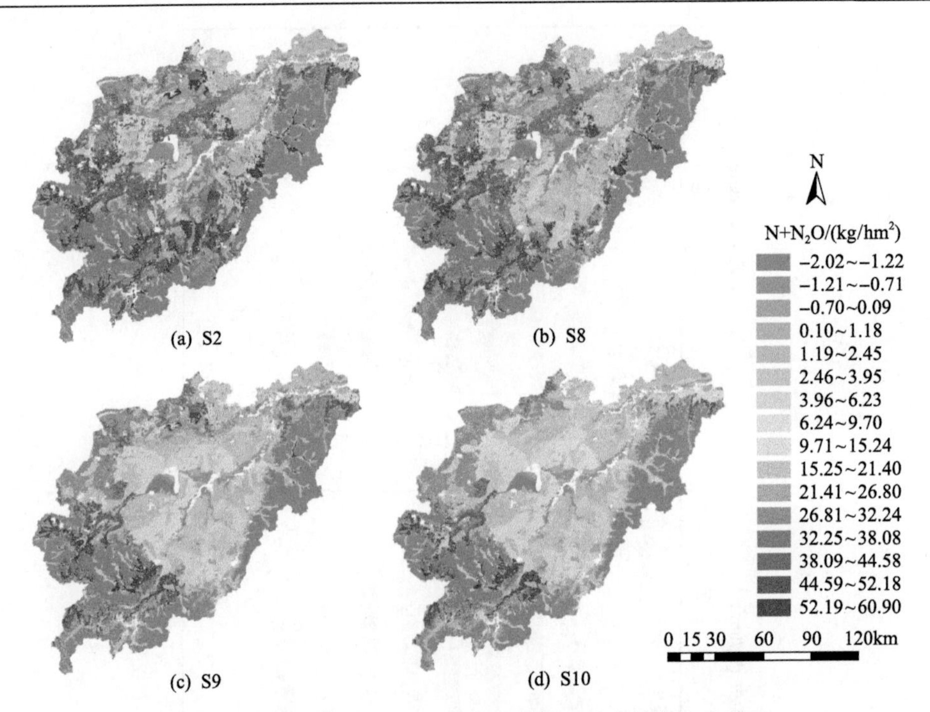

图 3-75　不同农田空间分布下流域多年平均土壤氮流失特征

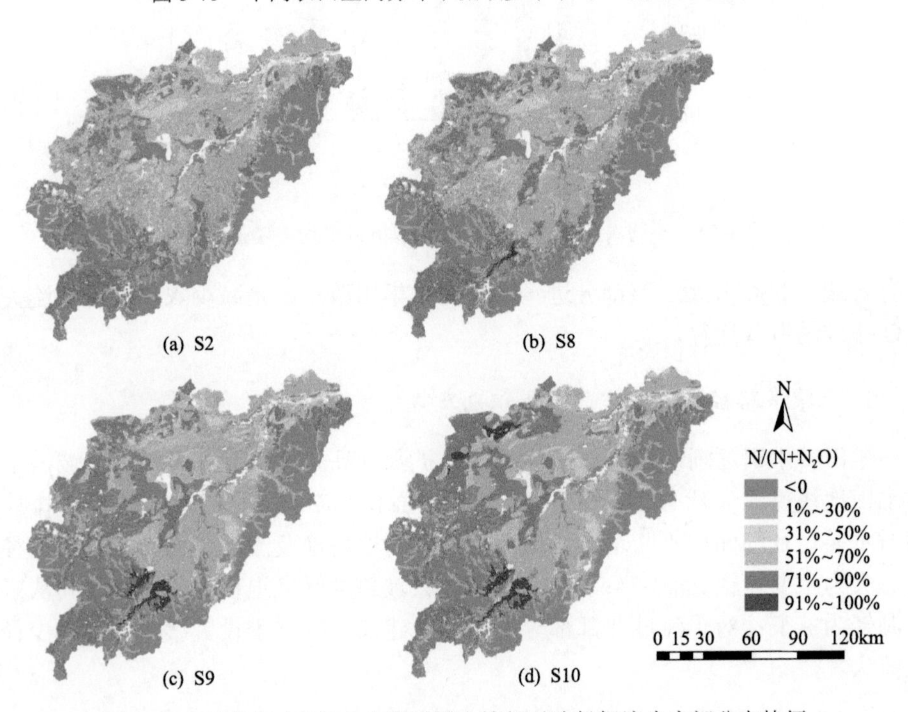

图 3-76　不同农田空间分布下流域土壤相对路径氮流失空间分布特征

3.6.3　不同水热及农田空间变化下流域多路径氮流失特征及减排建议

1. 不同水热及农田空间变化下流域多路径氮流失量变化

基准情景 S1 下，整个流域土壤径流氮流失入河量为 15851.78t/a(无机氮 6756.14t)，土壤中 10792.49t/a 的 N_2O 温室气体进入大气，对于河流的无机氮，其中有 15.69t/a 的 N_2O 温室气体进入大气，即河流 N_2O 排放系数为 0.0023，小于 IPCC 在 2006 年公布的河流 N_2O 排放系数(0.0025)(图 3-77)。随着气温、降水量和农田面积增加，土壤氮流失(土壤径流氮流失+土壤 N_2O)呈先增加后减小趋势，每种情境下都以径流氮流失为主；河流 N_2O 排放量先增大、后减小，S3、S6、S7 情景下河流排放系数分别为 0.0033、0.0018 和 0.0007，这主要是由河流氮浓度和大气 N_2O 浓度共同变化作用的结果。不同变化环境下河流 N_2O 排放系数差异较大，因此在评估不同环境下河流 N_2O 排放时，不建议采用固定河流 N_2O 排放系数。

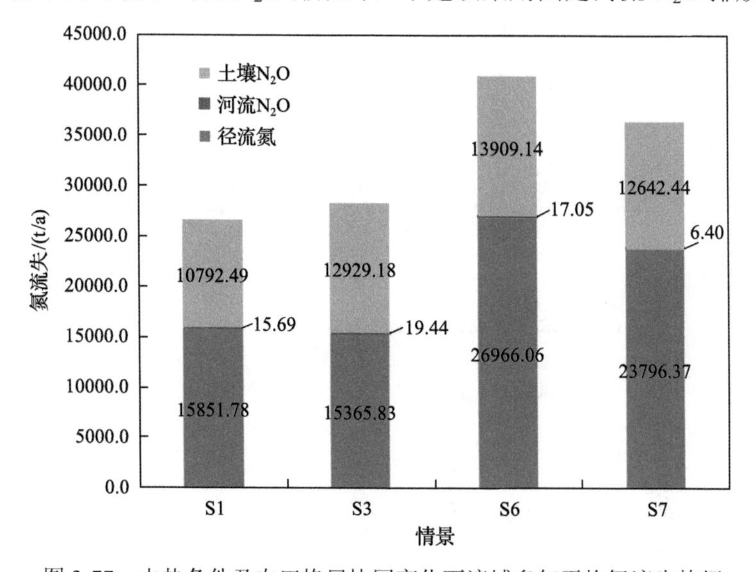

图 3-77　水热条件及农田格局协同变化下流域多年平均氮流失特征

2. 土壤多路径氮流失年内高峰期识别及减排建议

基准情景 S1 下，融雪季(春汛)(3～4 月)流域氮流失负荷最大(3.31kg/hm²)，其次是夏季(5～8 月)(0.77～1.59kg/hm²)(图 3-78)；其中冻融季(春汛)、秋汛期土壤径流氮流失负荷大于 N_2O 排放，应以控制减排径流氮流失为主，如在非生长季在农田径流出口设置缓冲带，减少径流氮流失；夏季土壤 N_2O 排放强度大于径流氮流失负荷，应以控制减少土壤 N_2O 排放为主，在不影响作物产量条件下可减少施肥量来减缓 N_2O 排放。随着气温、降水量增加及农田空间变化，夏秋季(7～11 月)土壤氮流失增加量较大，S3、S6、S7 情景下 8～11 月主要氮流失途径从 N_2O 排放转变为以径流氮流失为主，且流域氮流失高峰期从“单峰”(冻融季)转变为“双峰”(冻融季和夏秋季)。建议在非生长季在农田径流出口设置缓冲带，减缓土壤径流氮流失。其中 S6、S7 情景下 8 月土壤径流氮流失增加显著，这主要是由水田面积和降水量增加导致，建议 6 月、7 月采用浅灌深蓄措施，以减缓 8 月径流氮流失。

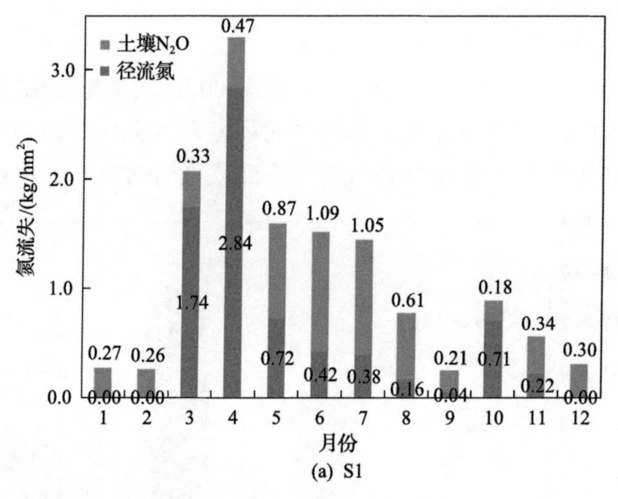

(a) S1

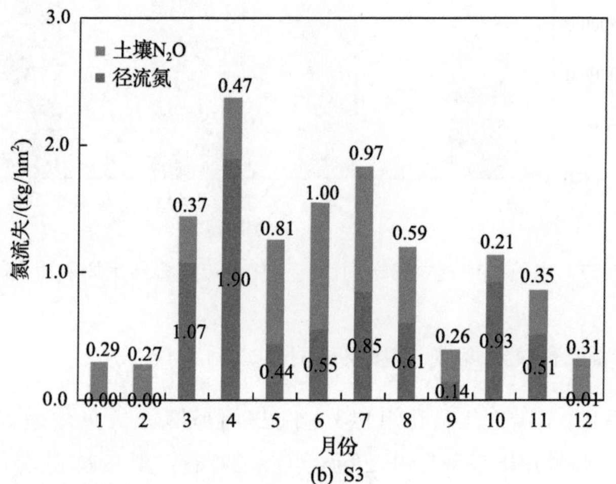

(b) S3

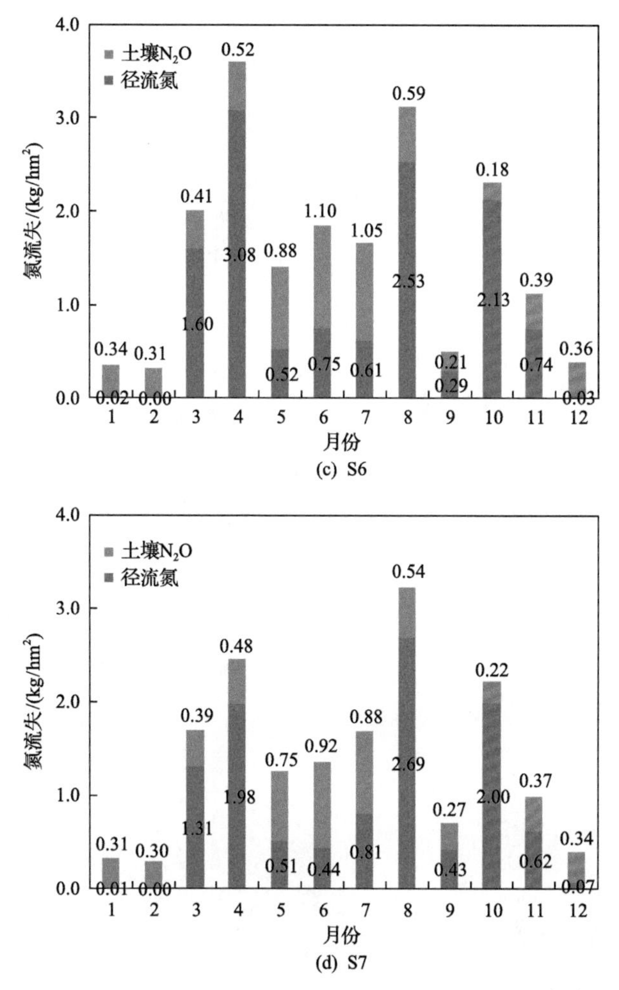

(c) S6

(d) S7

图 3-78　水热及农田格局协同变化下流域多年月平均土壤氮流失特征

3. 土壤多路径氮流失空间热点识别及减排建议

随着气温、降水量增加、农田扩张(包含旱田转水田)，流域内中南部平原区的氮流失负荷逐渐减小，流域北部及山地丘陵区农田区的氮流失负荷较大(图 3-79，图 3-80)。其中 S6、S7 情景下流域氮流失负荷较大的主要原因是降水量增大和坡耕地面积增加，建议降水量增大情景下坡耕地区应退耕还林，减缓氮流失。与单一的农田空间变化情景相比，随着气温、降水量增加、农田扩张(包含旱田转水田)，流域农田地块均以径流氮流失为主，即降水量增加情景下，水田主要氮流失途径从 N_2O 排放转为径流氮流失。因此，在水热增加、农田扩张情景下，对于坡耕地建议以退耕还林为主要减排措施，建议流域中部平原区的旱田转为水田，且水田应在夏季采用浅灌深蓄措施。

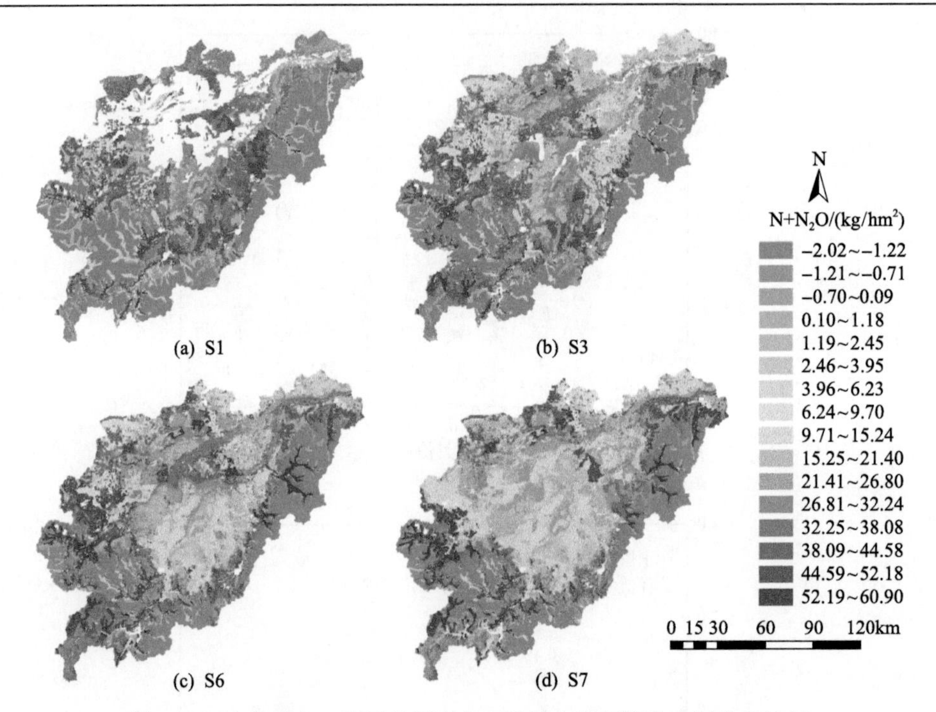

图 3-79　水热及农田格局协同变化下流域土壤氮流失空间分布特征

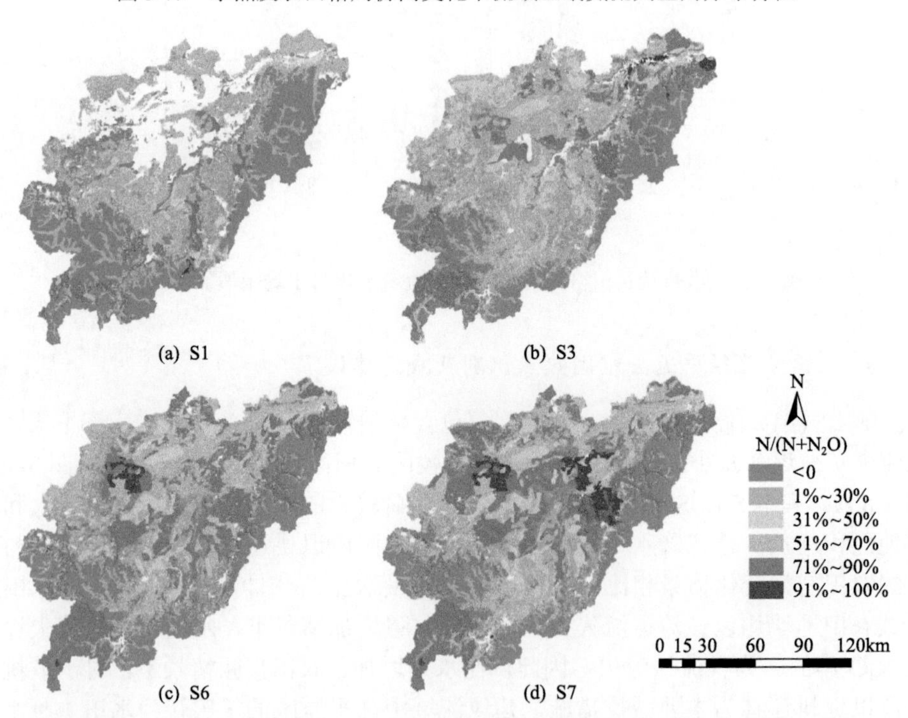

图 3-80　水热及农田格局协同变化下流域土壤相对路径氮流失空间分布特征

第 4 章　流域土壤侵蚀与非点源磷流失及其对气候变化的响应

冻融农区极易受到降水和温度变化的影响，水土流失过程较为复杂。国内外有关土壤侵蚀的研究大多从单一影响因素或单一时空尺度出发，大多关注冻融循环作用对土壤性质和土壤侵蚀的影响；而有关土壤侵蚀多影响要素和不同时空尺度的系统性分析较少，对融雪条件下流域土壤侵蚀、解冻土壤水分运动机理及其对非点源磷流失的影响的关注较少。选取三江平原冻融农区阿布胶河小流域为研究区，以流域土壤侵蚀及非点源磷污染物为研究对象。通过田间试验得到农业开发下流域土壤侵蚀时空特征，并分析土地利用和土壤性质变化对土壤侵蚀的叠加影响作用；通过分布式水文模型 SWAT 得到基于日尺度的流域地表径流和土壤侵蚀模数变化特征，基于室内试验解析常温土壤和解冻土壤水分运动规律，揭示土壤侵蚀变化成因；分析降水和温度对土壤侵蚀的综合影响。

4.1　研究区概况

研究区坐落在中国东北三江平原八五九农场下的阿布胶河流域(图 4-1)。八五九农场是中华人民共和国成立以来重要的农垦区，地处 133°50′E～134°33′E，47°18′N～47°50′N，场域面积 1355.5km^2。农场地势西南高、东北低，平原占全境面积的 69%。境内的阿布胶河流域面积为 142.9km^2。阿布胶河发源于喀尔喀山与斯

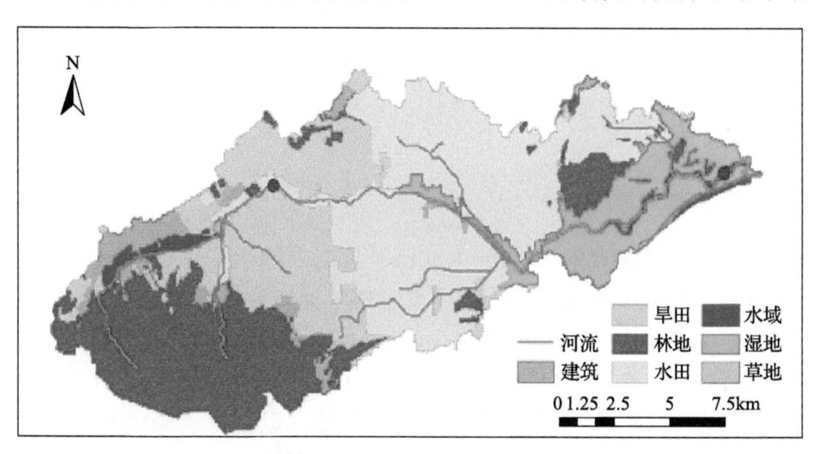

图 4-1　研究区地理位置图

莫勒山相接的龙山西侧，全长 32km，属于季节性河流，河道走势弯曲，河槽宽度在 2～4m，雨季河深约 1.5m，在降水量丰润时期，河流径流量与水位骤增。阿布胶河流域地势平缓，海拔在 38～209m。

阿布胶河流域主要土壤类型有暗棕壤土、沼泽土、草甸土、白浆土、潜育白浆土和草甸白浆土。棕壤类土主要为壤土和碎砂石质地；沼泽土主要分布于低洼地和水域沿岸，为壤土或黏土质地；草甸土成土于草甸植被下；白浆类土壤是一种广泛分布于中国东北和俄罗斯远东地区的壤质土壤；潜育白浆土与草甸白浆土在剖面构造上有所不同，其他性质均与其类似。宜作农用的土壤类型为白浆土和沼泽土两类。

研究区气候属于寒温带大陆性季风气候，早春微旱；夏季短暂，雨量较为集中；秋季降水量减少，多旱；冬季持续时间长，气候寒冷，雪量充足。年平均气温约为 2.94℃，一月温度最低，七八月温度最高，从每年的十月末，温度降至 0℃以下。年均降水量约为 583mm，降雪时期雪水当量约为 109mm，地面积雪深 20～50cm。地下水埋藏深度在 50～200m，故土壤水分主要源自降水，平均年蒸发量约为 1252mm，属于半干旱地区。该地区白天日照时间长，日温差大，土壤有机质含量高，适宜作物生长。受到气候条件影响，研究区春季和冬季的地表植被覆盖度低。同时，流域内林地坡度较陡，耕地坡度十分平缓。

4.2 土地利用类型和土壤性质变化对流域土壤侵蚀的影响

大规模的农业开发直接导致了土壤侵蚀，在农业开发的过程中，土地利用类型和土壤性质往往同时发生变化，产生一系列的水文响应，这些水文响应会对土壤侵蚀过程造成影响。土地利用类型变化和土壤性质变化对流域土壤侵蚀具有叠加影响作用。本节研究旨在：①发现流域土地利用类型和土壤物理及水力性质变化特征；②发现流域年均土壤侵蚀强度的时间变化和空间分布特征；③发现土地利用类型变化和土壤性质变化对流域土壤侵蚀影响规律。

4.2.1 材料与方法

1. 数据采集与处理

流域数字高程图分辨率为 30m×30m，数据来源于中国科学院资源环境科学与数据中心网站(http://www.resdc.cn)。土地利用类型数据由美国 NASA 陆地卫星 Landsat 系列影像解译而来(http://glovis.usgs.gov/)。选取 1979 年、1992 年、1999 年、2009 年和 2014 年五个代表年的遥感影像进行解译。专门选取作物生长季或收获季的遥感影像，最大程度上避开云层和雪层覆盖，以获得清晰的遥感影像。通过 ArcGIS 10.2.2 操作平台和 ENVI 5.1 操作平台，采用监督分类的方法得到农区土地利用类型的基本地图(Ouyang et al., 2017)，并根据对研究区的实地调研情况，对地图进行目视解译和修改。根据国家土地利用分类系统纲要，将阿布胶河流域土地利用类型分为七类：水田、旱田、林地、草地、水域、居住用地和湿地。水田属于湿地性水稻种植农田，旱田主要种植玉米、大豆等作物，旱田同水田一样，作物均为一年一收。林地属混合型林地，包括原始林地，次生林地和人工林地。草地包括草本和灌木植物。水域指研究区内主要河流和溪流。城镇居住用地包括农区居民居住地和街道等。湿地指地表存在永久性的自由水面或在生长季的主要时期存在自由水面的地区。

2. 样品采集与测定

根据研究区土壤类型分布特点和田间野外调查，运用遥感和定位技术，共确定16个采样点，这些采样点覆盖了研究区内所有类型的土壤(图4-2)。采用网格采样法(1.5km×1.5km)随机采样以减少采样数据误差。采样时避开田埂、道路和明显受到扰动的地点，将土壤表面的残枝残叶去掉。在每个采样点采集表层0～20cm土壤样品，每次取三个平行样品。为确保每个样品具有代表性，在距每个网格中心点100m范围内取3～5次土样，然后将它们均匀混合，采用四分法取其中1kg土壤作为该点最终的土壤样品。将样品用塑封袋密封并装入便携式小冰箱，远离光源和热源。采样过程中记录采样地点经纬度坐标和周围环境地形情况。

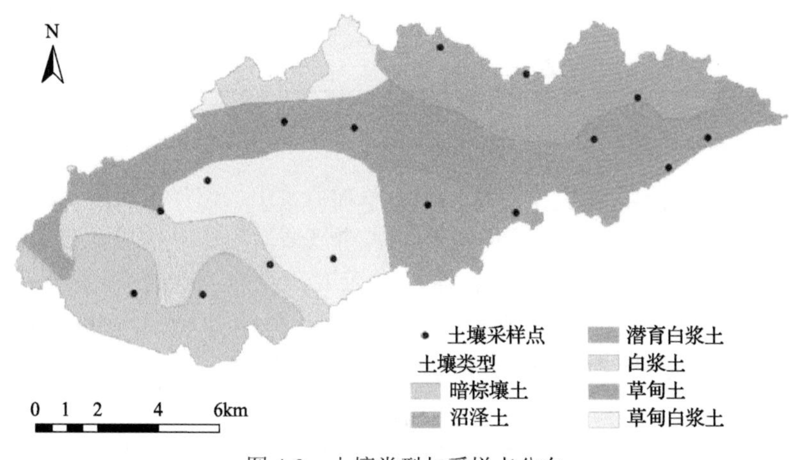

图4-2　土壤类型与采样点分布

土壤有机质(SOM)含量和土壤机械组成(SMC)在实验室测定。将不同类型土壤分开，标记并风干。然后将风干后的土壤过2mm筛。土壤有机质含量影响着土壤生产力，是农业研究领域中非常重要的土壤参数。土壤有机质含量根据国家标准《土壤 有机碳的测定 重铬酸钾氧化-分光光度法》(HJ 615—2011)测定。土壤机械组成包括黏粒含量、粉粒含量、沙粒含量和砾粒含量。土壤机械组成影响着土壤结构和土壤水力学特性，该指标用激光粒度分析仪(Microtrac S3500，美国)测定。该仪器可以自动分析并准确测定土壤颗粒组成结构，在计算机安装Microtrac测试软件并将计算机与该仪器连接。将待测土样缓慢加入仪器土样收集口，待测定完成，土壤机械组成结果显示在计算机屏幕上，可将测试结果保存成 PDF 或 Microsoft Excel 格式。

针对研究区不同土地利用类型，确定共计 7 个监测点(旱田 2 个、水田 2 个、林地 2 个、湿地 1 个)，针对研究区 2012 年作物生长季时六次中到大雨的强降雨过程(表 4-1)，采集了旱田、水田、林地和湿地四种土地利用类型下的降雨径流以及土壤样品。采样时间点设置为降雨开始后的 30min、60min、120min 和 240min，在这四个时间点分别采集 250mL 水样，实际采样频率根据实际降雨情况而定。将采集后的水样保存在 4℃温度下，保存 24h，通过钼锑抗分光光度法测定总磷含量。通过计算得到各土地利用类型下磷流失情况。

表 4-1　采样日期和降雨情况

降雨事件发生时间(2012 年)	降水量/mm	降雨强度等级
4 月 26 日	16.0	大雨
5 月 5 日	19.6	大雨
5 月 8 日	23.6	大雨
6 月 11 日	9.40	中雨
7 月 11 日	18.5	大雨
8 月 29 日	13.0	中雨

3. 土壤性质分析

研究区分布六种土壤类型：草甸土、草甸白浆土、沼泽土、潜育白浆土、白浆土和暗棕壤土，其中草甸土分布最广，占全流域面积的 31.5%。该六种土壤在不同土壤分类标准中有不同的名称，对应的土壤在美制土壤分级标准(Soil Taxonomy)和联合国粮食及农业组织(Food and Agriculture Organization of the United Nations，FAO)土壤分级标准中的名称见表 4-2。

表 4-2　研究区土壤类型

中国	Soil Taxonomy(美国)	FAO
沼泽土	humic cryaquept	gleysol
草甸白浆土	glossoboralf	albic luvisol
潜育白浆土	glossoboralf	albic luvisol
草甸土	haplioboroll	haplic phaeozem
暗棕壤土	eutroboralf	haplic luvisol
白浆土	glossoboralf	albic luvisol

在农业开发影响下，土壤理化性质的变化是一个缓慢的过程，故选取农业开发中前期 1979 年的土壤性质数据和 2014 年的土壤性质数据，共两期数据对土壤性质变化进行分析，其时间间隔为 35 年。1979 年土壤性质资料来源于第二次全国土壤普查，2014 年土壤性质数据由研究区土壤采样和实验室分析获得(表 4-3)。土壤水力学性质通过 SPAW(soil-plant-atmosphere-water)模型中的 Soil Water Characteristics Tool 模块计算得到(图 4-3)。SPAW 模型发源于美国，它可以仅通过土壤机械组成参数和土壤有机质参数有效预测农田土壤物理性质和水力性质。通过前述试验得到六种土壤的有机质含量和机械组成，作为模型的输入数据，然后计算得到土壤水力学性质。计算后，土壤质地、田间持水量、土壤容重、土壤水饱和度和饱和导水率(K_S)显示在模型界面，可直接读取记录数据。土壤质地和土壤容重反映了土地结构状况，田间持水量、土壤水饱和度和 K_S 反映了土壤水动力学性质，即土壤的持水性和土壤水运动能力。

表 4-3　土壤机械组成及物理性质　　(单位：%)

土壤参数	暗棕壤土		白浆土		草甸白浆土		潜育白浆土		草甸土		沼泽土	
	1979 年	2014 年	1979 年	2014 年	1979 年	2014 年	1979 年	2014 年	1979 年	2014 年	1979 年	2014 年
有机质含量	9.34	9.34	4.10	3.20	5.66	4.50	7.03	4.50	6.31	3.92	3.14	1.96
黏粒比例	21.3	21.3	20.0	24.9	27.1	24.2	28.4	26.1	36.7	28.1	34.6	25.4
粉粒比例	40.4	40.4	55.3	42.2	39.8	42.3	49.2	44.9	46.2	43.1	31.1	43.2
沙粒比例	38.3	38.3	24.7	32.9	33.1	33.5	22.4	29.0	17.1	28.8	34.3	31.4
砂砾比例	1.32	1.32	0.012	0.012	0.045	0.045	0.042	0.042	0.068	0.068	0	0

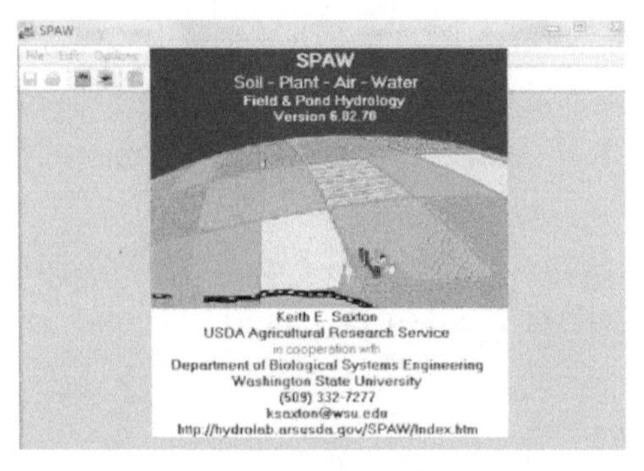

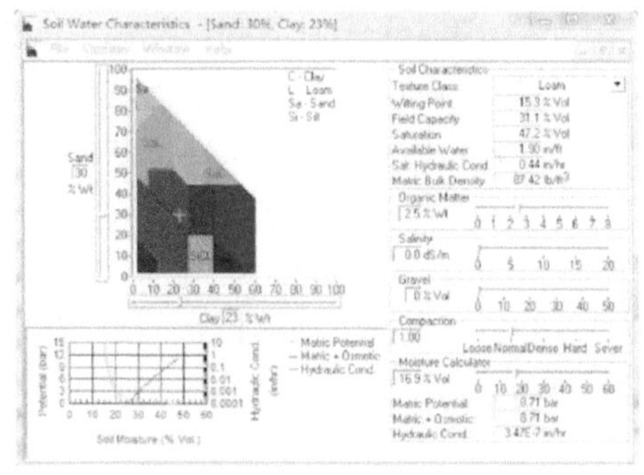

图 4-3　SPAW 模型及其 Soil Water Characteristics Tool 模块

4. 土壤侵蚀因子计算

通用土壤流失方程是土壤侵蚀研究领域应用最为广泛的模型之一，它是可以定量计算坡面土壤侵蚀情况的一款经典的经验模型。本研究采用修正版的土壤流失方程，运用 ArcGIS 平台计算农区长时间内平均土壤侵蚀模数，以获得长期农业开发下的土壤侵蚀特征。方程中土壤侵蚀因子计算方法是根据中国实际情况进行修订后而来。通用土壤流失方程将降水、土壤、地形和植被覆盖等自然因素考虑在内的同时，也将人为活动影响因素如水土保持措施纳入方程中计算。方程用土壤侵蚀模数来表征土壤侵蚀强度大小（Wischmeier and Smith, 1978）：

$$A = R \times K \times L \times S \times C \times P \tag{4-1}$$

式中，A 为土壤侵蚀模数[t/(hm^2·a)]；R 为降雨侵蚀力[MJ·mm/(hm^2·h·a)]；K 为土壤可蚀性因子[t·h/(MJ·mm)]；L 为坡长因子（无量纲）；S 为坡度因子（无量纲）；C 为植被覆盖因子（无量纲）；P 为水土保持措施因子（无量纲）。

R 反映了土壤被降雨侵蚀的可能性大小。章文波和付金生（2003）采集覆盖我国主要农区内 66 个气象站的雨量和雨强资料，对降雨侵蚀力因子进行估算，估算结果表明实际值与估算值之间的决定系数高于 0.951。故在本研究中，采用他们的计算方法，将降水量大于 12mm 的降雨视为侵蚀性降雨，则降雨侵蚀力因子可用式（4-2）～式（4-4）计算：

$$R_i = \alpha \sum_{j=1}^{k} (D_j)^{\beta} \tag{4-2}$$

$$\beta = 0.8363 + 18.144 P_{\mathrm{d12}}^{-1} + 24.455 P_{\mathrm{y12}}^{-1} \tag{4-3}$$

$$\alpha = 21.586 \beta^{-7.1891} \tag{4-4}$$

式中，R_i 为第 i 个半月的降雨侵蚀力[MJ·mm/(hm^2·h·a)]；k 为该半月内的侵蚀性降雨天数（d）；D_j 为半月第 j 天的侵蚀性降水量（≥12mm）（mm）；α、β 分别为模型参数；P_{d12} 为日雨量≥12mm 的日均降水量（mm）；P_{y12} 为日雨量≥12mm 的年均降水量（mm）。

土壤可蚀性因子表征了土壤在雨滴击溅和径流冲刷作用下被剥蚀和搬运的可能性，是影响土壤侵蚀的内在因素。用式（4-5）计算 K[t·h/(MJ·mm)]（Sharpley and Williams, 1990）：

$$K = \left\{0.2 + 0.3\exp\left[-0.0256 S_{\mathrm{a}}\left(1 - \frac{S_{\mathrm{i}}}{100}\right)\right]\right\} \times \left(\frac{S_{\mathrm{i}}}{C_1 + S_{\mathrm{i}}}\right)^{0.3} \times \left[1 - \frac{0.25C}{C + \exp(3.72 - 2.95C)}\right] \times \left[1 - \frac{0.25C}{S_{\mathrm{n}} + \exp(-5.51 + 22.9 S_{\mathrm{n}})}\right] \tag{4-5}$$

$$S_n = 1 - S_a / 100 \tag{4-6}$$

式中，S_a 为沙粒含量(0.05～2.00mm)(%)；S_i 为粉粒含量(0.002～0.05mm)(%)；C_l 为黏粒含量(<0.002mm)(%)；C 为有机碳含量(%)；S_n 为沙粒含量影响因子。

得到不同类型土壤的 K 值后，将其输入 ArcGIS 矢量文件的属性表中，最后将矢量文件转换成栅格文件，得到 1979 年和 2014 年的 K 值栅格文件。

地形因子 L 和 S 反映了地形地貌特征对土壤侵蚀的影响，用下面的经验方程计算坡长因子(Wischmeier and Smith, 1978; Liu et al., 2000)：

$$L = \left(\frac{\lambda}{22.1}\right)^m \tag{4-7}$$

$$m = \begin{cases} 0.2 & \theta \leqslant 1° \\ 0.3 & 1° < \theta \leqslant 3° \\ 0.4 & 3° < \theta \leqslant 5° \end{cases} \tag{4-8}$$

用 Macool 提出的方法计算缓坡(≤5°)的 S 值,用 Liu 提出的方法计算陡坡(5°<θ<35°)的 S 值,故坡度因子用式(4-9)计算(Mccool et al., 1987; Liu et al., 1994)：

$$S = \begin{cases} 10.8\sin\theta + 0.03 & \theta < 5° \\ 16.8\sin\theta - 0.5 & 5° < \theta \leqslant 10° \\ 21.9\sin\theta - 0.96 & \theta \geqslant 10° \end{cases} \tag{4-9}$$

式中，λ 为坡长(m)；θ 为坡度(°)。

为使计算结果更加精准，将农区划分为 45 个子流域，在每个子流域中计算坡长因子。坡度因子直接在流域数字高程图中进行计算。研究区坡度分布如图 4-4。最后在 ArcGIS 中得到 L 和 S 因子的栅格文件。

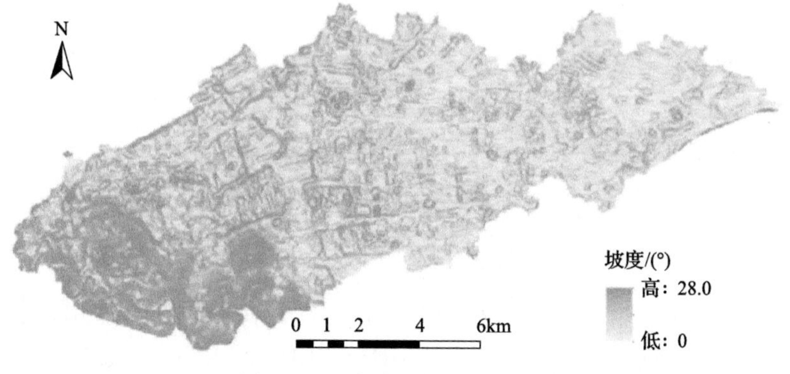

图 4-4 阿布胶河流域坡度分布

作物因子 C 与植被覆盖和管理有关，水土保持措施因子 P 表征采取水土保持措施后与未采取措施前土壤侵蚀量的比值。在大量阅读东北黑土区研究的相关文献后，取值参考张雪花等(2006)和蒋春丽等(2015)的研究，张雪花等(2006)确定 C 值后最终计算得到的土壤侵蚀模数精度较高，误差在 4.0%。最后在 ArcGIS 中生成 1979 年和 2014 年 C 和 P 的栅格文件。

各代表年里土壤侵蚀因子选择与计算方法如表 4-4。由于通用土壤流失方程适用于对年均土壤侵蚀情况的评估，所以以五个代表年分别作为相应时间段内的时间节点，本研究计算的土壤侵蚀模数反映了这些时间节点前后农区土壤侵蚀的平均状况，代表了流域土壤侵蚀时空变化趋势。得到各因子栅格文件后，在 ArcGIS 中利用栅格计算器将 1979 年、1992 年、1999 年、2009 年和 2014 年共计 5 年的 R、K、L、S、C、P 因子值相乘，最终得到流域年均土壤侵蚀分布图。本章计算过程中将单位从 $t/(hm^2 \cdot a)$ 转换为 $t/(km^2 \cdot a)$。

表 4-4　各代表年土壤侵蚀因子选择与计算

A	R①	K	L②	S②	C	P
1979 年	1974～1984 年	1979 年	—	—	1979 年	1979 年
1992 年	1987～1997 年	1979 年	—	—	1979 年	1979 年
1999 年	1994～2004 年	2014 年	—	—	2014 年	2014 年
2010 年	2004～2014 年	2014 年	—	—	2014 年	2014 年
2014 年	2009～2014 年	2014 年	—	—	2014 年	2014 年

①因子为相应时期内的平均值，②因子为常数。

5. 多元统计分析

主成分分析方法可以有效降低数据维度，保留数据的代表性变量和重要信息，有助于分析多维数据信息。该种方法已被广泛应用于包括大气、土壤和水在内的环境评价和预测领域(Boruvka et al., 2005)。为探究土地利用类型变化和土壤性质变化对农区平均土壤侵蚀的影响，将降雨侵蚀力、水田、旱田、林地和草地的土地面积以及土壤饱和导水率作为主成分分析方法中的解释变量，用降维方法得到有效信息。用 SPSS 20.0 软件进行相关分析和主成分分析。用 Varimax 方差最大旋转方法对因子进行旋转，得到旋转后的因子载荷矩阵(Shan et al., 2013)。

4.2.2　流域土壤侵蚀因子时空分布特征

降雨侵蚀力 R 在五段时间内 1979 年、1992 年、1999 年、2009 年和 2014 年的值分别为 1435.41[$MJ \cdot mm/(hm^2 \cdot h \cdot a)$]、1621.14[$MJ \cdot mm/(hm^2 \cdot h \cdot a)$]、1582.20[$MJ \cdot mm/(hm^2 \cdot h \cdot a)$]、1383.22[$MJ \cdot mm/(hm^2 \cdot h \cdot a)$]和 1453.98[$MJ \cdot mm/(hm^2 \cdot h \cdot a)$]，

最大值出现在 1992 年，最小值出现在 2009 年。几十年以来，平均日侵蚀性降水量在 22.35～24.02mm，平均年侵蚀性降水量在 290.22～319.59mm(表 4-5)。

表 4-5　阿布胶河流域各年侵蚀性降水量及降雨侵蚀力

年份	日侵蚀性降水量/mm	年侵蚀性降水量/mm	R[MJ · mm/(hm^2 · h · a)]
1979	22.95	291.17	1435.41
1992	23.13	319.59	1621.14
1999	22.35	318.90	1582.20
2009	22.90	290.22	1383.22
2014	24.02	290.68	1453.98

根据各类型土壤所占的面积大小，采用面积加权的方法计算得到 1979 年和 2014 年的平均 K 值分别为 0.26t · h/(MJ · mm)和 0.25t · h/(MJ · mm)，变化甚微。在 1979 年，白浆土的 K 值最高，为 0.29t · h/(MJ · mm)，沼泽土的值最低，为 0.23t · h/(MJ · mm)。在 2014 年，潜育白浆土的 K 值最高，为 0.26t · h/(MJ · mm)，暗棕壤土的 K 值最低，为 0.24t · h/(MJ · mm)。阿布胶河流域地势平缓，该流域超过 90%的地区坡度均小于 15°。S 因子的最高值、最低值和平均值分别为 9.32、0.03 和 0.81。流域内坡长一般在 100～299m，覆盖全流域面积的 65.3%。L 值的最高值、最低值和平均值分别为 8.91、2.31 和 5.06。

旱田和水田都具有较高的 C 值，但旱田的 P 值比水田的 P 值更高。土壤侵蚀不会发生在水域，所以水域的 C 值和 P 值是 0。同样道理，居住用地的 P 值也为 0。在 ArcGIS 中将 1979 年、1992 年、1999 年、2009 年和 2014 年的 K、L、S、C、P 各因子值相乘后得到相应代表年度附近时期的流域平均土壤侵蚀分布(图 4-5)。

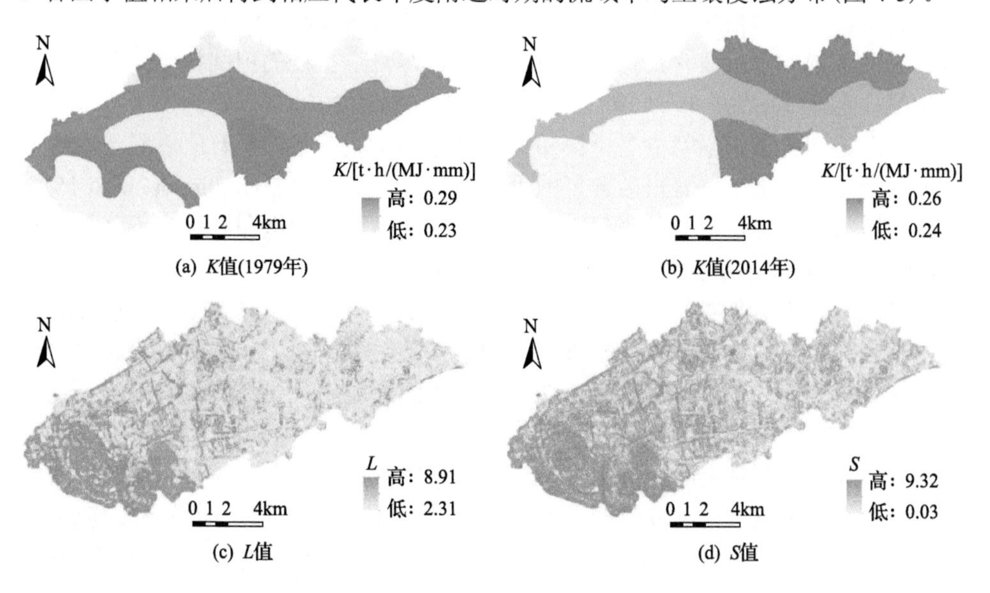

(a) K值(1979年)　(b) K值(2014年)

(c) L值　(d) S值

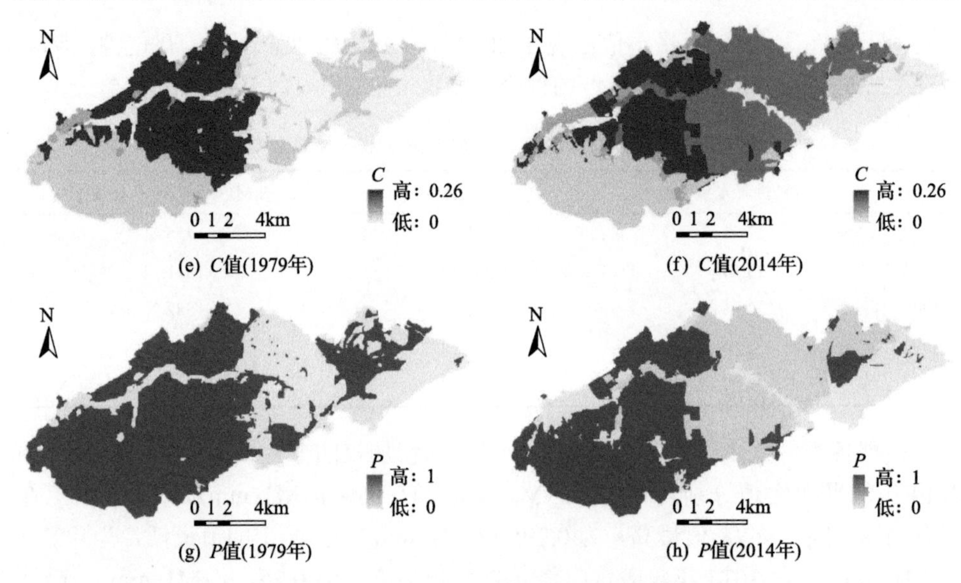

(e) C值(1979年)　(f) C值(2014年)

(g) P值(1979年)　(h) P值(2014年)

图 4-5　不同年份土壤侵蚀因子分布特征

4.2.3　流域土壤性质变化特征

基于 SPAW 模型中的 Soil Water Characteristics Tool 模块得到六种类型土壤的有机质含量、土壤容重、田间持水量、土壤水饱和度和土壤饱和导水率(表 4-6)。结果表明六种土壤的质地基本上均发生了变化。在 1979 年，流域土壤质地主要为壤土、粉质壤土和黏质壤土，但到 2014 年，质地多变为壤土。经过约 35 年的农业开发，除了暗棕壤土的容重保持基本不变以外，研究区土壤的容重均有所增加。研究表明，当林地被耕地取代时，土壤容重容易增加(Lal, 1996)。另外，基本上所有类型土壤的有机质含量均明显下降。在 1979 年，土壤的田间持水量和土壤水饱和度分别在 32.7%～39.2%和 48.0%～60.8%，但到 2014 年，研究区大多数类型土壤的上述两种水力学特性呈下降特点，这表明土壤持水性能有所下降。农业开发可能会导致表层土壤有机碳含量的下降和土壤容重的增加(Squire et al., 2015)。六种土壤的饱和导水率整体也呈下降趋势，其中白浆土的饱和导水率下降幅度最大，减少了 43.6%，而暗棕壤土的饱和导水率基本未变。沼泽土的饱和导水率增加了 73.5%，而其他类型的土壤饱和导水率减少了 1.11%～40.8%。Udawatta 等(2006)曾指出，通常在永久性植被覆盖的条件下，土壤饱和导水率值要比耕作模式下的导水率值高很多，如本章所述，耕作后的土壤质量会降低，农田的开垦会对土壤性质造成很大影响。

流域西部暗棕壤土的土壤水饱和度一直保持较高值。在 1979 年，流域中西部的草甸白浆土土壤水饱和度较低，但到 2014 年，该值显著增高(图 4-6)。流域中南部土壤水饱和度值较其他地区偏高。具有较高饱和导水率的土壤多分布在流域

表 4-6　土壤物理性质和水力学性质

土壤性质参数	暗棕壤土		白浆土		草甸白浆土		潜育白浆土		草甸土		沼泽土	
	1979 年	2014 年	1979 年	2014 年	1979 年	2014 年	1979 年	2014 年	1979 年	2014 年	1979 年	2014 年
有机质含量/%	9.34	9.34	4.10	3.20	5.66	4.50	7.03	4.50	6.31	3.92	3.14	1.96
土壤容重/(g/cm^3)	1.04	1.04	1.26	1.36	1.21	1.28	1.07	1.26	1.14	1.31	1.38	1.43
田间持水量/%	34.8	34.8	32.7	32.0	34.8	32.8	37.6	34.1	39.2	34.3	35.9	31.3
土壤水饱和度/%	60.8	60.8	52.4	48.5	54.2	51.8	59.5	52.3	56.9	50.7	48.0	45.9
土壤饱和导水率/(mm/h)	42.9	42.9	21.1	11.9	18.0	17.8	26.2	15.5	13.5	11.4	4.83	8.38

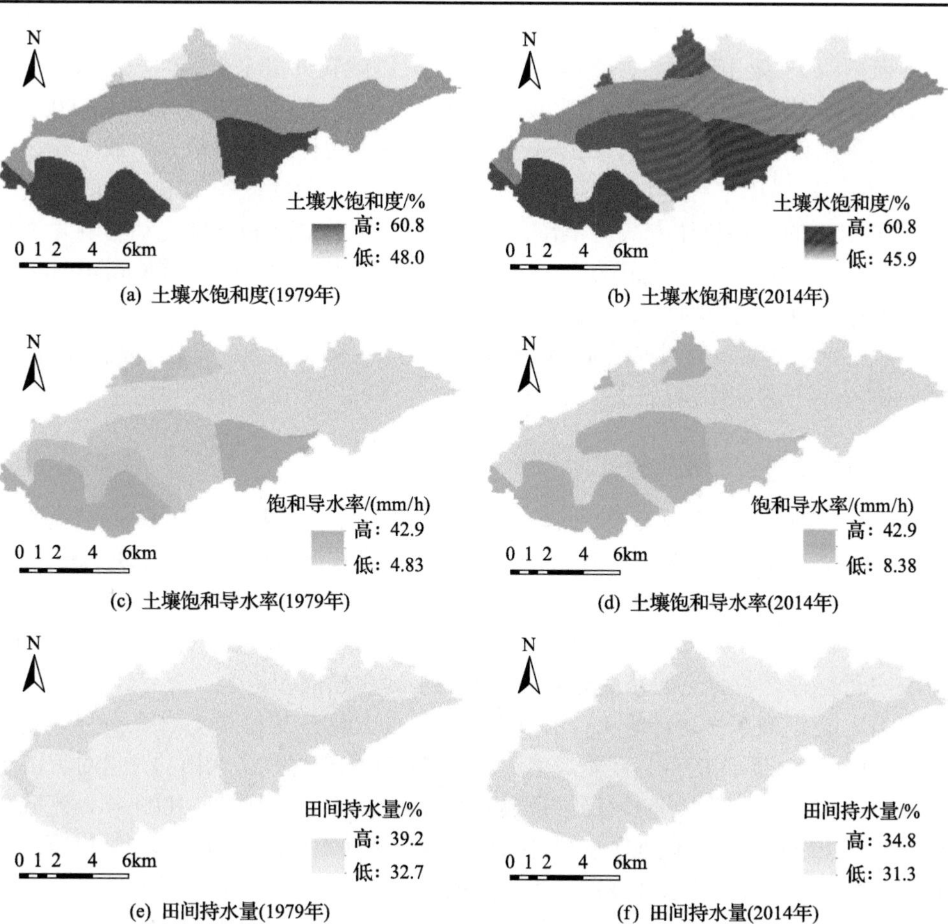

图 4-6　土壤水力性质空间分布特征

西南，林地土壤导水能力近几十年基本未发生改变，这可能是由于林地受农业开发影响较小。在 1979 年，流域沿阿布胶河分布的草甸土具有较高田间持水量，而到 2014 年有所下降。在研究区北部林地和湿地分布着沼泽土，该种土壤的土壤水饱和度、土壤饱和导水率和田间持水量均较低。沿着阿布胶河分布的草甸土受农业开发的影响较大，其土壤水饱和度和田间持水量变化最大。经过几十年的农业开发，流域西南部林地的土壤水力性质基本未发生变化，而位于中部的耕地地区土壤水力性质发生了明显改变。位于流域东北部的沼泽土，受农业开发影响相对较小。总体来说，流域中部变化较为明显，可能原因是水田的开垦以及旱田向水田的转化影响了土壤理化性质。

4.2.4 流域土地利用类型变化特征

在 1979～2014 年，阿布胶河流域土地利用类型发生了巨大的变化，具体表现在湿地面积的大幅减少和水田面积的大幅增加，同时旱田和林地面积缩减，居民用地面积增加(图 4-7)。各种土地利用类型中，湿地转变成水田的面积最大，共有 $28.00km^2$ 的湿地被开垦成了水田，其次是旱田和林地，分别有 $12.29km^2$ 和 $9.05km^2$ 转变成了水田。另外，分别有 $2.16km^2$ 和 $1.55km^2$ 的林地和湿地开垦成了旱田。在 1979 年，旱田、林地和湿地的面积基本相当，水田的面积为 0。由此可见，1979 年农区的主要耕作方式为旱作，此时对研究区的湿地和林地扰动影响并不是很大。1979～2014 年，湿地面积共减少了 61.0%，而水田面积由 0 增长到 $49.8km^2$。原因可能是与旱田作物相比，水田作物能产生更大的经济效益。尽管居民用地面积占比小，在农业开发影响下，人口不断增多，人民生活水平不断提高，居住用地面积与 1979 年相比增长了 1.63 倍。

4.2.5 流域土壤侵蚀变化特征

以五个代表年分别作为相应时间段内的时间节点，计算得到这些时间节点前后农区土壤侵蚀的平均状况，流域中部平均土壤侵蚀模数值最高，达到 $420.9t/(km^2 \cdot a)$，该地区主要分布着旱田。相比之下，流域西部地区土壤侵蚀几乎减半，平均土壤侵蚀模数为 $204.4t/(km^2 \cdot a)$，该地区主要分布着林地。从图 4-8 可以看出，在 1979 年，流域中间有着一条明显的东西分界线，随着旱地种植面积扩大，分界线在 1979～1999 年，逐渐向东移动。但随着水田的开垦，在 2009～2014 年，该条分界线又逐渐向西移动。此期间的分界线基本上为旱田和水田的分界线。水田的开垦对流域土壤侵蚀贡献较小，其平均土壤侵蚀模数为 $27.20t/(km^2 \cdot a)$。1979～2009 年，流域东部土壤侵蚀模数最低，该地区主要分布着湿地和林地，东部林地土壤侵蚀模数低是由于东部地势平缓。在农业发展过程中，该地区很大一部分湿地和林地开垦成了水田，草地也已经基本消失。尽管草地的平均土壤侵蚀模数为 $132.0t/(km^2 \cdot a)$，流域东部地区土壤侵蚀水平依然较低，因为水田和湿地为该地区主要土地利用类型。

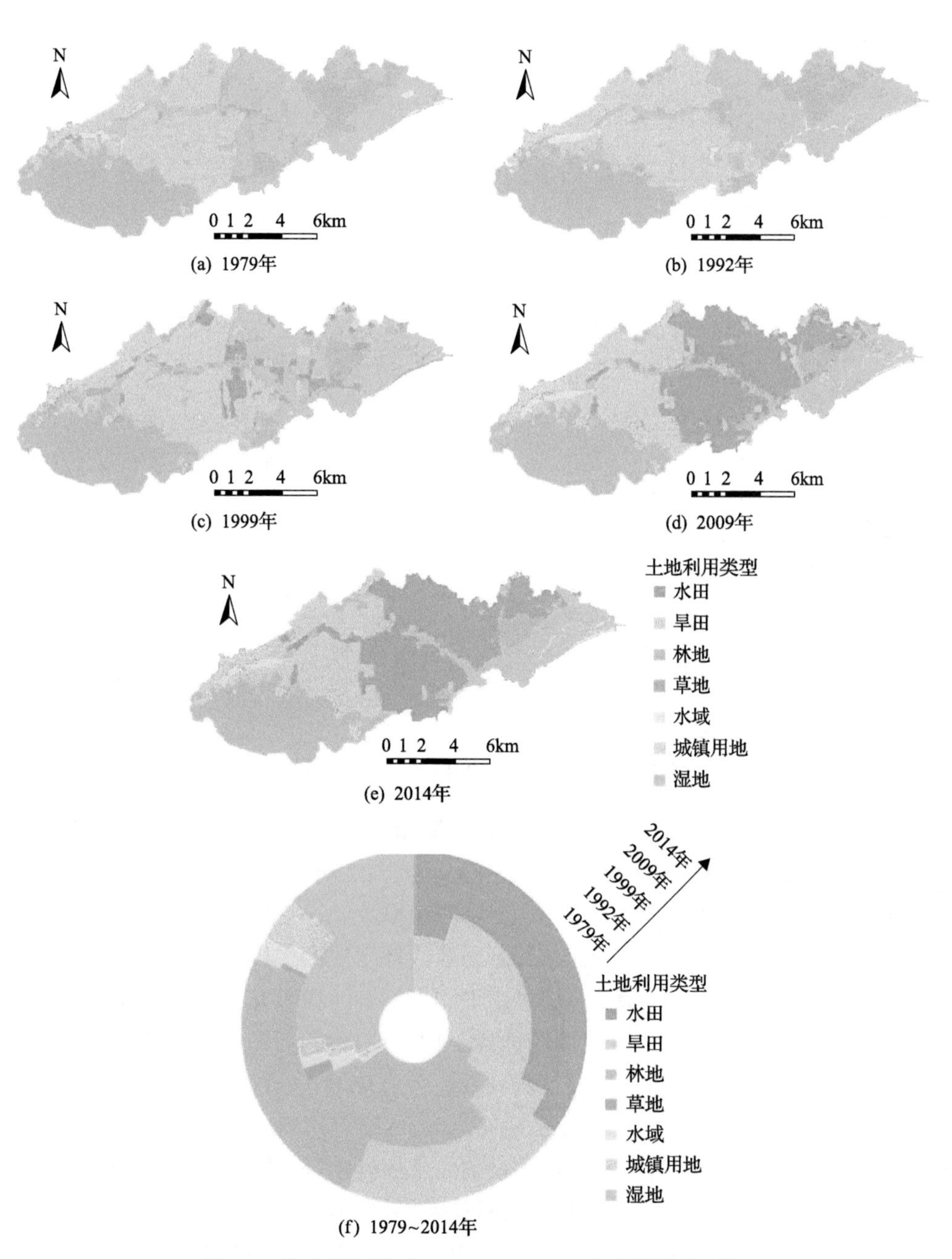

图 4-7　阿布胶河流域 1979～2014 年土地利用类型变化

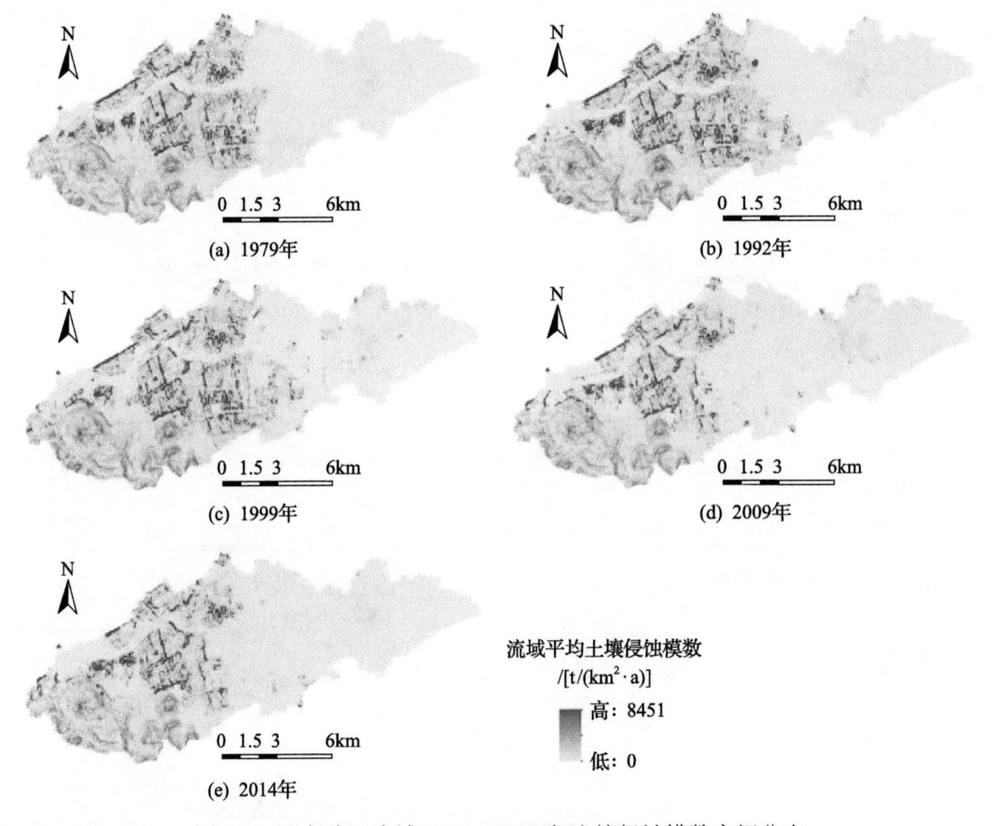

图 4-8　阿布胶河流域 1979～2014 年土壤侵蚀模数空间分布

1979 年、1992 年、1999 年、2009 年和 2014 年的土壤侵蚀总量依次为 26737.9t/a、31433.1t/a、29000.8t/a、22283.9t/a 和 22570.4t/a(图 4-9)。根据我国水利部制定的土壤侵蚀强度分级规范，土壤侵蚀模数低于 200t/(km^2·a)属Ⅰ级微度侵蚀；侵蚀模数在 200～2500t/(km^2·a)属Ⅱ级轻度侵蚀。故 1979 年、2009 年和 2014 年的土壤侵蚀属于Ⅰ级微度侵蚀水平，1992 年和 1999 年属于Ⅱ级轻度侵蚀水平。本研究结果表明研究区土壤侵蚀处于微度或轻度水平，这与前人研究结果(Nearing et al., 2017)和水利部松辽水利委员会公布的《松辽流域河流泥沙公报》结果接近。

从各种土地利用类型的土壤侵蚀模数和土壤侵蚀量可以看出，旱田的土壤侵蚀模数和侵蚀量最大，对土壤侵蚀的贡献最大(图 4-10)。水田多由湿地和旱田开垦而成，对土壤侵蚀的贡献远远小于旱田。旱田的平均土壤侵蚀模数为 420.9t/(km^2·a)，产生的土壤侵蚀量约占流域侵蚀总量的 64.79%。草地的面积最小，其平均土壤侵蚀模数为 109.9t/(km^2·a)，产生的土壤侵蚀量仅占流域侵蚀总量的 0.41%。从流域总体情况来看，农田和有坡度的林地的土壤侵蚀程度相对较为严重。

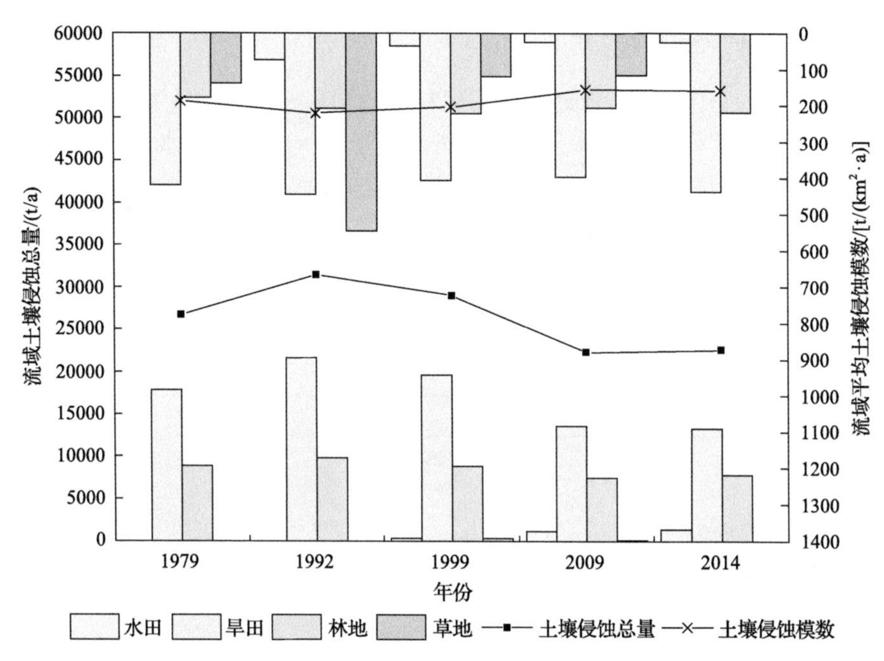

图 4-9　阿布胶河流域 1979～2014 年土壤侵蚀模数与土壤侵蚀量时间变化规律

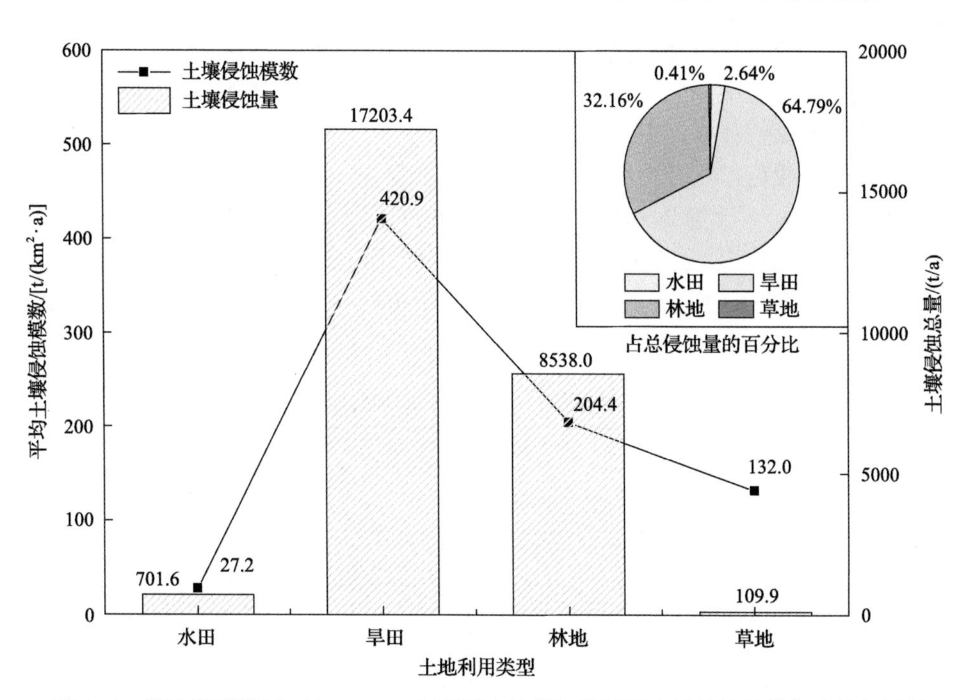

图 4-10　阿布胶河流域 1979～2014 年不同土地利用类型下土壤侵蚀模数与土壤侵蚀量

4.2.6 土壤侵蚀贡献因子分析

对降雨侵蚀力因子 R、土地利用类型和土壤饱和导水率(K_s)进行相关性分析，相关性分析结果将作为下一步土壤侵蚀贡献因子分析的基础。水田与旱田、水田与林地、水田与土壤饱和导水率之间存在着很强的相关关系(相关系数大于 0.85)，林地与土壤饱和导水率之间也存在着很强的相关关系(表 4-7)。除此之外，旱田与 R 因子关系也较强(相关系数大于 0.70)。而水田与 R 因子、旱田与林地、旱田与土壤饱和导水率之间存在弱相关关系(相关系数大于 0.55)。

表 4-7　各因子相关关系矩阵

因子	水田	旱田	林地	草地	R 因子	K_s
水田	1					
旱田	–0.923*	1				
林地	–0.894*	0.672	1			
草地	–0.277	0.457	–0.095	1		
R 因子	–0.639	0.805	0.348	0.219	1	
K_s	–0.896*	0.668	0.974**	0.081	0.255	1

**相关性在 0.01 水平上显著(双侧)，*相关性在 0.05 水平上显著(双侧)。

运用主成分分析方法得到特征根、各因子的贡献率以及累计贡献率(表 4-8)。前两个成分的特征根分别为 3.95 和 1.30，二者累计方差贡献率为 87.4%，这说明前两个因子可以解释全部变量信息的 87.4%。用方差最大旋转方法将因子载荷矩阵旋转，得到载荷，旋转后第一个成分贡献率为 55.3%。旋转后的第一主成分主要为林地(0.998)、土壤饱和导水率(K_s)(0.957)以及水田(0.890)，三者均具有较高载荷值(表 4-9)。这三者代表了影响土壤侵蚀因子的重要信息。第二个主成分主要包括草地(0.833)、旱田(0.721)和 R 因子(0.704)，这些因子可以解释全部变量信息的 32.1%。

表 4-8　特征根、方差贡献率与累计贡献率

因子	初始因子载荷平方和			未经旋转提取因子的载荷平方和			旋转提取因子的载荷平方和①		
	特征根	贡献率/%	累计贡献率/%	特征根	贡献率/%	累计贡献率/%	特征根	贡献率/%	累计贡献率/%
1	3.95	65.7	65.7	3.95	65.7	65.7	3.32	55.3	55.3
2	1.30	21.6	87.4	1.30	21.6	87.4	1.92	32.1	87.4
3	0.73	12.2	99.5						
4	0.03	0.46	100						
5	1.61×10^{-16}	0	100						
6	-1.18×10^{-15}	0	100						

①旋转方法为 Varimax 方差最大旋转法。

表 4-9　主成分分析及因子载荷

因子	原始载荷矩阵		旋转后载荷矩阵	
	PC1	PC2	PC1	PC2
水田	**–0.999**	–0.035	**0.890**	–0.455
旱田	**0.939**	0.303	0.674	**0.721**
林地	**0.876**	–0.478	**0.998**	0.008
草地	0.286	**0.794**	–0.136	**0.833**
R 因子	0.674	0.431	0.379	**0.704**
K_s	**0.873**	–0.400	**0.957**	0.075

注：粗体字表示较为显著。

4.2.7　非点源磷流失分析

野外实测降雨数据表明，不同土地利用类型下磷流失情况差异较大，农耕地流失负荷最大，林地和湿地流失负荷依次减弱，旱田是磷流失强度最大的区域，其磷流失强度可达到湿地的三倍(表 4-10)。从整个流域非点源磷污染状况来看，农田依旧是磷流失最严重的地区，尤其是旱田，无机磷流失强度为 12.91kg/(hm^2·a)，有机磷流失强度为 2.57kg/(hm^2·a)。水田流失强度次之，无机磷流失强度为 5.33kg/(hm^2·a)，有机磷流失强度为 1.39kg/(hm^2·a)。林地和湿地流失强度最小，二者的有机磷与无机磷流失强度均在 0.016kg/(hm^2·a)以下(图 4-11)。

表 4-10　不同土地利用类型下磷流失情况

土地利用类型	磷流失负荷/[kg/(hm^2·a)]	磷流失总量/(t/a)
旱田	1.15	3.95
水田	1.09	4.97
林地	0.65	2.35
湿地	0.38	0.64

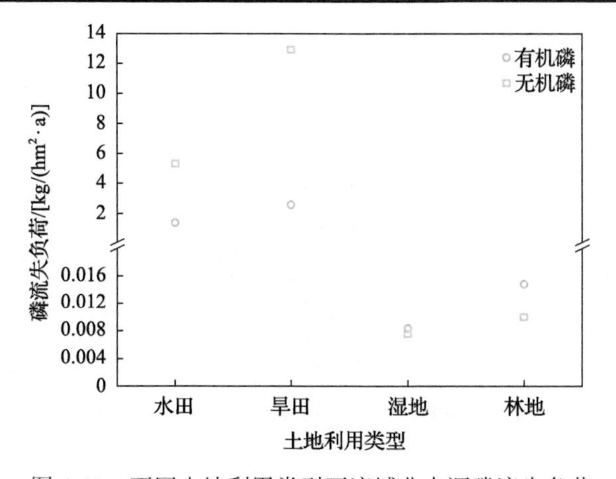

图 4-11　不同土地利用类型下流域非点源磷流失负荷

4.3　旱田融雪季和雨季土壤侵蚀特征及其变化成因

流域水文过程建模有助于分析长时间序列的土壤侵蚀过程，将试验手段和模型模拟手段有效结合对更好地理解流域土壤侵蚀过程和土壤侵蚀机理至关重要。从前面研究可得出旱田的土壤侵蚀是最严重的，但在旱田土壤侵蚀过程中，融雪水和雨水对土壤作用的差异性还需要更深入研究。本节将试验和模型模拟手段相结合，研究目标包括：①发现降水和温度影响流域尺度旱田地表产流和土壤侵蚀的季节性变化特征；②探究雨季和融雪季旱田土壤入渗性能的异同点；③明晰土壤水动力机制，揭示旱田土壤侵蚀变化成因。

4.3.1　材料与方法

1. 旱田水文和土壤侵蚀过程模拟

利用分布式水文模型 SWAT，以日为时间步长，对土壤侵蚀季节性特征及其时空变化规律展开进一步分析和研究。SWAT 模型利用 SCS 曲线数法计算流域产流过程。模型将修正的通用土壤流失方程(Williams and Berndt, 1977)嵌入其中，计算流域土壤侵蚀模数。

SWAT 模型的突出特色也包括其将积雪覆盖等因素考虑在内，提高了模型对本研究区域模拟的准确性。考虑积雪条件下的土壤侵蚀修正值为

$$\mathrm{sed} = \frac{\mathrm{sed_M}}{\exp\left(\dfrac{3\mathrm{SNO}}{25.4}\right)} \tag{4-10}$$

式中，$\mathrm{sed_M}$ 为修正的通用土壤流失方程计算的土壤侵蚀量(t)；SNO 为积雪层的土壤含水量(mm)。

为验证模型模拟结果的准确性，用研究区内田间实测土壤含水率数据对模拟结果进行验证，结果如图 4-12 所示。土壤含水率由 TDR 仪(Coastal，美国西雅图)进行现场监测，由于冬季冰冻时期土壤水多以冰的形式存在，故选取 6～8 月的土壤水分数据进行验证。此段时期受降雨影响土壤水分波动性较大，因此更能验证出模型模拟的准确性大小。验证时期为 4 年：2011～2014 年。结果显示，模拟数据与实测数据之间的决定系数(R^2)为 0.881，模拟效果较好。另外，模型模拟的蒸发量也与实测值接近，进一步保证了模拟的准确性(Chen et al., 2013)。

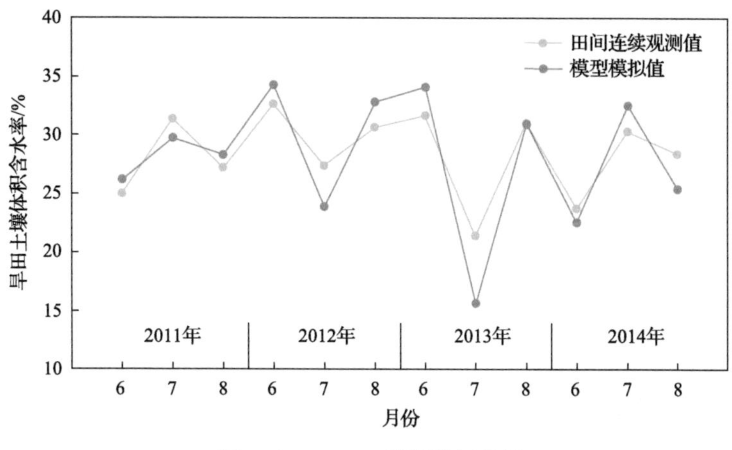

图 4-12　SWAT 模型验证结果

2. 模型模拟设计

土地利用类型会随着农业开发时间的延长发生剧烈变化，为反映长期耕作下土壤侵蚀模数的真实变化规律，设计五次模拟。模拟基于土地利用类型变化情况，以五个代表年为时间节点，表征农田土地利用类型的调整，设计五个模拟时间段：1974～1985 年(P1)、1986～1995 年(P2)、1996～2003 年(P3)、2004～2011 年(P4)和 2012～2014 年(P5)。五个时间段对应的土地利用数据分别为 1979 年、1992 年、1999 年、2009 年和 2014 年的土地利用数据。基于上述模拟设计，获得研究区地表径流和土壤侵蚀数据。

旱田主要作物为大豆，大概在 20 世纪 50 年代开始开垦，在后续的几十年间旱田面积不断扩大，到了 90 年代初，旱田面积开始缩减，并逐渐被水田大面积取代。采用 SWAT 模型获得流域内旱田地表径流和土壤侵蚀变化长时间尺度数据。为方便分析和计算，将阿布胶河流域细化成多个水文响应单元，每个水文响应单元都拥有单一的土壤类型、土地利用类型和地形坡度值。在本章中，旱田地表径流和土壤侵蚀数据是从旱田对应的水文响应单元中提取出来。

3. 现场监测

通过 ZENO 农业气象站对田间土壤水分变化进行连续性监测(图 4-13)。ZENO 农业气象站考虑了田间野外工作环境和农业生产特点，专为野外监测设计，可以自由选择合适的传感器设备。仪器配有专属软件，连接电脑后，便可下载监测数据，调节取样速率，对传感器进行设置。整套气象站由数据采集器(32-bit 微处理器)、风速传感器(测量范围：0～60m/s)、风向传感器(方位角：电子 0～365°)、相对湿度和空气温度传感器(相对湿度范围：0～100% RH；空气温度范围：−80～70℃)、大气压传感器(范围：500～1200hPa)、雨量筒(灵敏度：0.01，测量精度：

0.25mm)、太阳辐射传感器、光合有效辐射传感器、土壤温度传感器(量程：–50～50℃)、土壤湿度传感器(量程 0～100%)、3m 支架(美国军方标准，防腐蚀)、太阳能板和电池等组成，仪器如图 4-14 所示。

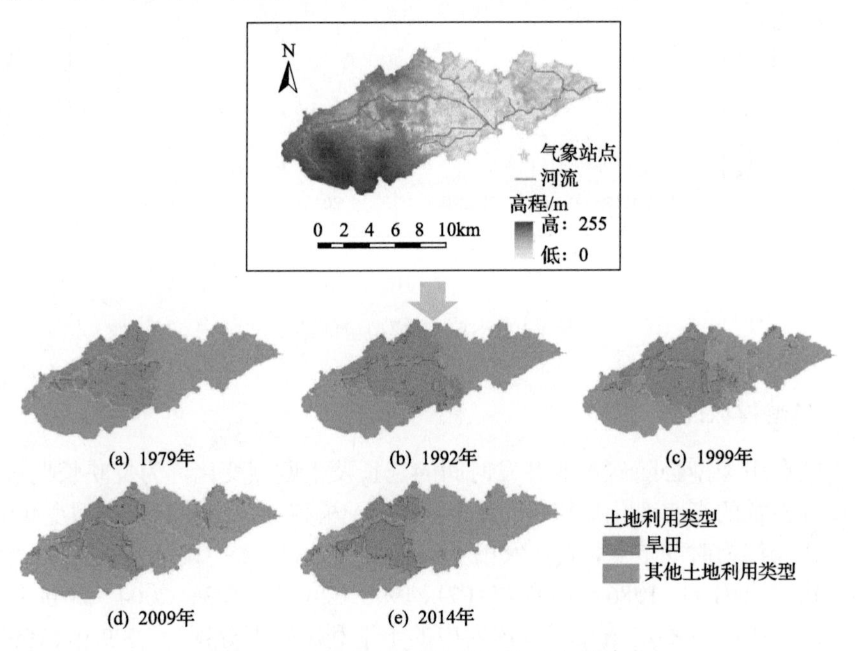

图 4-13　阿布胶河流域旱田面积和位置变化

图 4-14　旱田 ZENO 农业气象站(2017 年 5 月)

选择研究区八五九农场内的旱田地区，将土壤水分传感器埋置在距离地面 30cm(两个传感器探头)和 60cm(两个传感器探头)深度处的土壤中，将监测时间间隔设置为 30min，对土壤水分变化进行连续实时监测，该仪器监测得到的土壤含水率为体积含水率(cm^3/cm^3)，每次取样获得两个平行数据，最终数据取两次的平均值。本部分研究选取的监测数据从 2015 年 7 月开始至 2017 年 4 月底结束，时间跨度涵盖了一年中春夏秋冬四个季节，从而获得年内不同季节不同时期的土壤水分变化数据。

4. 样品采集与测定

较低的土壤入渗性能是地表径流影响下的表层土壤流失的主要原因之一。将试验手段和模型模拟手段相结合可以全面理解流域土壤侵蚀特征与土壤水分运动规律。表层土壤含丰富的腐殖化有机物，同时又容易受农耕影响。为了研究水从土壤表层运动至土壤内部的动力过程，定量确定土壤本身的入渗性能，采集耕地表层土壤(0～20cm)用于田间和室内试验分析。于 2017 年 4 月下旬至 5 月初在研究区采样，如图 4-15 所示。此时土壤已经解冻，取土时，用小锹轻轻拨开表层受扰动较强烈的土壤，用内径为 5cm 的环刀采集原状土壤，用橡胶锤轻轻敲打环刀顶部，待土壤全部进入环刀，将环刀从土壤中缓缓取出，用小刀刮去外壁上残留的土壤，装入黑色塑料环刀盒内，避光避热保存。另取 0～20cm 深度处土壤，取土时尽量减少对土壤的扰动，将取好的土壤样品装入塑封袋中，放入便携式小冰箱内保存，送往实验室测试土壤理化性质。土壤容重由环刀法测定，用环刀取原状自然土样，另在环刀取土处附近采集土样放入烘箱中，温度设定为 105℃，烘干 48h 至恒重，迅速取出冷却至室温然后称重，计算自然情况下土壤含水率，然后计算土壤容重。用酸度计测定土壤 pH，设计四次重复测定。土壤理化性质见表 4-11。

图 4-15　旱田土壤样品采集

表 4-11 旱田土壤理化性质(0～20cm)

土壤质地	土壤容重/(g/cm³)	土壤机械组成/%			有机质含量/%	pH
		沙粒	粉粒	黏粒		
粉质壤土	1.35±0.5	35.4	52.8	11.8	4.03	5.67

5. 土壤入渗试验

(1)试验准备

根据 2017 年 5 月对研究区旱田实地野外调查，确定表层土壤实际状况，包括土壤含水率和土壤容重等特征，设计试验。试验设计两种水平的土壤含水率：自然条件下风干土(质量含水率 2.5%±0.25%)和湿润土(质量含水率 10%)；两种水平的土壤容重：1.30g/cm^3 和 1.40g/cm^3，以模拟旱田田间耕作层土壤自然状态下的密实程度和真实水分状况。首先将采集的土壤样品风干，取出土壤中混有的根系，并过 2mm 筛。风干组土壤在完成风干后，被迅速放入铝盒，盖上盖子，置于室温下，防止土壤水分发生变化，为试验做准备。为使湿润组土壤达到预设的土壤含水率值(10%)，先将风干后的初始土壤称重，测量其初始土壤含水率，计算为使土壤含水率达到 10%所需要添加的水量。将这一部分水量用喷壶均匀喷洒至土层，使水土充分结合，之后将配好的湿润土壤用盖子盖上，静置 48h，获得均匀同质湿润土壤，为试验做准备。

(2)试验装置与材料

土壤入渗性能试验系统主要由三部分组成(图 4-16)，包括实验土柱、供水装置和升降台。土柱由有机玻璃制作，内径为 5cm。沿土柱侧壁有若干开口，用橡胶塞塞住，方便侧壁取样，测量土壤含水率值。在土柱进水口处，用橡胶管连接至马氏瓶出水口，用马氏瓶供水，这样可以保证进水边界处土壤含水率达到饱和，尽量降低重力水流的作用。马氏瓶可以提供恒定作用水头，自动供水并估算入渗水量(Mao et al., 2016)。升降台用来调节作用于土壤表面的恒定水压力，确保入渗水流由土壤本身的入渗性能决定。马氏瓶内蓄水保证供水充足。

(3)试验方法与步骤

入渗试验设计分别模拟雨季和融雪季土壤入渗过程，测定两种条件下土壤入渗性能。试验前首先检查马氏瓶气密性，完好后开始试验。土壤样品准备好后，按照设计的土壤容重分层、均匀装填入土柱内(Hsu et al., 2017)。土壤分层装填，每层高 2cm，每装完一层土壤后都要轻轻击实，并用工具打毛土层表面，以使相邻土层之间紧密结合，避免在土层接触面出现土壤结构或水动力性质突变，影响试验结果准确性。在橡胶管与土柱进水口，橡胶塞与土柱连接处等可能漏水的地方涂抹适量凡士林或玻璃胶，防止漏水。

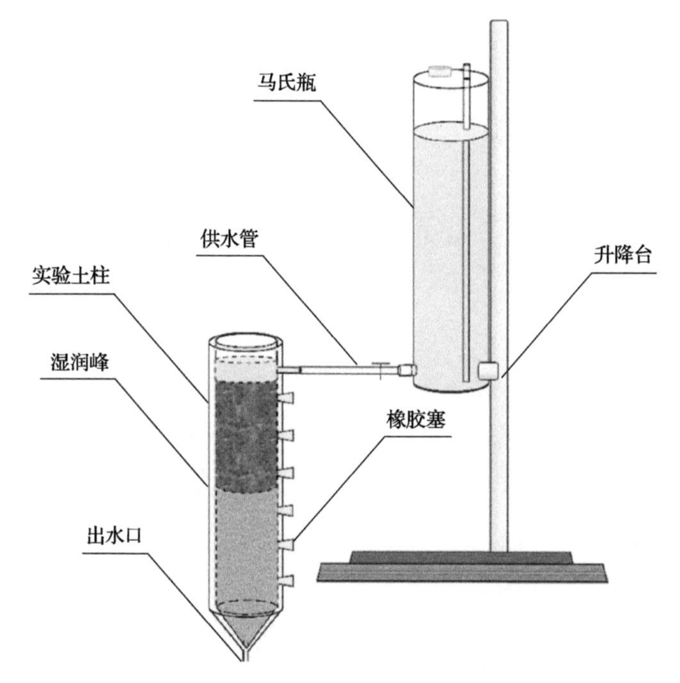

图 4-16　土壤入渗性能测量试验装置

土柱装填好后，一部分在室温(15～25℃)下进行试验，以模拟在雨季里土壤水分入渗过程。试验前应确保马氏瓶排气完毕。用升降台调整马氏瓶高度以使马氏瓶底部出水口与土柱设计水头水面齐平。马氏瓶供水量取决于稳定供水水位和被试土壤入渗速率。记录马氏瓶初始读数，然后打开供水阀门，马氏瓶内水开始流入土柱，按下秒表计时。当马氏瓶内压力变化不断达到其灵敏度时，马氏瓶内水位不断下降，向土柱连续供水。试验过程记录马氏瓶内水面刻度随入渗时间的变化，湿润峰随入渗时间变化以及相邻记录点的入渗时间间隔。为确保试验结果更加精准，将土壤入渗过程细化，根据入渗速率随时间的变化规律，设定计时开始后 15s、30s、1min 记录一次数据，之后的 9min 每隔 1min 记录一次数据，10min 之后每隔 2min 记录一次数据，直至入渗速率达到稳定结束试验。另一部分土柱放入实验室冷库中，控制温度在–20～–10℃范围内，这个温度范围和冬季田间实际温度接近，放置至少 24h 以冻结土壤。然后将土柱从冷库中取出，放置室温下开始融化，当土壤解冻后开始模拟融雪季土壤入渗过程。将准备好的冰块加入水中，形成冰水混合物为入渗供水。同时将土柱周围用冰袋围住，使土柱处于 0℃或温度微微高于 0℃的环境下，模拟融雪季入渗。其余试验操作同常温试验一样，记录湿润锋随入渗时间的变化。

当试验结束后，切断供水，将土柱侧壁橡胶塞依次迅速拔出，在侧壁采集饱和土壤样品。将采集的土样置于铝盒中，测量其土壤含水率。试验过程如图 4-17

所示，总结试验设计，本试验共设计两种土壤容重：1.30g/cm^{3}和1.40g/cm^3，两种土壤质量含水率：风干土(2.5%±0.25%)和湿润土(10%)，两种模拟季节场景：雨季(未冻结土壤)和融雪季(解冻土壤)，三种情景两两组合，每组试验进行三次重复试验。

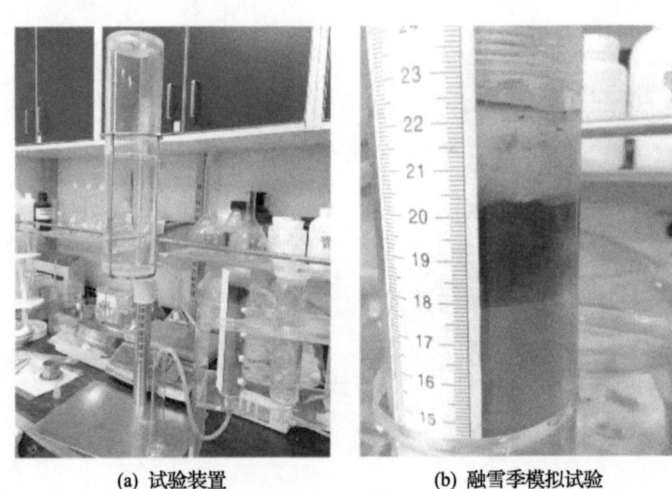

(a) 试验装置　　(b) 融雪季模拟试验

图 4-17　土壤入渗试验

6. 土壤入渗性能计算

由于马氏瓶内径较大，瓶内液体需减少较大一部分才会显示出液面读数差，这样对于精准测定土壤入渗过程有一定影响。另外，瓶内压力差需达到马氏瓶灵敏度，瓶内水面才会下降，对应产生一个新的水面读数，这是另一个影响试验测量精度的方面。所以为更准确地测定旱田土壤入渗性能，用修正的 Green-Ampt 入渗模型计算土壤入渗速率随时间的变化规律(Green and Ampt, 1911)：

$$i=\left(\frac{\theta_{\mathrm{o}}+\theta_{\mathrm{s}}}{2}-\theta_{\mathrm{i}}\right)\times\frac{\mathrm{d}x}{\mathrm{d}t} \tag{4-11}$$

式中，i 为土壤入渗速率(mm/h)；θ_{o} 为临界土壤含水率(cm^3/cm^3)；θ_{s} 为饱和土壤含水率(cm^3/cm^3)；θ_{i} 为初始土壤含水率(cm^3/cm^3)；x 为湿润锋沿土柱行进距离(mm)；t 为入渗时间(h)。

土壤体积含水率和土壤质量含水率之间的关系为

$$\theta_{\mathrm{v}}=\theta_{\mathrm{w}}\times\rho_{\mathrm{b}} \tag{4-12}$$

式中，θ_{v} 为土壤体积含水率(cm^3/cm^3)；θ_{w} 为土壤质量含水率(%)；ρ_{b} 为土壤容重(g/cm^3)。

4.3.2 降水和温度月际变化特征

对 1970～2014 年流域降水(包含降雨和雪水当量)和温度进行统计分析，结果显示不同季节中降水和温度显现出不同的特征。7 月和 8 月的年平均降水量波动较大，标准差分别达到了 53.70mm 和 66.00mm(表 4-12)，在所有月份中占前两位。同时，降水量在 7 月和 8 月也相对最高。8 月降水量达到峰值，平均降水量为 126.0mm。总体来看，降雨主要集中在 6～9 月，这几个月处于雨季中。在此期间，由于降水量的增加，流域地表产流增加，在大量集中水流冲刷作用下土壤发生流失，所以在此期间雨水是土壤侵蚀的水力驱动力。虽然进入冬季后，流域降水量减少，但冬季降雪量仍然十分充足，地表平均积雪深度可达 30cm，所以初春时期有大量的积雪融化。年内气温变化波动相对较小，标准差不高于 2.71℃，8 月气温达到最高，平均温度为 21.68℃，1 月最低，平均温度为–19.90℃。3～4 月时，气温开始回升至 0℃以上，积雪开始融化，此期间为融雪季。到 10 月底至 11 月开始进入冰冻时期，温度逐渐达到 0℃以下，此时降水量较充沛，十月降水量最大值达 122.5mm。冬季冻融循环温度变化幅度约为 15℃(图 4-18)。整个冬季累积的降雪导致了第二年早春地表径流量的增加，由于融雪水的冲刷，第二年初春解冻土壤大量流失。

表 4-12 阿布胶河流域月际降水和气温统计特征

月份	降水量/mm				日最低气温/℃				日最高气温/℃			
	均值	标准差	95% CI		均值	标准差	95 % CI		均值	标准差	95% CI	
1	8.03	6.99	6.14	10.20	–24.70	2.25	–25.30	–24.00	–15.10	2.53	–15.90	–14.40
2	8.67	8.51	6.42	11.30	–21.50	1.98	–22.10	–20.90	–10.50	2.31	–11.10	–9.76
3	16.50	12.70	13.00	20.30	–12.50	2.71	–13.30	–11.70	–1.22	2.43	–1.92	–0.49
4	35.00	19.90	29.50	41.20	–0.56	1.82	–1.12	–0.05	10.60	1.99	10.10	11.20
5	57.50	30.10	49.10	66.70	6.62	1.29	6.25	7.01	18.90	1.67	18.40	19.40
6	65.90	41.20	54.00	78.20	12.90	1.71	12.40	13.40	24.10	1.90	23.60	24.70
7	113.00	53.70	98.30	129.00	16.60	1.25	16.20	17.00	26.80	1.42	26.40	27.20
8	126.00	66.00	106.00	145.00	15.10	1.78	14.60	15.60	25.10	1.33	24.80	25.50
9	71.20	33.40	61.80	81.10	8.39	1.33	7.99	8.79	19.80	1.27	19.40	20.10
10	42.30	27.50	34.60	50.10	0.00	1.36	–0.39	0.41	10.70	1.72	10.20	11.30
11	20.70	12.90	17.10	24.30	–10.90	2.37	–11.60	–10.20	–1.77	2.39	–2.47	–1.07
12	13.00	14.20	9.30	17.50	–21.50	2.21	–22.10	–20.80	–12.40	2.31	–13.00	–11.60

注：95% CI 表示均值在 95 %水平上的置信区间。

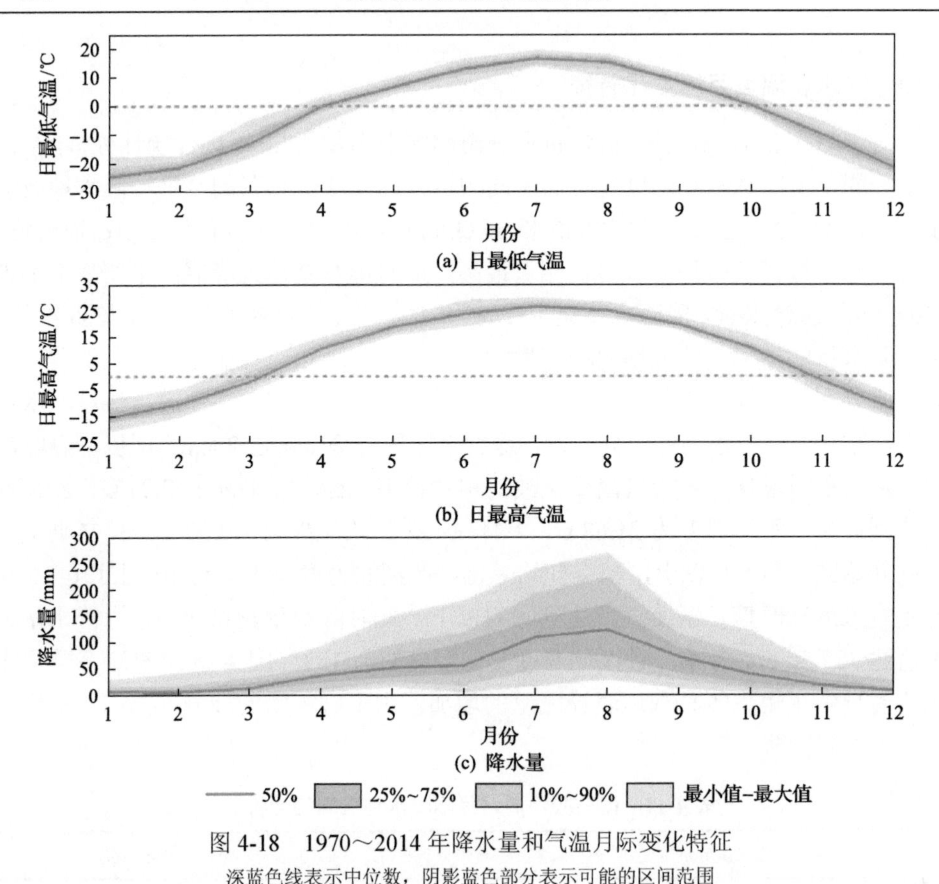

图 4-18　1970～2014 年降水量和气温月际变化特征

深蓝色线表示中位数，阴影蓝色部分表示可能的区间范围

4.3.3　流域土壤侵蚀季节性变化特征

根据流域的气温和降水特征，将一年内有土壤侵蚀发生的月份划分为融雪季、雨季和其他季(正常季)。每一年的融雪季不同，为 4 月，或 3、4 月；雨季一般为夏至初秋的 6～9 月；其他季度(正常季)一般为 5 月和 10 月。对子流域尺度三个季度的土壤侵蚀模数特征进行分析，计算 1979 年、1992 年、1999 年、2009 年和 2014 年五个代表年份的平均值，得到土壤侵蚀模数空间分布特征(图 4-19)。融雪季平均土壤侵蚀模数最大，而其中更以旱田土壤侵蚀状况最为严重，子流域侵蚀模数最高可达 1.99t/(hm^2·a)，其次为水田和林地地区。雨季时旱田土壤侵蚀强度最大，可达 0.46t/(hm^2·a)，而水田侵蚀强度很低。夏季降雨时节土壤侵蚀模数较正常季节偏大，但比融雪季侵蚀模数小很多。在三个季节中，林地也存在一定的土壤侵蚀，在流域最西部的大片林地，雨季时土壤侵蚀模数为 0.13t/(hm^2·a)，说明水土流失与地形坡度等因素紧密相关。故流域土壤侵蚀的关键时期在融雪季和雨季，具体来看，融雪季旱田和水田土壤侵蚀强度较大，雨季旱田土壤侵蚀强度较大。

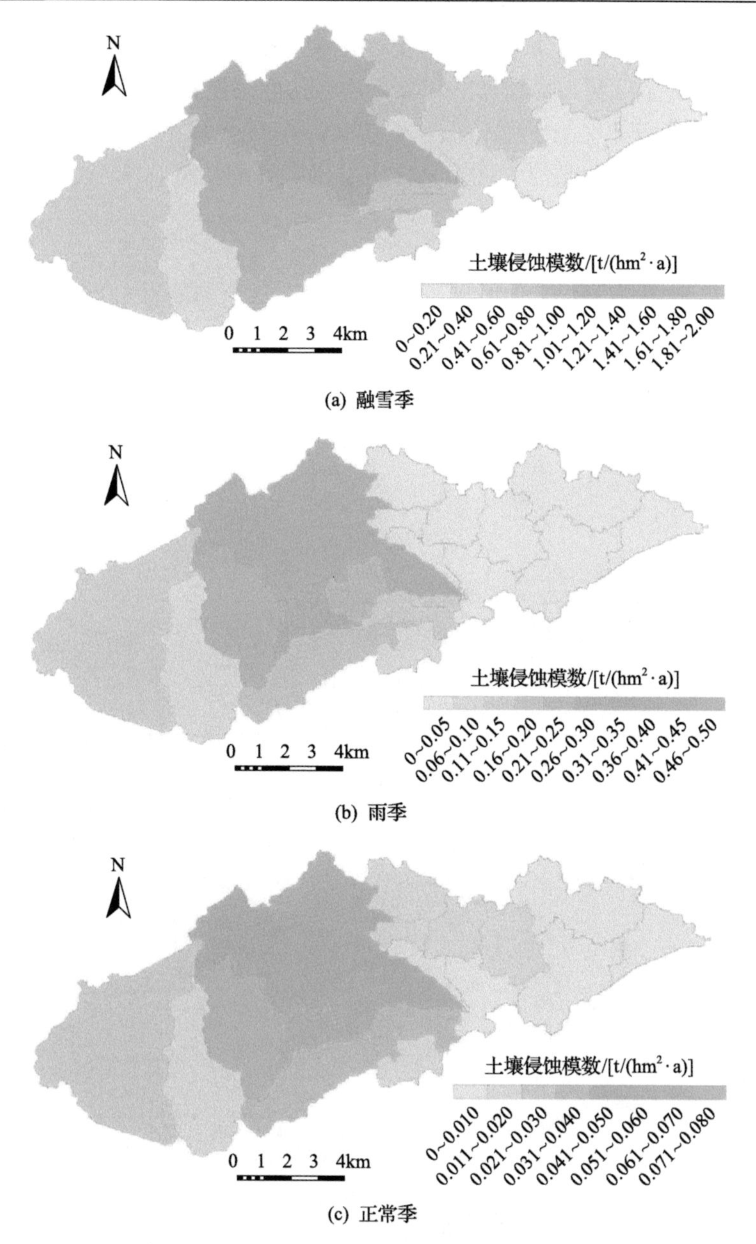

(a) 融雪季

(b) 雨季

(c) 正常季

图 4-19　不同季节流域土壤侵蚀模数变化特征

4.3.4　旱田土壤含水量季节性变化特征

野外监测结果记录了从 2015 年 7 月 9 日至 2016 年 5 月 17 日，以及从 2016 年 6 月 2 日至 2017 年 4 月 27 日，两个时间段的土壤水分含量数据(图 4-20)。从全年年内整体变化来看，降雨时期土壤含水量较高，冬季含水量明显下降。降雨时期土壤含水量主要受雨量影响，而在第二年融雪季节(3 月和 4 月)，由于冰雪融化，土壤含水量会出现大幅增加的现象，这与其他时期相比，存在很明显的界限。上层(30cm)的土壤水分含量通常低于下层(60cm)的土壤水分含量。但在降雨发生时，上层土壤含水量会激烈变化，呈现出急剧上升的趋势。

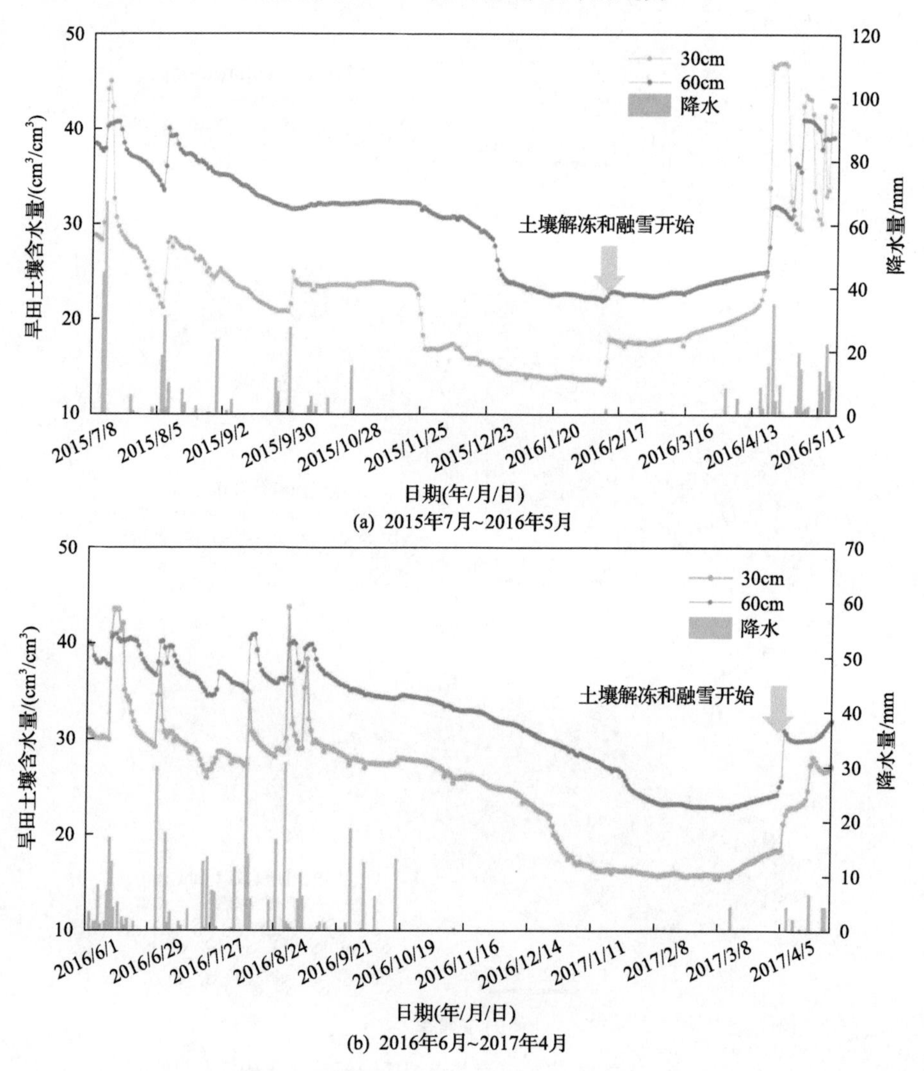

图 4-20　不同土层深度处土壤含水量年内变化特征

在非冻融期间，距地表 30cm 处的土壤含水量在 25～35cm^3/cm^3 范围内波动，当有降雨发生时，含水量可激增至 45～50cm^3/cm^3。距地表 60cm 处的含水量范围在 30～40cm^3/cm^3，当有降雨发生时，含水量会有所变化，但变化不剧烈(图 4-20)。在冬季冻结期间，距地表 30cm 处的土壤含水量在一周内迅速降低，土壤冻结后稳定在 12～17cm^3/cm^3，60cm 深处的土壤含水量存在相似的变化过程，但在时间上存在着明显的滞后，含水量最后稳定在 25cm^3/cm^3 左右。在初春融雪时节，30cm 深处的土壤含水量升高，该过程存在一个明显的融化点，随后土壤含水量逐渐增多。60cm 深处的土壤含水量同样存在突然增加的现象。应该注意的是，融雪时段的土壤水分在相当短的时间内迅速增加，使土壤土水势急剧变化，增加了土壤侵蚀的可能性。与土壤冻结过程相比，融化过程中，30cm 和 60cm 深的土壤含水量几乎是同步增加。

4.3.5　旱田地表径流和土壤侵蚀变化特征

年内地表产流变化呈现出季节性特点(图 4-21)。由于早春积雪融化产水和夏季集中的降雨，3 月、4 月、7 月和 8 月的地表径流量普遍偏高，平均地表径流量在 4 月达到峰值 31.38mm，在 7 月和 8 月也达到较高值，分别为 23.73mm 和 24.91mm。另外，从地表径流变化特征也可以看出，在旱田开发的早期，融雪季 4 月产生的融雪径流相比于开发后期 P4 和 P5 阶段 4 月的融雪产流要低很多。但在雨季，P4 和 P5 阶段地表径流值并不是最高的。在 P4 和 P5 阶段，4 月地表产流量最高，两个阶段平均径流量分别为 64.35mm 和 35.23mm，这是全年中产流最高的月份。从图中可以很容易看出，流域 4 月、7 月和 8 月地表径流值较高，近些年来由积雪融化导致的产流流量显著增长。

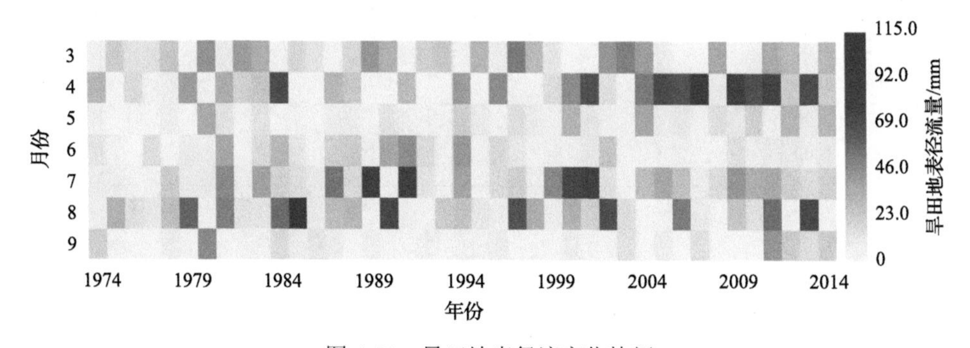

图 4-21　旱田地表径流变化特征

1974～2014 年，在土壤解冻和积雪融化的影响下，平均土壤侵蚀强度在 4 月达到最大值 1.46t/(hm^2·a)(图 4-22)。土壤侵蚀模数在 3 月、4 月、7 月和 8 月时较高，同地表产流类似，这也是受积雪融化和集中降雨的影响。近些年来，3 月和 4 月融雪季土壤更容易流失，P4 和 P5 阶段平均土壤侵蚀速率分别达 2.82t/(hm^2·a)和 2.10t/(hm^2·a)。几十年来，雨季的土壤侵蚀速率变化不大，除了在 1985 年和 2001 年出现明显的侵蚀峰值外，其他年份并未出现明显峰值。虽然旱田耕地面积随着农业开发逐渐缩小，但是相较于 P1 和 P2 阶段融雪季的土壤侵蚀强度，P3、P4 和 P5 阶段的平均土壤侵蚀强度有所增加。相比之下，不同阶段里降雨时期(6～9 月)的土壤侵蚀强度呈现相反的趋势：P1 阶段和 P2 阶段雨季的土壤侵蚀量分别为 7275.45t/a 和 8718.27t/a，到 P4 阶段和 P5 阶段分别减少到 4587.79t/a 和 5497.72t/a(图 4-23)。

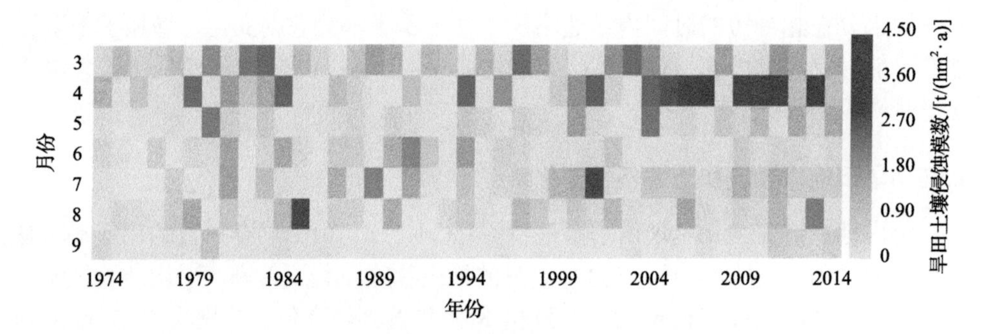

图 4-22　旱田土壤侵蚀变化特征

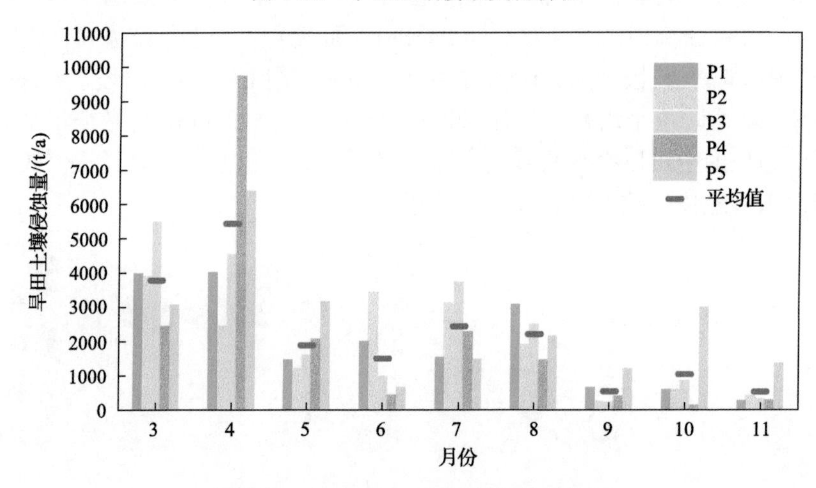

图 4-23　旱田不同时期土壤侵蚀量特征

4.3.6　旱田融雪季和雨季土壤侵蚀变化分析

集中的降雨和融雪为土壤提供了足够的水分，这些水一部分流进了土壤中变成了土壤水，另一部分在土壤上层流走形成了地表径流。将 2012～2014 年旱田雨季和融雪季穿过根区层处的渗透水量和地表径流量作分析比较，发现雨季和融雪季渗透水量与地表产流水量呈现出完全不同的特征(图 4-24)。在融雪季，旱田土层渗透水量比地表径流量平均低 1.40 倍。然而在雨季时，渗透水量大幅增加，为地表径流量的 4.10 倍。旱田融雪季平均地表径流量比雨季高 2.97 倍。由此可见，融雪水产生的径流量远高于雨水产生的径流量。尤其是在 2014 年，土壤中渗透的融雪水量仅占渗透水量和地表产流量总和的 24.2%，而在该年的降雨产流过程中，渗透水量和地表产流量之和的约 90.0%的水量都流入了土壤中。旱田渗透水量的减少是地表径流增加的原因，过剩的地表水流很容易挟带土壤颗粒，导致严重的土壤侵蚀和非点源污染。

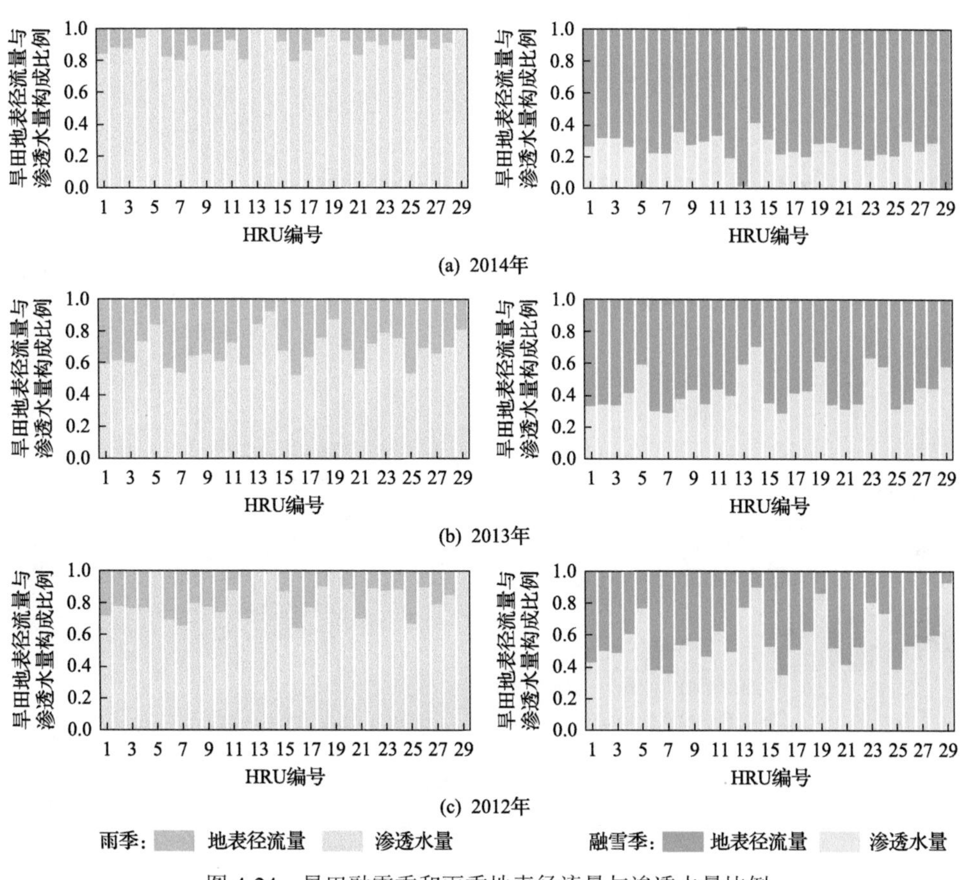

图 4-24　旱田融雪季和雨季地表径流量与渗透水量比例

对雨季、融雪季和全年地表径流量和土壤侵蚀量之间的关系进行更深入分析(图 4-25)。用 1974～2014 年旱田月平均土壤侵蚀模数和月平均地表径流量作线性回归分析，结果显示二者之间存在很强的线性相关关系($p<0.05$)。在融雪季这种线性相关关系最大(n=91，R^2=0.903)，雨季这种相关关系最小(n=227，R^2=0.793)。说明在阿布胶河流域，地表产流过程是影响土壤流失的关键环节。在雨季，旱田月地表径流量的最大值可达 114.08mm，但对于大多数月份来说，月产流量还是主要集中在 40mm 以下，置信水平为 95%的预测区间主要覆盖了 20mm 以下的径流量范围。在融雪季，从散点分布可以看出当地表径流量在 0～100mm 变化时，大多数点都包含在置信水平 95%的预测区间内，此时，旱田径流量和土壤流失量的

关系更为密切。对于全年来说，R^2 达到了 0.799，这说明地表产流量大小基本上决定了土壤侵蚀强度。

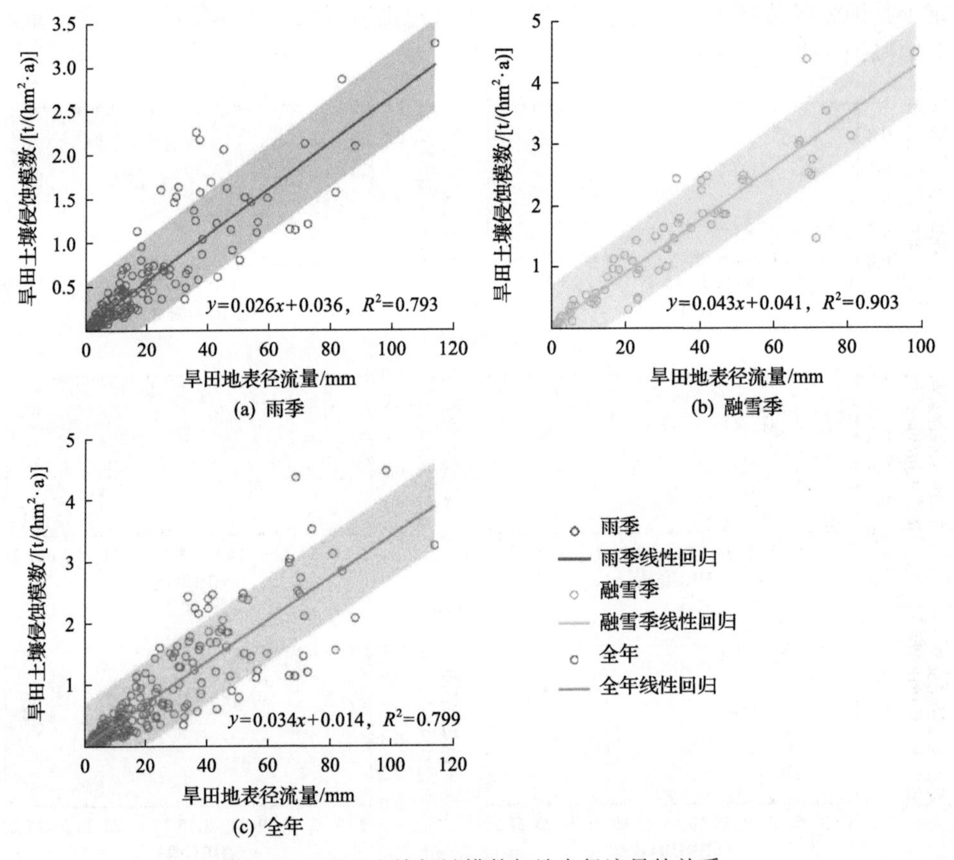

图 4-25　旱田土壤侵蚀模数与地表径流量的关系

阴影部分表示雨季、融雪季和全年置信水平为 95%的预测区间

4.3.7　旱田融雪季和雨季土壤入渗性能

土壤入渗性能控制着渗透水量和地表径流水量的大小。雨季和融雪季土壤入渗性能存在显著差异。入渗初始阶段时不同情境下土壤入渗速率差异不大，均具有较高的入渗速率，一般在 100mm/h(图 4-26)。对于容重为 1.30g/cm^3 的土壤，入渗初始的 25min 里 AR 情境下的土壤入渗速率远远高于 AM 情境下的入渗速率。随入渗时间延长，二者之间的入渗速率差异逐渐缩小，最后平均稳定入渗率之差约为 2.03mm/h。初始 40min 里 WR 情境下的土壤入渗速率同样远高于 WM 情境下的入渗速率，但此期间入渗速率变化波动较小，最后二者平均稳定入渗率之差约为 2.33mm/h。对于容重为 1.40g/cm^3 的土壤，入渗过程中入渗速率随时间延长

降低较快，入渗速率最终保持在一个较低的稳定范围内。入渗前 30min 里，WR 和 WM 情境下的入渗速率差值在 10mm/h 到 20mm/h，此差值要比 AR 与 AM 情境的入渗速率差值高。最后，稳定入渗速率维持在 9.06～11.60mm/h。上述结果表明，融雪季土壤经过冻结和解冻过程之后入渗性能会显著降低。所以对于旱田而言，初春时期解冻土壤入渗性能的下降是导致地表径流和土壤流失增加的主要原因。

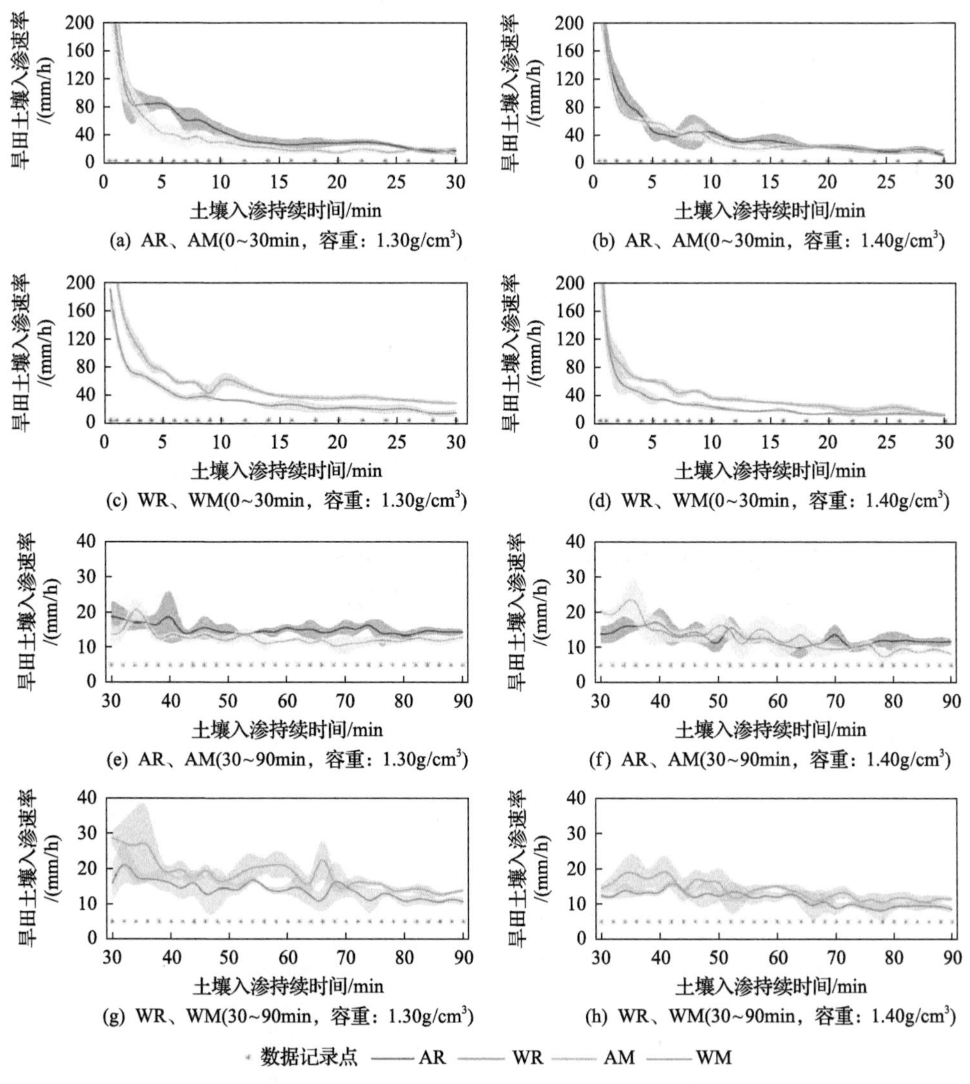

图 4-26　雨季和融雪季不同容重和含水率水平下旱田土壤在土壤入渗过程 0～30min 时和土壤入渗过程 30～90min 时的入渗性能曲线

AR：雨季风干土；AM：融雪季风干土；WR：雨季湿润土；WM：融雪季湿润土，实心曲线表示平均值，实线周围的阴影部分表示误差范围，红色点表示入渗过程中的采点计时时间

4.4　水田融雪季土壤侵蚀特征及其变化成因

中高纬度寒冷地区初春时期水田土壤侵蚀特征及其土壤水分运动特征，尤其是融水条件下特征的机理性探究尚不健全。结合野外试验、室内试验和 SWAT 模型水文响应单元尺度上的分析，并在经典入渗模型基础上，运用数值回归分析的手段进行研究。研究目标包括：①水田融雪季土壤侵蚀与地表产流的时间变化特征；②融雪季水田土壤水分在不同条件下的动力规律；③土壤侵蚀高峰期旱田和水田土壤入渗性能的差异特征及其对土壤侵蚀和非点源磷流失的影响。

4.4.1　不同深度土壤理化性质特征

旱田和水田不同土层深度处的土壤理化性质存在一定差异，但总体变化趋势相似(图 4-27，图 4-28)。土壤容重(BD)和 pH 随深度增加而增加，表层土壤容重在 1.30～1.40g/cm^3。到距地表深度为 90cm 时，土壤容重增加到 1.64～1.74g/cm^3。表层土壤 pH 在 5.5 左右，而深层土壤 pH 超过 6。土壤有机碳含量(SOC)随深度增加迅速下降，表层土壤有机质含量丰富。土壤总氮(TN)、总磷(TP)、碱解氮(AN)和速效磷(AP)在 0～15cm 深度内含量较高，这一部分的营养物质容易随地表产流和土壤侵蚀迁移造成污染。土壤总氮(TN)、总磷(TP)和碱解氮(AN)含量在 30cm 深度左右发生突变，含量迅速降低。受土壤侵蚀影响较大的为表层土壤。旱田受耕作方式如土壤压实等影响较大，因此表层土壤(0～15cm)容重微大于水田表层土壤容重，但土壤有机碳含量略高。旱田和水田深层土壤(60～90cm)容重较大，含矿物质多且结构较差。

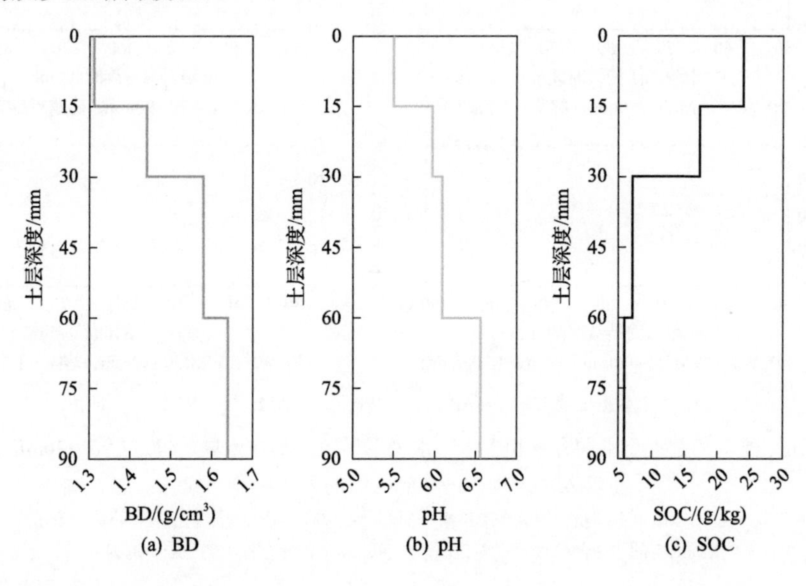

(a) BD　(b) pH　(c) SOC

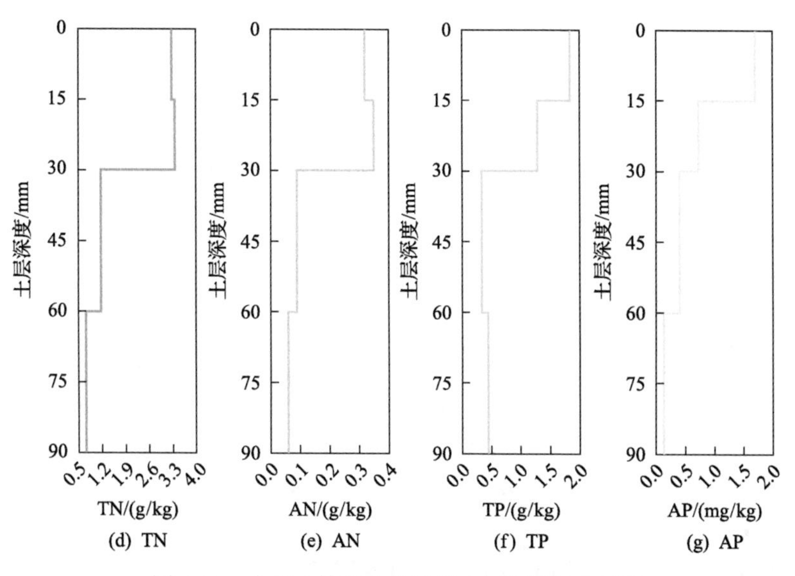

图 4-27　水田土壤理化性质随土层深度变化特征

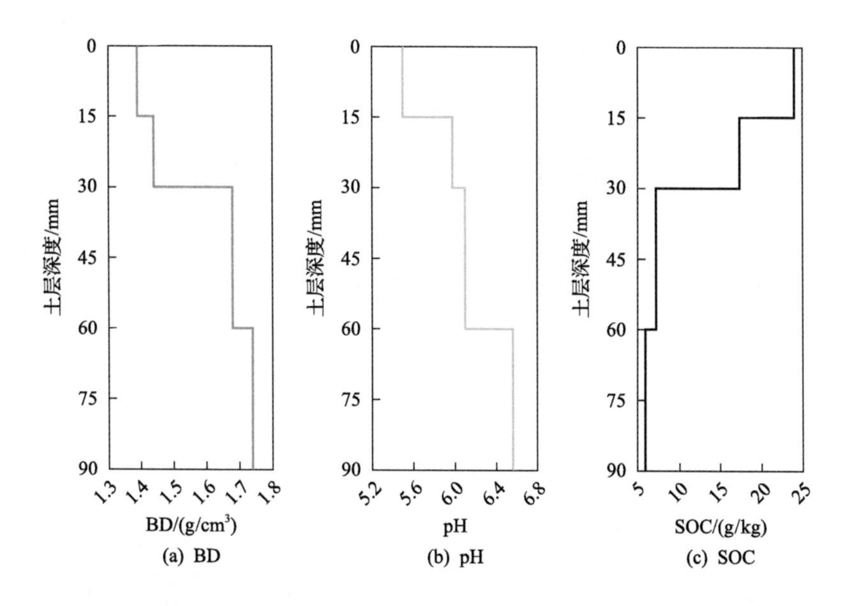

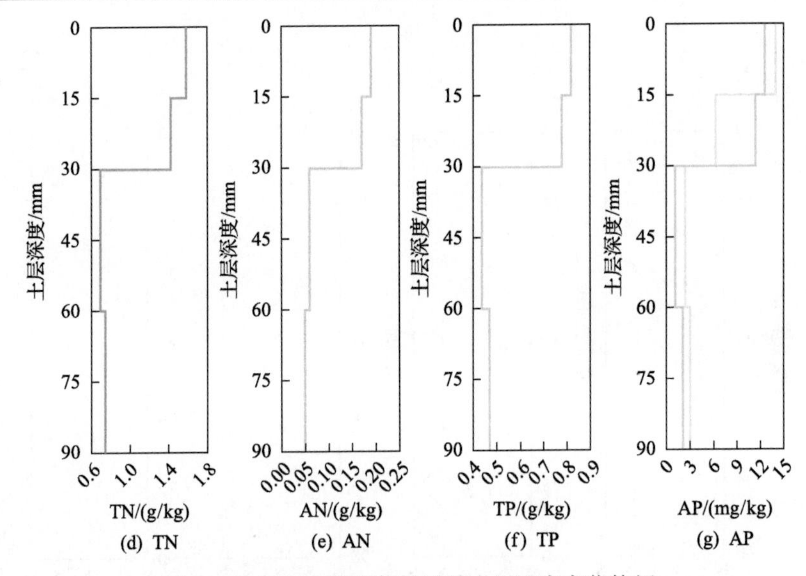

图 4-28　旱田土壤理化性质随土层深度变化特征

4.4.2　水田融雪季地表径流和土壤侵蚀变化特征

水田年内土壤侵蚀关键时期只发生在初春融雪季节，将 SWAT 模型输出结果中水田对应的水文响应单元提取出来，得到研究区融雪季水田融雪产流量和土壤侵蚀量(图 4-29)。自 1996 年阿布胶河流域水田开发初具规模以来，每年融雪时期 4 月地表融雪产流量明显高于 3 月融雪产流量，土壤侵蚀模数也在 4 月更高，故

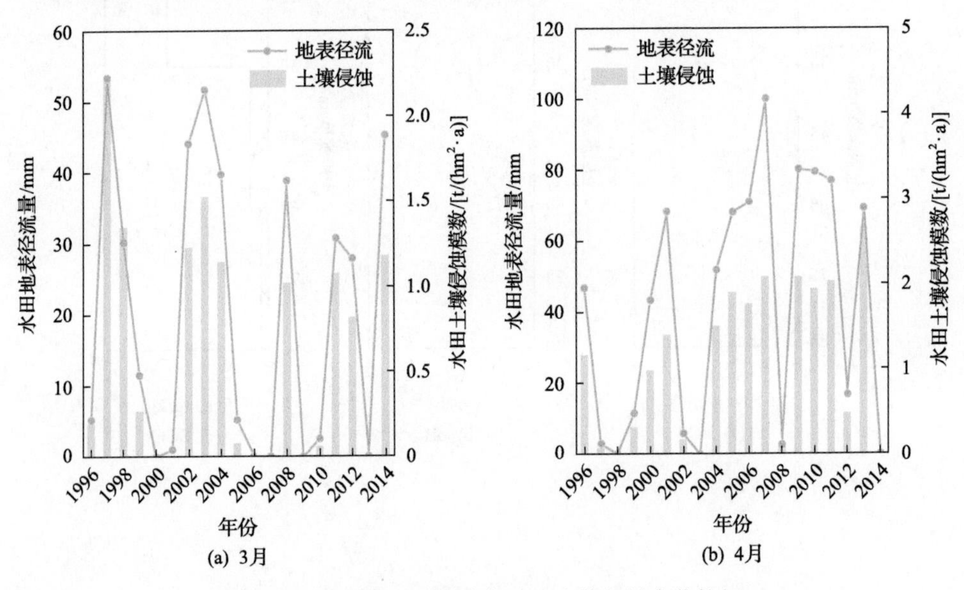

图 4-29　水田融雪季地表径流和土壤侵蚀变化特征

融雪过程虽贯穿 3 月和 4 月，但主要发生在 4 月。1996～2014 年，3 月平均地表径流量为 20.42mm，平均土壤侵蚀模数为 0.64t/(hm^2·a)，其中产流量最高为 53.42mm，对应的土壤侵蚀模数也最高，为 2.21t/(hm^2·a)；4 月平均地表径流量为 41.89mm，平均土壤侵蚀模数为 1.09t/(hm^2·a)，其中产流量最高达 100.15mm，对应的土壤侵蚀模数为 2.09t/(hm^2·a)。1996～2014 年土壤侵蚀模数最高值为 2.67t/(hm^2·a)。同旱田类似，水田土壤侵蚀模数变化波动趋势与地表径流量变化波动趋势相似，波峰和波谷出现的时期基本相同。

比较研究区水田和旱田土壤侵蚀关键时期土壤侵蚀强度与地表产流之间的定量关系，将水田数据进行线性回归分析，并与旱田分析结果作比较(图 4-30)。融雪时期，地表产流量与土壤侵蚀关系更为密切，无论在旱田还是水田，线性回归后的 R^2 均大于 0.9，且两者的 R^2 大小十分接近。尽管如此，两条回归曲线的斜率大为不同，水田回归曲线斜率值为 0.026，而旱田为 0.043，即水田受到的地表径

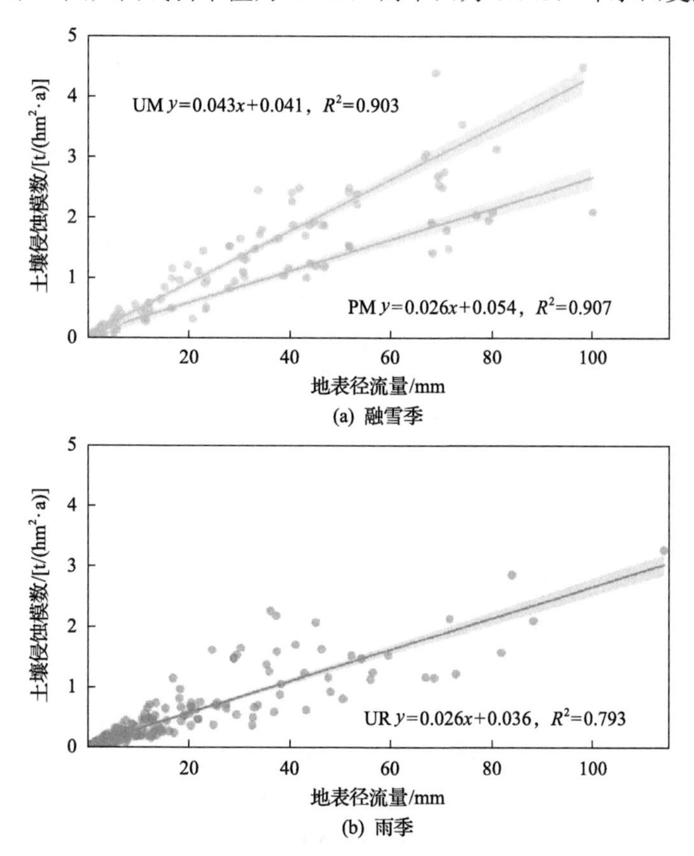

图 4-30　水田融雪季(PM)、旱田融雪季(UM)和旱田雨季(UR)土壤侵蚀模数与地表径流量的关系

阴影部分表示置信度水平为 95%的置信区间

流量的影响小于旱田受到的影响，当地表径流量增加量相同时，旱田土壤侵蚀模数的增加量约为水田的 1.65 倍。值得注意的是，雨季旱田回归曲线的斜率与融雪季水田回归曲线斜率大小相当，均为 0.026，但 R^2 大小不同，雨季旱田条件下的 R^2 较小(0.793)，说明雨季土壤侵蚀强度与地表径流的关系相对较弱。

4.4.3 水田融雪季土壤入渗性能

初始阶段土壤入渗速率较大，此时土壤含水率较低的土壤表现出更强的入渗性能，尤其是对于容重较大的土壤，更为明显(图 4-31)。但入渗速率在 5min 内迅速降低，5min 时入渗速率在 50～70mm/h 波动，5min 之后入渗速率缓慢降低，随后入渗速率变化较为平稳。在 30～90min 时间段内，入渗速率依然在缓慢下降。在入渗的大概前 70min 内，风干土壤入渗速率与湿润土壤入渗速率相比普遍较大，直到 70min 之后，二者差距缩小。在 90min 左右，土壤入渗速率基本达到稳定。从整个入渗过程来看，风干土的入渗性能与含水率为 10%的湿润土壤入渗性能相比，波动较为剧烈。容重和土壤含水率均较低的土壤，其融水条件下入渗性能更好。虽然初始土壤入渗速率较为关键，但初春融雪时间较长，入渗是一个持续的过程，所以土壤入渗速率达到稳定时的土壤入渗性能更能从侧面反映地表产流状况。

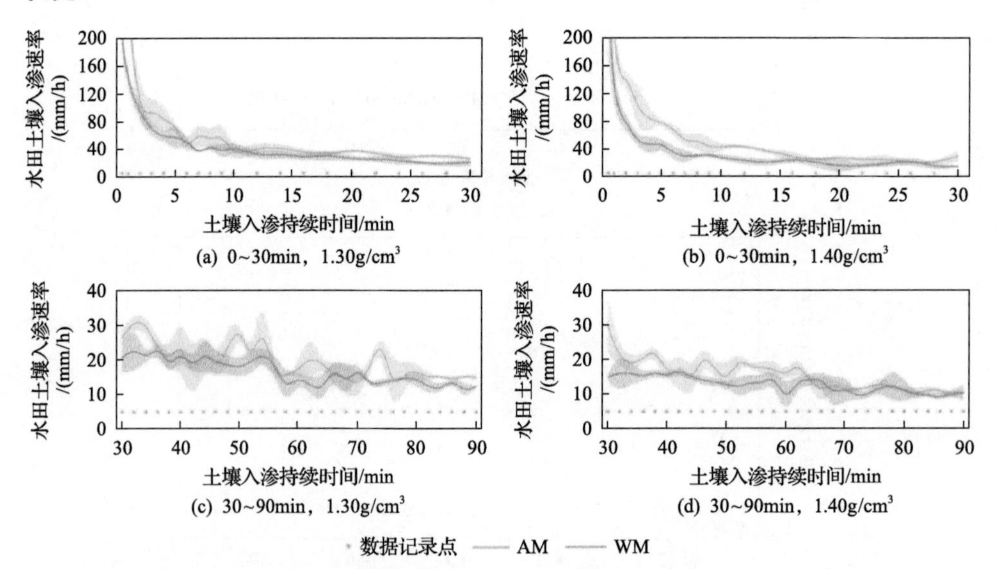

图 4-31　融雪季不同容重和含水率水平下水田土壤在土壤入渗过程 0～30min 和土壤入渗过程 30～90min 时的入渗性能曲线

AM：融雪季风干土；WM：融雪季湿润土，实心曲线表示平均值，实线周围的阴影部分表示误差范围，红色点表示入渗过程中的采点计时时间

4.4.4　融雪季和雨季非点源磷流失特征

对无机磷而言，旱田融雪季流失负荷最大，平均负荷为 4.51kg/(hm^2·a)，水田融雪季和旱田雨季流失负荷相差不大，分别为 2.62kg/(hm^2·a) 和 1.96kg/(hm^2·a)(图 4-32)。对有机磷而言，旱田融雪季流失负荷依旧最大，平均负荷为 0.95kg/(hm^2·a)，旱田雨季流失负荷最小，为 0.37kg/(hm^2·a)。流域非点源磷流失关键时期和关键地带同流域土壤侵蚀一样，即融雪季流失负荷较大，流失最严重的是旱田。在水土流失的驱动作用下，融雪季磷流失强度与雨季相比较大，融雪季径流和泥沙挟带了大量污染物质进入水体。

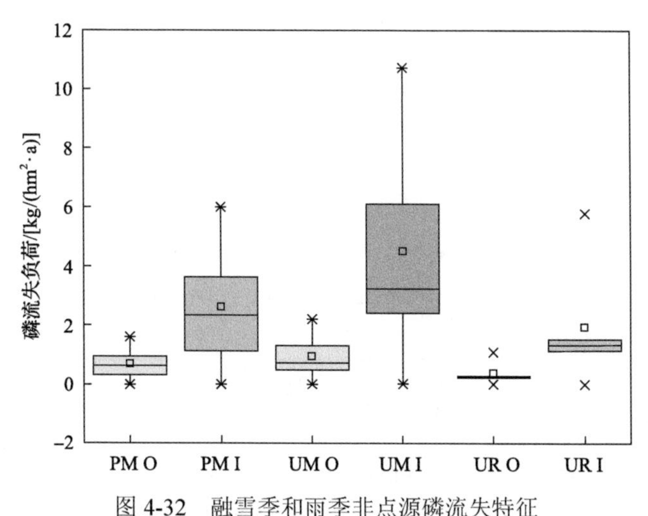

图 4-32　融雪季和雨季非点源磷流失特征

P：水田，U：旱田，M：融雪季，R：雨季，O：有机磷，I：无机磷

4.4.5　融雪季和雨季土壤入渗性能分析

(1) 土壤入渗过程回归分析

为进一步量化土壤侵蚀关键时期水田和旱田土壤入渗特性，采用回归分析的手段，分别用 Horton 入渗模型、Philip 入渗模型和 Smith 入渗模型对不同情境下土壤入渗过程进行拟合、分析和比较。为方便得到土壤入渗速率与入渗时间的关系，令 $y=i$，$x=60t$，其中 x 单位为 min，t 单位为 h，进行简单的坐标变换，可以直接得到入渗时间(min)与入渗速率(mm/h)的关系。对旱田土壤而言，在不同情境下，Horton 模型中 e 前面的常数项波动范围较大，变化范围在 173.00～481.44，且并未发现较为明显的规律(表 4-13)。x 前面的常数表征了入渗速率衰减的快慢，其值越大，说明衰减的速度越大。在 Philip 模型中，x 前面常数项与吸渗率直接相关，其变化范围在 97.01～159.26，最大值出现在 WR B1 情境下，最小值出现在

WM B1 情境下，在入渗初始阶段，入渗速率受该常数项影响较大。对于 Smith 模型，不同情境下，前面的常数项在 111.30～182.24 范围内波动，同样，在入渗初始阶段入渗速率受该常数项影响较大。

表 4-13　旱田融雪季和雨季土壤入渗速率与入渗时间的关系

模型	模拟情景	拟合方程	R^2	模拟情景	拟合方程	R^2
Horton 入渗模型	U AR B1	y=288.68 $e^{-0.36x}$+14.29	0.87	U WR B1	y=288.60 $e^{-0.32x}$+13.05	0.88
	U AR B2	y=481.44 $e^{-0.81x}$+11.60	0.89	U WR B2	y=280.33 $e^{-0.49x}$+11.17	0.80
	U AM B1	y=420.59 $e^{-0.75x}$+12.26	0.92	U WM B1	y=173.00 $e^{-0.30x}$+10.72	0.89
	U AM B2	y=311.93 $e^{-0.53x}$+9.06	0.88	U WM B2	y=439.95 $e^{-0.99x}$+9.19	0.90
Philip 入渗模型	U AR B1	y=145.65 $x^{-0.5}$+14.29	0.79	U WR B1	y=159.26 $x^{-0.5}$+13.05	0.87
	U AR B2	y=153.20 $x^{-0.5}$+11.60	0.73	U WR B2	y=124.00 $x^{-0.5}$+11.17	0.77
	U AM B1	y=133.27 $x^{-0.5}$+12.26	0.71	U WM B1	y=97.01 $x^{-0.5}$+10.72	0.86
	U AM B2	y=130.68 $x^{-0.5}$+9.06	0.80	U WM B2	y=113.96 $x^{-0.5}$+9.19	0.65
Smith 入渗模型	U AR B1	y=171.45 $x^{-0.81}$+14.29	0.96	U WR B1	y=181.99 $x^{-0.72}$+13.05	0.98
	U AR B2	y=182.24 $x^{-0.97}$+11.60	0.98	U WR B2	y=145.78 $x^{-0.85}$+11.17	0.95
	U AM B1	y=159.58 $x^{-0.99}$+12.26	0.99	U WM B1	y=111.30 $x^{-0.73}$+10.72	0.98
	U AM B2	y=153.63 $x^{-0.83}$+9.06	0.95	U WM B2	y=137.26 $x^{-0.99}$+9.19	0.97

注：y 为土壤入渗速率(mm/h)；x 为入渗时间的单位(min)；U 为旱田；B1 为 1.30g/cm^3；B2 为 1.40g/cm^3；AR 为雨季风干土；AM 为融雪季风干土；WR 为雨季湿润土；WM 为融雪季湿润土。

对于水田土壤融水入渗，Horton 入渗模型中 e 前面的常数项波动范围在 180.64～693.72，风干土该值较大(表 4-14)。Philip 入渗模型拟合的结果显示，x 前面常数项变化范围在 101.00～192.00，最大值出现在 AM B2 情境下，最小值出现在 WM B2 情境下，总体来看，土壤含水率小的土壤融水吸渗率较大。对于 Smith 入渗模型的拟合结果，不同情境下前面的常数项在 116.90～226.11 范围内波动。

表 4-14　水田融雪季土壤入渗速率与入渗时间的关系

模型	模拟情景	拟合方程	R^2	模拟情景	拟合方程	R^2
Horton 入渗模型	P AM B1	y=693.72 $e^{-0.99x}$+14.86	0.90	P WM B1	y=180.64 $e^{-0.30x}$+12.53	0.89
	P AM B2	y=651.26 $e^{-0.85x}$+10.32	0.82	P WM B2	y=300.76 $e^{-0.74x}$+10.29	0.87
Philip 入渗模型	P AM B1	y=189.47 $x^{-0.5}$+14.86	0.73	P WM B1	y=102.71 $x^{-0.5}$+12.53	0.87
	P AM B2	y=192.00 $x^{-0.5}$+10.32	0.72	P WM B2	y=101.00 $x^{-0.5}$+10.29	0.75
Smith 入渗模型	P AM B1	y=223.90 $x^{-0.97}$+14.86	0.98	P WM B1	y=116.90 $x^{-0.71}$+12.53	0.98
	P AM B2	y=226.11 $x^{-0.95}$+10.32	0.95	P WM B2	y=119.54 $x^{-0.93}$+10.29	0.98

注：P 为水田；其他字母含义同前。

无论是旱田土壤入渗还是水田土壤入渗，Smith 入渗模型与土壤入渗实际过程的拟合效果均最好，R^2 均在 0.95 以上；其次是 Horton 入渗模型，拟合结果的 R^2 在 0.90 左右，最低值为 0.80；最后是 Philip 入渗模型，R^2 在 0.65～0.87 波动，但 R^2 普遍小于 0.80。相比之下，水田土壤融水入渗规律较旱田融水入渗规律更为明显，水田土壤融水条件下入渗速率衰减得更快。

(2) 土壤入渗过程比较分析

通过比较入渗过程特征点的入渗速率，可以很好地得出不同情境下土壤入渗特性并做出合理分析。选取入渗过程中六个标志性时间点，分别表征初始入渗、趋于稳定入渗和稳定入渗过程。六个时间点分别为入渗开始后 30s 内、1～5min、6～10min、30min、60min 和 90min。土壤入渗开始后的前 30s 内的入渗速率反映了土壤在融雪或降雨之后积水条件下对水的真实吸渗性能(图 4-33)。虽然入渗速率很高，但其波动较大，最高值出现在 U AM B1，为 1622.88mm/h，吸渗作用十分明显，最低值出现在 U AR B2，为 166.32mm/h，相差约 10 倍，故初始入渗阶段入渗速率不确定性较大。但此时常温入渗同融水入渗情境下的平均初始入渗速率相差不大，在融水入渗条件下，P AM B1 和 U AM B1 较为接近。对于容重较大又较湿润的土壤，其初始入渗速率相对较低。积水入渗开始后的 1～5min 内，雨季常温入渗条件下的入渗速率普遍高于融雪入渗速率，此时雨季常温土壤平均入渗速率为 98.94mm/h，融雪季土壤平均入渗速率为 84.65mm/h[图 4-33(b)]。融雪季 P AM B2 条件下入渗速率总体偏高，U WM B2 条件下入渗速率中位数最低，而 U AM B2 和 U WM B1 条件下，入渗速率较为稳定。总体来看，该阶段非解冻土壤入渗性能较好。在 6～10min 内，土壤入渗速率衰减速度趋于稳定。整体上，雨季土壤入渗速率大于融雪季。当入渗进行到 30min，如图 4-33(d)所示，此时常温土壤平均入渗速率同解冻土壤平均融水入渗速率相差不大，P AM B1 和 U WR B1 情境下土壤入渗速率明显高于其他，而 U WM B2 下入渗速率整体最低。第 30min 左右，各情境下平均土壤入渗速率开始出现差异。

入渗开始后 60min 的土壤入渗速率趋于稳定，雨季常温土壤平均入渗速率为 15.16mm/h，融雪季土壤平均入渗速率为 13.69mm/h[图 4-33(e)]。至 90min 时，土壤入渗速率基本达到稳定，土壤稳定入渗速率是评价土壤入渗性能的一项重要指标。在稳定入渗阶段，雨季平均入渗速率为 12.54mm/h，融雪季平均入渗速率为 11.09mm/h，雨季入渗速率偏高[图 4-33(f)]。其中，P AM B1 情境下稳渗率最高，为 14.86mm/h，其次是 U AR B1，为 14.29mm/h。稳渗速率整体最低的是 U AM B2 情境，为 9.07mm/h。在其他情境下，如 P WM B2 和 U WM B2，稳渗速率也较低，分别为 9.80mm/h 和 9.19mm/h。12 种情境下，平均稳定入渗速率由大到小排序为 P AM B1、U AR B1、U WR B1、P WM B1、U AM B1、U AR B2、U WR B2、U WM B1、P AM B2、P WM B2、U WM B2、U AM B2[图 4-33(f)]。从排序来看，

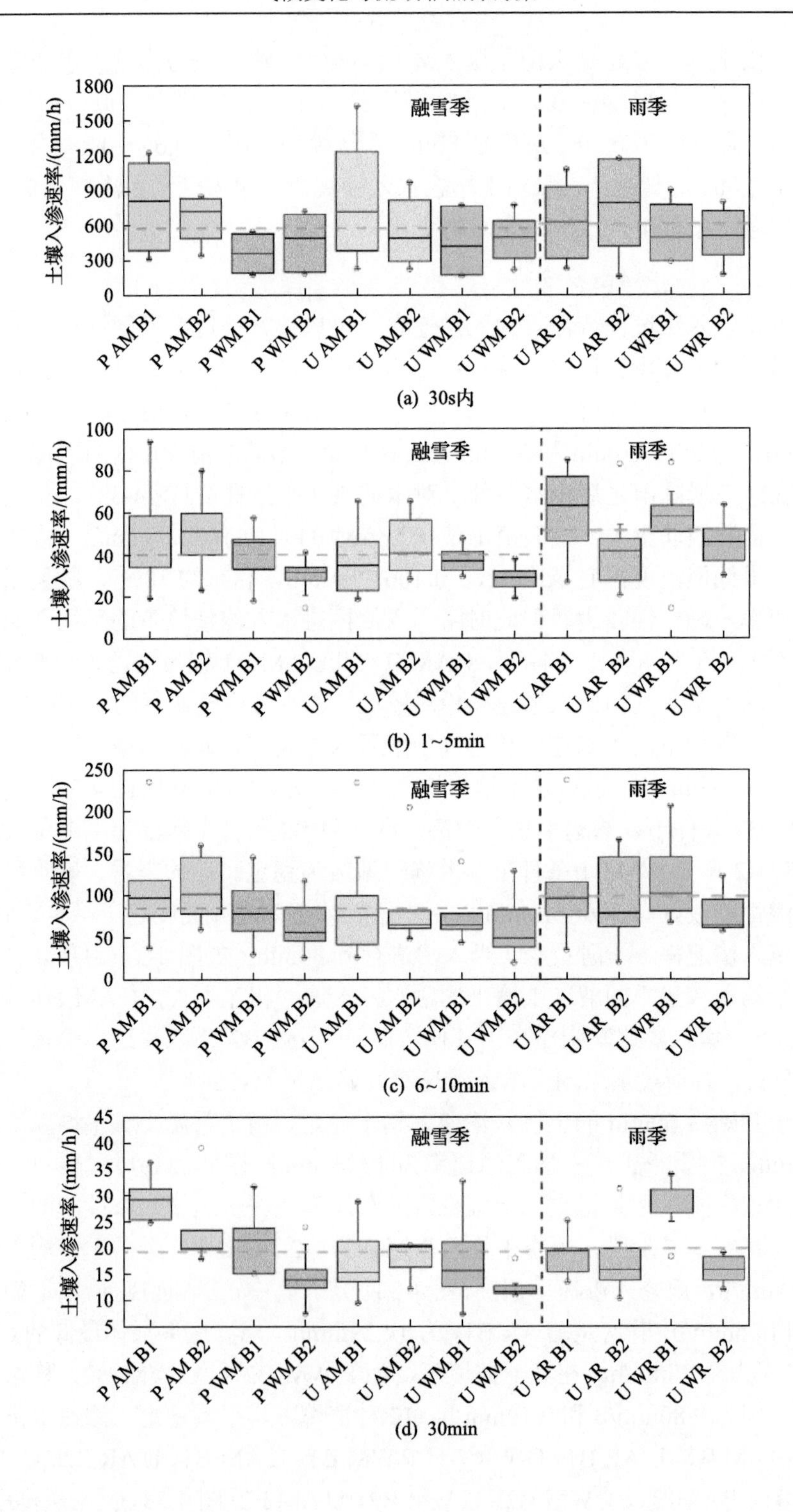

(a) 30s内

(b) 1~5min

(c) 6~10min

(d) 30min

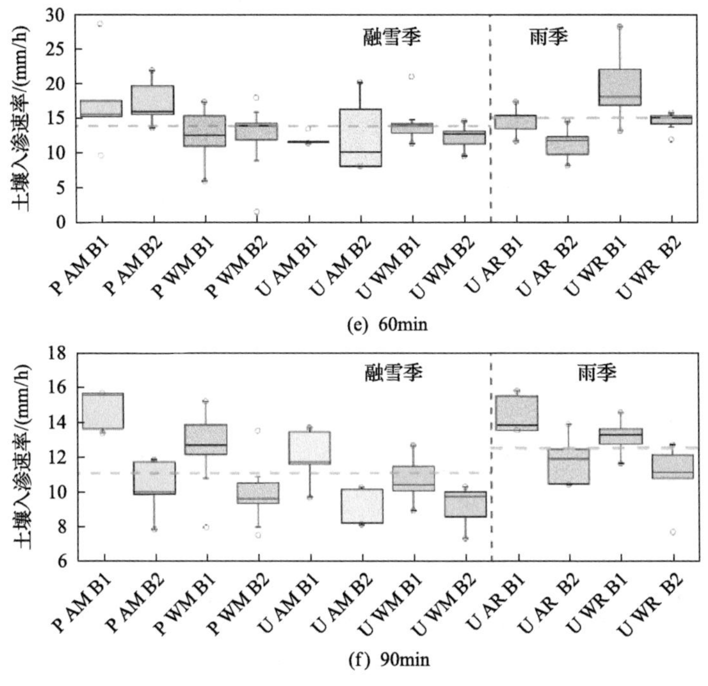

(e) 60min

(f) 90min

图 4-33　不同入渗阶段土壤入渗速率特征

蓝色虚线表示融雪季或雨季各情境下入渗速率平均值；其他字母含义同前

无论是旱田还是水田，土壤容重对土壤入渗性能影响都很大，即使在融水入渗情况下，容重小的土壤入渗性能都会相对较好。相同条件下，水田土壤入渗速率普遍高于旱田土壤入渗速率。另外，土壤水分含量对入渗性能也有很大影响，湿润的土壤入渗性能更差。虽然不同情境下稳定入渗速率每小时相差仅在几毫米范围内，但是考虑到初春融水是一个持续时间较长的过程，所以稳定入渗速率在很大程度上影响着地表产流和土壤侵蚀。

(3) 土壤累积入渗量分析

为研究融雪季和雨季旱田和水田土壤入渗量随时间变化的差异特征，同时考虑到入渗初期入渗速率和入渗量较高且波动较强、不确定性较大，故从积水入渗试验开始 10min 后开始，利用模型回归并积分得到累积入渗量计算公式，进而确定不同情境下累积入渗量与入渗时间的关系。由土壤入渗过程回归分析可知，Smith 入渗模型对研究区土壤入渗性能的回归拟合效果较好，故采用 Smith 入渗模型进行积分。将 12 种情境下的 Smith 方程，对入渗时间积分，得到 12 条积分曲线，然后分别计算不同入渗阶段的累积入渗量。累积入渗量随时间的变化特征进一步表明，融雪季土壤入渗性能普遍低于雨季土壤入渗性能。对于旱田，WM B1 情境下入渗量最少，在入渗进行 300min 时，AM 和 AR 情境下的累积入渗量之差为 50.67mm，WM 和 WR 情境下的累积入渗量之差为 255.24mm（图 4-34）。AM B2 和 AR B2 情境下的入渗量差异在入渗初期就已经体现出来，这种差异由初始时的 5.64mm 随入渗进行 300min 后增加到 109.00mm。WM B2 情境下 55min 时累积入渗量还较高，但之后，其入渗量小于 WR B2 情境下的入渗量。最终至 300min 时，WM B2 和 WR B2 两种情境下的累积入渗量之差为 66.35mm。

对于水田，无论是容重为 1.30g/cm^3 的土壤还是容重为 1.40g/cm^3 的土壤，风干土壤累积入渗量均远远高于湿润土壤的累计入渗量（图 4-35）。初始时段第

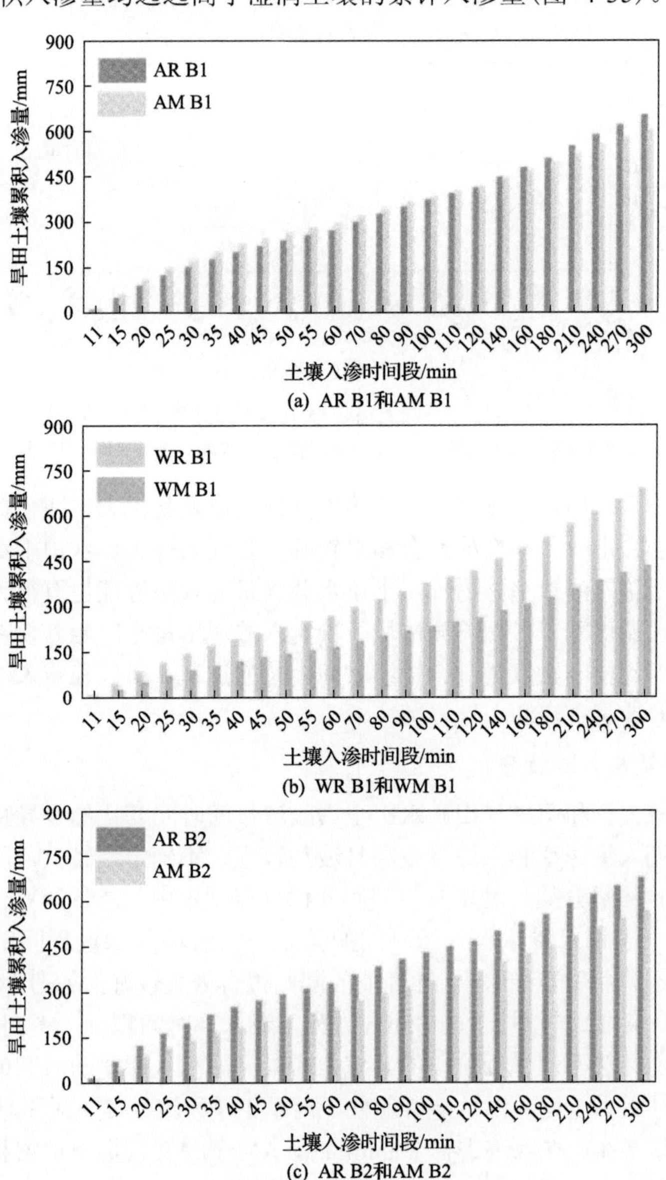

(a) AR B1和AM B1

(b) WR B1和WM B1

(c) AR B2和AM B2

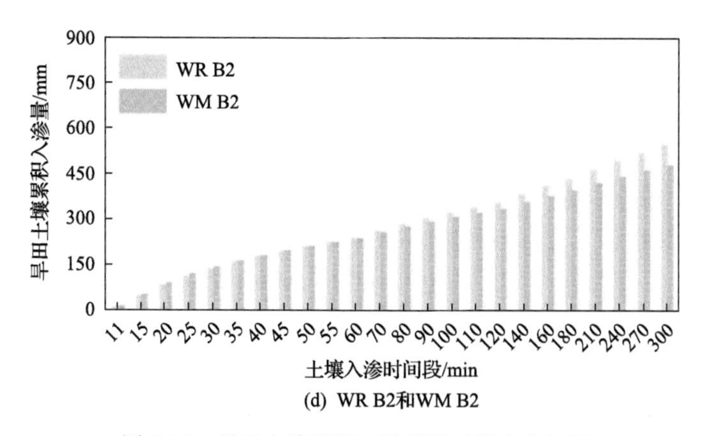

(d) WR B2和WM B2

图 4-34 旱田土壤累积入渗量随时间变化特征

容重：B1 为 1.30g/cm³，B2 为 1.40g/cm³；AR 为雨季风干土；AM 为融雪季风干土；WR 为雨季湿润土；WM 为融雪季湿润土

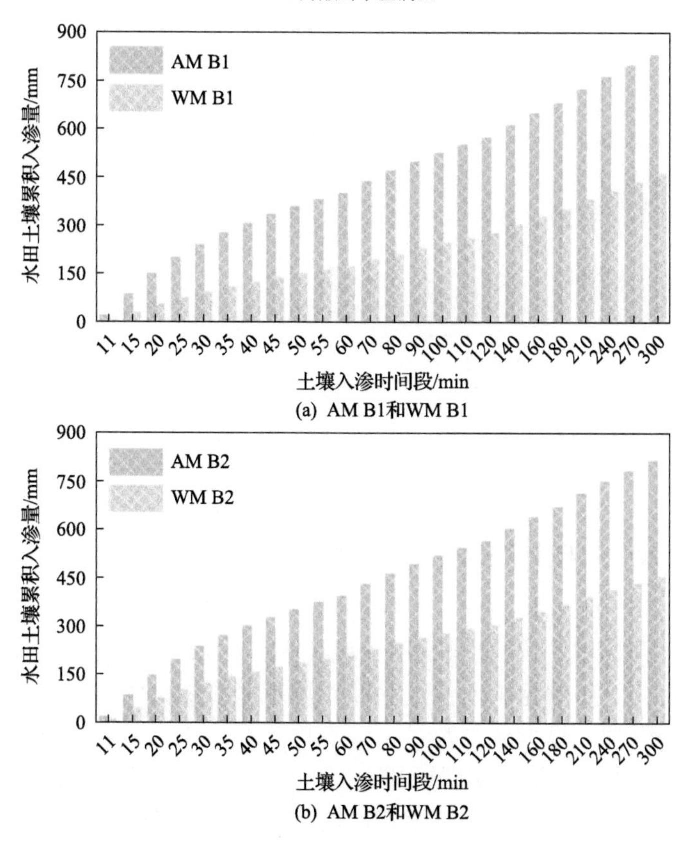

(b) AM B2和WM B2

图 4-35 水田土壤累积入渗量随时间变化特征

容重：B1 为 1.30g/cm³，B2 为 1.40g/cm³；AM 为融雪季风干土；WM 为融雪季湿润土

11min 时，P AM B1、P AM B2、P WM B1 和 P WM B2 情境下的累积入渗量分别为 20.50mm、19.92mm、6.93mm 和 10.26mm，到入渗进行至 300min 时，四种情境下累积入渗量分别增加至 831.60mm、816.35mm、463.68mm 和 454.68mm。同种容重下，风干土壤累积入渗量几乎是湿润土壤累积入渗量的 2 倍。如图 4-36 所示，综合比较 12 种情境下的 2 个指标：稳定入渗速率(steady infiltration rate，IR)和 300min 时的累积入渗量(infiltration amount，IA)，可以看出，P AM B1 情境下的两项指标值均为最高，U WM B2 和 P WM B2 情境下两项指标相对较低。入渗过程中，入渗量大小不仅与入渗速率的大小有关，还与入渗速率变化的快慢有关。

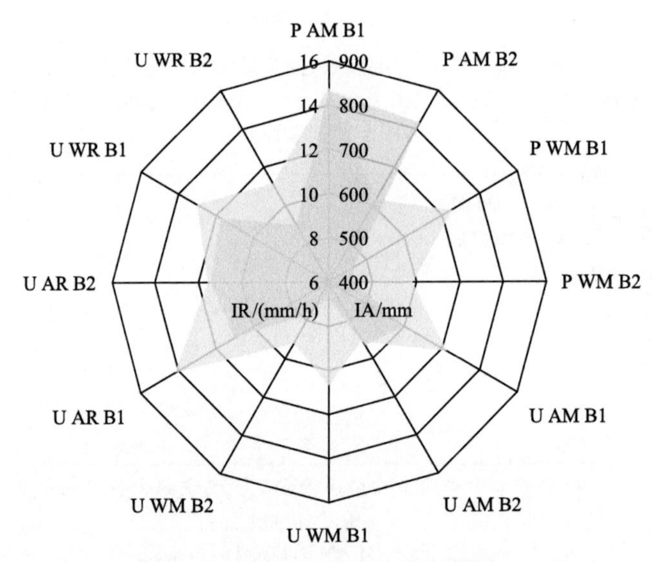

图 4-36　不同情境下土壤稳定入渗速率(IR)和累积入渗量(IA)比较

P 为水田，U 为旱田，其他字母解释同前

4.4.6　土壤入渗过程与土壤侵蚀和非点源磷流失的关系

为深入研究土壤入渗过程与土壤侵蚀和非点源磷流失的关系，将水田融雪季、旱田融雪季和旱田雨季三个土壤侵蚀关键时期的土壤侵蚀模数、有机磷流失负荷、无机磷流失负荷、土壤稳定入渗速率和土壤累积入渗量做平均化处理，然后做标准化去量纲处理，标准化系数等于该点原始值与该点所在组分的平均值之比(图 4-37)。可以看出，当土壤侵蚀和磷流失比较严重时，对应的土壤入渗性能较低，如旱田融雪季；当土壤侵蚀模数和磷流失负荷较小时，对应的土壤入渗性能较高，如旱田雨季。对于水田融雪季，土壤入渗性能、土壤侵蚀模数和磷流失负荷均处于中等水平。

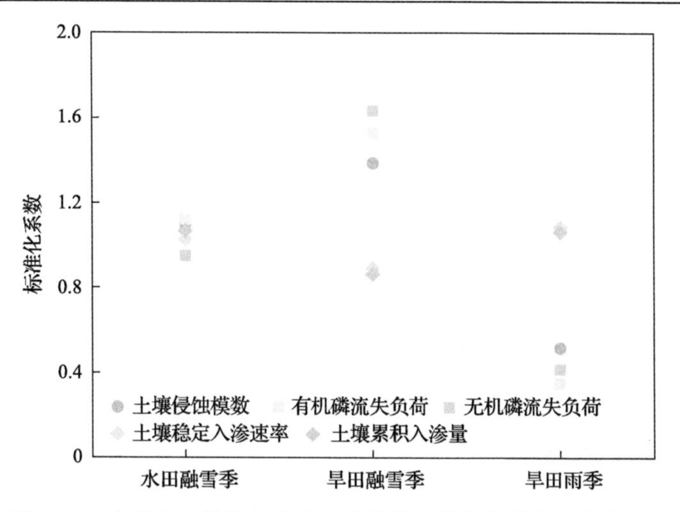

图 4-37　土壤入渗性能、土壤侵蚀模数和非点源磷流失负荷比较

4.5　降水和温度变化对流域土壤侵蚀的影响

4.5.1　材料与方法

1. 降水及融雪驱动因子计算

为深入研究降水变化对流域土壤侵蚀的影响，将降雨因素和融雪因素对土壤侵蚀的驱动影响同时考虑在内。故参考焦剑等(2009)的研究，引入降水驱动因子，其反映了降雨和降雪融化对土壤侵蚀的驱动作用，由降雨驱动因子和融雪驱动因子两部分组成。根据研究区的气候特征，将每一年里的 12 个月划分为降雨期(5～10 月)和冻融期(11 月至次年 4 月)。日降水量和气温数据来自八五九农场气象站和饶河县气象站，数据为 1970～2014 年的长期连续数据。研究区 5～10 月降雨作用下的土壤侵蚀驱动力采用 4.2.1 节中的方法计算。11 月至次年 4 月冻融期降雪作用下的土壤侵蚀驱动力采用经验公式计算。根据研究区所在的黑龙江省内 21 个典型流域水文站的 234 个气象站点提供的降水、产流和产沙资料，对大量实测数据经过整理分析得到计算融雪驱动作用的经验方程(焦剑等, 2009)：

$$R_{\mathrm{S}} = 33.124 P_{\mathrm{S}}^{0.5845} \tag{4-13}$$

式中，R_{S}为融雪侵蚀力因子[$\mathrm{MJ \cdot mm/(hm^2 \cdot h \cdot a)}$]；$P_{\mathrm{S}}$为冻融期年平均降雪量(mm)。故用式(4-14)来评价降水对土壤侵蚀的驱动作用：

$$R_{\mathrm{T}} = R + R_{\mathrm{S}} \tag{4-14}$$

式中，R_T 为降水驱动因子[MJ·mm/(hm^2·h·a)]；R 为降雨侵蚀力因子[MJ·mm/(hm^2·h·a)]。

2. 流域水文和土壤侵蚀过程模拟

运用 SWAT 模型模拟年际流域地表产流和土壤侵蚀过程，具体方法步骤见旱田水文和土壤侵蚀过程模拟。为突出降水和温度的综合作用，消除土地利用类型变化对流域水文过程和土壤侵蚀过程的影响，设计模拟采用 2014 年这一期土地利用类型数据作为模型中土地利用类型的输入数据，该年土地利用类型最能反映研究区当前土地利用现状。

4.5.2 典型气象代表年分类

根据 1974～2014 年降水和气温数据，以每年的平均日最高气温(T_h)、平均日最低气温(T_l)和年降水量(P)的统计变化特征为依据，采用聚类分析中的 K 均值聚类方法(K-means clustering method)将 41 年分成四类(category)气象代表年(C1、C2、C3、C4)。C1 类代表丰水年，该组分内年降水量值相对较高，平均年降水量 737mm，降水量最高值达到 872mm；C2 类代表旱热年，该组分内平均年降水量仅为 484mm，平均日最高气温和最低气温值均较高，平均日最低气温仅为–1.87℃，因此代表旱热年；C3 类代表润寒年，该组分内平均日最低气温为–4.47℃，属于典型的润寒年类型，降水量较为充沛，年均降水量均值为 643mm。第四类 C4 则代表平年，其特点为降水量和温度在多年中表现出中等水平，该组分内各指标的平均值与 41 年内各指标的平均值非常接近。

各年月平均降水量和月平均气温变化表明，水热同期(图 4-38)。平均月降水量在 8.03～186mm 波动，在 1 月较低，8 月最高，降水量在夏季达到峰值。从图中可以看出，C1 组分内一年 12 个月份中降水量均较高，而 C2 组分中降水量较低，

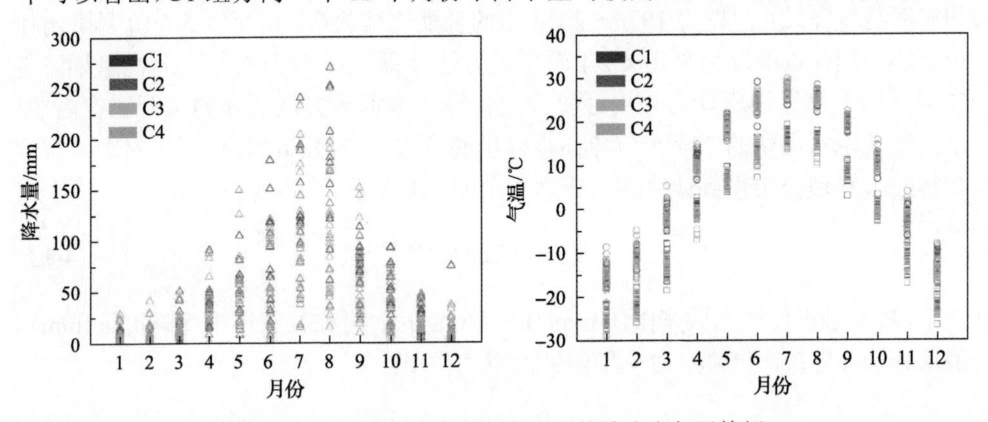

图 4-38 不同组分气象代表年月平均降水和气温特征

C1 为丰水年，C2 为旱热年，C3 为润寒年，C4 为平年；圆圈表示平均日最高气温，方框表示平均日最低气温

尤其是在七八月份雨季时。对于 C3 组分中的各年，降水多集中在冬季，相对而言夏季降水量较低，由此进一步证明了 C3 代表润寒年。从四组典型气象代表年的月平均气温很容易看出，C2 组分气温相对其他组分较高，C3 组分气温相对其他组分较低。总体来看，C1 丰水年降水量比 C4 平年高 40.92%，平均气温比平年低 0.63%；C2 旱热年降水量比平年低 7.46%，平均气温比平年高 47.16%；C3 润寒年降水量比平年高 22.94%，平均气温比平年低 23.79%。

4.5.3　降水驱动因子时间变化特征

1974～2014 年，降水驱动因子在 1985 年达到最高值 3975.2[MJ·mm/(hm^2·h·a)]，在 1986 年达到最低值 772.4[MJ·mm/(hm^2·h·a)](图 4-39)。多年平均降雨侵蚀力因子为 1529.5[MJ·mm/(hm^2·h·a)]，而多年平均融雪侵蚀力因子为 499.9[MJ·mm/(hm^2·h·a)]，相比之下，融雪侵蚀力的值低很多，说明单从降水驱动侵蚀的可能性来看，降雨事件会引发更多的土壤流失，因为降雨对土壤侵蚀的影响体现在两个方面：一是雨滴击打土壤表面土粒被剥离，二是被剥离后的土壤被雨水挟带流失。由于降雨侵蚀力的变化波动较为剧烈，故年降水驱动因子值变化很大。同时，与降雨侵蚀力因子值相比，融雪侵蚀力因子值相对稳定，但在 2004～2014 年，略有增加。1974～2014 年，融雪侵蚀力因子达到过两次较为明显的高峰，自 2006 年的第二次高峰以来，该值的波动范围已经上升到更高的水平。

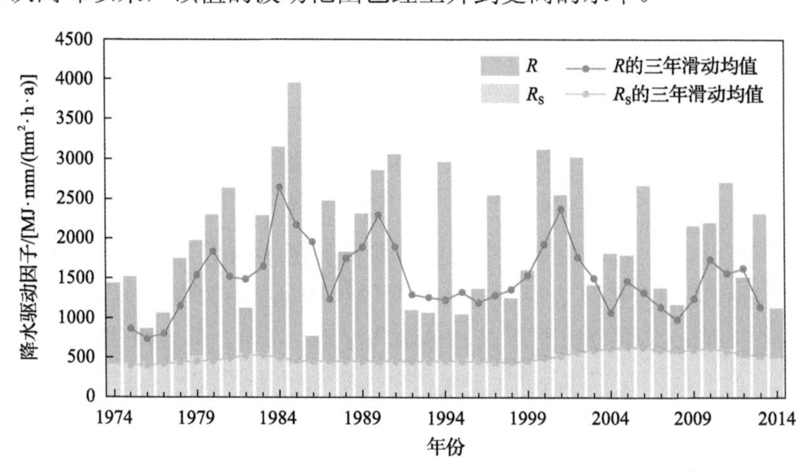

图 4-39　降水驱动因子时间变化特征

4.5.4　典型气象代表年地表径流特征

SWAT 模型将研究区划分成 23 个子流域，每个子流域内地形、土壤和土地利用类型相似。为突出降水和温度对地表产流和土壤侵蚀的影响，本章研究在子流域尺度上引入地表径流量(coefficient of runoff，CR)和土壤侵蚀模数(coefficient of soil erosion，CS)的无量纲参数。组分里每一点对应的 CR 值或 CS 值等于该点原始值与该点所在组分的平均值之比，这样便可以客观反映出在其他条件相同的情况下，降水和温度的影响作用。在子流域尺度上，四类气象代表年组分间地表径流量差异很大(图 4-40)。C1～C4 四个组分的平均地表径流值依次为 115.5mm、70.42mm、125.2mm 和 89.82mm。子流域尺度上，C3 组分的平均地表径流值最高，为 177.2mm。平年 C4 组分下的地表径流值处于中等水平，范围为 49.0～128.1mm。相比之下，旱热年间 C2 的地表产流量最低，全流域径流量仅在 42.6～93.5mm。C1 和 C3 组分内的年份分别具有年降水量大和年平均气温较低的特点，与 C2 和 C4 组分内的径流量相比，C1 和 C3 的地表径流量要高出很多。

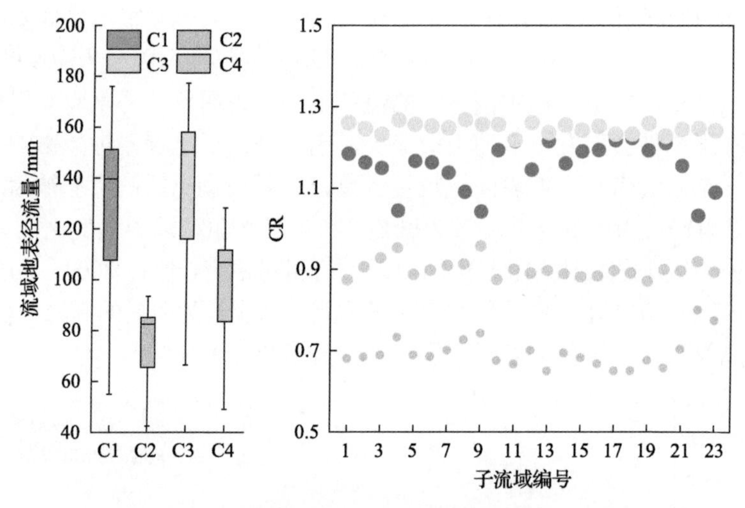

图 4-40 不同组分气象代表年内各子流域地表径流特征

圆点大小代表该点值的大小

四类气象代表年地表径流量空间分布特征如图 4-41 所示。从整体空间分布情况来看，C1～C4 组分的地表径流分布均呈现出中部偏高，东西偏低的趋势。流域西部分布着林地，东部分布着水田、林地和湿地。4 号、9 号和 22 号子流域的地表径流量普遍偏低。在丰水年 C1 和润寒年 C3 组分中，13 号、17 号、18 号和 20 号子流域的地表径流值最高，这些小的子流域同时分布着旱田、水田和林地，土地利用类型种类较多。

1974～2014 年，地表径流量的年际变化明显，其标准差和变异系数分别为 40.33 和 0.432。C4 组分内的年际地表径流量波动剧烈，这表明了平年里径流量变化的随机性特点。而 C2 组分内地表径流量年际变化相对较小。在强降水和寒冷天气的影响下，C1 和 C3 组分下的年际径流量波动也并不明显。此外，在 C1 和 C3 这两类典型代表年组分下年均地表径流量分别比 C4 平年的径流量高出 28.59% 和 39.39%(表 4-15)。

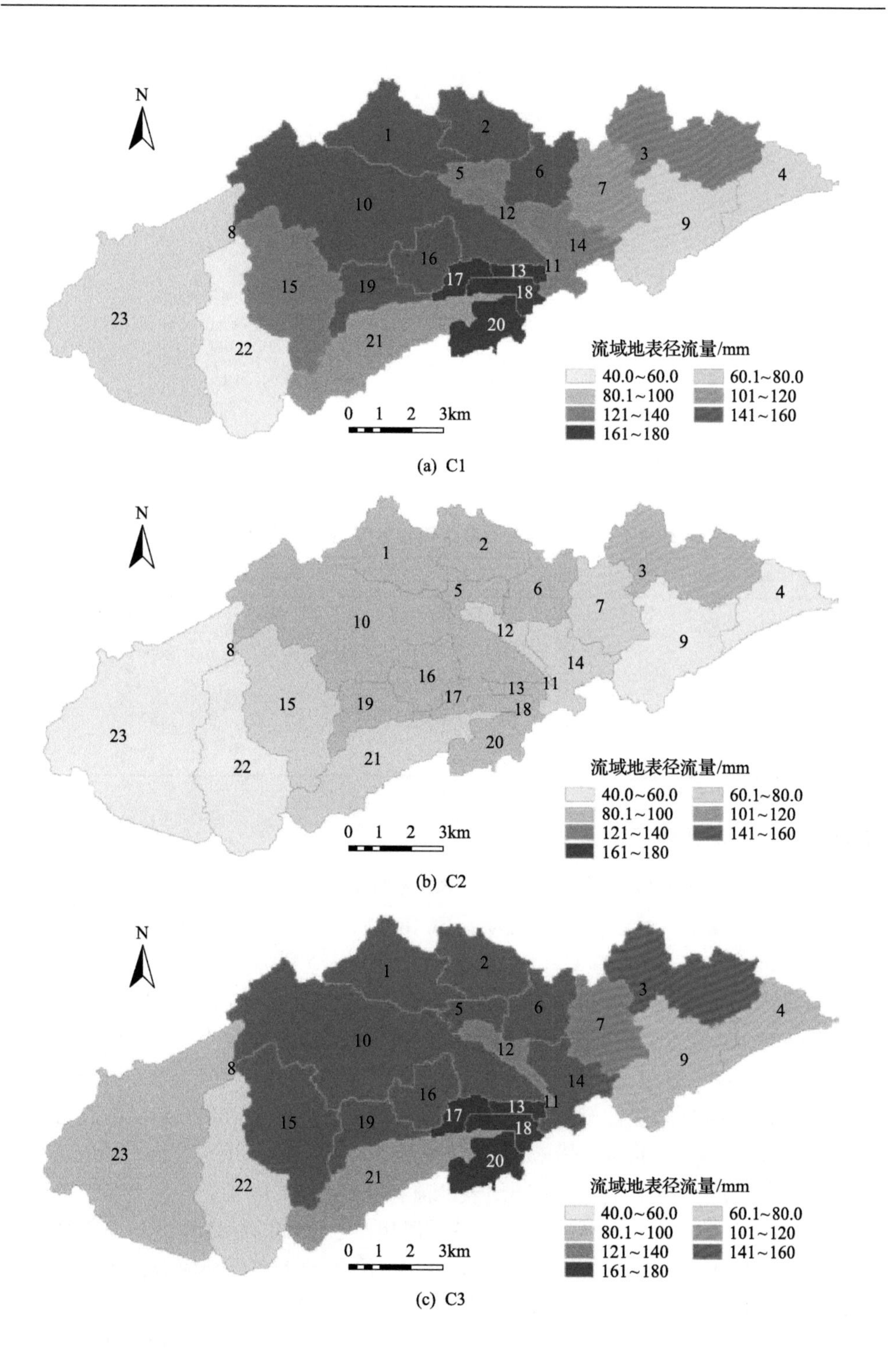
N
流域地表径流量/mm
40.0~60.0
60.1~80.0
80.1~100
101~120
121~140
141~160
161~180
0 1 2 3km
N
流域地表径流量/mm
40.0~60.0
60.1~80.0
80.1~100
101~120
121~140
141~160
161~180
0 1 2 3km
N
流域地表径流量/mm
40.0~60.0
60.1~80.0
80.1~100
101~120
121~140
141~160
161~180
0 1 2 3km

(a) C1

(b) C2

(c) C3

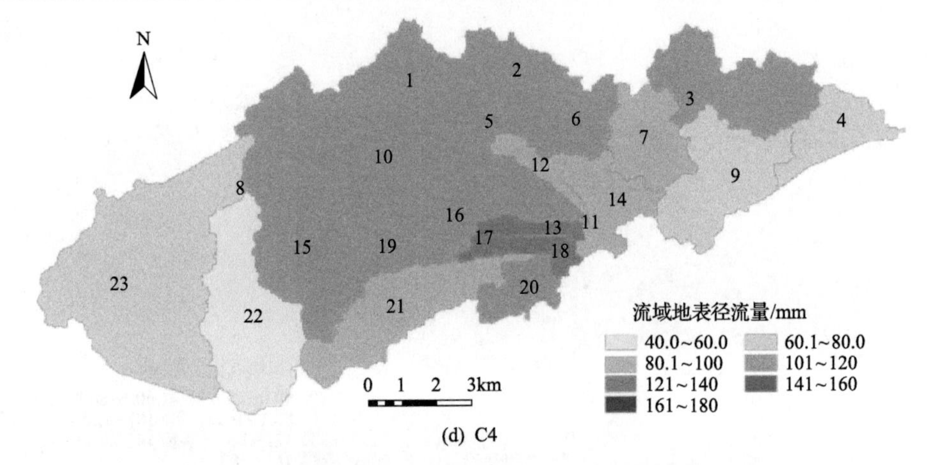

(d) C4

图 4-41 不同组分气象代表年内流域地表径流空间分布特征

图中数字代表子流域编号，下同

表 4-15 不同组分气象代表年年际地表径流量特征

气象年组分类别	平均值/mm	最大值/mm	最小值/mm	标准差	CV
C1	115.5	136.0	89.00	13.37	0.116
C2	70.42	113.5	34.59	26.47	0.376
C3	125.2	132.9	117.5	7.230	0.058
C4	89.82	206.6	27.22	54.70	0.609
1974～2014 年	93.39	206.6	27.22	40.33	0.432

4.5.5 典型气象代表年土壤侵蚀特征

四类气象代表年组分间土壤侵蚀模数大小差异同样显著(图 4-42)。C1～C4 四个组分的平均土壤侵蚀模数依次为 2.03t/(hm^2·a)、1.27t/(hm^2·a)、2.12t/(hm^2·a)和 1.61t/(hm^2·a)。在 C1 和 C3 组分代表年中经历着最为严重的土壤侵蚀，其中侵蚀最严重的子流域在 C1 和 C3 组分下，土壤侵蚀模数分别为 5.26t/(hm^2·a)和 5.05t/(hm^2·a)。在 C4 平年里，由于受降水和温度极值影响较小，土壤侵蚀模数在 0.26～3.71t/(hm^2·a)范围内波动，无极值出现。而在旱热年组分 C2，土壤侵蚀强度最小，这一组分的侵蚀模数普遍偏低，最低仅为 0.006t/(hm^2·a)，由此可见降水和温度对土壤侵蚀的重要影响。

从整体空间分布情况来看，同地表产流特征相似，C1～C4 组分土壤侵蚀模数分布呈现出中部偏高，东西略低的趋势，但相对于东部的湿地地区，西部林地地区有更多土壤流失(图 4-43)。子流域 3、4、9 和 14 的土壤侵蚀模数在各气象代表年内普遍偏低，且子流域 15 侵蚀模数普遍最高。对于侵蚀最为严重的 15 号子流域，C1～C4 组分下的土壤侵蚀模数依次为 5.26t/(hm^2·a)、3.02t/(hm^2·a)、

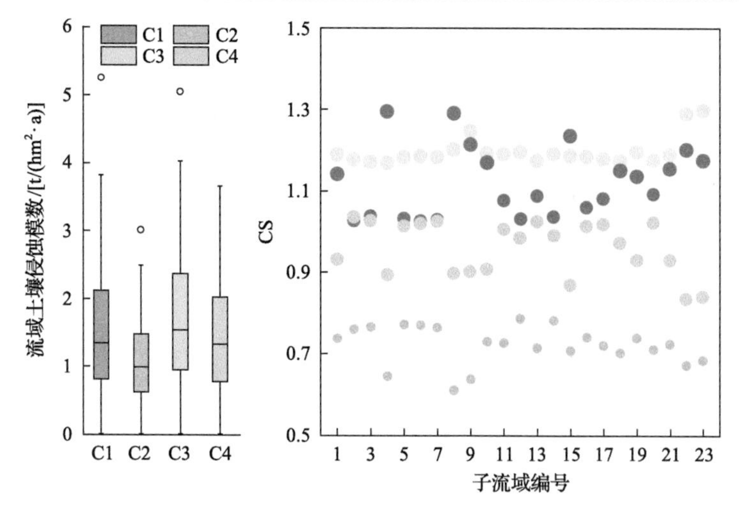

图 4-42　不同组分气象代表年内各子流域土壤侵蚀特征

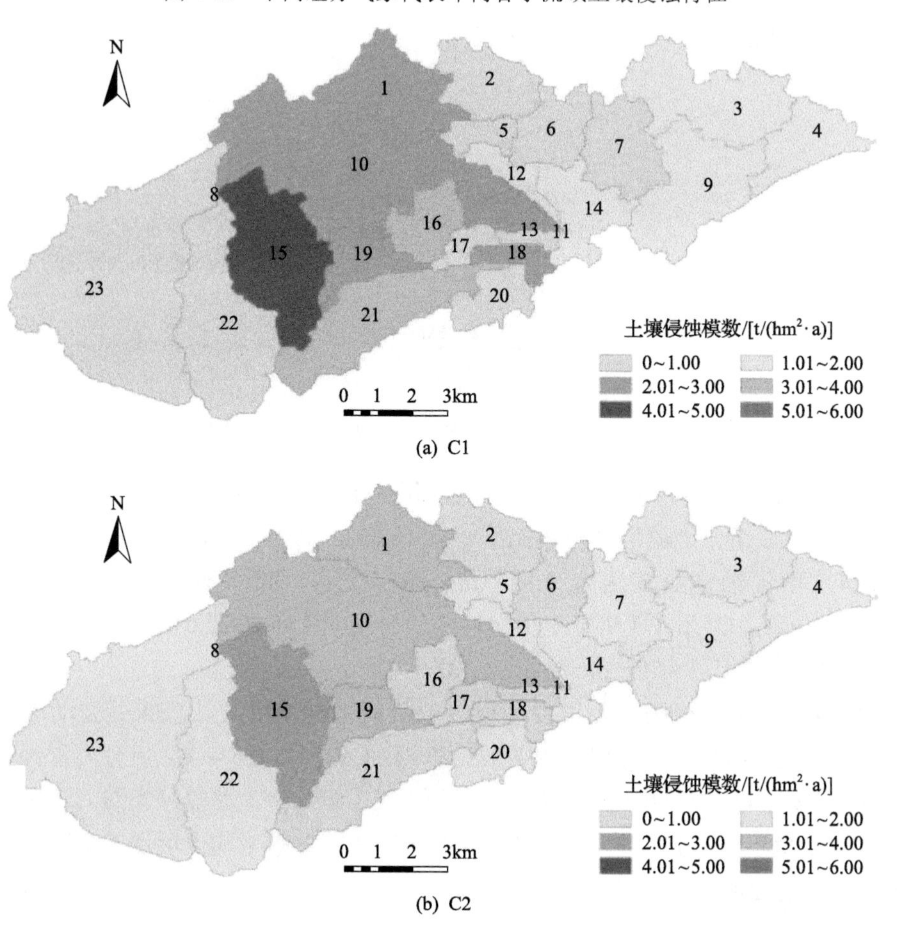

(a) C1

(b) C2

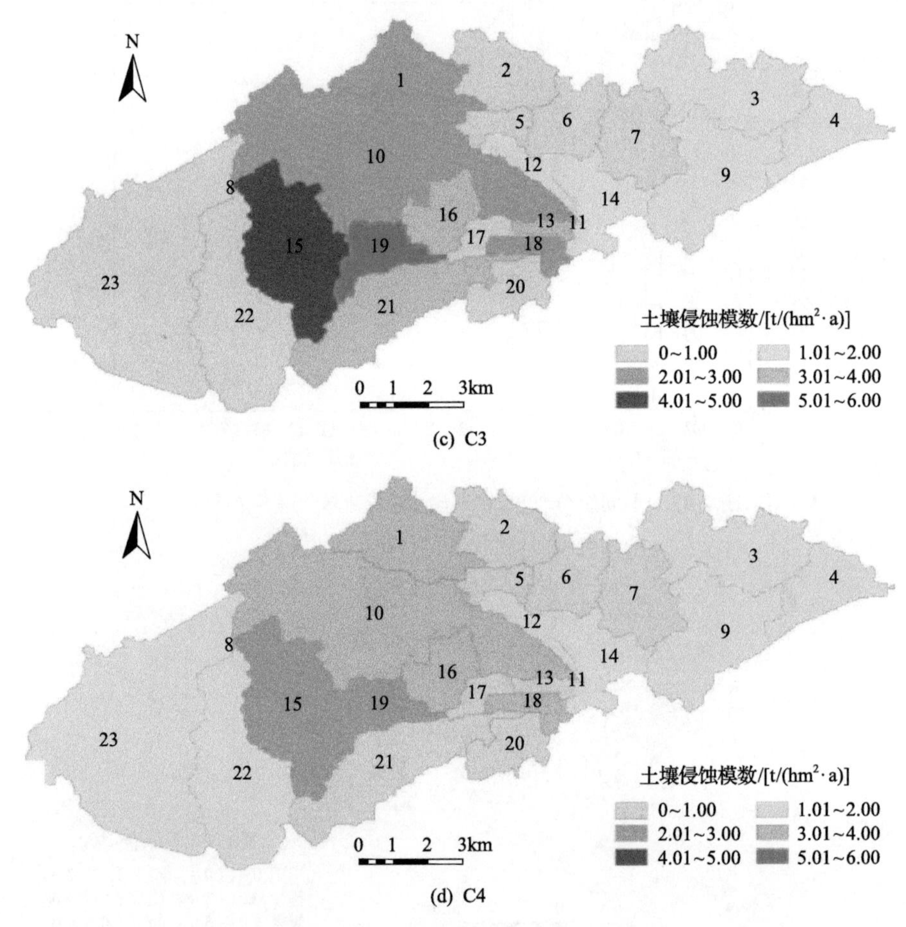

(c) C3

(d) C4

图 4-43　不同组分气象代表年内流域土壤侵蚀模数空间分布特征

5.05t/(hm^2·a)和 3.71t/(hm^2·a)，C1 和 C3 组分土壤侵蚀模数分别比平年高 42.0%和 36.3%，C2 组分土壤侵蚀模数比平年低 18.6%。对于 19 号子流域，C1～C4 组分下的土壤侵蚀模数依次为 3.82t/(hm^2·a)、2.49t/(hm^2·a)、4.03t/(hm^2·a)和 3.13t/(hm^2·a)，C1 和 C3 组分土壤侵蚀模数分别比平年高 22.0%和 28.7%，C2 组分土壤侵蚀模数比平年低 20.5%(图 4-43)。

与地表径流量相比，土壤侵蚀模数数值的标准差更大，意味着波动更剧烈(表 4-16)。C4 组分内土壤侵蚀模数波动剧烈，CV 值为 0.64；C2 组分内侵蚀强度变化程度接近 C3 组分内侵蚀强度变化程度；C1 组分内土壤侵蚀模数的年际变化最小，CV 值仅为 0.13。丰水年 C1 和润寒年 C3 组分内平均土壤侵蚀模数分别比 C4 组分内侵蚀模数高 26.09%和 31.68%。

表 4-16　不同组分气象代表年年际土壤侵蚀模数特征

气象年组分类别	平均值/[t/(hm^2·a)]	最大值/[t/(hm^2·a)]	最小值/[t/(hm^2·a)]	标准差	CV
C1	2.03	2.36	1.55	0.27	0.13
C2	1.27	1.94	0.70	0.39	0.31
C3	2.12	2.85	1.49	0.57	0.27
C4	1.61	3.57	0.37	1.02	0.64
1974～2014 年	1.65	3.57	0.37	0.73	0.44

4.5.6　降雨土壤侵蚀驱动因子

采用 Spearman 非参数相关分析得到了年际土壤侵蚀模数、降水量(P)、平均日最高气温(T_h)、平均日最低气温(T_l)、地表径流量、平均日气温差和降水驱动因子 R_T 的相关关系(图 4-44)。对上述变量的年际分析结果表明，地表径流量与土壤侵蚀模数之间存在着十分显著的相关性(0.920，p=0.01)。此外，降水量与土壤侵蚀模数之间也存在较强的相关关系(0.768，p=0.01)，而相比之下，R_T 与土壤侵蚀模数的相关性稍弱(0.647，p=0.01)。最重要的是，单从温度因子来看，其与侵蚀模数之间存在着弱相关性。T_l(–0.392，p=0.05)和 T_h(–0.345，p=0.05)与侵蚀模数之间的相关系数接近 0.4，属于微度相关关系。再次证实了地表径流和降水量是影响土壤侵蚀最重要的因素。此外，降水、径流、土壤侵蚀和温度之间的弱相关性从数理统计的角度说明了温度变化会影响到流域水循环过程。

从不同气象代表年组分分别来看，除了在 C2 和 C4 代表年组分中，R_T 和地表径流量与土壤侵蚀模数存在显著的相关关系，C1 和 C3 组分里均无明显的相关关系规律。特别在进行回归分析后，进一步证实了 R_T 与土壤侵蚀模数的关系并不明

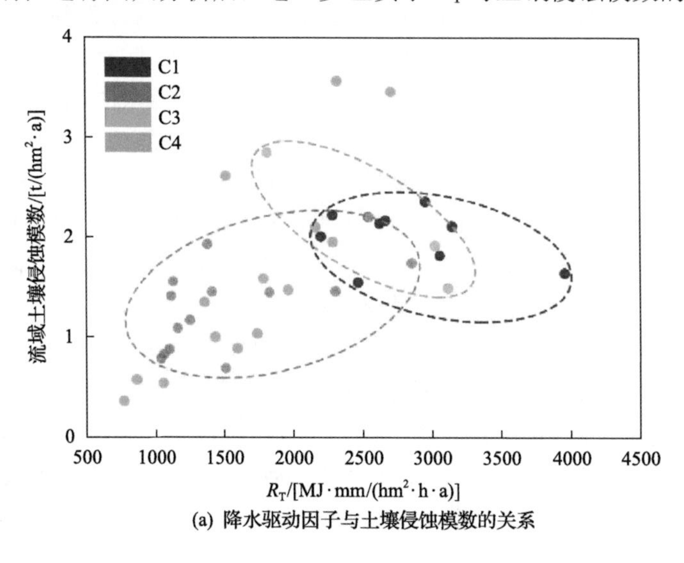

(a) 降水驱动因子与土壤侵蚀模数的关系

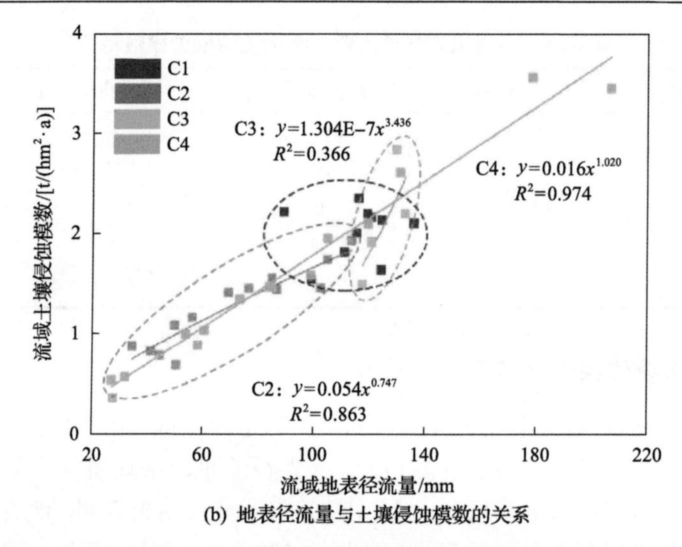

(b) 地表径流量与土壤侵蚀模数的关系

图 4-44　不同组分气象代表年内土壤侵蚀与关键驱动因子之间的关系

显。此外，只有在 C4 平年里可以初步得出结论，土壤侵蚀模数随着 R_T 的增加而增加。地表径流量与土壤侵蚀模数高度相关，特别在 C4 组分中，这种关系非常明显(R^2=0.974，n=14)。而在 C1 丰水年和 C3 润寒年组分中，二者之间回归关系不显著，C1 的回归结果未显示在图中。综上结果表明，在年尺度上，地表径流量和降水量是影响全流域水土流失最重要的因素，但在降水和温度的综合作用下，它们的影响效果大不相同。

4.5.7　融雪季土壤侵蚀驱动因子

从年际尺度来看，全流域每年降雪量仅占年降水总量的 20%左右，但融雪季由于积雪融化产生的地表径流量和土壤流失量分别占二者年总量的 46.77%和 58.35%。根据 1974～2014 年中每一年融雪季数据，同样采用 Spearman 非参数相关分析方法，分析各年融雪季土壤侵蚀模数、降水量(P)、平均日最高气温(T_h)、平均日最低气温(T_l)、融雪地表径流量、平均日气温差和融雪侵蚀力因子 R_s 的相关关系。结果表明，融雪产流引发的侵蚀与融雪地表径流量密切相关(0.943，p=0.01)，与 R_s 高度相关(0.742，p=0.01)。同时，融雪侵蚀强度和降雪量之间中度相关(0.610，p=0.01)。融雪地表径流量和 R_s 是融雪季驱动土壤侵蚀最主要的因子。在降水和温度的影响下，土壤侵蚀模数与 R_s 和融雪地表径流量的回归分析结果表明(图 4-45)，R_s 与土壤侵蚀模数之间存在着对数关系，融雪地表径流量与土壤侵蚀模数之间存在着幂函数关系。在润寒年组分 C3 中发现，土壤侵蚀模数与 R_s 之间存在着很显著的回归关系(R^2=0.709，n=4)，而在丰水年组分 C1 中，R_s 跟土壤侵蚀模数之间并没有十分显著的回归关系。另外，对于平年组分 C4(R^2=0.969，

n=14)和 C2(R^2=0.931，n=13)，融雪地表径流量与土壤侵蚀存在十分显著的回归关系。故总体来看，C1 组分内融雪径流量与土壤侵蚀之间的关系最弱。一般来说，融雪季融雪径流量与土壤侵蚀之间的关系比 R_S 与土壤侵蚀之间的关系更密切。

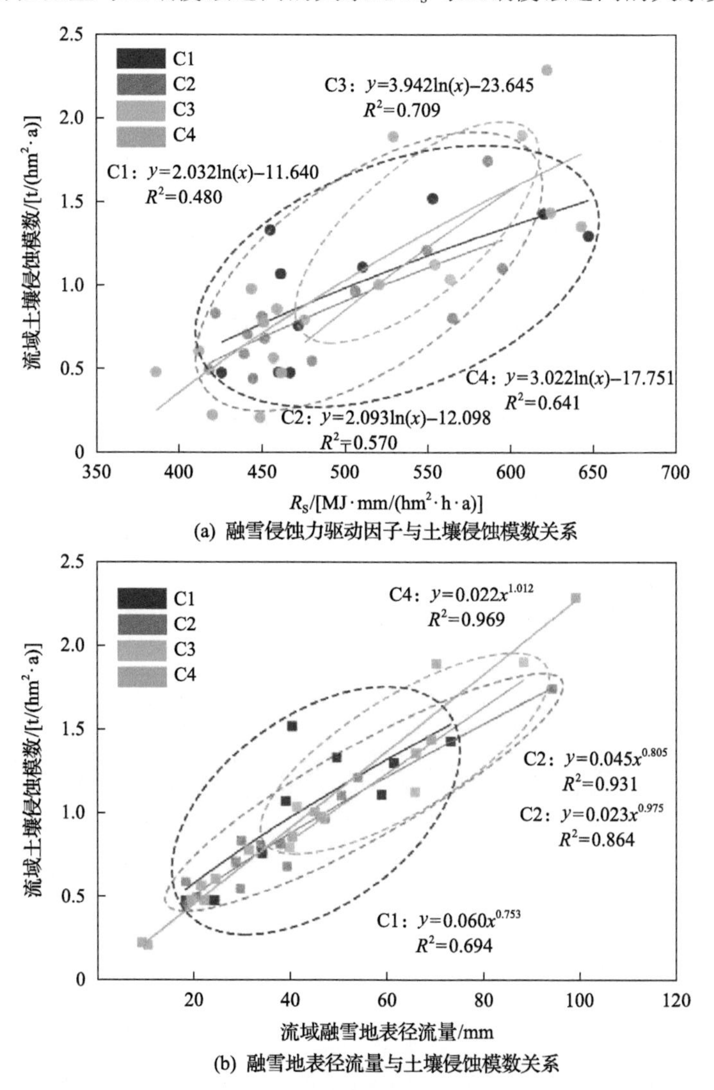

(a) 融雪侵蚀力驱动因子与土壤侵蚀模数关系

(b) 融雪地表径流量与土壤侵蚀模数关系

图 4-45　融雪季不同组分气象代表年内土壤侵蚀与关键驱动因子之间的回归关系

4.6　未来气候变化对流域土壤侵蚀的影响

利用 CORDEX(coordinated regional climate downscaling experiment)的降尺度未来气候变化数据，得到研究区未来气候变化情景下的气候变化数据集。将其作为输入数据输入 SWAT 模型，模拟分析未来气候变化对流域土壤侵蚀的影响。本节研究目标包括：①历史时期和未来气候情景下流域地表产流和土壤侵蚀强度的平均态时空特征；②预估未来气候变化下农田地表产流和土壤侵蚀概率分布特征和极端事件。

4.6.1 降水和温度年际变化特征

历史时期(1970～2016 年)，未来气候情景下 RCP 4.5(2017～2100 年)和 RCP 8.5(2017～2100 年)的年降水量和年均气温随时间变化趋势显著(图 4-46)。历史时期下年平均降水量为 577.3mm，Mann-Kendall 趋势检验 Z 值为 0.046，故降水量在 0.05 显著性水平上没有增加趋势也没有减少趋势；RCP4.5 情景下，降水量平均为 619.3mm，相对于历史时期，增加了 42.00mm，Z 值为–0.390，也没有增加

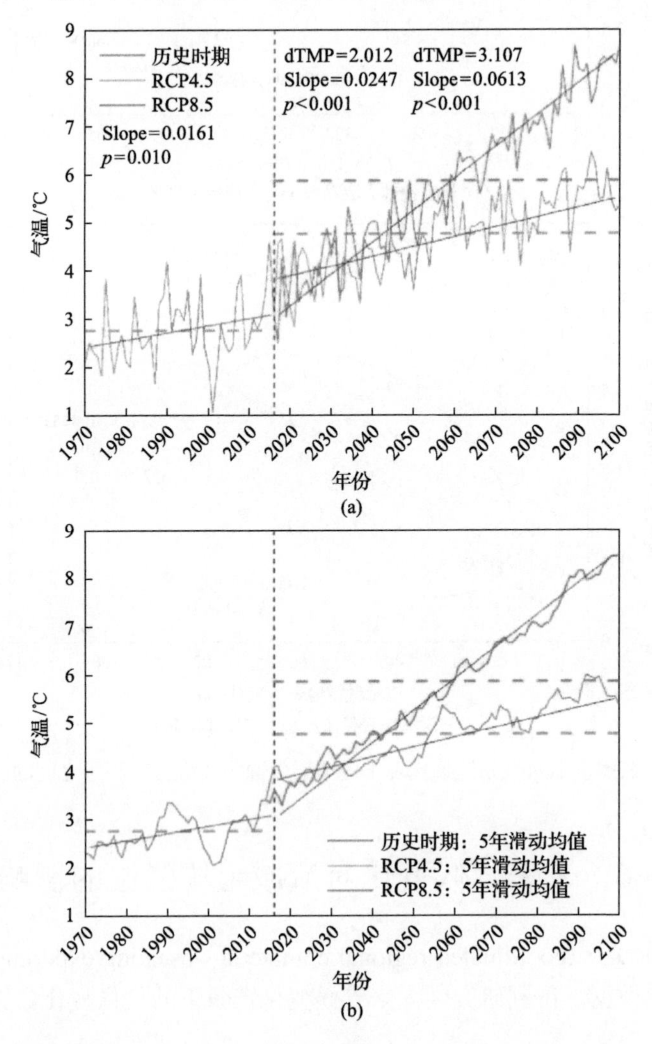

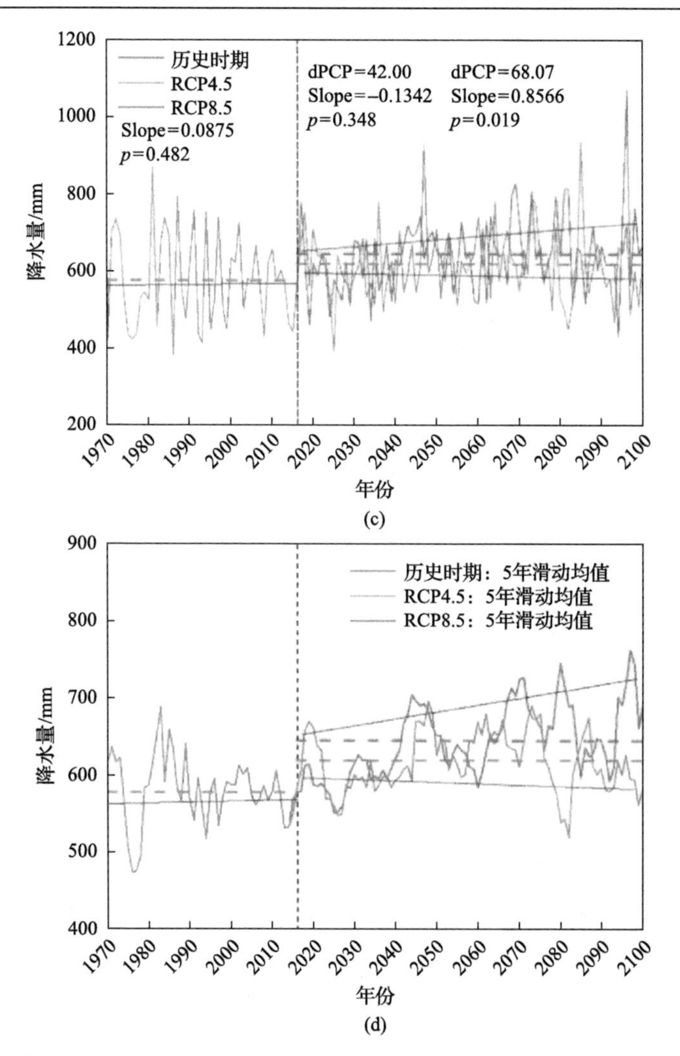

图 4-46　历史时期和未来气候变化情景下降水和气温变化趋势

彩色实线表示对应情景下的年均气温或年降水量；彩色虚线表示对应情景下气温或降水量的平均值；红色实线表示线性趋势；dPCP 或 dTMP 表示在历史时期与未来气候变化情景下的年降水量或年均气温的差值；Slope 表示 Sen's 斜率估计下的线性变化趋势；p 值表示在 Mann-kendall 趋势检验下的显著性水平

或减少趋势；RCP8.5 情景下，降水量为 645.4mm，相比历史时期增加更多，为 68.1mm，此时 Mann-Kendall 趋势检验的 Z 值为 2.082，在 0.05 显著性水平上有显著增加的趋势。相对于降水量，温度的变化更为明显。历史时期下年均气温为 2.76℃，Mann-Kendall 趋势检验 Z 值为 2.329，温度有显著升高趋势(p=0.010)；在 RCP4.5 情景下，升温趋势较历史时期更为明显，Sen's 斜率为 0.0247，与历史时期相比平均升温 2.012℃，Mann-Kendall 趋势检验 Z 值为 7.467，有显著升温趋势；在 RCP8.5 情景下升温最为明显，与历史时期相比平均升温 3.107℃，趋势检

验 Z 值为 11.11，有显著升温趋势。

对历史时期(1970～2016 年)、未来气候情景下 RCP4.5(2017～2100 年)和 RCP8.5(2017～2100 年)年内的冰冻时期的起止时间进行分析，冰冻时期以日平均气温作为参考，当日平均气温严格低于 0℃时，视为冰冻期，冰冻期的开始日期为当年日平均气温首次低于 0℃的那一天，冰冻期的结束日期为当年日平均气温首次高于 0℃的那一天。结果表明气候变化背景下，冰冻时期正在逐年缩短，这种缩短主要表现在冰冻期开始时间的延后(图 4-47)。历史时期冰冻期的开始时间主要集中在 10 月中旬至 11 月初，至 2100 年，未来气候情景下冰冻期的开始时间延后至 10 月底至 11 月中旬，其中 RCP8.5 情景下延后幅度更大。与历史时期相比，未来气候情景下冰冻期结束的时间点变化并不十分显著，其中 RCP4.5 情景下无明显变化，而 RCP8.5 情景下显示冰冻期结束时间略有提前，历史时期冰冻期结束时间在 3 月中旬至下旬，而 RCP8.5 情景下冰冻期结束时间主要在 3 月中旬。

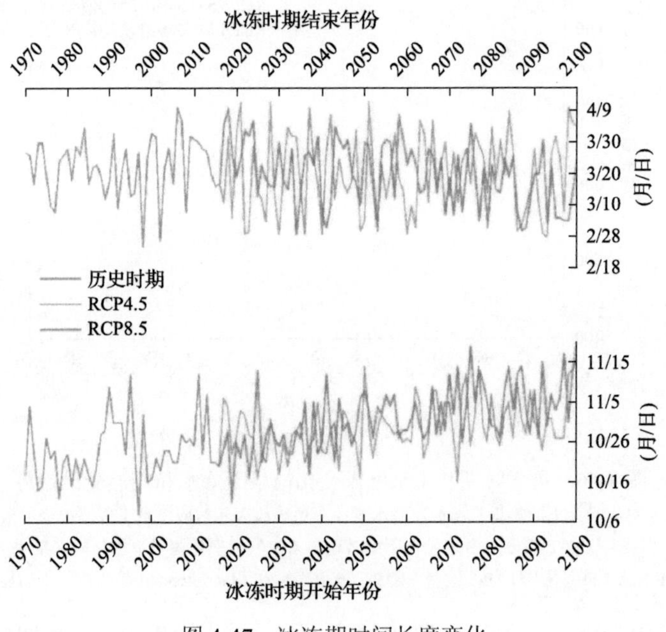

图 4-47　冰冻期时间长度变化

4.6.2　气候变化下流域地表径流和土壤侵蚀特征

与历史时期相比，地表径流和土壤侵蚀模数在 RCP4.5 和 RCP8.5 情景下均有升高，但地表径流量升高更为显著(图 4-48)。与历史时期相比，RCP4.5 和 RCP8.5 情景下地表径流量平均增加 35.56%和 44.29%。但融雪季融雪产流情况正好相反，与历史时期相比，RCP4.5 和 RCP8.5 情景下地表径流量平均下降 10.31%和 18.10%。

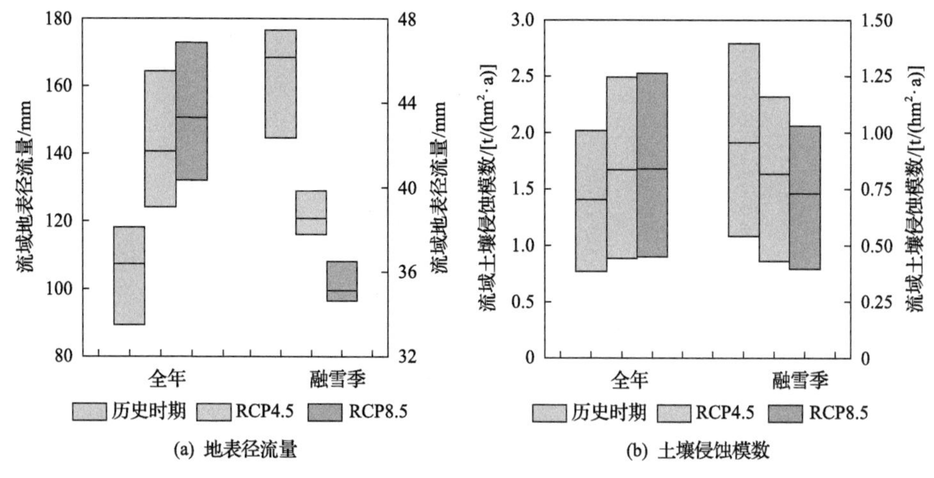

图 4-48　历史时期、RCP4.5 情景和 RCP8.5 情景下地表径流和土壤侵蚀特征

彩色箱图上边缘表示上四分位数，下边缘表示下四分位数，中间黑线表示中位数

在未来气候情景下，年平均土壤侵蚀模数相比于历史时期也有所增加，说明气候变化会加剧流域土壤侵蚀。同地表径流情况一样，融雪产流引起的土壤侵蚀在未来气候情景下有所缓解，RCP4.5 和 RCP8.5 情景下流域平均融雪土壤侵蚀模数分别为 0.80t/(hm^2·a) 和 0.73t/(hm^2·a)，比历史时期融雪季土壤侵蚀模数分别降低了 20.75%和 27.75%(图 4-48)。流域年均土壤侵蚀强度在未来呈现增加趋势，但融雪季发生的土壤侵蚀却有所缓解，融雪产流引发的侵蚀占全年总侵蚀量的比重在减小，气候变化不仅影响土壤侵蚀模数大小，同时也在影响着中高纬度地区土壤侵蚀的主要形式。

4.6.3　气候变化下地表径流和土壤侵蚀空间分布特征

历史时期流域中部的农田地区地表产流较高，尤其是流域中南部的 11 号、13 号、17 号和 18 号子流域，产流量分别为 124.11mm、130.76mm、132.19mm 和 132.81mm(图 4-49)。这些子流域为旱田、水田和林地交错地区。RCP4.5 情景和 RCP8.5 情景下流域地表径流分布特征类似，中东部地区产流量偏大，西部林地产流量最小，属于西部林地的 22 号和 23 号子流域在 RCP4.5 情景下产流量分别为 83.94mm 和 92.38mm，在 RCP8.5 情景下产流量分别为 87.91mm 和 97.52mm。另外，位于流域中部偏西的旱田地区地表径流量普遍高于中部偏东的水田地区，即旱田产流量高于水田产流量。

三种情景下流域年均土壤侵蚀模数分布均呈现出西部偏低，中西部最高，再向东延伸侵蚀强度降低，至东部侵蚀强度降至最低的特征，有明显的空间差异性(图 4-50)。流域中部偏西侵蚀最为强烈，且在未来气候情景下，该地区侵蚀状况还会加剧。RCP4.5 情景下处于旱田区域的 10 号、15 号和 19 号子流域土壤侵蚀强度最大，水田区域侵蚀最轻的为 12 号和 14 号子流域，与侵蚀最严重的 15 号子

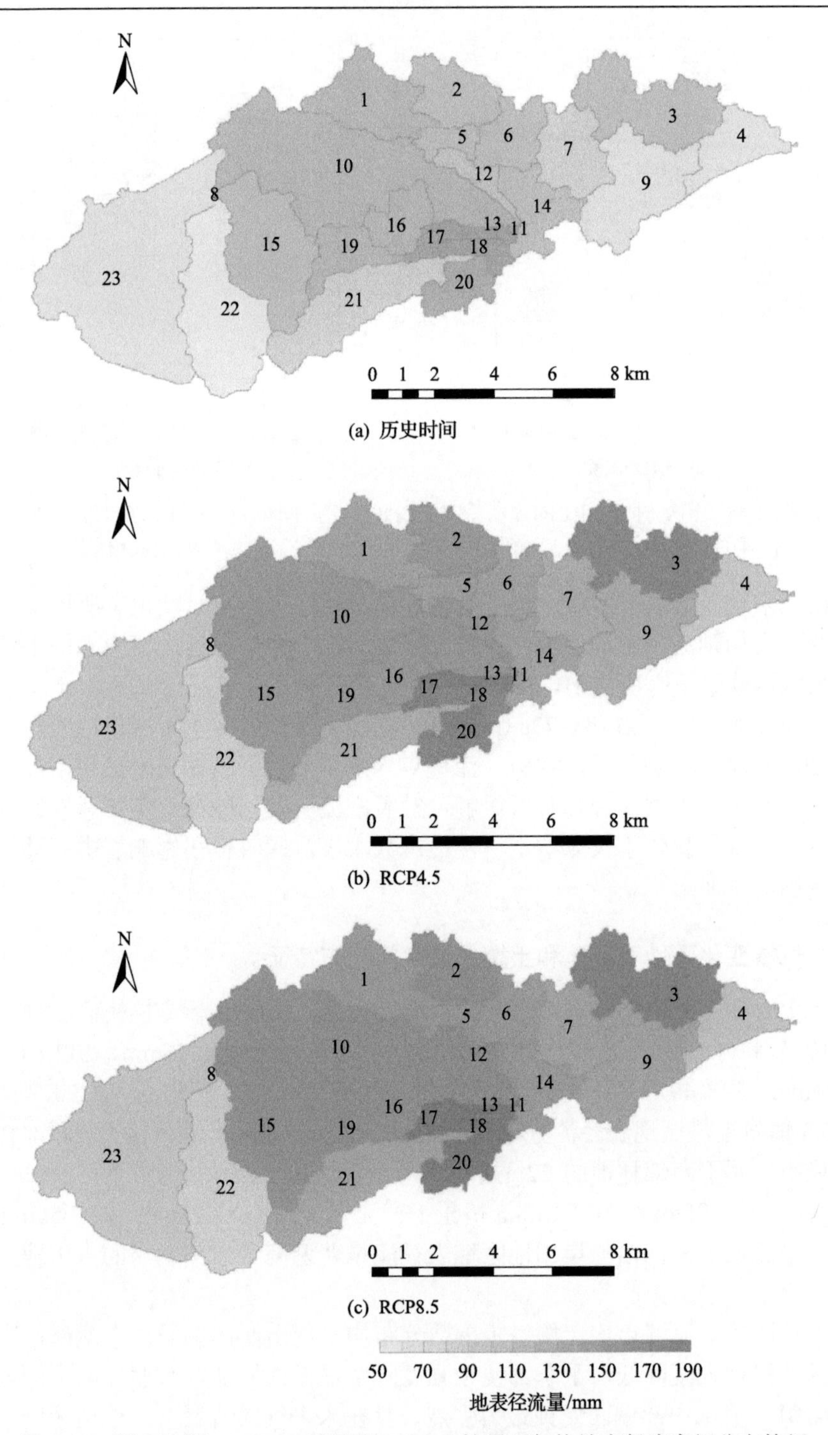

(a) 历史时间

(b) RCP4.5

(c) RCP8.5

图 4-49　历史时期、RCP4.5 情景和 RCP8.5 情景下年均地表径流空间分布特征

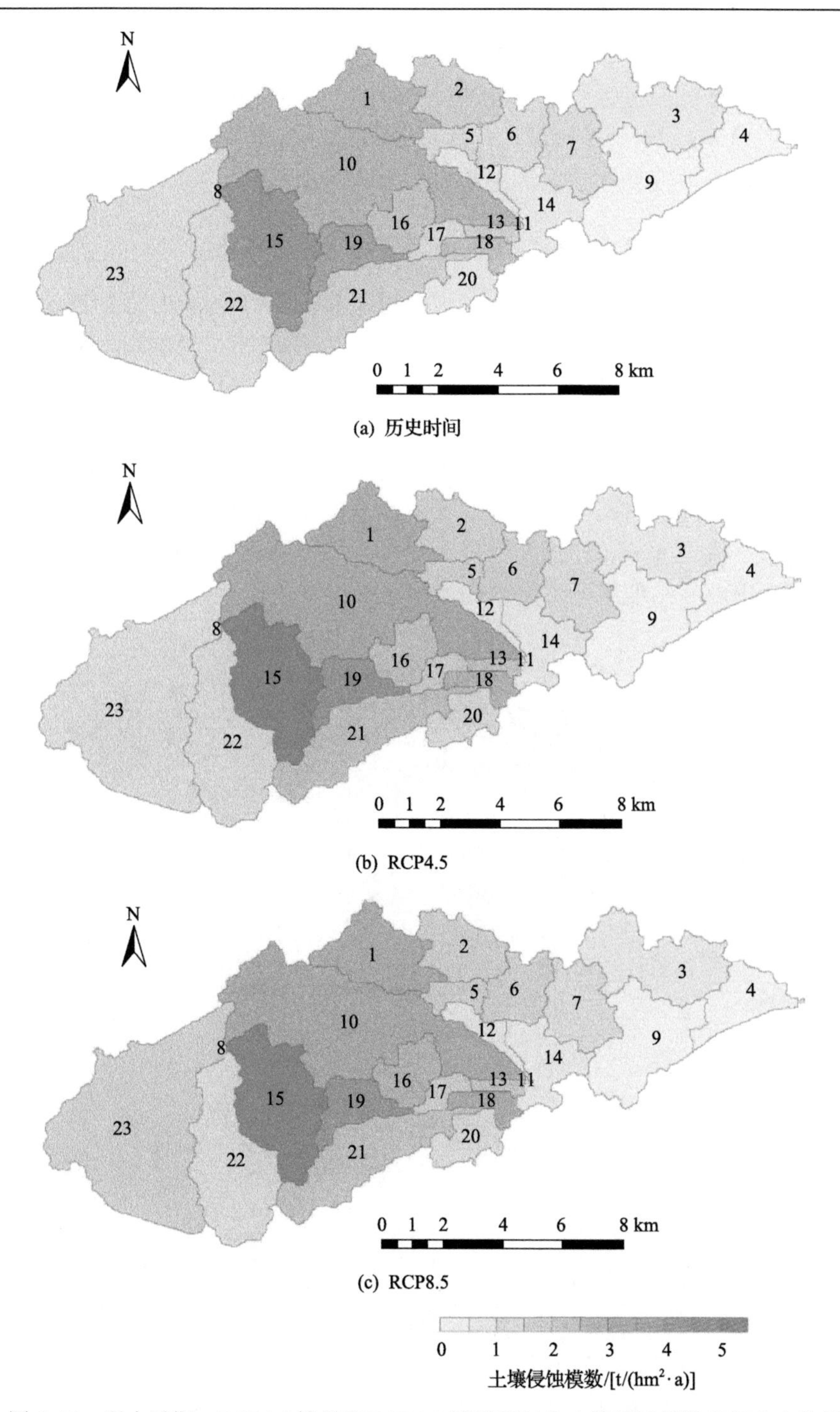

图 4-50　历史时期、RCP4.5 情景和 RCP8.5 情景下年均土壤侵蚀模数空间分布特征

流域相比相差 6.7 倍之多。RCP8.5 情景下，上述旱田区三个子流域侵蚀强度更高，而 12 和 14 号子流域侵蚀强度与侵蚀最严重的 15 号子流域相差 6.1 倍。平均侵蚀强度最大的地区在 15 号子流域，其次是 19 号子流域，该地区地处林地和旱田交界处，同时地形坡度变化较大，更易引发土壤侵蚀。

4.6.4 气候变化下融雪季地表径流和土壤侵蚀空间分布特征

未来气候变化对融雪时期地表融水产流及其引发的土壤流失具有较大影响。历史时期融雪季流域产流较高的地区主要集中在流域中部，而林地和湿地产流较小(图 4-51)。RCP4.5 情景下流域中部地区的 11 号、13 号、17 号、18 号和 20 号子流域融雪季产流量依旧较高，中部农田地区相比于历史时期，平均地表径流量普遍升高 8～9mm；另外在流域东部地区的水田、林地和湿地交界地区产流量也偏大。RCP8.5 情景相对于 RCP4.5 情景下流域产流量相对较低。气候变化使融雪季流域地表产流空间分布特征发生巨大变化，三种情景下地表径流量存在较大差异，可以看出中高纬度地区流域水文过程对气候变化较为敏感。

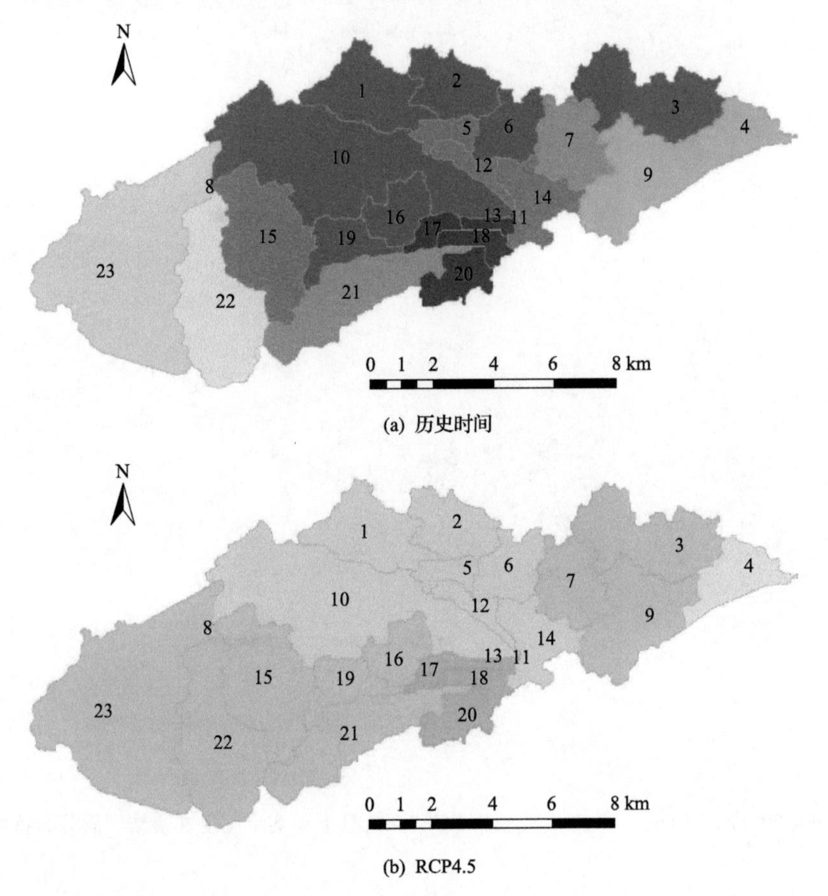

(a) 历史时间

(b) RCP4.5

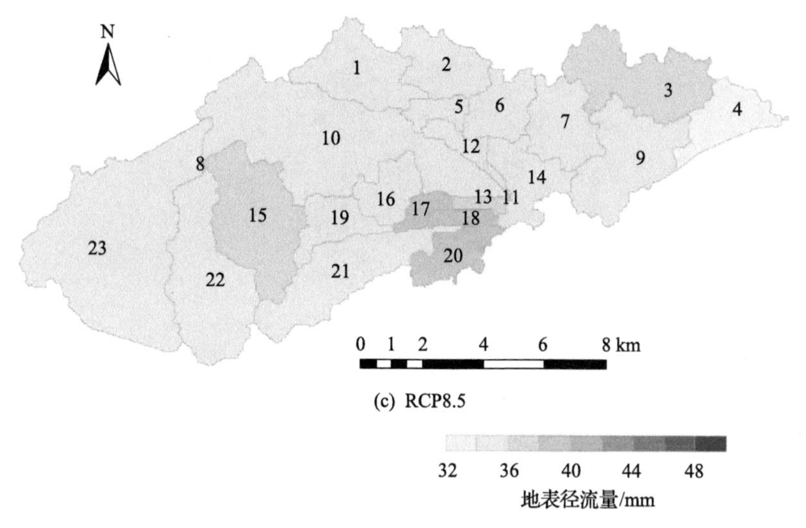

(c) RCP8.5

图 4-51　历史时期、RCP4.5 情景和 RCP8.5 情景下融雪季平均地表径流空间分布特征

流域融雪季平均土壤侵蚀模数分布特征较为明显，同历史时期类似，未来气候变化情景下旱田土壤侵蚀强度最大，受气候变暖影响，融雪季中部土壤侵蚀程度有所缓解(图 4-52)。无论是历史时期，还是 RCP4.5 和 RCP8.5 情景下，15 号和 19 号子流域侵蚀均比较严重，RCP4.5 情景下两个子流域侵蚀强度分别为 1.70t/(hm^2·a)和 1.76t/(hm^2·a)，但相较于历史时期分别下降了 0.49t/(hm^2·a)和 0.47t/(hm^2·a)，RCP8.5 情景下两个子流域侵蚀强度为 1.61t/(hm^2·a)和 1.57t/(hm^2·a)，相较于历史时期下降了 0.59t/(hm^2·a)和 0.66t/(hm^2·a)。从全流域来看，未来气候情景下旱田融雪侵蚀得到有效缓解，尤其是在林地与旱地交界地区。对于西部林地，RCP4.5 情景下土壤侵蚀强度降低了 0.12t/(hm^2·a)，RCP8.5 情景下降低了 0.15t/(hm^2·a)。流域中东部的大部分地区在未来气候情景下融雪侵蚀强度减少了 0.1～0.3t/(hm^2·a)，强度变化不大，该地区融雪侵蚀对气候变化的敏感性相对较弱。

4.6.5　气候变化下农田土壤侵蚀响应特征

对历史时期、未来气候 RCP4.5 和 RCP8.5 情景下流域内旱田和水田各年地表径流量和土壤侵蚀模数进行分析(图 4-53)。旱田在 RCP4.5 和 RCP8.5 情景下平均土壤侵蚀模数分别比历史时期高 0.56t/(hm^2·a)和 0.71t/(hm^2·a)。根据土壤侵蚀模数概率分布来看，历史时期土壤侵蚀模数主要在 4～6t/(hm^2·a)，对应的地表径流量主要集中在 100～150mm，概率为 34.15%；但大部分产流量分布在 50～200mm，概率为 86.18%。RCP4.5 情景下，径流量在 100～150mm 的产流事件所占比重仍然最大，为 36.21%，大部分径流量在 50～250mm，占所有产流事件的

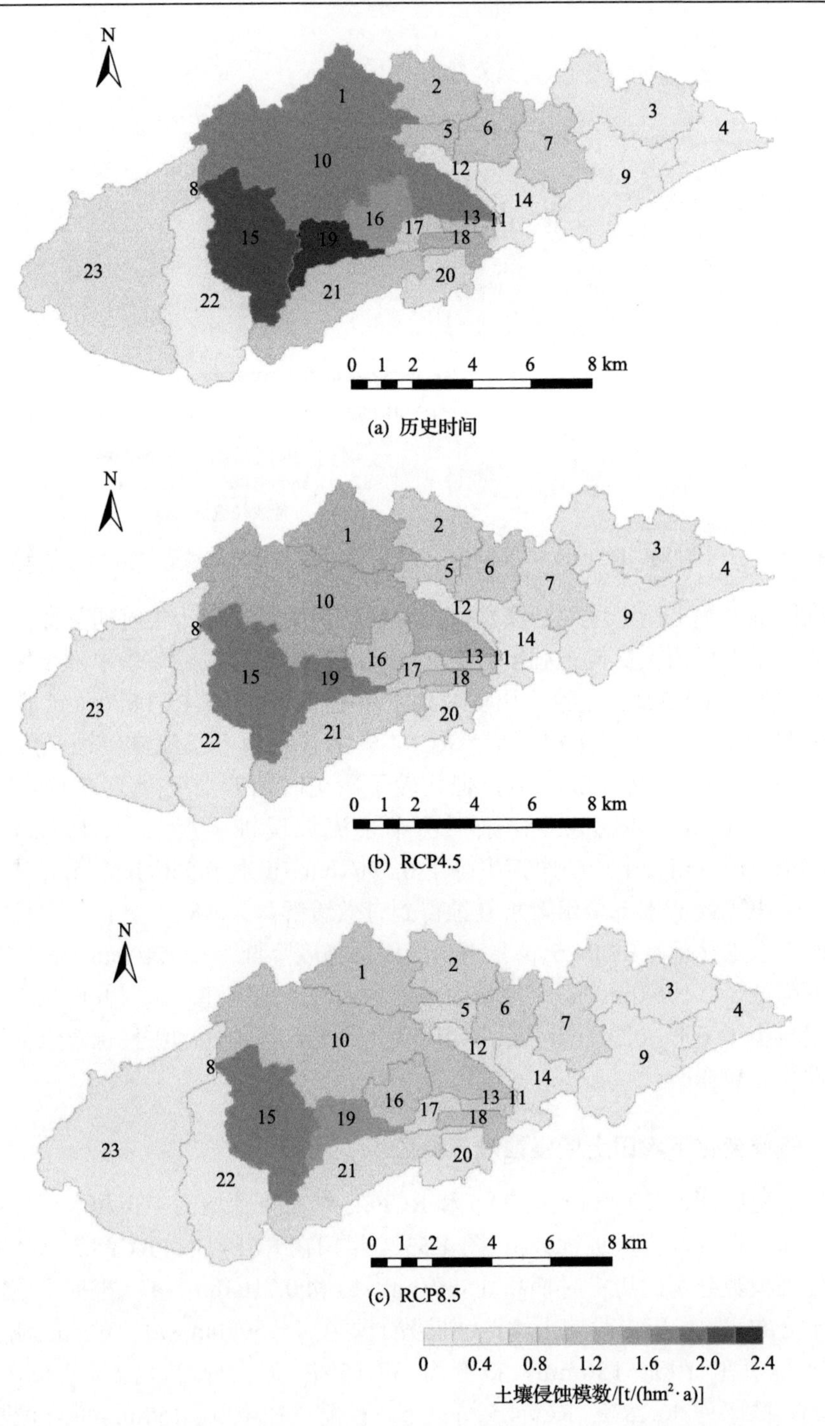

图 4-52　历史时期、RCP4.5 情景和 RCP8.5 情景下融雪季平均土壤侵蚀模数空间分布特征

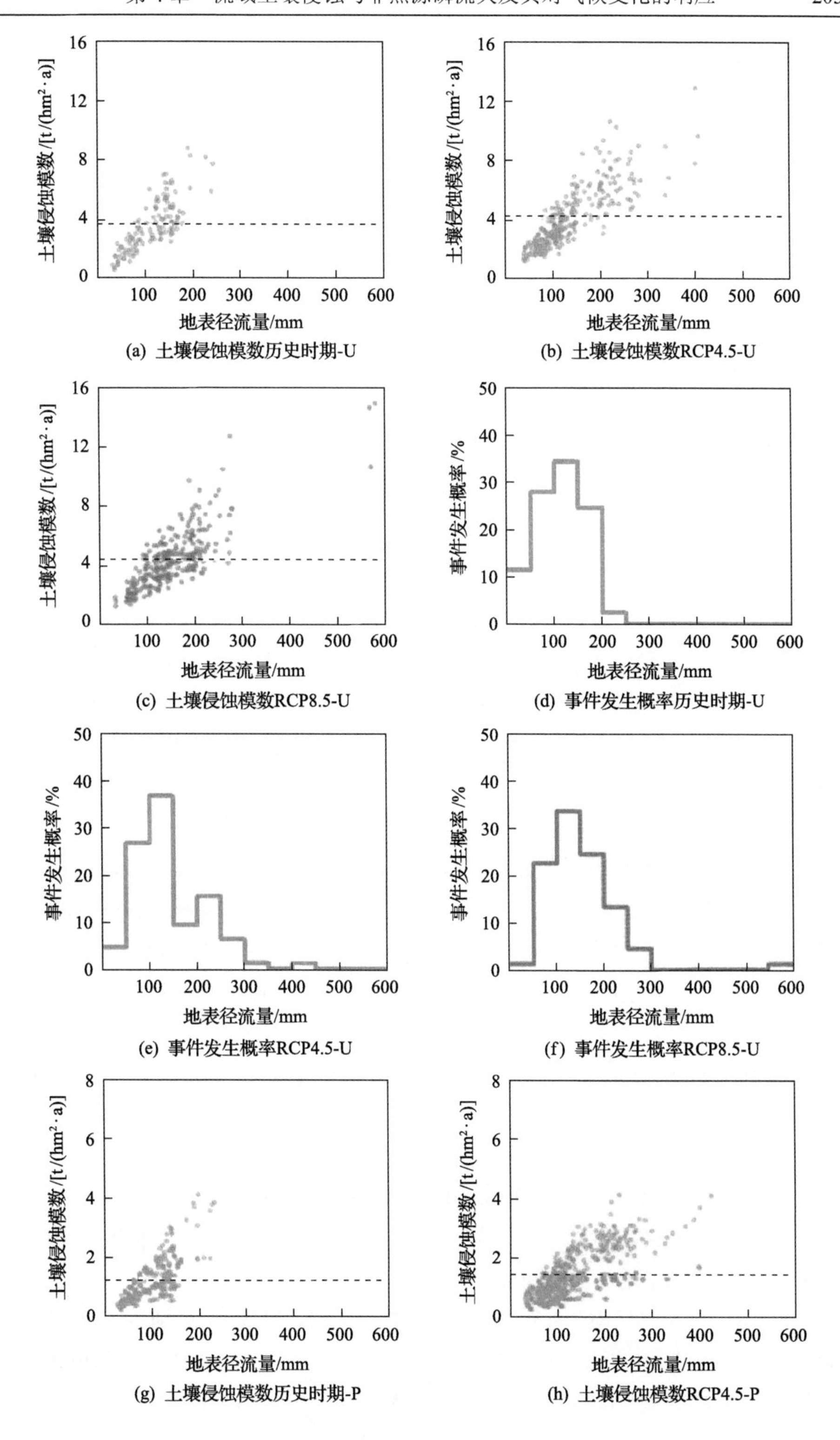

(a) 土壤侵蚀模数历史时期-U

(b) 土壤侵蚀模数RCP4.5-U

(c) 土壤侵蚀模数RCP8.5-U

(d) 事件发生概率历史时期-U

(e) 事件发生概率RCP4.5-U

(f) 事件发生概率RCP8.5-U

(g) 土壤侵蚀模数历史时期-P

(h) 土壤侵蚀模数RCP4.5-P

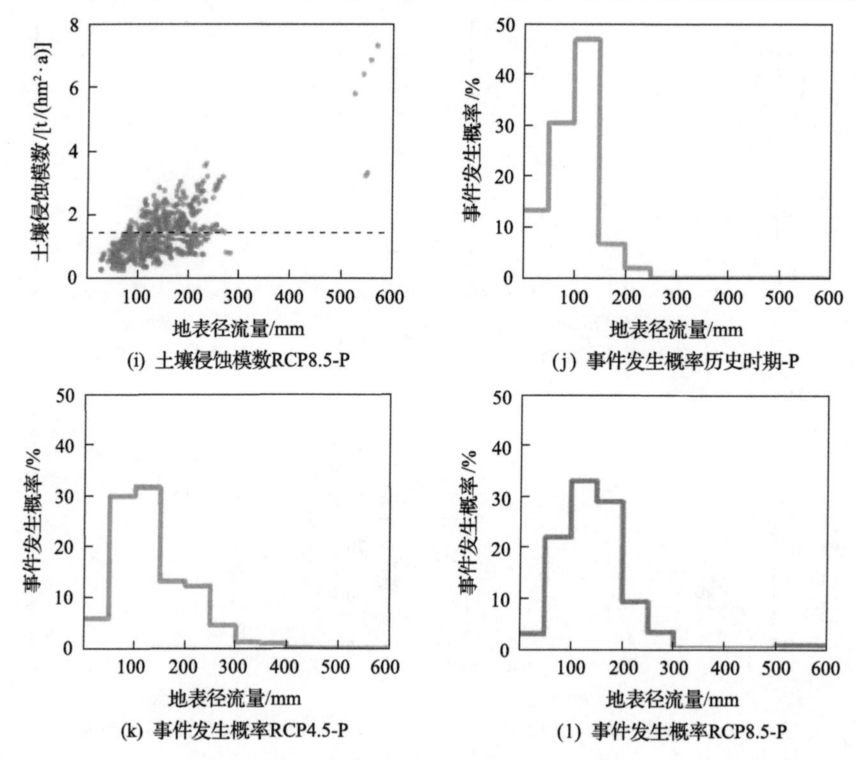

图 4-53　历史时期、RCP4.5 情景和 RCP8.5 情景下土壤侵蚀模数对地表径流的响应特征与地表径流发生概率

U 为旱田，P 为水田，黑色虚线表示期间内平均土壤侵蚀模数，下同

86.83%。共发生三次地表径流量超过 400mm 的极端产流事件，2017～2100 年此种事件发生的概率为 1.23%，三次事件的地表径流值分别为 401.84mm、403.27mm 和 409.21mm，对应的土壤侵蚀模数分别为 7.81t/(hm^2·a)、12.83t/(hm^2·a) 和 9.63t/(hm^2·a)，三次产流事件均发生在 2047 年，该年出现极端降水量值 931.9mm。RCP8.5 情景下，径流量在 100～150mm 的产流事件所占比重同样最大，为 33.33%，当径流量超过 150mm 时，随径流量增大，事件发生概率基本呈均匀阶梯性递减，大部分径流量在 50～300mm，比例占 97.53%。共发生三次地表径流量超过 550mm 的极端产流事件，2017～2100 年此种事件发生的概率为 1.23%，三次事件的地表径流值分别为 568.01mm、570.48mm 和 579.48mm，对应的土壤侵蚀模数为 14.56t/(hm^2·a)、10.59t/(hm^2·a) 和 14.85t/(hm^2·a)，三次产流事件均发生在 2096 年，该年出现极端降水量值 1073.2mm。

水田 RCP4.5 和 RCP8.5 情景下平均土壤侵蚀模数分别比历史时期高 0.21t/(hm^2·a) 和 0.22t/(hm^2·a)。历史时期地表径流主要分布在 50～150mm，对应的土壤侵蚀模数在 1～3t/(hm^2·a)，概率占比为 77.29%。RCP4.5 情景下，径流量在 50～150mm 的产流事件仍然占比重最大，发生概率为 61.41%。当地表径流量超过 300mm 时，事件发生概率减小，概率总计为 7.04%。此情景下水田未发生明显的极端产流和土壤侵蚀事件。RCP8.5 情景下，径流量大部分分布在 50～200mm，概率占比 83.37%。当地表径流量超过 500mm 时，出现极端产流事件，81 年间此种事件发生的概率为 1.28 %，此种事件共出现六次，产流值范围在 526.12～569.77mm，土壤侵蚀模数范围在 3.25～7.32t/(hm^2 · a)，极端事件同样发生在 2096 年。

4.6.6　气候变化下融雪季农田土壤侵蚀响应特征

对历史时期、未来气候 RCP4.5 和 RCP8.5 情景下流域内旱田和水田各年融雪季地表径流量和土壤侵蚀模数进行分析，融雪季时两者线性关系更加明显，图中点的分布较为集中(图 4-54)。历史时期融雪径流量在 20～80mm 的融雪产流事件占大部分，概率为 82.93%，融雪产流量在 100～120mm 的概率最小，为 3.25%，未有超过 120mm 的产流。RCP4.5 情景下，融雪径流量在 20～40mm 的概率最大，为 48.56%，其次是 40～60mm，为 22.22%，径流量在 100～120mm 的概率最小，占比 1.23%，未有超过 120mm 的产流。在 RCP8.5 情景下，虽然融雪产流事件的概率分布特征与 RCP4.5 情景类似，但产流量在 120～140mm 的产流事件占比 0.82%，存在两次极端事件，融雪产流量分别为 126.95mm 和 127.67mm，对应的土壤侵蚀模数为 1.11t/(hm^2 · a)和 1.33t/(hm^2 · a)，事件发生在 2070 年，该年降水量偏大，为 731.4mm，且其前一年入冬较早，10 月 29 日便入冬，至 2070 年 3 月 19 日冰冻期结束，冰冻时期较长。水田 RCP4.5 和 RCP8.5 情景下平均土壤侵蚀模数分别比历史时期低 0.18t/(hm^2 · a)和 0.28t/(hm^2 · a)，水田融雪产流事件的概率分布特征与旱田基本相同，产流量在 120～140mm 的产流事件占比 0.64%。

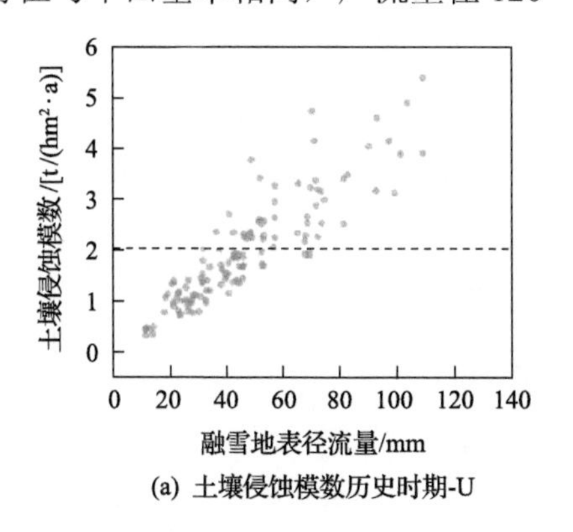

(a) 土壤侵蚀模数历史时期-U

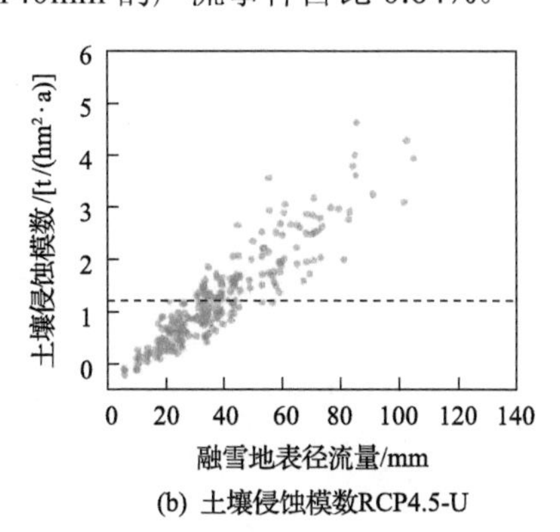

(b) 土壤侵蚀模数RCP4.5-U

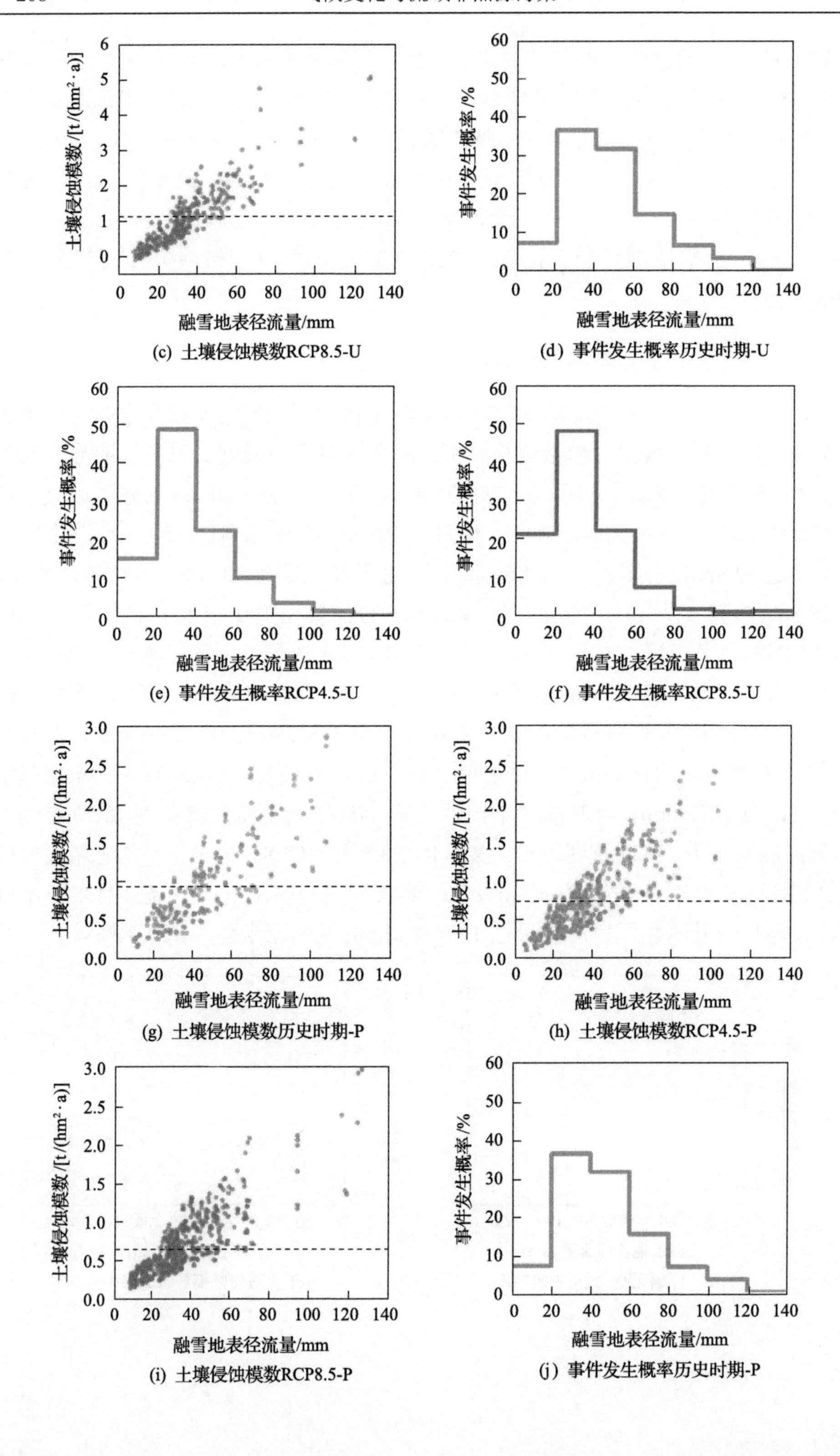

(c) 土壤侵蚀模数RCP8.5-U

(d) 事件发生概率历史时期-U

(e) 事件发生概率RCP4.5-U

(f) 事件发生概率RCP8.5-U

(g) 土壤侵蚀模数历史时期-P

(h) 土壤侵蚀模数RCP4.5-P

(i) 土壤侵蚀模数RCP8.5-P

(j) 事件发生概率历史时期-P

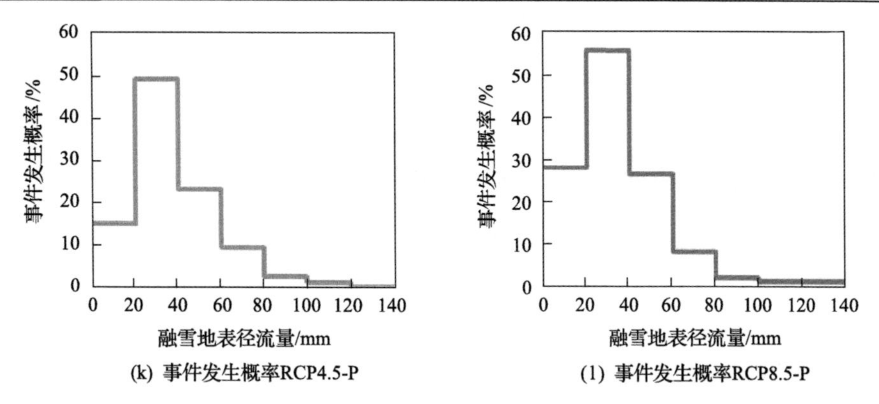

图 4-54　历史时期、RCP4.5 情景和 RCP8.5 情景下融雪季土壤侵蚀模数对地表径流的响应特征与地表径流发生概率

第5章 流域土壤有机碳对气候变化的响应及对非点源污染的影响

土壤有机碳(SOC)含量是区域粮食安全及农业环境可持续发展的保障，同时也是直接反映土壤微小结构应对 N、P 元素吸附解析能力的重要指标，可以直接影响土壤径流中的污染物浓度(Funes et al., 2019)。土壤有机碳吸附作用的存在对氮磷元素的流失起到截流作用，且直接参与土壤中的氮磷元素微循环，影响元素在土壤中的迁移转化过程。研究土耕层有机碳的变化可以更好地揭示气候变化背景下土壤有机碳对非点源污染的影响。以挠力河流域为研究区，探究气候变化下土壤有机碳响应及其对非点源污染影响。

5.1 流域土壤有机碳及非点源污染模拟方法构建

5.1.1 土壤有机碳模拟方法

DNDC 模型致力于数字化还原农业生态系统中 C 元素和 N 元素的生物地球化学过程。通过对环境因子和植物生理生长的复杂运算来重现农业生态系统中作物的产量、土壤固碳效应、含氮无机盐的淋溶流失以及碳氮多种气体的排放。可以将 DNDC 模型分为两个主要模块(图 5-1)：第一个模块包括农作物生长、环境条件和土壤有机质分解三个部分。在土壤、植被、气候、人类活动等生态驱动因子被充分考虑的条件下，模拟土层温度、pH、水分、E_h、和土壤中化学物质的底物浓度等土壤环境条件。第二个模块为微生物，通过前一个模块计算微生物的活性，植物土壤系统中 N_2、NO、NH_3、N_2O、CO_2、CH_4 等气体的排放。

5.1.2 非点源污染模拟方法

非点源污染的分散性和隐蔽性决定了非点源污染很难通过实地监测的方法核定污染程度的大小；非点源污染的随机性和不确定性意味着不同地区的非点源污染有比较强的离散性，模拟过程与环境因素息息相关。综合上述特点，为解决非点源污染的不易监测性和空间异质性，选用 SWAT 模型来模拟挠力河流域的非点源污染。DNDC 模型在模拟过程中注重对植物生长过程的计算分析，强调不同种类的作物给土壤环境带来的差异，对气象因子更为敏感，在土壤有机碳含量的模拟效果较好；SWAT 模型在非点源污染的模拟方面效果较佳。DNDC 模型的模拟结果是历年不同区域的 SOC 总含量和分层含量。SWAT 模型土壤数据库中的

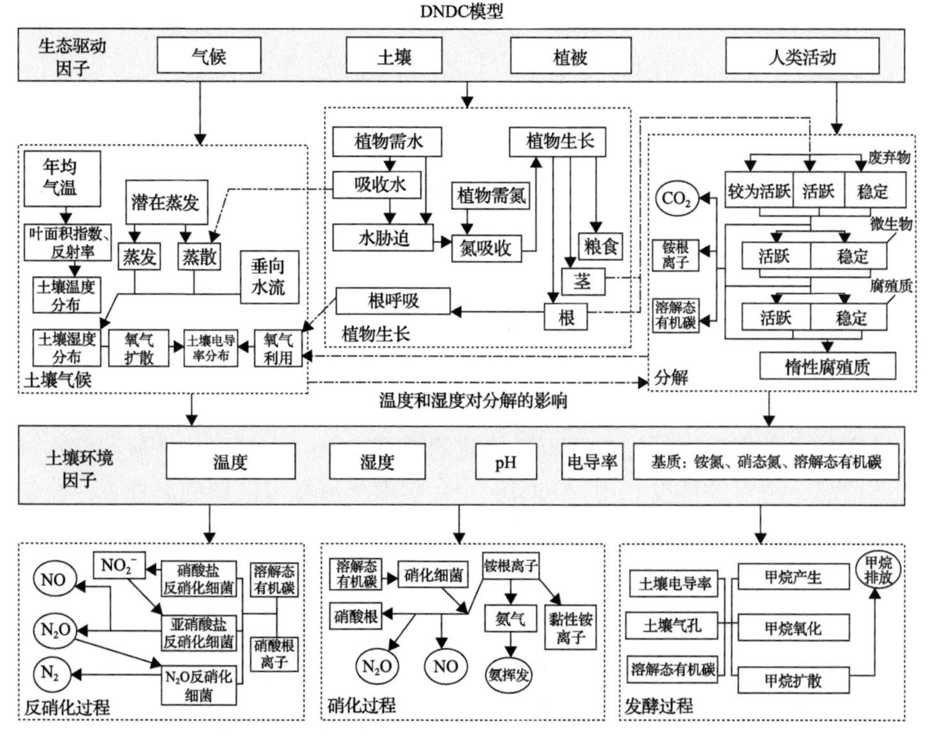

图 5-1　DNDC 模型结构

SOL_CBN(#)恰好反映各层的 SOC 含量。考虑未来气候变化背景下土壤有机碳在农业非点源污染中的复杂作用，利用 DNDC 模型预测气候变化下 SOC 的波动，并将结果输入 SWAT 模型土壤数据库，用于预测气候变化背景下土壤有机碳响应及其对农业非点源污染的影响(图 5-2)。

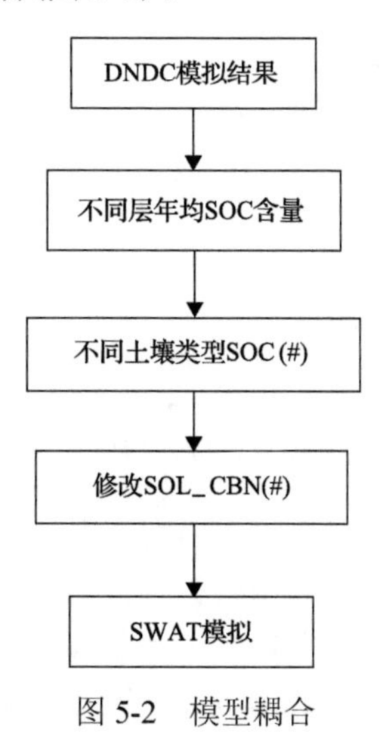

图 5-2　模型耦合

5.2　气候变化下土壤有机碳储量模拟

5.2.1　DNDC 模型数据库

气候、土壤、植被和管理是 DNDC 模型运行依靠的四个基本生态驱动因子。对 DNDC 模型模拟的数据库准备就是对以上四个因子数据的充分获取和调整。针对点位的模拟需要输入该点位的全部参数，将各个点位拓展成多边形或坐标点，模拟区域的管理信息一致。

1. 地理信息数据库

地理信息数据库主要记录了模拟格点的地理特征、土壤理化性质和作物种植情况等信息。格点经纬度利用 ArcGIS 平台提取子流域分区图的属性表，获得各个格点的经纬度坐标。以 0.25°为最小偏差对 44 个格点进行划分(图 5-3)，对应分配流域内 14 个虚拟气象站。

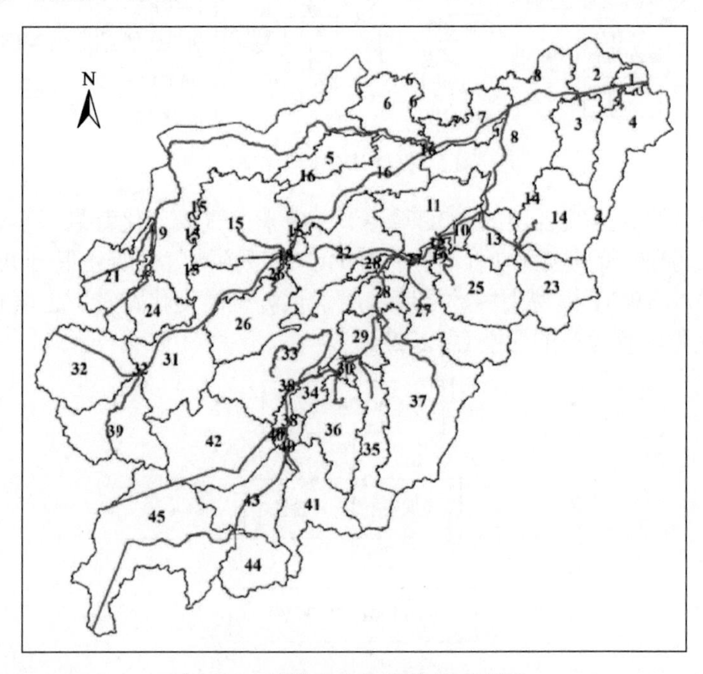

图 5-3　模拟点位地理位置示意图

根据所查阅的文献，选取东北地区平均降水含氮量 0.14ppm 作为各个格点的输入数据(刘鹏飞等, 2018)。经文献调研得到挠力河流域不同区县土壤有机碳含量阈值(尹晓敏等, 2015)。各个格点土壤黏土含量阈值由中国科学院南京土壤研究所完成的 1∶100 万中国土壤类型图和挠力河子流域分区图叠加得出。土壤 pH 阈值、土壤容重阈值等理化性质同步由二者叠加而得。植物系统需要的输入数据包括植物种类、植物名称和植物标号。其中种植作物种类和对应栽培面积根据当地农业统计年鉴和农业部门官方网站(www.hljagri.ong.cn/xxxtzywz/)获得。将行政区图和子流域图在 ArcGIS 上叠加，得到各个格点(多边形)内作物种植面积。植物标号通过 DNDC 模型使用手册的植物名称索引对应查得。化肥用量及施用时间、多边形灌溉面积百分比、各种作物的播种和收割日期等管理操作数据由现场调查和实验室团队前期研究收集的结果总结而得。作物生长参数选自 DNDC 模型农业物种数据库。作物参数、施肥情况、作物淹水、灌溉比例、收种日期、残茬还田、翻耕情况等操作数据库如表 5-1 所示。

表 5-1　农业操作数据库

项目		编号					
		休耕	玉米	大豆	春种小麦	单季水稻	单季旱稻
		0	1	3	6	20	24
作物参数	最大产量/(kg/hm^2)	0	4900	1035	3600	3303	3303
	积温/℃	0	3000	2500	2500	3000	3000
	需水量/(kg 水/kg 干物质)	0	110	350	200	508	508
施肥情况	施肥日期①	0	135	135	135	121/142/171/196	121/142/171/196
	施肥种类	0	尿素	尿素	尿素	尿素	尿素
	施肥量/(kg/hm^2)	0	49	49	49	31/30/10/30	31/30/10/30
作物淹水	起始日期①	0	0	0	0	130	0
	终止日期①	0	0	0	0	263	0
	淹水方式	0	0	0	0	连续淹水	0
灌溉比例/%		0	0	0	30	0	5
收种日期	种植日期①	0	135	135	135	121	121
	收割日期①	0	288	288	288	274	274
残茬还田/%		0	0.2	0	0.5	1	1
翻耕情况	翻耕日期①	0	298	298	298	121/298	121/298
	翻耕深度/cm	0	30	30	30	5/20	10/20

①表中所有日期均为单位年内的儒略日。

2. 气象数据库

DNDC 模型的气象数据库要求气象数据的格式均为 ASC11 模式的纯文本，且每一年有一个单独的文件。挠力河流域气象站点为上述 0.5°×0.5°经纬度网格交点，共 18 个。利用 MATLAB 程序批量处理气象数据，提供每日最高温、最低温、降水量。

3. 作物和土壤数据库

由于 DNDC 模型的核心计算能力聚焦在作物生理生长及环境交互作用上。DNDC 模型有 274 种作物的默认数据库，涵盖从寒带到热带的大部分农作物。挠力河流域位于中温带季风气候区，在对应区域挑选作物种类。研究区以大豆和水稻为主要种植作物，辅以玉米、旱稻、一年一季小麦(春小麦)和散种植蔬菜。根据当地实际情况，对应扩充作物数据库。作物数据库所涵盖的生理参数如表 5-2 所示。

表 5-2　作物数据库中的植物生理参数

代码	内容
Crop_code	作物编号
Crop_name/1/2	作物简称/名称
Total_biomass_C	作物成熟期的碳的最高生物量(kg/hm^2)
Portion_of_grain/shoot/root	籽粒/茎叶/根在总生物量中所占部分
Plant_CN	整个作物中碳氮比
grain/root/shoot_CN_ratio	籽粒/茎叶/根中碳氮比
Water_requirement	作物需水量(生产单位生物量的需水量 kg 水/kg 干物质)
Max_LAI	作物最大叶面积指数
Max_height	作物最大高度(m)
TDD	从播种到收割的累积气温(℃)
N_fixation	固氮系数(作物氮量/从土壤中吸收的氮量)

5.2.2　参数敏感性分析及率定

1. DNDC 模型参数敏感性分析

模型模拟的不确定性是所有模型不可避免的共同特点，它既有可能是模型结构带来的模拟误差，也有可能是输入数据存在误差。其中，模型算法带来的不确定性可以由科学分析来进行完善。通过探知不确定性的范围大小来改善经验模型的最终模拟效果，并利用实测数据来对模型的参数进行率定。由于 DNDC 模型可以输出四套不同的结果，根据实际情况，选择灌溉条件下最敏感参数进行率定。本研究利用独立参数扰动法对 DNDC 模型中的部分参数进行灵敏度分析。选取±5%的幅度扰动参数，并选用 RS(相对敏感系数)为指标分析各参数灵敏度。土壤模块参数灵敏度分析结果表明：土壤水分是最敏感的输入参数。土壤孔隙度是对土壤体积含水量动态最为敏感的参数，其次为田间持水量(图 5-4)。以 SOC 含量为函数，对模型参数进行灵敏度分析的结果表明：土壤含水量和有效积温是影响土壤 SOC 最敏感的输入参数(图 5-5)。

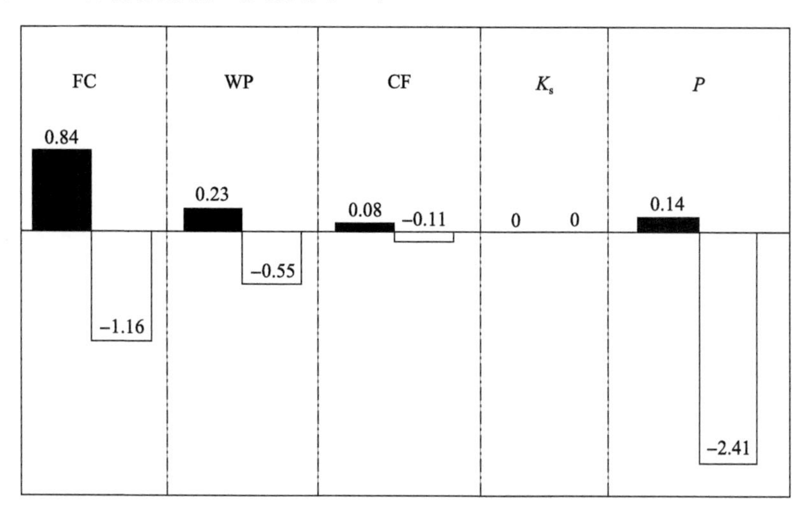

图 5-4　土壤模块参数灵敏度分析

FC 为田间持水量；WP 为萎蔫点；CF 为土壤颗粒含量；K_s 为饱和导水率；P 为土壤孔隙度

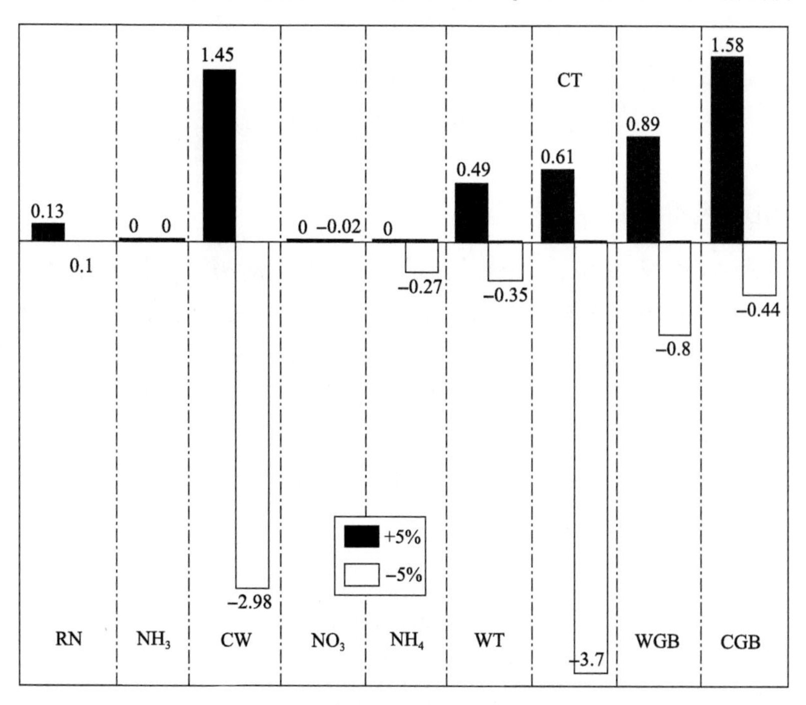

图 5-5　DNDC 模型结果的参数灵敏度分析

RN 为降雨中的氮含量；NH_3 为大气中铵态氮浓度；CW 为土壤含水量；NO_3 为表层土壤硝态氮含量；NH_4 为表层土壤铵态氮含量；WT 为作物生育期积温；CT 为夏季作物积温；WGB 为籽粒最高生物量；CGB 为夏季籽粒最高生物量

DNDC 模型在模拟过程中还输出了其他农田产物模拟数据。主要涵盖以作物产量为核心的生长全过程数据和以氮排放为核心的全过程氮参与程度。通过蒙特卡罗分析法分析模拟出的数据，显示出在作物生长过程中碳氮行为的一致性较高，对土壤 SOC 最为敏感的输出量是作物产量（图 5-6）。

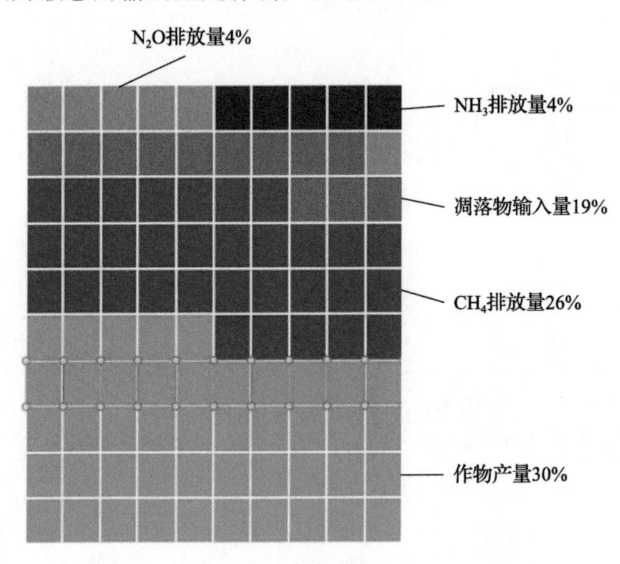

图 5-6　土壤有机碳敏感输出数据响应因子

2. DNDC 模型率定

选取挠力河流域 2010 年 SOC 含量作为观测值对模型参数进行率定（尹晓敏等, 2015）。通过敏感性分析可以看出 DNDC 模型中 SOC 的模拟受到自然条件和管理措施等多种因素的限制，因此率定参数的主要对象为自然条件中的植物生长参数和管理措施中的灌溉比例等。选用挠力河流域所属的三江平原农区 SOC 含量对率定结果进行验证。2007 年、2011 年、2013 年三江平原农区的 SOC 含量平均数据分别来自窦晶鑫（2009）、侯翠翠（2012）、肖烨（2015）等的研究。最终效果采用 RE、R^2、nRMSE、d 来评价：

$$\mathrm{RE}=\frac{S_i-M_i}{M_i}\times 100\% \tag{5-1}$$

$$R^2=\left[\frac{\sum_{i=1}^{n}(M_i-M_\mathrm{m})(S_i-S_\mathrm{m})}{\sqrt{\sum_{i=1}^{n}(M_i-M_\mathrm{m})^2\sum_{i=1}^{n}(S_i-S_\mathrm{m})}}\right]^2 \tag{5-2}$$

$$nRMSE = \frac{1}{M_m}\sqrt{\frac{\sum_{i=1}^{n}(S_i - M_i)^2}{n}} \times 100\% \tag{5-3}$$

$$d = 1 - \frac{\sum_{i=1}^{n}(S_i - M_i)^2}{\sum_{i=1}^{n}\left(\left|S_i - M_m\right| + \left|S_i - M_m\right|\right)^2} \tag{5-4}$$

式中，S_i、M_i 分别为模拟值和实测值；S_m 和 M_m 为它们的均值；n 为观测值个数。一般来说，当 $n\text{RMSE} < 10\%$ 时，此时模型效果为优；当 $10\% \leqslant n\text{RMSE} < 20\%$ 时，模拟效果为良；当 $20\% \leqslant n\text{RMSE} < 30\%$ 时，模拟效果为中等；当 $n\text{RMSE} \geqslant 30\%$ 时，模拟效果为差。另外 RE 绝对值越小，R 和 d 越大，二者的一致性就越好。

DNDC 模型对有机碳的模拟效果较好，RE 都在 4.5%以内，nRMSE 评价为中等和良，R^2 为 0.87，d 为 0.83（表 5-3）。深层（30～50cm）土壤有机碳的模拟效果要好于表层（0～30cm）土壤有机碳的模拟效果（图 5-7）。

表 5-3　有机碳模拟误差统计分析

0～30cm	RE/%	R^2	nRMSE/%	d	30～50cm	RE/%	R^2	nRMSE/%	d
2007 年	4.40	0.90	14.9	0.71	2007 年	4.36	0.92	13.8	0.78
2011 年	2.62	0.80	21.4	0.83	2011 年	2.68	0.85	19.9	0.89
2013 年	3.82	0.83	22.8	0.87	2013 年	3.82	0.91	20.4	0.88

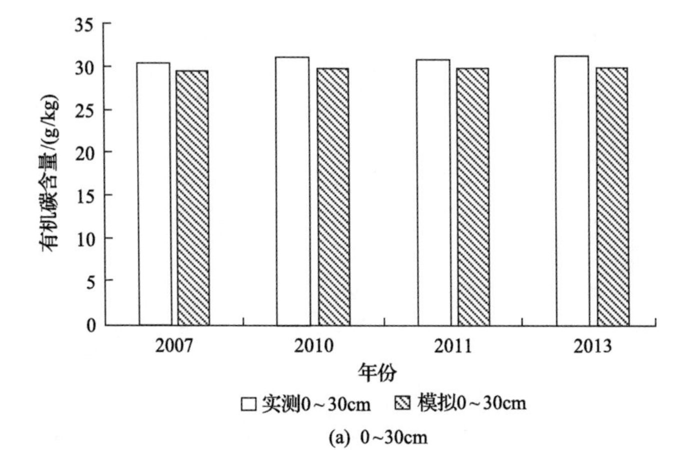

(a) 0~30cm

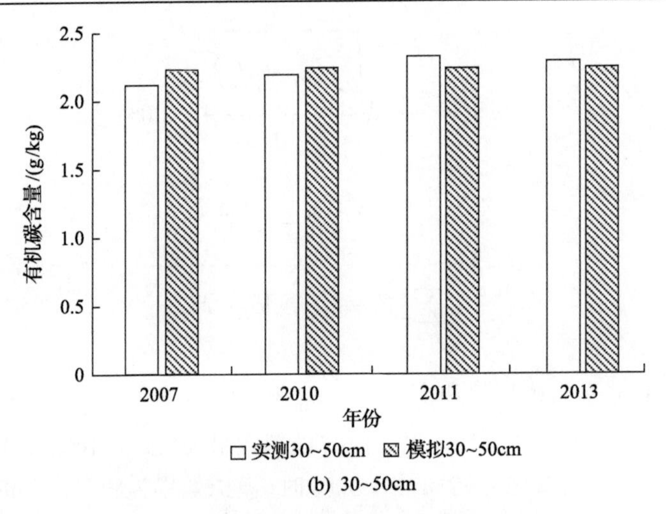

图 5-7　土壤有机碳模拟数据与实测数据的对比

5.2.3　不同土层深度有机碳含量时间变化

挠力河流域的土壤有机碳含量在 2014 年达到最高峰，达到了 30.094g/kg。自 2015～2028 年处于有规律的高低起伏状态。自 2029～2100 年则处于逐年递减状态，从 2029 年的 30.07g/kg 下降到 2100 年的 28.92g/kg(图 5-8)。挠力河流域土壤有机碳下降趋势会伴随时间的推后而更加剧烈(图 5-9)。在没有进行有机物补充的情况下，单纯的作物种植和现有的田间管理措施会使挠力河流域土壤的有机碳含量显著下降。

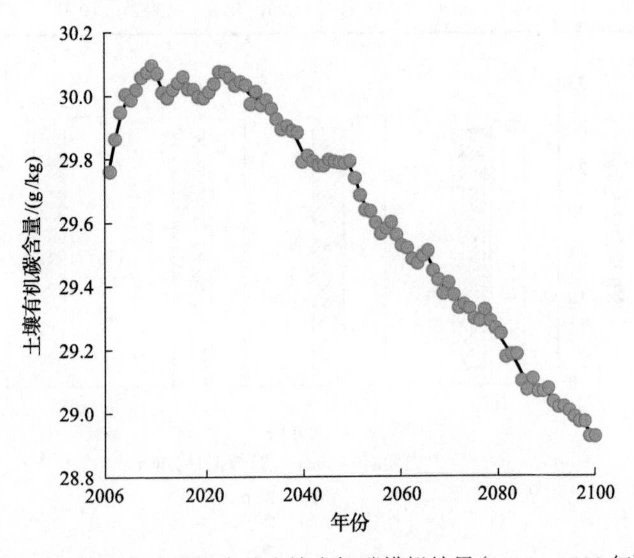

图 5-8　挠力河流域未来总土壤有机碳模拟结果(2006～2100 年)

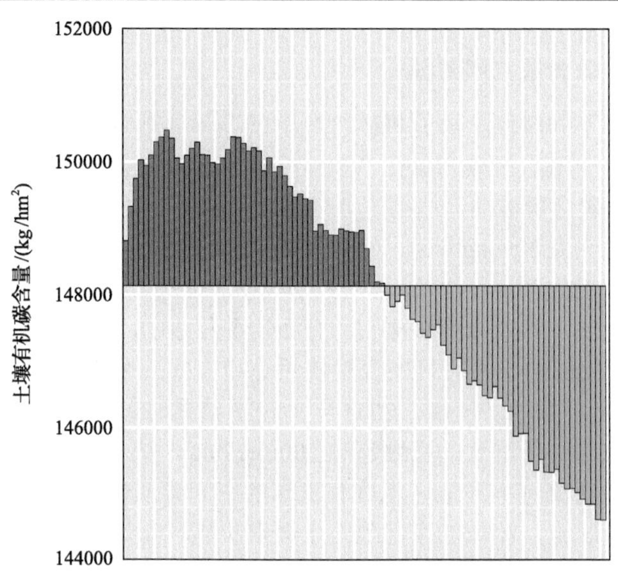

图 5-9　挠力河流域土壤有机碳距均分布

不同土壤层厚度的土壤有机碳含量变化程度有所差异(图 5-10)。0～10cm 土层和 10～20cm 土层有机碳含量大致相同，且年际变化量较小，波动曲线几乎呈微小的下降状态。20～30cm 土层土壤有机碳含量相对于表面两层的含量明显降低，且其年际变化趋势与总量的年际变化趋势相似度高，呈现递减态势。30～40cm 土层的有机碳含量相比上层急剧减少，且时间上的递减趋势更加明显。最深层的 40～50cm 土壤有机碳含量最低，但含量年际波动趋势相对变缓。

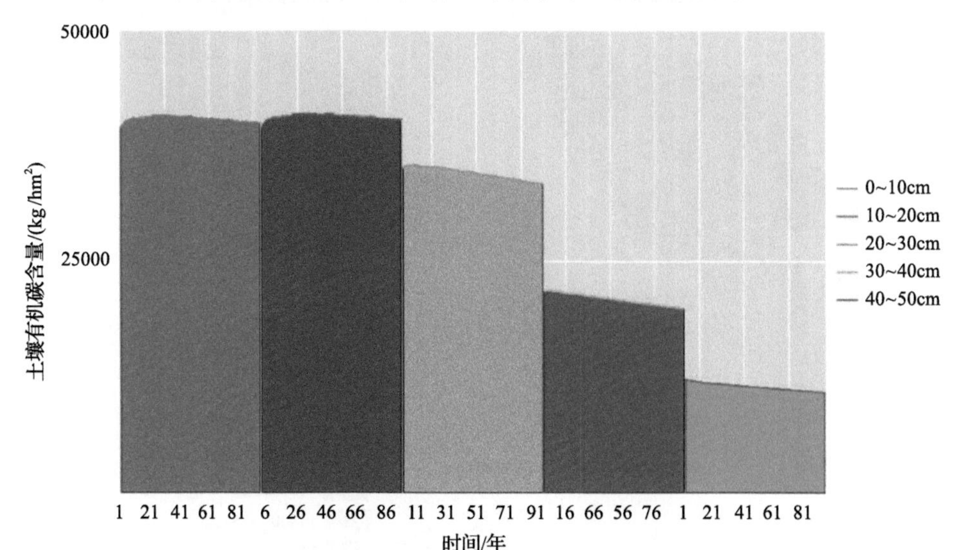

图 5-10　不同土壤层厚度的土壤有机碳含量

5.2.4　土壤有机碳含量空间差异

挠力河流域不同时段土壤有机碳含量空间差异显著(图 5-11)。2018 年，挠力河流域 0～50cm 土壤有机碳含量在 145000～154000kg/hm^2。其中位于东部的 25 号子流域土壤有机碳含量最高，达到了 153082kg/hm^2，39 号子流域土壤有机碳含量也比较高，超过了 152000kg/hm^2。位于流域中游的 12 号子流域土壤有机碳平均含量最低，为 145083kg/hm^2，此外，24 号、44 号、34 号和 16 号子流域的 SOC 含量也相对较低。2035 年的土壤有机碳空间分布情况与 2018 年相比差异不大，25 号、39 号和 38 号子流域的土壤有机碳含量依然是最大的三个模拟点位；12 号子流域依然为 SOC 含量最低的子流域。2035 年的模拟结果与前数年相比，六个 SOC 含量最高的子流域都有所增长，涨幅超过 2000kg/hm^2。从 2050 年和 2100 年的模拟结果来看，挠力河流域不同地区土壤有机碳的空间异质性将会进一步被放大。在总趋势下降的情况下，流域的东部地区土壤有机碳含量下降速度快于其余地区。

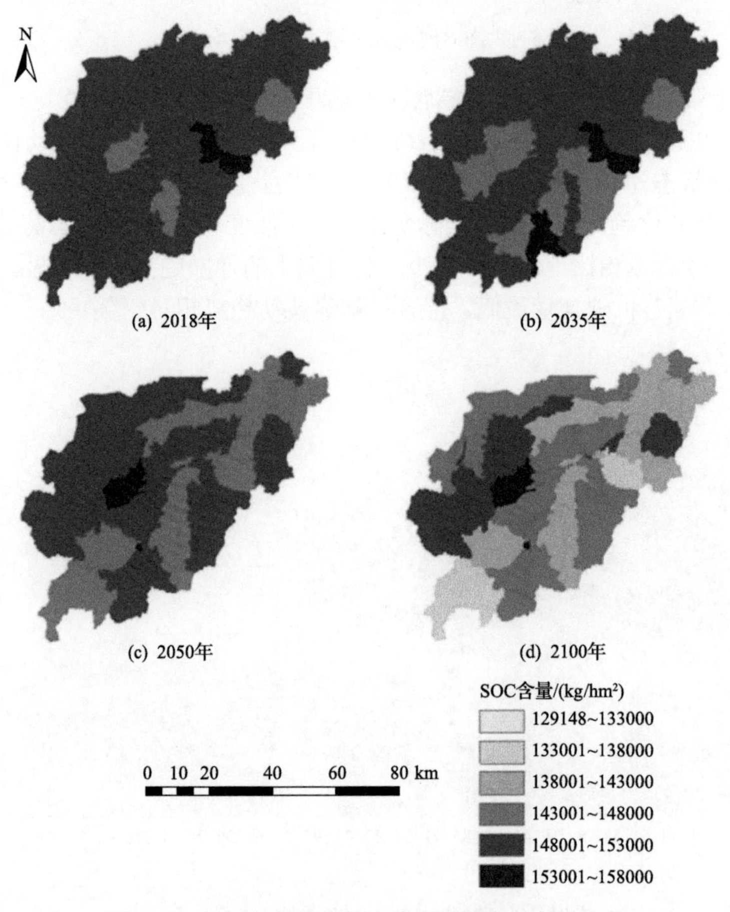

图 5-11　不同年份挠力河土壤有机碳含量空间分布

农业开发活动是造成不同子流域 SOC 含量变化速度差异的最大因素，不同年份各作物区 SOC 含量的大小顺序保持不变，但作物区之间的 SOC 含量差异越来越大(图 5-12)。水稻种植区相对于其他作物的土壤有机碳含量偏高，平均碳密度达到了 153933kg/hm^2(图 5-13)。种植量较大的大豆种植区相对土壤有机碳含量较少，平均碳密度大约为 142256kg/hm^2。两种作物种植给土壤有机碳带来的含量波动效应差异明显，这与上述子流域的情况吻合度较高。25 号等 SOC 含量较高的模拟点位也是挠力河流域水稻栽培的重要地区，16 号、34 号等以旱地大豆为主要种植作物的地区 SOC 含量的模拟结果在整个流域处于较低水平。面积狭小的 12 号流域以非耕地为主，因此土壤有机碳含量在 2018～2100 年始终保持流域内最低水平。

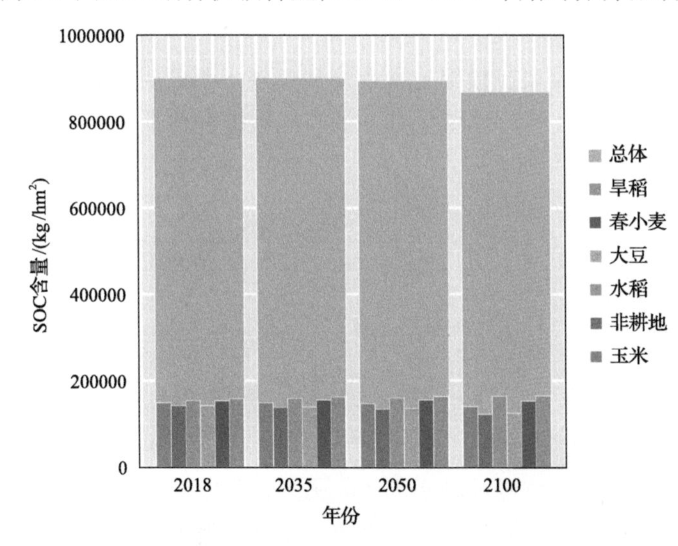

图 5-12　不同年份挠力河流域不同作物区土壤有机碳对比

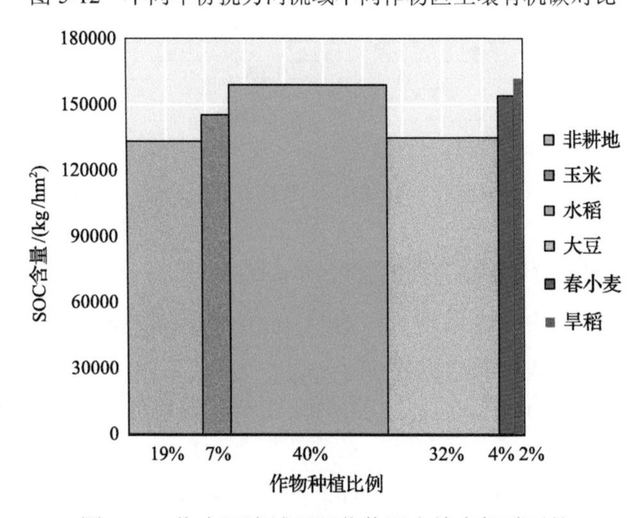

图 5-13　挠力河流域不同作物区土壤有机碳对比

5.3 气候变化下的农业非点源污染模拟

在 SWAT 模型中考虑土壤有机碳含量动态变化，可以更加精确地模拟气候变化背景下河流域的农业非点源污染情况，进一步定量化分析土壤有机碳含量给农业非点源污染负荷带来的影响。在已构建的 SWAT 模型基础之上，将 DNDC 模拟土壤有机碳数据更新 SWAT 土壤数据库，模拟分析研究区 2018～2100 年非点源污染动态变化规律。

5.3.1 考虑土壤有机碳动态变化的非点源污染模拟

SWAT 模型许多模块在模拟过程中均使用到了不同层的土壤有机碳含量，包括营养物和杀虫剂的迁移、土壤侵蚀、泥沙的模拟和水质输出等。土壤侵蚀采用 Williams 土壤可蚀因子方程：

$$f_{\mathrm{orgC}}=1-\frac{0.25\mathrm{orgC}}{\mathrm{orgC}+\exp(3.72-2.95\mathrm{orgC})} \tag{5-5}$$

$$K_{\mathrm{USLE}}=f_{\mathrm{csand}}\times f_{c_l-s_i}\times f_{\mathrm{orgC}}\times f_{\mathrm{hisand}} \tag{5-6}$$

式中，K_{USLE} 为土壤可蚀因子；orgC 为该层中有机碳含量(%)；f_{csand} 为多沙土壤的低侵蚀因子；$f_{c_l-s_i}$ 为黏粒含量高的土壤的侵蚀因子；f_{orgC} 为高水平 SOC 土壤侵蚀因子；f_{hisand} 为高沙土壤侵蚀减小因子。另外，水中的藻类是水体氮磷元素的重要中转站，针对水质参数的模拟过程也需要计算藻类生物需氧量，这一过程与表层土壤有机碳密不可分：

$$\mathrm{cbod}_{\mathrm{surq}}=\frac{2.7\mathrm{orgC}_{\mathrm{surq}}}{Q_{\mathrm{surf}}\times\mathrm{area}_{\mathrm{hru}}} \tag{5-7}$$

$$\mathrm{orgC}_{\mathrm{surq}}=1000\frac{\mathrm{orgC}_{\mathrm{surf}}}{100}\times\mathrm{sed}\times\varepsilon_{\mathrm{C:sed}} \tag{5-8}$$

式中，$\mathrm{cbod}_{\mathrm{surq}}$ 为地表径流中的碳的生物需氧量(mg/L)；$\mathrm{orgC}_{\mathrm{surq}}$ 为地表径流中的有机碳量(kg)；Q_{surf} 为某天的地表径流量(mm)；$\mathrm{area}_{\mathrm{hru}}$ 为 HRU 的面积(km^2)。综上所述，SWAT 土壤输入数据库中 $\mathrm{orgC}_{\mathrm{surf}}$ 为表层 10cm 图层中有机碳的含量(%)；sed 为泥沙含量(mg/L)；$\varepsilon_{\mathrm{C:sed}}$ 为碳沙比例，需要根据 DNDC 模型的模拟结果做修正。

SWAT 模型对输入变量的单位和 DNDC 模型输出量的单位有所差异，因此需要转换数据量纲符合模型耦合需要。将 DNDC 模型模拟结果中的碳密度 kg/hm^2 转化为质量比 g/kg，公式如下所示：

$$\eta = \lambda \times \frac{\rho_{\text{SOC}}}{\rho_{\text{soil}}} \tag{5-9}$$

式中，η 为质量比；λ 为单位标准化转换系数；ρ_{SOC} 为模拟所得的土壤有机碳密度；ρ_{soil} 为不同点位土壤容重。研究中各点位使用的土壤体积容重来自实验室前期研究结果，其中 10cm 为一层。计算得到 2006～2100 年子流域 0～10cm、10～20cm、20～30cm、30～40cm、40～50cm 层的土壤有机碳平均含量。

5.3.2　SWAT 模型模拟效果验证

前期研究已对挠力河流域进行了参数的率定和验证(Ouyang et al., 2017)。因此，在此基础上更新土壤数据库，进一步分析其对模型模拟带来的影响。选取 SMAP 卫星遥感反演结果作为观测数据，选取 2015 年 4 月 1 日至 2018 年 12 月 31 日的 SMAP 卫星 L4 数据集，采用 MATLAB 程序批量读取 HDF5 格式文件，根据经纬度范围裁剪出挠力河研究区(131.2°E～133.9°E，47.3°N～45.8°N)，计算裁剪范围内的土壤水含量。将 SWAT 模型模拟的 5cm 土壤水含量换算为体积比，与对应点位 SMAP 观测数据进行对比(图 5-14)。SWAT 模型模拟的效果较好，R^2 达到了 0.76(图 5-15)。

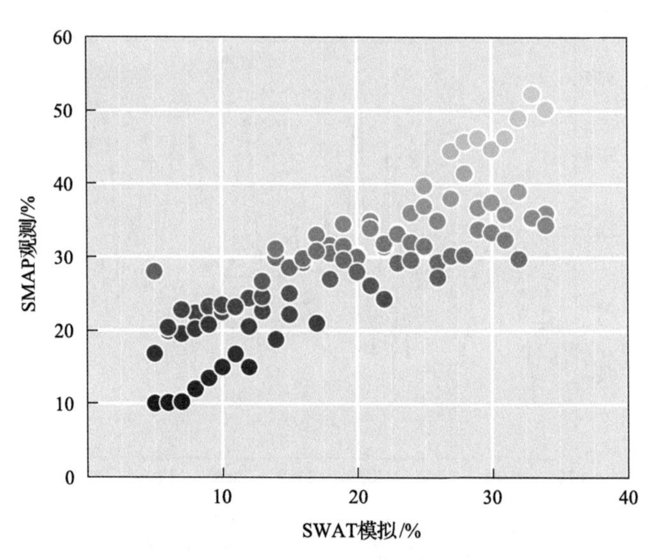

图 5-14　不同点位 0～10cm 层土壤水多年均值模拟效果

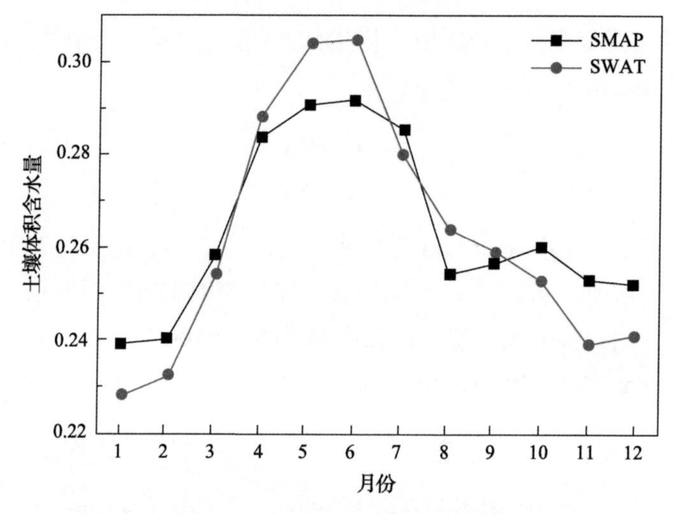

图 5-15　土壤水月均模拟结果对比

5.3.3　非点源污染时间变化规律

挠力河流域总氮平均浓度在较大幅度的波动中呈现出缓慢上升趋势(图 5-16)。2050 年前，总氮平均浓度为 12.48kg/hm^2，2050～2100 年总氮的平均浓度为 13.46kg/hm^2。总氮的时间曲线呈现出短周期性的单调增减，一般周期为 3～5 年，最为剧烈的波动出现在 2040～2050 年。总氮在不同年间有较大差异，最低值出现在 2024 年，最高值出现在 2095 年。

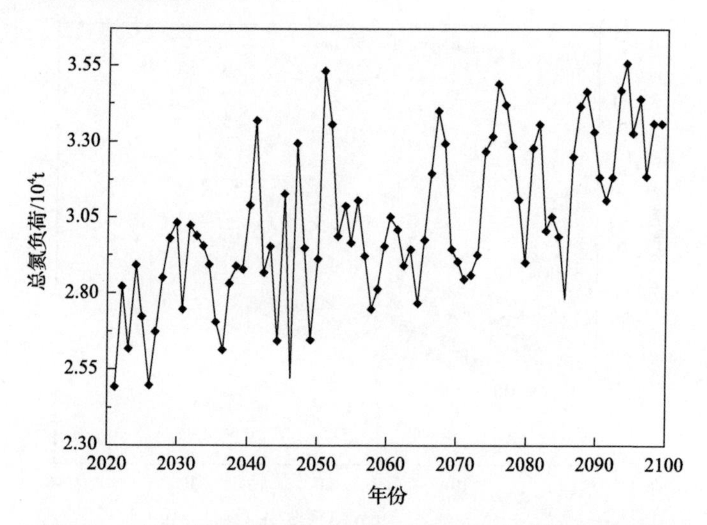

图 5-16　气候变化下挠力河流域 2020～2100 年总氮平均负荷

为了便于识别土壤有机碳在非点源污染中的影响，分析挠力河流域不同时期不同形态氮污染情况(图 5-17)。在各个时期硝态氮都是最主要的类别，氨氮的输出量在模拟期间几乎无变化。无机氮的总量变化几乎反映了总氮的波动趋势，是流域内氮污染流失的主要形式。

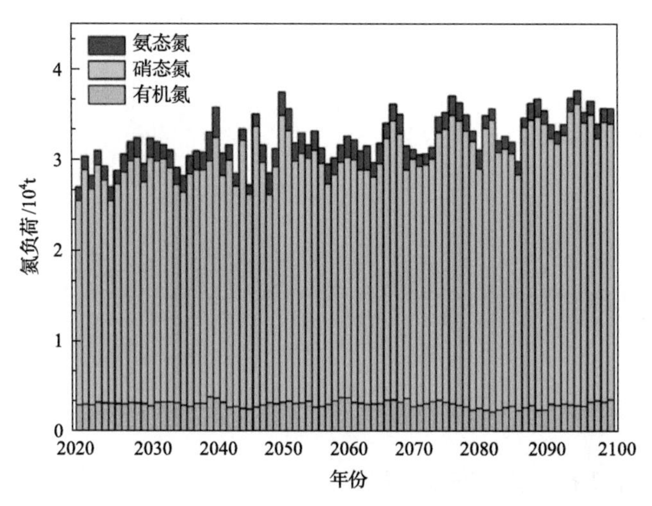

图 5-17　各形态氮污染变化情况

与总氮的情况相似，挠力河流域总磷的浓度也在波动中略有升高趋势，波动的幅度也有少量增加(图 5-18)。2060 年前，总磷污染波动周期较短，以 1～3 年为主，较高浓度总磷污染和较低浓度总磷污染几乎隔年分布。2060 年后，总磷污染波动周期变长，为 3～5 年。无机磷是挠力河流域磷污染流失的主要形式。随着时间推移，有机磷的总量在波动中有不断减小的趋势。而相比之下无机磷的含量在波动中逐渐增加(图 5-19)。

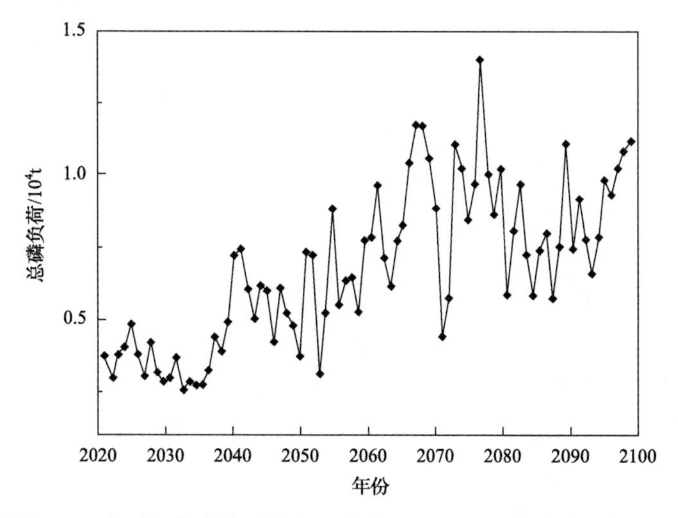

图 5-18　总磷气候变化下挠力河流域 2020～2100 年总磷平均负荷

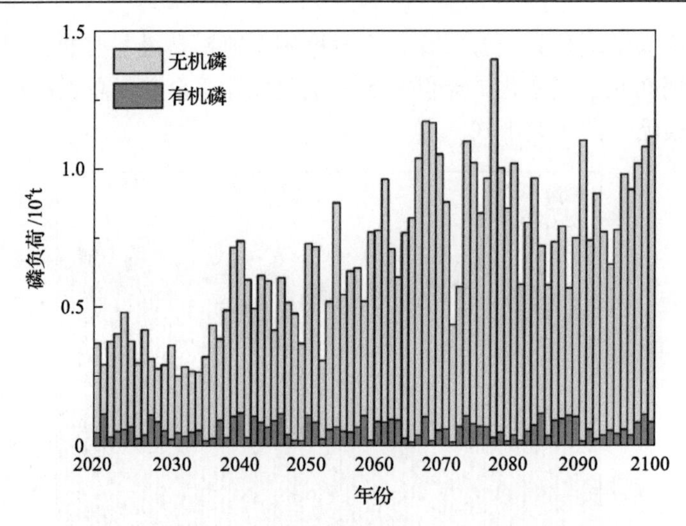

图 5-19　不同时期不同类别磷污染情况

5.3.4　非点源污染的空间分布变化规律

总氮的空间分布在不同年份(2018 年、2035 年、2050 年、2100 年)的差异较大(图 5-20)。挠力河流域总氮负荷较大的地区集中在干流流经区域，尤其是中游和下游地区。人类开发活动强度较大的 11 号子流域和 22 号子流域的总氮负荷最大，其次为耕地面积广阔的流域北部和 29 号、37 号子流域等地区。但也有一些年份存在例外，以 2050 年为例：南部地区的总氮负荷明显高于北部地区，南部耕地集中的部分地区总氮负荷超过了 22kg/hm^2；一些以林地为主的区域甚至也存在较大的总氮负荷。相比之下，2100 年全流域各个区域总氮污染空间差异相对较小。综合来看，西南方向以林地种植为主的上游区域总氮浓度始终较低，一直处于流域内的最低水平。上游以林地种植为主的子流域有机氮负荷要高于下游以耕地为主的地区。但农业活动强度大的子流域其硝态氮负荷要远高于其他地区，尤其是旱地种植区。以大豆种植面积较为广阔的北部地区为例，5 号、6 号子流域硝态氮平均负荷高达 4.86kg/hm^2，是全流域最高水平；而有机氮负荷约为 1.0kg/hm^2，约为平均水平的 70%左右。

挠力河流域总磷负荷时空差异也较大(图 5-21)，耕地的磷流失量要略高于其他地区。其中，以大豆为主的旱地种植区污染负荷要高于以水稻种植为主的水田区。有机磷浓度较高的区域包括流域北部农业开发活动较强的地区、上游林地以及流域最下游。无机磷的污染水平在空间角度上看与有机磷十分相似，但排放总量要高于有机磷。

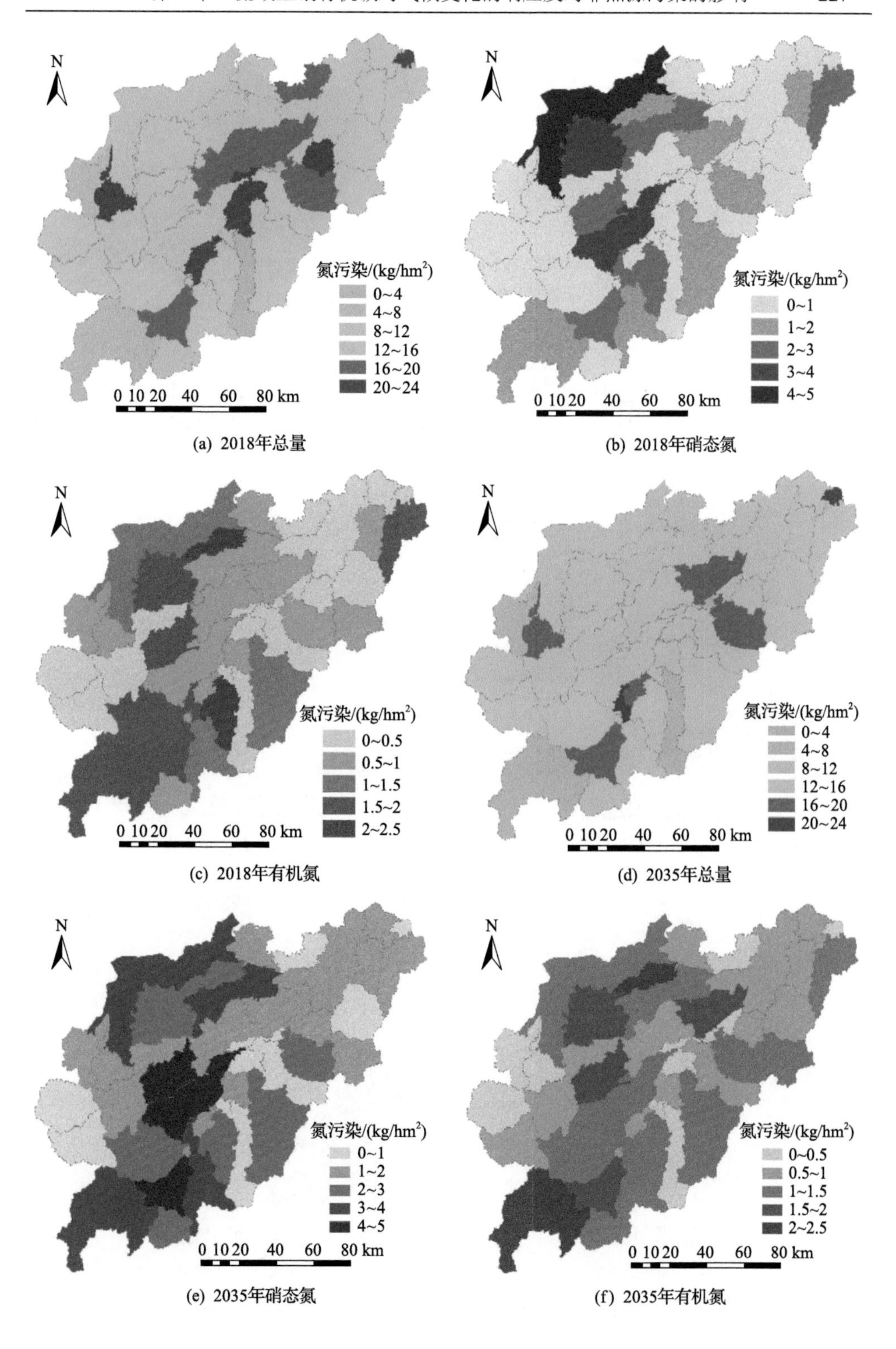
N
氮污染/(kg/hm²)
0~4
4~8
8~12
12~16
16~20
20~24
0 10 20 40 60 80 km
(a) 2018年总量
氮污染/(kg/hm²)
0~1
1~2
2~3
3~4
4~5
(b) 2018年硝态氮
氮污染/(kg/hm²)
0~0.5
0.5~1
1~1.5
1.5~2
2~2.5
(c) 2018年有机氮
(d) 2035年总量
(e) 2035年硝态氮
(f) 2035年有机氮

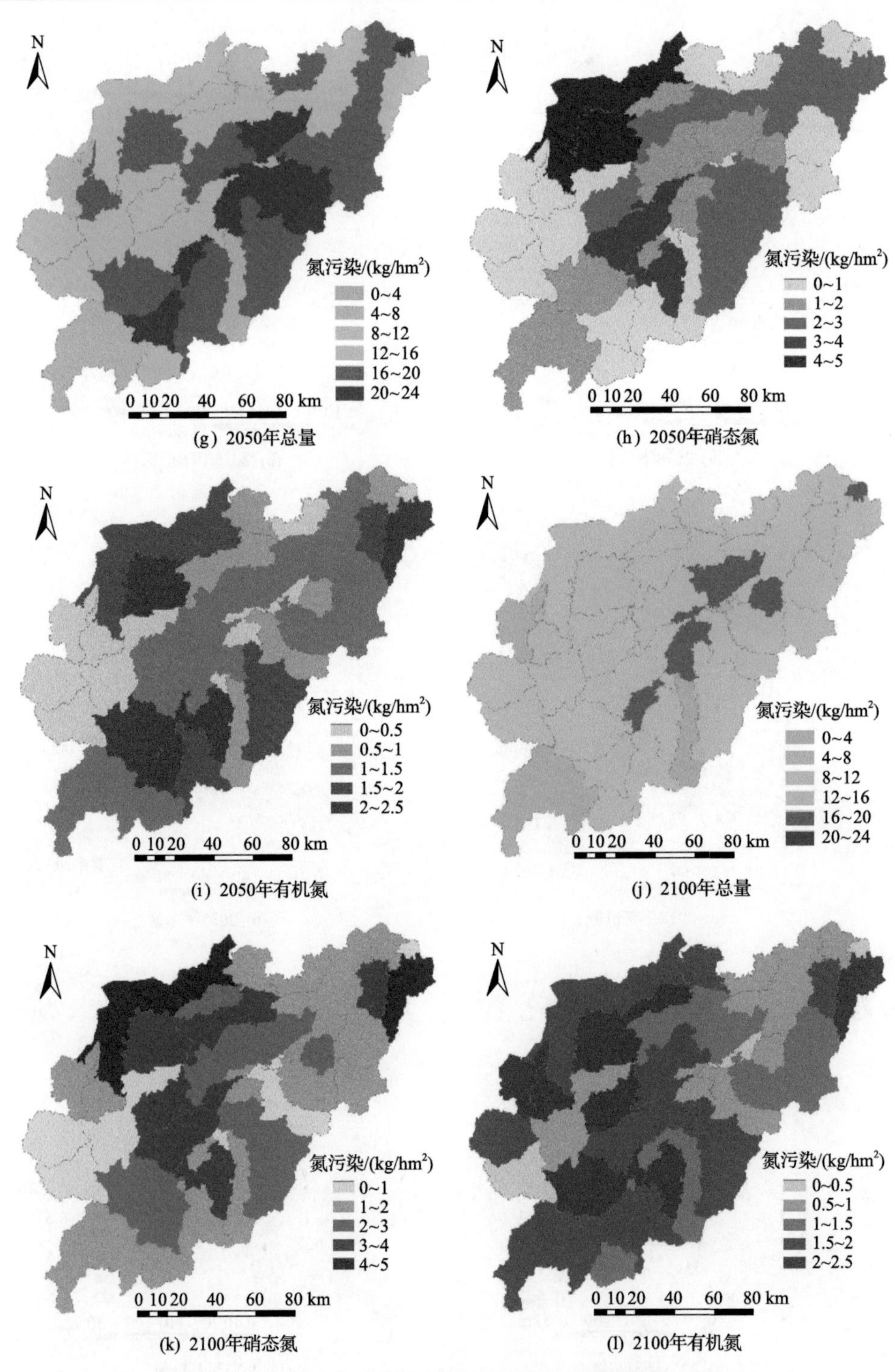

图 5-20　挠力河流域不同时期非点源氮污染空间分布变化

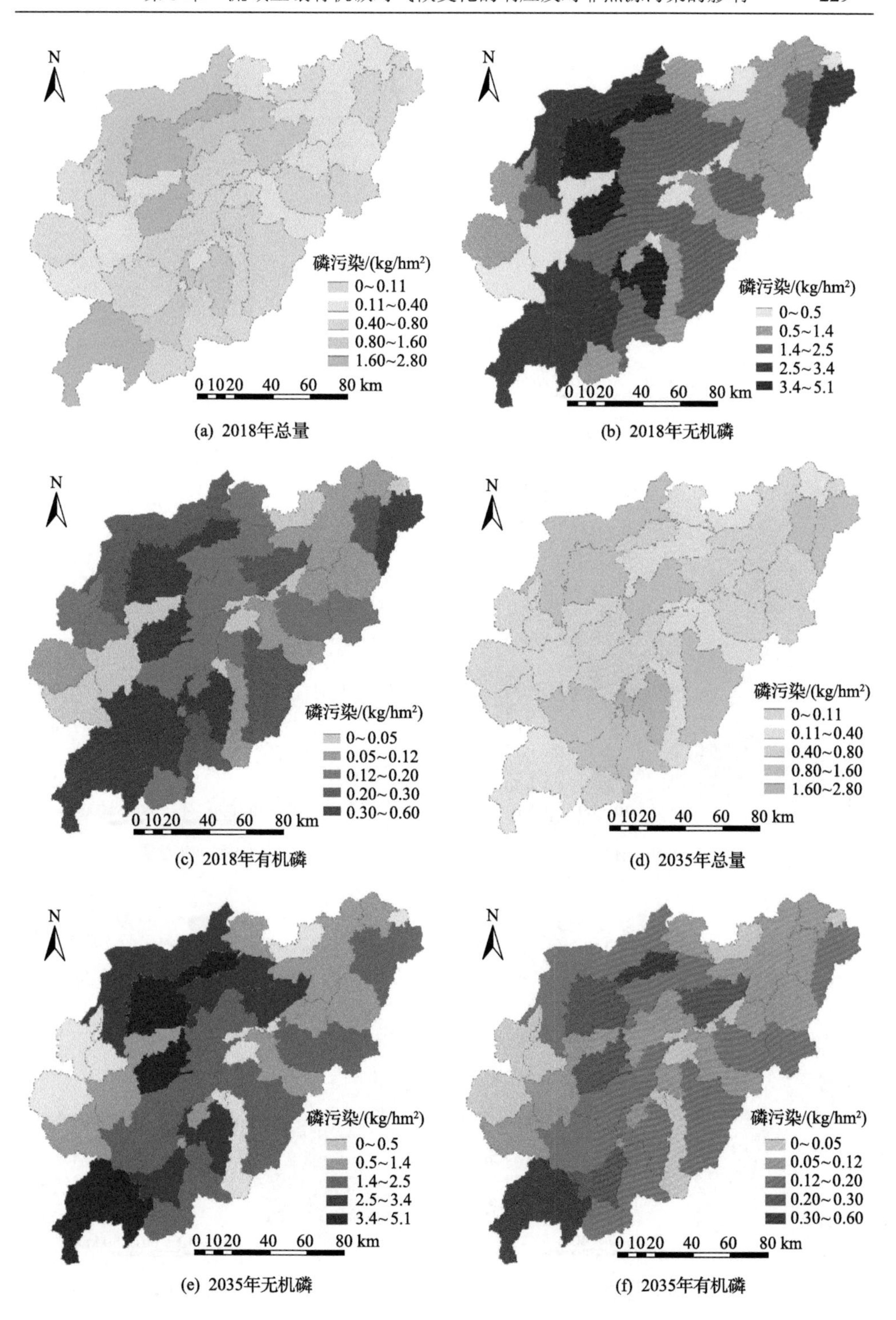

(a) 2018年总量　(b) 2018年无机磷

(c) 2018年有机磷　(d) 2035年总量

(e) 2035年无机磷　(f) 2035年有机磷

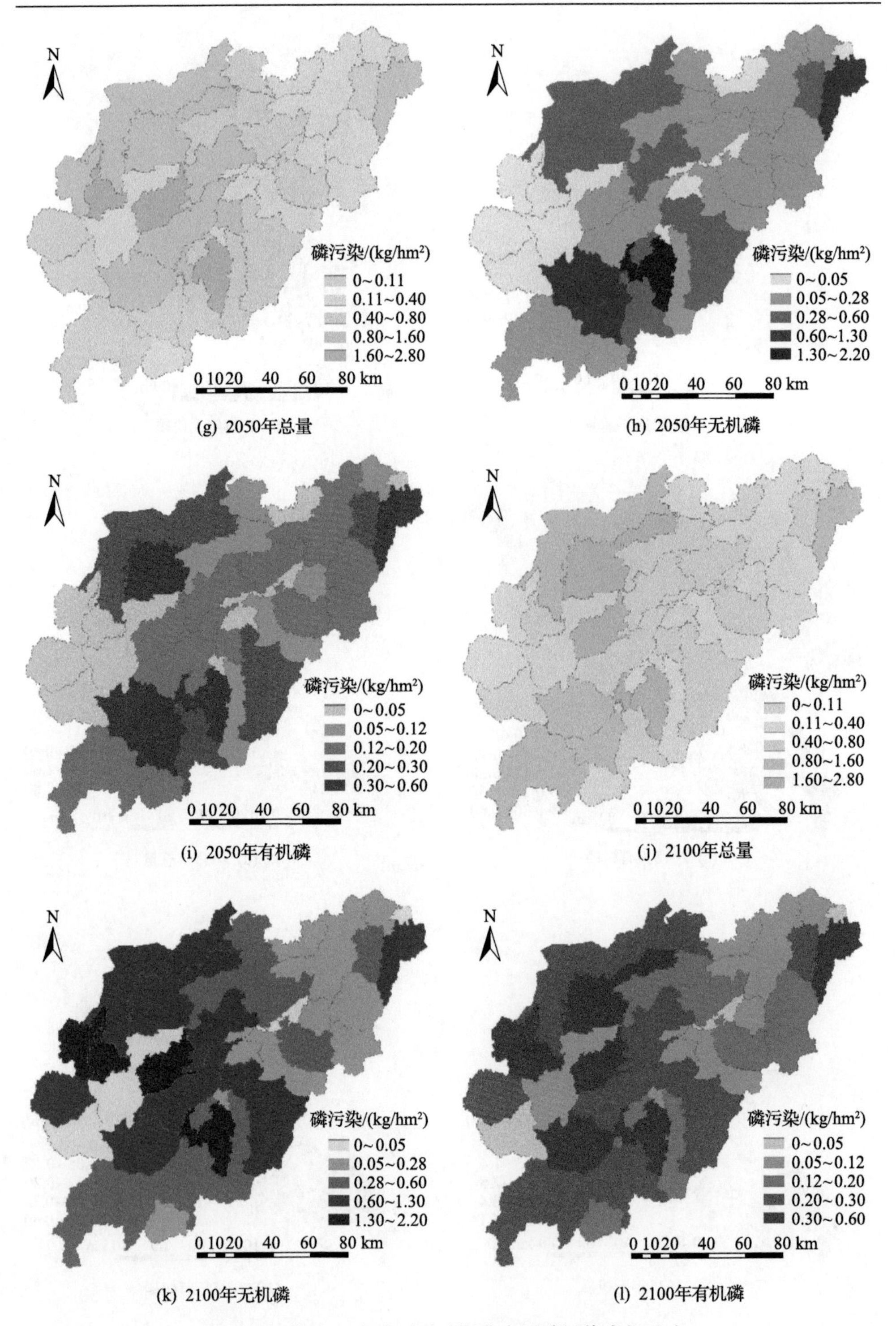

图 5-21　挠力河流域不同时期非点源磷污染空间分布

5.4　土壤有机碳动态变化对非点源污染的影响

5.4.1　非耦合与耦合模型模拟结果对比

为了探究 SOC 含量对非点源污染的影响，对比非耦合与耦合模型的模拟结果，进一步分析气候变化下土壤有机碳对非点源污染的影响。挠力河流域不同子流域的非点源污染负荷和土壤有机碳含量的关系结果表明，较大的土壤有机碳含量往往伴随着较低的非点源总氮、总磷负荷(图 5-22)。

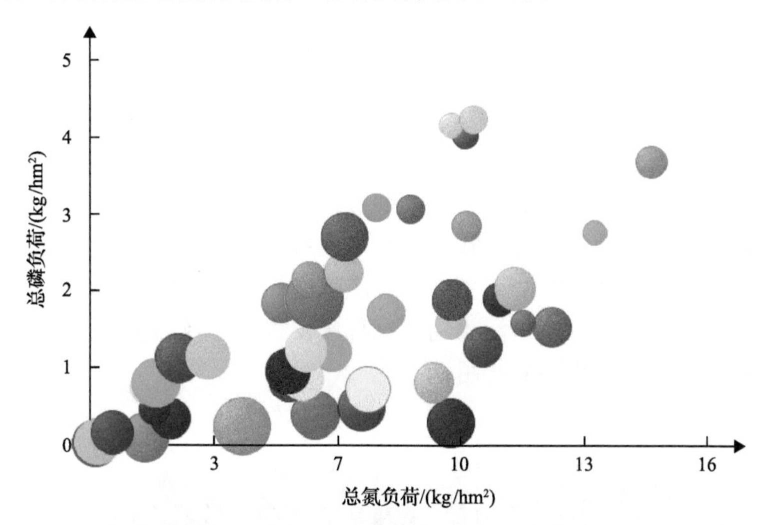

图 5-22　挠力河流域氮磷污染-SOC 含量气泡图

在 SWAT 模型中，依靠 SPAW 软件计算得出的土壤有机碳含量是土壤质地和土壤类型的函数，未考虑气候变化和作物生长带来的影响。模拟结果表明，不同时期总氮、总磷在考虑土壤有机碳波动的情况下，非点源污染模拟水平总是略低于原始模拟结果，不同的年份偏低的程度也存在差异，总磷的偏差要略高于总氮的偏差水平(图 5-23)。

为了定量衡量土壤有机碳给非点源污染带来的影响，用如下公式评估土壤有机碳波动情况对不同非点源污染物扰动：

$$\delta=\frac{\left|y_{(a)}-y_{(b)}\right|}{y_{(a)}}\times 100\% \tag{5-10}$$

式中，y 代表(a)、(b)两种模式下不同非点源污染物浓度的模拟结果；δ 为扰动率。图 5-24 可以看出土壤有机碳含量为非点源污染带来的扰动属于较低水平的扰动，总氮扰动率在 2.98%～4.95%，总磷扰动率在 3.80%～10.20%。

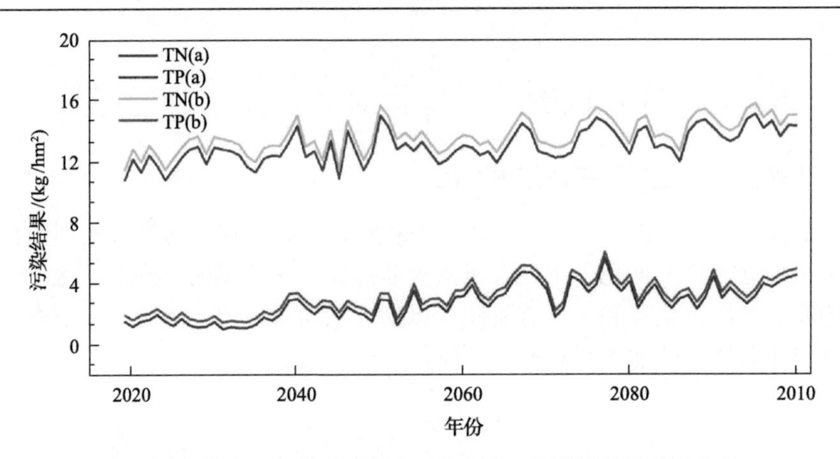

图 5-23　挠力河流域两种模式下非点源污染模拟结果时间曲线

有机碳的输入改变了非点源污染流失负荷的大小，但是并未改变年际之间的波动趋势(图 5-24)。其中，总磷扰动的情况比较特殊，其时间变化趋势与土壤有机碳变化趋势有较大的相似度。其皮尔逊相关系数达到了 0.80；而相比之下，总氮扰动和土壤有机碳波动的时间变化曲线皮尔逊相关系数仅为 0.69。即土壤有机碳含量对非点源污染中的总磷污染物扰动程度要大于总氮污染物的扰动程度，有机碳在总磷流失中起到重要的作用。

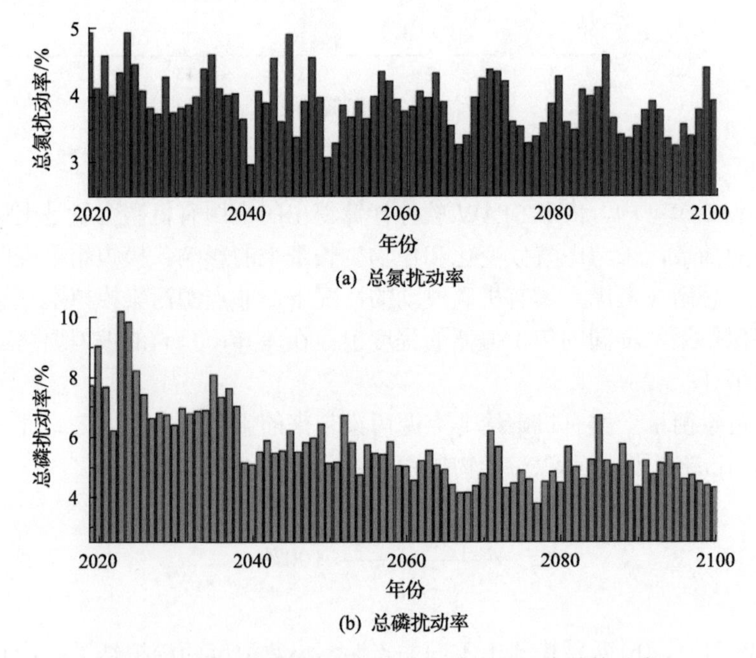

图 5-24　挠力河流域 SOC 波动对非点源污染的扰动率

5.4.2　土壤有机碳对非点源氮流失负荷的影响

1. 作物生长层 SOC 总量对不同形态氮流失负荷的影响

一般认为土壤耕作层为 0～20cm 深的表层土壤，下层次为耕底层。耕底层的厚度主要取决于当地所种植物的对应根系。在挠力河地区，以 50cm 为作物生长层的土壤厚度。以 0～50cm 作物生长层土壤有机碳总量的 DNDC 模型模拟结果和流域非点源污染中不同类别氮污染物的浓度作为数据源进行统计分析。以图 5-22 右上区“小气泡”16 号子流域和坐标轴相交区“大气泡”25 号子流域为代表，分析土壤有机碳含量相对较高地区和相对较低地区对不同类型氮污染物变化量造成的影响(表 5-4)。结果表明，土壤有机碳含量与有机氮变化量正相关，硝态氮变化量与土壤有机碳含量呈现了负相关。

表 5-4　SOC 含量与不同类型氮污染物扰动的相关分析

子流域	ΔSOC-有机氮	p	ΔSOC-硝态氮	p
16 号	0.72	<0.05	–0.74	<0.01
25 号	0.69	<0.05	–0.77	<0.05

2. 不同土层深度 SOC 含量对不同形态氮流失负荷的影响

以 10cm 为一层，将作物生长层的土壤分为五层，分别统计不同土层 SOC 含量和农业非点源污染的皮尔逊相关系数。不同土层深度的土壤有机碳与有机氮和硝态氮的相关性大小各不相同，表层土壤和氮污染物的相关性要高于深层土壤和氮污染物的相关性(表 5-5)。土壤有机碳含量较小的 16 号子流域，与有机氮变化量相关性最高的是 20～30cm 土壤层，与硝态氮变化量相关性最高的是 0～10cm 土壤层。土壤有机碳含量较高的 25 号子流域，10～20cm 土壤层的土壤有机碳含量和有机氮变化量相关性最高，0～10cm 土壤层土壤有机碳含量和硝态氮变化量相关性最高。硝态氮的主要来源是表层无机肥料的施入，因此 0～10cm 翻耕区内土壤有机碳对硝态氮污染物的综合作用最为显著。有机氮与更深层土壤有机碳含量关系更为密切。

有机氮污染物变化量和各层土壤有机碳含量的相关性在各个子流域之间差异较小；但硝态氮变化量和 20cm 以内土壤有机碳含量的相关性存在一定的差异。以旱地大豆种植为主的子流域，硝态氮变化量和表层土壤有机碳含量的皮尔逊相关系数一般在–0.80 左右；以水稻种植为主地区，硝态氮变化量和表层土壤有机碳含量的皮尔逊相关系数比旱地要略低，不同地区差异性较大。在水田中，非点源污染物的流失过程更多情况下以水田中的水为载体，土壤中的有机碳吸附的污染物相比于伴随径流直接流失的污染物比例过小，因此相关系数低于旱田。即相比于水田，旱田大豆种植区的表层土壤有机碳更能影响硝态氮非点源污染的程度。

表 5-5 各层 SOC 含量与不同类型氮污染物变化量相关分析

土壤层	16 号子流域				25 号子流域			
	有机氮	p	硝态氮	p	有机氮	p	硝态氮	p
0～10cm	0.72	<0.05	–0.84	<0.05	0.70	<0.05	–0.85	<0.05
10～20cm	0.76	<0.05	–0.71	<0.05	0.74	<0.05	–0.81	<0.05
20～30cm	0.79	<0.05	–0.72	<0.01	0.71	<0.05	–0.77	<0.05
30～40cm	0.63	<0.01	–0.69	<0.01	0.65	<0.05	–0.68	<0.05
40～50cm	0.69	<0.01	–0.69	<0.01	0.64	<0.01	–0.69	<0.01

5.4.3 土壤有机碳对磷污染的影响

1. 作物生长层 SOC 总量对不同形态磷流失负荷的影响

如前所述，土壤有机碳含量对非点源磷流失负荷的扰动量要大于对氮流失负荷的扰动量。不同类别磷污染物的变化量和土壤有机碳总量之间的相关关系也存在明显的特征，有机碳总含量与有机磷变化量在 16 号子流域和 25 号子流域都呈正相关，而无机磷变化量和有机碳总含量呈负相关(表 5-6)。

表 5-6 SOC 含量与不同类型磷污染物扰动的相关分析

子流域	有机磷变化量	p	无机磷变化量	p
16 号	0.64	<0.05	–0.81	<0.05
25 号	0.60	<0.05	–0.84	<0.05

2. 不同土层深度 SOC 含量对不同形态磷流失负荷的影响

以 16 号子流域和 25 号子流域为例，按照 10cm 为单位划分土层，进行不同土层的土壤有机碳含量和非点源磷流失负荷进行皮尔逊相关分析(表 5-7)。结果表明，表层土壤对非点源磷流失负荷的影响较大，0～20cm 土壤层有机碳对非点源

表 5-7 各层 SOC 含量与不同类型磷污染物变化量相关分析

土壤层	16 号子流域				25 号子流域			
	有机磷变化量	p	无机磷变化量	p	有机磷变化量	p	无机磷变化量	p
0～10cm	0.70	<0.05	–0.88	<0.05	0.68	<0.05	–0.90	<0.05
10～20cm	0.68	<0.05	–0.86	<0.05	0.66	<0.05	–0.89	<0.05
20～30cm	0.66	<0.05	–0.79	<0.05	0.67	<0.05	–0.81	<0.05
30～40cm	0.60	<0.05	–0.75	<0.05	0.52	<0.05	–0.78	<0.05
40～50cm	0.55	<0.05	–0.74	<0.01	0.48	<0.05	–0.76	<0.01

磷流失负荷的影响程度要明显大于 20～50cm 土壤层的有机碳。不同土层有机碳含量对无机磷变化量的影响差异大于对有机磷变化量的影响。与非点源氮污染物的情况相同，表层土壤有机碳和各类非点源磷污染物的相关性较强的地区均是旱地，水田相关性普遍小于旱地。

第 6 章　基于沉积物的不同气候条件下非点源污染流失差异

非点源污染流失导致的无机污染物在河流中的沉积是一个相对复杂的过程，通过两个在气候及主要土地利用类型有明显差异的流域的对比，探讨自然因素与人为因素对河流无机污染物沉积的影响。通过沉积物定年技术，重建流域污染历史，揭示流域长期土地变化、多年降水量与径流量对无机污染物沉积的影响，进一步研究污染物迁移转化的驱动力，为污染物的控制及治理提供理论依据。研究目标包括：①沉积物中氮磷累计特征研究；②沉积物中代表性重金属累计特征研究；③河流沉积物无机污染物累计影响因素的空间尺度分析；④河流沉积物无机污染物累计影响因素的时间尺度分析。

6.1　研究区概况

选取三江平原东北部的阿布胶河流域以及中低纬区公庄河流域为研究区。阿布胶河流域以农业生产为主，耕地面积迅速增加，大规模的农业生产活动给当地的生态环境造成了一定的影响。公庄河流域地处亚热带季风气候，降水充沛，耕地及林地为其主要的土地利用类型。

6.1.1　地理位置

阿布胶河流域位于我国粮食主产区之一的三江平原东北部，流域面积为 143km^2，大约占八五九农场面积的 10.4%。公庄河为东江中游支流，发源于广东省博罗县东北桂山糯斗柏，流经公庄镇、杨村镇，于泰美镇沐村注入东江。公庄河流域面积 1238km^2，是位于东江流域西南部的子流域。东江流域上游为山岭地带，中下游为河谷，坡度平缓。公庄河为东江支流，流域主要位于博罗县东北部，其流域林地覆盖面积达一半以上，公庄河沿岸发展种植业，其主要土地利用类型为水田、旱地、果园及建筑用地(图 6-1)。

6.1.2　气候水文

阿布胶河流域属于大陆季风气候，夏季温暖多雨，冬季寒冷干燥。该地区光照充足，全年日照时数 2400～2500h，平均气温 2.5～3.6℃。图 6-2 为流域 1970～2014 年年平均降水量，其中 1981 年降水量最大，达 872.7mm，1986 年最少，为 385.3mm，多年平均降水量为 595.3mm，全年降雨集中于 6～9 月。阿布胶河年径流量如图 6-2 所示，其中 1981 年年径流量最大，达 27.02m^3/s，1970 年年径流量最小，为 6.13m^3/s，多年平均径流量为 14.69m^3/s。

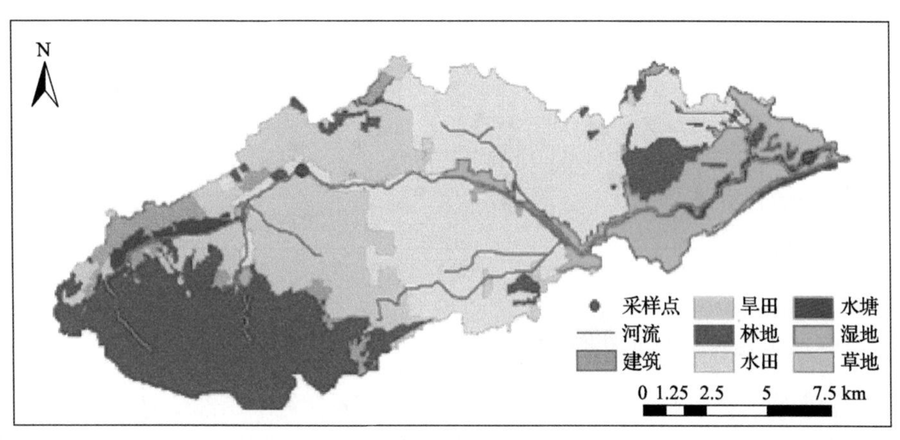

(a) 阿布胶河流域

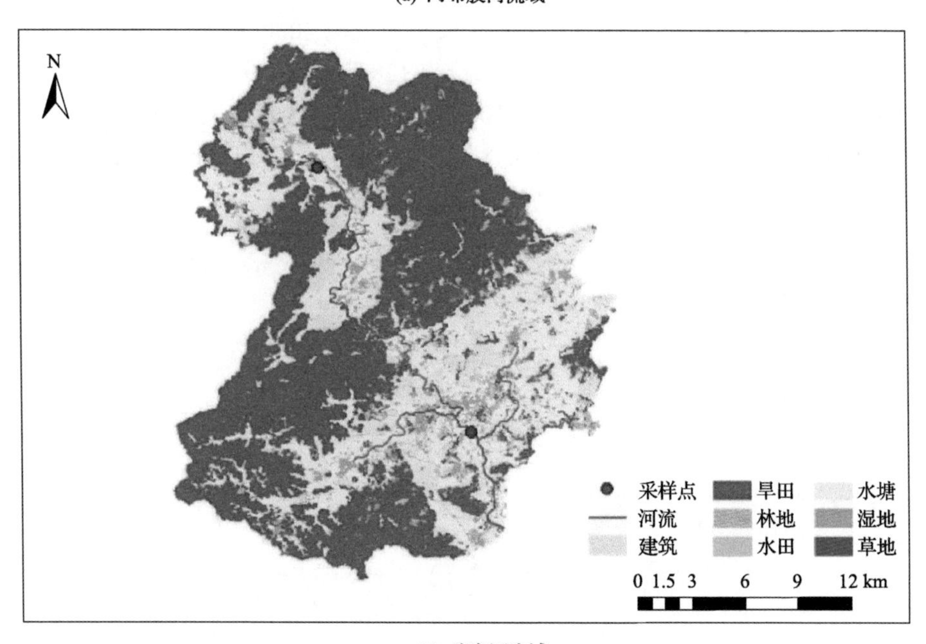

(b) 公庄河流域

图 6-1　阿布胶河流域及公庄河流域地理位置

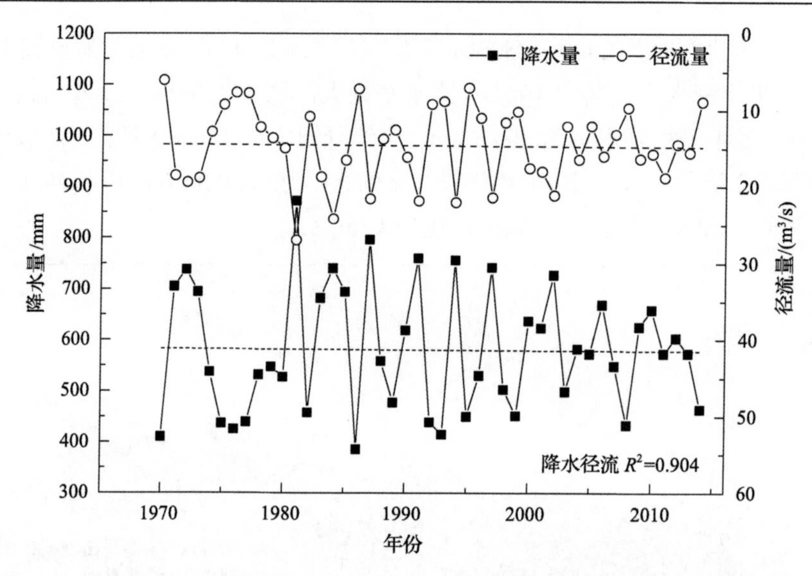

图 6-2 阿布胶河流域年降水量和年径流量(1970～2014 年)

公庄河流域属于亚热带季风气候带，其所属东江流域南部临海，雨量充沛，年均气温约 21℃。4～6 月多为夏季风雨带控制下的锋面雨，7～9 月多为台风雨。4～9 月降水量约占全年降水量的 80%。公庄河流域 2000～2015 年多年降水量如图 6-3 所示。2000～2015 年年平均降水量为 1283.1mm，最大降水量为 1676.9mm (2006 年)，最小降水量为 897.6mm (2004 年)。公庄河 2000～2015 年年平均径流量为 61.20m^3/s，最大年径流量为 89.38m^3/s (2006 年)，最小年径流量为 35.86m^3/s (2004 年)，年径流量和年降水量相关系数为 0.85。

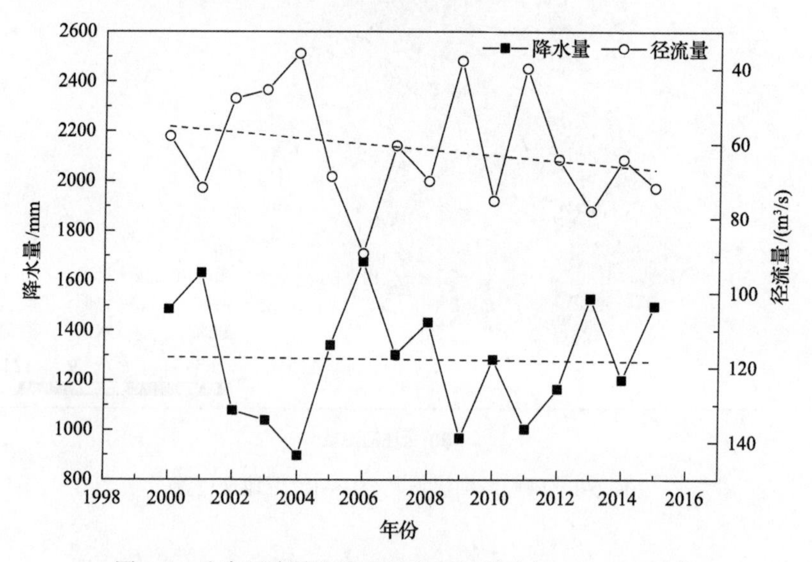

图 6-3 公庄河流域年降水量和年径流量(2000～2015 年)

6.1.3　土地利用

阿布胶河流域曾经主要为森林和湿地所覆盖，自 20 世纪 80 年代起，大规模的农业开发导致森林和湿地显著减少(表 6-1)。阿布胶河流域自 1979～2014 年，水田所占比例增加了 34.96%，而湿地面积则减少了 18.68%，林地面积减少了 10.35%。旱地所占比例先增后减，其原因是在 1999 年后，有部分旱田转化为水田。林地主要分布于阿布胶河流域上游，湿地分布于下游，林地向旱地转化，湿地向水田转化，是研究区的土地利用主要转化方式。现在，阿布胶河流域的土地利用分布情况是上游主要为林地和旱地，中游主要为旱地和水田，下游主要为水田和湿地。

表 6-1　阿布胶河流域土地利用类型占比变化(1979～2014 年)（单位：%）

年份	水田	旱地	林地	湿地	草地	水域	建筑
1979	0	29.89	35.44	31.06	0.52	1.5	1.59
1992	0.01	34.24	33.41	27.91	0.07	2.62	1.74
1999	5.54	34.01	28.64	26.12	1.76	1.5	2.43
2009	31.04	24.33	25.86	11.82	0.61	2.33	4.01
2014	34.96	21.36	25.09	12.38	0	2.07	4.14

公庄河流域主要土地利用类型包括林地、旱地、水田、草地、水域、果园、建筑等几种类型。旱地、水田、果园及建筑用地主要分布在公庄河河道两岸及周围，林地及水域则主要分布在山区，其中林地覆盖面积到 2015 年仍高达流域面积的 53.20%。

虽然相关遥感数据可能受到分辨率的影响存在精确度的问题，但还是能够看出在这期间，公庄河流域的土地利用类型并没有发生大的转变(表 6-2)。通过查阅公庄河流域所属博罗县县志，也可以看出 1990～2000 年，农作物总播种面积有小幅波动，但整体变化不大。1990 年博罗县农作物总播种面积为 110696.13hm^2，2000 年为 98793.33hm^2。可以看出建筑用地的面积变化较大，这与当地的城镇化进程密切相关，城镇面积逐渐扩大。

表 6-2　公庄河流域土地利用类型占比变化(1990～2015 年)（单位：%）

年份	水田	旱地	果园	林地	草地	水域	建筑
1990	24.83	12.93	3.05	54.31	2.52	1.53	0.83
2000	24.86	12.55	3.26	55.10	2.15	1.07	1.01
2005	24.75	12.46	4.36	54.01	2.15	1.10	1.17
2010	23.69	13.31	4.71	53.14	2.04	1.28	1.83
2015	22.63	10.01	1.14	53.20	1.53	5.51	5.98

6.2 沉积物中总氮总磷累积特征研究

6.2.1 采样及样品预处理

于 2015 年 9 月在阿布胶河流域上游(47°26′04″N，134°06′21″E)及下游(47°26′37″N，134°18′05″E)分别采集沉积柱样品(图 6-1)。使用沉积物柱状采样器在两个采样点分别采集一个 30cm 长的沉积柱，并现场将沉积柱切成 1cm 厚的圆片，将圆片装入塑封袋内并进行标记后在低温下进行保存。尽快将样品带回实验室进行预处理，使用冷冻干燥机对样品进行冷冻干燥，并将冷干后的样品磨细，去除杂质，过 0.147mm 筛。将过筛后的样品置于塑封袋中，在冰箱中保存以便进行进一步的分析测定。

在公庄河流域上游杨梅塘(23°39′30″N，114°19′50″E)及下游岭子顶(23°26′25″N，114°28′20″E)采集沉积柱样品，采样时间为 2016 年 9 月。由于受到采样设备及采样环境等条件限制，此次采集的沉积柱样品中，上游沉积柱样品深度为 24cm，下游沉积柱的采样深度为 28cm。采样过程操作及后续样品预处理方法与阿布胶河采样及处理过程一致。

6.2.2 实验方法

1. 沉积物中总氮的测定

样品总氮的测定采用半微量凯氏定氮法，该方法原理为将样品中的氮都转化为铵态氮，在碱性条件下生成氨气并进行测定。

样品消煮：称取 1g 样品，送入凯氏瓶中，再加入 1mL 高锰酸钾溶液和 2mL 硫酸，使之反应 5min 后，加入 1 滴辛醇。加入 0.5g 还原铁粉，待剧烈反应结束后，使用电炉加热 45min。停火冷却后，加入加速剂和浓硫酸，先小火加热，等到反应不那么剧烈时再加大火力，直至消煮液和样品都变为灰白带绿色后，继续消煮 1h，等待冷却后进行蒸馏。

蒸馏和滴定：用少量去离子水将冷却后的消煮液全部转入蒸馏器内，并用水洗涤凯氏瓶(总用水不超过 30～35mL)于锥形瓶中。在硼酸液面上方安置冷凝管管口，然后向蒸馏室加入 20mL 的 10mol/L 氢氧化钠溶液，待蒸馏出约 50mL 馏出液时结束蒸馏。使用标准酸溶液滴定馏出液，记录馏出液由蓝绿色至变为红紫色时所用酸标准溶液的体积。

计算公式为

$$\mathrm{TN}(\%)=\frac{(V-V_0)\times C_{\mathrm{H}}\times 0.014}{m}\times 100 \tag{6-1}$$

式中，V 为滴定试液时所用酸标准溶液的体积(mL)；V_0 为滴定空白时所用酸标准溶液的体积(mL)；C_H 为酸标准溶液的浓度(mol/L)；0.014 为氮原子的毫摩尔质量；m 为烘干样品质量(g)。

2. 沉积物中总磷的测定

样品熔融：称取样品 0.25g，放入镍(或银)坩埚底部，用几滴无水乙醇润湿沉积物样品，之后在样品上铺 2.0g 氢氧化钠。使用高温电炉给样品加热，在升温至 400℃及 720℃时，各保持 15min，取出冷却。使用 80℃的水溶解熔块，然后转移至容量瓶中，并使用硫酸溶液清洗坩埚，将洗涤液也移入容量瓶中，进行定容后过滤待测。

样品溶液吸光度测定：吸取适量待测样品溶液于 50mL 容量瓶中，用水稀释至总体积约 3/5 处。加 2～3 滴入指示剂，并用酸性溶液调节至刚呈微黄色。加入 5.0mL 钼锑抗显色剂，摇匀后定容。在 20℃以上的温度条件下，放置 30min 后使用分光光度法测定吸光度。

标准曲线的绘制：分别吸取磷标准溶液 0mL、2.00mL、4.00mL、6.00mL、8.00mL、10.00mL，使用与样品测定同样的方法进行处理和吸光度测定，则可以得到磷浓度分别为 0μg/mL、0.2μg/mL、0.4μg/mL、0.8μg/mL、1.0μg/mL 的标准溶液系列的吸光度结果，可用于绘制标准曲线。

计算公式为

$$\mathrm{TP}(\%) = C \times \frac{V_1}{m} \times \frac{V_2}{V_3} \times 10^{-4} \tag{6-2}$$

式中，C 为从校准曲线上查得待测样品溶液中磷的含量(mg/L)；m 为称样量(g)；V_1 为样品熔融后的定容体积(mL)；V_2 为显色时溶液定容的体积(mL)；V_3 为从熔样定容后分取的体积(mL)；10^{-4} 为将 mg/L 浓度单位换算为百分含量的换算因数。

6.2.3　沉积物中总氮总磷浓度的垂直分布特征

阿布胶河流域上游沉积柱样品的总氮浓度分布范围为 0.80～1.30g/kg，平均值为 1.04g/kg。下游沉积柱样品的总氮分布范围为 0.30～2.10g/kg，平均值为 1.30g/kg(图 6-4)。整体上，阿布胶河流域下游沉积柱的总氮浓度在不同深度普遍高于上游沉积柱的总氮浓度。无论对于上游还是下游，总氮浓度未有明显的变化规律。公庄河流域上游沉积柱样品的总氮浓度分布范围为 1.20～2.10g/kg，平均值为 1.53g/kg。下游沉积柱样品的总氮分布范围为 0.40～1.10g/kg，平均值为

0.65g/kg。从 17cm 开始往上，总氮的浓度开始出现一个大幅度的上升，之后有所下降，但都比 17cm 之下的深层的平均浓度要高。公庄河流域上游沉积柱中的总氮浓度要显著高于下游，且上下游呈现较为相似的变化规律。

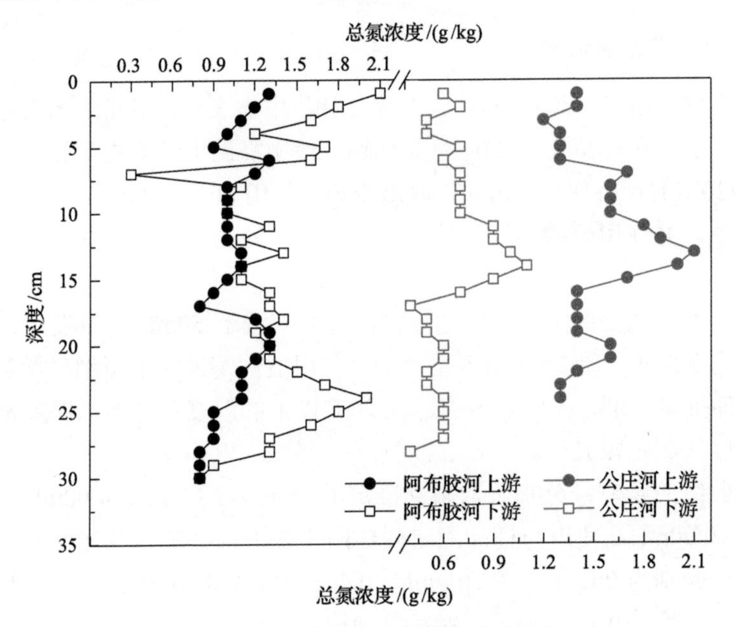

图 6-4 流域沉积物中总氮浓度的垂直分布

阿布胶河上游沉积柱的总磷分布范围为 0.38～1.23g/kg，平均值为 0.62g/kg。下游沉积柱的总磷分布范围为 0.49～1.29g/kg，平均值为 0.83g/kg(图 6-5)。与总氮一样，下游沉积柱中的总磷浓度同样普遍高于上游，但是可以看出上下游沉积柱中的总磷浓度，随着沉积物深度的增加，呈现较为明显的递减趋势。公庄河流域上游沉积柱的总磷分布范围为 0.53～0.98g/kg，平均值为 0.71g/kg。下游沉积柱的总磷分布范围为 0.22～0.83g/kg，平均值为 0.53g/kg。与总氮变化规律相似的是，总磷浓度在 17cm 左右也出现了一个大幅度的上升，这个变化对于下游沉积柱尤其明显。

对于阿布胶河流域，就氮和磷这两种元素来看，总氮浓度高于总磷浓度。总磷随深度呈现出较为明显的变化规律。而总氮从趋势图上看则规律不明显，但从平均数值上分析，表层浓度仍高于深层浓度。对于公庄河流域的沉积物样品，总氮和总磷随沉积物深度的变化都体现出较强的规律，主要体现在 17cm 附近的一个大幅度上升。总的来说，两个研究区的沉积物氮磷污染水平相差不大(表 6-3)。阿布胶河的下游氮磷污染较上游严重，而公庄河流域则相反，上游氮磷污染较下游严重。在四个沉积柱中，公庄河流域上游的总氮污染十分突出。

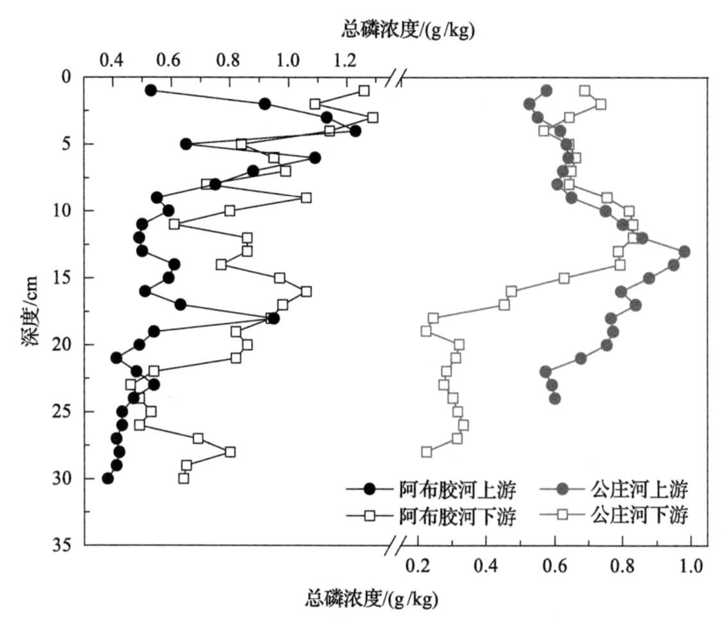

图 6-5　流域沉积物中总磷浓度的垂直分布

表 6-3　沉积物中总氮总磷浓度的统计数据　　（单位：g/kg）

统计数据	采样点			
	阿布胶河上游	阿布胶河下游	公庄河上游	公庄河下游
总氮最小值	0.80	0.30	1.20	0.40
总氮最大值	1.30	2.10	2.10	1.10
总氮平均值	1.04	1.30	1.53	0.65
总磷最小值	0.38	0.46	0.53	0.22
总磷最大值	1.23	1.29	0.98	0.83
总磷平均值	0.62	0.83	0.71	0.53

两个研究区的总磷都随深度呈现比较明显的变化规律，阿布胶河沉积物中的总磷随深度增加呈下降趋势，而公庄河沉积物中的总磷除在 10～15cm 出现一个明显上升及峰值之外，基本上也呈现随深度增加而下降的趋势。沉积物总氮的垂向分布规律在阿布胶河中体现不明显，而公庄河流域除在 15cm 有一个峰值外，也并未呈现比较明显的变化规律。因此从两个研究区可看出，沉积物中的总磷随深度体现的变化规律比总氮显著。

通过计算各个沉积柱中不同深度的重金属浓度的变异系数，可以看出各个采样点上污染物在深度发生变化时含量的变化幅度。TP 的变异系数普遍高于 TN 的变异系数(表 6-4)，这是由于 TP 浓度随着深度的变化呈现出更明显的规律，在阿布胶河呈现深度增加而减少的规律，在公庄河出现较高的峰值，因而数据离散程度较高，而总氮的变化规律不那么显著，数据的离散程度反而较低。

表 6-4　总氮总磷浓度的变异系数

变异系数	阿布胶河上游	阿布胶河下游	公庄河上游	公庄河下游
TN	0.15	0.27	0.15	0.26
TP	0.37	0.26	0.18	0.40

6.2.4　研究区沉积物中氮磷浓度与国内其他区域相关研究对比

将研究区的沉积物氮磷浓度与国内其他区域如一些典型的海湾、湖泊和河流的沉积物进行对比，可以更好地了解研究区的氮磷污染状况。阿布胶河与公庄河两个研究区的氮磷污染水平在所调研的数据中研究区的总氮浓度处于中等水平，所有的海湾的沉积物总氮都处于较低水平，而洱海、东湖、鄱阳湖、珠江口和汉江则处于较高水平。洱海、鄱阳湖的总磷污染水平最高，研究区沉积物中总磷浓度也处于较高水平(图 6-6)。

为更直观地体现不同沉积环境与其沉积物中总氮总磷浓度的关系，使用箱式图来进行对以上数据的进一步分析(图 6-6)。在所调研的数据中，海湾沉积物中的总氮总磷浓度整体较低，湖泊沉积物最高，河流沉积物次之，这充分体现出不同沉积环境对于氮磷沉积的影响，海湾地区由于相对广阔的水域和较好的扩散条件，有利于氮磷的扩散，因此沉积量较少；湖泊相对平稳的水力环境则有利于氮磷的沉积；河流沉积条件处于海湾与湖泊之间。从湖泊与河流的数据分析结果来看，总氮的数据分布在更广的范围，而总磷的分布范围相对较窄，表明磷元素比氮元素更为稳定的特性。

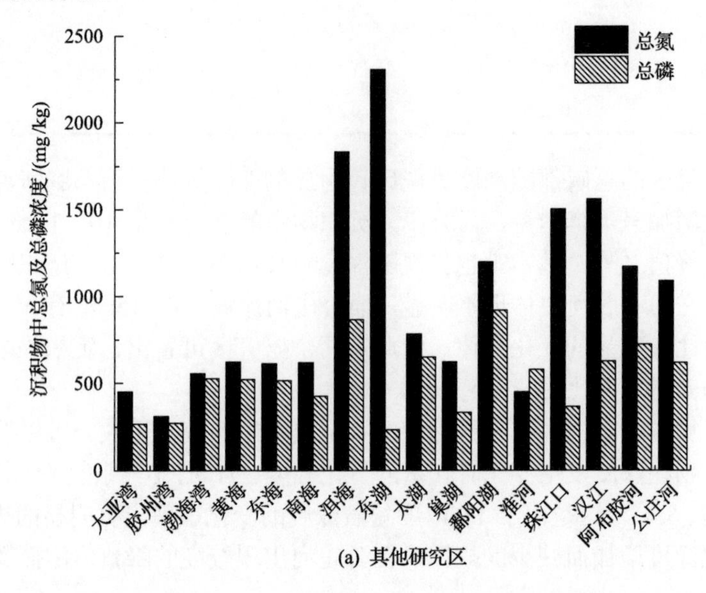

(a) 其他研究区

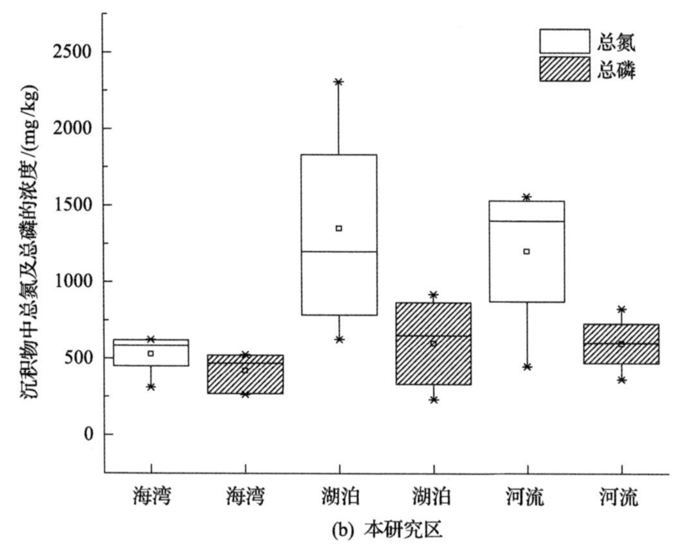

图 6-6　不同研究区沉积物中总氮总磷浓度

6.3　沉积物中代表性重金属累积特征研究

6.3.1　沉积物中代表性重金属含量垂直分布特征

1. 实验方法

本实验采用电感耦合等离子体质谱法(ICP-MS)测定了沉积物样品中的 Cu、Pb、Cd、As 四种代表性重金属。称取样品 0.4g 样品于 100mL 坩埚中，用超纯水润湿样品，加入 15mL 盐酸溶液，在低温条件下加热使之分解，至溶液蒸发到只剩余 3mL 左右时，停止加热，静置冷却。之后依次分别使用 HNO_3、HF 和 $HClO_4$ 进行消解。每次酸的用量为 5mL，加热至样品呈黏稠状时，停止加热，待冷却后加入下一种酸。最后视消解情况确定是否还需进一步消解，若消解不彻底，可重复以上加热消解过程。消解完全后，转移溶液并进行定容后过膜用于上机测定。Cu、Pb、As、Cd 均采用 ICP-MS 进行分析。

2. 沉积物中代表性重金属的垂直分布特征

通过以上方法的测定得到沉积物样品中四种代表性重金属的浓度，其结果以折线图展示，考虑到重金属种类较多且存在性质差异，因此先按不同的重金属进行分类进行结果的分析比较。通过查阅文献获得两个研究区的土壤重金属元素背景值以及查阅《土壤环境质量　农用地土壤污染风险管控标准(试行)》(GB 15618—2018)获得土壤风险筛选值(表 6-5)，对各研究区沉积物中重金属污染进行评价。

表 6-5　重金属土壤背景值及标准值　（单位：μg/g）

项目	As	Cd	Cu	Pb
背景值(黑龙江地区)	7.30	0.042	14.36	10.52
背景值(广东地区)	8.90	0.056	17.00	36.00
土壤风险筛选值	25.00～40.00	0.300～0.600	50.00～100.00	70.00～170.00

(1)沉积物中 As 浓度的垂向分布特征

阿布胶河流域上游沉积物中的 As 的浓度范围为 2.88～15.53μg/g，平均值为 5.38μg/g；阿布胶河下游沉积物中的 As 的浓度范围为 2.43～8.67μg/g，平均值为 5.97μg/g(图 6-7)。土壤 As 背景值为 7.30μg/g，只有部分值超出背景值，所有数值皆低于土壤风险筛选值，基本无污染风险。公庄河流域上游沉积物中的 As 的浓度范围为 9.44～23.14μg/g，平均值为 14.04μg/g；公庄河下游沉积物中的 As 的浓度范围为 7.51～36.00μg/g，平均值为 20.38μg/g。沉积物中的 As 浓度数值除下游底层沉积物的三个数值之外，都高于背景值 8.90μg/g，下游表层沉积物浓度值较高，但所有样品都处于低风险水平。阿布胶河上游采样点的 As 浓度随深度的变化总体呈现随深度增加而降低的趋势，可以看出从 20cm 往上，As 浓度有明显的上升，而下游采样点的 As 浓度随深度波动较小，且表层浓度较低。公庄河上游采样点的 As 浓度值随深度的增加先下降后升高，而下游采样点总体 As 浓度值随深度增加而降低，在深度 20cm 往上有一个大幅度的上升，并在 11cm 达到峰值。

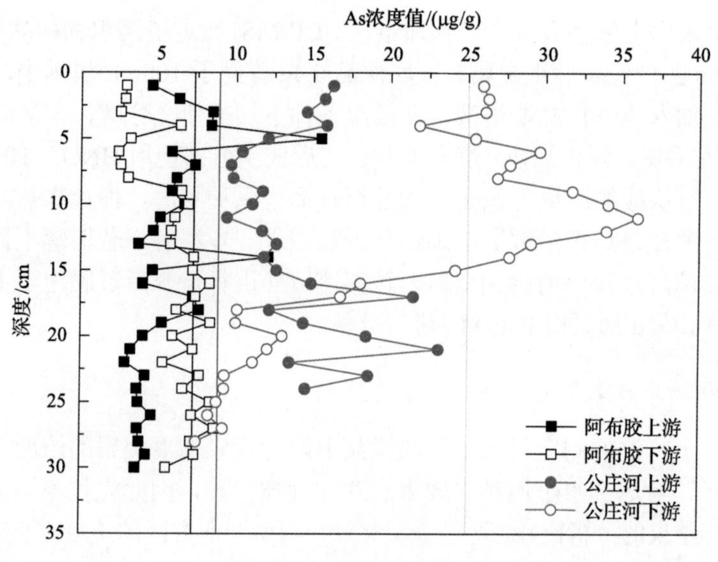

图 6-7　As 浓度的垂向分布

(2) 沉积物中 Cd 浓度的垂向分布特征

阿布胶河流域上游沉积物中的 Cd 的浓度范围为 0.04～0.19μg/g，平均值为 0.14μg/g；阿布胶河下游沉积物中的 Cd 的浓度范围为 0.05～0.15μg/g，平均值为 0.10μg/g(图 6-8)。土壤 Cd 背景值为 0.042μg/g，所有样品 Cd 浓度值超出背景值，但皆低于土壤风险筛选值。公庄河流域上游沉积物中的 Cd 的浓度范围为 0.50～1.70μg/g，平均值为 1.29μg/g；公庄河下游沉积物中的 Cd 的浓度范围为 0.16～1.08μg/g，平均值为 0.60μg/g。沉积物中的 Cd 浓度数值，全都高于背景值 0.056μg/g，且除下游底层沉积物的 5 个数值之外其余样品浓度数值超出土壤风险筛选值，有较大风险隐患。阿布胶河流域的 Cd 浓度值随深度的变化规律不明显，只有下游沉积物中的 Cd 浓度在表层有较大幅度的升降。公庄河上下游沉积物中的 Cd 浓度值垂向变化规律相似，在 20cm 左右往上有较大幅度的上升。

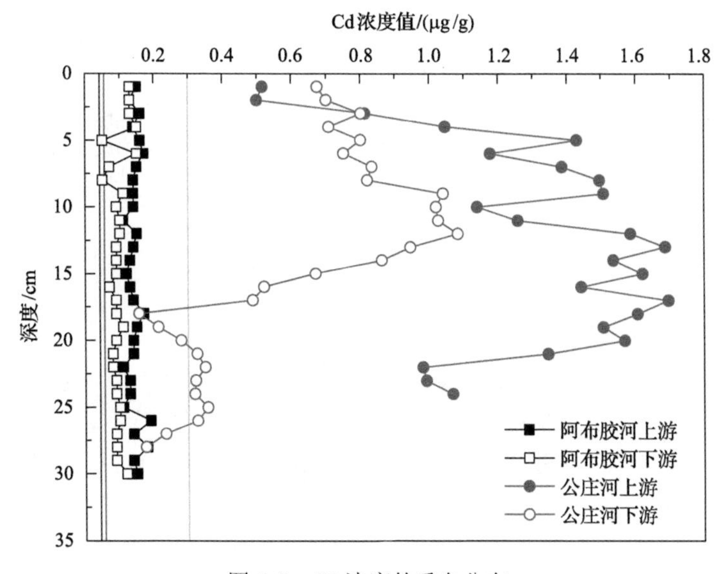

图 6-8　Cd 浓度的垂向分布

(3) 沉积物中 Cu 浓度的垂向分布特征

阿布胶河流域上游沉积物中的 Cu 的浓度范围为 22.89～32.74μg/g，平均值为 27.42μg/g；阿布胶河下游沉积物中的 Cu 的浓度范围为 15.05～32.74μg/g，平均值为 20.79μg/g(图 6-9)。土壤 Cu 背景值为 14.36μg/g，所有样品 Cu 浓度值超出背景值，但皆低于土壤风险筛选值。公庄河流域上游沉积物中的 Cu 的浓度范围为 16.07～31.68μg/g，平均值为 24.87μg/g；公庄河下游沉积物中的 Cu 的浓度范围为 16.00～58.55μg/g，平均值为 36.64μg/g。下游表层沉积物中 Cu 浓度数值较高，但所有样品都处于低风险水平。阿布胶河上游 Cu 浓度随深度变化规律不明显，但下游 Cu 浓度值变化整体呈随深度增加而降低的趋势，在 10cm 左右往上有大幅度的上升。公庄河上游沉积物中的 Cu 浓度呈现中间层较高，而表层和深层较低的趋势，公庄河下游沉积物中的 Cu 浓度同样在 20cm 往上大幅上升，在 12cm 达到峰值。

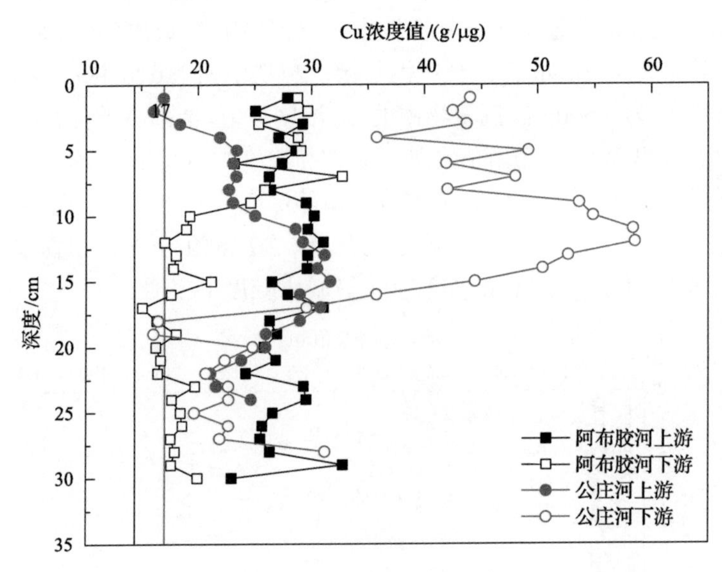

图 6-9　Cu 浓度的垂向分布

(4) 沉积物中 Pb 浓度的垂向分布特征

阿布胶河流域上游沉积物中的 Pb 的浓度范围为 21.21～65.33μg/g，平均值为 29.98μg/g；阿布胶河下游沉积物中的 Pb 的浓度范围为 16.45～25.80μg/g，平均值为 19.46μg/g(图 6-10)。土壤 Pb 背景值为 10.52μg/g，所有样品 Pb 浓度值超出背景值，但皆低于土壤风险筛选值。公庄河流域上游沉积物中的 Pb 的浓度范围为 24.76～78.01μg/g，平均值为 48.72μg/g；公庄河下游沉积物中的 Pb 的浓度范围为 31.02～270.71μg/g，平均值为 165.48μg/g。沉积物中的 Pb 浓度值除 6 个样品外，其余都高于背景值 36.00μg/g，且有 7 个样品处于低风险，其余 10 个样品存在污染风险。阿布胶河上下游的沉积物中 Pb 浓度值随深度的变化波动较小，变化规律不明显。公庄河上游沉积物中 Pb 浓度值随深度变化上下波动，而下游沉积物中的 Pb 浓度值也是在 20cm 往上有大幅上升，并在 9cm 达到峰值。

公庄河流域的沉积物重金属污染情况明显重于阿布胶河流域，尤其 Cd 和 Pb 两种重金属元素的浓度远高于阿布胶河流域的沉积物。从重金属的垂向变化规律来看，阿布胶河流域的规律并不明显，而公庄河流域则多次出现在 20cm 左右往上重金属浓度发生大幅上升，并在 10cm 左右达到峰值。

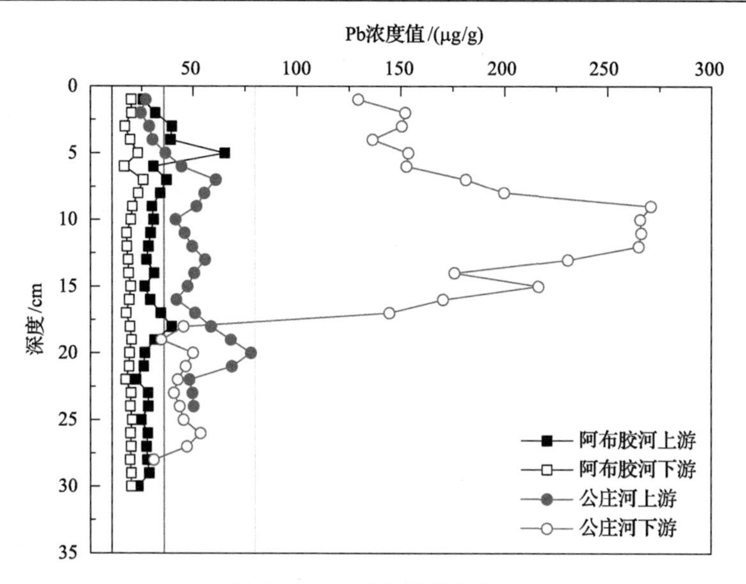

图 6-10 Pb 浓度的垂向分布

(5) 重金属含量垂向分布的变异系数

各种重金属在不同采样点的变异系数并没有十分明显的规律，但可以看出 Cu 的变异系数都是相对较小的(表 6-6)。而在公庄河下游采样点，四种重金属的变异系数都较高，这是由于在公庄河下游采样点，这四种重金属都出现了明显的上升和峰值，其中 Cd 和 Pb 的变异系数都较高，其污染也较为严重。而公庄河上游虽然 Cd 的污染也十分严重，但变异系数并不高，在不同深度的 Cd 浓度都基本处在较高水平。

表 6-6 重金属浓度变异系数

变异系数	阿布胶河上游	阿布胶河下游	公庄河上游	公庄河下游
As	0.47	0.33	0.25	0.46
Cd	0.13	0.24	0.26	0.49
Cu	0.08	0.23	0.18	0.37
Pb	0.25	0.10	0.27	0.61

(6) 沉积物中重金属含量超出背景值及土壤风险筛选值的百分比

两个研究区 Cu 和 As 两种重金属平均浓度均值超出背景值的百分数都相对较低，而 Cd 和 Pb 两种重金属平均浓度超出背景值和土壤风险筛选值的百分数较高(图 6-11，图 6-12)。对于阿布胶河上游、阿布胶河下游、公庄河上游、公庄河下游四个采样点，As 超出背景值百分数依次为未超出、未超出、57.79%、128.94%，As 都未超出土壤风险筛选值；Cu 超出背景值百分数依次为 90.94%、44.81%、

46.29%、115.55%，Cu 都未超出土壤风险筛选值；Cd 超出背景值百分数依次为 221.43%、135.95%、2202.03%、973.18%，Cd 超出土壤风险筛选值的百分数依次为未超出、未超出、186.67%、33.33%；Pb 超出背景值的百分数依次为 184.98%、84.97%、35.34%、271.37%，Pb 超出土壤风险筛选值的百分数依次为未超出、未超出、未超出、37.90%。沉积物中 As 和 Cu 两种重金属元素处于低风险，而 Pb 和 Cd 存在一定的风险，尤其是 Cd 重金属污染风险较大。就两个研究区而言，公庄河沉积物中重金属污染风险基本高于阿布胶河，阿布胶河上游沉积物中重金属污染风险高于下游，公庄河上游沉积物中 Cd 污染风险较高，下游沉积物中 Pb 污染风险较高。

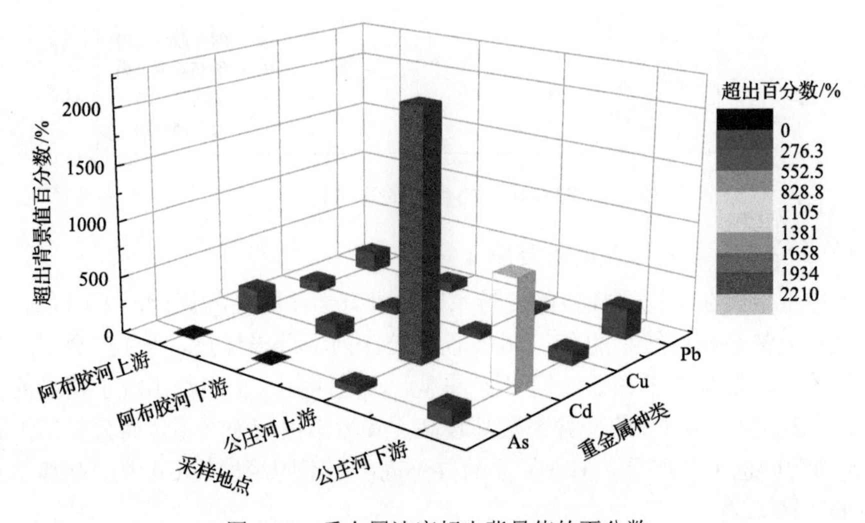

图 6-11　重金属浓度超出背景值的百分数

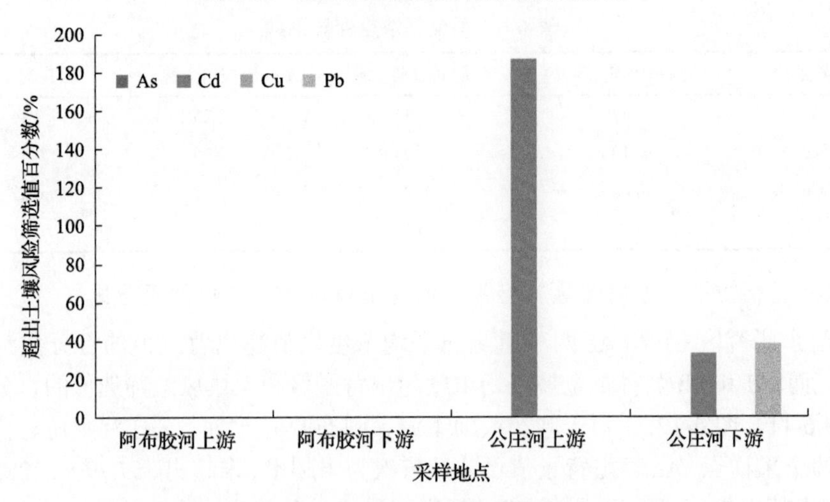

图 6-12　重金属浓度超出土壤风险筛选值的百分数

3. 重金属及氮磷的相关分析

在阿布胶河各种无机污染物之间的相关性并不明显，虽然下游 As 和 Pb 的相关系数分析结果较高，但 As 在阿布胶河下游的沉积物中的检出浓度较低，大部分低于背景值，其累积效应并不明显(图 6-13)，因此可以认为在阿布胶河流域的沉积物中的无机污染物之间没有显著的相关性。阿布胶河流域以农业生产为主，没有工业发展，重金属污染来源主要是由农村生活垃圾污染和农业生产造成。

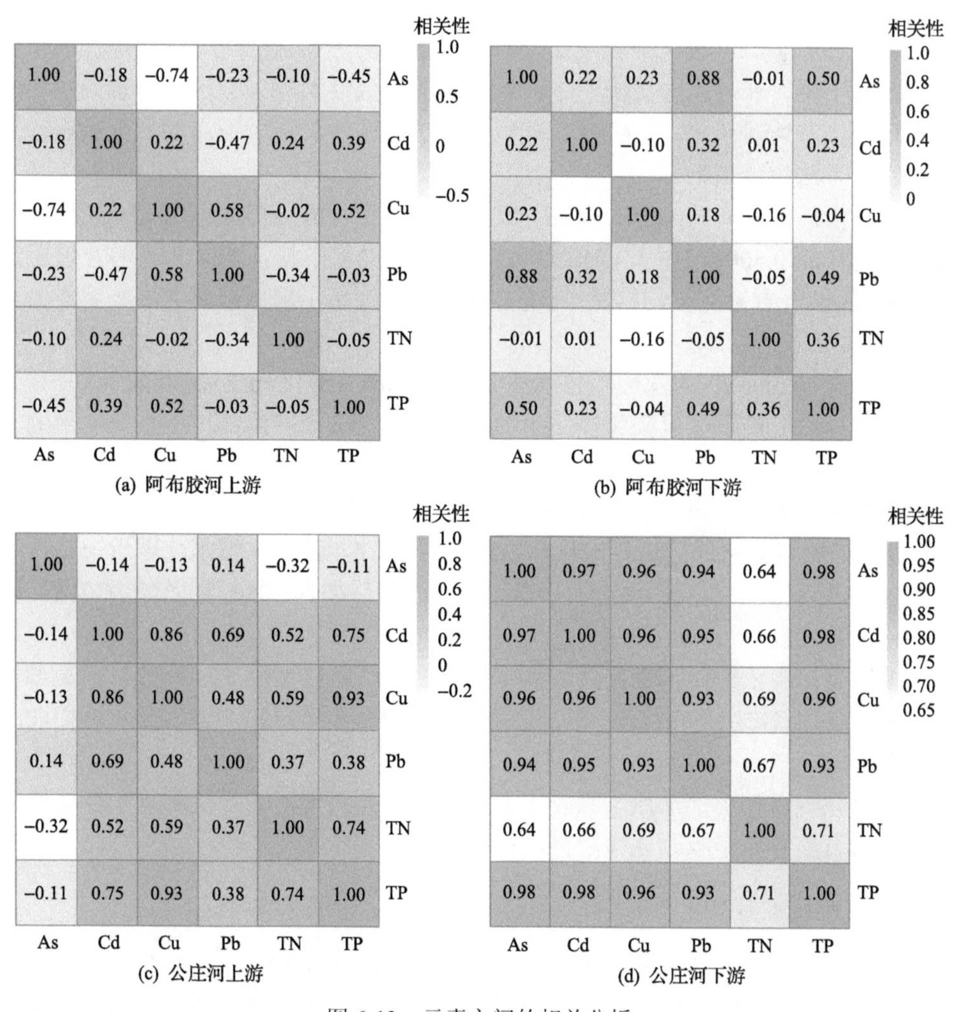

图 6-13　元素之间的相关分析

在公庄河流域的沉积物中，无机污染物之间的相关十分明显(图 6-13)，在上游沉积物中 Cu、Cd、Pb 三种重金属的相关性较高(0.48～0.86)，下游四种重金属的相关性都很高(0.93～0.97)，这表明它们极有可能具有共同的来源。由于该流域内有较为发达的化工、电子、塑料制品等工业发展，该流域沉积物中重金属累积效应明显，尤其下游的重金属污染十分显著，且重金属之间的相关性极高，都在0.9以上，下游区域的重金属污染很有可能来自相同的排放源。

6.3.2 沉积物中代表性重金属的不同形态分布特征

1. 实验方法

重金属形态的测定采用BCR连续提取法，这种方法将重金属形态分为酸可提取态、可还原态、可氧化态以及残余态，重金属的生物活性随着连续浸提的步骤的进行而下降，在各重金属形态中，对生物的有效性顺序为酸可提取态＞可还原态＞可氧化态＞残余态。使用BCR连续提取法分四步对四种形态的重金属进行提取，实验方法步骤如下。

第一步：使用0.11mol/L的CH_3COOH溶液进行酸可提取态的提取。精确称取沉积物样品0.500g，加入CH_3COOH溶液22±5℃下振荡16h后离心，取上清液待测。并清洗剩余沉积物样品(清洗方法为加入去离子水后振荡并离心后弃去上清液)。

第二步：0.5mol/L的盐酸羟胺溶液(2mol/L HNO_3酸化，pH 1.5)提取可还原态。向上一步提取后的剩余沉积物样品中加入20mL盐酸羟胺溶液，再按第一步的方法振荡、离心、移液、洗涤。

第三步：使用1mol/L的乙酸铵溶液提取可氧化态。此步骤中先使用5mL 8.8mol/mL的双氧水原液进行消化，先室温消化1h，然后水浴消化至近干，再次加入加5mL双氧水原液，水浴加热至近干。冷却后加入20mL的乙酸铵溶液，剩余操作同第一步。

第四步：用浓HNO_3洗出离心管中剩余的样品，转移至50mL的聚四氟乙烯坩埚中，使用$HCl-HNO_3-HF$进行消解，方法同重金属总量测定。此步骤提取的为残余态。

提取完毕后使用火焰原子吸收光谱法进行样品测定，对于待测物浓度极低的样品采用石墨炉原子吸收光谱法再次进行测定。

2. 实验结果与讨论

在阿布胶河流域上游沉积物中，Cu主要以残余态和可还原态存在，分别平均占比56.44%和27.19%，少量以可氧化态和酸可提取态存在(图6-14)；Pb主要以可还原态和残余态存在，分别平均占比59.20%和29.20%，少量以可氧化态存在，极微量以酸可提取态存在；As主要以残余态和可还原态存在，分别平均占比60.87%和23.37%，少量以可氧化态和酸可提取态存在；Cd主要以酸可提

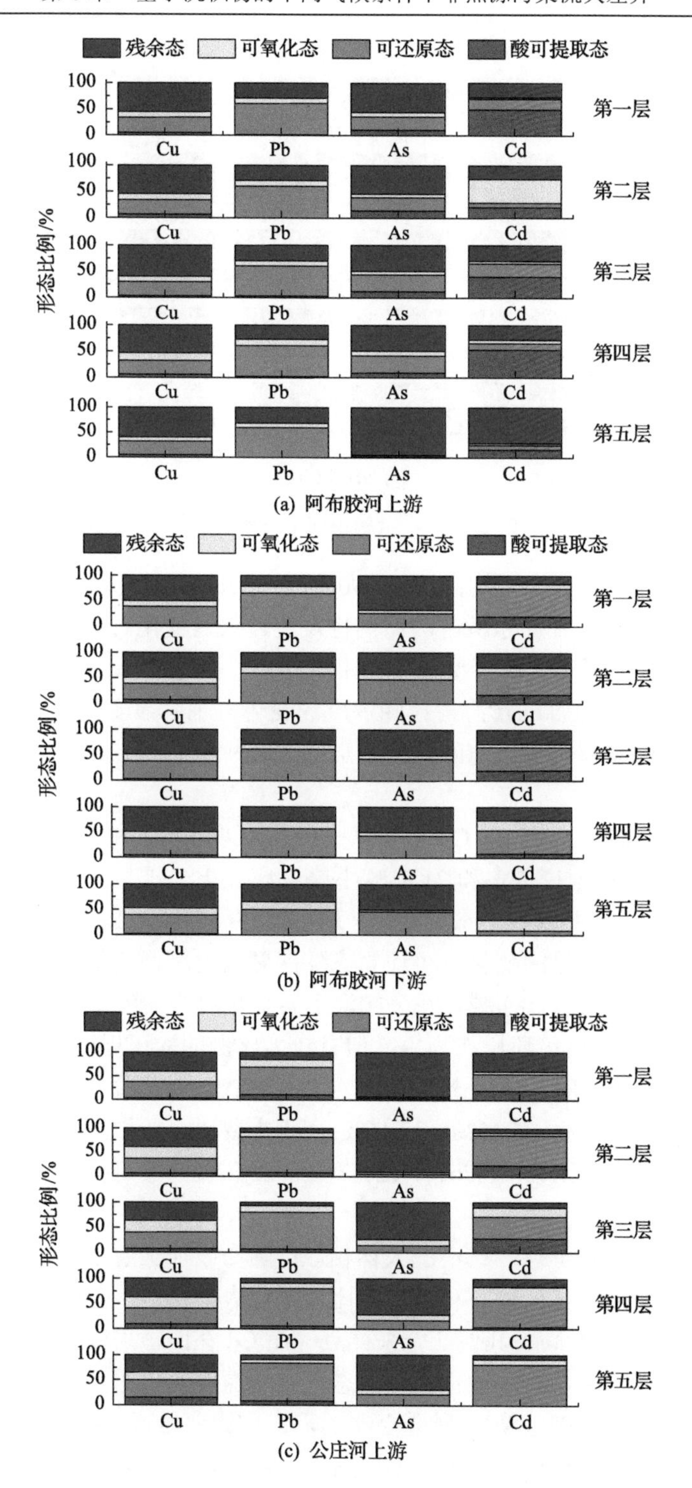

(a) 阿布胶河上游

(b) 阿布胶河下游

(c) 公庄河上游

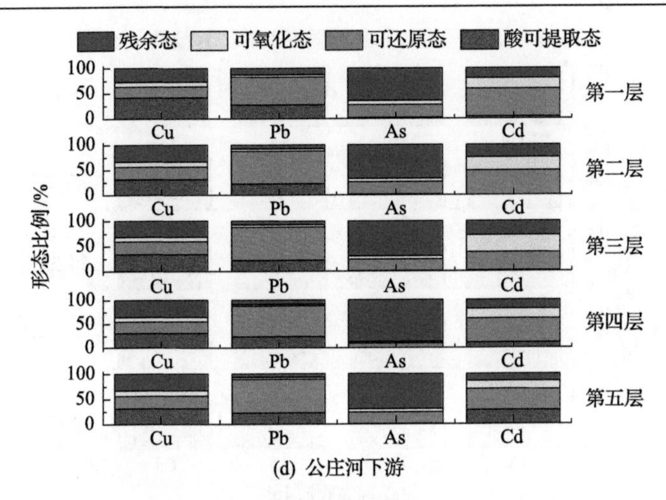

图 6-14　重金属不同形态所占比例

取态和残余态存在，分别平均占比 35.90%和 36.36%，比起其他三种重金属，随着深度变化 Cd 的各种形态所占的比例也发生较大的变化。在阿布胶河下游沉积物中，Cu 和 Pb 的形态占比情况基本与上游相似；As 基本无酸可提取态，以残余态和可还原态为主；Cd 的形态占比随深度的变化发生明显变化，且呈现明显的规律，即酸可提取态和可还原态随深度增加而递减，可氧化态和残余态随深度的增加而增加。

在公庄河上游沉积物中，Cu 主要以残余态、可还原态和可氧化态存在，平均占比分别为 37.05%、32.78%和 21.85%(图 6-14)；Pb 主要以可还原态存在，平均占比 71.30%；As 主要以残余态存在，平均占比 79.66%；Cd 的形态占比情况随深度变化也发生较为明显的变化，可还原态随深度的递增而增加，残余态和酸可提取态随深度的增加而总体递减。在公庄河下游沉积物中，Pb 和 As 的形态占比情况和上游相似，Pb 以可还原态为主，但有较大比例的酸可提取态，As 以残余态为主，但有较大比例的可还原态；Cu 以酸可提取态、可还原态、残余态为主，平均占比分别为 33.60%、24.45%、32.16%；Cd 主要以可还原态、可氧化态、残余态存在，平均占比分别为 46.76%、23.67%和 21.02%，酸可提取态只在第五层沉积物中占比较高。

As 和 Pb 的各种形态占比情况大体相似；阿布胶河上游、阿布胶河下游、公庄河上游三个采样点 Cu 的各种形态占比情况也大体相似，公庄河下游沉积物中 Cu 的酸可提取态含量高于其他三个采样点；而 Cd 在四个采样点的形态占比情况各不相同，存在明显差异。从重金属形态占比随深度变化的情况来看，在表面五层的沉积物中，Cu、Pb、As 三种重金属的形态占比变化皆不明显，而 Cd 则呈现较为明显的变化。各种重金属大体上以残渣态和可还原态为主，可氧化态含量较少，Cd 的酸可提取态比例普遍较高，释放风险高。而在公庄河下游采样点，Cu 的酸可提取态比例较高。

6.3.3　河流沉积物代表性重金属污染风险评价

采用潜在生态风险指数法和次生相原生相比值法两种方法来进行沉积物的重金属污染风险评价。其中潜在生态风险指数法由瑞典学者 Lars Hakanson 于 1980 年提出，同时考虑了沉积物中重金属的含量、毒性水平，可以对单一重金属进行风险评价，也可对多种重金属进行综合风险评价。而次生相原生相比值法中将重金属的残渣态定义为原生相，其他能够在一定条件下发生转化而具有生物可利用性的形态定义为次生相，这二者中次生相所占的比例与潜在的生态危害呈正比。

潜在生态风险指数法中，单种重金属的潜在生态风险系数计算公式如下：

$$E_f^i = T_i \times \frac{C_i}{C_0^i} \tag{6-3}$$

式中，E_f^i 为第 i 种重金属的潜在生态风险系数；T_i 为第 i 种重金属的毒性响应参数；C_i 为第 i 种重金属的实测浓度；C_0^i 为第 i 种重金属的背景参照值。

多种重金属的潜在生态风险系数计算公式为

$$\mathrm{RI} = \sum_{i=1}^{n} E_f^i \tag{6-4}$$

式中，RI 为评价区域多种重金属的潜在生态风险系数；E_f^i 为第 i 种重金属的潜在生态风险系数；n 为重金属的种类。

对研究区的沉积物中的 As、Cd、Cu、Pb 四种重金属进行风险评价，查阅文献获得四种重金属的毒性响应参数如表 6-7 所示，参比值采用相应研究区土壤背景值。

表 6-7　重金属毒性响应参数及参比值

项目	As	Cd	Cu	Pb
毒性响应参数	10.0	30.0	5.0	5.0
参比值[阿布胶河/(μg/g)]	7.30	0.042	14.36	10.52
参比值[公庄河/(μg/g)]	8.90	0.056	17.00	36.00

Hakanson 根据 E_f^i 值，将沉积物中单种重金属的潜在生态风险由低到高分为 5 个等级，根据 RI 的值将多种重金属的综合生态风险分为四个等级，分级情况如表 6-8 所示。

表 6-8　潜在生态风险指数法的风险等级划分标准

E_f^i	风险等级	RI	风险等级
E_f^i <40	低	RI<150	低
40≤ E_f^i <80	中	150≤RI<300	中
80≤ E_f^i <160	较高	300≤RI<600	较高
160≤ E_f^i <320	高	RI≥600	极高
E_f^i ≥320	极高		

次生相与原生相比值法中，次生相与原生相比值计算方法为

$$P\% = \frac{M_{\text{sec}}}{M_{\text{prim}}} \times 100\% \tag{6-5}$$

式中，$P\%$为次生相与原生相比值；M_{sec}为沉积物中次生相重金属含量；M_{prim}为沉积物中原生相重金属含量。

风险等级分级为 $P\%$≤100%为无污染；100%<$P\%$≤200%为轻度污染；200%<$P\%$≤300%为中度污染；$P\%$>300%为重度污染。

按照以上风险评价的计算方法，对四个采样点的沉积物中的重金属进行风险评价(表 6-9)。单种重金属的潜在生态风险系数除了 Cd 以外，其他都在 40 以下，处于低风险等级。在阿布胶河流域上游 Cd 处于较高风险等级，在下游 Cd 处于中风险等级。在公庄河流域上下游 Cd 都处于极高风险等级，尤其上游极为显著。这主要是由于 Cd 在沉积物中的浓度超过背景值较多，且在潜在风险指数法的计算过程中，对重金属的毒性考虑较多，而 Cd 的毒性参数游高达 30。而公庄河下游的 Pb 浓度虽然也较高，但是由于 Pb 的毒性响应参数较低只有 5，Pb 在潜在风险指数评价法中体现出的生态环境风险并不高。从 RI 值来看，阿布胶河上下游都处于低风险等级，公庄河上游处于极高风险等级，公庄河下游处于较高风险等级，可以看出对其风险值起主要贡献作用的仍然是重金属 Cd。

表 6-9　潜在生态风险系数评价结果

采样点	E_f^i				RI
	As	Cd	Cu	Pb	
阿布胶河上游	7.8	101.9	9.6	14.8	134.1
阿布胶河下游	8.2	69.3	7.2	9.2	94.0
公庄河上游	15.8	690.6	7.3	6.8	720.5
公庄河下游	22.9	322.0	10.8	18.6	374.2

基于重金属形态的释放风险的评价结果显示(表 6-10)，As 处于无污染风险等级；Cd 在阿布胶河流域处于轻度污染风险等级，在公庄河流域处于重度污染风险等级；Cu 在阿布胶河上游处于无污染风险等级，在阿布胶河下游处于轻度污染风险等级，在公庄河上游处于轻度污染风险等级，在公庄河下游处于中度污染风险等级；Pb 在阿布胶河流域处于中度污染风险等级，在公庄河流域处于重度污染风险等级。As 基本不存在释放风险，Cu 在公庄河流域存在一定的释放风险，尤其是 Pb 的释放风险较高。这是由于在公庄河流域的沉积物中，Pb 极少以原生相(残余态)存在，而是以生物可利用的形态或则可转化为生物可利用的形态存在。

表 6-10　次生相与原生相比值(*P*%)评价结果　(单位：%)

采样点	As	Cd	Cu	Pb
阿布胶河上游	64.3	175.0	77.2	242.6
阿布胶河下游	93.3	197.9	105.6	255.2
公庄河上游	25.5	503.7	169.9	947.6
公庄河下游	34.6	375.7	211.0	1053.9

6.4　河流沉积物无机污染物累积影响因素的空间尺度分析

6.4.1　沉积物中无机污染物累积特征对比

实验结果表明阿布胶河流和公庄河的沉积物中总氮、总磷及重金属的累积表现出明显的差别(图 6-15)。阿布胶河的沉积物中总氮、总磷高于公庄河的沉积物，而公庄河流域的沉积物中的重金属浓度则远高于阿布胶河，其中 Cd 和 Pb 都呈现出数量级的差异。在沉积物中无机污染物的垂向分布变化上，两个流域并未呈现明显的相似性。

6.4.2　流域土地利用类型差异对沉积物无机污染物累积的影响分析

选取两个流域最新一期的土地利用数据(阿布胶河 2014 年，公庄河 2015 年)进行两个流域的对比分析，阿布胶河流域的水田及旱田比例均高于公庄河流域，阿布胶河流域的耕地比例为 56.32%，公庄河流域的耕地比例为 32.64%(图 6-16)。公庄河流域的林地占地面积较大，高达 53.2%，阿布胶河流域的林地占地面积为 25.09%。对于非点源污染来说，一些景观类型如山区坡耕地、化肥使用量较高的农田、城镇居民点等起到“源”的作用，而草地、林地、湿地等则起到“汇”的作用。在阿布胶河流域由于集中的农业耕作，水田、旱地是养分流失的主要“源”土地利用类型，林地和湿地能够对养分的流失起到一定的缓滞作用，属于“汇”土地利用类型。阿布胶河的耕地比例高于公庄河流域，这是阿布胶河流域沉积物氮磷污染更为严重的因素之一。

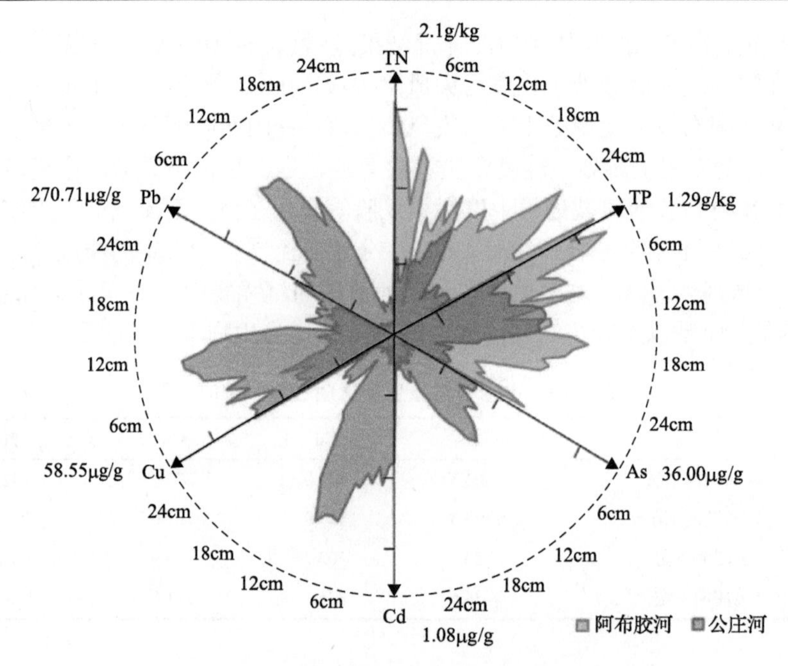

图 6-15 两个流域的沉积物中无机污染物浓度比较

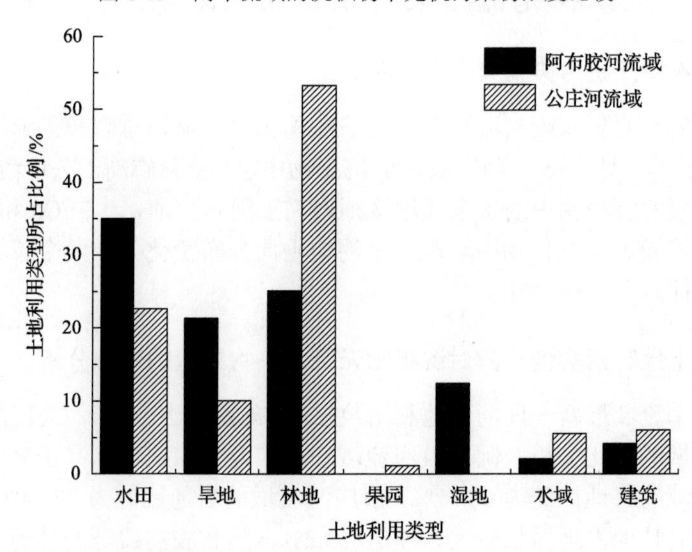

图 6-16 两个流域的土地利用类型比较

6.4.3 流域降水及径流差异对沉积物无机污染物累积的影响分析

两个流域属于不同的气候类型，降水情况差异较大(图 6-17)。阿布胶河流域 2000～2014 年平均降水量为 585.88mm，公庄河流域 2000～2014 年平均降水量为

1283.1mm，公庄河流域降水量远高于阿布胶河流域，且公庄河流域降水量的年际变化大于阿布胶河流域。从多年月平均降水量可以看出阿布胶河流域的全年降水主要集中于 6～9 月，7 月降水量最大，而公庄河流域全年降雨主要在 4～9 月，6 月份降水量最大。

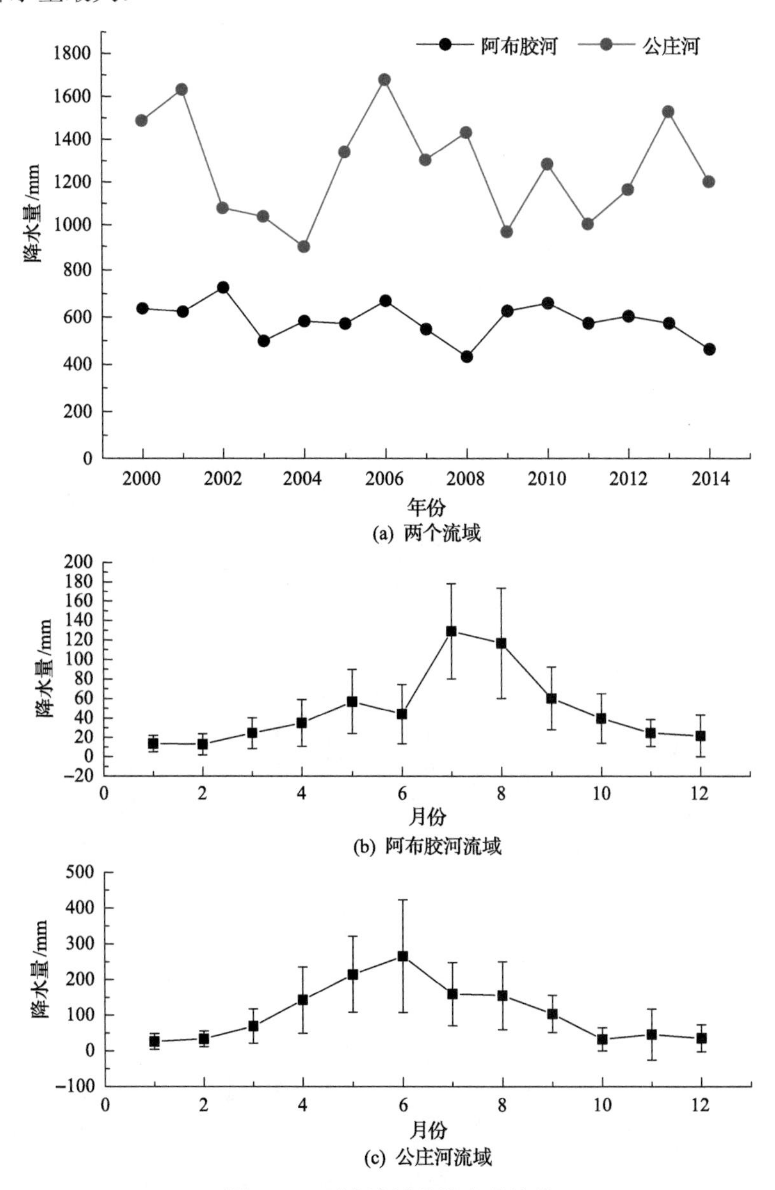

图 6-17　两个流域的降水量比较

相关研究表明，降雨产生的径流是土壤氮磷养分输出的主要方式，土壤中的重金属大部分也是吸附在细颗粒物表面通过径流向河道迁移，因此降雨会对无机污染物在河流中的沉积产生一定的影响。张林等(2018)在研究中发现，同一区域径流的氨氮、总磷浓度与降水量显著正相关。公庄河流域径流量远高于阿布胶河流域(图 6-18)，但其沉积物中的氮磷含量低于阿布胶河流域，这可能是由阿布胶河流域的规模化农业生产导致了更多化肥的使用，其降雨产生的径流中氮磷的浓度更高。且阿布胶河流域这种降雨集中在较短时期内的降雨特征有利于养分集中

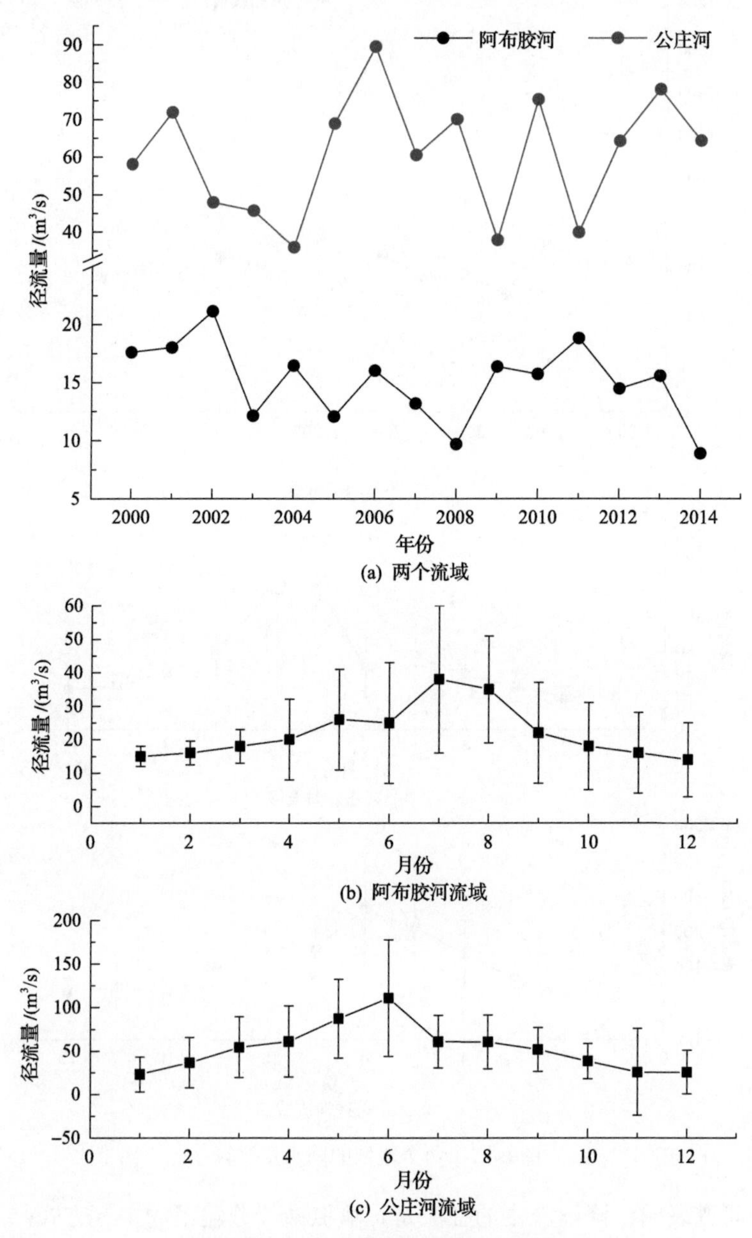

图 6-18　两个流域的径流量比较

大量的流失。当降雨强度超过土壤下渗速度会产生地表径流并逐渐汇集，与表层土壤作用，增加养分流失的概率。相关研究表明，降雨强度比降雨总量更容易引起土壤侵蚀与养分流失（Pruski and Neaning, 2002），暴雨所造成的地表径流导致的磷素流失可能占到全年土壤磷素非点源总量的一半以上（Nash et al., 2018）。在相同土壤条件下，土壤中重金属的累积流失量会随着降雨的强度增大而增加。公庄河流域的沉积物重金属污染比阿布胶河严重得多，这可能是由于公庄河流域的土壤受到更为严重的重金属污染，在降雨过程中，以溶解态和颗粒态的形式随径流进入河道，并沉积下来。

6.5　河流沉积物无机污染物累积影响因素的时间尺度分析

为了进一步明确两个流域间的土地利用类型、降雨径流的差异对于沉积物中无机污染物累积的影响，采用 ^{210}Pb 定年法对阿布胶河流域采集的沉积柱进行年代测定，在长时间序列上，对无机污染物下沉积物中的累积影响因素进行进一步的分析。

6.5.1　沉积柱的年代测定

采用 ^{210}Pb 放射性同位素定年法进行沉积柱的年代测定，^{210}Pb 被广泛地应用于同位素定年。总 ^{210}Pb（$^{210}Pb_{tot}$）为基础 ^{210}Pb（$^{210}Pb_{sup}$）和过剩 ^{210}Pb（$^{210}Pb_{ex}$）之和，其中基础 ^{210}Pb 的活度与 ^{226}Ra 平衡，因此测得总 ^{210}Pb 和 ^{226}Ra 的活度，二者之差即为过剩 ^{210}Pb 活度，利用计算模型进行计算则可得到沉积物的年龄。使用低本底高纯锗 γ 能谱仪进行放射性活度测定，总 ^{210}Pb 由 46.5keV 的 γ 射线测定，^{226}Ra 由 95.2keV 和 351.9keV 的 γ 射线测定。

基于过剩 ^{210}Pb 活度有多种不同假设的年代计算模型，比较常见的有恒定补给速率（constant rate supply，CRS）模型、常量初始浓度（constant initial concentration，CIC）模型、恒定通量：恒定沉积（constant flux: constant sedimentation rate，CFCS）模型等。在实际应用中采用何种模型通常取决于研究流域的具体沉积环境。

CRS 模型假设从大气向水体输入的 $^{210}Pb_{ex}$ 即过剩 ^{210}Pb 的通量是恒定的，但沉积物的堆积速率随时间而变化。沉积物年龄的计算公式为

$$T_m = T_0 - \frac{1}{\lambda}\ln\frac{A}{A_m} \tag{6-6}$$

式中，T_m 为深度 m 的沉积物年龄；T_0 为采样年份；λ 为 ^{210}Pb 的衰变速率（0.03114/a）；A 为整个沉积柱过剩 ^{210}Pb 总量（Bq/m^2）；A_m 为沉积柱深度 m 以下的过剩 ^{210}Pb 总量（Bq/m^2）。

沉积物沉积速率的计算公式为

$$R = \frac{\lambda A_m}{I_m} \tag{6-7}$$

式中，λ 为 ^{210}Pb 的衰变速率(0.03114/a)；A_m 为沉积柱深度 m 以下的过剩 ^{210}Pb 总量(Bq/m^2)；I_m 为深度 m 的沉积物中过剩 ^{210}Pb 的含量(Bq/m^2)。

测得的沉积物中的 ^{210}Pb 活度及沉积物沉积速率如表 6-11 所示。

表 6-11 ^{210}Pb 活度及沉积速率

深度/cm	$^{210}Pb_{tot}$/(Bq/kg)	$^{210}Pb_{sup}$/(Bq/kg)	$^{210}Pb_{ex}$/(Bq/kg)	沉积速率/[mg/(m^3/a)]
1	28.56	14.37	14.19	497.71
2	28.64	14.89	13.75	488.18
3	27.34	14.75	12.59	504.82
4	26.38	13.95	12.43	484.76
5	27.49	16.25	11.24	506.16
6	25.68	15.01	10.67	504.71
7	24.17	14.42	9.75	523.15
8	24.3	14.72	9.58	504.16
9	23.59	14.54	9.05	505.47
10	21.70	13.31	8.39	516.41
11	24.02	15.82	8.20	501.66
12	21.21	13.69	7.52	519.00
13	22.69	15.40	7.29	506.34
14	21.52	14.12	7.40	472.15
15	21.03	14.02	7.01	469.77
16	23.21	16.43	6.78	453.36
17	22.02	15.61	6.41	452.50
18	22.71	16.41	6.30	430.03
19	19.68	13.79	5.89	427.52
20	20.29	15.11	5.18	449.13
21	21.91	16.97	4.94	444.86
22	21.04	16.13	4.91	419.44
23	19.39	14.80	4.59	412.94
24	20.50	16.31	4.19	415.2
25	18.90	14.80	4.10	394.95
26	18.97	15.56	3.41	293.08

阿布胶河沉积柱定年的结果显示，第 30 层即深度为 30cm 的沉积物的年龄为 50 年，即其沉积年代为 1955 年(图 6-19)。随着深度的增加，沉积物年龄呈现较

为稳定的增加，深度越深沉积物年龄随深度增大的速率也越大。

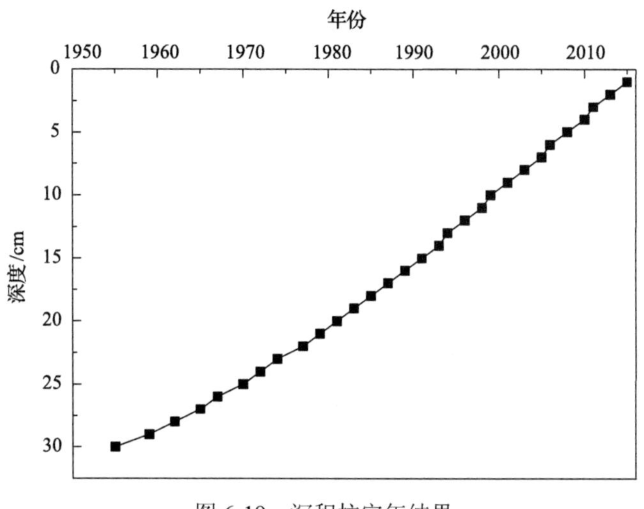

图 6-19　沉积柱定年结果

6.5.2　土地利用变化对沉积物无机污染物累积的影响分析

1. 土地利用变化对沉积物氮磷累积的影响分析

(1) 土地利用变化下非点源污染对沉积物氮磷累积的影响分析

为探究土地利用类型剧烈变化情境下，农业非点源污染对河流沉积物中氮磷沉积的影响，采用 SWAT 模型对流域内多年非点源氮磷负荷进行模拟，并采用线性回归分析其与氮磷沉积通量之间的关系。总氮、总磷负荷总体上皆呈现一定的上升趋势。总氮负荷在 2000 年以后上升速度较快，下游的总氮负荷高于上游总氮负荷。总磷负荷同样随年份上下波动，总体呈现一定的上升趋势，上下游的总磷负荷差距较小(图 6-20)。

运用线性回归对氮磷的非点源污染负荷及其沉积速率进行相关性分析，可以揭示二者之间的数量关系。阿布胶河上游和下游氮磷与沉积通量之间的相关性分析结果表明(图 6-21，图 6-22)，总氮沉积通量与其模拟负荷在上下游的相关系数分别为 0.138 和 0.022，相关性较小；而总磷沉积通量与其模拟负荷的相关性较高，在上下游的相关系数分别达到了 0.600 和 0.664，这表明在阿布胶河流域沉积物中沉积的磷确实在很大程度上受到非点源磷流失的影响。而氮元素的沉积通量与其模拟负荷之间没有体现出明显的相关性，这是由于氮元素在通过地表径流向河流水体迁移的过程中，更多以溶解态的形式发生迁移，只有少部分以颗粒态形式发生迁移，可溶解态的氮进入河流之后，大部分随径流继续迁移流失，留在沉积物中的较少。

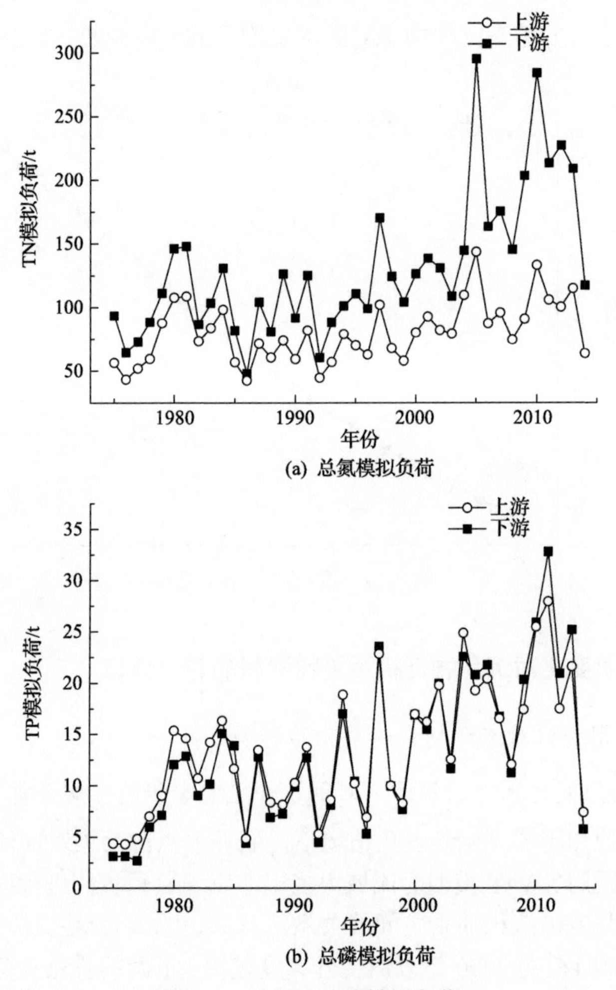

(a) 总氮模拟负荷

(b) 总磷模拟负荷

图 6-20　总氮、总磷模拟负荷

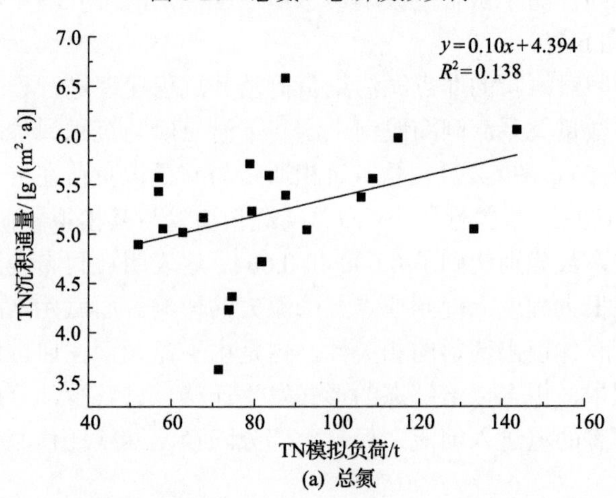

(a) 总氮

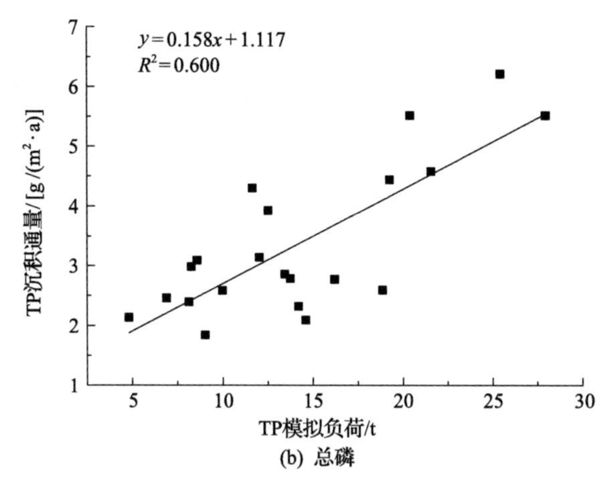

(b) 总磷

图 6-21　阿布胶河上游氮磷沉积通量与模拟负荷相关性分析

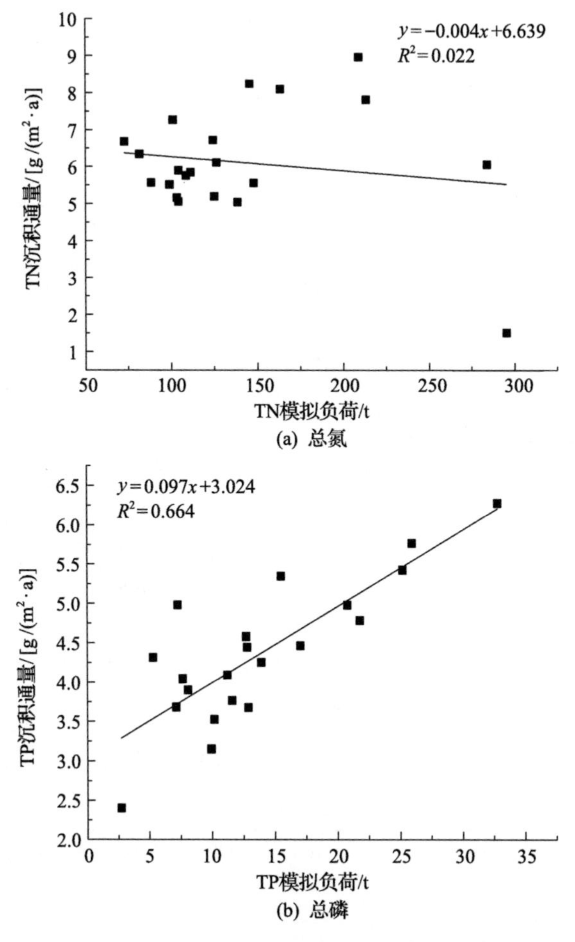

(a) 总氮

(b) 总磷

图 6-22　阿布胶河下游氮磷沉积通量与模拟负荷相关性分析

(2) 流域耕地面积比例变化对沉积物氮磷累积的影响

总氮的沉积通量随时间变化波动较大，没有明显的变化规律，但从 20 世纪 80 年代以后，总体上呈现沉积通量值较高的状态，80 年代以前，总氮沉积通量在上下游的平均值分别为 3.80g/(m^2·a) 和 5.65g/(m^2·a)，而 80 年代以后分别为 5.23g/(m^2·a) 和 6.10g/(m^2·a) (图 6-23)。总磷的沉积通量随时间的变化规律较为明显，随上下波动但整体上呈现明显的上升趋势，且上升趋势在 80 年代以后的变得更为明显，80 年代以前，总磷沉积通量的在上下游的平均值分别为 1.72g/(m^2·a)

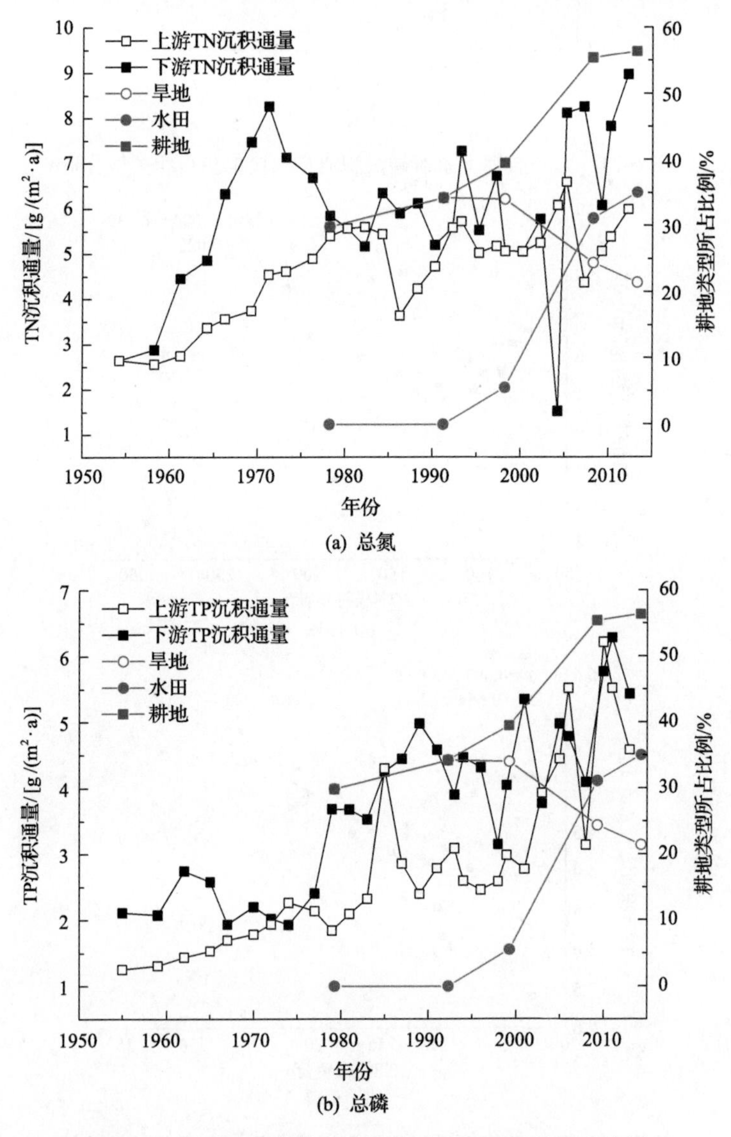

(a) 总氮

(b) 总磷

图 6-23 耕地比例变化对总氮总磷沉积通量的影响分析

和 3.68g/(m^2·a)，而 80 年代以后分别为 3.65g/(m^2·a)和 4.51g/(m^2·a)。总磷沉积通量发生较大上升的时间点与阿布胶河流域的大规模农业开发时间点吻合，且其上升的趋势总体上与耕地比例上升的趋势相吻合，这表明阿布胶河沉积物中的磷沉积过程易受到流域内土地利用变化的影响。

进一步分析总磷在上、下游的沉积物中的累积情况差异及上下游土地利用变化的差异。在 1980 年以前，上下游的总磷沉积通量普遍较低，且二者相差不大；1980～2000 年，上下游的总磷沉积通量快速上升，这期间下游的总磷沉积通量高于上游(图 6-23)；2000 年以后，上下游的总磷沉积通量继续上升，但上游上升更为剧烈，上下游总磷沉积通量之间的差距缩小。而土地利用方面，流域内的耕地面积自 1980 年后一直保持上升的趋势；旱地比例从 2000 年后有一定的下降，从 1999 年的 34.01%到 2014 年的 21.36%，下降了 12.65%；水田从 1992 年其开始大幅增加，1992～2014 年，增加了 34.95%，主要是由下游的大量湿地和林地转化为水田，以及中上游的旱地转化为水田。在 2000 年以前，下游的沉积通量普遍高于上游的沉积通量，下游的磷沉积通量一方面是来自下游的输入，另一方面也会受到上游的影响，从上游河流的营养物质可能在河道中通过搬运作用输移到下游而沉积在河口。而在 2000 年以后，下游的土地利用发生了剧烈的变化，大量的湿地和林地被开垦为水田，而在这期间上下游总磷的沉积通量的差距反而有所减小。

水田的氮磷流失方式主要是通过地表径流、侵蚀、淋溶和稻田排水进入水体。主要表现为两种形式，一是在降雨时，当雨强超出土壤入渗量，产生地表径流，氮磷随之迁移；二是土壤内部的可溶性营养盐随入渗的水分发生垂直迁移。由于氮多以溶解态存在，可以同时通过渗漏和地表径流流失，通过这两种方式流失的量约占输出负荷的 79%，其中土壤渗漏是 NO_3^--N 向沟渠迁移的重要途径。而磷由于多以颗粒态形式存在，因此其主要的流失方式是径流流失，渗漏流失的量极少(夏小江, 2012)。稻田与旱田不同，稻田具有围垄的保护，能够形成相对封闭的径流体系，只有在特殊情况下才会形成径流，如暴雨导致溢水或烤田时人为排水(曹志洪等, 2005)。由于水田的这些特性，水田的氮磷流失量比旱地要低。在阿布胶河流域，由于全年降水量不大，由暴雨导致田面水溢出的情况较少，因此由水田带来的磷素流失也较少。稻田系统在一定条件下甚至可以作为一种生态健康、环境友好、可持续利用的人工湿地生态系统(徐琪等, 1998)，对氮磷等污染物有一定吸纳降解作用(陈成龙等, 2017)。

2. 土地利用变化对沉积物重金属累积的影响分析

对于沉积物中的 As 而言，其超出背景值的比例很低，其累积效应不明显(图 6-24)，可认为受人为影响的程度不大，虽然在上游的沉积通量随年份呈现一些波动，可能是受到沉积速率的影响。重金属 Cd 的沉积通量随时间的变化幅度不是很大，但在阿布胶河流域的沉积物当中，Cd 的污染相对严重，可能是由于 Cd 元素的各种形态中，可交换态和碳酸盐结合态含量较高，易于释放到上覆水体，因此沉积物中所检出的含量并不能反映真实的沉积量，这可能是 Cd 沉积通量对流域内的农业开发事件没有明显响应的原因。重金属 Cu 的沉积通量随时间呈现明显的上升趋势，与流域内耕地比例上升的趋势吻合，可以发现，下游的 Cu 沉积通量在 2000 年以后迅速增加，这可能与下游的湿地开垦有关。相关研究表明，阿布胶河流域的湿地中重金属 Cu 的含量远高于水田中 Cu 的含量(湿地 39.14±5.96μg/g，水田 26.19±4.35μg/g)(焦伟, 2015)，因此在湿地开垦为水田的过程中，

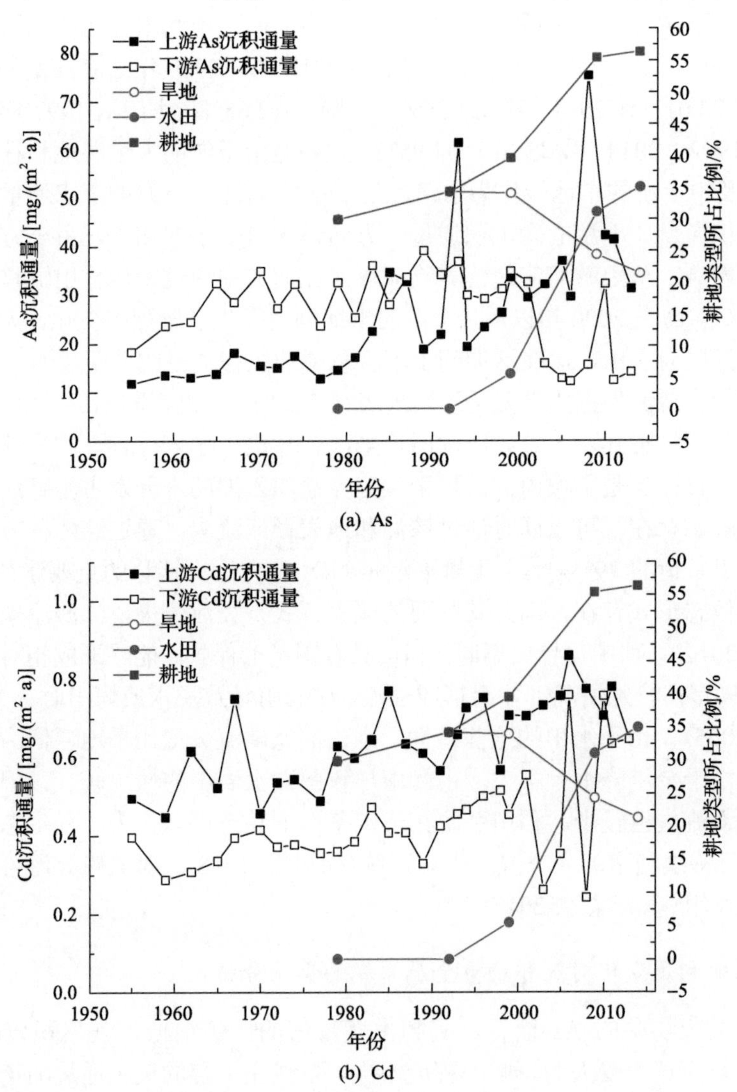

(a) As

(b) Cd

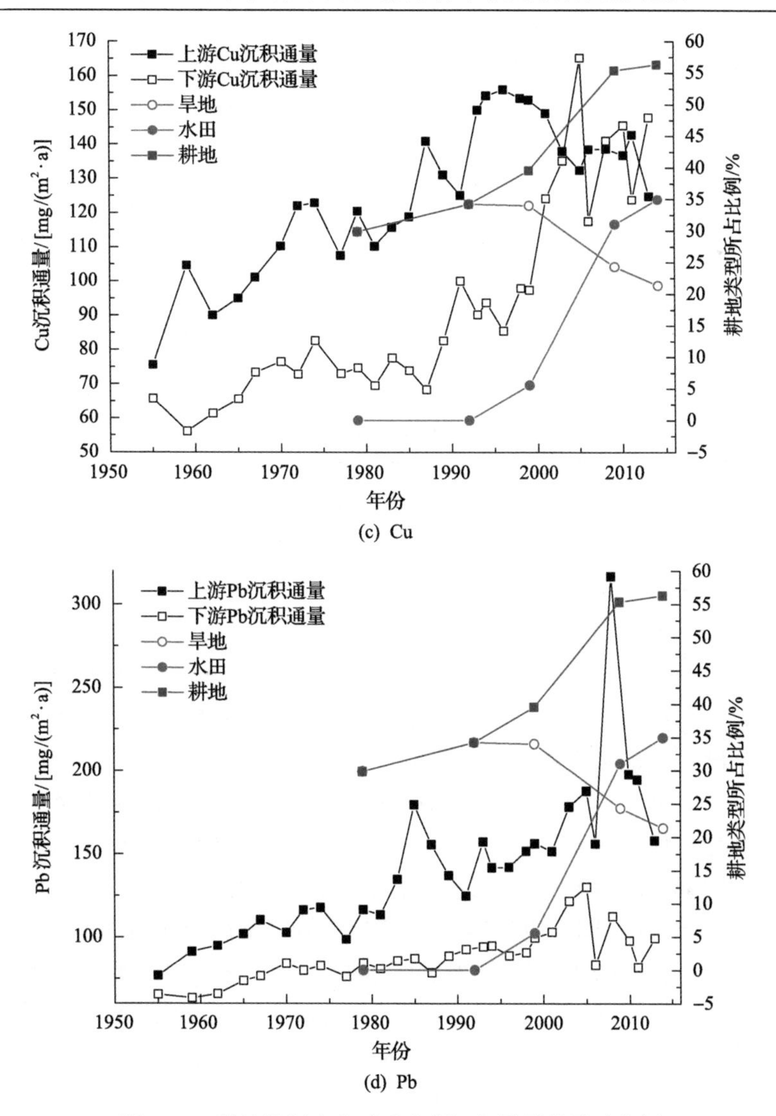

(c) Cu

(d) Pb

图 6-24　耕地比例变化对重金属沉积通量的影响分析

会导致大量的重金属 Cu 的流失，这些流失的 Cu 很有可能进入河流并在沉积下来。重金属 Pb 的沉积通量随时间也呈现明显的上升趋势，与流域内耕地比例的增加相吻合，对流域内的农业开发有明显的响应，受到土地利用类型变化的影响。

6.5.3　降水量及径流量变化对河流无机污染物累积影响分析

为进一步分析降水和径流对河流无机污染物沉积的影响，对阿布胶河流域 1970～2013 年的降水量数据、径流量数据与相应时段内无机物沉积通量的数据进行 Pearson 相关分析(表 6-12，表 6-13)。上游及下游降水量、径流量与无机污染物的沉积通量间的相关系数都很低，且 p 值都大于 0.05，因此可以认为降水量、径流量与无机污染物的沉积通量之间基本不存在相关性。

表 6-12　降水量与重金属沉积通量的相关性

项目		TN	TP	As	Cd	Cu	Pb
上游	相关系数	0.165	0.076	–0.286	0.09	–0.155	–0.191
	p 值	0.44	0.726	0.175	0.675	0.469	0.372
下游	相关系数	–0.052	0.189	0.012	0.194	–0.184	–0.265
	p 值	0.809	0.378	0.955	0.364	0.389	0.211

表 6-13　径流量与重金属沉积通量的相关性

项目		TN	TP	As	Cd	Cu	Pb
上游	相关系数	0.177	0.069	–0.232	0.114	–0.800	–0.143
	p 值	0.409	0.748	0.276	0.597	0.709	0.504
下游	相关系数	0.060	0.299	–0.007	0.190	–0.137	–0.252
	p 值	0.980	0.156	0.972	0.375	0.523	0.235

结合河流沉积物无机污染物累积影响因素的空间尺度分析中两个流域降水量及径流量差异对无机污染物沉积的影响分析结果，可以发现，降雨和径流对河流中氮磷及重金属等无机污染物的沉积虽然有一定影响，但与污染物沉积通量并不存在明显的相关性。王丽等(2015)在研究中发现，河水中的 Zn、Cu、Ni、Cr、Hg 具有明显的季节性差异，其枯水期的浓度高于丰水期，但 Pb 和 Mn 的季节变化不明显，重金属在河水中的浓度较大程度受到降雨的影响但同时也受到人为因素等其他因素的影响(吴姗姗, 2017)。重金属在河流沉积物中的情况与在河水中的情况不同，重金属在沉积物中稳定性强，具有持久性，变化也速度也不如在河水中的快。沉积物中的重金属通过陆源输入、大气输入，再经历吸附、络合、絮凝、化学沉淀等过程形成，其产生的过程相对缓慢，受到季节、降水量和径流量等因素的影响较小。

第 7 章　流域非点源污染关键源区识别及控制

以三江平原典型小流域阿布胶流域为研究对象，对其非点源污染关键源区识别和管理方法开展系统性的研究。主要目标如下：①对传统的分布式水文模型 SWAT 进行改良，构建适用于灌区非点源污染负荷估算的水田模块，并对模型性能进行评价；②基于改进模型，建立适合中高纬农区的非点源污染关键源区的评价方法，并分析温度和降水对关键源区时空分布的影响；③在关键源区识别的基础上，优化传统最佳管理措施在非点源污染关键源区的时空布局；④同时根据冻融农区的非点源污染特征，对生长季水田的水位进行优化调控，以期降低稻田的非点源污染输出；⑤最后针对冻融季的非点源污染问题，开展相关的实验模拟和场地建设，以期对中高纬地区的非点源污染防治提供参考和帮助。

7.1　SWAT 模型水田模块的构建及有效性验证

SWAT 模型在构建之初考虑了基本的灌溉过程，并设定了外源水、浅层及深层地下水、地表水、水库等五种灌溉水源，但并未设定独立的水田模块，不适用于模拟水田的淹水状及对应水文循环过程。因此，SWAT 模型的稻田模块仍需要一定程度的完善。

7.1.1　模型水田模块的改良

1. 模型的源代码

SWAT 为开源软件，其源代码可以从 http://swat.tamu.edu/获取。本研究采用的模型版本为 SWAT ver. 635。编译器为 Intel Visual Fortran 2015，编译语言为 Fortran 77。

2. 改良方法概述及基本流程

壶穴是 SWAT 模型设定的半封闭洼地系统(图 7-1)，在水文算法上，其过程与水田及坑塘系统有着诸多相似之处。在原 SWAT 模型(简称原模型)当中，壶穴被假定为可以储存雨水及其径流的锥形坑洞(Neitsch et al., 2011)。同时，也可以对壶穴设定耕作和灌溉管理。5 种水源可以被选定作为灌溉水源：河流、水库、浅层地下水、深层地下水及外源地下水，其水循环过程可以用式(7-1)表示。

$$V_i = V_{i-1} + V_{\text{flowin}} + V_{\text{pcp}} - V_{\text{flowout}} - V_{\text{eva}} - V_{\text{inf}} \tag{7-1}$$

式中，V_i 为壶穴在第 i 天储存的水量(m^3)；V_{i-1} 为第 i–1 天壶穴储存的水量(m^3)；V_{pcp} 为第 i 天汇入壶穴的降水量(m^3)；V_{flowout} 为第 i 天壶穴产生的溢流量(m^3)；V_{eva} 为壶穴在第 i 天的蒸发量(m^3)；V_{inf} 为壶穴在第 i 天的入渗量(m^3)。

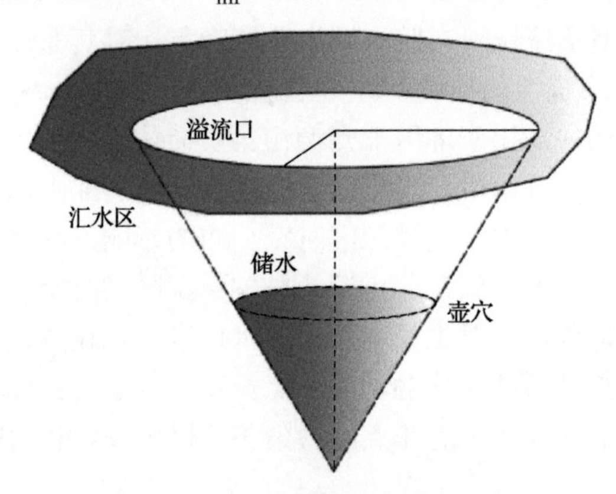

图 7-1　SWAT 模型中壶穴的示意图

壶穴模块可以模拟稻田淹水状态，但其锥形设计及不确定的蒸散发过程依然与实际水田存在着较大差异，也严重影响着 SWAT 模型的模拟结果(Sakaguchi et al., 2014b)。同时，原模型并未考虑其他汇水区域对壶穴产汇流过程产生的潜在影响，这也可能导致壶穴溢流量被严重低估(Biemelt et al., 2005)。基于上述事实，本研究对原模型对壶穴模块的构型设定、蒸散发过程、产汇流过程、渗透过程、侵蚀规律的部分代码进行了改良，并增设了水位控制模块，以期构建能够反映稻田实际非点源污染输出规律的水田模块。水田模块以日尺度水位控制为基础，并设置 H_{max}、H、H_{min} 三条水位线以模拟稻田的实际灌溉、持水及排水过程(图 7-2)。

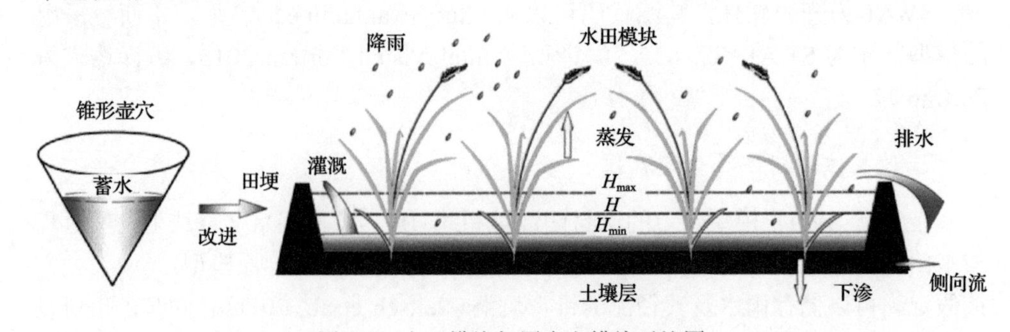

图 7-2　水田模块与原壶穴模块对比图

H_{max} 为水田的最高持水水位，超过此水位线时将触发排水过程(溢流)(mm)；H_{min} 为水田最低持水水位，低于此水位线时将触发灌溉操作(mm)；H 为水田最佳持水水位，达到此水位时，水田将停止灌溉(mm)

由于水田在浸没状态和落干时期有着不同的水文循环模式和侵蚀规律，因此在模型改良过程中，做出了如下设定：①如果水田处于落干状态(Pot_vol＜σ；σ为无穷小量)，则水田的产流量按 SCS 径流曲线数或 Green-Ampt 方程计算(Li et al., 2015)，土壤蒸散发量的计算过程与旱田计算方法保持一致；②如水田处于浸没状态(Pot_vol＞σ，水田中壶穴比例大于无穷小)，则水田的蒸发、蒸腾、灌溉、溢流及排水过程都依照改良模块的方法进行计算；③如果模拟过程中水田只是部分区域被定义为壶穴(Pot_fr＜1)，则剩余未定义部分按照田埂处理，田埂既可以被降水侵蚀，也可以被溢流和水田退水侵蚀；④浸没状态的水田部分(田埂除外)不受降水的侵蚀作用，该部分仅在排水状态或者落干期发生侵蚀，具体流程见图 7-3。

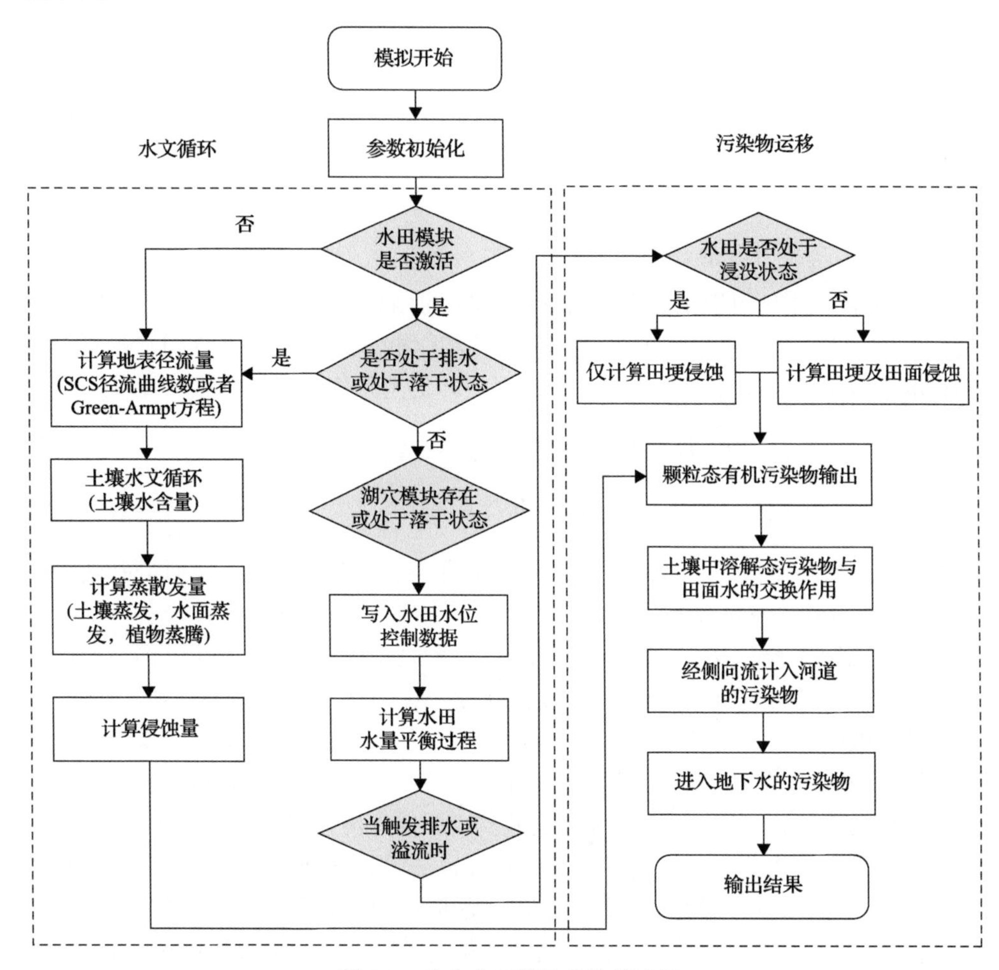

图 7-3　改良水田模块的计算流程

(1)壶穴模块形状的改良

在原模型当中，壶穴被设定为锥形构造，其液面表面积随积水的增多而非线性增加，其水面积计算方法见式(7-2)。但在集约化农区的实际生产当中，水田一般为截面积恒定的多边形构型，且田块间多有田埂阻隔。在改良模型当中，水田包括田面和田埂两部分，其中田埂面积通过调节田埂占比计算，其面积计算方法见式(7-3)，该功能可通过调节参数 Pot_fr 实现综合考虑实际耕作条件，一般水田田埂面积占比以 1%～3%为宜，本研究设置田埂比例为 1%。田面部分的计算方法见式(7-4)。

$$S_{\mathrm{A}}=(\pi/10^{4})\times(3V/\pi\times S_{\mathrm{l}})^{2/3} \tag{7-2}$$

$$S_{\mathrm{R}}=S_{\mathrm{HD}}\times F_{\mathrm{R}} \tag{7-3}$$

$$S_{\mathrm{A}}=S_{\mathrm{HD}}\times(1-F_{\mathrm{R}}) \tag{7-4}$$

式中，S_{A}为壶穴中的液面面积(hm^2)；V为壶穴积水体积(m^3)；S_{l}为水田所在 HRU 的坡度(m/m)；S_{HD}为壶穴的面积(hm^2)；F_{R}为田埂面积占比(%)；S_{R}为田埂面积(hm^2)。

(2)水田蒸发过程的计算

原模型通过叶面积指数和潜在蒸散发量的函数关系式计算壶穴的实际蒸发量，具体计算方法见式(7-5)及式(7-6)。但实际的水田蒸散发过程因水田浸没状态和落干状态的交替而变化，因此也需要设计更为精细的计算方式。

$$V_{\mathrm{eva}}=5(1-L/L_0)E_0\times S_A\text{，}\quad L<L_0 \tag{7-5}$$

$$V_{\mathrm{eva}}=0\text{，}\quad L\geqslant L_0 \tag{7-6}$$

式中，E_0为潜在蒸散发量(mm)；L为叶面积指数；L_0为水面无蒸发时的叶面积指数；V_{eva}为壶穴蒸发量(mm)。

本研究针对水田浸没状态和落干状态的蒸散发特征，分别设计了不同的计算方法。如式(7-7)和式(7-8)所示，在浸没状态下，水田蒸发由植物蒸腾、冠层截流蒸发及液面蒸发三部分组成；而在排空状态下，土壤由于失去水体覆盖，土壤水开始出现水分蒸发，因此该状态下水田的蒸发过程包括植物蒸腾、冠层蒸发和土壤水蒸发三部分。在计算过程中，蒸散发过程优先消耗水稻叶片截流的自由水，剩余蒸发量由植物蒸腾作用进行补偿；若叶片截流和植物蒸腾作用仍不足以对潜在蒸散发量进行补偿，则其蒸发差额在浸没和落干状态下分别由叶面蒸发和土壤蒸发补偿。模型提供了三种用于计算潜在蒸散发的方法，分别为：Penman- Monteith 方程、Priestley-Taylor 方程和 Hargreaves 方程；植物蒸腾量的最大值由基于叶面积指数和蒸散发关系的式(7-9)和式(7-10)计算。对于中高纬农区，休耕季的积雪常被储存作为泡田雪水，因此在融雪泡田时期发生的蒸腾过程亦按照淹水状态计算蒸发量。

$$E_a = E_p + E_{can} + E_w \qquad \text{pot\_vol} > \sigma \tag{7-7}$$

$$E_a = E_p + E_{can} + E_s \qquad \text{pot\_vol} < \sigma \tag{7-8}$$

$$E_p = (E_0 - E_{can}) \times L / 3 \qquad 0 \leqslant L \leqslant 3 \tag{7-9}$$

$$E_p = E_0 - E_{can} \tag{7-10}$$

式中，E_a为水田总蒸发量(mm)；E_{can}为冠层截流的水分的蒸发量(mm)；E_s为土壤蒸发量(mm)；E_w为淹没状态下水面的蒸发量(mm)；pot_vol 为水田的储水量(m^3)；L为叶面积指数；E_0为潜在蒸散发量(mm)；E_p为植物蒸腾量(mm)；σ为无穷小量。

(3)水田下渗量的计算

原模型采用式(7-11)～式(7-13)计算壶穴的下渗过程。但该公式并未考虑水田干湿交替效应对渗透过程可能造成的影响，因此并不适宜直接在水田模块中应用。此外，如式(7-13)所示，原方法假定在土壤水饱和条件下，壶穴土壤中无下渗作用发生，这与水田的土壤中的实际水文循环过程有着较大出入。实际监测结果指出，在浸没条件下，水田的土壤水含量和下渗速率都相对稳定(Xu et al., 2017)。

$$V_{inf} = 240K \times S_A \qquad \text{SW} < 0.5F_{wc} \tag{7-11}$$

$$V_{inf} = 240(1 - \text{SW}/F_{wc})K \times S_A \qquad 0.5F_{wc} \leqslant \text{SW} < F_{wc} \tag{7-12}$$

$$V_{inf} = 0 \qquad \text{SW} \geqslant F_{wc} \tag{7-13}$$

式中，V_{inf}为壶穴下渗量(m^3)；SW 为某土壤剖面的土壤水含量(mm)；S_A为壶穴内水面面积(hm^2)；F_{wc}为土壤饱和持水力(mm)；K为土壤饱和导水力(mm/h)。

在改进的水田模块中，水田在落干期或休耕期的下渗量计算方法与旱田保持一致。当土壤含水量大于土壤最大持水能力时，土壤水开始向深层土壤渗透(Assouline, 2013)。当水田处于浸没状态时，若水田所持水量可满足日最大稳定下渗量，则其下渗量按稳定下渗率K_s计算，如式(7-14)所示；若水田当日所持水量不能满足日最大稳定下渗量时，水田当日所持水量均视为当日下渗量，如式(7-15)所示。

$$V_{inf} = 10K_s \times S_A \qquad V_s \geqslant V_{max} \tag{7-14}$$

$$V_{\inf} = V_{\mathrm{s}} \qquad V_{\mathrm{s}} < V_{\max} \tag{7-15}$$

式中，K_{s} 为土壤稳定下渗率(mm/d)；V_{s} 为水田当日的储水量(m^3)；$V_{\max}$ 为日最大稳定下渗量(m^3)。

(4)灌溉及排水算法的改良

根据水田排水及灌溉的管理需求，定义三条控制水位线，通过逐日的水位数据的设定对水田的灌溉及排水进行调控(Xie et al., 2011)。三条水位线分别为：$H_{\max}$——水田的最高持水水位；$H_{\min}$——水田最低持水水位；H——水田最佳持水水位。田面水位降至 $H_{\min}$ 时将触发灌溉操作，其灌溉量按式(7-16)计算。当田面水位高于 $H_{\max}$ 时将触发水田排水，其排水量按式(7-17)计算。

$$R_i = (H - P_{d,i}) \times S_{\mathrm{A}} \qquad P_{d,i} < H_{\min} \tag{7-16}$$

$$O_i = (P_{d,i} - H_{\max}) \times S_{\mathrm{A}} \qquad P_{d,i} > H_{\max} \tag{7-17}$$

式中，$P_{d,i}$ 为水田在第 i 天的淹没深度(mm)；R_i 为水田在第 i 天所需的灌溉量(m^3)；O_i 为水田在第 i 天所产生的排水量(m^3)。

(5)水田氮磷流失量的计算方法

SWAT 模型采用改进通用流失方程计算水田土壤侵蚀规律[式(7-18)]。为保证水田模块的有效性及与原模型的连贯性，本研究依旧采用通用流失方程作为评价水田侵蚀的基本工具，同时为保证改良模块与该方法间的契合性，在应用该方法的同时也进行了必要的调整。当水田处于浸没状态时，降水和溢流只会对田埂部分造成侵蚀，田面部分由于受到水面的保护而不会发生侵蚀效应(Natuhara, 2013)。水田在溢流过程中水力停留时间较短，因此田埂的侵蚀量在本研究中设定为悬浮物，并随溢流进入河道水体中。在落干状态下($H_{\max} = \sigma$)，侵蚀过程的计算方法与旱田一致。在中高纬农区，$H_{\max}$ 可以设置为田埂的高度，以模拟降雪的累积和后续的融雪泡田过程。

$$S_{\mathrm{ed}} = 11.8(Q \times q \times S_{\mathrm{A}})^{0.56} K \times C \times P \times \mathrm{Ls} \times C_{\mathrm{FRG}} \tag{7-18}$$

式中，Q 为田间产流量(mm/hm^2)；q 为峰值流量(m^3/s)；K 为土壤可蚀性因子；C 为土地覆盖及管理因子；P 为水土保持因子；Ls 为地形因子；C_{FRG} 为粗糙度因子；S_{ed} 为土壤侵蚀量(t)。

基于 MUSLE 方程得到的土壤侵蚀数据，利用 Williams 和 Hann 提出的修正方程[式(7-19)]计算吸附在颗粒物上的营养盐(如颗粒态有机氮、颗粒态有机磷以及部分颗粒态无机磷)。水田所产生的溢流、排水、侧向流及地下水中的溶解态污染物的含量(如硝酸盐、溶解态无机磷)的计算方法与原模型的计算流程一致

(Neitsch et al., 2011)。

$$S_{BP}=0.001C_{on}\cdot(S_{ed}/S_A)\cdot\varepsilon \tag{7-19}$$

式中，S_{BP} 为水田产生的颗粒态污染物含量(kg/hm^2)；C_{on} 为表层 10cm 土壤中营养物质含量(g/t)；ε 为营养盐在颗粒物上的吸附比例。

7.1.2　模型的率定和验证

1. 模型率定及验证的方法

为了比较原模型与改进模型在模拟流域水循环过程及稻田非点源输出过程中的差异性，本研究对原模型和改进模型分别进行了率定和验证。由于研究区缺乏长期的水文观测数据，因此本研究采用了一种普遍接受的参数率定方法，即参考周边流域的模型参数(Panagopoulos et al., 2011)。挠力河流域是三江平原的典型集约化农区，其土壤类型、土地利用方式、气候特征、农业管理方法都十分相似，这些相似性都为模拟结果的置信程度提供了保证。

采用改进 SWAT-CUP(内置改进的水田模块)作为河道径流的率定和验证工具。经过参数敏感性分析，原模型与改进模型分别选定了 16 个和 19 个较为敏感的模型参数，用以模拟流域的水循环过程。模型的率定期和验证期分别为 2003～2005 年和 2006～2008 年，具体参数及取值见表 7-1。与土壤侵蚀相关的参数参考了卜坤等(2008)提出的三江平原不同土地利用方式对土壤侵蚀影响的相关结论，水质相关参数与挠力河研究区一致。

表 7-1　模型率定及验证过程中所采用的敏感参数

序号	过程	参数	原模型	改进模型
1	水文	R_CN2.mgt	0.14	NA
1a		R_CN2.mgt_RICE	NA	–0.30
1b		R_CN2.mgt_SOYB	NA	0.10
2		V_ALPHA_BF.gw	0.13	0.55
3		V_GW_DELAY.gw	36.18	36.00
4		V_CH_N2.rte	0.16	0.01
5		V_CH_K2.rte	38.95	80.00
6		R_SOL_AWC(1-2).sol	0.16	NA
6a		V_SOL_AWC(1-2).sol_RICE	NA	0.80
6b		V_SOL_AWC(1-2).sol_SOYB	NA	0.16
7		R_SOL_K(1-2).sol	141.46	19.50
8		R_SOL_BD(1-2).sol	0.29	NA

续表

<table>
<tr><th>序号</th><th>过程</th><th>参数</th><th>原模型</th><th>改进模型</th></tr>
<tr><td>8a</td><td rowspan="7">水文</td><td>R_SOL_BD (1-2) .sol_RICE</td><td>NA</td><td>–0.7</td></tr>
<tr><td>8b</td><td>R_SOL_BD (1-2) .sol_SOYB</td><td>NA</td><td>0.29</td></tr>
<tr><td>9</td><td>V_CANMX.hru</td><td>12.62</td><td>50.00</td></tr>
<tr><td>10</td><td>V_ESCO.hru</td><td>0.12</td><td>0.01</td></tr>
<tr><td>11</td><td>V_GWQMN.gw</td><td>1274.91</td><td>3100.00</td></tr>
<tr><td>12</td><td>V_TIMP.bsn</td><td>0.29</td><td>0.15</td></tr>
<tr><td>13</td><td>V_SMTMP.bsn</td><td>0.04</td><td>0.10</td></tr>
<tr><td>14</td><td rowspan="11">泥沙</td><td>V_Usle_P.mgt</td><td>0.14</td><td>NA</td></tr>
<tr><td>14a</td><td>V_Usle_P.mgt_RICE</td><td>NA</td><td>0.03</td></tr>
<tr><td>14b</td><td>V_Usle_P.mgt_SOYB</td><td>NA</td><td>0.38</td></tr>
<tr><td>15</td><td>V_SPEXP.bsn</td><td>1.16</td><td>1.16</td></tr>
<tr><td>16</td><td>V_SPCON.bsn</td><td>0.05</td><td>0.05</td></tr>
<tr><td>23</td><td>V_BC2.swq</td><td colspan="2">2.00</td></tr>
<tr><td>24</td><td>V_BC3.swq</td><td colspan="2">0.23</td></tr>
<tr><td>25</td><td>V_BC4.swq</td><td colspan="2">0.01</td></tr>
<tr><td>26</td><td>V_AI1.wwq</td><td colspan="2">0.02</td></tr>
<tr><td>27</td><td>V_AI2.wwq</td><td colspan="2">0.08</td></tr>
<tr><td>28</td><td>V_RSDCO.bsn</td><td colspan="2">0.05</td></tr>
</table>

注：表中 V 表示用参数值替换原模型中的默认值；R 表示将原参数变为 (1+*r*) 倍；NA 表示该参数不包括在原模型模拟或者改进模型的模拟当中。

土壤水是联系水文循环和非点源污染之间的重要纽带。为了验证改进模型对稻田水循环优化效果，本研究对土壤水监测值和模拟值之间的差异进行了比较分析。其中土壤水数据由 ZENO 气象站采集(Coastal, 美国西雅图)，该气象站位于八五九农场的水田当中。由于 ZENO 无法对冻土的土壤水含量进行分析，因此土壤水数据的采集区段位于 2011 年 4～9 月，涵盖了水稻灌溉时期的所有阶段。

2. 河道径流的率定结果

原模型和改进的水田模型都能较好地模拟流域河道的径流过程(图 7-4)。在参数率定期，原模型和改进模型的决定系数 R^2 分别为 0.77 和 0.72，均超过了 0.6。与此同时，原模型和改进模型率定结果的纳什效率系数 NSE 分别为 0.78 和 0.71，均大于 0.5。在模型验证期，原模型的决定系数 R^2 和纳什效率系数分别为 0.68 和 0.70，而改进模型的决定系数 R^2 和纳什效率系数为 0.71 和 0.69，二者模拟结果均高于阈值要求且无显著差异。

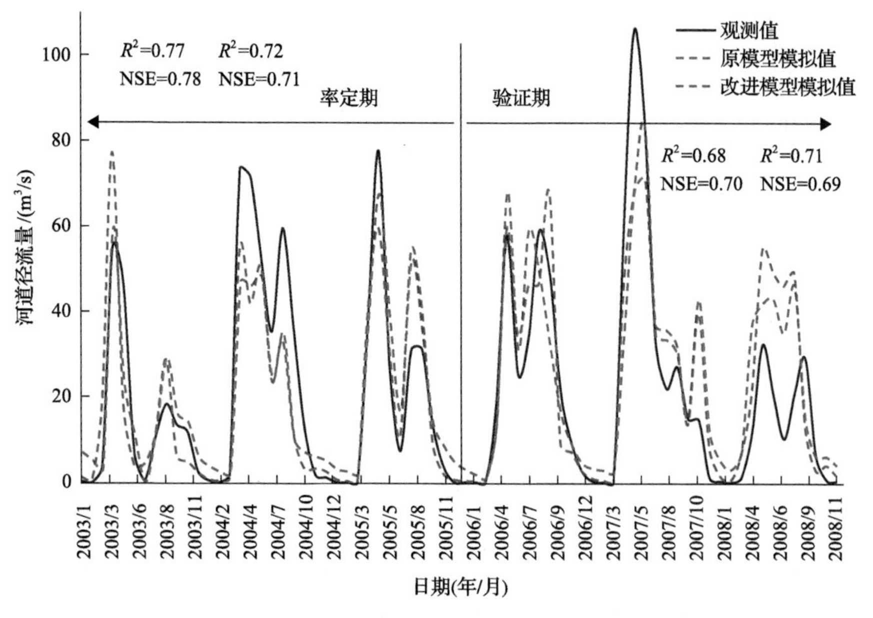

图 7-4　原模型及改进模型的河道径流量率定效果比较

3. 水田土壤水含量的率定

在稻田土壤水循环模拟过程中，改进模型的模拟效果显著优于原模型(图 7-5)。0～15cm 深度土壤范围内，改进模型后，土壤水模拟值与实际监测值之间的 $RMSE_P$ 为 14.56mm。其模拟结果显著优于原模型的模拟结果($RMSE_O$= 48.10mm)。此外，与原模型的模拟结果相比，改进模型在水稻生长季内所绘制的土壤水变化曲线更为平滑，也更符合浸没状态下土壤水趋于饱和的基本特征。0～30cm 土壤深度

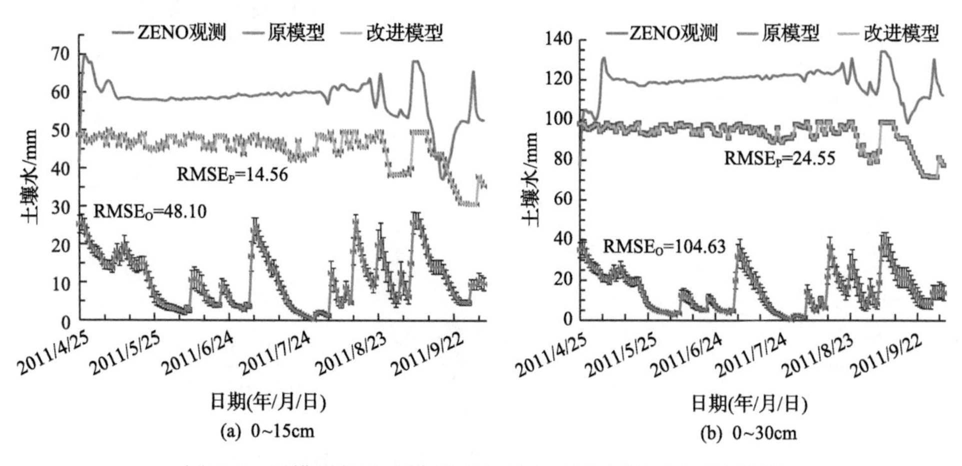

图 7-5　原模型与改进模型的水田土壤水模拟结果比较分析

RMSE 下标 O 和 P 分别代表原模型和改进模型

范围内，改进模型在土壤水含量模拟过程中的优势更为凸显。原模型中，土壤水模拟值与实际监测值之间的 $RMSE_O$ 达到了 104.63mm，而改进模型的 $RMSE_P$ 仅为 24.55mm。原模型在水田土壤水模拟方面展现出的不足将对后续非点源负荷的模拟产生较大的不确定性。因此，与原模型相比，改进模型的模拟结果能够提供更为可靠的水文循环过程。

7.1.3 水田非点源负荷的模拟结果

1. 水田氮流失模拟结果

原模型和改进模型的模拟结果在氮流失形态及流失关键时期方面均存在显著差异(图 7-6)。在原模型的模拟结果中，水田总氮流失的年均负荷为 29.80kg/hm^2，同时呈现出显著的双峰特性。水田氮流失的首个峰值出现在 3～4 月的冻融期，其峰值负荷约为 5.27kg/hm^2。在此期间内，有机氮的流失量占到了非点源总氮负荷的 80.49%。水田的第二个氮流失高峰出现在汛期，该时期氮流失负荷约为 4.40kg/hm^2。在氮流失较为集中的 7～8 月，无机氮累计贡献了总氮负荷的 71.47%。相比于原模型的模拟结果，改进模型模拟结果中的水田氮的流失过程呈现出显著的单峰特征，且融雪期并无显著氮流失趋势。水田的年均氮流失量为 12.21kg/hm^2，其中生长季(5～9 月)的非点源氮流失量占全年总负荷量的 98.30%。氮流失关键期位于水田的排涝期(7～8 月)，其峰值负荷约为 5.82kg/hm^2。在关键流失期内，有机氮是水田氮流失量的主要组分，约占总氮负荷的 84.77%。

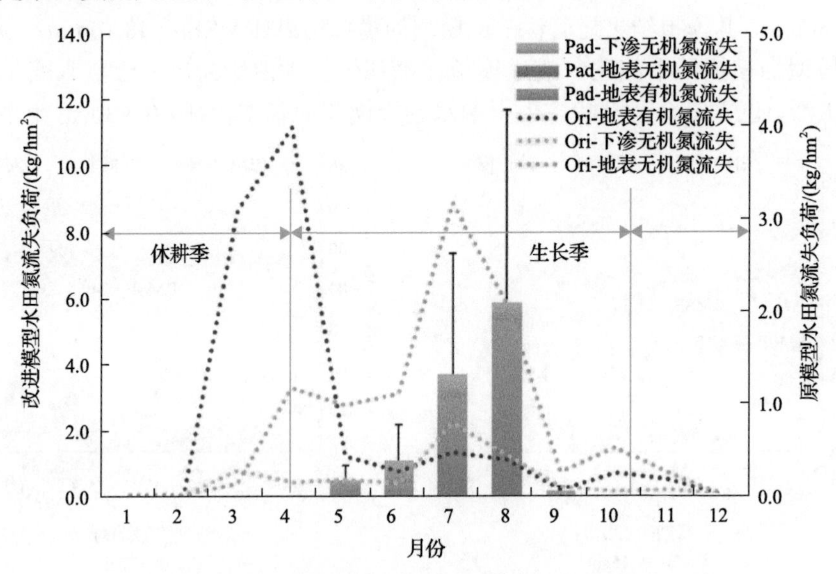

图 7-6 原模型与改进模型的水田氮素流失结果比较分析

Pad 为改进模型；Ori 为原模型，下同

2. 水田磷流失模拟结果

原模型的模拟结果中，水田的磷流失峰值出现在冻融末期(图 7-7)。在此期间内，总磷的流失量约占年磷素流失量的 77.31%。在总磷流失形态方面，颗粒态无机磷和有机磷对总磷非点源负荷的贡献比率分别为 24.05%和 73.15%。在剩余月份当中，颗粒态无机磷对总磷负荷的贡献率在 60%～70%范围内波动，有机磷对非点源污染的贡献率稳定在 20%左右。与原模型的模拟结果相比，改进模型的模拟结果中，水田的磷流失主要出现 7～8 月。此期间内，磷的流失量约占水田年负荷量的 95.00%。在磷流失形态方面，溶解态无机磷、有机磷和颗粒态无机磷分别占磷负荷总量的 44.63%、14.81%和 40.54%。

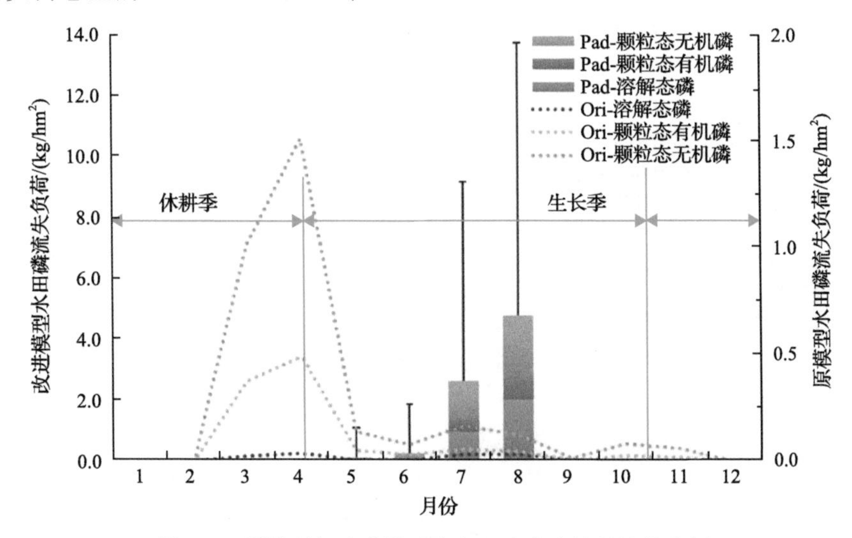

图 7-7　原模型与改进模型的水田磷流失结果比较分析

7.1.4　原模型与改进模型在水田氮磷流失模拟结果中的比较分析

1. 原模型与改进模型在水田氮流失模拟结果中的对比分析

从原模型与改进模型模拟结果的比较中可以看出，改进模型能够更为准确地识别水田氮流失的关键时期(图 7-8)。与其他研究区水田氮流失负荷的监测值进行类比可以发现，两种模型所模拟的水田氮流失负荷都位于置信区间内(图 7-9)。在冻融农区，融雪一般被储备用作泡田水，而非直接流失，因此也不会导致如旱田一般严重的融雪侵蚀效应(Ollesch et al., 2005)。由于原模型水田操作中不具备储水功能，因此水田融雪径流被严重高估，这也导致水田在冻融季的氮流失量被严重高估。该缺陷将进一步导致流域内不同土地利用间非点源氮流失的不合理计算。本研究改进的模型弥补以上不足，得到了较为准确的氮流失规律(Zhou et al., 2011)。

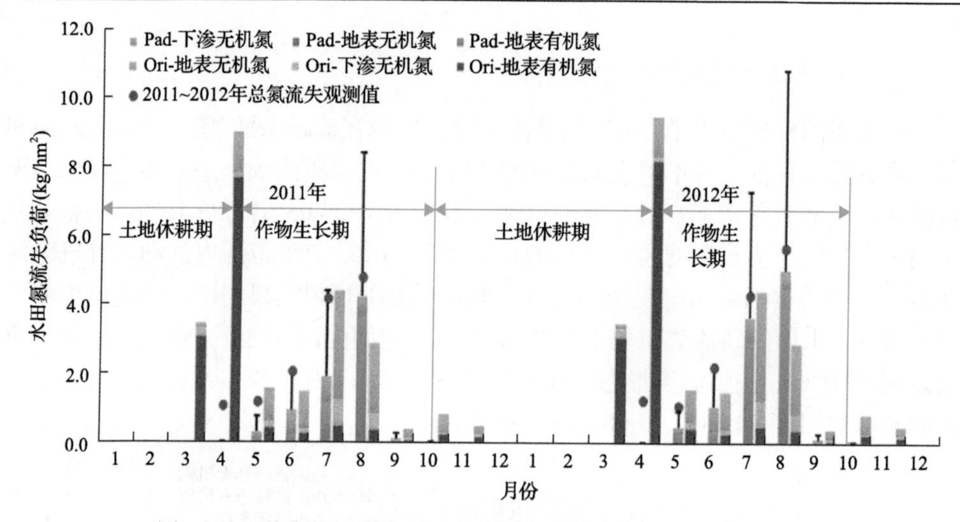

图 7-8　2011～2012 年氮流失负荷模拟结果与监测研究结果对比

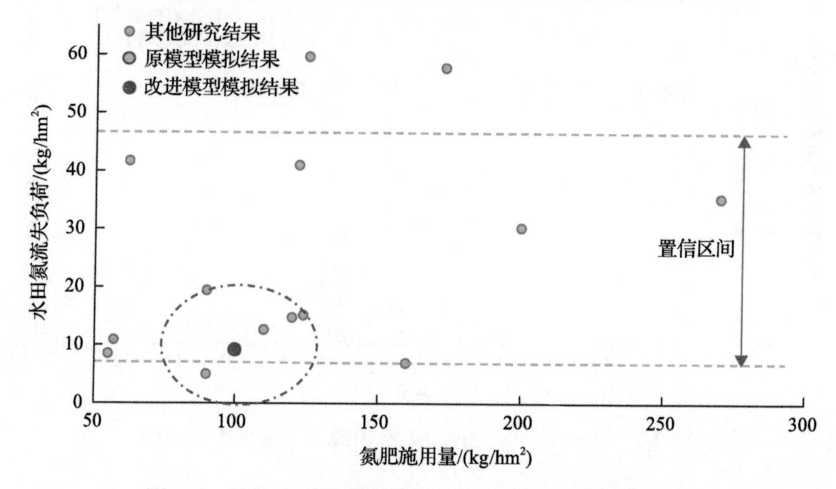

图 7-9　氮流失负荷模拟结果与前人监测研究结果对比

在氮流失形态方面，原模型模拟结果将生长季的氮流失归因于无机氮素的大量流失。但在自然环境中，黑土中的氮素主要以稳定的有机形态储存在土壤中(郝小雨等，2015)，而无机氮主要源自水田的化肥施用。同时由于受到水田较长水力停留时间和下行淋洗作用的影响，大量无机氮被淋洗至深层土壤中，而非水稻排水流失(Tan et al., 2015)。此外，在降雨充沛、溢流和排水频繁的 8 月，稻田排水所导致的土壤侵蚀作用并没有在原模型中的模拟结果中得以体现(Li et al., 2017)。在改进模型的模拟结果中，水田的有机氮流失负荷显著提升，这说明排水和溢流作用对水田的黑土造成了明显的侵蚀作用。这一结论可以与 2011 年研究区田面水采样的结论形成印证。在 8 月，受到降水及排水作用的强烈影响，田面水中的有机氮占比达到 88%～95%的峰值水平(图 7-10)。因此，改进模型在水田氮流失负荷估算方面能够提供更为可靠结论。

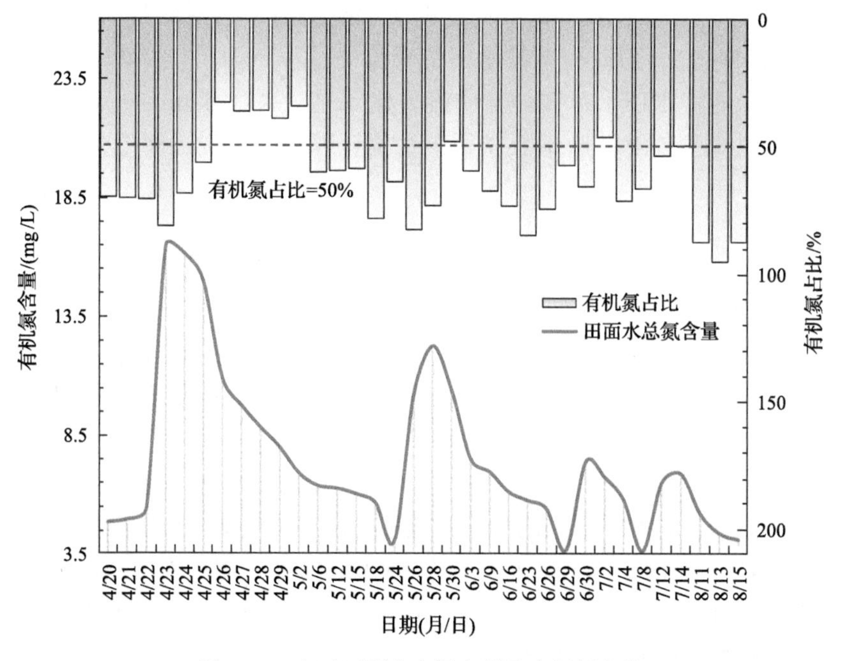

图 7-10　水田田面水中氮含量及有机氮占比

2. 原模型与改进模型在水田磷流失模拟结果对比分析

基于之前的水田磷流失负荷监测研究，原模型与改进模型所得到的水田年磷流失负荷均处于置信区间内(图 7-11)。但与具有相似施肥量的研究区相比，改进

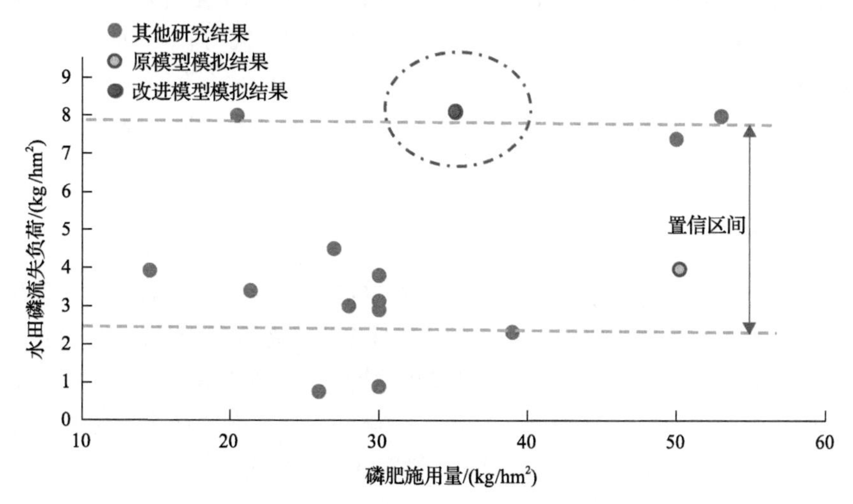

图 7-11　磷流失负荷模拟结果与前人监测研究结果对比

模型的模拟结果与监测结果的吻合度更高。此外，改进模型能够更好地模拟水田磷流失的关键时期。水田的磷流失过程通常是跟雨季(7～8 月)排水紧密相关(Peng et al., 2011)。而原模型将水田的磷流失过程归因于与旱田相类似的融雪侵蚀作用，未能将水田水量调控与磷流失建立起联系(Yakutina et al., 2015)。相较而言，改进模型能够清晰地反映稻田水位管理与磷流失之间的关系(Zhang et al., 2003)。

7.2　冻融农区非点源污染关键源区的优化识别

在中高纬地区，受到气温年较差及年际降水波动的影响，流域的水文循环过程更为复杂，增加了关键源区时空分布特征的不确定性。而传统的关键源区识别方法通常以子流域的非点源污染年均负荷量为基本分析当量，无法体现出温度及降水因子与关键源区时空变化规律的响应关系。以中高纬农区的阿布胶流域为典型研究区，并基于温度和降水的年际变化规律，构建能够体现冻融农区非点源污染关键源区时空变化规律的识别方法。对冻融农区非点源污染关键源区的时空分异规律进行探讨，并分析传统方法与改进方法间的差异，以期能够为中高纬地区的非点源控制方法的制定提供参考。

7.2.1　材料与方法

根据研究区的寒地特征，考虑了季节变化和降水波动对氮、磷流失关键源区时空分布的潜在影响，并在此基础上对传统关键源区识别方法进行了改良。采用月均温度作为判定冻融季和作物生长季的依据；采用单季降水量(冻融季和作物生长季)作为枯水季、平水季和丰水季的划分依据。同时将不同情景模式进行组合，利用改进模型分析不同情景模式下，研究区内各子流域非点源氮、磷污染负荷。最终结合累积负荷曲线和最不利原则，绘制非点源污染关键源区时空分布图。

1. 温度和降水的划分

采用月均温度作为冻融季和生长季的判定依据，由于冻融季包含降雪从发生到消融的全部过程，因此选择上一年的 11 月作为冻融季的起始阶段。11 月是月均温低于 0℃的第一个月，农业活动已停止，具备降雪积累的初步条件。至次年 4 月，均温上升至约 7℃，降雪彻底消融，土壤解冻，冻融季结束。生长季始于 5 月，月内农耕操作基本恢复，至 10 月秋耕完成(图 7-12)。

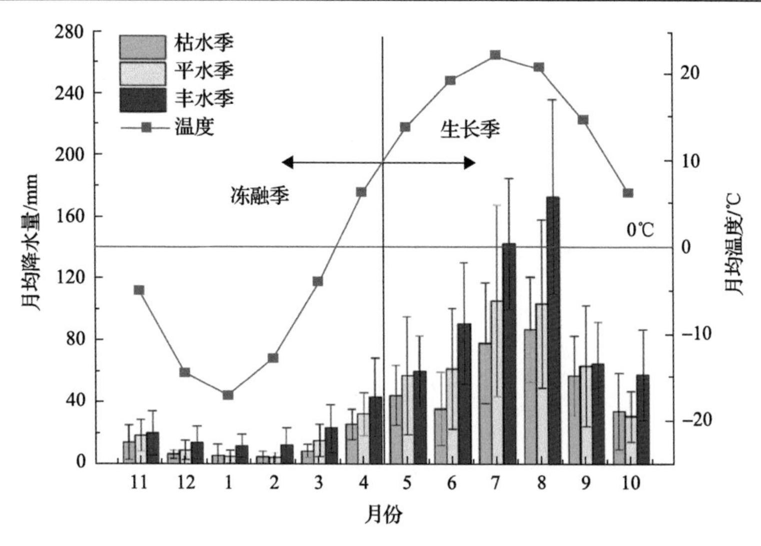

图 7-12　研究区不同情景下的降水及温度变化

根据季均降水量的差异，研究区的水文条件被划分为三种情景：枯水季、平水季和丰水季。其中，冻融季在枯、平、丰三种水文条件下的降水量分别为 72.5mm、94.7mm 和 140.1mm；作物生长季在枯、平、丰三种水文条件下的降水量分别为 361.6mm、449.0mm 和 610.7mm。不同水文条件下降水量的差异由方差分析法(ANOVA)验证，数据的正态性和方差齐性分别由 Shapiro-Wilk(S-W)(p>0.05)检测和 Levene(L)检测(p<0.05)验证。最后用 Dunnett's T3(DT3)检测对降水数据间的差异的显著性进行分析(sig.<0.05)。结果表明，不同水文条件下的降水量存在显著差异(表 7-2)。

表 7-2　不同水文条件下降水量的方差分析

水文条件	季节	方差分析			季节	方差分析		
		S-W 检测	L 检测	DT3 检测		S-W 检测	L 检测	DT3 检测
枯水季	冻融季	0.131	0.000	a	生长季	0.302	0.003	a
平水季		0.747		b		0.064		b
丰水季		0.273		c		0.437		c

注：不同字母表示数据间存在显著差异。

2. 子流域非点源氮磷负荷的计算

根据季节和水文条件的划分结果，将各种情景进行组合(共六种情景)，分别分析不同情景下各子流域的氮、磷流失负荷。子流域的氮、磷负荷及流失总量的计算方法如式(7-20)～式(7-25)所示。在流域氮、磷流失负荷的基础上，绘制累计负荷曲线，其具体计算过程如式(7-26)所示。如图 7-13 所示，根据累计负荷百分比，本研究将各子流域的氮、磷流失风险共划分为五级：5 级低风险源区，4 级低风险源区，3 级潜在源区，2 级关键源区和 1 级关键源区。在风险等级识别的基础上，基于最不利原则，分析不同情境下子流域可能具有的最高氮、磷流失风险，并将其作为该子流域的最终风险等级。

$$P_i = P_{\text{sed},i} + P_{\text{org},i} + P_{\text{sol},i} \tag{7-20}$$

$$P_{\text{T}i} = P_i \times A_i \tag{7-21}$$

$$P_{\text{T}} = \sum_{i=1}^{n} P_{\text{T}i} \tag{7-22}$$

$$N_i = N_{\text{org},i} + N_{\text{sur},i} + N_{\text{und},i} \tag{7-23}$$

$$N_{\text{T}i} = N_i \times A_i \tag{7-24}$$

$$N_{\text{T}} = \sum_{i=1}^{n} N_{\text{T}i} \tag{7-25}$$

式中，N_i 及 P_i 分别为子流域 i 的氮、磷流失负荷(kg/hm^2)；$P_{\text{sed},i}$ 为子流域 i 的颗粒态无机磷负荷(kg/hm^2)；$P_{\text{org},i}$ 为子流域 i 的有机磷的负荷(kg/hm^2)；$P_{\text{sol},i}$ 为子流域 i 的可溶性磷负荷(kg/hm^2)；A_i 为子流域面积(hm^2)；$N_{\text{org},i}$ 为子流域 i 的有机氮负荷(kg/hm^2)；$N_{\text{sur},i}$ 为子流域 i 由地表径流流失的硝态氮负荷(kg/hm^2)；$N_{\text{und},i}$ 为子流域 i 由侧向流及地下水流失的硝态氮负荷(kg/hm^2)；$P_{\text{T}i}$ 及 $N_{\text{T}i}$ 分别为子流域氮、磷的流失总量(kg)；P_{T} 及 N_{T} 分别为流域氮、磷的总流失量(kg)。

$$C_{S,H} = \begin{cases} C_1 & \dfrac{\sum_{j=1}^{a} T_j \times S_j}{\sum_{i=1}^{n} T_i \times S_i} \geqslant \alpha \\ C_2 & \dfrac{\sum_{j=a+1}^{b} T_j \times S_j}{\sum_{i=1}^{n} T_i \times S_i} \geqslant \beta \\ \vdots & \vdots \\ C_x & \dfrac{\sum_{j=l}^{n} T_j \times S_j}{\sum_{i=1}^{n} T_i \times S_i} \geqslant \gamma \end{cases} \tag{7-26}$$

式中，S_j 为季节，本研究中为冻融季或生长季；S_i 为不同子流域季节；H 为丰、平、枯三种水文条件；$C_{S,H}$ 为不同水文条件和季节组合情景下找寻的目标子流域；C_1～C_x 为满足不等式条件的最小子流域组合；T_j 为某季节和某种水文条件组合情景下，目标子流域氮或磷流失负荷的降序序列；T_i 为某季节和某种水文条件组合情景下，各子流域氮或磷流失负荷的降序序列；α, β, γ为目标子流域总氮或总磷负荷的加和值与流域总氮或总磷负荷的比值，$\sum_{i=a}^{\gamma} i = 1$；$a, b$ 为子流域序列编号；n 为子流域总数。

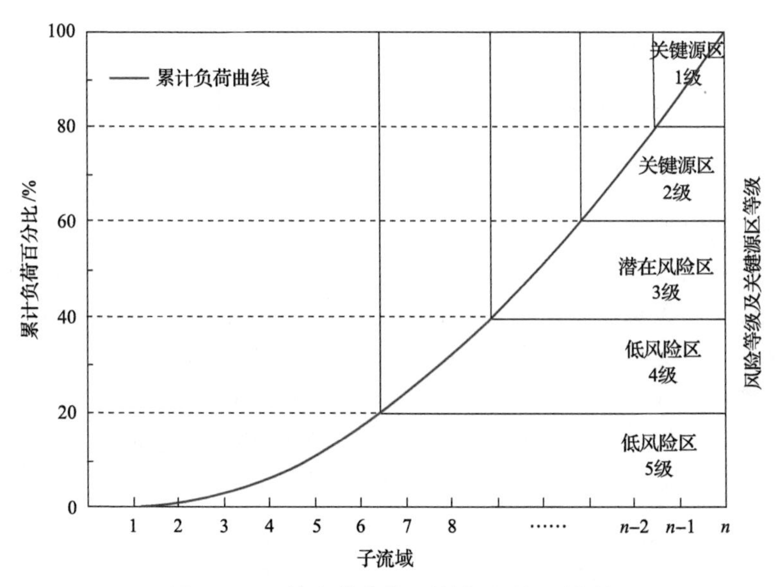

图 7-13　累计负荷曲线及关键源区识别方法

3. 关键源区识别方法的差异分析

为比较关键源区识别的传统方法与改进方法结果间的差异，本研究也采用传统的年尺度流失负荷分析法对流域非点源关键源区的空间分布进行了识别。该方法以年子流域氮、磷负荷为评定基准，不考虑水文条件及季节因素对关键源区时空分布的潜在影响。为了更好地辨析各子流域氮、磷流失风险的变异性，本研究引入了波动系数 F_i。在该方法中，冻融季及生长季的波动系数将分别计算，其计算方法如式(7-27)所示。与此同时，根据波动系数的大小，共将研究区的子流域划分为 5 个波动等级，其波动性由 5 级到 1 级逐渐增加，具体划分方法见表 7-3。

$$F_i = \frac{\left|C_{i,\mathrm{D}} - C_{i,\mathrm{TM}}\right| + \left|C_{i,\mathrm{N}} - C_{i,\mathrm{TM}}\right| + \left|C_{i,\mathrm{W}} - C_{i,\mathrm{TM}}\right|}{n} \tag{7-27}$$

式中，i 为子流域编号，在本研究中 $i = 1, 2, 3, \cdots, 23$；F_i 为子流域 i 的波动系数；

$C_{i,\mathrm{D}}$ 为子流域 i 在枯水季的风险等级；$C_{i,\mathrm{N}}$ 为子流域 i 在平水季的风险等级；$C_{i,\mathrm{W}}$ 为子流域 i 在丰水季的风险等级；$C_{i,\mathrm{TM}}$ 为采用传统关键源区识别方法所得到的子流域 i 的风险等级；n 为所设定的水文条件数。

表 7-3　不同水文条件下降水量的方差分析

波动等级	波动程度	F_i 值域
1	子流域的风险等级显著受到季节及降水变化的影响，波动特性极为显著	＞2.4
2	子流域的风险等级显著受到季节及降水变化的影响，且波动特性较为明显	1.8～2.4
3	子流域的风险等级在一定程度上受到季节及降水变化的影响，且呈现出中度波动特性	1.2～1.8
4	子流域的风险等级略微受到季节及降水变化的影响，且总体波动性较低	0.6～1.2
5	子流域的风险等级基本不受季节及降水变化的影响，在不同情境下无显著波动	＜0.6

7.2.2　流域氮、磷流失特征分析

研究区的氮流失过程在流域尺度下呈现出显著的双峰特征(图 7-14)。冻融季的氮流失峰值出现在降雪融化的 3 月和 4 月。在枯、平、丰三种水文条件下，冻融季的氮素季流失总负荷量分别为 4.61kg/hm^2、7.42kg/hm^2 和 8.09kg/hm^2。该流失负荷分别占年均氮流失负荷的 77.10%，63.80%和 43.91%。在枯水季，氮的最大流失负荷出现在 3 月，其单位流失负荷约为 3.33kg/hm^2。在平水季和丰水季，流域氮流量显著增加，其峰值负荷分别为 5.18kg/hm^2 和 6.53kg/hm^2。在氮流失形态方面，有机氮的流失负荷在枯、平、丰三种水文条件下均超过了总氮负荷的 95%。

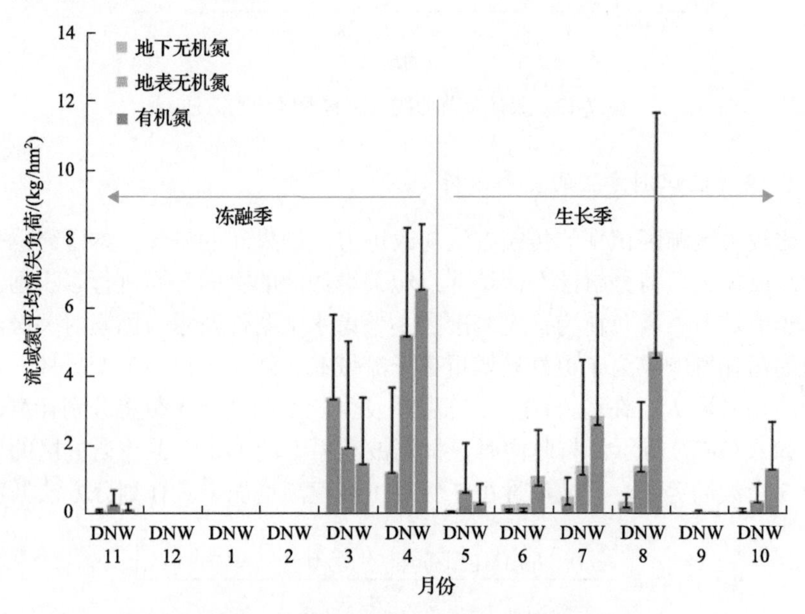

图 7-14　不同水文条件下流域氮流失特征分析

D 表示枯水季；N 表示平水季；W 表示丰水季；下同

在生长季，水文条件对氮的流失特征产生了显著影响。在枯水季，氮的流失过程在并未呈现出明显的峰值特性，其单季流失负荷仅占年负荷量的 22.29%。而在平水季和丰水季，流域 7 月和 8 月的氮流失量显著高于生长季其余月份。在氮流失形态方面，有机氮仍为主导形态，且随着降水的增加，无机氮占比从枯水季的 57.76%降至丰水季的 8.7%。

研究区的磷流失过程与氮流失过程有着相似的趋势特征(图 7-15)。磷的流失主要发生于冻融季的 3 月和 4 月及生长季的 7 月和 8 月。且随着季降水量的增加，流域磷负荷显著增加。冻融季的枯、平、丰三种水文情景下，流域的磷负荷总量分别为 2.93kg/hm^2、5.05kg/hm^2 和 7.11kg/hm^2，其峰值流失峰值负荷分别为 2.32kg/hm^2、3.53kg/hm^2 和 5.90kg/hm^2；生长季的磷流失量略低于冻融季，在枯、平、丰三种水文条件下，生长季的磷流失负荷分别为 0.55kg/hm^2、3.01kg/hm^2 和 7.64kg/hm^2，其峰值负荷分别为 0.31kg/hm^2、1.28kg/hm^2 和 3.78kg/hm^2。在磷流失形态方面，无机磷的流失占比最高，溶解态磷的流失主要出现在 7 月和 8 月。

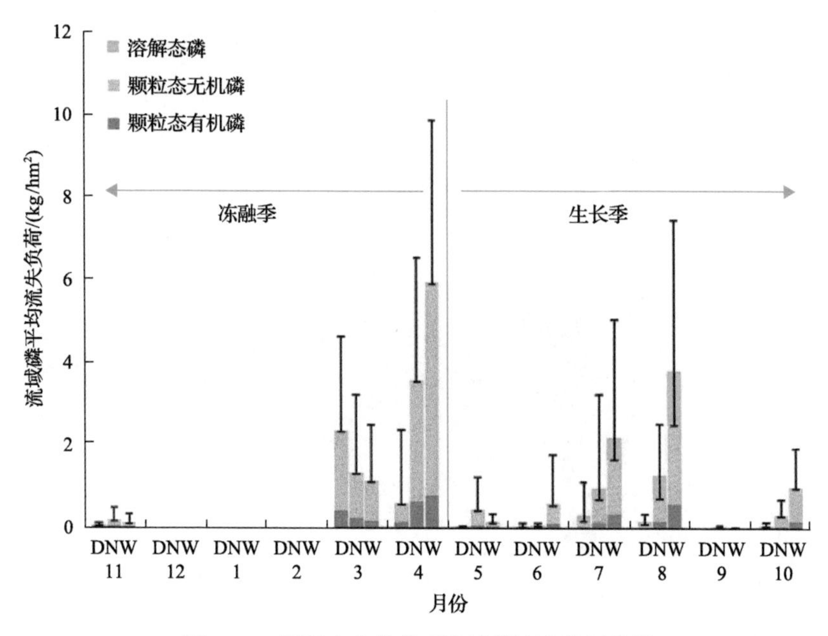

图 7-15　不同水文条件下流域磷流失特征分析

7.2.3　传统识别方法的关键源区分布

传统识别方法的分析结果表明(图 7-16)，1 级和 2 级关键源区和潜在源区是流域非点源污染形成的源头区域。氮和磷的三种风险区仅占据了流域面积的 38.23%和 39.56%，却贡献了流域 65.93%的总氮负荷和 65.77%的总磷负荷。其中 10 号和 19 号子流域既是氮素流失的 1 级关键源区，也是磷流失的 1 级关键源区。氮、磷的流失的低风险区和 3 级潜在源区的空间分布存在显著的异质性特征。氮的潜在风险源区为子流域 1 号、20 号和 21 号，而磷的潜在风险源区为子流域 1 号、2 号和 3 号。氮、磷潜在源区的年均流失负荷约为 15.98kg/hm^2 和 11.14kg/hm^2，同时贡献了流域 17.30%的总氮负荷和 18.55%的总磷负荷。相比之下，4 级及 5 级低风险区的氮、磷流失负荷显著低于前者，其年均单位流失负荷约为 7.32kg/hm^2 和 5.26kg/hm^2。

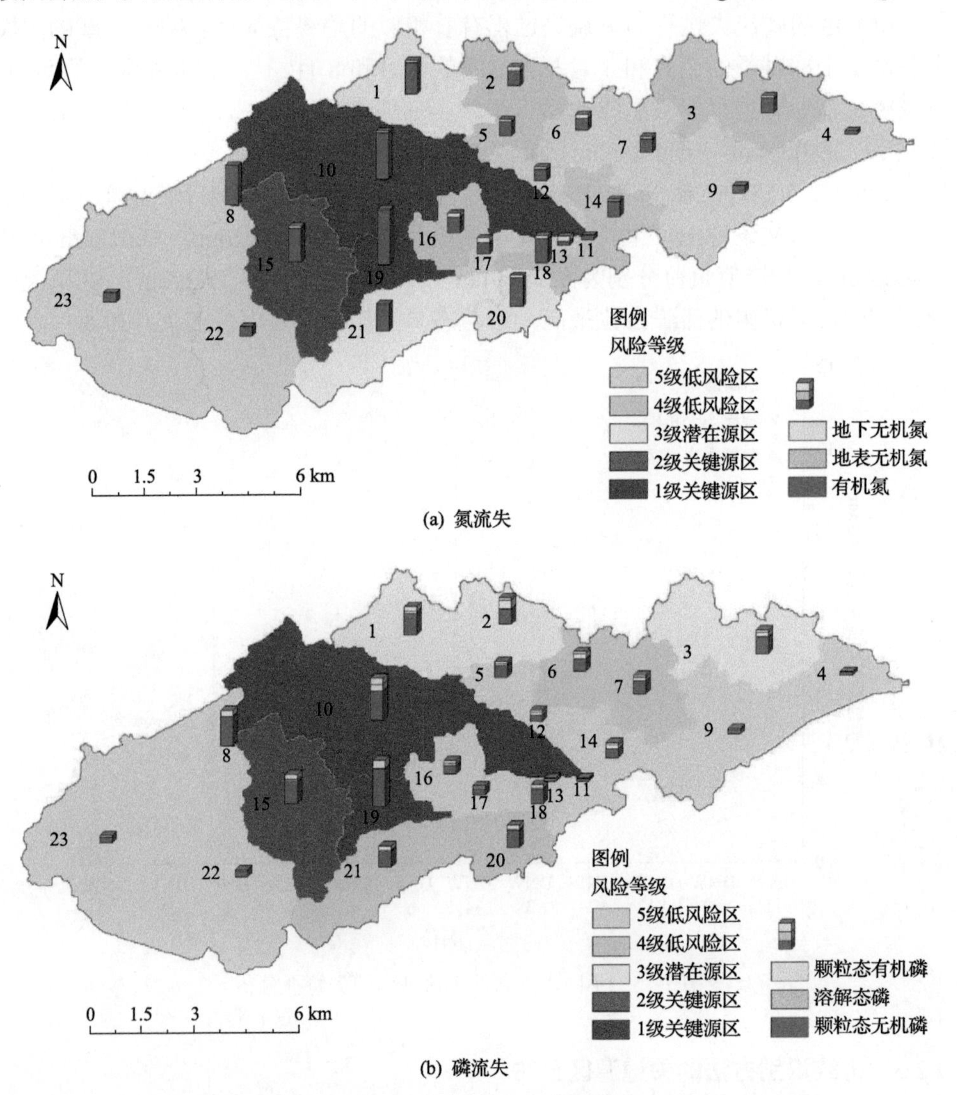

图 7-16 传统方法分析的氮、磷流失的关键源区的空间分布结果

在氮、磷流失的形态方面，氮素流失以有机氮为主，而磷素流失以颗粒态无机磷和有机磷为主。在流域尺度上，有机氮的流失量约占流域总氮流失负荷的 92.80%，而颗粒态无机磷、有机磷和溶解态磷的流失量分别占流域总磷输出负荷

的 72.21%、16.02%和 11.76%。在不同等级的氮、磷风险区中，各形态污染物的流失比例与流域整体趋势相当，无显著变化。以氮、磷 1 级关键源区为例，其有机氮和颗粒态无机磷的流失占比分别为 96.46%和 87.36%，与流域整体水平基本一致。

7.2.4　改进识别方法得到的关键源区分布

(1)冻融季氮、磷流失关键源区的时空分布

冻融季氮、磷流失关键源区的空间格局较为相似，其差异性主要体现在 3 级潜在源区和低风险区的空间分布上。此外，降雪量波动的影响主要体现在源区氮磷输出负荷上，而对关键源区空间分布的影响并不显著(图 7-17，图 7-18)。在枯、平、丰三种水文条件下，氮、磷 1 级关键源区的流失负荷分别从 11.65kg/hm^2 和 7.19kg/hm^2 升至 20.56kg/hm^2 和 17.41kg/hm^2；2 级关键源区的氮、磷流失负荷也从 8.01kg/hm^2 和 7.25kg/hm^2 升至 13.91kg/hm^2 和 11.92kg/hm^2。且 1 级和 2 级关键源区的氮、磷输出的负荷占比也趋于稳定，1 级氮、磷流失关键源区的输出负荷约占流域氮、磷总负荷 35%，2 级氮、磷关键源区的负荷约占流域负荷总量的 27%。

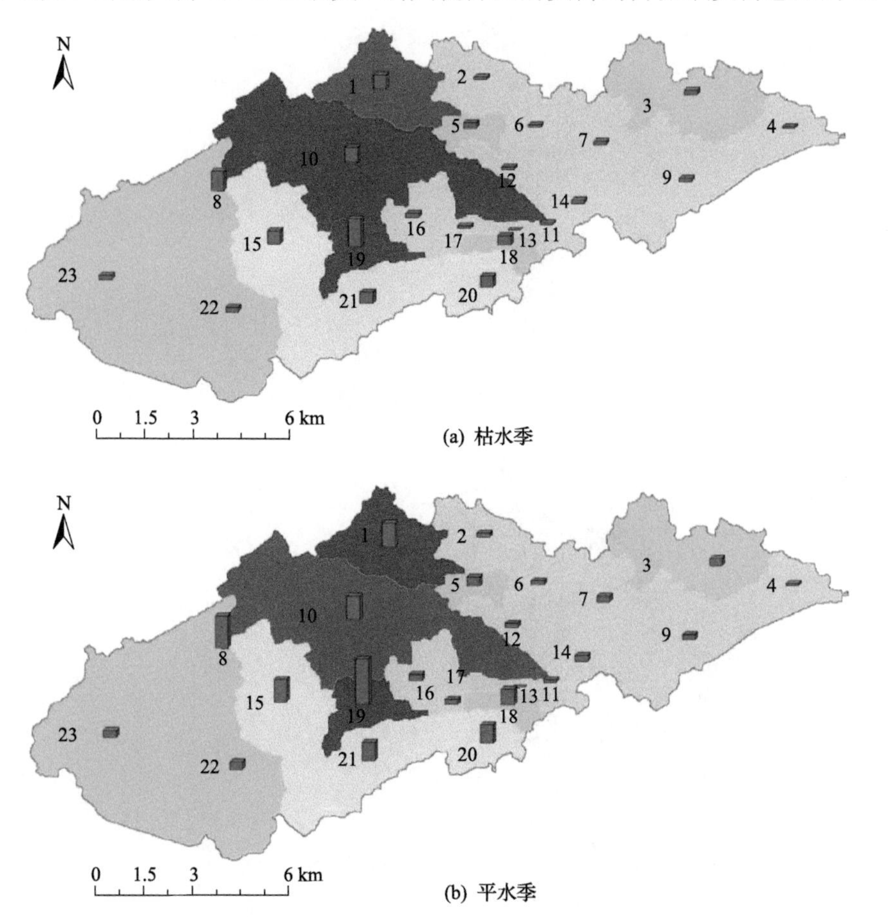

(a) 枯水季

(b) 平水季

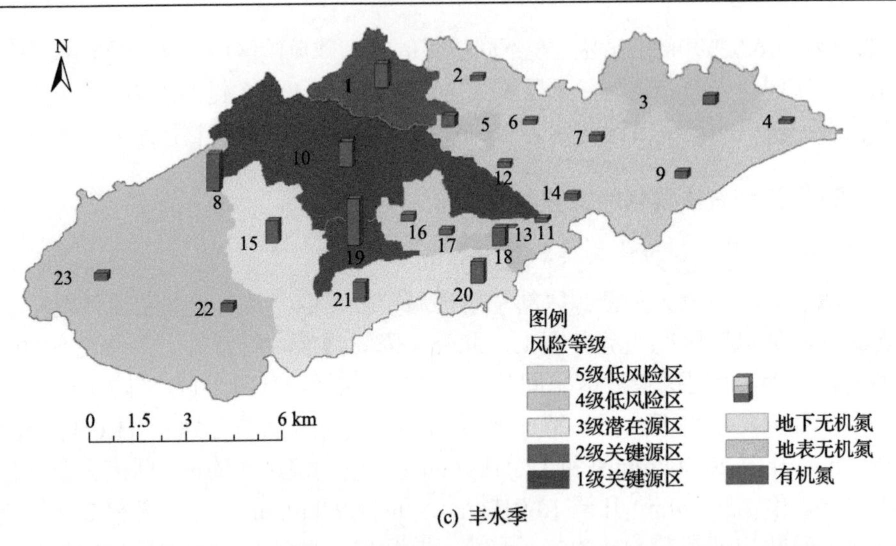

(c) 丰水季

图 7-17　冻融季枯、平、丰三种水文条件下氮流失关键源区的空间分布

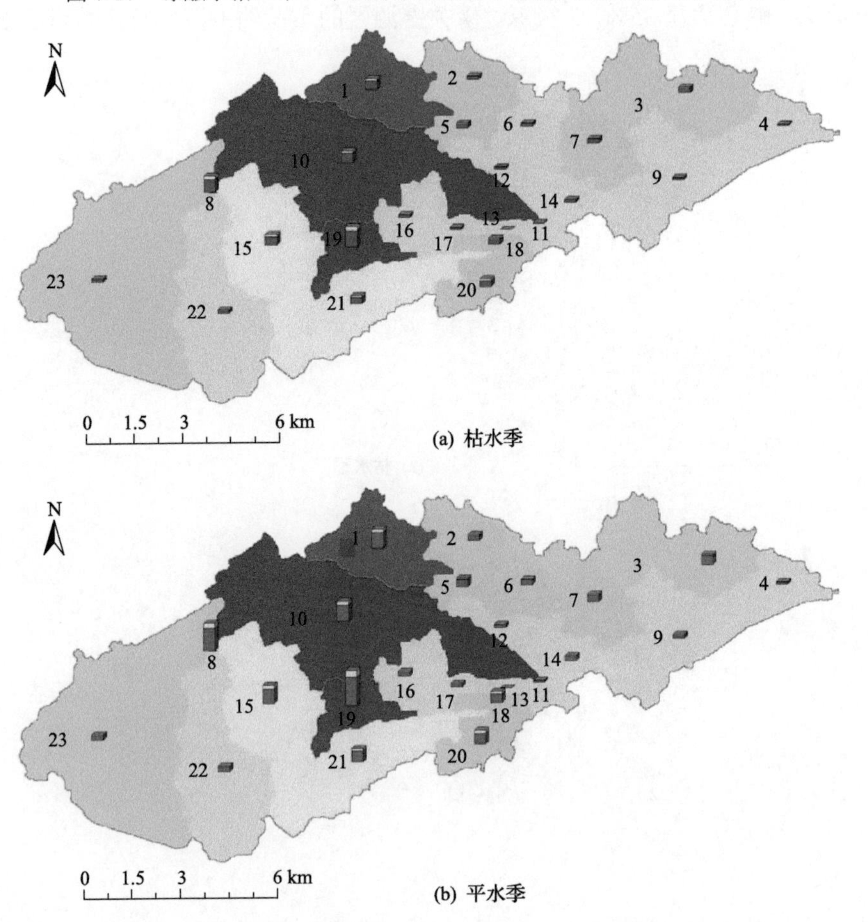

(a) 枯水季

(b) 平水季

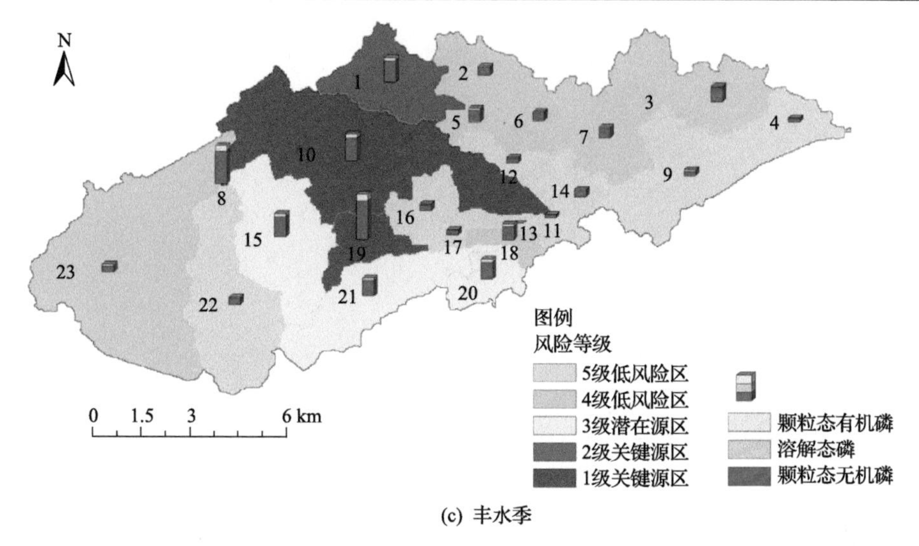

(c) 丰水季

图 7-18　冻融季枯、平、丰三种水文条件下磷流失关键源区的空间分布

氮、磷流失关键源区的时空分布并未呈现出显著的波动性特征，除平水季子流域 10 号和子流域 1 号的氮流失风险等级发生了变化，其他水文条件下，氮和磷的主要流失单元趋于稳定。其中，氮、磷的 1 级风险区均为子流域 10 号和 19 号，2 级风险区均为子流域 1 号。而在枯、平、丰三种水文条件下，氮、磷的三级潜在源区也稳定分布于 15 号、20 号和 21 号三个子流域当中，其波动性并不明显。此外，水文条件对冻融季关键源区和潜在源区的氮、磷流失形态的影响并不显著。氮的流失形态仍以有机氮为主，而磷则以颗粒态无机磷为主，颗粒态有机磷次之。

(2) 生长季氮、磷流失关键源区的时空分布

与冻融季相比，生长季的氮、磷流失关键源区的时空分异特征更为明显，降水对非点源污染的时空驱动效应也更加强烈(图 7-19)。从枯水季到丰水季，关键源区和潜在源区的氮流失负荷显著增加。其中 1 级关键源区和潜在源区的氮流失负荷分别从 2.63kg/hm^2 和 1.92kg/hm^2 提升至 26.06kg/hm^2 和 13.26kg/hm^2。在氮的流失形态方面，枯水季的氮流失过程以无机氮为主导，约占关键源区和潜在源区总氮负荷的 57.44%和 72.34%；而有机氮则主导了丰水季的氮流失过程，其中 1 级和 2 级及关键源区的有机氮负荷约占源区总氮负荷的 94.12%。

与此同时，在降水因子的驱动下，氮流失关键源区时空分布也发生了显著变化。从枯水季到丰水季的过渡过程中，子流域 2 号和 16 号的氮流失风险由 2 级关键源区降至潜在源区；子流域 17 号和 13 号则由 2 级关键源区降至 5 级低风险区；子流域 6 号和 7 号等潜在源区则降至 4 级低风险区。相较而言，部分子流域的风险等级也出现一定程度的提升，其中子流域 15 号和 19 号的风险等级分别由枯水季的 4 级和 5 级低风险区提升至丰水季的 2 级关键源区和 3 级潜在风险区。

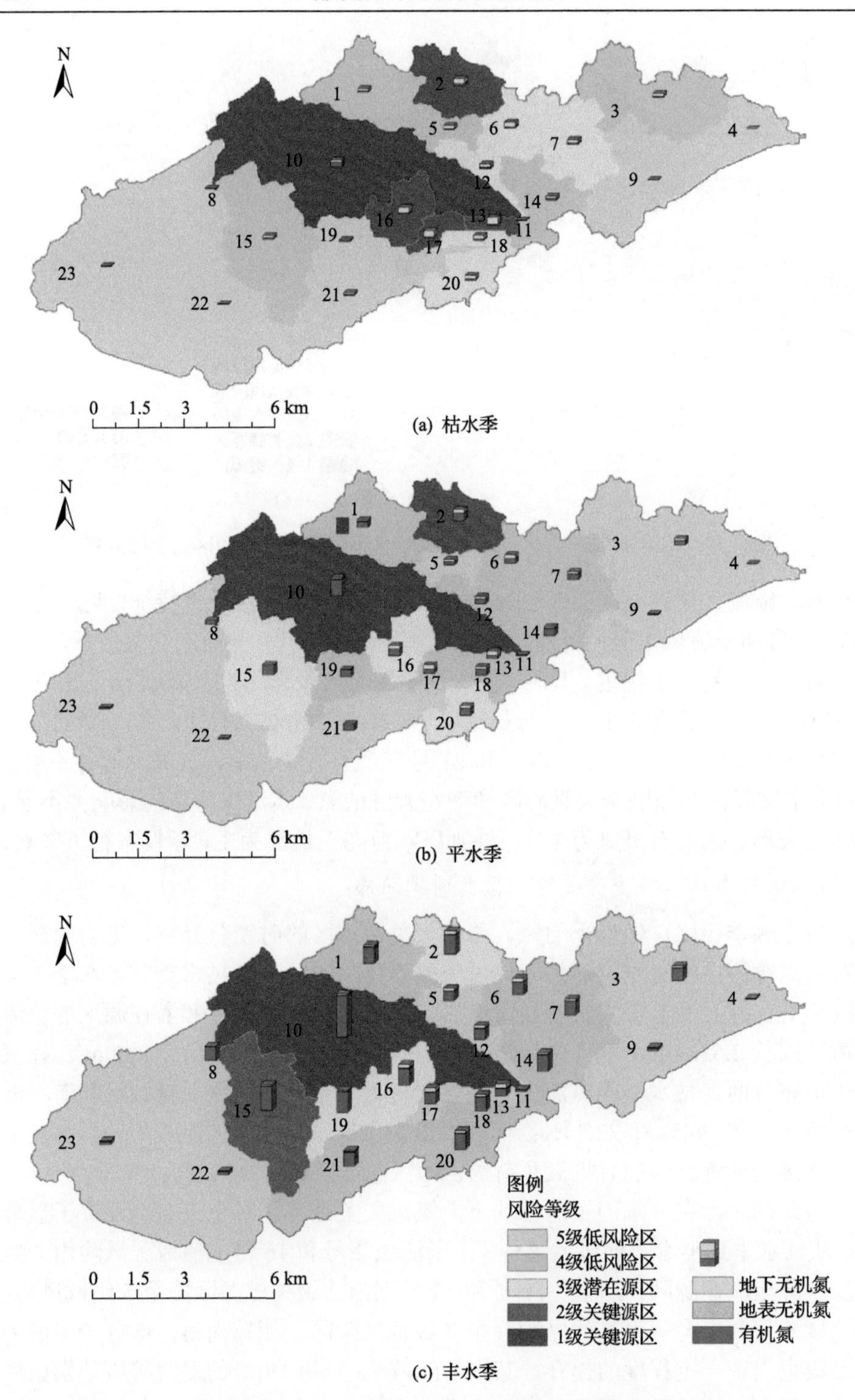

(a) 枯水季

(b) 平水季

(c) 丰水季

图 7-19 生长季枯、平、丰三种水文条件下氮流失关键源区的空间分布

生长季的磷流失关键源区在不同水文条件下的波动性有所减弱，但关键源区负荷增量依旧显著(图 7-20)。1 级关键源区的磷流失负荷由枯水季的 1.52kg/hm^{2}增加至丰水季的 18.59kg/hm^2。在关键源区的磷流失形态方面，水文条件对颗粒态有机磷的输出影响较小。在枯、平、丰三种水文条件下，颗粒态有机磷占比一直稳定在关键源区总磷负荷的 14%～16%；而颗粒态无机磷比例则由 45.45%增加至 55.54%，溶解态磷的比例由 39.77%减少至 28.72%。

在磷流失关键源区的空间分布方面，子流域 10 号的磷流失风险最高，在枯、平、丰三种水文条件下均属于 1 级关键源区，其总磷负荷约占流域总负荷的 37.19%～42.15%。随着降水量的增加，子流域 2 号磷流失风险显著攀升，由枯水季的 3 级潜在风险源区提升至丰水季的 2 级关键源区；子流域 15 号的风险等级也由 4 级低风险区提升至 3 级潜在源区。子流域 3 号和子流域 6 号的磷流失风险相对稳定，在三种水文条件下均属于潜在源区。

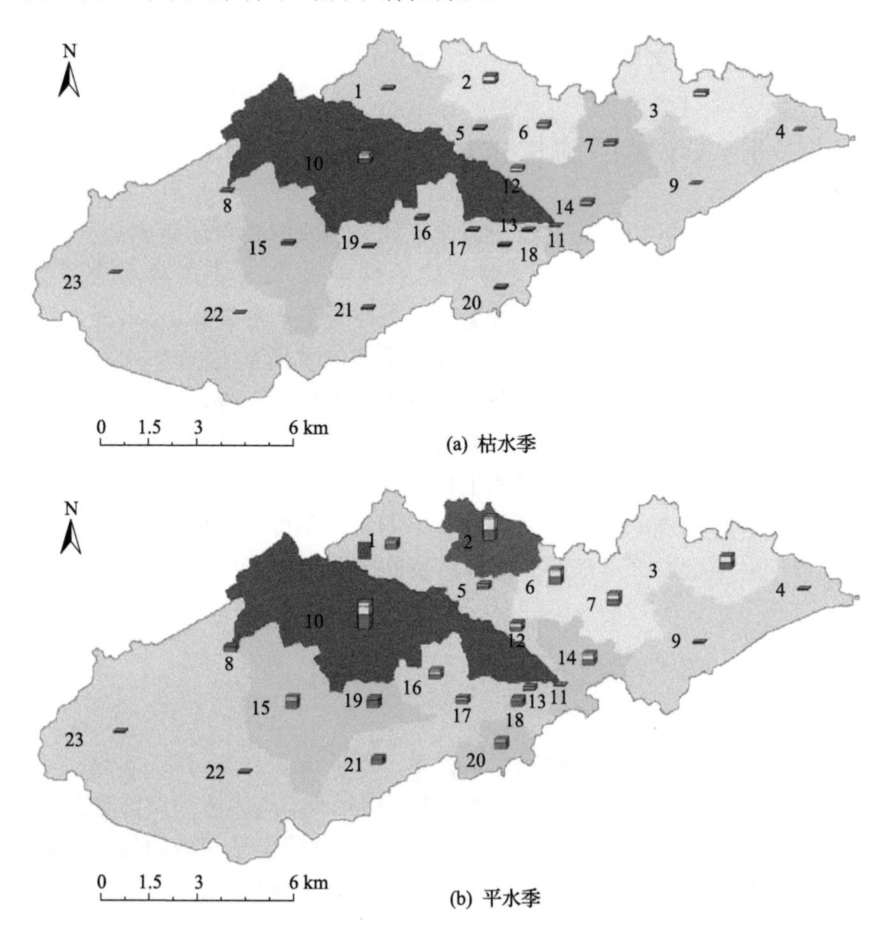

(a) 枯水季

(b) 平水季

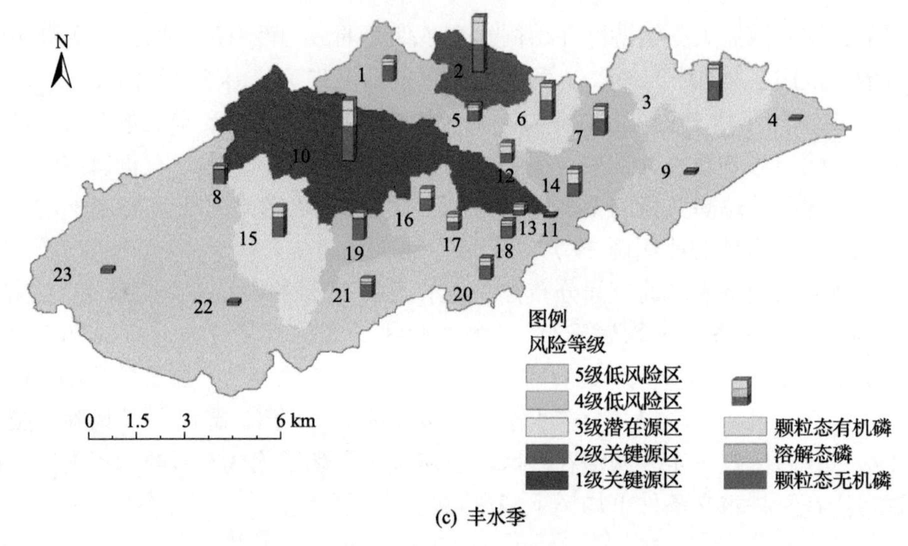

(c) 丰水季

图 7-20　生长季枯、平、丰三种水文条件下磷流失关键源区的空间分布

7.3　基于最佳管理措施优选的关键源区旱田非点源污染控制

目前，在关键源区统一布设单一最佳管理措施或组合管理措施是一种较为常见的应对方法。但是该类方法没有考虑不同子流域的非点源污染风险等级(Syversen, 2002)，同时也缺乏措施对季节适用性的基本考量(Roseen et al., 2009)。特别是在冻融农区，剧烈的温差变化可能令措施的效果发生波动，因此在选择措施的过程中应对年季温差所带来的潜在影响进行考虑。此外，对于水旱交错的集约化农区中水田与旱田非点源污染形成规律的不同，也有必要采取针对性的管理措施。因此，考虑到旱田在冻融季和生长季污染物输出特性的差异，提出了适宜研究区的最佳管理措施的优选方法，并对不同水文条件下措施效果的波动性进行了分析，以期对冻融农区旱田的非点源污染的控制提供指导方法。

7.3.1　技术方法

1. *方法流程*

首先，选择枯、平、丰三种水位条件下，子流域非点源污染风险最为严重的情形作为该子流域非点源污染风险等级。当子流域氮、磷的流失风险存在差异时，基于最不利原则，选择氮、磷流失风险最大者，据此确定子流域的最终风险等级。其次，基于文献调研，得到常用最佳管理措施的运行效果，并通过调查问卷和场地调研等形式对措施的有效性和适用性进行验证。最后，通过综合评定结果，构建措施效果与子流域环境风险和气候特征相符的非点源污染防治模式(图 7-21)，即将优选后的措施依据其效果和季节适应性分别用于旱田冻融季和生长季的关键源区和潜在源区当中[式(7-28)]。

$$P=\begin{pmatrix} C_{\mathrm{F,h}} & \leftarrow & B_{\mathrm{F,h}} \\ C_{\mathrm{F,m}} & \leftarrow & B_{\mathrm{F,m}} \\ C_{\mathrm{F,l}} & \leftarrow & B_{\mathrm{F,l}} \end{pmatrix} \cup \begin{pmatrix} B_{\mathrm{G,h}} & \rightarrow & C_{\mathrm{G,h}} \\ B_{\mathrm{G,m}} & \rightarrow & C_{\mathrm{G,m}} \\ B_{\mathrm{G,l}} & \rightarrow & C_{\mathrm{G,l}} \end{pmatrix} \tag{7-28}$$

式中，P 为关键源区针对旱田的最佳管理措施布设方法；$C_{\mathrm{F,h}}$、$C_{\mathrm{F,m}}$、$C_{\mathrm{F,l}}$ 和 $C_{\mathrm{G,h}}$、$C_{\mathrm{G,m}}$、$C_{\mathrm{G,l}}$ 分别为在冻融季和生长季非点源污染流失风险具有较高、一般和较低水平氮、磷流失风险的子流域；$B_{\mathrm{F,h}}$、$B_{\mathrm{F,m}}$、$B_{\mathrm{F,l}}$ 和 $B_{\mathrm{G,h}}$、$B_{\mathrm{G,m}}$、$B_{\mathrm{G,l}}$ 分别为在冻融季和生长季具有较高、一般和较低非点源污染控制效果的措施。

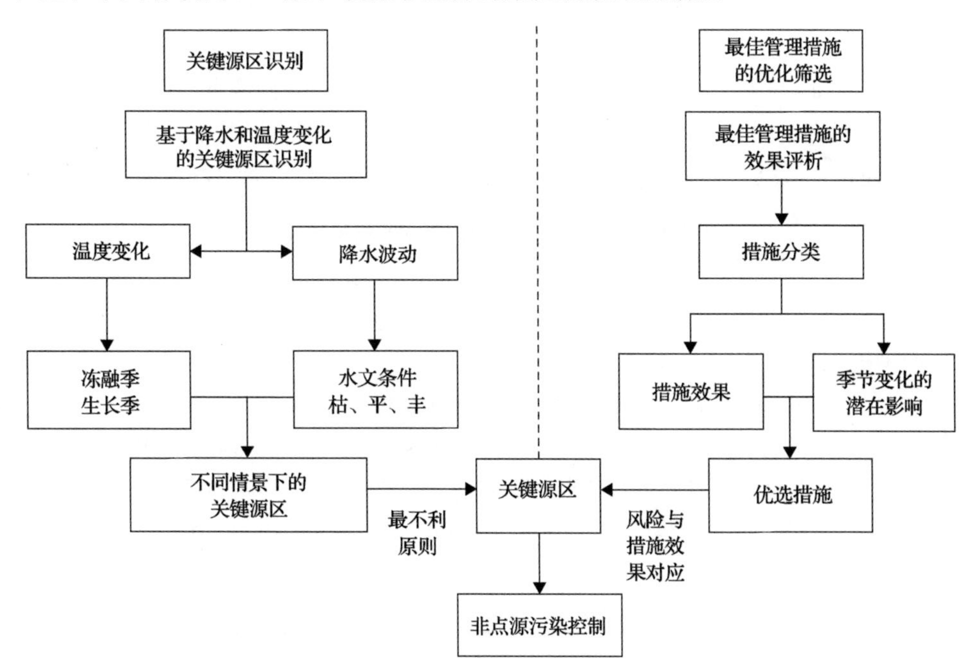

图 7-21　最佳管理措施在关键源区旱田中的布设流程

2. 关键源区的筛选结果

确定冻融季和生长季的氮、磷流失源区后，基于最不利原则选择，进一步确定 1 级和 2 级关键源区及 3 级潜在源区的目标子流域。即当某子流域的氮、磷流失风险等级不一致时，择其最高风险等级作为目标子流域的风险等级。结果如表 7-4 所示，在冻融季，氮和磷的关键源区的目标子流域一致，而生长季的氮和磷的关键源区及潜在源区分布较为复杂。其中，生长季的 2 级关键源区和潜在关键源区数量显著高于冻融季。

表 7-4　关键源区和潜在源区的划分结果

关键源区等级	冻融季			生长季		
	氮流失源区	磷流失源区	目标子流域	氮流失源区	磷流失源区	目标子流域
1	10, 19	10, 19	1	10, 19	10, 19	1
2	1	1	2	1	1	2
3	15, 20, 21	15, 20, 21	3	15, 20, 21	15, 20, 21	3

3. 最佳管理措施的优选

在选择最佳管理措施时，必须着重考量下列几个因素：区域环境政策、农业开发及管理方式、气候特征、附近农民和技术人员的意愿及倾向(Giri and Nejadhashemi, 2014)。基于前人研究的结论，本研究选取了 8 种流域管理措施中适用于旱田非点源污染控制技术作为备选措施，并以调查问卷和现场咨询的方式向当地种植户及科技人员进行咨询，以确定措施的可行性(表 7-5)。基于调研反馈和相关建议，最终选定 4 种可行措施：退耕还林、植被缓冲带、减量施肥和免耕。

表 7-5　针对备选最佳管理措施的意见和反馈

措施名称	建议	建议
植被缓冲带	措施灵活有效，可以用简单的本地植物作为缓冲带的植被	采用
等高耕作	研究区坡耕地较少，难以发挥作用	不推荐
免耕	方面简单有效，是目前示范区推广的一种技术方法	采用
雨水塘	土工量大，需要对大量泥土进行处理，且难于衡量池体容积，在干旱时节空置期长	不推荐
减量施肥	经济有效的一种措施，在实验区已有推广，试验田内减少施肥量 20%目前无减产迹象	采用
退耕还林	退耕还林是当地政府鼓励的一项环保措施，并要求坡度大于 9°的耕地进行推广	采用
秸秆覆盖	未经粉碎的秸秆不易腐烂，且阻碍机械耕作	不推荐
重建湿地	技术不成熟，在当地未有先例	不推荐

为了优化最佳管理措施在关键源区内的布设，需要对其基本的非点源污染控制效果进行评价。采用文献调研法，对上述四种方案的具体效果进行总结(表 7-6)。

表 7-6　常用最佳管理措施对氮和磷的平均去除效果　(单位：%)

措施名称	平均总氮去除率	平均总磷去除率	措施效果
退耕还林	37.7	35.7	高
植被缓冲带	27.2	26.5	适中
减量施肥	7.5	7.0	低
免耕	8.4	7.6	低

其中，退耕还林措施在土壤侵蚀防控和流域非点源污染控制过程中有着广泛的应用前景。由于该措施能够从源头上对非点源污染进行控制，因此在冻融季和生长季对非点源污染都有较好的控制效果。鉴于退耕还林措施有良好的季节适应性和非点源污染控制效果，适宜将其作为 1 级关键源区在冻融季和生长季的非点源污染管理办法。考虑到坡耕旱地对流域非点源污染的贡献更为突出，宜将退耕还林措施应用于坡度大于某些限值的区域。基于 1984 年中国农业区划委员会颁发的《土地利用现状调查技术规程》中提到的有关指导意见：2°～6°坡地易发生轻度水土流失，6°～15°坡地可发生中度土壤侵蚀，本研究共设置了 2 种情景：①对 1 级关键源区中坡度大于 6°的旱田进行退耕还林(S6)；②对 1 级关键源区中坡度大于 2°的旱田进行退耕还林(S2)。

缓冲带的非点源氮和磷的控制效果差异较小，且效果适中，因此可以作为 2 级关键源区的非点源污染控制措施。结合研究区的田块的实际条件，最终设定了 5m 缓冲带(B5)和 10m 缓冲带(B10)两种模拟情景。基于之前的相关研究，植被缓冲带的非点源氮、磷削减效果与缓冲带宽度和季节变化显著相关(Ullrich and Volk, 2009)。由于 SWAT 模型并没有考虑冻融期缓冲带非点源污染控制能力下降的问题，因此本研究基于先前研究结论，给 5m 宽的缓冲带在冻融季的非点源污染控制能力赋予了 0.7 的折减系数(Syversen, 2005)。而对于 10m 及更宽的缓冲带，密集的植物残枝的截流作用依旧可以有效补偿土壤吸附和渗透性能不足所带来的控制效果的衰减，因此在 10m 及以上的缓冲带在冻融季和生长季的效果并无显著差异(Kuusemets and Mander, 1999)。

减量施肥和免耕措施因其相对较低的非点源污染控制效果被作为潜在源区的控制措施。旱田化肥的施用集中于作物生长季，而免耕措施可以减弱秋翻地对土壤结构的破坏、降低冻融侵蚀风险(Cameron et al., 2013)，因此减量施肥和免耕措施可分别作为冻融季和生长季的非点源控制技术。综合粮食产量、环境效益和研究区现有实验结论，本研究共模拟了化肥施用量减少 10%(RFA10%)和化肥施用量减少 20%(RFA20%)两种情景(Wang et al., 2015)。对于在冻融季和生长季都被选为关键源区的子流域，减量施肥和免耕将作为组合措施同时应用。子流域内最佳管理措施的最终布设方法见表 7-7。

表 7-7　最佳管理措施在目标子流域内的布置

关键源区风险等级	冻融季		生长季	
	目标子流域	应对措施	目标子流域	应对措施
1 级关键源区	10, 19	退耕还林	10	退耕还林
2 级关键源区	1	缓冲带	2, 13, 15, 16, 17	缓冲带
3 级潜在源区	20, 21	免耕	3, 6, 7, 12, 18, 20	减量施肥

7.3.2 退耕还林措施在不同情景下对旱田非点源污染的削减效果分析

1. 1级关键源区旱田的氮磷流失强度分析

1 级关键源区在冻融季的非点源氮、磷负荷显著高于生长季，且随着降雪量的增加，关键源区的非点源氮、磷流失量显著增加(图 7-22)。冻融季中 1 级关键源区旱田在枯、平、丰三种水文条件下的季均非点源氮流失负荷大于磷流失负荷。从 1 级关键源区旱田的季均非点源氮、磷负荷的波动性分析，氮、磷在冻融季的负荷波动性相当。1 级关键源区旱田在生长季的季均氮流失负荷仍高于磷，且随着降雨量的增加，非点源氮、磷的输出显著增强。生长季中关键源区旱田的氮流失负荷的波动性略高于磷。

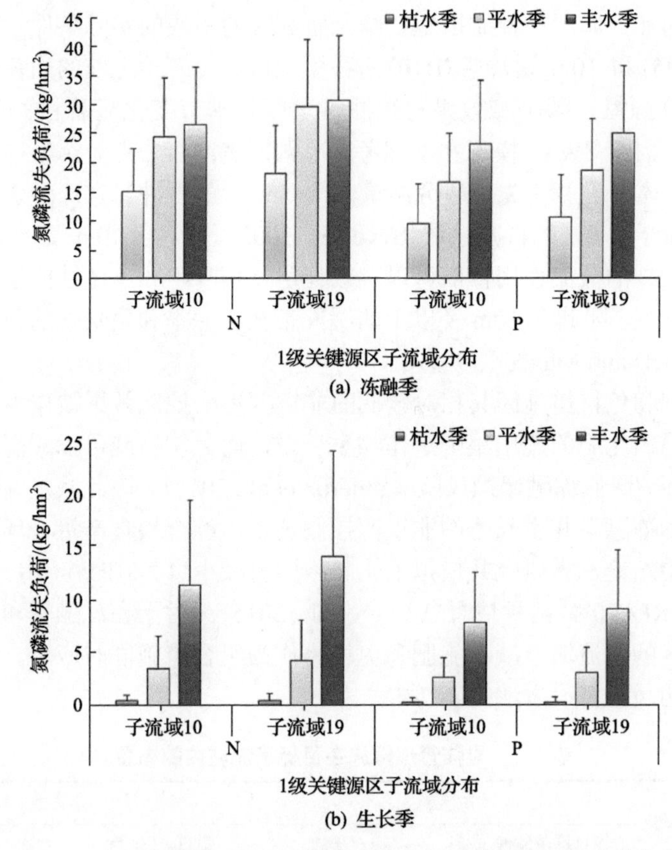

图 7-22　1 级关键源区旱田在冻融季和生长季的非点源氮、磷负荷

2. 退耕还林措施对关键源区旱田的非点源氮、磷的削减效果

退耕还林措施对关键源区旱田氮、磷负荷的削减量随着降水的增多而显著提

升(图 7-23)。在 S6 情景下(将坡度大于 6°的旱田进行退耕还林)，虽然 1 级关键

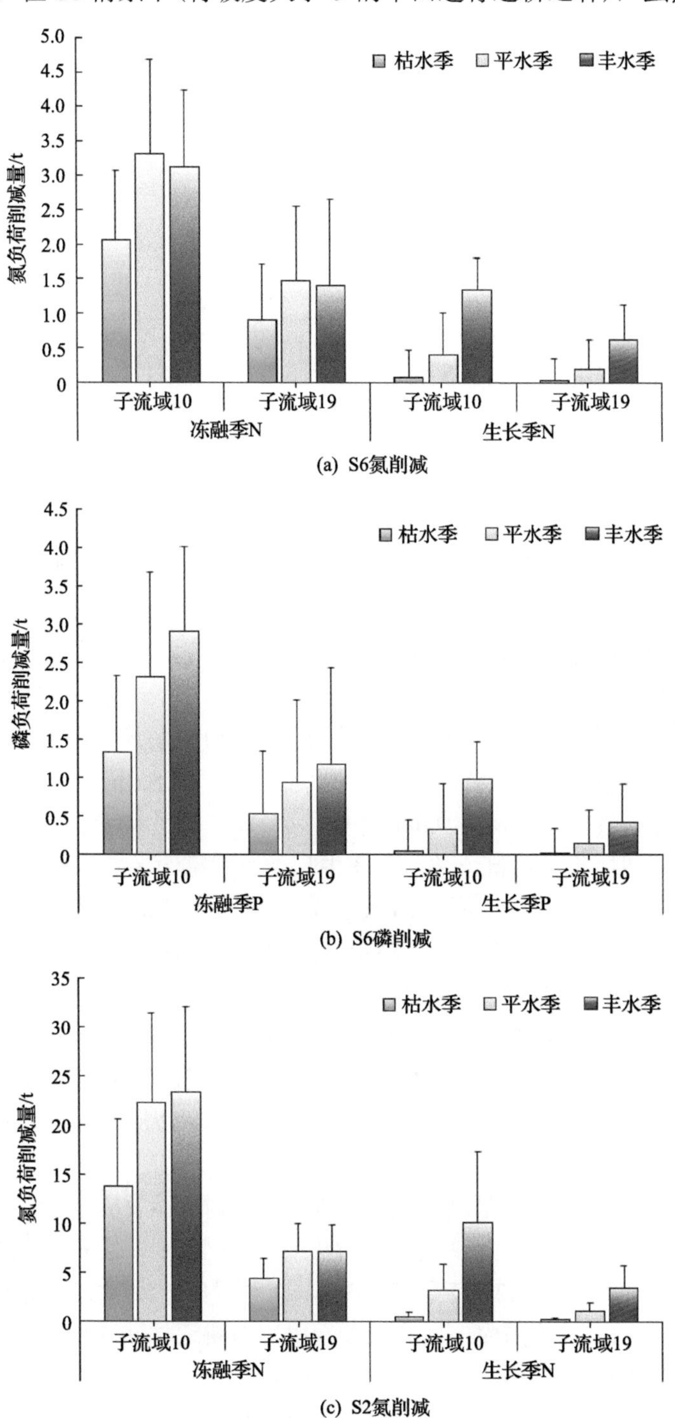

(a) S6氮削减

(b) S6磷削减

(c) S2氮削减

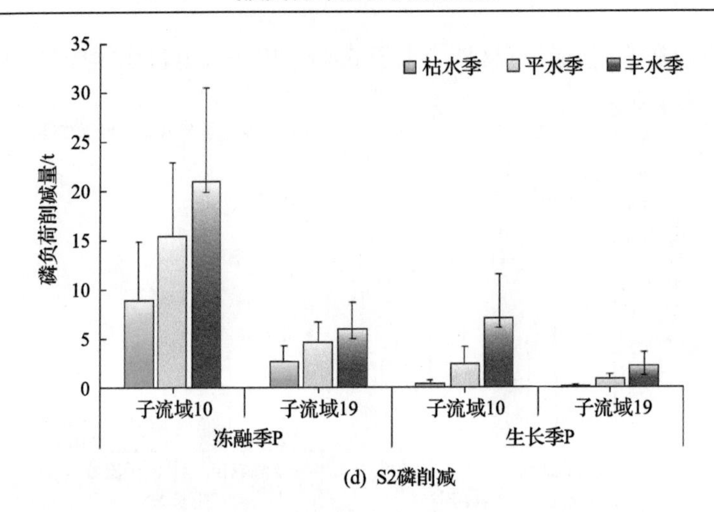

(d) S2磷削减

图 7-23　退耕还林措施在不同水文条件下对旱田非点源氮、磷的削减量

源区子流域 10 和子流域 19 的氮、磷削减量存在显著差异，但退耕还林措施在冻融季的氮、磷削减量均显著高于生长季。其中，从枯水季到丰水季，退耕还林措施 S6 在冻融季的季均氮负荷削减量由 1.48t 提升至 2.26t，季均磷负荷削减量由 0.93t 提升至 2.03t；退耕还林措施 S6 在生长季的季均氮负荷削减量由 0.04t 提升至 0.97t，季均磷负荷削减量由 0.03t 提升至 0.70t。

S2 情景下(将坡度大于 2°的旱田进行退耕还林)退耕还林的氮、磷负荷削减量虽然显著高于 S6 情景(图 7-23)。从枯水季到丰水季，S2 情景下退耕还林措施在冻融季的季均氮负荷削减量由 9.08t 提升至 15.31t，季均磷负荷削减量由 5.70t 提升至 13.41t；S2 情景下退耕还林措施在生长季对关键源区旱田的氮负荷削减量由 0.27t 提升至 6.70t，季均磷负荷削减量由 0.19t 提升至 4.62t。

在 S2 和 S6 两种情景下退耕还林措施旱田氮、磷流失的削减率在枯、平、丰三种水位条件下均能保持较为稳定的水平(图 7-24)。在 S6 情景下，退耕还林措施在生长季和冻融季的旱田的非点源氮、磷的削减效率差别较小，且基本不受水文条件变化的影响。在生长季，S6 情景下退耕还林措施对关键源区旱田氮负荷削减率稳定在 13.12%～13.38%范围内，而对旱田磷流失的平均削减率则稳定在 10.67%～10.82%的区间范围内。

在 S2 情景下退耕还林措施的氮、磷削减率得到了显著提升，但在不同水文条件下，氮磷削减率的差异性仍较小。在生长季，S2 情景下退耕还林措施对旱田氮的负荷的平均削减由 79.62%降至 77.23%，而对旱田磷流失的平均削减率则稳定在 77.35%～77.81%的范围内，由此可以看出，退耕还林在 S2 情景下对氮、磷的削减效果的差异不大。

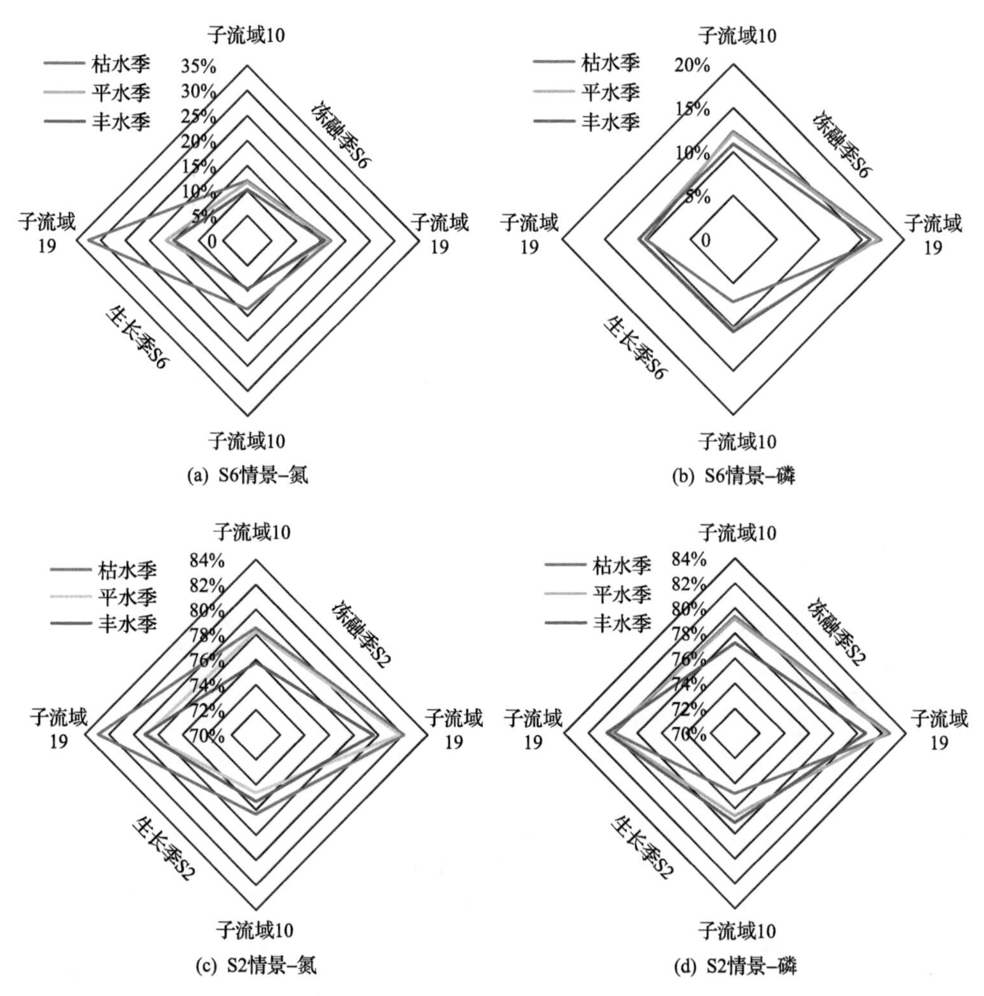

图 7-24　退耕还林措施在不同水文条件下对旱田非点源氮、磷的削减率

3. 退耕还林措施在不同情景下对旱田非点源氮磷的削减效果分析

退耕还林措施在枯平丰三种水文条件下都能发挥较为稳定的非点源氮、磷削减效果，且非点源氮、磷负荷的削减率与降水强度并无显著的相关特征(图 7-25)。同在退耕还林 S6 模式或退耕还林 S2 模式下，季节变化对氮、磷的削减效果并无显著影响，二者互为孤立散点。这主要是旱田的非点源氮磷输出过程与降水变化有着紧密的响应关系，在降雨或降雪增加的过程中，原退耕还林区域旱田的氮磷流失量与其他旱田有着相似的增加过程。在管理方式高度一致和集中的集约化农区，该种趋势更为类似。因此在降水或降雪增加而导致非点源氮、磷输出增加方面，退耕还林能够保持相似的非点源氮、磷削减效果。

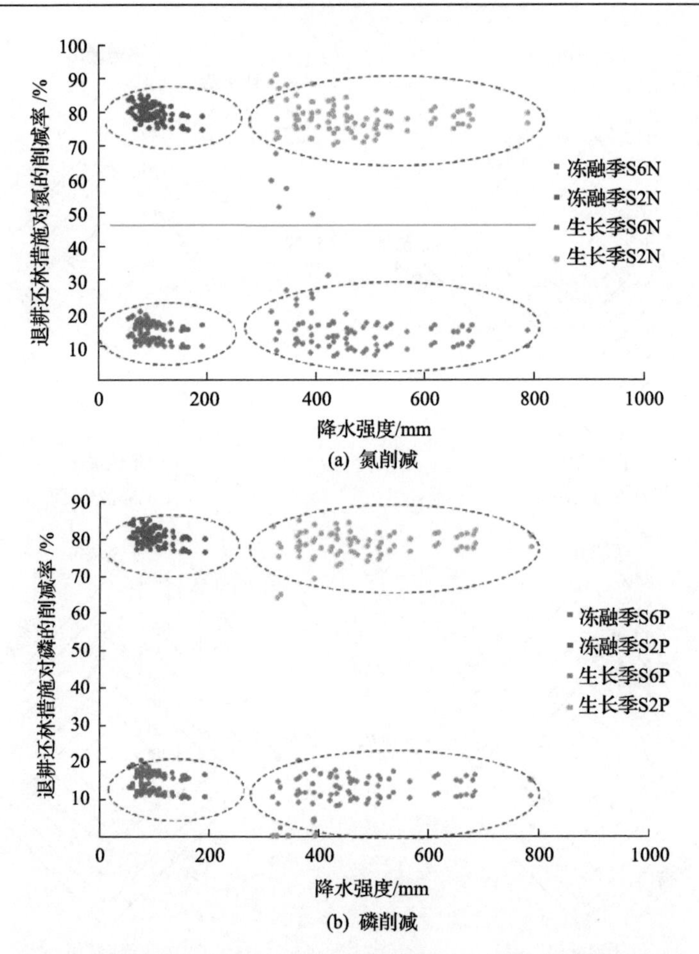

(a) 氮削减

(b) 磷削减

图 7-25　退耕还林措施在不同情景下对旱田非点源氮、磷的削减率

经 Pearson 相关分析的结果表明，退耕还林措施对关键源区旱田氮的削减效和磷的削减效果在 0.05 水平上显著相关，这主要是受到下述因素的影响：农场旱田种植以大豆为主，含氮肥料偏少；研究区土壤为肥沃的黑土，氮、磷多以有机态和颗粒态的形式储存在土壤中；降水增加主要加剧的是土壤侵蚀过程，对本研究而言，主要是颗粒态氮、磷的流失；加之退耕还林主要作用于对土壤侵蚀的控制。因此，退耕还林措施在不同情景下对旱田非点源氮和非点源磷的削减率有着较强的相关性。

单位退耕还林面积对旱田非点源氮、磷的削减效果随退耕坡度的增加而降低(图 7-26)。冻融季中 S6 情景的所得到的单位退耕还林面积收益的箱体的上下四分位值及均值均高于 S2 情景，这表明在冻融季在较高坡度的旱田进行退耕还林具有更高的收益性。而在生长季中箱体在平水季和丰水季的高度及四分位间距逐渐收窄(图 7-27)，这表明随着降雨强度的增加，旱田低坡度耕地的土壤氮、磷流失加剧，导致在坡耕地进行退耕的收益降低。而在枯水季，单位退耕还林面积对氮削减率在 S6 情景下的箱体的四分位间距显著大于 S2 情景，这主要是因为生长季降水较少时，土壤侵蚀相对较轻，氮的流失过程以肥料流失为主，在高坡度、高产流量的坡地进行退耕能够获得更好的非点源氮的控制效果。

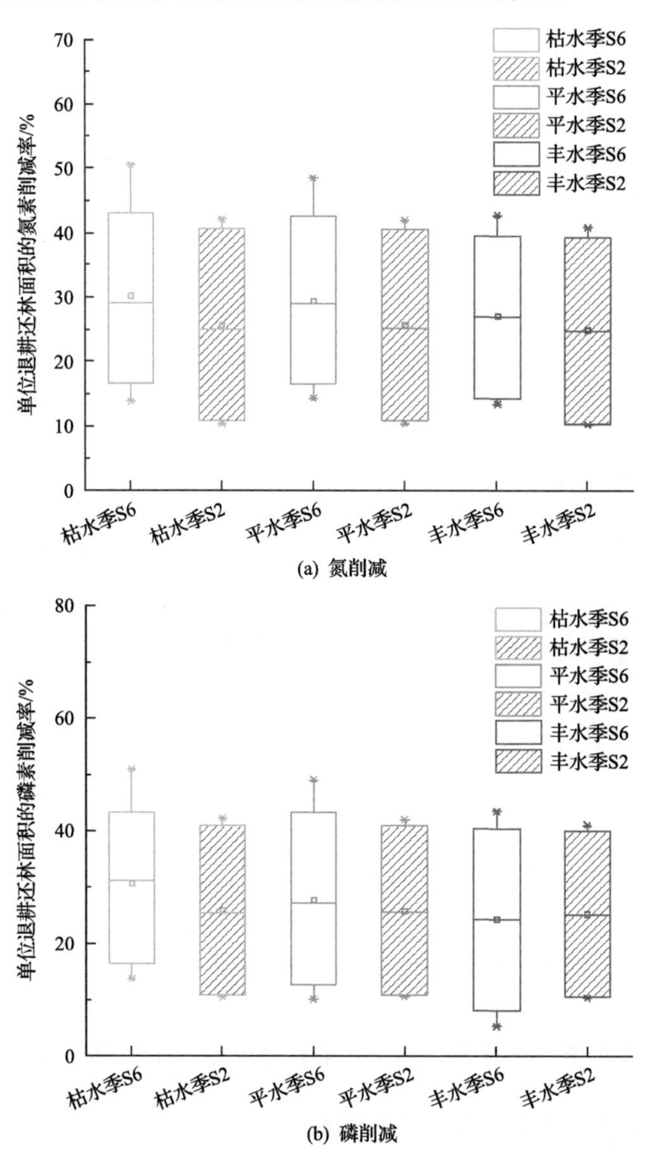

图 7-26　冻融季不同情景下单位退耕还林面积的氮、磷削减效果

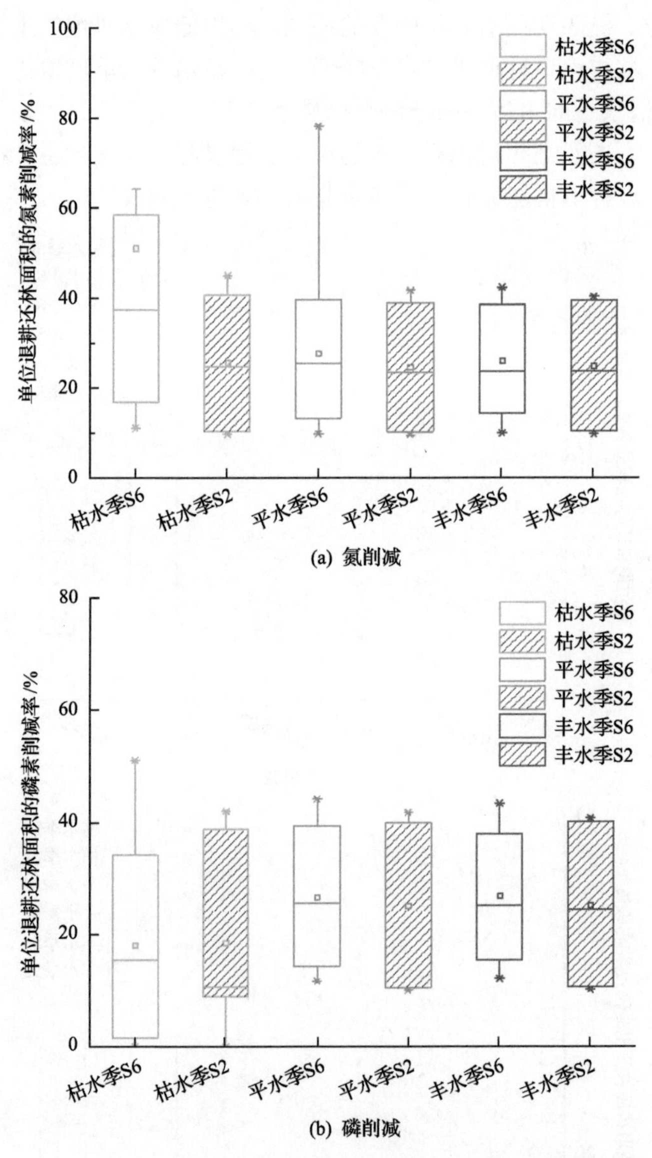

图 7-27　生长季不同情景下单位退耕还林面积的氮、磷削减效果

7.3.3　植被缓冲带在不同情景下对旱田非点源污染的削减效果分析

1. 2 级关键源区旱田的氮磷流失强度分析

2 级关键源区旱田在冻融季的非点源氮、磷流失量显著高于生长季(图 7-28)。冻融季中旱田的非点源氮、磷负荷随降水的增加而提升。从平水季向丰水季的过

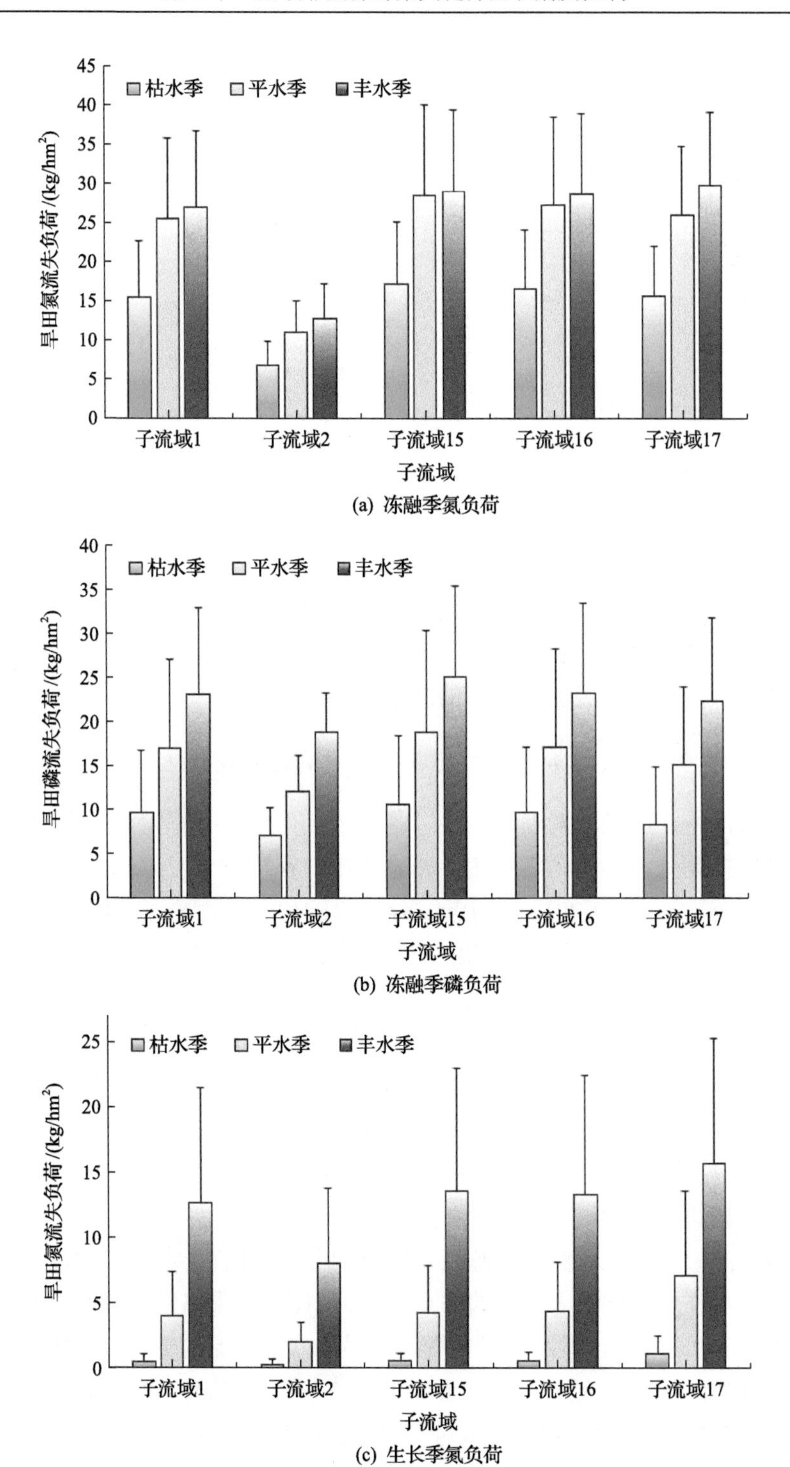

(a) 冻融季氮负荷

(b) 冻融季磷负荷

(c) 生长季氮负荷

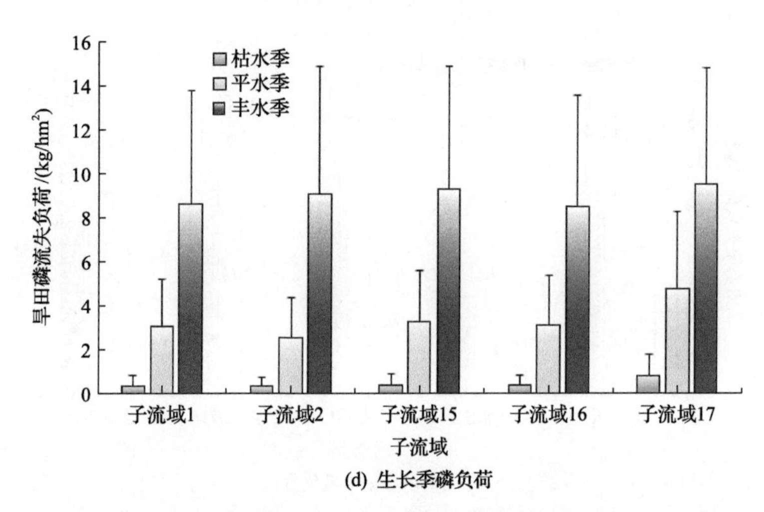

(d) 生长季磷负荷

图 7-28　2 级关键源区旱田在冻融季和生长季的非点源氮、磷负荷

渡过程中，旱田磷流失的增幅显著高于氮。2 级关键源区在冻融季的非点源氮、磷流失强度的波动性水平相当。生长季旱田的非点源氮、磷负荷低于冻融季。生长季中关键源区旱田的氮流失负荷的波动性略高于磷。

2. 植被缓冲带对关键源区旱田的非点源氮磷的削减效果

植被缓冲带在冻融季对非点源氮、磷的控制效果十分稳定，且在不同水文条件下的氮磷控制效率相当。其中 5m 缓冲带(B5)在冻融季对旱田氮、磷的削减率约稳定在 41%左右(图 7-29)。而 10m 缓冲带(B10)对冻融季旱田的控制效果有明显提升，其对旱田非点源氮、磷的削减率稳定在 71%～72%。由于缓冲带在冻融季的非点源污染控制效果相对稳定，因此随着降水的增加，缓冲带对旱田氮磷的总量控制效果显著提升。在枯、平、丰三种条件下，5m 缓冲带可截流 2 级关键源区旱田的氮负荷分别为 6.32t、10.42t 和 10.86t，而 10m 缓冲带在相同水文条件下的氮截流量分别可达 11.10t、18.29t 和 19.06t。在 B5 情景下，缓冲带在三种水文条件下的对应磷阻滞量分别为 3.21t、5.65t 和 7.70t，在 B10 情景下，缓冲带对旱田磷的削减量约为 7.10t、12.50t 和 17.03t。

植被缓冲带在生长季对非点源氮、磷的控制效果具有一定的波动性(图 7-30)。缓冲带在枯水季对关键源区旱田的非点源氮、磷控制效果略低于平水季和丰水季。从枯水季到丰水季，5m 缓冲带对关键源区旱田非点源氮的平均削减率从 40.67%提升至 58.62%；而 5m 缓冲对非点源磷的平均削减率从 45.64%增加至 59.16%。当缓冲带长度增加至 10m 时，措施对旱田氮、磷的削减效果进一步提升。在枯、

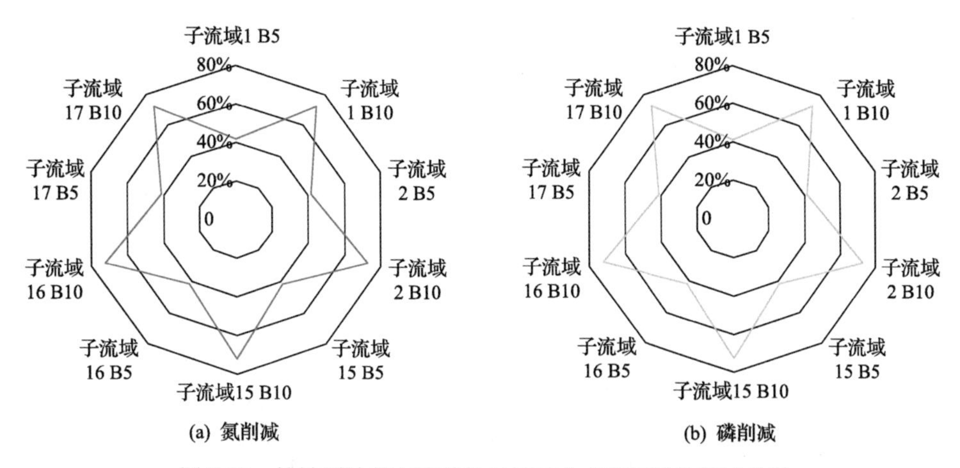

图 7-29　植被缓冲带在冻融季对旱田非点源氮磷的削减效果

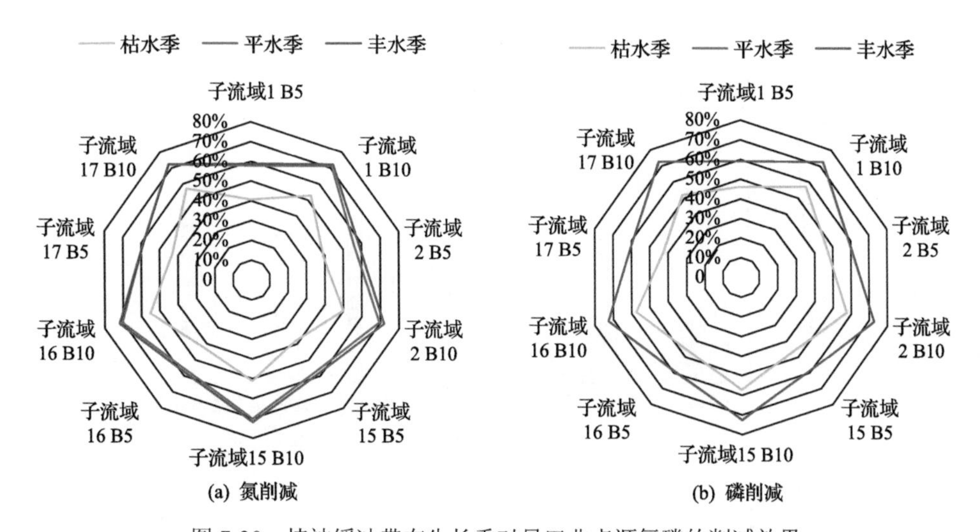

图 7-30　植被缓冲带在生长季对旱田非点源氮磷的削减效果

平、丰三种水文条件下，10m 缓冲带在生长季对旱田非点源氮的平均削减率为分别为 53.18%、70.74%和 72.11%；相同水文条件下，10m 缓冲带的磷负荷削减率分别为 56.27%、72.07%和 72.67%。

7.3.4　免耕和减量施肥在不同情景下对旱田非点源污染的削减效果分析

1. 潜在源区旱田的氮磷流失强度分析

潜在源区的旱田在冻融季的非点源氮、磷负荷显著低于 1 级和 2 级关键源区（图 7-31）。冻融季旱田磷流失强度稍弱于氮，但非点源磷负荷的波动性略强于氮。

潜在源区旱田在生长季的季均氮流失负荷略高于磷，且旱田的氮磷流失量与降水强度呈正相关性。生长季中关键源区旱田的氮流失负荷的波动性强于磷。

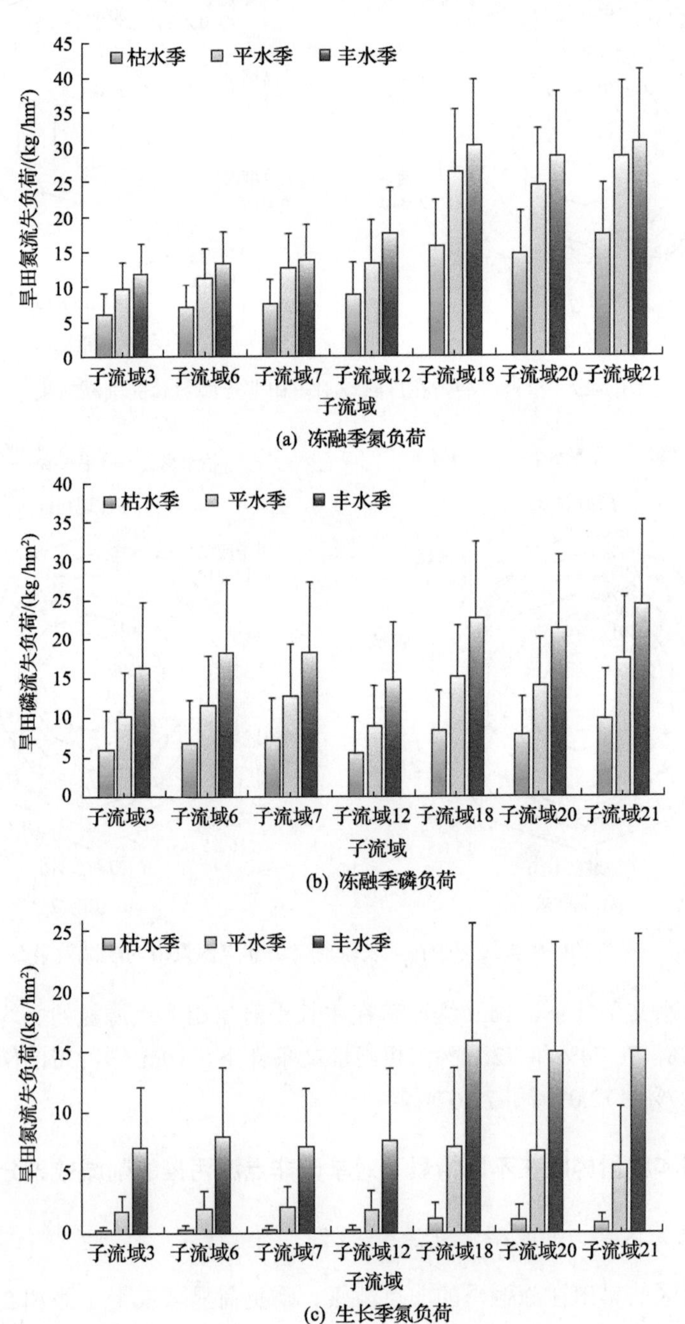

(a) 冻融季氮负荷

(b) 冻融季磷负荷

(c) 生长季氮负荷

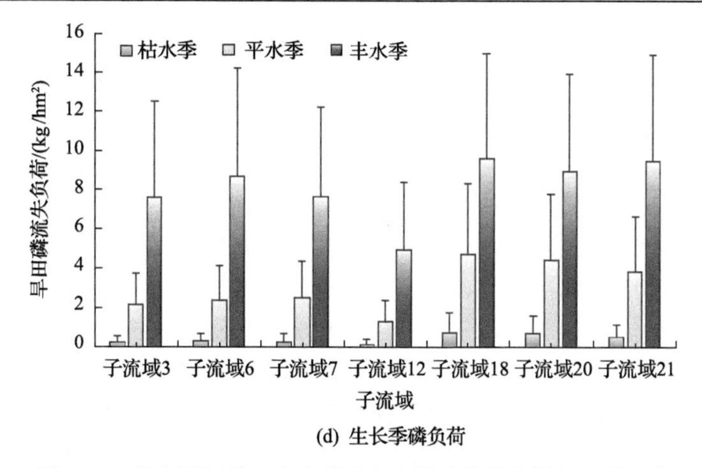

(d) 生长季磷负荷

图 7-31　潜在源区旱田在冻融季和生长季的非点源氮、磷负荷

2. 免耕措施对潜在源区旱田的非点源氮、磷的削减效果

免耕措施能够对冻融季和生长季的旱田氮磷流失进行控制(图 7-32)。免耕措施在冻融季和生长季对非点源氮的控制效果随着降水量的增加而略有加强，当降水条件由枯水季增至丰水季时，免耕措施在冻融季的非点源氮负荷削减率由26.95%提升至 30.22%，生长季的氮负荷削减率则由 18.24%增至 27.19%。

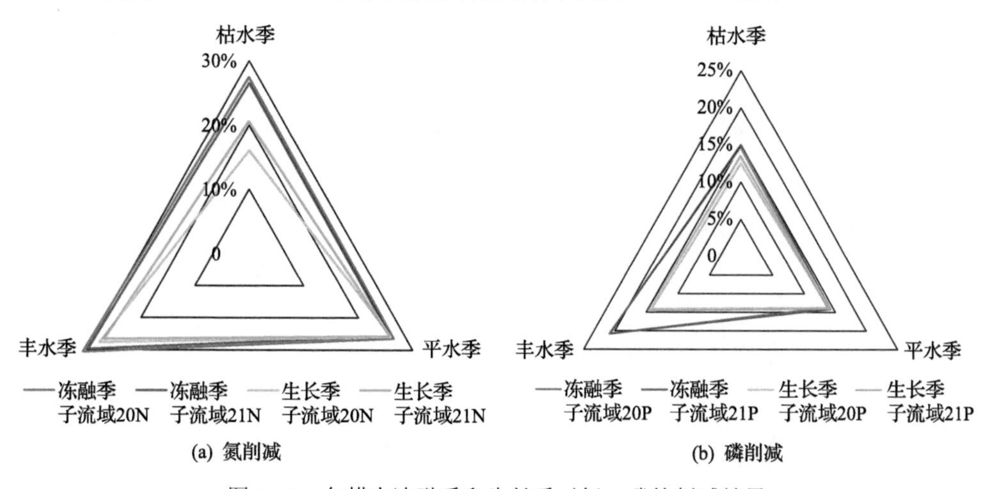

(a) 氮削减　　(b) 磷削减

图 7-32　免耕在冻融季和生长季对氮、磷的削减效果

免耕措施对潜在源区旱田磷流失的控制效果稍弱于氮，且随着降水的增加，免耕措施对磷流失的削减效果逐渐提升。在枯、平、丰三种降水条件下，潜在源区在冻融季的平均磷负荷削减率分别为 14.86%，13.95%和 20.84%；而在生长季的磷负荷削减率则由枯水季的 12.97%增至丰水季的 14.41%。

旱田免耕能够有效抵抗冻融季融雪径流的土壤侵蚀效应，也可以降低作物残体的流失，从而有效减少潜在源区的非点源氮、磷负荷(徐畅等, 2011；肖波等, 2013)。免耕措施的对非点源氮、磷的削减效果冻融季的季均降水量呈现出显著的正相关特性，这也表明免耕能够很好地应对冻融期降水增多所带来的氮、磷流失风险(图 7-33)。免耕措施对潜在源区的非点源控制效果在生长季有所降低，这主要是由于生长季化肥施用量增加，溶解态氮、磷的流失量增加，而免耕措施的效能主要体现在对颗粒态氮磷迁移的抑制上，因此对潜在源区生长季的非点源氮、磷的控制效果有所减弱；此外，生长季土壤渗透性较冻融季增强，溶解态污染物也可以通过壤中流和侧向流进入河网，这也会导致免耕措施的效果降低。基于免耕措施对氮、磷的削减效果与生长季降水量的相关性分析也可以对上述结论进行印证。免耕措施对非点源氮、磷的控制效果与生长季降水量均在 0.05 水平上显著相关(图 7-34)，该结论表明在土壤侵蚀量增加、颗粒态氮磷负荷比重增加的条件下，免耕措施能够起到更强的非点源污染控制效果。

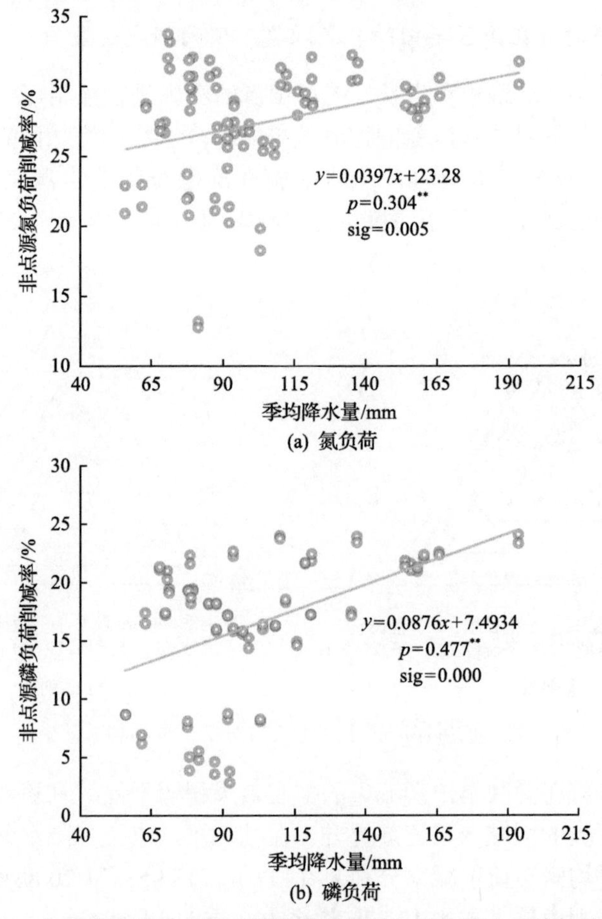

图 7-33　免耕在冻融季对氮、磷的削减效果与季均降水量的相关性分析

**表示 0.05 显著水平，下同

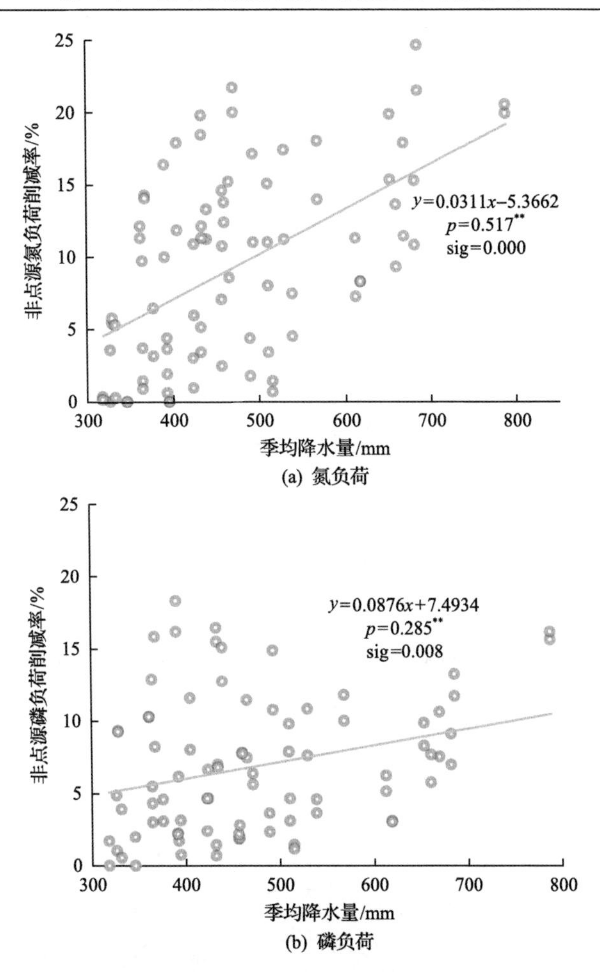

图 7-34　免耕在生长季对氮、磷的削减效果与季均降水量的相关性分析

3. 减肥措施对潜在源区旱田的非点源氮磷的削减效果

减量施肥主要用于应对潜在源区中旱田在生长季的所产生的非点源污染，其在冻融季也能起到一定的非点源污染控制效果(图 7-35)。减量施肥措施在冻融季对非点源磷的削减效果显著高于氮；且融雪径流的增加，减量施肥措施对磷流失的控制效果略有增加，而对非点源氮的控制效果则略有降低。在减少氮肥和磷肥施用量 10%的情景下，潜在源区在枯水期的季均氮负荷削减率仅为 0.12%，而季均磷负荷削减率则为 6.67%；随着降水量的增加，减量施肥对冻融季的非点源氮负荷的削减率逐渐降至平水季的 0.06%和丰水季的 0.02%，而措施对非点源磷负荷的削减率则逐渐增至平水季的 7.15%和丰水季的 7.92%。在减少氮肥和磷肥施用量 20%的情景下，潜在源区的非点源氮、磷削减率均有所提升，在枯、平、丰三种水位条件下，减量施肥对潜在源区季均氮负荷的削减率分别为 0.19%、0.08%和 0.05%；相同情景

下，减量施肥对潜在源区季均磷负荷的削减率分别为 13.64%、14.64%和 16.21%。

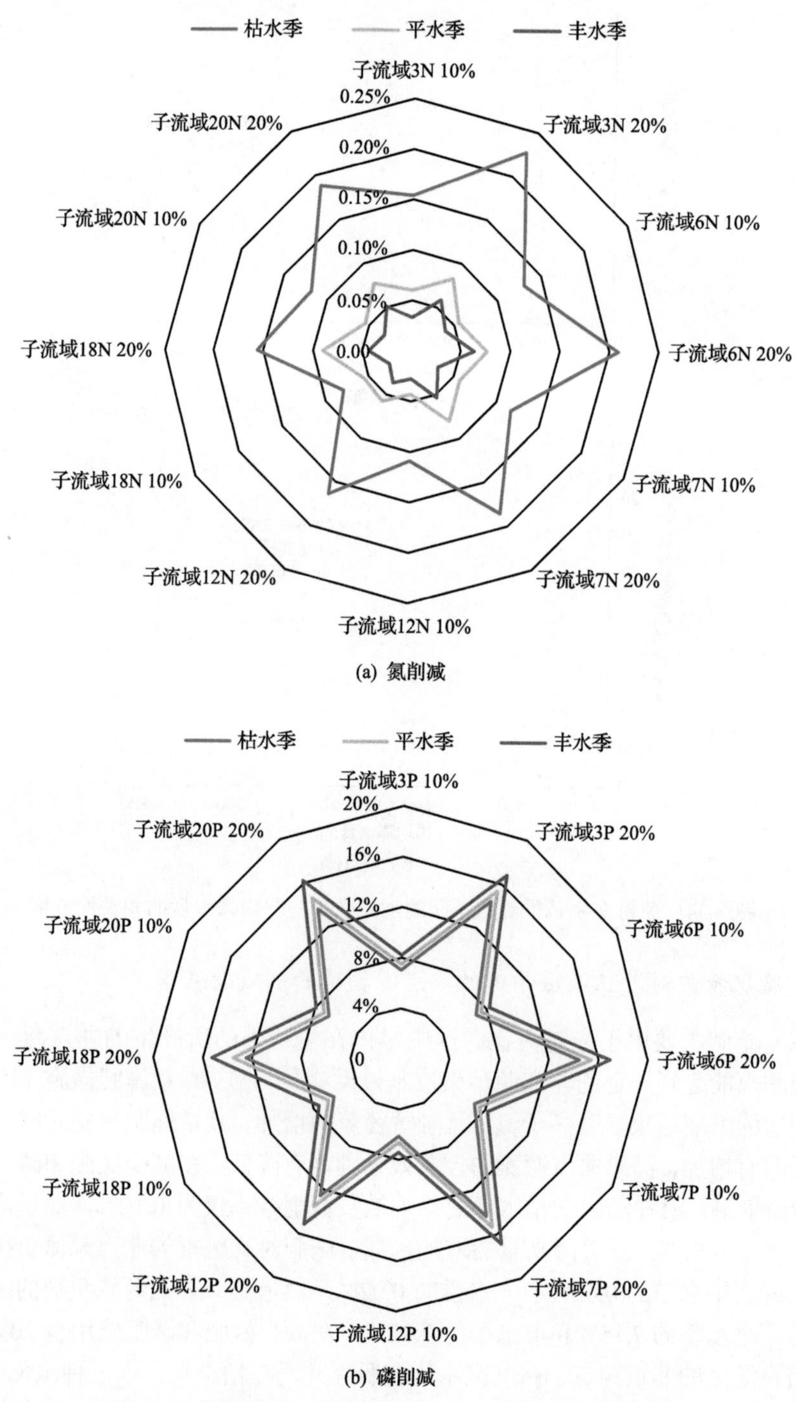

图 7-35　减量施肥在冻融季对旱田氮、磷流失的削减效果

减量施肥措施在生长季的对潜在源区季均氮负荷的削减率高于冻融季，而减量施肥措施对生长季磷的削减率却略低于冻融季(图 7-36)。随着降水量的增加，

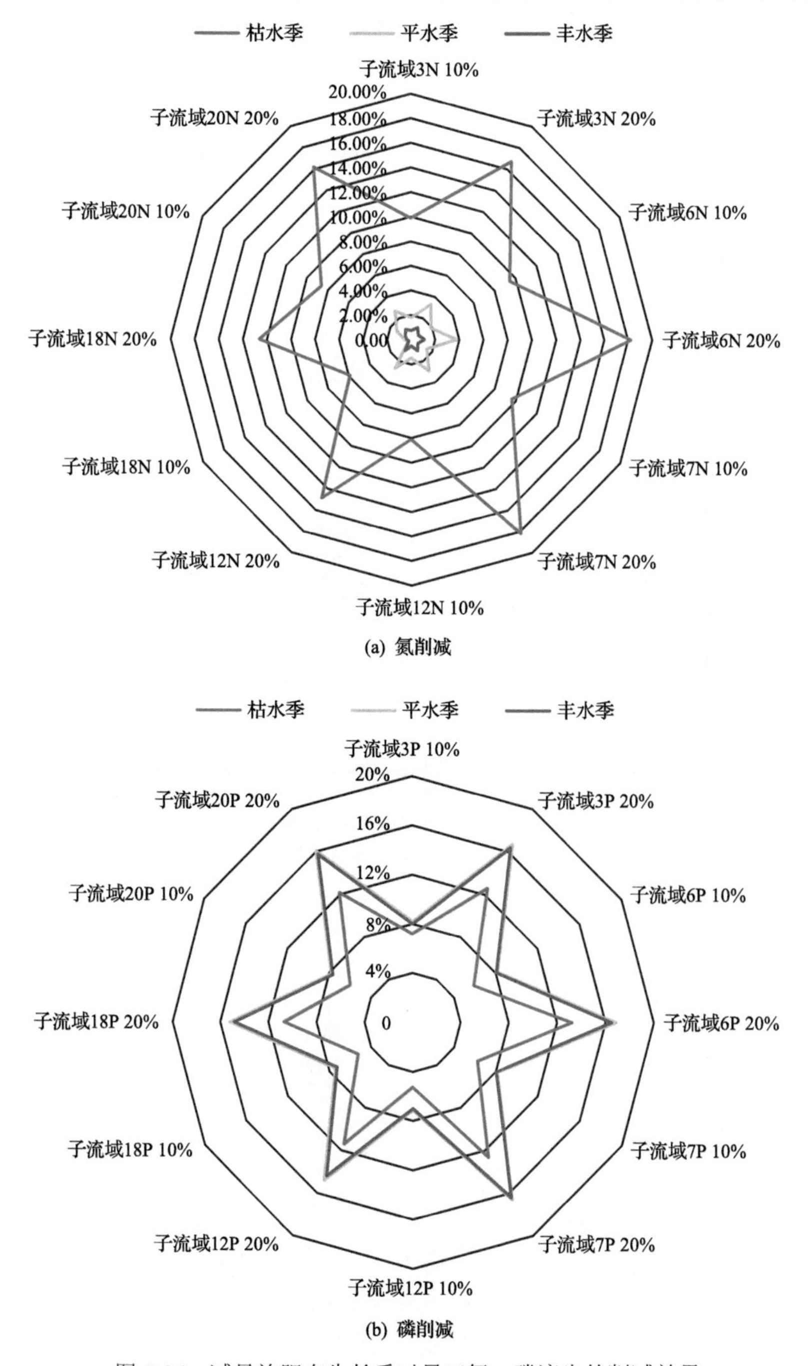

图 7-36　减量施肥在生长季对旱田氮、磷流失的削减效果

减量施肥对潜在源区旱田的非点源氮的控制效果都显著降低，而对非点源磷的控制效果略有提升。在氮肥施用量减少 10%的情景模式下，季均氮负荷的削减率由枯水季的 8.60%降至丰水季的 0.56%，季均磷负荷的削减率则由枯水季的 5.98%增至丰水季的 7.81%。在化肥施用量减少 20%的情景模式下，减量施肥措施对非点源氮、磷削减效果均有所提升。在枯、平、丰三种降水条件下，减少 20%化肥施用量可以分别降低潜在源区 16.15%、2.66%和 0.93%的氮流失以及 12.13%、14.03%和 15.71%的磷流失。

减量施肥措施对非点源氮的削减效果与降水量呈现出显著的负相关特性(图 7-37)。在冰融季中，减量施肥对潜在源区的非点源氮的削减率与降水相关性较弱，在分别减少氮肥施用量 10%和 20%两种情景下，削减率与降水量的 Pearson 相关系数均为–0.178；生长季中，两种减量施肥情景下的氮负荷削减率与降水量

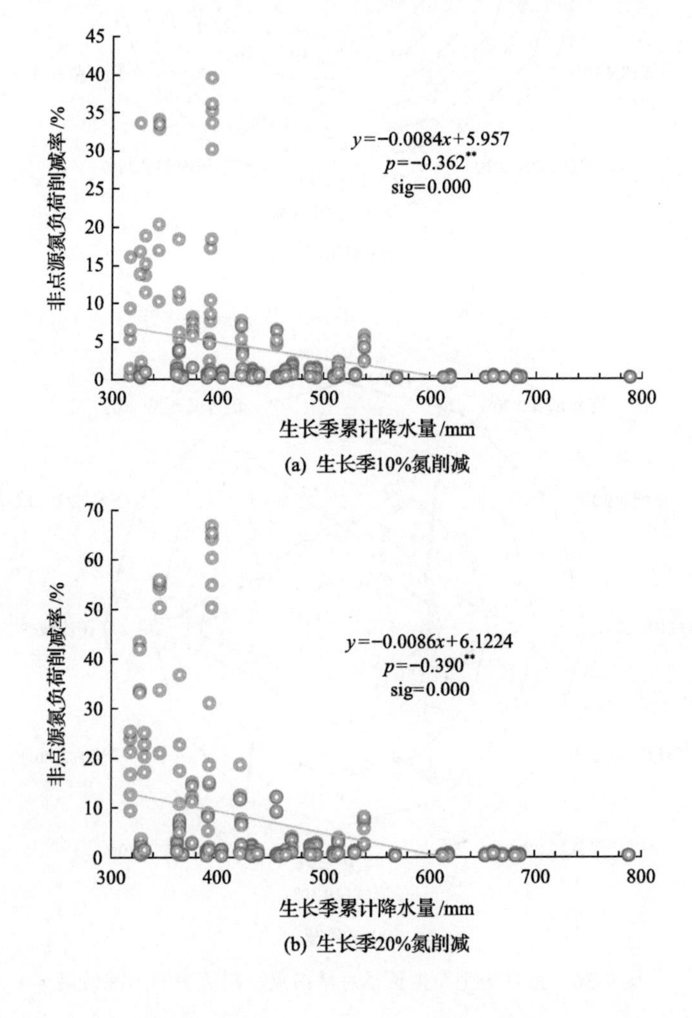

(a) 生长季10%氮削减

(b) 生长季20%氮削减

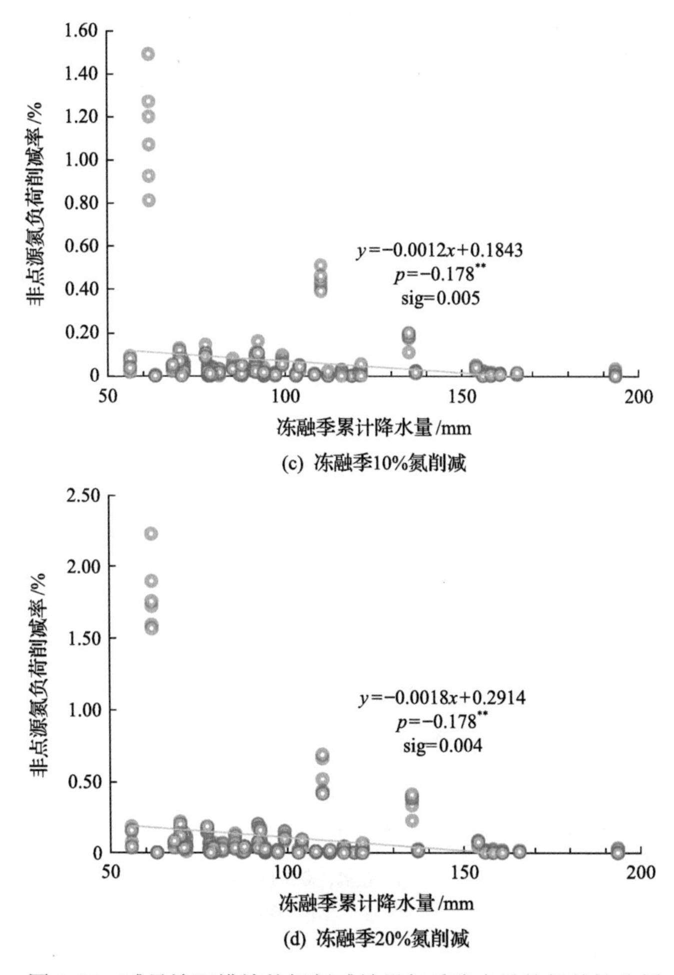

(c) 冻融季10%氮削减

(d) 冻融季20%氮削减

图 7-37　减量施肥措施的氮削减效果与季降水量的相关性分析

呈弱相关，其 Pearson 相关系数分别为–0.362 和–0.390。这主要是因为氮素在土壤中具有较强的迁移能力。生长季阶段，施用在土壤表层的氮肥最容易随地表径流进入水体，这也使得氮肥施用量的减少与降水之间呈现出了一定的相关性；而随着时间的推移，氮素在降水的淋洗作用下不断向深层土壤迁移，难以在表层进行有效积累，因此在冻融季，减量施氮虽能减少氮素流失，但其控制效果显著降低，且与降水量的相关性变弱。随着降水量的增加，潜在源区的颗粒态氮的流失增加，溶解态氮复合比重下降，这也进一步导致减量施氮的非点源污染削减率与降水量呈负相关。

减量施磷对潜在源区生长季的磷流失也有着良好的控制效果，且当磷肥减施量加倍时，潜在源区的磷流失量也提升近 1 倍。随着生长季降水量的增加，非点源磷负荷的削减率呈现出增加态势，且减量施磷与降水量呈现出显著的相关性。在分别减少磷肥施用量10%和20%的两种情景下，非点源磷的削减率与生长季降水量的显著性系数分别为0.002和0.000，均达到了0.05的显著水平。这主要是因为磷容易吸附于土壤颗粒(吕家珑等, 2000；韩旭等, 2011)，在施用到土壤当中后易与土壤颗粒结合生成难以溶解的颗粒态磷酸盐；随着降水的增加，土壤侵蚀逐渐加重，这也导致土壤磷流失增加，因此减量施磷与降水增量之间存在着显著正相关关系。上述论证也在冻融季的磷流失规律中得到了验证(图7-38)，减量施肥在冻融季的磷负荷削减率与降水量均在0.05水平上显著相关，这表明磷肥在经历生长季的作物吸收和冲刷侵蚀后在土壤中仍有盈余，因此研究区磷肥施用量仍有减量空间。

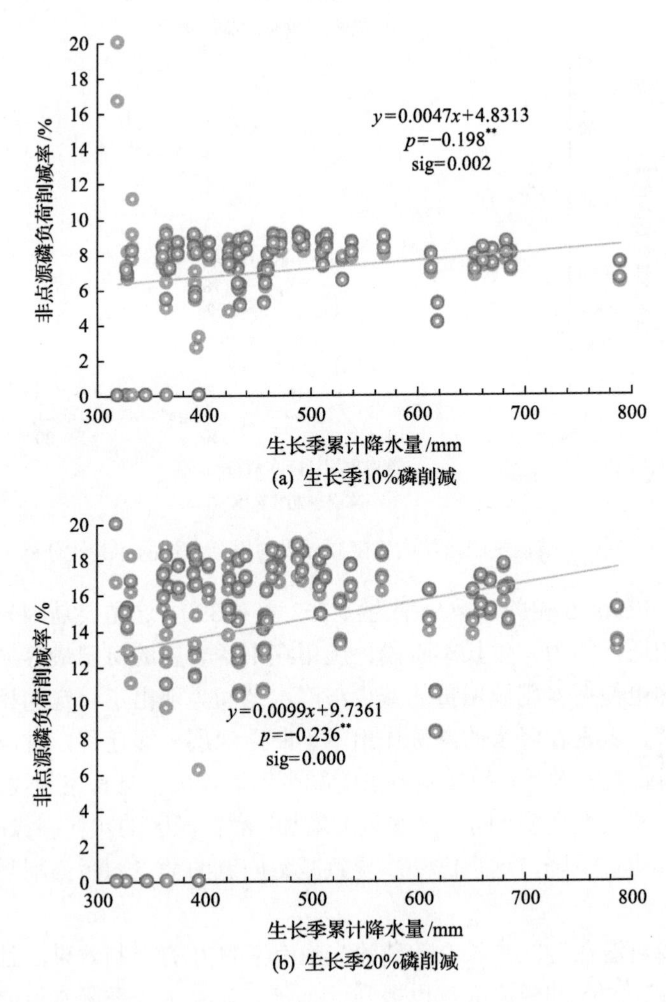

(a) 生长季10%磷削减

(b) 生长季20%磷削减

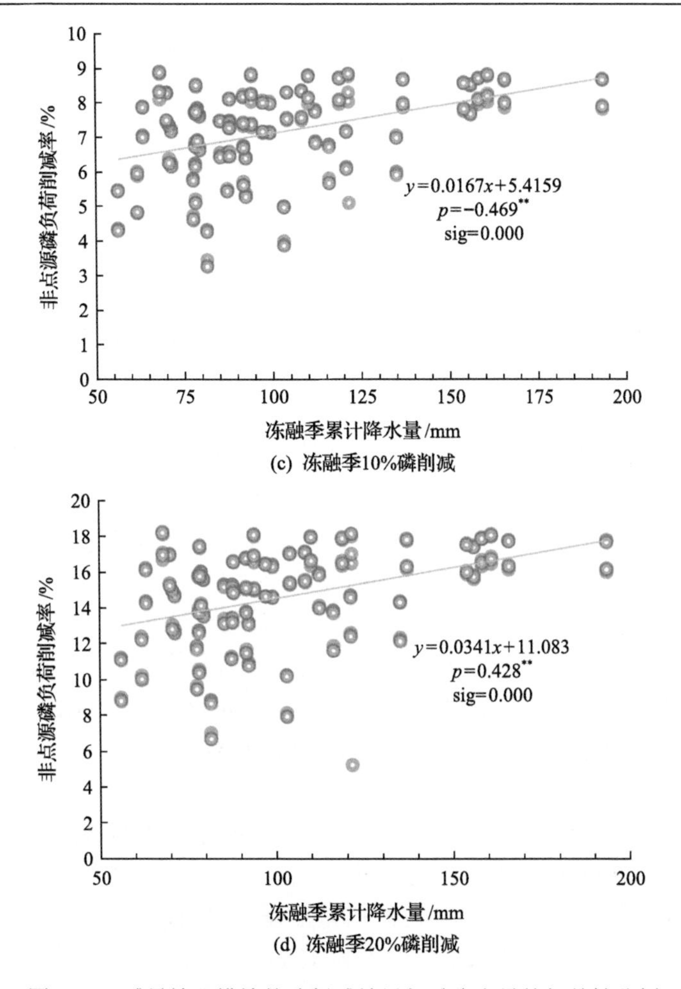

图 7-38　减量施肥措施的磷削减效果与季降水量的相关性分析

7.4　基于水位调控的关键源区水田的非点源污染控制

水田在冻融农区具有非点源污染“源”与“汇”的双重特性，一方面水田可以积蓄降雪，相对于旱田可减少融雪径流量(汪太明等，2012)，降低集约化冻融农区融雪侵蚀所导致的营养元素流失；另一方面，从泡田水释放所导致的化肥流失，到农田退水与田面溢流所引发的土壤侵蚀，再到成熟收割时的净空排水，水田在水稻的整个生长周期中都有着明显的非点源污染释放过程(Zhao et al., 2012)。因此在不影响水稻产量的前提下，对稻田进行控水减排，减少频繁排水所导致的非点源污染是目前研究的热点和难点。本部分基于此背景，力图通过“浅灌深蓄”的调节方法，降低集约化农区水田的非点源污染，并通过模型模拟分析水田的减排潜力，以期对冻融农区的非点源污染防治进行有效指导。

7.4.1　方法流程

1. 水田浅灌深蓄水位的设定

基于水稻的品种和耐受性能，在保证水稻正常生长和产量的前提下，对水田三条水位线的高度进行调节，以实现稻田控水扩容的目标。首先，根据基于稻田采用的基准水位控制情景和旱地优质高产水稻生产技术规程(建三江管理局，2014)，在不影响作物正常生长的前提下，增加水田最高持水水位 H_{max} 的高度并提高至边际水位，以达到雨水深蓄的目标；其次，在保证水稻不受水分胁迫作用的前提下，降低灌溉触发水位 H_{min} 和最适持水水位 H，以达到“稻田浅灌”的具体目标。鉴于稻田在整个水稻生长季均有一定的非点源污染释放潜力，且水稻在不同的生育时期对水位变化的耐受性能有所不同，因此本研究以水稻的生育时期作为水位调控的时间轴，设置了两个情景。其中，情景 S2 为保证水稻正常生长的情况下，在每个生长阶段所能采取的最低的灌溉触发水位和最高的稻田排水水位的情景组合，即为水位调控的极限情景；同时，为分析稻田水位变化梯度与稻田氮、磷流失的响应关系，设置情景 S1，其三条水位高度介于基准情景和情景 S2，以模拟相对中等灌蓄位差条件下稻田的非点源污染输出过程。水位调控的具体过程如下。

在泡田期，稻田的水位一般控制在 30～90mm。其中基准模拟情景将泡田水位控制在中值 50～70mm 的范围内；基于“浅灌深蓄”基本原则，将情景 S2 的灌溉触发水位和稻田排水水位分别设置为推荐水位的边际值，即 H_{min}=30mm，H_{max}=90mm，同时将正常持水水位设置为 40mm。

在水稻插秧期栽种期内，为保证水稻的顺利种植，一般要求水位在 10～30mm 范围内波动。低水位可以便于插秧，而相对较高的水位能够起到护苗稳定水温的作用。在情景 S2 中，将稻田的正常持水水位设为 10mm，稻田最高排水水位设置为 30mm，以此兼顾耕作便利和护苗培育。

水稻处于返青期时，稻田水位一般控制在 20～50mm，其中肥土种植区可以适当降低田面水位，但略高的排水水位有助于营造较稳定的温度环境，减少作物蒸腾。如遇大风，还可减轻风浪对秧苗的冲刷。若该时无水层护苗则易使秧苗受旱脱水。因此将情景 S2 的稻田排水水位 H_{max} 设定为 50mm，起到护苗控温的作用。同时为了保证秧苗的正常发育，将最适持水水位 H 设置为下限 20mm。为了保证秧田不干涸，将灌溉触发水位 H_{min} 设置为 10mm，以保证稻田有持续水层覆盖。

水稻在分蘖期对水分变化的耐受能力显著增强，但为保证植株的抗病和抗倒伏能力，要采取落水凉田、浅水灌溉的基本方针。在情景 S2 中，将稻田排水水位 H_{max} 设置为水稻耐受水位限值 70mm，同时结合浅水灌溉的原则，将最适持水水位 H 设置为 20mm，灌溉触发水位 H_{min} 设置为 10mm。

抽穗期为保证幼穗分化，应保持浅水灌溉，以提高水温，防治疫病发生，改善透光条件，因此情景 S2 中将灌溉触发水位 H_{min} 设置为 10mm，以保证水温充足稳定。该生长阶段的稻田最高持水水位 H_{max} 也设置为水稻耐受上限 80mm。

灌浆期和成熟期水稻需水显著降低，可实行浅湿间歇灌溉，做到土壤沉而不裂，以气养根。在情景 S2 中，将灌溉触发水位 H_{min} 设置为 0mm，并借此模拟浅湿间歇灌溉的方法，同时考虑到作物耐受性下降，将稻田排水水位 H_{max} 由 80mm 降至耐受限值 50mm。水稻成熟后，保持晒田状态，停止稻田灌溉。具体水位调控设置如表 7-8 所示。

表 7-8　不同情景下的稻田在各生育时期的水位调控设置　（单位：mm）

生育时期	日期	基准情景			情景 S1			情景 S2		
		H_{min}	H	H_{max}	H_{min}	H	H_{max}	H_{min}	H	H_{max}
泡田期	4/15～4/30	50	60	70	40	50	80	30	40	90
泡田排水	5/1～5/9	0	(60) 10	(70) 10	(40) 0	(50) 10	(80) 20	(30) 0	(40) 10	(90) 30
插秧期	5/10	0	10	10	0	10	20	0	10	30
返青期	5/11～5/21	10	30	50	10	20	50	10	20	50
分蘖期	5/22～6/20	30	50	60	20	30	60	10	20	70
抽穗期	6/20～7/15	30	50	60	20	40	70	10	30	80
灌浆期	7/16～8/1	(30) 10	(50) 30	(60) 35	(20) 0	(40) 20	(70) 40	(10) 0	(20) 10	(80) 50
成熟期	8/2～8/29	(10) 0	(30) 10	(35) 30	0	10	40	0	10	50
熟稻晒田	8/30～10/4	0	(10) 0	(10) 0	0	(10) 0	0	0	(10) 0	0
收割	10/5	0	0	0	0	0	0	0	0	0

2. 控水减排措施对水田非点源氮、磷输出负荷的影响分析

控水减排措施虽然在水位设定过程中考虑了植物的耐受性，但为了最大限度减少该措施对粮食产量的影响，仅将该措施用于氮、磷流失的关键区和潜在源区的非点源防控，采取控水减排措施的子流域编号见表 7-9。在完成水位条件的设定后，分别采用改进的水田模型对不同水位条件下的关键源区水田非点源氮磷输出负荷进行模拟。同时基于丰、平、枯三种水文条件的划分结果，对不同情景下水田氮、磷的流失特征进行分析，以辨析降水与水田非点源污染之间的响应关系。最后基于模拟结果，比较控水减排措施的对关键源区和潜在源区的实际非点源污染控制效果。

表 7-9 采取控水减排措施的子流域编号

关键源区风险等级	子流域编号
1 级关键源区	10
2 级关键源区	2, 13, 15, 16, 17
3 级潜在源区	3, 6, 7, 12, 18, 20

7.4.2 不同降水条件下水田非点源负荷强度

(1) 基准情景模式下 1 级关键源区的水田非点源氮、磷负荷

1 级关键源区水田氮、磷负荷随着降水量的增加有着显著的提升(图 7-39)。在枯水季，水田在生长季的季均非点源氮、磷负荷分别为 5.81kg/hm^2 和 3.48kg/hm^2，其季均氮、磷负荷的标准差分别为 6.19kg/hm^2 和 6.09kg/hm^2。随着降水量的增加，水田的非点源季均氮负荷分别增加至平水季的 22.41kg/hm^2 和丰水季的 51.60kg/hm^2，其季均磷负荷则增至平水季的 17.37kg/hm^2 和丰水季的 37.80kg/hm^2。与此同时，水田氮磷流失强度的波动性也显著增加，在枯、平、丰三种水位条件下，关键源区水田季均氮负荷的标准差分别为 6.19kg/hm^2、23.73kg/hm^2 和 42.05kg/hm^2；季均氮负荷的标准差分别为 6.09kg/hm^2、17.96kg/hm^2 和 28.01kg/hm^2。

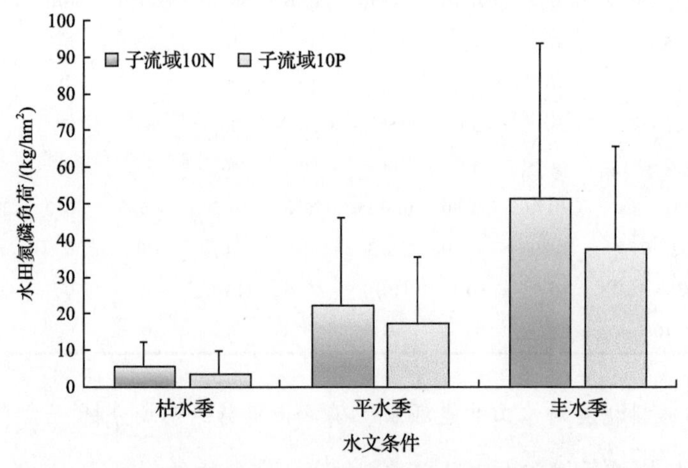

图 7-39 1 级关键源区在不同水文条件下的水田非点源氮、磷负荷

(2) 基准情景模式下 2 级关键源区的水田非点源氮、磷负荷

2 级关键源区水田的非点源氮负荷略高于磷负荷，且各子流域水田氮、磷负荷之间有差异性显著(图 7-40)。在枯、平、丰三种降水条件下，2 级关键源区水田的季均氮负荷强度分别为 3.32kg/hm^2、8.17kg/hm^2 和 17.39kg/hm^2；水田的季均磷负荷分别为 1.03kg/hm^2、6.56kg/hm^2 和 14.33kg/hm^2。其中子流域 15 在丰水季的氮流失强度最高，约为 35.16kg/hm^2；子流域 2 的水田的季均磷负荷出现在丰水季，约为 20.97kg/hm^2。

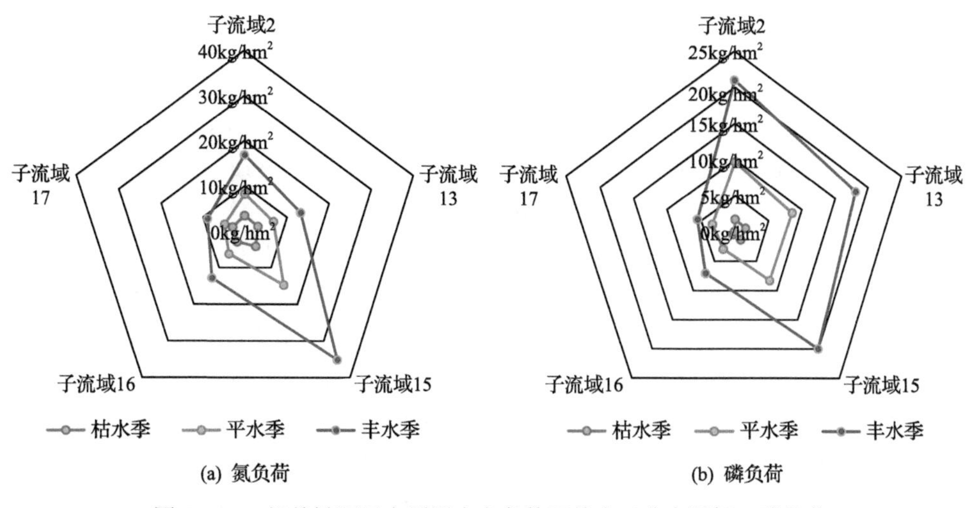

(a) 氮负荷　　(b) 磷负荷

图 7-40　2 级关键源区在不同水文条件下的水田非点源氮、磷负荷

(3) 基准情景模式下潜在源区的水田非点源氮、磷负荷

潜在源区水田的氮、磷流失负荷显著低于关键源区，且随着降水量的增加，水田的季均氮、磷流失负荷逐渐越趋接近。随着季均降水量的增加，水田的氮、磷流失量均显著增强。从枯水季到丰水季，潜在源区的非点源氮负荷从 2.87kg/hm^2 增加至 10.46kg/hm^2；非点源磷负荷从 0.84kg/hm^2 增加至 9.79kg/hm^2。潜在源区的水田氮、磷输出负荷峰值分别出现在丰水季的子流域 7 和子流域 3，其季均氮、磷负荷分别为 14.09kg/hm^2 和 18.12kg/hm^2(图 7-41)。

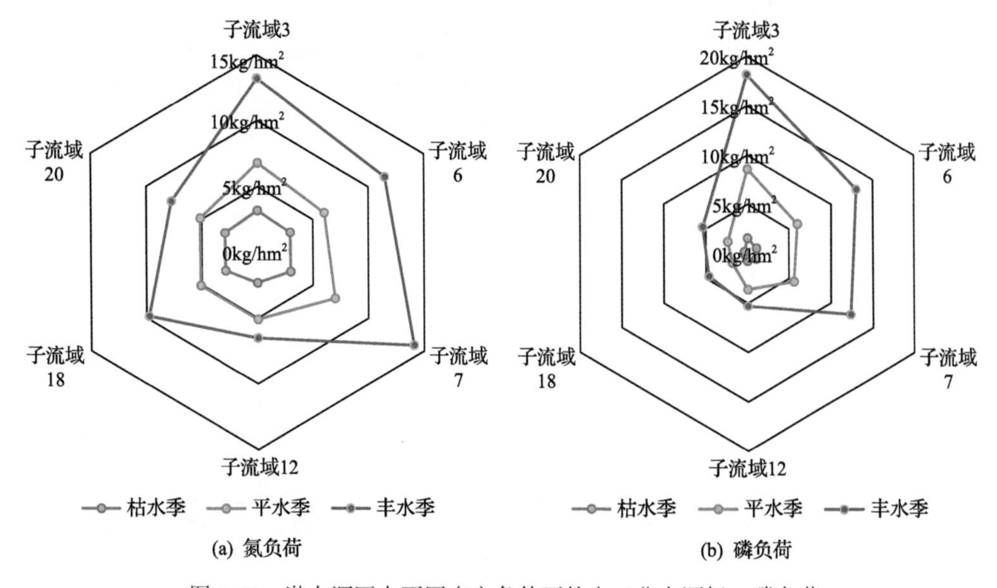

(a) 氮负荷　　(b) 磷负荷

图 7-41　潜在源区在不同水文条件下的水田非点源氮、磷负荷

(4) 水田在不同降雨条件下的非点源流失强度

关键源区和潜在源区水田的非点源氮、磷流失强度均与生长季的降水量在 0.05 的水平上显著相关。且随着流域风险等级的降低，降水因子与非点源氮磷流失强度之间的相关性逐渐减弱。这种关系突出体现了不同等级风险源区对降水侵蚀的抗性差异。研究区地处典型黑土区，土壤黏粒组分高，且有机质丰富，在受到溢流和降水侵蚀时，非常容易形成以土壤侵蚀为主的非点源氮、磷污染。虽然水稻各生长阶段的化肥施用也会增加田面水中的氮、磷浓度，但由于受到水稻吸收、土壤吸附、气体挥发和下行淋洗效应的综合影响，田面水中的氮、磷浓度会在施肥后迅速回落(Zhao et al., 2012)，因此除非在施肥近期发生极端降水事件，否则不易产生集中性的非点源污染输出。1 级关键源区的水田的氮、磷流失负荷与降水量之间的相关性最强，其 Pearson 相关性系数分别为 0.952 和 0.476，分属于强相关和中强相关(图 7-42)。该关键源区水田的土壤类型为以草甸土为主，该

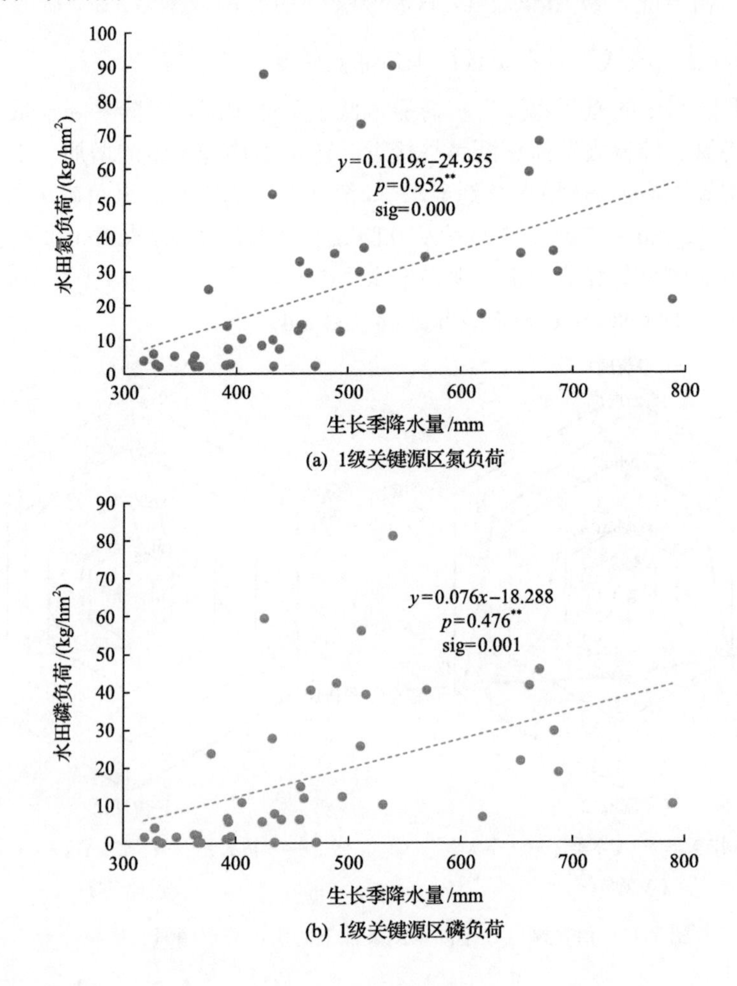

(a) 1级关键源区氮负荷

(b) 1级关键源区磷负荷

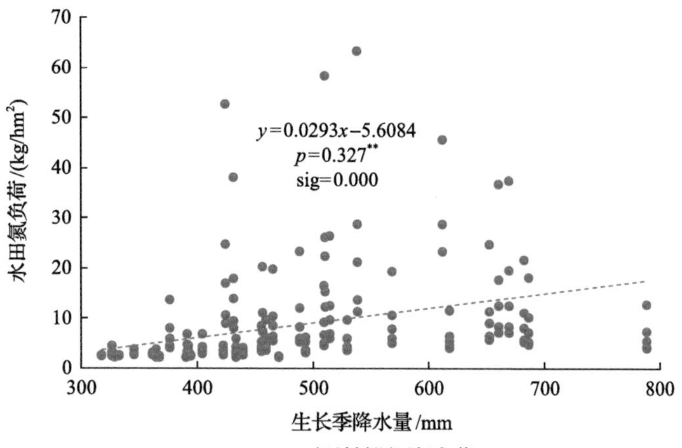

(c) 2级关键源区氮负荷

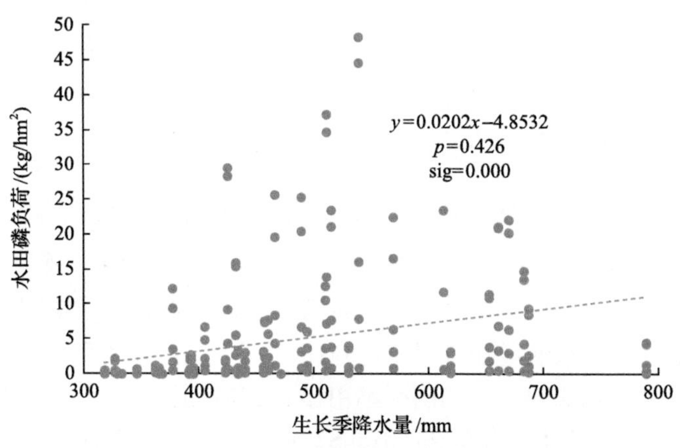

(d) 2级关键源区磷负荷

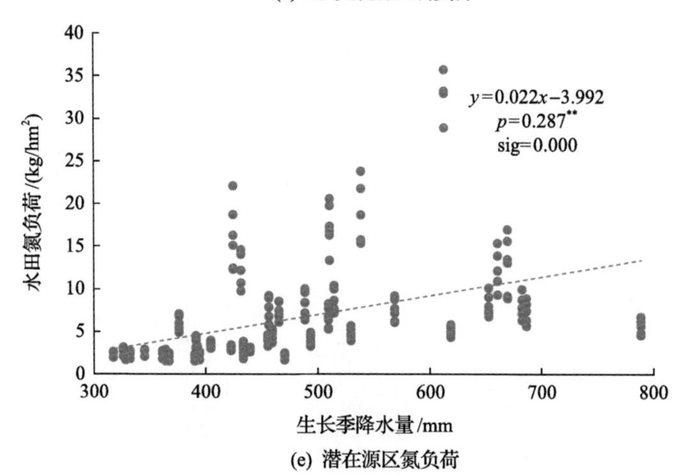

(e) 潜在源区氮负荷

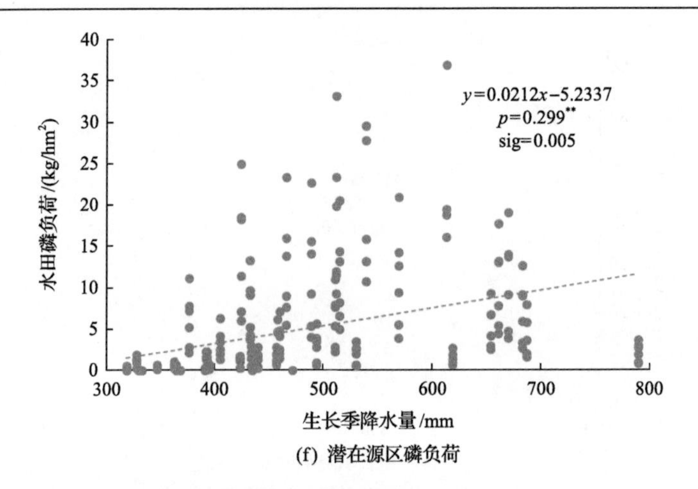

(f) 潜在源区磷负荷

图 7-42 水田非点源氮磷负荷随降水量的变化关系

类土壤黏粒和粉粒含量显著高于流域内的其淋溶土、白浆化草甸土等其他土壤类型，由降水侵蚀所产生的氮磷流失高于其他土壤类型，这也就在一定程度上说明了该区域水田氮磷负荷与降水之间强相关关系。

7.4.3 控水减排措施对关键源区水田非点源污染的控制效果

(1) 控水减排措施对 1 级关键源区水田氮、磷负荷的削减效果

控水减排措施对 1 级关键源区水田氮、磷负荷的削减率随降水的增加而降低，但氮、磷削减量随降水的增加有明显提升(图 7-43)。从枯水季到丰水季，S1 情景下控水减排措施对水田氮负荷的削减率由 53.52%降至 50.37%，而对水田的季均氮负荷削减量则由 2.79t 上升至 23.31t；S2 情景下的氮负荷削减率也从 67.38%降低至 63.14%。

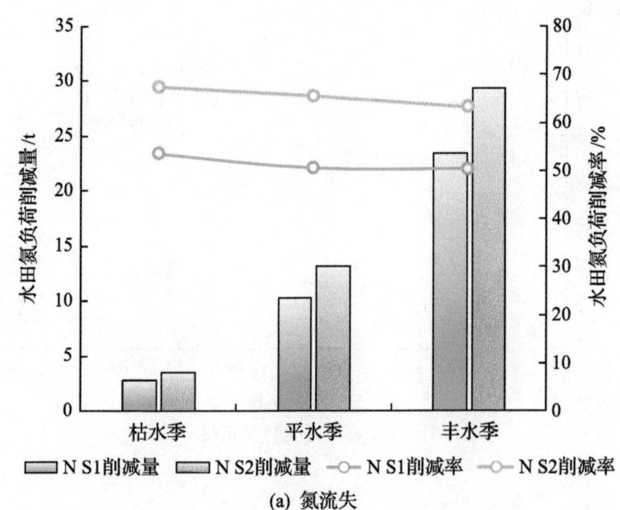

(a) 氮流失

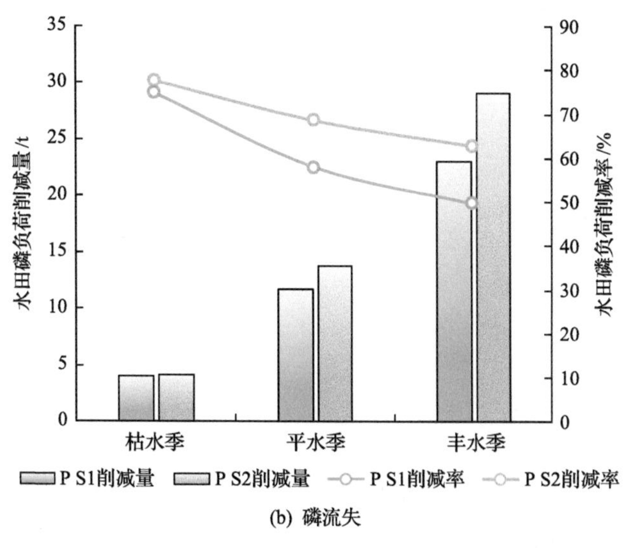

(b) 磷流失

图 7-43　控水减排措施对 1 级关键源区水田氮、磷流失的削减效果

控水减排措施对水田磷流失的控制效果更强，但随着降水的增加，措施的控制效果也迅速回落。在 S1 情景下，控水减排对水田磷负荷的削减率由枯水季74.66%降低至丰水季的 49.65%，但其对水田季均磷流失的削减量则由 3.89t 增加至 22.97t。在 S2 情景下，控水减排措施在枯水季所发挥的磷负荷削减效果与 S1 情景相近，约为 77.57%；而在丰水季，S2 情景所发挥的磷流失削减效果显著高于 S1 情景，其季均磷负荷削减率约为 62.78%。随着降水的增加，S2 情景下的季均磷负荷削减量由枯水季的 4.04t 增加至 29.04t。

(2) 控水减排措施对 2 级关键源区水田氮、磷负荷的削减效果

控水减排措施在S1情景下对2级关键源区的水田非点源氮负荷的削减效果与降水之间并无明显的响应关系(图 7-44)。在枯、平、丰三种水文条件下，控水减排措施对各子流域水田的非点源氮负荷的削减率仅在±3%范围内波动；2 级关键源区水田的季均氮负荷削减率分别为 48.14%、47.11%和 47.69%。相较而言，S2 情景下的水田氮流失削减率显著高于 S1 情景，且随着降水的增加，措施对水田氮流失的控制效果略微下降。在枯、平、丰三种降水条件下，2 级关键源区水田的氮负荷削减率分别为 66.59%、65.90%和 62.26%。

控水减排措施对 2 级关键源区水田磷流失的控制效果随降水量的增加显著降低(图 7-45)在降水较少的枯水季，控水减排措施在 S1 和 S2 两种情景下的平均磷负荷削减率分别为 74.67%和 77.80%；在平和丰两种水文条件下，控水减排措施在 S1 和 S2 情景下对水田磷负荷的平均削减率分别由 53.80%和 65.40%降至48.61%和 62.50%。

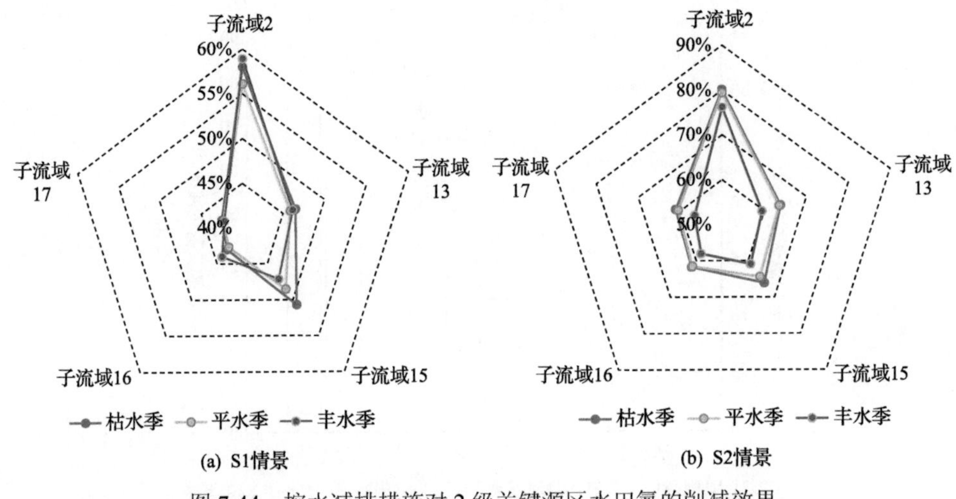

图 7-44　控水减排措施对 2 级关键源区水田氮的削减效果

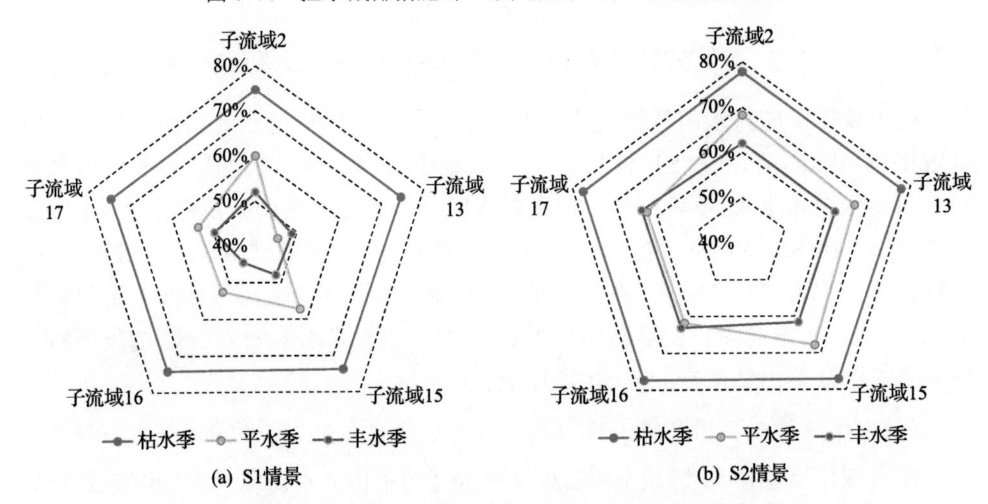

图 7-45　控水减排措施对 2 级关键源区水田磷的削减效果

(3) 控水减排措施对潜在源区水田氮、磷负荷的削减效果

在枯水季和平水季，控水减排措施所发挥的氮素削减效果在相同情景下并无显著差异。在丰水季，S1 和 S2 两种情景下的水田氮负荷削减率均有明显降低，且 S2 情景下的水田氮负荷削减率的降幅大于 S1 情景；S1 情景的水田氮负荷削减率约为 39.18%，S2 情景的水田氮负荷削减率约为 50.65%(图 7-46)。

在枯水季，控水减排措施在 S1 和 S2 情景下对水田的非点源磷负荷的削减效果相当，其磷负荷削减率分别为 74.59%和 77.57%。在平水季，S1 和 S2 情景下的季均磷负荷削减率分别降至 52.54%和 65.68%。在丰水季，控水减排措施的对水田磷负荷的削减率又有所下降，其 S1 情景和 S2 情景下的季均磷负荷削减率分别为 44.47%和 56.27%(图 7-47)。

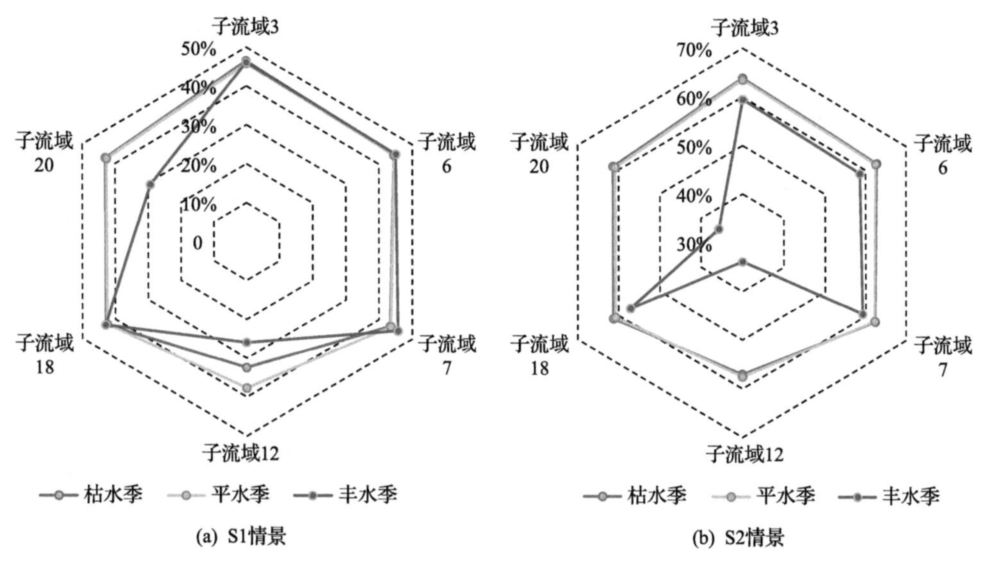

图 7-46　控水减排措施对潜在源区水田氮的削减效果

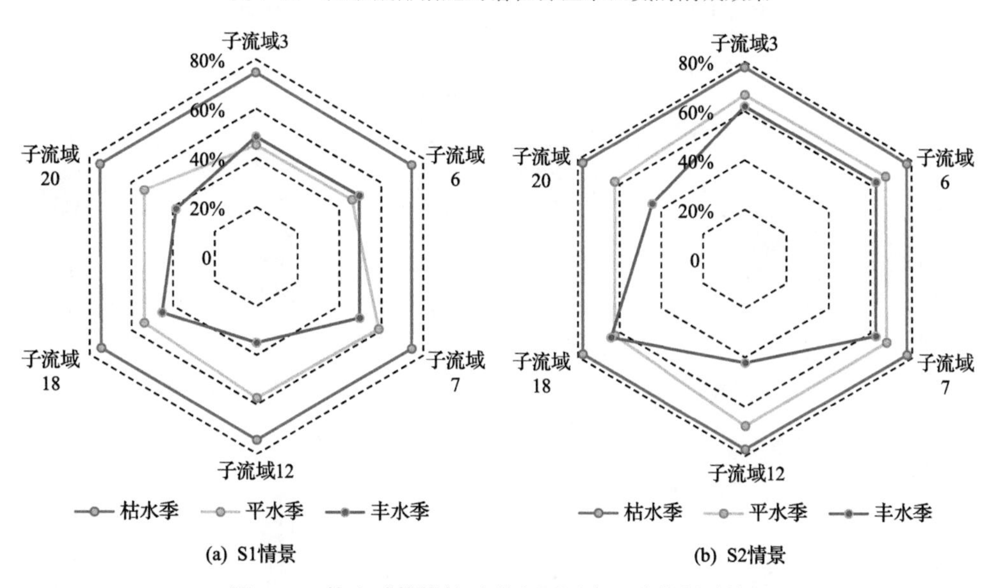

图 7-47　控水减排措施对潜在源区水田磷的削减效果

(4) 控水减排措施对水田氮、磷负荷的削减效果分析

控水减排措施在 S1 和 S2 情景下对关键源区和潜在源区的水田均体现出了良好的非点源氮、磷的削减效果。且 S2 情景下对水田的氮、磷季均负荷削减率显著高于 S1 情景(图 7-48)，这也表明“浅灌深蓄”的方法能够有效地降低水田的氮、磷流失。“浅灌深蓄”对水田氮磷流失的控制效果主要有两方面：首先，增加水田

蓄水与灌溉之间的高差能够有效提升田面水在水田中的水力停留时间，在施肥前后，较长的水力停留时间能够增加植物对氮、磷肥料的吸收，同时也可以增加土壤与肥料的接触时间，增加磷肥和氨肥的吸附量，减少因施肥后的突发降雨事件所造成的非点源污染；其次“浅蓄深灌”的水位管理方式还可以减少水田频繁溢流过程对田埂所造成的侵蚀，减少水田土壤侵蚀量，与之紧密相关的颗粒态氮、磷的流失也会得到有效减少。

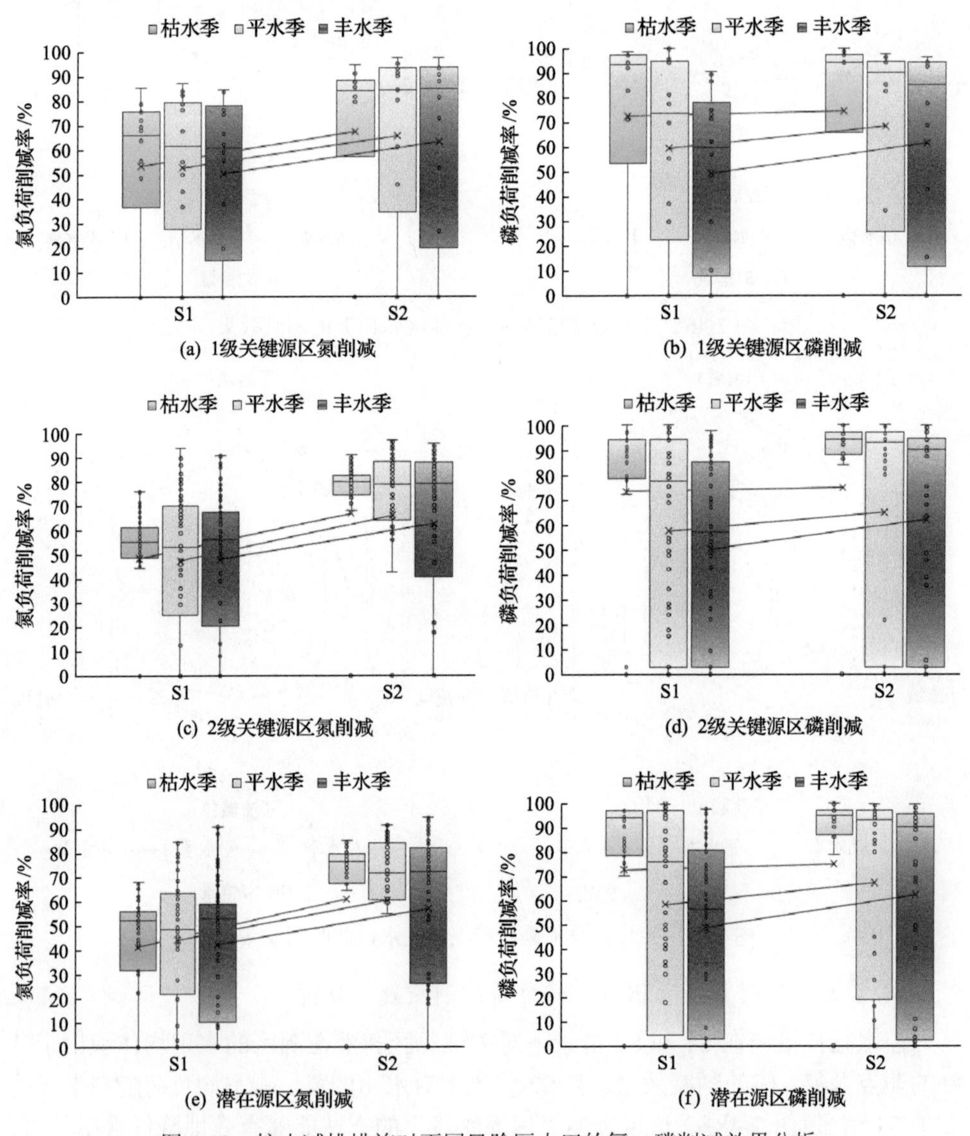

图 7-48　控水减排措施对不同风险区水田的氮、磷削减效果分析

在相同情景下，控水减排措施对水田氮负荷的平均削减效果显著低于磷负荷。

该现象主要是由于硝酸盐在土壤中具有较强的迁移能力(Gutiérrez et al., 2018)，氨肥在施用后容易被带负电的土壤颗粒捕获，同时在硝化细菌的作用下易转化为迁移能力极强的硝态氮。水田控水减排措施虽然能够在一定程度上控制颗粒态氮的流失，却无法控制随侧向流和地下水汇入河道的氮素。而磷素在土壤中的穿透能力差(Khan et al., 2018; Hinsinger, 2001)，且容易被土壤中的吸附、固定。因此减少稻田溢流，降低排水过程对田面和田埂的侵蚀作用就能有效降低水田的磷负荷输出量。

随着生长季降水量的增加，控水减排措施对水田非点源氮、磷负荷的削减率显著降低，且措施效果的不确定性亦显著增加。一方面，季降水量的增加会增加水田溢流的概率，且在高水位、高通量的排水条件下所发生的侵蚀会更严重，水田的氮、磷负荷也会显著增加，因此在降水量较大的情况下，控水减排措施对非点源氮、磷负荷的平均削减率会出现一定程度的降低。另一方面，生长季降水在时间尺度上的分布具有很强的不确定性，当降水场次和雨强分布较为均匀时，极可能发生水田蓄积的降雨径流被蒸发作用和渗透作用消耗的情形，因此即便提高蓄水深度，也无法削减因泡田排水过程和晒田退水的所造成的非点源氮、磷污染，进而出现控水减排措施效率很低的现象。本研究对控制效率低于 20%的年份进行了筛选，并对其水文特征进行了分析(表 7-10)。枯水季占比最高，共有 4 年，平水季和丰水季各有 3 年，且日最大降水量和降水量峰度的临界点也较为明显，其中“低峰均雨”的年份为枯水季的所有年份和平水季的 2012 年，此类年份最大日降水量均值约为 31.72mm，日降水量峰度的均值约为 13.43；而平水季的剩余年份和丰水年份均表现出“高峰急雨”的水文特征，其最大日降水量均值约为 77.15mm，日降水量峰度的均值约为 53.78。在“低峰均雨”的年份，控水减排措施较低的氮、磷的削减效果主要是由于该类年份日降水强度较低，且在时间尺度上分布均匀，使得田面水有充足的时间进行下渗和蒸发，不易产生溢流，进而导致控水减排措施难以发挥预期效果。而在“高峰急雨”的水文年份，其日最大降水量显著超过控水减排措施的拦蓄能力，因此在高蓄水位和高日降水量的双重作用下，水田土壤侵蚀有加重的风险，因此也会从整体上降低控水减排在生长季的整体效果。

表 7-10　水田非点源污染负荷削减率较低年份的水文特征分析

水文条件	枯水季				平水季			丰水季		
	1992 年	2007 年	2008 年	2014 年	2012 年	1989 年	2013 年	1985 年	2002 年	2006 年
最大日降水量/mm	30.6	36.8	32.4	26.3	32.5	79.2	75.1	143.8	67.2	79.9
季降水量/mm	368.1	395.1	332.6	364.8	471.5	424.6	465.7	613.3	568.8	515.1
日降水量峰度	16.56	16.17	13.84	11.47	9.13	59.36	48.19	111.2	24.4	46.8

7.5 组合措施对流域非点源污染关键源区的控制效果评估

关键源区和潜在源区是具有显著时空异质性特征的非点源污染输出单元。受此时空分异规律的影响，水田与旱田呈现出截然不同的非点源污染输出特征。因此在明晰了各种管理方式对水田和旱田的非点源氮、磷控制效果的基础上，有必要进一步明确措施对关键源区以及整个流域的非点源污染的削减效果。本部分对水、旱组合管理措施的整体效果进行了深入分析，以期为流域管理提供更为有效的数据支持和帮助。

7.5.1 评估方法

基于水田和旱田的非点源污染流失特性，并参考基于最佳管理措施优选的关键源区旱田非点源染控制和基于水位调控的关键源区水田的非点源污染控制的研究结论，在水旱分治方法的基础上，对水田和旱田所采用的非点源污染控制措施进行组合，以此实现流域非点源污染的综合防治(表 7-11)。

表 7-11　关键源区旱田和水田的非点源污染综合控制方法

关键源区风险等级	冻融季		生长季		
	目标子流域	旱田	目标子流域	旱田	水田
1 级关键源区	10, 19	退耕还林	10	退耕还林	
2 级关键源区	1	缓冲带	2, 13, 15, 16, 17	缓冲带	控水减排
3 级潜在源区	20, 21	免耕	3, 6, 7, 12, 18, 20	减量施肥	

除用于应对潜在源区冻融季融雪侵蚀效应的免耕措施，本研究在所选择的非点源污染控制措施都设定了强、弱两种情景模式，其中 1 级关键源区旱田所采用的退耕还林措施的强、弱两种情景分别为：2°退耕还林(S2)和 6°退耕还林(S6)；2 级关键源区旱田所采用的植被缓冲带的强、弱两种情景分别为：10m 缓冲带(B10)和 5m 缓冲带(B5)；3 级潜在源区所采取的减量施肥措施的强、弱两种情景分别为：减少氮磷肥施用量 20%(RFA20%)和减少氮磷肥施用量 10%(RFA10%)。关键源区和潜在源区水田所采用的控水减排措施的强弱两种情景为基于水位调控的关键源区水田的非点源污染控制部分所设定的 S2 情景和 S1 情景。

为了对组合措施在流域尺度下的非点源污染削减潜力进行探索，本部分依照措施情景模式的强弱，分别将冻融季和生长季非点源污染控制措施的强情景和弱情景进行组合(图 7-49 和图 7-50)，生成 Q1 和 Q2 两种情景模式。其中，Q1 为在冻融季和生长季相对较弱的非点源污染控制效果的情景组合而成，即弱模式；Q2 为在冻融季和生长季相对较强的非点源污染控制效果的情景组合而成，即强模式。在完成情景设定之后，分别模拟组合情景对关键源区和潜在源区的非点源控制效果，并进一步分析其对流域非点源的整体非点源污染控制效果。

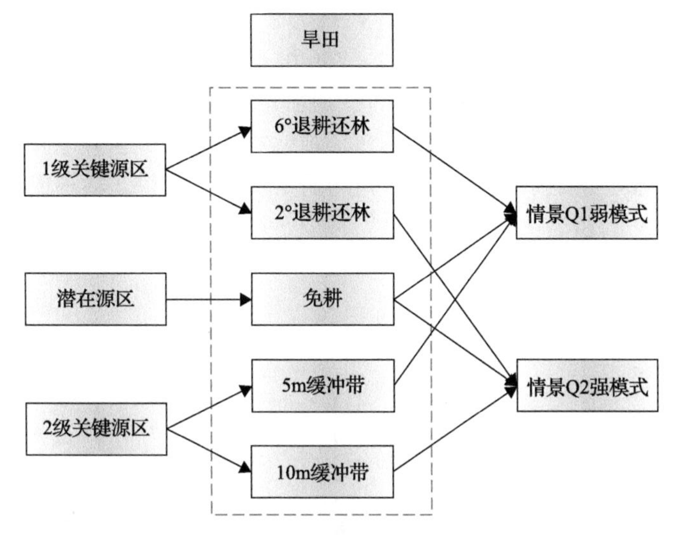

图 7-49　冻融季关键源区和潜在源区的非点源控制方法的情景组合

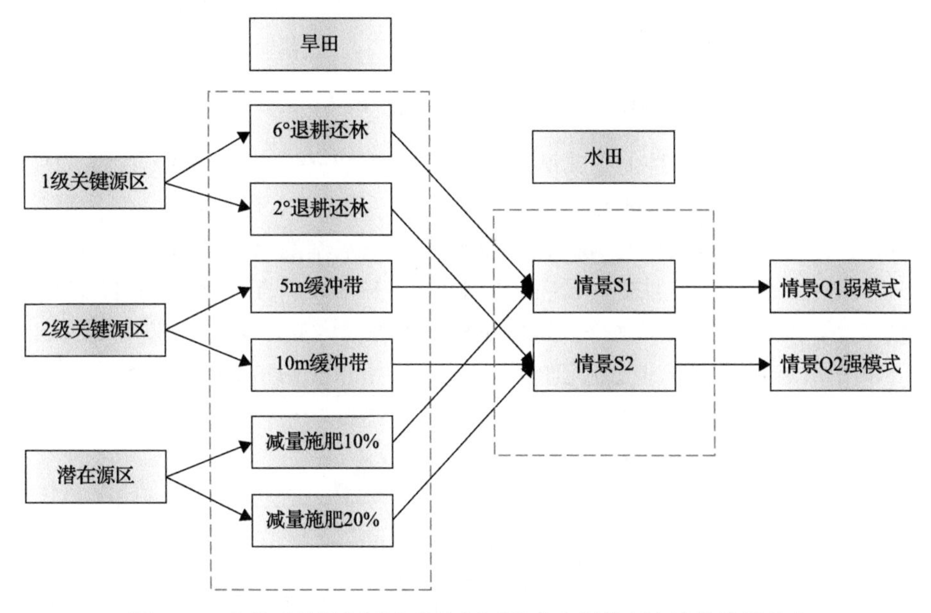

图 7-50　生长季关键源区和潜在源区的非点源控制方法的情景组合

7.5.2　组合管理措施在冻融季的非点源污染削减效果

1. 退耕还林在冻融季对非点源污染削减效果

随着退耕还林面积的增加，1 级关键源区的非点源污染负荷削减量显著提升

(图 7-51)。在 S2 和 S6 情景下，退耕还林对非点源氮、磷的削减量均随着降水的增加而提升。在 S6 情景下，退耕还林在枯、平、丰三种水文条件对 1 级关键源区非点源氮负荷的削减量分别为 2.93t、4.75t 和 4.99t；对源区非点源磷的削减量分别为 1.39t、1.94t 和 1.57t。在 S2 情景下，退耕还林对冻融季关键源区的非点源氮、磷的累计削减量显著提升。在枯水季，退耕还林对关键源区氮、磷的累计负荷削减量分别为 18.00t 和 11.36t。在降雪充沛的丰水季，退耕还林措施可以减少 1 级关键源区 30.42t 的氮流失，同时还可以减少 26.78t 的磷流失。

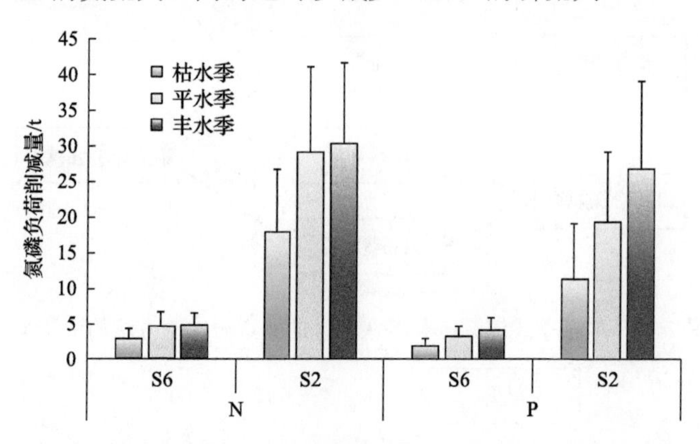

图 7-51　退耕还林对 1 级关键源区氮、磷负荷的累计削减量

退耕还林在冻融季对 1 级关键源区的氮、磷负荷的削减率近似(图 7-52)。随着降水的增加，退耕还林对关键源区整体的氮、磷削减率有所降低，但降幅较小。在 S2 情景下，退耕还林对源区氮的削减率由枯水季的 12.97%略降至丰水季的 11.31%，对非点源磷的削减效果也从枯水季的 13.38%降至丰水季的 11.95%。在 S6 情景下，从枯水季到丰水季，退耕还林对关键源区氮、磷的削减效果约降低了 2%。其中，退耕还林对非点源氮的削减效果从枯水季的 78.52%微降至丰水季的 76.04%，而对磷的削减率则由 79.75%降至 77.79%。

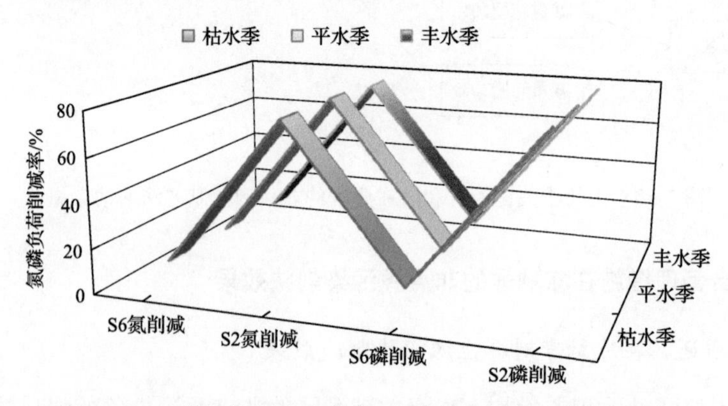

图 7-52　退耕还林在冻融季对 1 级关键源区氮、磷的削减率

在流域尺度下，退耕还林对冻融季关键源区非点源氮磷的削减率也随降雪的增加而略微减弱(图 7-53)。其中在 S2 情景下，退耕还林对流域非点源氮、磷的削减率分别由枯水季的 4.54%和 4.61%降至丰水季的 3.90%和 4.05%。在 S6 情景下，退耕还林对流域非点源氮、磷的削减率分别由枯水季的 27.44%和 26.24%降低至丰水季的 26.24%和 26.37%。

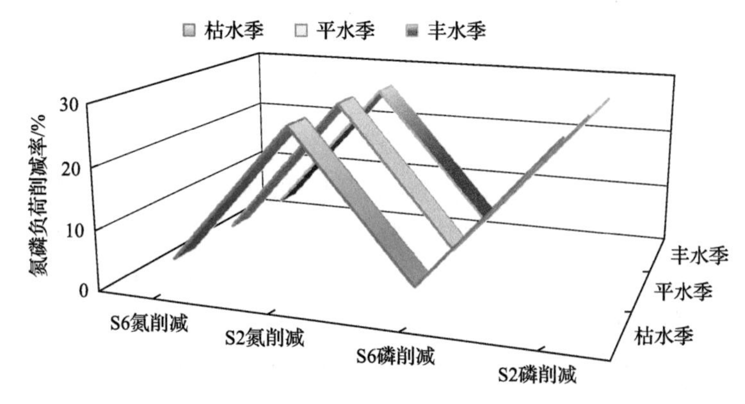

图 7-53　退耕还林在冻融季对流域的氮、磷负荷的削减率

退耕还林措施在冻融季对 1 级关键源区的非点源氮、磷的削减效果在不同水文条件下相对稳定，且略低于退耕还林对冻融季旱田的氮、磷负荷削减率(图 7-54)。这主要是由于冻融季的非点源输出单元以旱田为主，水田因蓄积融雪在此阶段并无明显非点源氮、磷排放，且经地下水和侧向流汇入河道的非点源污染有着一定的滞后性，因此退耕还林对旱田的非点源氮、磷削减率相近。与此同时，由于关键源区林地在冻融季下渗能力有限，也会产生一定的氮、磷流失，因此退耕还林对非点源氮、磷的削减率在流域尺度下会略低于对旱田的非点源削减率。在流域

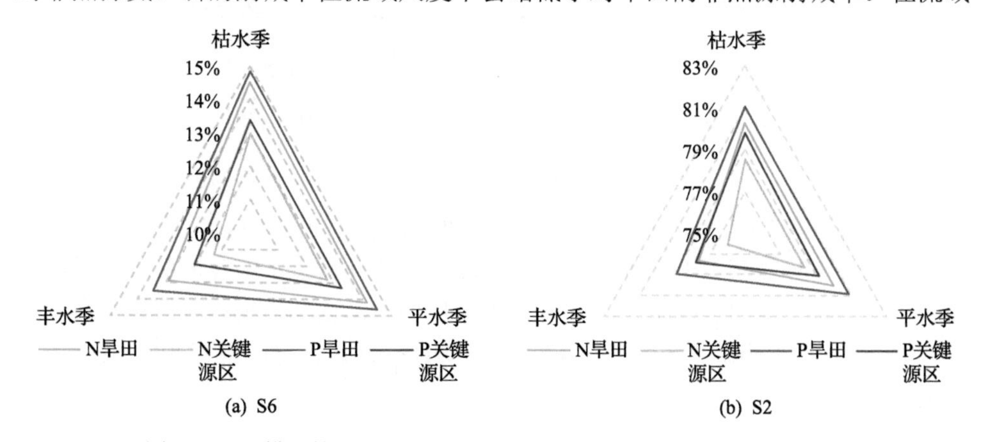

图 7-54　退耕还林对关键源区和旱田的平均氮、磷削减率的差异比较

整体非点源负荷削减率方面，1 级关键源区面积约为流域总面积的 17.68%，而 S2 情景下的退耕还林措施可以平均削减 27.03%的氮负荷和 26.88%的磷负荷，这也体现出了关键源区非点源污染控制的突出意义。植被缓冲带对冻融季非点源污染的控制效果也具有相似特征，生长季和冻融季的 2 级关键源区的总面积约为流域面积的 18.85%，5m 缓冲带和 10m 缓冲带可以平均削减流域约 8.42%和 12.31%的氮负荷，以及 9.64%和 16.93%的流域磷负荷，相比 1 级关键源区的比例略小，也能侧向反映出在关键源区采取高效控制手段的重要性。

2. 植被缓冲带在冻融季对非点源污染削减效果

由枯水季到丰水季，植被缓冲带对非点源氮、磷的削减量随着降水的增加而提升(图 7-55)。在 B5 情景中，植被缓冲带对关键源区冻融季非点源氮的削减量由枯水季的 6.32t 提升至丰水季的 10.86t；对非点源磷的削减量由枯水季的 4.05t 提升到丰水季的 9.71t。在 B10 情景中，植被缓冲带在枯、平丰三种水文条件下对冻融季非点源氮的削减量分别为 11.10t、18.30t 和 19.06t，对磷的削减量分别为 7.10t、12.50t 和 17.03t。

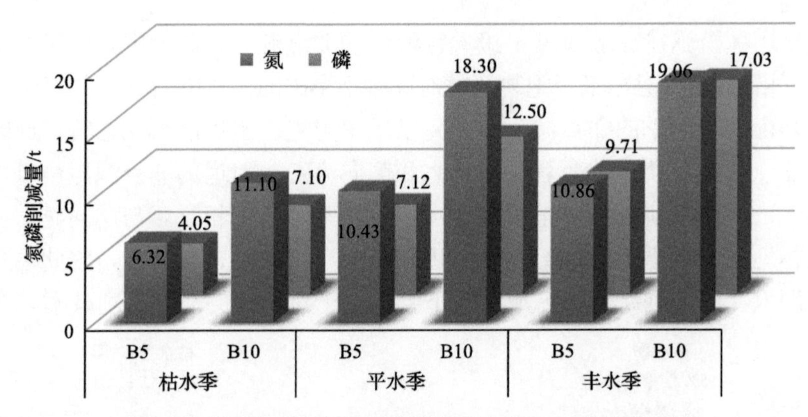

图 7-55　植被缓冲带在冻融季的非点源氮、磷的削减量

植被缓冲带在不同水文条件下对冻融季的非点源削减率相对稳定，且对流域非点源磷的削减率略高于氮(图 7-56)。在 B5 情境中，缓冲带约减少了冻融季 9.64%的氮流失，同时也减少了约 8.42%的磷流失。在 B10 情景下，缓冲带在冻融季对流域非点源氮、磷的削减率之间的差距进一步增加。在枯、平、丰三种水文条件下，缓冲带分别削减了 9.69%，9.82%和 9.41%的氮负荷，同时也分别降低了 17.01%，17.24%和 16.53%的磷负荷。

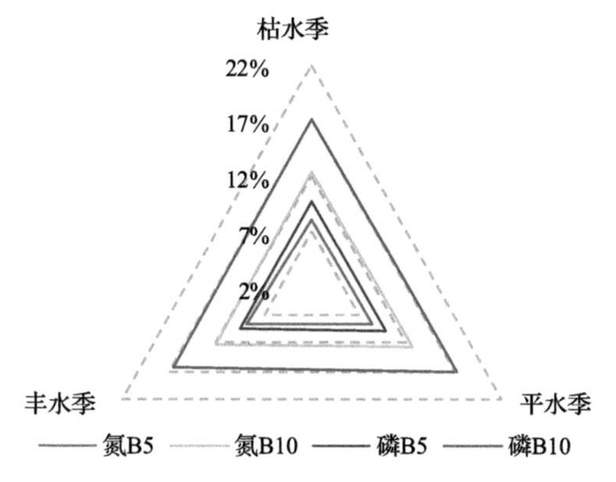

图 7-56　植被缓冲带在冻融季对流域氮、磷负荷的削减率

3. 免耕和减量施肥对冻融季氮、磷的控制效果

免耕和减量施肥的组合控制措施对潜在源区的非点源氮、磷的削减量随着降雪量的增加而显著提升(图 7-57)。在 NT+10%(免耕且减 10%施肥量)情景下，潜在源区的非点源氮负荷在枯、平、丰三种条件下分别降低了 1.89t、3.14t 和 3.97t，磷负荷则降低了 1.18t、1.89t 和 3.53t。在 NT+20%(免耕且减 20%施肥量)情景下，潜在源区的非点源氮的削减量并无显著变化，而组合措施对磷的削减效果则明显提升。在枯、平、丰三种水位条件下，潜在源区冻融季的磷流失量分别减少了 1.61t、2.71t 和 4.88t。

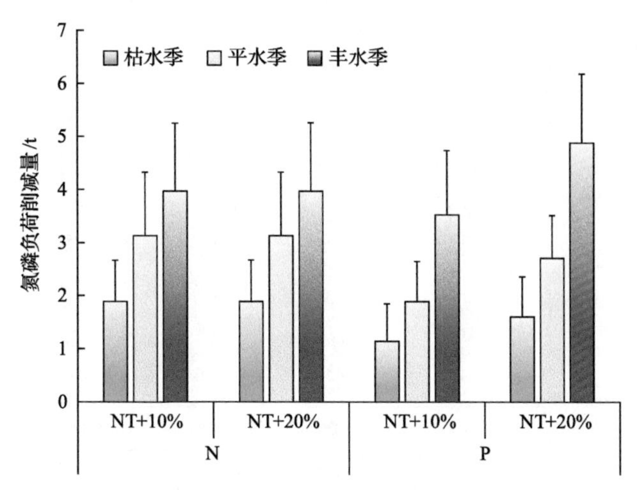

图 7-57　免耕和减量施肥在冻融季对非点源氮、磷的削减量

NT+10%指免耕且减 10%施肥量，以此类推，下同

随着冻融季降雪量的增加，免耕和减量施肥的组合措施对潜在源区冻融季氮磷流失负荷的削减率显著增加(图 7-58)。氮肥施用量的增加对潜在源区的非点源氮的削减率提升较小，当氮肥施用量减少 20%时，丰水季的氮负荷削减率仅由

28.59%仅提升至 28.61%。磷肥施用量与潜在源区非点源磷的削减率有显著影响。当磷肥施用量减少 20%时，免耕和减量施肥的组合措施在枯、平、丰三种水文条件下的磷流失量分别减少了 33.48%，34.06%和 43.94%。在流域尺度下，组合措施对流域冻融季的氮磷削减效果亦随着降雪的增加而显著提升(图 7-59)。当免耕和减量施肥 20%组合使用时，流域在丰水季的氮、磷削减量最高可达到 3.51%和 4.74%。

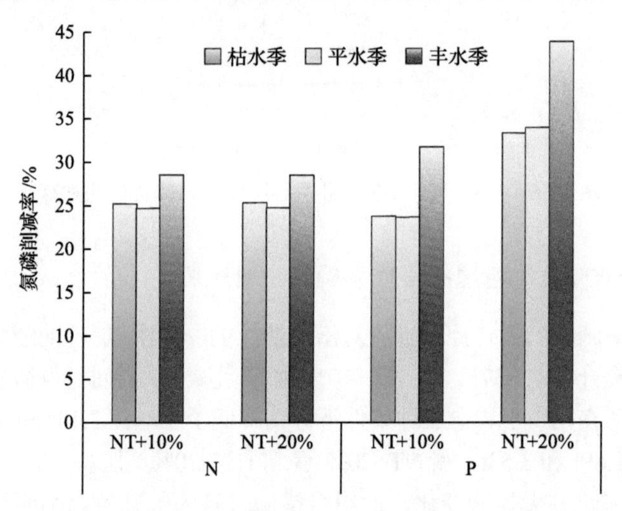

图 7-58　免耕和减量施肥在冻融季对非点源氮、磷的削减率

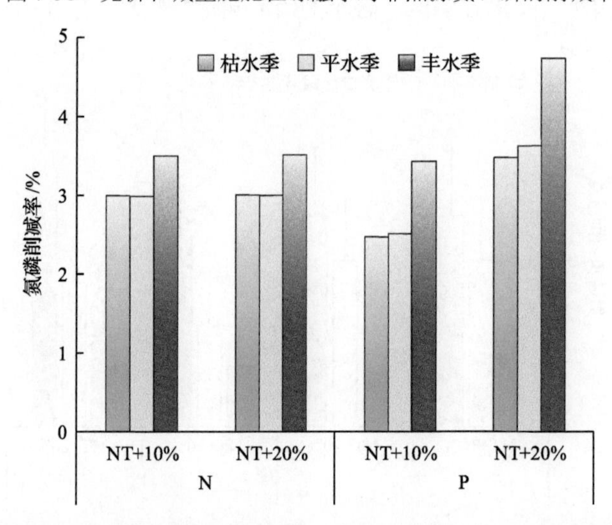

图 7-59　免耕和减量施肥在冻融季对流域的氮、磷负荷的削减率

4. 不同管理措施在冻融季对潜在源区平均氮、磷削减率的差异比较

组合管理措施对潜在源区的整体的非点源氮、磷的削减效果随着降水的增加

而提升，但具有不同管理措施的子流域的氮、磷削减规律存在显著差异。在氮流失削减效果方面，采用免耕措施的潜在源区与采用免耕和减量施肥组合措施(NT+10%和 NT+20%)的潜在源区在氮流失削减率十分相近(图 7-60)。这是因为减少氮肥施用量主要在生长季发挥作用，部分土壤表层的肥料在生长季被豆科植物吸收，其余部分易随淋洗作用进入深层土壤，因此减量施肥难以削减冻融季的氮流失过程。

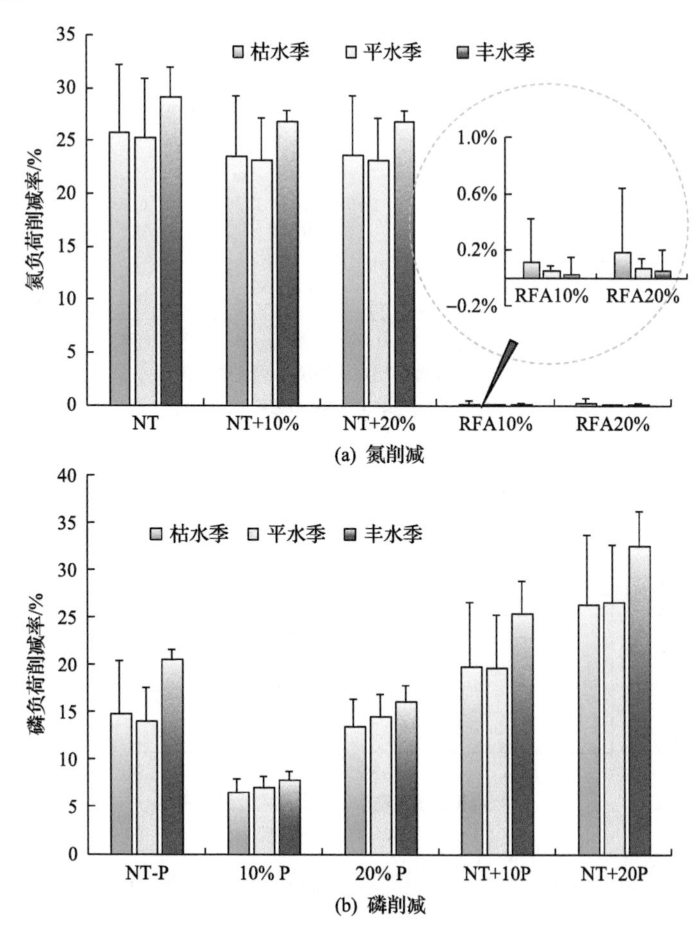

图 7-60　不同管理措施在冻融季对潜在源区平均氮、磷削减率的差异比较

与氮肥相比，磷肥更容易在表土富集，因此更容易对冻融季的磷负荷削减率造成影响。且减量施磷措施对冻融季磷流失的控制效果随降水的增加而提升，从枯水季到丰水季，减量施磷 10%和减量施磷 20%可以分别增加 1.26%和 2.59%磷流失削减量，这也表明冻融季的磷流失过程与土壤侵蚀有着密切的联系。且免耕措施和减量施磷措施单独施用时对潜在源区的非点源磷的削减率之和与组合施

用具有较强的相关性(图 7-61)，这表明两种措施对磷流失的削减效果具有一定的独立性。组合管理措施在不同情景下虽然可以削减潜在源区 25.32%～28.61%的氮流失和 3.81%～43.94%的磷流失，但该范围仅占流域总氮负荷的 3.00%～3.51%，总磷负荷的 3.49%～4.74%，这也进一步表明了关键源区非点源污染控制的重要性。

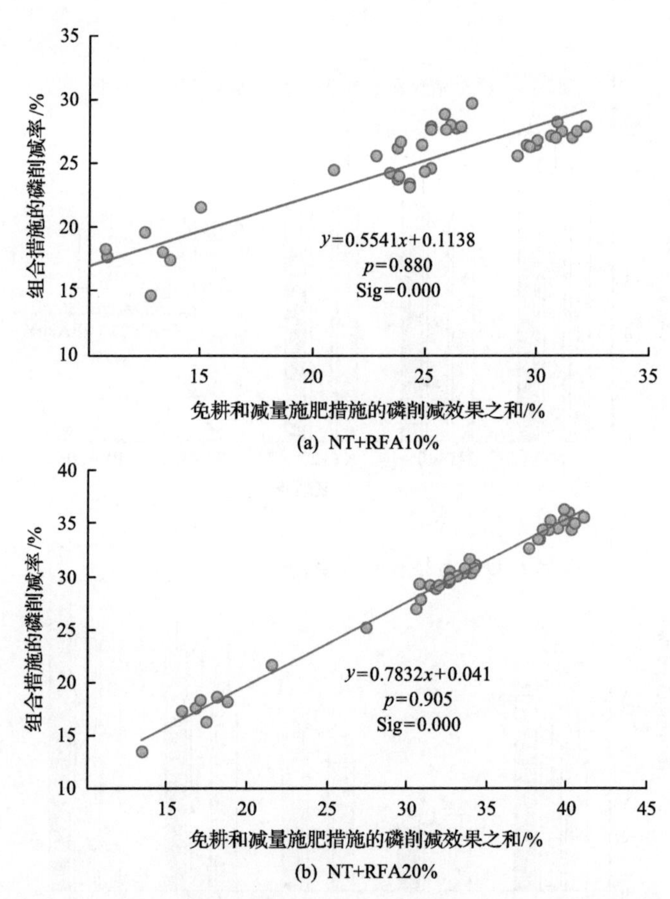

图 7-61 措施单独施用的磷削减率之和与组合施用的相关性分析

7.5.3 组合管理措施在生长季对关键源区非点源污染的控制效果

1. 退耕还林和控水减排措施在生长季的非点源污染削减效果

退耕还林和控水减排的组合措施在生长季对关键源区氮、磷的控制效果随着降水的增加而提升(图 7-62)。在 Q1 情景下，组合措施对 1 级关键源区氮、磷的削减量分别由枯水季的 3.72t 和 2.66t 提升至丰水季的 25.74t 和 17.99t。在 Q2 情景下，组合措施对非点源氮、磷的削减量与降水的响应关系更为强烈。从枯水季到丰水季，Q2 情景下的非点源氮的削减量约提升了 7.75 倍，达到了 43.94t；对非点源磷的削减量提升了约 8.19 倍，达到 30.50t。

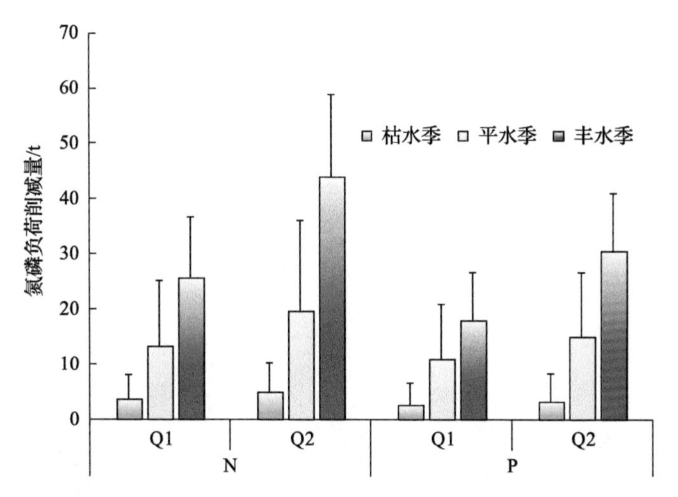

图 7-62　退耕还林和控水减排在生长季对非点源氮、磷的削减量

退耕还林和控水减排的组合措施在 Q1 和 Q2 两种情景下对关键源区氮、磷的削减率均随着降水的增加而降低，且组合措施对关键源区磷的削减率的降幅度高于氮(图 7-63)。Q1 和 Q2 两种情景下，组合措施对关键源区氮的削减率分别由枯水季的 52.69%和 77.22%降低至丰水季的 45.90%和 76.36%；组合措施对关键源区磷的削减率分别由枯水季的 65.19%和 90.08%降至丰水季的 44.90%和 75.69%。

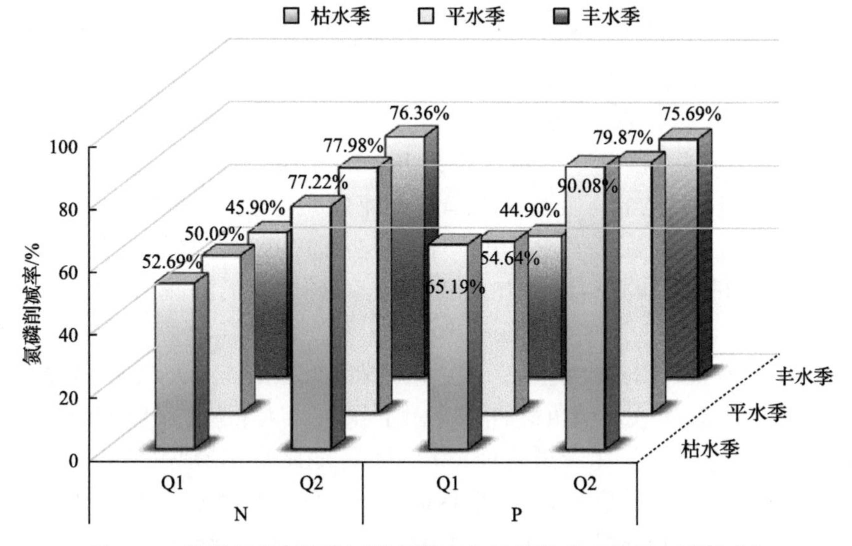

图 7-63　退耕还林和控水减排措施在生长季的非点源氮、磷削减率

在流域非点源氮、磷削减率方面，退耕还林和控水减排的组合措施对氮的削减率随着流域降水量的增加而提升，而对磷的削减率随着降水的增加而降低(图 7-64)。在 Q1 和 Q2 两种情景下，组合措施在枯水季可以分别削减流域 15.80%和 22.22%的氮负荷，同时可以减少 29.35%和 37.31%的磷负荷；而在丰水季，组合措施对流域氮负荷的削减率分别提升至 19.17%和 31.57%；而对磷的削减率则分别降至 18.17%和 30.34%。

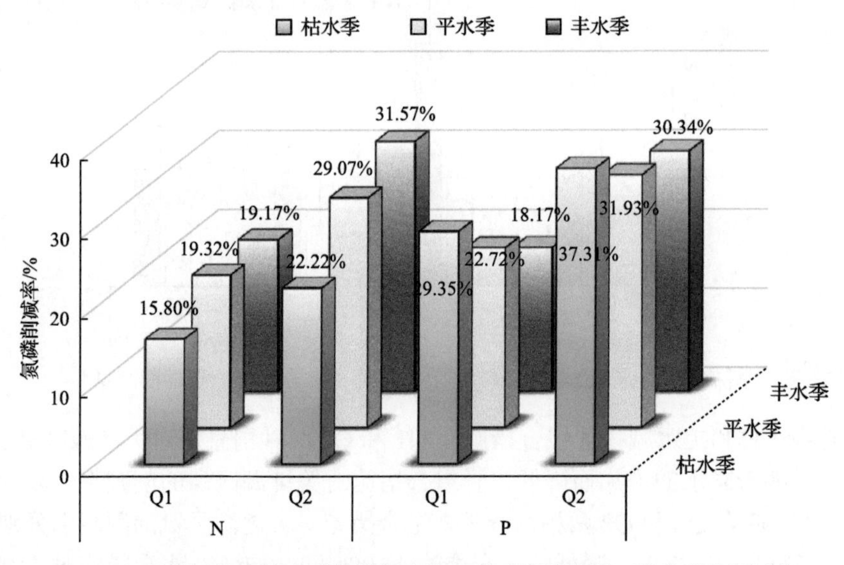

图 7-64　退耕还林和控水减排措施在生长季对流域的氮、磷负荷的削减率

2. 植被缓冲带和控水减排的组合措施对生长季非点源污染的控制效果

植被缓冲带和控水减排的组合措施在生长季对非点源氮、磷的控制效果随降水的增加而显著提升(图 7-65)。在 Q1 情景中，组合措施在枯、平、丰三种条件下可以分别削减关键源区 2.39t、6.95t 和 15.89t 氮负荷，同时也可以分别降低三种水文条件下约 1.23t、5.82t 和 11.45t 磷流失。在 Q2 情景中，组合措施对关键源区氮、磷的控制效果平均提升了 1.40 倍和 1.30 倍；措施对关键源区氮负荷的削减量由枯水季的 3.41t 提升至 22.22t，对磷负荷的削减量则由 1.51t 提升至 15.99t。

随着季降水量的增加，缓冲带和控水减排的组合措施对关键源区氮负荷的削减率显示出增长态势，而对磷负荷的削减率则呈现出与之相反的降低趋势(图 7-66)。Q1 和 Q2 两种情景下，组合措施对关键源区氮的削减率分别由枯水季的 42.68%和 61.77%增加至丰水季的 45.78%和 64.06%；而组合措施对关键源区磷的削减率分别由枯水季的 66.15%和 77.30%降至丰水季的 49.06%和 66.12%。

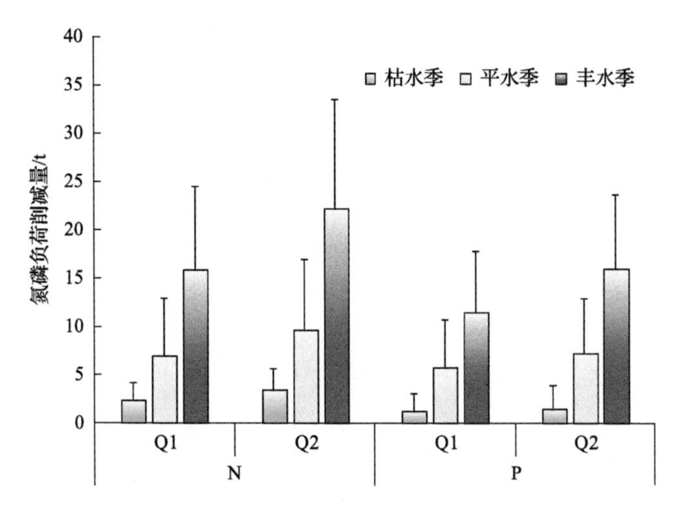

图 7-65　缓冲带和控水减排措施在生长季对非点源氮、磷的削减量

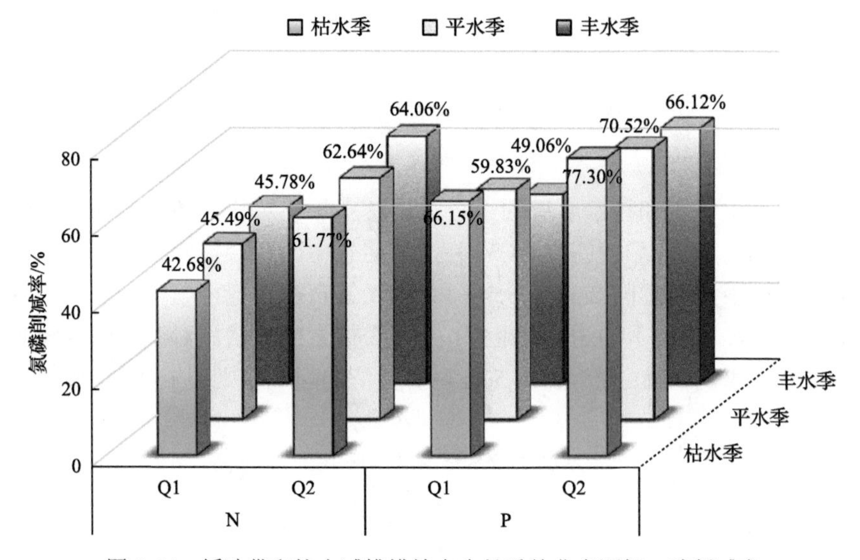

图 7-66　缓冲带和控水减排措施在生长季的非点源氮、磷削减率

在流域尺度下，缓冲带和控水减排的组合措施对非点源氮和磷的削减率随生长季降水量的增加而呈现出微弱的降低趋势(图 7-67)。其中在 Q1 情景中，组合措施对流域氮流失负荷的削减率由枯水季的 11.86%微降至丰水季的 11.22%，同时对磷的削减率也由 13.69%降低至 11.49%。在 Q2 情景中，从枯水季到丰水季，组合措施对氮的削减率由 17.25%降至 15.32%，同时对磷的削减率也由 16.00%微降至 15.48%。

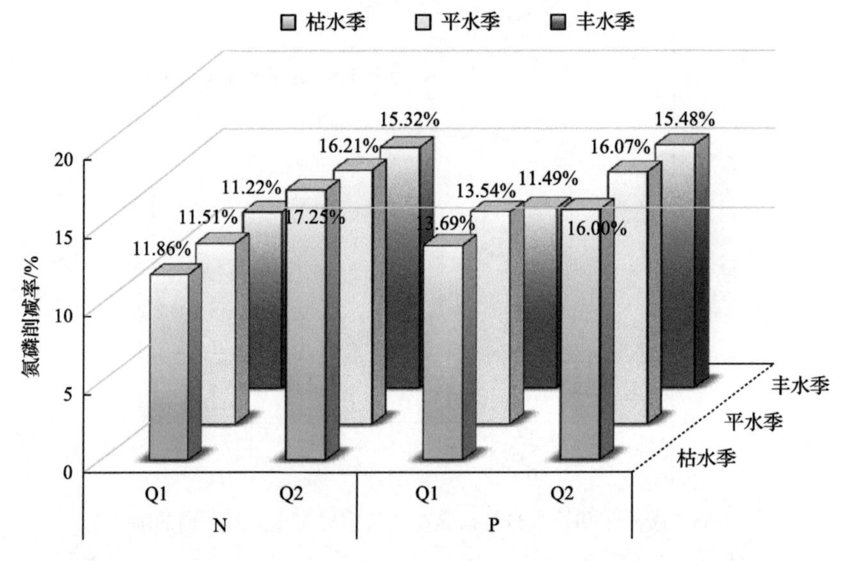

图 7-67　缓冲带和控水减排措施在生长季对流域的氮、磷负荷的削减率

3. 组合措施对潜在源区生长季非点源污染的控制效果及其分析

(1)组合措施对潜在源区生长季非点源污染的控制效果

免耕、减量施肥和控水减排的组合措施在生长季对非点源氮、磷的控制效果随降水的增加而显著提升(图 7-68)。在 Q1 情景中，组合措施在枯、平、丰三种条件下可以减少潜在源区 2.33t、5.56t 和 9.77t 氮负荷，也可以分别降低三种水文条件下约 1.31t、5.52t 和 9.38t 磷流失。在 Q2 情景中，措施对潜在源区氮负荷的削减量由枯水季的 3.28t 提升至 12.57t，对磷负荷的削减量则由 1.48t 提升至 12.28t。

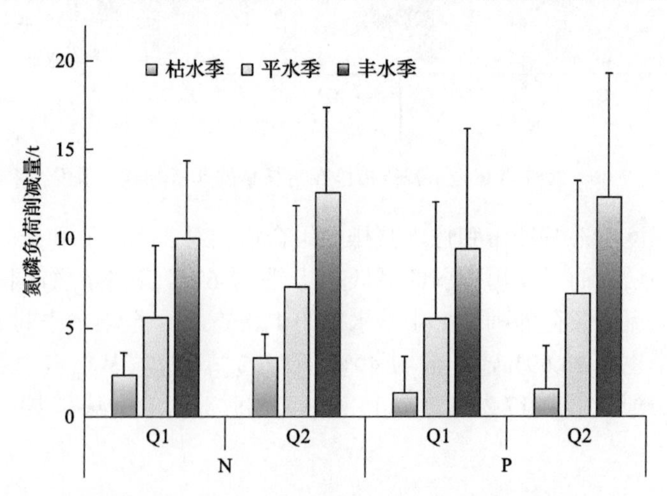

图 7-68　组合措施在生长季对非点源氮、磷的削减量

随着季降水量的增加，免耕、减量施肥和控水减排的组合措施对潜在源区氮、磷负荷的削减率均呈现出下降趋势(图 7-69)。Q1 和 Q2 两种情景下，组合措施对潜在源区氮的削减率分别由枯水季的 41.79%和 60.26%降至丰水季的 33.55%和 41.77%；而组合措施对关键源区磷的削减率分别由枯水季的 56.40%和 61.20%降至丰水季的 36.11%和 46.30%。

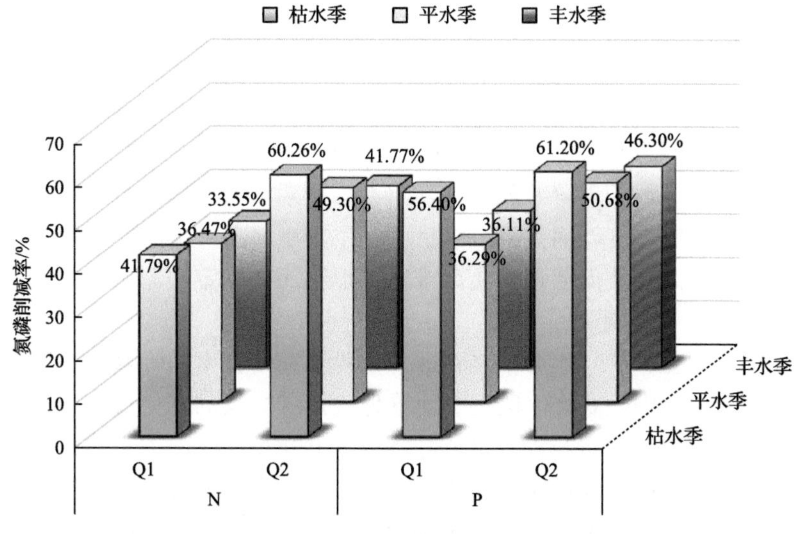

图 7-69　组合措施对潜在源区氮、磷负荷的削减率

在流域尺度下，潜在源区的组合措施对非点源氮和磷的削减率随着生长季降水量的增加而显著降低(图 7-70)。其中在 Q1 情景中，组合措施对流域氮流失负

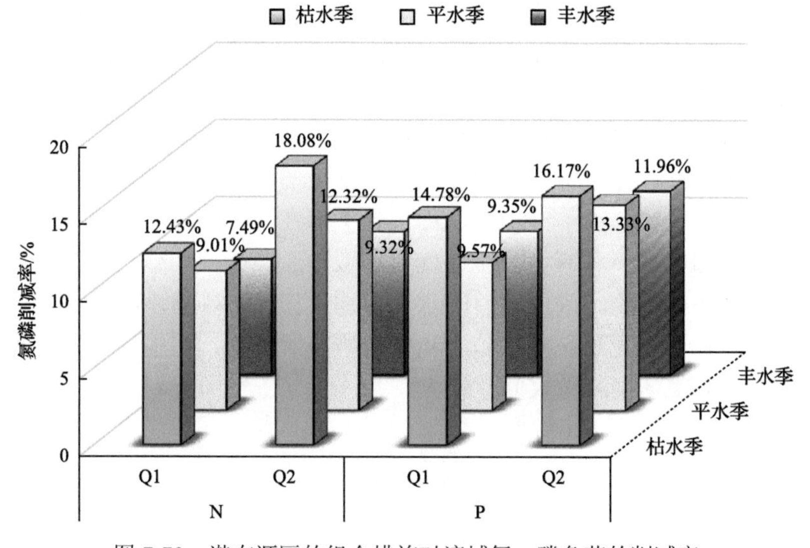

图 7-70　潜在源区的组合措施对流域氮、磷负荷的削减率

荷的削减率由枯水季的 12.43%降至丰水季的 7.49%，同时对磷的削减率也由 14.78%降低至 9.35%。在 Q2 情景中，从枯水季到丰水季，组合措施对氮的削减率由 18.08%降至 9.32%，同时对磷的削减率也由 16.17%下降至 11.96%。

(2) 组合措施对潜在源区生长季非点源污染的控制效果分析

1 级关键源区在生长季对非点源氮磷的削减过程充分体现了水位调控和退耕还林的复合影响。由基于最佳管理措施优选的关键源区旱田非点源染控制和基于水位调控的关键源区水田的非点源污染控制的结论可知，从枯水季到丰水季，退耕还林措施在不同水文条件下均保持较为稳定的非点源氮、磷削减率，而控水减排措施对 1 级关键源区水田非点源氮磷的削减率随降水的增加而显著降低。在 Q1 和 Q2 两种情景下，随着降水的增加，组合措施对流域非点源氮、磷的削减率均有一定程度的降低，这表明控水减排措施在不同水文条件下的非点源污染控制效果的波动性较强，且负荷增量明显，难以被退耕还林稳定的非点源污染控制效果所抵消。

在 2 级关键源区中，组合措施对非点源氮负荷削减率随降水增加而增加，而对磷负荷的削减率则随着降水的增加而降低。这种相反的变化规律主要受到生长季 2 级关键源区中缓冲带与控水减排和降水之间相反的响应关系的影响。由枯水季到丰水季，缓冲带在 B5 和 B10 情景下对旱田非点源氮削减率分别增加了 17.95%和 18.93%，对磷的非点源削减率则增加了 13.52%和 16.41%。而在相同的降水变化趋势条件下，2 级关键源区采取的控水减排措施对水田非点源氮、磷的削减效果均随着降水的增加而降低，在 S1 和 S2 两种情景下，控水减排措施对关键源区非点源氮的削减率分别降低 0.45%和 4.33%，而对磷的削减率则降低了 25.78%和 15.01%。因此，缓冲带对旱田非点源氮的控制效果的增量大于水田控制效果降低的减少量，这导致组合措施在 Q1 和 Q2 情景下对关键源区氮的削减效果的提升，该现象也导致磷负荷削减率随降水的增加而降低。

潜在源区中，免耕、减量施肥和控水减排措施对非点源氮、磷负荷削减率均随降水增加而降低。相较于 1 级和 2 级关键源区的组合措施对非点源氮负荷的削减效果，从枯水季到丰水季，Q1 和 Q2 情景下潜在源区的氮负荷削减率的降幅更大。这主要是因为免耕和减量施肥措施对流域非点源氮的削减效果显著低于植被缓冲带和退耕还林措施。因此随着降水的增加，控水减排措施的对氮的削减率迅速回落，而这种降幅无法被减量施肥和免耕措施所抵消，这也导致潜在源区的组合措施对非点源氮的削减效果回落较大。

参考文献

安乐生, 赵全升, 周葆华, 等. 2017. 黄河三角洲NDVI时空演化特征及其驱动因素[J]. 海洋与湖沼, 48(1): 1-7.

卜坤, 张树文, 闫业超, 等. 2008.三江平原不同流域水土流失变化特征分析[J]. 地理科学, 28(3): 361-368.

蔡林颖, 杨丽标, 刘树庆, 等. 2014. 枯水期环渤海16条河流N_2O释放通量研究[J]. 环境科学与技术, (12): 89-95.

曹志洪, 林先贵, 杨林章, 等. 2005. 论“稻田圈”在保护城乡生态环境中的功能Ⅰ. 稻田土壤磷素径流迁移流失的特征[J]. 土壤学报, 42(5): 799-804.

陈成龙, 高明, 倪九派, 等. 2017. 三峡库区小流域稻田空间格局对氮磷流失影响[J]. 环境科学, 38(5): 1889-1897.

陈春霄, 姜霞, 战玉柱, 等. 2011. 太湖表层沉积物中重金属形态分布及其潜在生态风险分析[J]. 中国环境科学, 31(11): 1842-1848.

初祁, 徐宗学, 蒋昕昊. 2012. 两种统计降尺度模型在太湖流域的应用对比[J]. 资源科学, (12): 2323-2336.

丛日环. 2012. 小麦-玉米轮作体系长期施肥下农田土壤碳氮相互作用关系研究[D]. 北京: 中国农业科学院.

崔保山, 杨志峰. 2006. 湿地学[M]. 北京: 北京师范大学出版社.

崔杰石. 2016. 基于SWAT模型的汤河流域面源污染时空分布研究[J]. 水利规划与设计, (2): 4-6.

窦晶鑫, 刘景双, 王洋, 等. 2009. 三江平原草甸湿地土壤有机碳矿化对C/N的响应[J]. 地理科学, 29(5): 773-778.

樊庆锌, 孟婷婷, 李金梦, 等. 2014. 江川灌区旱田改水田加剧水体氮磷污染[J]. 农业工程学报, 30(12): 79-86.

方明, 吴友军, 刘红, 等. 2013. 长江口沉积物重金属的分布、来源及潜在生态风险评价[J]. 环境科学学报, 33(2): 563-569.

高春雨, 王立刚, 李虎, 等. 2011. 区域尺度农田N_2O排放量估算研究进展[J]. 中国农业科学, 44(2): 316-324.

高洁. 2013. 漂浮通量箱法和扩散模型法测定内陆水体CH_4和N_2O排放通量的初步比较研究[D]. 南京: 南京农业大学.

韩旭, 吴东洋, 王新刚. 2011. 不同土壤对磷的吸附特性研究[J]. 现代农业科技, 20: 285-286.

郝芳华, 任希岩, 张雪松, 等. 2004. 洛河流域非点源污染负荷不确定性的影响因素[J]. 中国环境科学, 24(3): 270-274.

郝小雨, 马星竹, 高中超, 等. 2015. 长期施肥下黑土活性氮和有机氮组分变化特征[J]. 中国农业科学, 48(23): 4707-4716.

侯翠翠. 2012. 水文条件变化对三江平原沼泽湿地土壤碳蓄积的影响[D]. 长春: 中国科学院研究生院(东北地理与农业生态研究所).

建三江管理局. 2014. 寒地优质高产水稻生产技术规程[S]. 佳木斯: 黑龙江省农垦总局.

蒋春丽, 张丽娟, 张宏文, 等. 2015. 基于RUSLE模型的黑龙江省2000—2010年土壤保持量评价[J]. 中国生态农业学报, 23: 642-649.

焦剑, 谢云, 林燕, 等. 2009. 东北地区降雨-径流侵蚀力研究[J]. 中国水土保持科学, 7: 6-11.

焦伟. 2015. 长期农业活动影响下三江平原典型流域面源重金属流失特征[D]. 北京: 北京师范大学.

李成六. 2011. 基于SWAT模型的石羊河流域上游山区径流模拟研究[D]. 兰州: 兰州大学.

梁斌. 2012. 有机肥与化肥长期配施协调土壤供氮的效应及机理[D]. 杨凌: 西北农林科技大学.

廖千家骅, 王书伟, 颜晓元. 2012. 中国稻田水稻生长季N_2O排放估算[J]. 农业环境科学学报, 31(1): 212-218.

刘杰, 郑西来, 陈蕾, 等. 2012. 水库沉积物氮磷释放通量及释放规律研究[J]. 水利学报, 39(3): 339-343.

刘鹏飞, 刘丹丹, 梁丰, 等. 2018. 三套再分析降水资料在东北地区的适用性评价[J]. 水土保持研究, 25(4): 215-221.

刘瑞雪, 陈龙清, 史志华. 2015. 丹江口水库水滨带植物群落空间分布及环境解释[J]. 生态学报, 35(4): 1208-1216.

刘文丰, 徐宗学, 李发鹏, 等. 2014. 基于 ASD 统计降尺度的雅鲁藏布江流域未来气候变化情景[J]. 高原气象, 33(1): 26-36.

吕家珑, 刘思春, 张一平, 等. 2000. 土壤中磷吸附的能量特征[J]. 土壤通报, 31(6): 244-247.

马秀枝, 张秋良, 李长生, 等. 2012. 寒温带兴安落叶松林土壤温室气体通量的时间变异[J]. 应用生态学报, 23(8): 2149-2156.

汤家喜, 何苗苗, 王道涵, 等. 2016. 河岸缓冲带对地表径流及悬浮颗粒物的阻控效应[J]. 环境工程学报, 10(5): 2747-2755.

汪太明, 王业耀, 刘玉萍, 等. 2012. 东北地区春季融雪期非点源污染负荷估算方法及应用[J]. 农业环境科学学报, 31(4): 807-812.

王继宇. 2014. 污染红壤重金属随地表径流迁移特征及影响因子研究[D]. 荆州: 长江大学.

王丽, 陈凡, 马千里, 等. 2015. 东江淡水河流域地表水和沉积物重金属污染特征及风险评价[J]. 环境化学, (9): 1671-1684.

王孟雪. 2016. 东北寒地稻作水氮互作的温室气体排放特征研究[D]. 哈尔滨: 东北农业大学.

魏鹏. 2018. SWAT 模型优化及冻融农区非点源污染关键源区控制研究[D]. 北京: 北京师范大学.

吴纪南. 2015. 苕溪流域典型工业、农业、城镇区河道沉积物重金属污染研究[D]. 合肥: 合肥工业大学.

吴姗姗. 2017. 射阳河流域沉积物重金属环境地球化学研究[D]. 南京: 南京师范大学.

吴永红, 胡正义, 杨林章. 2011. 农业非点源污染控制工程的"减源-拦截-修复"(3R)理论与实践[J]. 农业工程学报, 27(5): 1-6.

夏小江. 2012. 太湖地区稻田氮磷养分径流流失及控制技术研究[D]. 南京: 南京农业大学.

肖波, 喻定芳, 赵梅, 等. 2013. 保护性耕作与等高草篱防治坡耕地水土及氮磷流失研究[J]. 中国生态农业学报, 21(3): 315-323.

肖烨, 黄志刚, 武海涛, 等. 2015. 三江平原不同湿地类型土壤活性有机碳组分及含量差异[J]. 生态学报, 35(23): 7625-7633.

徐畅, 谢德体, 高明, 等. 2011. 三峡库区小流域旱坡地氮磷流失特征研究[J]. 水土保持学报, 25(1): 1-5.

徐琪, 杨林章, 董元华, 等. 1998. 中国稻田生态系统[M]. 北京: 中国农业出版社.

杨志峰, 崔保山, 孙涛, 等. 2012. 湿地生态需水机理、模型和配置[M]. 北京: 科学出版社.

姚允龙, 吕宪国, 王蕾. 2009. 1956 年～2005 年挠力河径流演变特征及影响因素分析[J]. 资源科学, 31(4): 648-655.

尹晓敏, 吕宪国, 刘兴土, 等. 2015. 土地利用变化对挠力河流域可溶性有机碳输出的影响[J]. 应用生态学报, 26(12): 3788-3794.

于群伟, 徐宗学, 李秀萍, 等. 2013. ASD 降尺度技术在东江流域气候变化研究中的应用[J]. 北京师范大学学报(自然科学版), (Z1): 132-138.

张皓天, 张弛, 周惠成, 等. 2010. 基于 SWAT 模型的流域非点源污染模拟[J]. 河海大学学报: 自然科学版, 38(6): 644-650.

张连科, 李艳伟, 李玉梅, 等. 2016. 包头市铜厂周边土壤中重金属垂直分布特征与形态分析[J]. 水土保持研究, 23(5): 354-358.

张林, 黄志霖, 肖文发, 等. 2018. 三峡库区兰陵溪小流域径流氮磷输出及其降雨径流过程特征[J]. 环境科学, 39: 792-799.

张雪花, 侯文志, 王宁. 2006. 东北黑土区土壤侵蚀模型中植被因子 C 值的研究[J]. 农业环境科学学报, 25: 797-801.

章文波, 付金生. 2003. 不同类型雨量资料估算降雨侵蚀力[J]. 资源科学, 25: 35-41.

赵静, 张桂玲, 吴莹, 等. 2009. 长江溶存氧化亚氮的分布与释放[J]. 环境科学学报, 29(9): 1995-2002.

朱伟峰, 文春玉, 马永胜. 2009. 基于 GIS 的三江平原蛤蟆通河流域农业非点源污染模拟研究[J]. 东北农业大学学报, 40(6): 30-35.

Abbaspour K C. 2012. SWAT-CUP 2012: SWAT Calibration and Uncertainty Programs-A User Manual[M]. Duebendorf, Switzerland: Eawag, Swiss Federal Institute of Aquatic Science and Technology.

Amin M Z M, Islam T, Ishak A M. 2014. Downscaling and projection of precipitation from general circulation model predictors in an equatorial climate region by the automated regression-based statistical method[J]. Theoretical and Applied Climatology, 118(1-2): 347-364.

Arnold J G, Srinivasan R, Muttiah R S, et al. 1998. Large area hydrologic modeling and assessment part I: model development[J]. Journal of the American Water Resources Association, 34: 73-89.

Assouline S. 2013. Infiltration into soils: conceptual approaches and solutions[J]. Water Resource Research, 49(4): 1755-1772.

Baggs E M. 2008. A review of stable isotope techniques for N_2O source partitioning in soils: recent progress, remaining challenges and future considerations[J]. Rapid Commun Mass Spectrom, 22: 1664-1672.

Ban Y Y, Lei T W, Liu Z Q, et al. 2017. Comparative study of erosion processes of thawed and non-frozen soil by concentrated meltwater flow[J]. Catena, 148: 153-159.

Biemelt D, Schapp A, Kleeberg A, et al. 2005. Overland flow, erosion, and related phosphorus and iron fluxes at plot scale: a case study from a non-vegetated lignite mining dump in Lusatia[J]. Geoderma, 129(1-2): 4-18.

Bojko O, Kabala C. 2017. Organic carbon pools in mountain soils-sources of variability and predicted changes in relation to climate and land use changes[J]. Catena, 149(1): 209-220.

Borges A V, Vanderborght J P, Schiettecatte L S, et al. 2004. Variability of the gas transfer velocity of CO_2 in a macrotidal estuary (the Scheldt) [J]. Estuaries, 27: 593-603.

Boruvka L, Vacek O, Jehlicka J. 2005. Principal component analysis as a tool to indicate the origin of potentially toxic elements in soils[J]. Geoderma, 128: 289-300.

Bouwman A F, Boumans L J M, Batjes N H. 2002. Emissions of N_2O and NO from fertilized fields: summary of available measurement data[J]. Global Biogeochem Cycles, 16: 6.1-6.13.

Brodie J F. 2016. Synergistic effects of climate change and agricultural land use on mammals[J]. Frontiers in Ecology and the Environment, 14: 20-26.

Bu H, Meng W, Zhang Y, et al. 2014. Relationships between land use patterns and water quality in the Taizi River basin, China[J]. Ecological Indicators, 41: 187-197.

Cameron K C, Di H J, Moir J L. 2013. Nitrogen losses from the soil/plant system: a review[J]. Annals of Applied Biology, 162(2): 145-173.

Chen H, Zhao Y, Feng H, et al. 2015. Assessment of climate change impacts on soil organic carbon and crop yield based on long-term fertilization applications in Loess Plateau, China[J]. Plant and Soil, 390(1-2): 401-417.

Chen L, Frauenfeld O W. 2014. A comprehensive evaluation of precipitation simulations over China based on CMIP5 multimodel ensemble projections[J]. Journal of Geophysical Research-Atmospheres, 119(10): 5767-5786.

Chen S, Ouyang W, Hao F, et al. 2013. Combined impacts of freeze-thaw processes on paddy land and dry land in Northeast China[J]. Science of the Total Environment, 456-457: 24-33.

Chen W, Jiang Z, Li L. 2011. Probabilistic projections of climate change over China under the SRES A1B scenario using 28 AOGCMs[J]. Journal of Climate, 24(17): 4741-4756.

Chen W W, Wang Y Y, Zhao Z C, et al. 2015. Nitrous oxide emissions from black soils under a continuous soybean cropping system in northeast China[J]. Journal of Soil Science & Plant Nutrition, 15: 680-693.

Chen X, Cabrera M L, Zhang L, et al. 2002. Nitrous oxide emission from upland crops and crop-soil systems in northeastern China[J]. Nutrient Cycling in Agroecosystems, 62 (3) : 241-247.

Colliander A, Jackson T J, Bindlish R. 2017. Validation of SMAP surface soil moisture products with core validation sites[J]. Remote Sensing of Environment, 191: 215-231.

Cristan R, Aust W M, Bolding M C, et al. 2016. Effectiveness of forestry best management practices in the United States: literature review[J]. Forest Ecology and Management, 360: 133-151.

Dibike Y B, Coulibaly P. 2005. Hydrologic impact of climate change in the Saguenay watershed: comparison of downscaling methods and hydrologic models[J]. Journal of Hydrology, 307 (1-4) : 145-163.

Dunne J P, John J G, Shevliakova E, et al. 2013. GFDL's ESM2 global coupled climate-carbon earth system models. Part II: carbon system formulation and baseline simulation characteristics[J]. Journal of Climate, 26 (7) : 2247-2267.

El-Khoury A, Seidou O, Lapen D R, et al. 2015. Combined impacts of future climate and land use changes on discharge, nitrogen and phosphorus loads for a Canadian river basin[J]. Journal of Environmental Management, 151: 76-86.

Fan M, Shibata H. 2015. Simulation of watershed hydrology and stream water quality under land use and climate change scenarios in Teshio River watershed, northern Japan[J]. Ecological Indicators, 50: 79-89.

Fu C, Lee X, Griffis T J, et al. 2018. A modeling study of direct and indirect N_2O emissions from a representative catchment in the U.S. corn belt. Water Resources Research, 54: 3632-3653.

Funes I, Save R, Rovira P, et al. 2019. Agricultural soil organic carbon stocks in the north-eastern Iberian Peninsula: drivers and spatial variability[J]. Science of the Total Environment, 668: 283-294.

Gandolfi C, Romani M, Chiaradia E A, et al. 2016. Water balance implications of switching from continuous submergence to flush irrigation in a rice-growing district[J]. Agriculture Water Management, 171: 108-119.

Gao X, Ouyang W, Hao Z, et al. 2017. Farmland-atmosphere feedbacks amplify decreases in diffuse nitrogen pollution in a freeze-thaw agricultural area under climate warming conditions[J]. Science of the Total Environment, 579: 484-494.

Gao X, Ouyang W, Lin C Y, et al. 2020. Considering atmospheric N_2O dynamic in SWAT model avoids the overestimation of N_2O emissions in river networks. Water Research, 143 (4) : 115624.

Gassman P W, Balmer C, Siemers M, et al. 2014. The SWAT literature database: overview of database structure and key SWAT literature trends[C]. Pernambuco, Brazil: Proceedings of the 2014 International SWAT Conference.

Ghosh K, Singh A, Mohanty U C, et al. 2015. Development of a rice yield prediction system over Bhubaneswar, India: combination of extended range forecast and CERES-rice model[J]. Meteorological Applications, 22 (3) : 525-533.

Giri S, Nejadhashemi A P. 2014. Application of analytical hierarchy process for effective selection of agricultural best management practices[J]. Journal of Environmental Management, 132: 165-177.

Giri S, Nejadhashemi A P, Woznicki S A. 2012. Evaluation of targeting methods for implementation of best management practices in the Saginaw River watershed[J]. Journal of Environmental Management, 103: 24-40.

Goddard P B, Yin J, Griffies S M, et al. 2015. An extreme event of sea-level rise along the Northeast coast of North America in 2009—2010[J]. Nature Communications, 6: 6346.

Gonzales-Inca C, Valkama P, Lill J, et al. 2018. Spatial modeling of sediment transfer and identification of sediment sources during snowmelt in an agricultural watershed in boreal climate[J]. Science of the Total Environment, 612: 303-312.

Green W H, Ampt G A. 1911. Studies on soil physics Part I—the flow of air and water through soils[J]. Journal of Agricultural Science, 4: 1-24.

Gulizia C, Camilloni I. 2015. Comparative analysis of the ability of a set of CMIP3 and CMIP5 global climate models to represent precipitation in South America[J]. International Journal of Climatology, 35 (4) : 583-595.

Gutiérrez M, Biagioni R N, Alarcón-Herrera M T, et al. 2018. An overview of nitrate sources and operating processes in arid and semiarid aquifer systems[J]. Science of the Total Environment, 624: 1513-1522.

Hagedorn F, Joseph J, Peter M, et al. 2016. Recovery of trees from drought depends on belowground sink control[J]. Nature Plants, 2: 1-6.

Hanssen-Bauer I, Forland E J, Haugen J E, et al. 2003. Temperature and precipitation scenarios for Norway: comparison of results from dynamical and empirical downscaling[J]. Climate Research, 25 (1) : 15-27.

Hessami M, Gachon P, Ouarda T B M J, et al. 2008. Automated regression-based statistical downscaling tool[J]. Environmental Modelling & Software, 23 (6) : 813-834.

Hinsinger P. 2001. Bioavailability of soil inorganic P in the rhizosphere as affected by root-induced chemical changes: a review[J]. Plant Soil, 237: 173-195.

Hsu S, Huang V, Woo Park S, et al. 2017. Water infiltration into prewetted porous media: dynamic capillary pressure and Green-Ampt modeling[J]. Advances in Water Resources, 106: 60-67.

Huang H B, Ouyang W, Guo B B, et al. 2014. Vertical and horizontal distribution of soil parameters in intensive agricultural zone and effect on diffuse nitrogen pollution[J]. Soil and Tillage Research, 144: 32-40.

Karamouz M, Taheriyoun M, Baghvand A. 2010. Optimization of watershed control strategies for reservoir eutrophication management[J]. Journal of Irrigation and Drainage Engineering-ASCE, 136 (12) : 847-861.

Keellings D. 2016. Evaluation of downscaled CMIP5 model skill in simulating daily maximum temperature over the southeastern United States[J]. International Journal of Climatology, 36 (12) : 4172-4180.

Khan A, Lu G, Ayaz M, et al. 2018. Phosphorus efficiency, soil phosphorus dynamics and critical phosphorus level under long-term fertilization for single and double cropping systems[J]. Agriculture Ecosystems & Environment, 256: 1-11.

Kim S. 2018. Assessment of climate change impact on best management practices of highland agricultural watershed under RCP scenarios using SWAT[J]. Journal of the Korean Society of Agricultural Engineers, 60 (4) : 123-132.

Kim S B, Shin H J, Park M, et al. 2015. Assessment of future climate change impacts on snowmelt and stream water quality for a mountainous high-elevation watershed using SWAT[J]. Paddy and Water Environment, 13 (4) : 557-569.

Kim W, Kanae S, Agata Y, et al. 2005. Simulation of potential impacts of land use/cover changes on surface water fluxes in the Chaophraya river basin, Thailand[J]. Journal of Geophysical Research, 110: D08110.

Kim Y J, Kim H D, Jeon J H. 2014. Characteristics of water budget components in paddy rice field under the asian monsoon climate: application of HSPF-paddy model[J]. Water, 6 (7) : 2041-2055.

Kraus D, Weller S, Klatt S, et al. 2015. A new LandscapeDNDC biogeochemical module to predict CH_4 and N_2O emissions from lowland rice and upland cropping systems[J]. Plant and Soil, 386: 125-149.

Krysanova W. 2015. Advances in water resources assessment with SWAT—an overview[J]. Hydrological Sciences Journal, 60 (5) : 771-783.

Kumar S, Merwade V, Kinter J L, et al. 2013. Evaluation of temperature and precipitation trends and long-term persistence in CMIP5 twentieth-century climate simulations[J]. Journal of Climate, 26 (12) : 4168-4185.

Kuusemets V, Mander U. 1999. Ecotechnological measures to control nutrient losses from catchments[J]. Water Science and Technology, 40 (10) : 195-202.

La S F A, Butchart S H, Jetz W, et al. 2014. Range-wide latitudinal and elevational temperature gradients for the world's terrestrial birds: implications under global climate change[J]. Plos One, 9: e98361.

Lal R. 1996. Deforestation and land-use effects on soil degradation and rehabilitation in western Nigeria. I. Soil physical and hydrological properties[J]. Land Degradation& Development, 7: 19-45.

Leip A, Busto M, Corazza M, et al. 2011. Estimation of N_2O fluxes at the regional scale: data, models, challenges[J]. Current Opinion in Environmental Sustainability, 3: 328-338.

Li C, Frolking S, Frolking T A. 1992. A model of nitrous oxide evolution from soil driven by rainfall events: 1.Model structure and sensitivity[J]. Journal of Geophysical Research-Atmospheres, 97: 9759-9776.

Li J, Wang Z G, Liu C. 2015. A combined rainfall infiltration model based on Green-Ampt and SCS-curve number [J]. Hydrological Process, 29(11): 2628-2634.

Li T, Angeles O, Marcaida M, et al. 2017. From ORYZA2000 to ORYZA (v3): an improved simulation model for rice in drought and nitrogen-deficient environments[J]. Agricultural and Forest Meteorology, 237-238: 246-256.

Liss P S, Slater P G. 1974. Flux of gases across the air-sea interface[J]. Nature, 247: 181-184.

Liu B Y, Nearing M A, Risse L M. 1994. Slope gradient effects on soil loss for steep slopes[J]. Transactions of the ASAE, 37: 1835-1840.

Liu B Y, Nearing M A, Shi P J, et al. 2000. Slope length effects on soil loss for steep slopes[J]. Soil Science Society of America Journal, 64: 1759-1763.

Liu K, Elliott J A, Lobb D A, et al. 2013. Critical factors affecting field-scale losses of nitrogen and phosphorus in spring snowmelt runoff in the canadian prairies[J]. Journal of Environmental Quality, 42: 484-496.

Liu R, Wang J, Shi J, et al. 2014. Runoff characteristics and nutrient loss mechanism from plain farmland under simulated rainfall conditions[J]. Science of the Total Environment, 468: 1069-1077.

Lychuk T E, Moulin A P, Lemke R L, et al. 2019. Climate change, agricultural inputs, cropping diversity, and environment affect soil carbon and respiration: a case study in Saskatchewan, Canada[J]. Geoderma, 337: 664-678.

Lyu K, Zhang X, Church J A, et al. 2016. Evaluation of the interdecadal variability of sea surface temperature and sea level in the Pacific in CMIP3 and CMIP5 models[J]. International Journal of Climatology, 36(11): 3723-3740.

Malyshev S, Shevliakova E, Stouffer R J, et al. 2015. Contrasting local versus regional effects of land-use-change-induced heterogeneity on historical climate: analysis with the GFDL earth system model[J]. Journal of Climate, 28(13): 5448-5469.

Mao L, Li Y, Hao W, et al. 2016. A new method to estimate soil water infiltration based on a modified Green-Ampt model[J]. Soil & Tillage Research, 161: 31-37.

Mccool D K, Brown L C, Foster G R, et al. 1987. Revised slope steepness factor for the universal soil loss equation[J]. Transactions of the ASAE, 30: 1387-1396.

Mearns L O, Bogardi I, Giorgi F, et al. 1999. Comparison of climate change scenarios generated from regional climate model experiments and statistical downscaling[J]. Journal of Geophysical Research-Atmospheres, 104(D6): 6603-6621.

Meza F J, Silva D, Vigil H. 2008. Climate change impacts on irrigated maize in Mediterranean climates: evaluation of double cropping as an emerging adaptation[J]. Agricultural Systems, 98: 21-30.

Myhre G, Shindell D, Breon F M, et al. 2013. Anthropogenic and natural radiative forcing//Stocker T F, Qin D, Plattner G K, et al. Climate Change 2013: the Physical Science Basis. Contribution of Working Group I to the Fifth Assessment Report of the Intergovernmental Panel on Climate Change[M]. Cambridge: Cambridge University Press.

Nash P R, Gollany H T, Liebig M A, et al. 2018. Simulated soil organic carbon responses to crop rotation, tillage, and climate change in North Dakota[J]. Journal of Environmental Quality, 47(4): 654-662.

Natuhara Y. 2013. Ecosystem services by paddy fields as substitutes of natural wetlands in Japan[J]. Ecological Engineering, 56: 97-106.

Nearing M A, Foster G R, Lane L J, et al. 1989. A process-based soil-erosion model for USDA-water erosion prediction project technology[J]. Transactions of the ASAE, 32: 1587-1593.

Nearing M A, Xie Y, Liu B, et al. 2017. Natural and anthropogenic rates of soil erosion[J]. International Soil and Water Conservation Research, 5: 77-84.

Neff J C, Reynolds R L, Munson S M, et al. 2013. The role of dust storms in total atmospheric particle concentrations at two sites in the western US[J]. Journal of Geophysical Research-Atmospheres, 118 (19): 11201-11212.

Neitsch S L, Arnold J G, Kiniry J R, et al. 2011.Soil and Water Assessment Tool Theoretical Documentation Version 2009[Z]. Texas: Texas Water Resources Institute.

Nyborg M, Laidlaw J W, Solberg E D, et al. 1997. Denitrification and nitrous oxide emissions from Black Chernozemic soil during spring thaw in Alberta[J]. Canadian Journal of Soil Science, 77: 153-160.

Ollesch G, Sukhanovski Y, Kistner I, et al. 2005. Characterization and modelling of the spatial heterogeneity of snowmelt erosion[J]. Earth Surface Processes and Landforms, 30 (2): 197-211.

Ouyang W, Gao X, Wei P, et al. 2017. A review of diffuse pollution modeling and associated implications for watershed management in China[J]. Journal of Soils and Sediments, 17: 1527-1536.

Ouyang W, Huang H, Hao F, et al. 2012. Evaluating spatial interaction of soil property with non-point source pollution at watershed scale: the phosphorus indicator in Northeast China[J]. Science of the Total Environment, 432: 412-421.

Ouyang W, Song K, Hao F. 2014. Non-point source pollution dynamics under long-term agricultural development and relationship with landscape dynamics[J]. Ecological Indicators, 45: 579-589.

Palerme C, Genthon C, Claud C, et al. 2017. Evaluation of current and projected Antarctic precipitation in CMIP5 models[J]. Climate Dynamics, 48 (1-2): 225-239

Panagopoulos Y, Makropoulos C, Baltas E, et al. 2011. SWAT parameterization for the identification of critical diffuse pollution source areas under data limitations[J]. Ecological Modeling, 222 (19): 3500-3512.

Pandey A, Himanshu S K, Mishra S K, et al. 2016. Physically based soil erosion and sediment yield models revisited[J]. Catena, 147: 595-620.

Parton W J, Holland E A, Del Grosso S J. 2001. Generalized model for NOx and N_2O emissions from soils[J]. Journal of Geophysical Research, 106: 17403-17419.

Parton W J, Mosier A R, Ojima D S, et al. 1996. Generalized model for N_2 and N_2O production from nitrification and denitrification[J]. Global Biogeochemical Cycles, 10: 401-412.

Peng S Z, Yang S S, Xu J Z, et al. 2011. Field experiments on greenhouse gas emissions and nitrogen and phosphorus losses from rice paddy with efficient irrigation and drainage management[J]. Science China-Technological Sciences, 54 (6): 1581-1587.

Pierce D W, Barnett T P, Santer B D, et al. 2009. Selecting global climate models for regional climate change studies[J]. Proceedings of the National Academy of Sciences of the United States of America, 106: 8441-8446.

Pruski F F, Nearing M A. 2002. Climate-induced changes in erosion during the 21st century for eight U.S. locations[J]. Water Resources Research, 38 (12): 34.1-34.11.

Rasera M D F L, Krusche A V, Richey J E, et al. 2013. Spatial and temporal variability of pCO_2 and CO_2 efflux in seven Amazonian Rivers[J]. Biogeochemistry, 116: 241-259.

Rittenburg R A, Squires A L, Boll J, et al. 2015. Agricultural BMP effectiveness and dominant hydrological flow paths: concepts and a review[J]. Journal of the American Water Resources Association, 51 (2): 305-329.

Roseen R M, Ballestero T P, Houle J J, et al. 2009. Seasonal performance variations for storm-water management systems in cold climate conditions[J]. Journal of Environmental Engineering-ASCE, 135 (3): 128-137.

Sakaguchi A, Eguchi S, Kasuya M. 2014a. Examination of the water balance of irrigated paddy fields in SWAT 2009 using the curve number procedure and the pothole module[J]. Journal of Soil Science and Plant Nutrition, 60 (4): 551-564.

Sakaguchi A, Eguchi S, Kato T, et al. 2014b. Development and evaluation of a paddy module for improving hydrological simulation in SWAT[J]. Agricultural Water Management, 137 (1): 116-122.

Shan Y, Tysklind M, Hao F, et al. 2013. Identification of sources of heavy metals in agricultural soils using multivariate analysis and GIS[J]. Journal of Soils and Sediments, 13: 720-729.

Sharpley A N, Daniel T, Gibson G, et al. 2006. Best Management Practices to minimize agricultural phosphorus impacts on water quality[R]. Maryland: United States Department of Agriculture.

Shcherbak I, Millar N, Robertson G P. 2014. Global metaanalysis of the nonlinear response of soil nitrous oxide (N_2O) emissions to fertilizer nitrogen[J]. Proceedings of the National Academy of Sciences of the United States of America, 111 (25): 9199-9204.

Shi P, Schulin R. 2018. Erosion-induced losses of carbon, nitrogen, phosphorus and heavy metals from agricultural soils of contrasting organic matter management[J]. Science of the Total Environment, 618: 210-218.

Slone L A, Mccarthy M J, Myers J A, et al. 2018. River sediment nitrogen removal and recycling within an agricultural Midwestern USA watershed[J]. Freshwater Science, 37 (1): 1-12.

Song I, Song J H, Ryu J H, et al. 2017. Long-term evaluation of the BMPs scenarios in reducing nutrient surface loads from paddy rice cultivation in Korea using the CREAMS-PADDY model[J]. Paddy Water Environment, 15 (1): 59-69.

Song Y, Qiao F, Song Z, et al. 2013. Water vapor transport and cross-equatorial flow over the Asian-Australia monsoon region simulated by CMIP5 climate models[J]. Advances in Atmospheric Sciences, 30 (3): 726-738.

Squire G R, Hawes C, Valentine T A, et al. 2015. Degradation rate of soil function varies with trajectory of agricultural intensification[J]. Agriculture Ecosystems & Environment, 202: 160-167.

Srinivasan R, Arnold J G. 1994. Integration of a basin-scale water-quality model with GIS[J]. Water Resources Bulletin, 30 (3): 453-462.

Sun R, Cheng X, Chen L. 2018. A precipitation-weighted landscape structure model to predict potential pollution contributions at watershed scales[J]. Landscape Ecology, 33 (9): 1603-1616.

Syversen N. 2002. Effect of a cold-climate buffer zone on minimising diffuse pollution from agriculture[J]. Water Science and Technology, 45 (9): 65-76.

Syversen N. 2005. Effect and design of buffer zones in the Nordic climate: the influence of width amount of surface runoff, seasonal variation and vegetation type on retention efficiency for nutrient and particle runoff[J]. Ecological Engineering, 24 (5): 483-490.

Tan C, Cao X, Yuan S, et al. 2015. Effects of long-term conservation tillage on soil nutrients in sloping fields in regions characterized by water and wind erosion[J]. Scientific Report, 5: 17592.

Teshager A D, Gassman P W, Schoof J T, et al. 2016. Assessment of impacts of agricultural and climate change scenarios on watershed water quantity and quality, and crop production[J]. Hydrology & Earth System Sciences Discussions, 20: 1-38.

Tian D, Guo Y, Dong W. 2015. Future changes and uncertainties in temperature and precipitation over China based on CMIP5 models[J]. Advances in Atmospheric Sciences, 32 (4): 487-496.

Tran C N, Yossapol C. 2019. Hydrological and nitrate loading modeling in Lam Takong watershed, Thailand[J]. International Journal of Geomate, 17(60): 43-48.

Udawatta R P, Anderson S H, Gantzer C J, et al. 2006. Agroforestry and grass buffer influence on macropore characteristics: a computed tomography analysis[J]. Soil Science Society of America Journal, 70: 1763-1773.

Ullrich A, Volk M. 2009. Application of the soil and water assessment tool (SWAT) to predict the impact of alternative management practices on water quality and quantity[J]. Agricultual Water Management, 96: 1207-1217.

Viers J, Dupré B, Gaillardet J. 2009. Chemical composition of suspended sediments in World Rivers: new insights from a new database[J]. Science of the Total Environment, 407(2): 853-868.

Wagena M B, Bock E M, Sommerlot A R, et al. 2017. Development of a nitrous oxide routine for the swat model to assess greenhouse gas emissions from agroecosystems[J]. Environmental Modelling & Software, 89: 131-143.

Wang H, Lu Z, Yao X, et al. 2017. Dissolved nitrous oxide and emission relating to denitrification across the Poyang Lake aquatic continuum[J]. Journal of Environmental Science, 52: 130-140.

Wang J, Lu G A, Guo X S, et al. 2015. Conservation tillage and optimized fertilization reduce winter runoff losses of nitrogen and phosphorus from farmland in the Chaohu Lake region, China[J]. Nutrient Cycling in Agroecosystems, 101(1): 93-106.

Wang L, Chen W. 2014. A CMIP5 multimodel projection of future temperature, precipitation, and climatological drought in China[J]. International Journal of Climatology, 34(6): 2059-2078.

Wang S, Zhang Z, McVicar T R, et al. 2013. Isolating the impacts of climate change and land use change on decadal streamflow variation: assessing three complementary approaches[J]. Journal of Hydrology, 507: 63-74.

Wanninkhof R. 1992. Relationship between wind speed and gas exchange over the ocean[J]. Journal of Geophysical Research Oceans, 97: 7373-7382.

Wei P, Ouyang W, Gao X, et al. 2017. Modified control strategies for critical source area of nitrogen (CSAN) in a typical freeze-thaw watershed[J]. Journal of Hydrology, 551: 518-531.

Wei P, Ouyang W, Hao F, et al. 2016. Combined impacts of precipitation and temperature on diffuse phosphorus pollution loading and critical source area identification in a freeze-thaw area[J]. Science of the Total Environment, 553: 607-616.

Weiss R F, Price B A. 1980. Nitrous oxide solubility in water and seawater[J]. Marine Chemistry, 8: 347-359.

Wilby R L, Hay L E, Leavesley G H. 1999. A comparison of downscaled and raw GCM output: implications for climate change scenarios in the San Juan River basin, Colorado[J]. Journal of Hydrology, 225(1-2): 67-91.

Williams J R, Berndt H D. 1977. Sediment yield prediction based on watershed hydrology[J]. Transactions of the ASAE, 20: 1100 -1104

Williams J R, Jones C A, Dyke P T. 1984. A modeling approach to determining the relationship between erosion and soil productivity[J]. Transactions of the ASAE, 27: 129-144.

Wischmeier W H, Smith D D. 1978. Predicting rainfall erosion losses: a guide to conservation planning//Agriculture Handbook[M]. Washington, DC: United States Department of Agriculture.

Wu Y, Ouyang W, Hao Z, et al. 2018. Snowmelt water drives higher soil erosion than rainfall water in a mid-high latitude upland watershed[J]. Journal of Hydrology, 556: 438-448.

Xiao D, Wang M, Lanzhu J I, et al. 2004. Variation characteristics of soil N_2O emission flux in broad-leaved Korean pine forest of Changbai Mountain[J]. Chinese Journal of Ecology, 23: 46-52.

Xie X H, Cui Y L. 2011. Development and test of SWAT for modeling hydrological processes in irrigation districts with paddy rice[J]. Journal of Hydrology, 396(1-2): 61-71.

Xu K, Wang Y P, Su H, et al. 2013. Effect of land-use changes on nonpoint source pollution in the Xizhi River watershed, Guangdong, China[J]. Hydrological Processes, 27 (18) : 2557-2566.

Yakutina O P, Nechaeva T V, Smirnova N V. 2015. Consequences of snowmelt erosion: soil fertility, productivity and quality of wheat on Greyzemic Phaeozem in the south of West Siberia[J]. Agriculture, Ecosystems & Environment, 200: 88-93.

Yan W J, Laursen A E, Wang F, et al. 2004. Measurement of denitrification in the Changjiang River[J]. Environmental Chemistry, 1: 95-98.

Yan W J, Yang L, Wang F, et al. 2012. Riverine N_2O concentrations, exports to estuary and emissions to atmosphere from the Changjiang River in response to increasing nitrogen loads[J]. Global Biogeochemical Cycles, 26: 4006-4021.

Yang Q, Zhang X, Abraha M, et al. 2017. Enhancing the soil and water assessment tool model for simulating N_2O emissions of three agricultural systems[J]. Ecosystem Health & Sustainability, 3: e01259.

Yang X, Chen H, Gong Y, et al. 2015. Nitrous oxide emissions from an agro-pastoral ecotone of northern China depending on land uses[J]. Agriculture Ecosystems & Environment, 213: 241-251.

Ye Q, Yang X, Dai S, et al. 2015. Effects of climate change on suitable rice cropping areas, cropping systems and crop water requirements in southern China[J]. Agricultural Water Management, 159: 35-44.

Zhang G, Dong J, Zhou C, et al. 2013. Increasing cropping intensity in response to climate warming in Tibetan Plateau, China[J]. Field Crop Research, 142: 36-46.

Zhang G L, Zhang J, Liu S M, et al. 2010. Nitrous oxide in the Changjiang (Yangtze River) Estuary and its adjacent marine area: riverine input, sediment release and atmospheric fluxes[J]. Biogeosciences Discussion, 7: 3125-3151.

Zhang H C, Cao Z H, Shen Q R, et al. 2003. Effect of phosphate fertilizer application on phosphorus (P) losses from paddy soils in Taihu Lake Region I. Effect of phosphate fertilizer rate on P losses from paddy soil[J]. Chemosphere, 50 (6) : 695-701.

Zhang W, Zhang F, Qi J, et al. 2017. Modeling impacts of climate change and grazing effects on plant biomass and soil organic carbon in the Qinghai-Tibetan grasslands[J]. Biogeosciences, 14 (23) : 5455-5470.

Zhang X. 2018. Simulating eroded soil organic carbon with the SWAT-C model[J]. Environmental Modelling & Software, 102: 39-48.

Zhang Y, Degroote J, Wolter C, et al. 2009. Integration of modified Universal soil loss equation (MUSLE) into a GIS framework to assess soil erosion risk[J]. Land Degradation & Development, 20: 84-91.

Zhao X, Zhou Y, Min J, et al. 2012. Nitrogen runoff dominates water nitrogen pollution from rice-wheat rotation in the Taihu Lake region of China[J]. Agriculture Ecosystems & Environment, 156 (4) : 1-11.

Zhou F, Shang Z, Zeng Z, et al. 2015. New model for capturing the variations of fertilizer-induced emission factors of N_2O[J]. Global Biogeochemical Cycles, 29: 885-897.

Zuo D, Xu Z, Yao W, et al. 2016. Assessing the effects of changes in land use and climate on runoff and sediment yields from a watershed in the Loess Plateau of China[J]. Science of the Total Environment, 544: 238-250.